建设工程造价
争议解决指引

吴佐民　袁华之　主编

GUIDE TO DISPUTE RESOLUTION OF CONSTRUCTION COST

CONSTRUCTION
COST
DISPUTE

北京

图书在版编目(CIP)数据

建设工程造价争议解决指引 / 吴佐民，袁华之主编
. -- 北京 ：法律出版社，2024(2024.11 重印)
ISBN 978-7-5197-8926-8

Ⅰ. ①建… Ⅱ. ①吴… ②袁… Ⅲ. ①建筑造价管理
Ⅳ. ①TU723.31

中国国家版本馆 CIP 数据核字(2024)第 052511 号

建设工程造价争议解决指引
JIANSHE GONGCHENG ZAOJIA ZHENGYI JIEJUE ZHIYIN

吴佐民 袁华之 主编

责任编辑 赵明霞 魏艳丽
装帧设计 汪奇峰 臧晓飞

出版发行 法律出版社
编辑统筹 法商出版分社
责任校对 王 丰 张翼羽
责任印制 胡晓雅
经　　销 新华书店

开本 787 毫米×1092 毫米 1/16
印张 32.5 **字数** 615 千
版本 2024 年 10 月第 1 版
印次 2024 年 11 月第 2 次印刷
印刷 三河市龙大印装有限公司

地址：北京市丰台区莲花池西里 7 号(100073)
网址：www.lawpress.com.cn
投稿邮箱：info@lawpress.com.cn
举报盗版邮箱：jbwq@lawpress.com.cn

销售电话：010-83938349
客服电话：010-83938350
咨询电话：010-63939796

书号：ISBN 978-7-5197-8926-8
定价：128.00 元

凡购买本社图书，如有印装错误，我社负责退换。电话：010-83938349

北仲争议解决新探索文库

本书编委会

主　编

吴佐民　北京市建设工程招标投标和造价管理协会会长，教授级高级工程师

袁华之　北京大成律师事务所主任、董事局主席

副主编

潘　敏　开元数智工程项目咨询集团有限公司

委　员

（按姓氏笔画排序）

王升溶　科信联合工程咨询有限公司

王姝慧　北京大成律师事务所

王瑱玥　北京大成律师事务所

吉润一聃　北京大成律师事务所

孙建华　科信联合工程咨询有限公司

李小兵　北京大成律师事务所

李超颖　北京大成律师事务所

邱　闯　联合建管（北京）管理咨询有限责任公司

金铁英　中建精诚工程咨询有限公司

高印立　北京采安律师事务所

郭婧娟　北京交通大学经济管理学院

梁晓琴　　天津理工大学管理学院

蒋真良　　北京韬远律师事务所

翟家琦　　北京大成律师事务所

檀中文　　中航勘察设计研究院有限公司

北仲争议解决新探索文库总序

北京仲裁委员会/北京国际仲裁中心(以下简称北仲)是首批依据《中华人民共和国仲裁法》重新组建的仲裁机构之一。成立近三十年来,北仲始终坚持"公正、独立、专业、高效、卓越"的价值目标,坚持专业化、国际化的发展方向,已经逐渐成为了国内领先并在国际上有一定影响力的多元争议解决中心,成为践行仲裁法精神、锐意改革创新的一面旗帜。

北仲一直致力于打造多元争议解决研究中心,不断推动知识的固化与实践经验的总结推广,助力行业前沿探索,形成体系化的研究布局。自成立伊始,北仲就编辑《北京仲裁》(前身为《北京仲裁通讯》),搭建多元化争议解决理论研究和实务经验交流的平台。从2013年起,北仲每年组织专家编写中英文同时出版的《中国商事争议解决年度观察》,对具体实体领域的上一年的争议解决进行综述,介绍新颁布的法律法规,深入分析典型案例,探究行业热点问题,展望行业发展方向,为中外专业人士研究中国争议解决发展提供详实的资料,并基于此在欧洲、亚洲、北美等地举行发布会。"中国仲裁文库"通过精选北仲经典案例,并邀请业内专家进行评析,为读者提供原汁原味的裁决书,是业界了解、研究中国仲裁的重要窗口。"北仲争议解决新视野译丛"则着力于引进国际优秀而富有影响力的作品,为国内从业者提供了解国际行业发展的动态,以期借"它山之石"攻自家之"玉"。此外,北仲还设立了科研基金项目,每年选取一些在业内引起反响且具有实践指导意义的问题给予一定的资助,推动业界形成研究合力。

作为北仲研究体系中的一个重要组成部分,"北仲文库"设立于2013年,全称为"北仲争议解决新探索文库",旨在全面分享作者学术思想观点,系统展示多元化争议解决领域的学术成果。自设立以来,"北仲文库"始终以促进争议解决行业理论研究为目标,积极鼓励和支持在多元化争议解决领域有原创性、探索性、实践性研究学术成果的研究者,力求通过资金资助、平台宣传支持等多种手段,促成具有理论和实务应用价值并与多元化争议解决主题相关著作的出版发行。

我们期待业内同仁和社会各界朋友关注"北仲文库",为"北仲文库"提供更多有思想、有创新、能够体现行业引领者对于行业发展探索的作品，也欢迎对“北仲文库”的遴选和编辑出版提出富有见地的意见和建议。北仲会继续努力，秉承北仲一以贯之的进取和务实之精神，将“北仲文库”打造成多元化争议解决研究领域的品牌项目。

是为序。

北仲争议解决新探索文库编委会

2024 年 10 月 8 日

序　一

八千里路云和月

律海沉浮二十载，回望来路。

1992 年我获得天津大学工学学士学位，在大型国有企业中石化工作多年后，终选择放弃国有企业优质平台、离开熟悉的工科领域，投身律师业。彼时之心境，除却对此前现状的不甘、对今后前路的不安，更多的是对全新领域之诸多期盼。

入行伊始，既无师傅带教，亦无经验傍身，每一步都小心翼翼，唯恐行差踏错。不久便发现法律服务专业确有复合型知识的用武之地，尤其在房地产与建设工程这一细分领域，能将我的工科背景、工作经验和法律专业知识有机结合，发挥所长。然"路漫漫其修远兮"，欲取真经须得上下求索。为尽快弥补自身法律专业知识的不足，我分别制定短期与中长期学习计划，笃行不怠，以求日日有长进。恍然间，竟已 20 余年，承蒙业界诸君抬爱，带领的团队已跻身房地产与建设工程业内顶尖团队行列，并在高端民商事争议解决领域占有一席之地。

莫愁前路无知己

过往执业生涯让我深知，代理案件的圆满解决离不开团队的齐心协力，行业氛围的优化改善亦离不开诸位同仁的共同努力，比起囿于己身的方寸天地，不如与志同道合者一并前行。既往的求学背景与从业经历也让我更加坚定了用对建设工程领域的持续研究回馈社会的决心，以文字分享经验、传授知识，为新秀留下指引、指点迷津。

此前所著《建设工程索赔与反索赔》一书，侧重于从定性角度对建设工程索赔进行脉络梳理，但在复杂的工程争议中，仅有定性分析往往不足以解决相关实务问题，定量分析才是解决问题的重点。此前与业内领先的法务工期领域专家——联合建管（北京）管理咨询有限责任公司的邱闯先生、刘磐先生及其团队联合编著的《建设工程工期争议解决指引》一书，着眼于工期这一关键要素，探讨研究工期争议解决的定量分析方法。而在建设工程纠纷中，工程造价方面的争议更具有普遍性，在建设工程争议解决中扮演着不可或缺的重要角色。但受制于工程造价领域相对较晚的市场化与体系形成，工程造价管理与鉴定制度在国内尚未发展成熟，缺少充分、翔实的理论与实务研究，以工程造价为主题展开分析的专著亦寥寥无几，因而本书的出版在一定程度上能够填补此缺，更进一步完善建设工程争议解决的研究版图。本书的意旨与此前各书别无二致，唯愿为国内建设工程造价争议解决体系的深入研究贡献力量，助更多有志于在该领域深耕的人士一臂之力。

而今迈步从头越

因建设工程造价所涵盖内容之广泛、所涉及案件之丰富，为确保本书的学术价值与专业高度，特邀请这一领域公认的行家翘楚——中国建设工程造价管理协会专家委员会常务副主任、北京市建设工程招标投标和造价管理协会会长吴佐民先生与我合编本书。历时两年有余，经过轮番调整与修改，汇聚众多行业精英智慧，终于完成本书。

本书在结构上分为四篇，从回顾到探索，从理论基础到实务分析，力求由点及面地考察工程造价争议解决的发展脉络与前景、由浅入深地介绍与之相关的各项概念与制度。在内容上，从工程造价争议解决现状延伸开来，全面介绍了工程造价管理、工程发承包管理制度及工程造价管理体系，并以时间为线索，梳理工程结算编制、工程结算审核、工程造价鉴定等不同环节的核心要点，同时结合案例，深入浅出地分析了特殊情形下的费用争议处理方式。此外，本书还围绕工程造价鉴定意见与质证这两个话题，考察国外的专家证人制度，探索可行于国内的对工程造价鉴定意见进行质证的优化路径。如此种种，既是经验之谈，也是研究成果，皆编入本书以飨读者。

“雄关漫道真如铁”，谨以本书与诸君共勉，期冀本书的出版能对各位有所助益，彼此在互相学习中共同奋进！

袁华之

2023 年 8 月于北京

序　二

2021 年初，袁华之老师与我交流时，他希望和我共同写一本建设工程造价纠纷解决方面的专著，全面阐释工程造价纠纷中存在的问题、工程造价管理的有关制度与理论、工程结算编审和工程造价鉴定的方法与案例等。尽管我从事工程造价管理和工程管理工作已有 30 多年，也曾负责起草了《建筑工程施工发包与承包计价管理办法》和十余项国家或行业（协会）标准，并起草了诸多的报告等，但是，我对写这样一本系统的书还是比较畏惧。2017 年，应高等教育工程管理和工程造价学科专业指导委员会的要求，我负责主编了《工程造价概论》，24 万字的教材用了 3 年时间，三易其稿，在北京交通大学刘伊生教授的认真审阅、指导、修改下才完成。作为工科生，我认为起草标准相对容易，怎么做，就怎么写，体例上一般也不过多思考，“3.1.1、3.1.2、3.1.3，1、2、3，(1)(2)(3)”必须、应、宜（可），把怎么做和技术要求写明白即可，而写这本专著不仅要有学术价值和理论高度，还要层次清晰，把道理讲明白，最好再插入案例，提升人们认识，并引发新的思考，而这确实不是我的长项。

2013 年，我有幸成为北京仲裁委员会的仲裁员，首个仲裁案件便是与袁华之老师合作。通过北京仲裁委员会的仲裁案件实践确实向袁华之老师和很多的仲裁员老师，以及北京仲裁委员会的领导和工作人员学到了很多书本上、工程造价管理工作中学不到的东西。仲裁员的工作，不仅让我拓宽了工程造价管理视野，可以通过建设工程的仲裁案件去检视我们编就的各个工程造价管理标准，以及做过的上百个工程造价咨询工作中的不足，更让我学到了他们在工作中谦逊、缜密、精益求精的精神，使我更加深刻地认知了应该有的专业精神。在此，我也真诚地感谢多年来我能随时请教并给予我指导的袁华之、冯志祥、关丽、谭敬慧、檀中文、高印立、姜开义等老师！

多年的工程造价工作让我深感我国工程造价的管理理论和基础建设还十分薄弱，我国一直沿用计划经济体制下的以工程定额为主的工程造价管理体系应该与时俱进。为此，本人编写了《中国工程造价管理体系研究报告》，期望构建与英联邦工料测量体系、北美的工程造价管理体系具有相同国际影响力的中国特色工程造价管理体系，其中最重要的是工程造价管理标准体系，本人从2007年开始也践行了多项国家标准和协会标准的编写工作。给我印象最深的是在国家标准《建设工程造价鉴定规范》的制订工作中，我们有幸邀请北京仲裁委员会王红松副主任、丁建勇副秘书长参加编制组，他们每次均亲自参加该规范的讨论，每次会议均会准备详细的书面意见，特别是在工程造价鉴定的程序要求、依据使用、鉴定意见编写等方面给予了全面又具体的指导，使该标准的质量显著提升，对规范工程造价鉴定和工程纠纷的处理起到了巨大的推动作用。与此同时，在以往的学习和该标准的制订中有幸聆听王红松老师的讲解，使我更加深刻地领悟了北京仲裁委员会的精神，《铸造公信力》的理想与路径，对此，在以往负责协会秘书处工作时，也以北京仲裁委员会为非营利社会组织的标杆加以学习。

正是有感于北京仲裁委员会的精神和对业务的精益求精，本人近年也能够不忘初心，更有兴趣深度参与工程造价的基础建设工作，并先后编制完成了《建设工程造价数据建设通用标准》《建设项目投资估算编制作业指引》《建设工程造价鉴定作业指引》等4部作业层面的标准。当袁华之老师让我编撰此书时，我尽管感觉文字水平和专业能力方面的欠缺，但近年的这些基础工作，以及上百个咨询项目、上百个仲裁案件的实践，也让我认为有必要做一点总结和分享，因此，就欣然地接受了这个挑战。两年来，在我的校友袁华之老师的鼓励和指导，在各位同仁的通力合作下，本书终于编写完成。完成之余，我也深感忐忑，主要是本书内容较多，时间仓促，打磨的还远远不够，但我希望分享给同仁，能够起到抛砖引玉的作用，更希望有兴趣的同仁们参与进来，希望在你们的理论研究、工程造价纠纷处理等工作和司法实践的基础上持续迭代，成为经典。

吴佐民

2023年9月30日

前　言

工程管理是集法律、技术、经济、管理、信息、社会于一体的系统工作，它源于工程技术和工程实践。工程管理的核心目的是要在特定的空间、时间、资源、政治、文化等多种条件的约束下，达到计划的建设目标，产生经济和社会效益。在市场经济体制下，工程造价或价格永远是工程最敏感、最重要的管理要素，因此要充分用好合同、价格等工具与手段来管控工程。

近年来，建设工程诉讼和仲裁案件呈持续上升态势，根据中国裁判文书网统计，2011 年 1 月 1 日至 2023 年 12 月 31 日，全国建设工程合同纠纷案件裁判文书数量共计2,631,473 份，涉及鉴定的案件共计 62,757 件 ，其中涉及工程造价鉴定的案件有32,040 件，占比达 51% 。工程造价鉴定往往数额较大、证据繁杂、勘验困难、争议激烈，是一项事关当事人切身利益的经济鉴证类业务，不仅需要很强的专业能力、合同管理能力、法律知识，还需要严格的程序规范与职业操守等。建设工程纠纷案件的高质量处理不仅事关国家的基础设施、城市和住房建设、科技国防、“双碳”等各个领域，也关系到 5800 多万建筑工人生产、生活的切身利益，是落实党中央“以人民为中心的发展理念”的具体体现。在实践中培养和打造具有法律意识、国际视野、合同管理和专业能力的高质量人才，是处理好工程结算、工程造价鉴定与质证，避免和化解工程纠纷的重要基础，也是提升国家的软实力的重要体现。

本书集工程造价管理、工程法务研究与实际工作专业人士，结合他们的工程造价管理的理论与实践，旨在为工程结算、工程造价鉴定与质证提供可供操作的工作指引。

本书由吴佐民、袁华之主编，具体内容和分工如下：

第一篇为回顾篇，是对建设工程造价争议解决的回顾及现状分析。本篇第一章由翟家琦编写，概述性地分析建设工程造价争议解决案件的基本情况。第二章由吉润一聃、王瑱玥编写，主要分析司法实践中工程造价鉴定现状及存在问题，以及引发相关问题的法律后果。本篇由吴佐民、袁华之进行主审。

第二篇为基础篇，旨在让大家系统了解工程造价管理的基本原理、体系，建设工程发承包制度。本篇第三章由吴佐民编写，阐释工程造价的相关概念与构成，工程计价的基本原理与方法，工程造价管理制度，以及工程造价管理改革与发展方向。第四章由吴佐民、梁晓琴、郭婧娟编写，阐释中国建设工程发承包管理制度，为合同管理奠定基础。第五章由吴佐民编写，全面阐释了中国的工程造价管理技术体系。本篇由袁华之、郭婧娟进行主审。

第三篇为实务篇，包括工程结算的编制与审核，工程造价鉴定意见书的编制等内容。本篇第六章由金铁英、吴佐民等编写，为工程结算的编制。第七章由王升溶、孙建华、吴佐民等编写，为工程结算的审核。第八章由潘敏、王升溶、金铁英、吴佐民等编写，为工程造价鉴定意见书的编制。第九章由邱闯、高印立、檀中文、蒋真良等编写，包括工期、质量、工程修复、合同无效、合同中止及解除、实际施工人争议、合同缺陷等情形下的工程造价鉴定与费用计算等。本篇由袁华之进行主审。

第四篇为探索篇，由吴佐民编写，旨在探索工程造价鉴定意见的质证，专家证人制度的建立。第十章对质证的相关概念，专家证人与专家辅助人的概念、作用、定位进行了辨析，希望能够通过探索尝试国际上通用的专家证人制度，推进我国工程纠纷的多元解决方式。第十一章是工程造价鉴定意见的质证主体、方式与内容等。第十二章是针对工程造价鉴定意见初稿的核对与意见反馈、质证等程序要求等。第十三章工程造价鉴定意见的技术性审读与分析，包括鉴定报告的规范性分析、鉴定依据分析、费用科目定性的正确性和定量的准确性分析、工程造价鉴定中汇总的正确性核定等内容。第十四章是工程造价鉴定意见质证意见书的编写与出庭等内容。本篇可借鉴的文献并不多，作者认为，一矛一盾的交锋、对抗是提升工程造价鉴定质量、工程造价纠纷解决质量，让当事人心服口服和获得当事人对纠纷解决满意度的重要途径，因此，就专家辅助人制度和专家证人制度的建立、工作要求、工作内容进行了探索。本篇由袁华之、檀中文进行主审，编写过程中，姜开义、谭敬慧、张弘、张大平给予了指导。

本书之案例有些是源于法院公开的裁决案例，有些是对工程结算、工程造价鉴定、工程纠纷调解等案例的总结或归纳，案例大多做了删隐，切勿对号入座。本书参考文献较多，为了统一及减少篇幅，一并放入最后的参考文献。

限于作者水平有限，本书缺点和错误之处在所难免，敬请大家批评指正！作者将不胜感激！

编委会

2023 年 9 月 4 日

目 录

1 回顾篇

第一章

工程造价争议解决回顾及现状

一、工程造价争议案件回顾

工程造价一般是指工程项目在建设期预计或实际支出的建设费用。[①] 所谓建设费用，系从投资方角度解读工程造价，是指其为建设一项工程或工程的某个部分所支付的项目投资资金。若从工程交易的角度理解工程造价的含义，又可称为工程交易价格，它反映发承包双方工程采购交易的约定价格，从施工企业成本管理角度看，该价格应涵盖工程建设的工程施工成本，并应有一定的利润所得。一般而言，工程造价至少包括以下四层含义。

1. 工程造价的管理对象是工程项目。一个完整的工程项目由各个单项工程或单位工程组成，单项工程或单位工程又可向下再拆解为各个分部工程或分项工程，上述工程项目均有对应的工程造价。就完整的建设项目而言，其工程造价的具体指向是建设投资或固定资产投资；而就其中某一个单项工程、单位工程或分部分项工程而言，其工程造价的具体指向是这部分工程的建设或建造费用。

2. 工程造价的费用计算范围是建设期，即工程项目从投资决策开始到竣工投产这一工程建设时段所发生的费用。工程项目的建设期按照流程可主要划分为：投资决策—工程设计—工程交易（招投标、发承包、合同签订等）—工程施工—竣工投产。

3. 工程造价在工程交易或工程发承包前均是预期支出的费用。投资决策阶段为投资估算，工程设计阶段为设计概算、施工图预算，工程发承包、招投标阶段一般表现为最高投标限价。上述费用均为估价，系预期费用。而在工程交易以后则为经过核定的实际费用（该费用的增减一般要依据合同条件作出），包括工程交易时的合同价、施工阶段的施工过程结算、竣工验收阶段的竣工结算。因此，在市场经济体制下，可以把工程交易看成一个工程价格的博弈时点，通过双方博弈最终由市场形成工程价格，并

① 参见住房和城乡建设部、国家质量监督检验检疫总局《工程造价术语标准》（GB/T 50875—2013）。

以建设工程合同的形式载明合同价及其调整原则与方式。

4. 工程造价最终反映的是工程建设所需的建设费用或建造费用，该费用不包括生产运营期的维护改造等各项费用，也不包括流动资金。

在建设工程施工合同签订和履行过程中，工程造价的确定需要依赖于发包人提供的基础资料、发包人要求、设计图纸及相关规范及承包人选取的消耗量定额进行计算；同时，工程造价的确定又依赖于发承包双方在经济合理性考量下的博弈，具有技术与市场的双重属性。在签订建设工程施工合同的时点上，发承包双方都需要在比较有限的时间内确定一个计价原则及合同价格；而在建设项目的整个建设期内，构成工程造价的任何因素发生变化，都可能会影响工程造价的变动，只有到竣工结算的时点上才能确定一个较为可靠的价值，即工程造价存在一个动态变化的过程。因此，纵观整个项目的建设程序，围绕工程造价方面产生的争议往往是建设施工合同履行过程中的焦点所在。

我国工程造价市场化程度的增强，推动了工程造价争议案件数量的迅速增长。2001 年 11 月 5 日原建设部颁布的《建筑工程施工发包与承包计价管理办法》（以下简称《发承包计价管理办法》）（建设部令第 107 号，已于 2014 年 2 月 1 日被 2013 年公布的《发承包计价管理办法》废止），首次提出"建筑工程施工发包与承包价在政府宏观调控下，由市场竞争形成"，以及"发承包双方在确定合同价时，应当考虑市场环境和生产要素价格变化对合同价的影响"，标志着建设工程价格开始从政府指导价转向市场调节价。自 2003 年 7 月 1 日《建设工程工程量清单计价规范》（GB 50500—2003，以下简称《2003 版清单计价规范》，现已失效）实施以来，建设企业可以在竞价时以发包人提供的工程量清单为基础，根据企业自身的实际情况自主报价，初步实现了从传统的定额计价模式到工程量清单计价模式的转变，市场化程度显著增强。在工程量清单计价模式下，一般由发包人负责保证工程量清单的准确性和完整性，承包人需承担合同约定范围内的综合单价的报价风险，在工程量清单或综合单价的编制依据出现错误或显著变化的情况下，容易导致工程造价争议的发生。除工程量清单计价模式外，根据建设工程的实际需要，发承包双方还可以灵活选择模拟清单计价、固定总价、招标控制价费率下浮计价等计价模式，并表现为不同的履约特点。

在近年来的司法实践中，工程造价争议呈现出数量迅速增长、地域分布集中、争议标的大、审理时间长、案情疑难复杂等特点。本节将以各级人民法院在 2014 年 1 月 1 日至 2023 年 12 月 31 日审理的工程造价争议案件为例，对工程造价争议案件近 10 年的情况进行回顾。

（一）2014—2023 年工程造价争议案件数量

2014—2023 年，全国法院工程造价争议案件数量整体呈先增长后下降趋势。

2014—2020 年,工程造价争议案件数量基本呈快速上升趋势,在 2020 年达到峰值 22,047 件;2020—2023 年,工程造价争议案件数量相较于 2014—2020 年又快速减少(见图 1－1)。

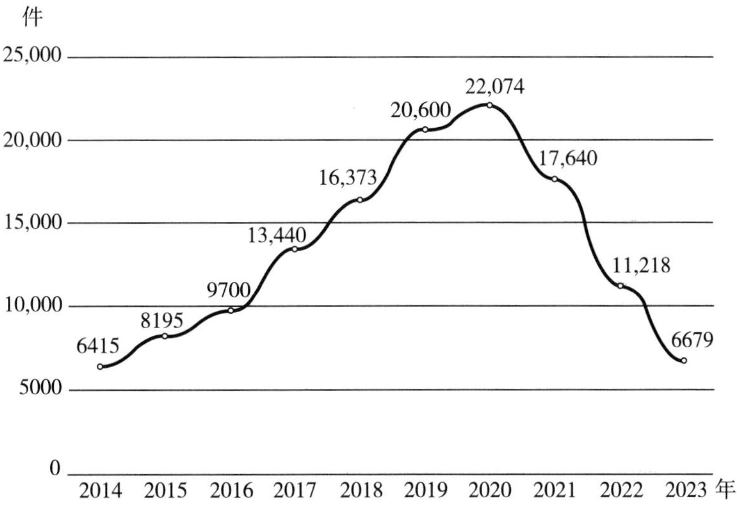

图 1－1　2014—2023 年工程造价争议案件数量

国家产业政策变化及新冠疫情等因素直接影响了建设工程相关主体的交易行为,进而也会同步影响工程造价争议案件的数量,2020 年后逐年减少比例超过 20%,这既有疫情的影响,也有大量案件尚未审结及裁判文书不再上网的影响因素。从总体上看,工程造价争议案件数量先增后减,但仍维持在较高水平,呈现案件事实复杂、审理期限长、诉讼标的较大等特点,深刻影响着相关市场主体的切身利益。

(二)2014—2023 年工程造价争议案件案由分布

根据《民事案件案由规定》,建设工程合同纠纷案件主要包含以下 9 类案由:建设工程勘察合同纠纷、建设工程设计合同纠纷、建设工程施工合同纠纷、建设工程价款优先受偿权纠纷、建设工程分包合同纠纷、建设工程监理合同纠纷、装饰装修合同纠纷、铁路修建合同纠纷、农村建房施工合同纠纷。工程造价争议案件中建设工程施工合同纠纷数量占据主要比例,共有 91,734 件,占 69.32%(见图 1－2);其次是装饰装修合同纠纷、建设工程分包合同纠纷、农村建房施工合同纠纷、建设工程监理合同纠纷,分别占 11.31%、5.56%、1.35%、0.18%。

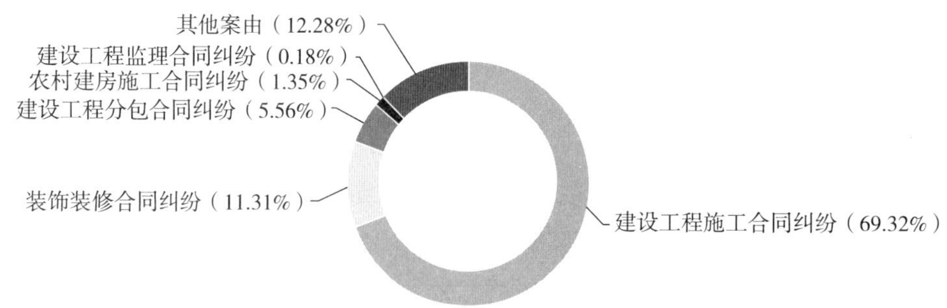

图 1－2 2014—2023 年工程造价争议案件案由分布

（三）2014—2023 年工程造价争议案件数量地域分布

2014—2023 年，全国造价争议案件数量较多的地域为华北、华南地区，其中山东省、江苏省、广东省、河南省、浙江省造价争议案件数量排名前 5（见图 1－3）。整体而言，我国中西部地区工程造价争议案件数量相对较少。这与各省份经济发展水平、人口数量、基础设施建设情况及建设项目数量的分布有关。

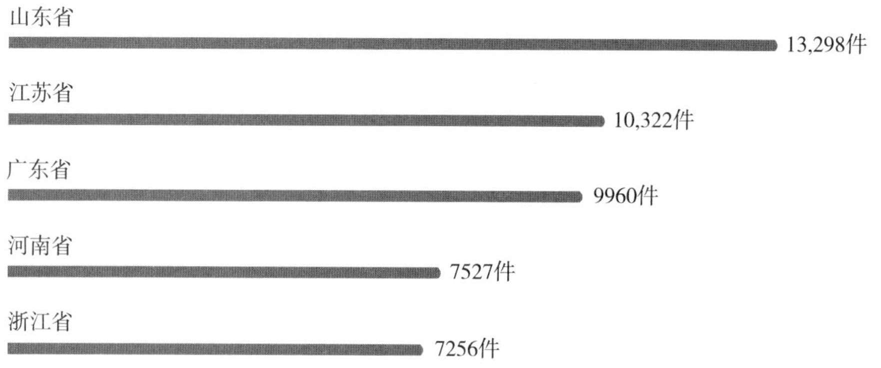

图 1－3 2014—2023 年工程造价争议案件数量排名前 5 省份分布

值得注意的是，随着我国中西部地区承接产业转移等国家政策的持续推进，近年来一些西部省份的工程造价争议案件数量也呈现迅速增长的态势。以图 1－4 所体现的新疆维吾尔自治区近 10 年来工程造价争议案件数量变化趋势为例，可以看出，在 2013 年新疆维吾尔自治区各级法院审理的工程造价争议案件数量仍然较少，而从 2019 年开始，新疆维吾尔自治区各级法院审理的工程造价争议案件数量快速上升，与全国整体变化趋势总体一致。

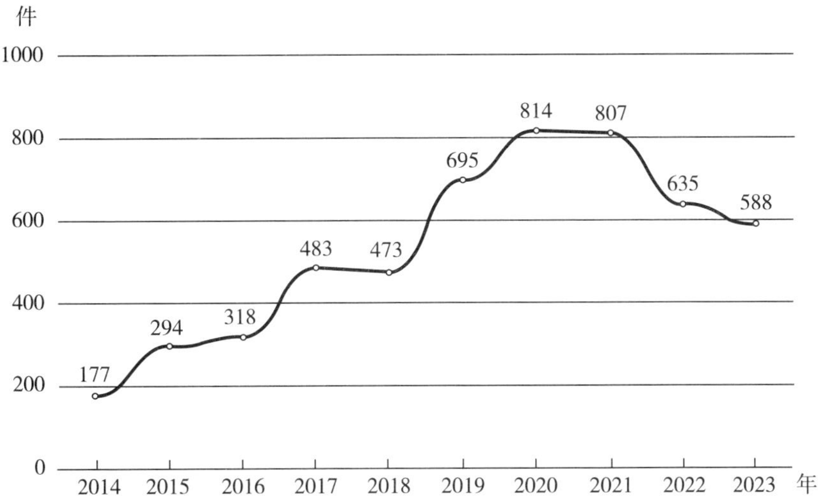

图 1-4　新疆维吾尔自治区 2014—2023 年工程造价争议案件数量变化趋势

(四)2014—2023 年工程造价争议案件审理法院分布

一般而言,审理案件的人民法院审级越高,通常意味着诉讼标的额越大、当事人之间越难以定分止争。在工程造价争议案件中,最高人民法院审理的案件数量远超其他法院,是第 2 名的近 2 倍(见图 1-5)。辽宁省沈阳市中级人民法院、广东省广州市中级人民法院、山东省高级人民法院、山东省青岛市中级人民法院审理的工程造价争议案件数量较多,与 2014—2023 年间的工程造价争议案件数量地域分布具有关联性。

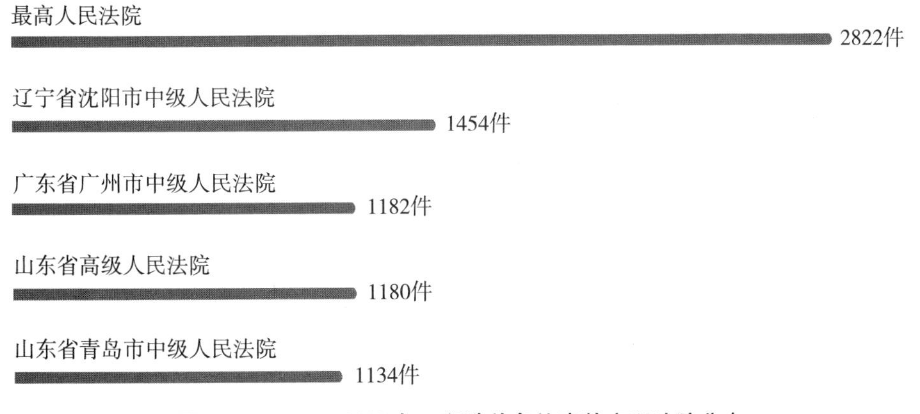

图 1-5　2014—2023 年工程造价争议案件审理法院分布

从法院层级来看,最高人民法院、高级人民法院审理该类案件数量较多,这与工程造价争议案件的标的额较大具有直接关系。值得注意的是,2019 年 5 月 1 日最高人民法院《关于调整高级人民法院和中级人民法院管辖第一审民事案件标准的通知》施行,第一条规定:"中级人民法院管辖第一审民事案件的诉讼标的额上限原则上为50亿元(人民币),诉讼标的额下限继续按照《最高人民法院关于调整地方各级人民法院管辖第一审知识产权民事案件标准的通知》(法发〔2010〕5号)、《最高人民法院关于调整高级人民法院和中级人民法院管辖第一审民商事案件标准的通知》(法发〔2015〕7号)、《最高人民法院关于明确第一审涉外民商事案件级别管辖标准以及归口办理有关问题的通知》(法〔2017〕359号)、《最高人民法院关于调整部分高级人民法院和中级人民法院管辖第一审民商事案件标准的通知》(法发〔2018〕13号)等文件执行。"此规定的出台使中级人民法院一审级别管辖标的额上限显著提高。2021年10月1日起施行的最高人民法院《关于调整中级人民法院管辖第一审民事案件标准的通知》进一步将中级人民法院级别管辖标准调整为:当事人住所地均在或者均不在受理法院所处省级行政辖区的,中级人民法院管辖诉讼标的额5亿元以上的第一审民事案件;当事人一方住所地不在受理法院所处省级行政辖区的,中级人民法院管辖诉讼标的额1亿元以上的第一审民事案件;战区军事法院、总直属军事法院管辖诉讼标的额1亿元以上的第一审民事案件。可以预见,新增的大标的工程造价争议案件将大量集中在中级人民法院审理,在将来的一段时间内,中级人民法院受理的工程造价争议案件数量比例将持续扩大。

而《关于完善四级法院审级职能定位改革试点的实施办法》(法〔2021〕242号)实施后,根据该办法第十三条①的规定,最高人民法院审理再审案件的范围进一步限缩,最高人民法院审理工程造价争议案件的数量显著减少。但自2023年9月28日起最高人民法院《关于完善四级法院审级职能定位改革试点的实施办法》不再执行,最高人民法院审理工程造价争议再审案件数量将再度显著上升。

(五)2014—2023年工程造价争议案件诉讼标的额分布

在工程造价争议案件中,诉讼标的额100万元至500万元的案件最多,占30.85%;其次是诉讼标的额10万元至50万元的案件,占21.32%(见图1-6)。值得注意的是,在工程造价争议案件中,诉讼标的额在500万元以上的案件占24.94%。与其他类型的案件相比,工程造价争议案件诉讼标的额分布直接体现了该类型案件诉讼标的额较大、争议事实复杂的特点。

---

① 《关于完善四级法院审级职能定位改革试点的实施办法》第十三条规定:"最高人民法院应当自收到民事、行政再审申请书之日起三十日内,决定由本院或者作出生效判决、裁定的高级人民法院审查。民事、行政申请再审案件符合下列情形之一的,最高人民法院可以决定由原审高级人民法院审查:(一)案件可能存在基本事实不清、诉讼程序违法、遗漏诉讼请求情形的;(二)原判决、裁定适用法律可能存在错误,但不具有法律适用指导意义的。最高人民法院决定将案件交原审高级人民法院审查的,应当在十日内将决定书、再审申请书和相关材料送原审高级人民法院立案庭,并书面通知再审申请人。"

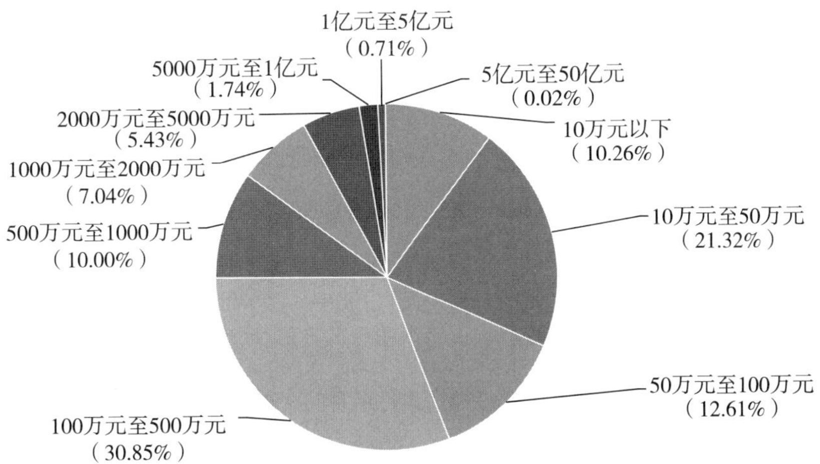

图1－6　2014—2023年工程造价争议案件诉讼标的额分布

（六）2014—2023年工程造价争议案件审理期限分布

审理期限时长，是反映案件争议事实复杂程度的另一重要数据。从近10年工程造价争议案件审理期限分布来看，审理期限在31—90天的案件数量最多，占38.27%；其次是91—180天，占19.21%；再次是181—365天，占18.79%（见图1－7）。可以看出，有17.30%的工程造价争议案件审理期限在1年以上，这与工程造价争议案件通常需要在诉讼中启动造价鉴定程序有直接关系①。上述数据充分体现了工程造价争议案件争议事实复杂的特点。

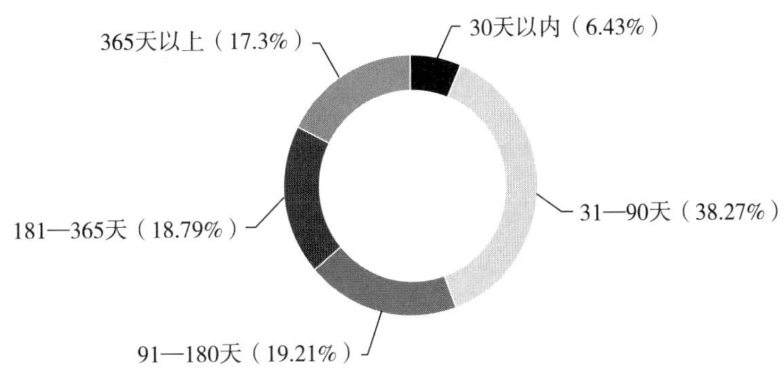

图1－7　2014—2023年工程造价争议案件审理期限分布

① 根据最高人民法院《关于严格执行案件审理期限制度的若干规定》第九条第六项的规定，民事案件鉴定期间不计入审理期限，因此从法院内部案件管理上来看造价鉴定程序不会延长案件审理期限。本书在本处仅从诉讼当事人角度考虑案件审理的绝对时长，暂不考虑法院内部案件管理中排除计入审限的规定。

（七）最高人民法院审理工程造价争议案件的基本情况

1.2014—2023年最高人民法院审理工程造价争议案件数量

一般而言，最高人民法院审理案件的标的额较大、案件事实或法律适用问题较为复杂，最高人民法院审理的案件数量能够在一定程度上说明造价争议案件多为大案要案的情况。

2014—2023年，最高人民法院审理工程造价争议案件数量整体呈先上升后下降趋势，与全国工程造价争议案件数量的变化趋势基本一致（见图1-8）。其中，2020年后最高人民法院工程造价争议案件数量有所减少，2023年降至最低水平，这与疫情、级别管辖标准及四级法院审级职能定位的变化有着直接关系。

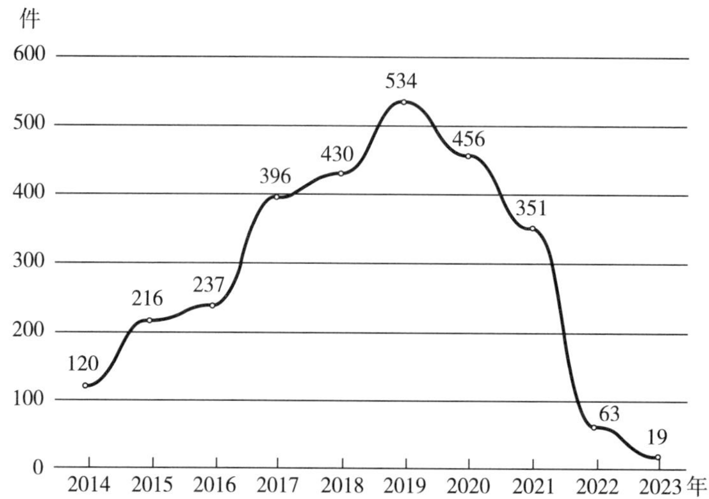

图1-8　2014—2023年最高人民法院审理工程造价争议案件数量

2.2014—2023年最高人民法院审理工程造价争议案件案由分布

受案件标的额的影响，2014—2023年间最高人民法院审理的工程造价争议案件中建设工程施工合同纠纷案件数量占94.26%，占据绝对主要地位；其次为装饰装修合同纠纷，案件数量占1.42%；其余类型案件数量较少（见图1-9）。

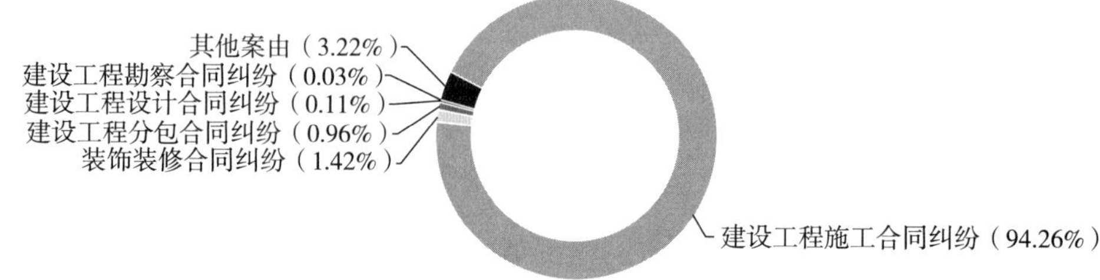

图1-9　2014—2023年最高人民法院审理工程造价争议案件案由分布

3. 2014—2023 年最高人民法院审理工程造价争议案件审理期限分布

最高人民法院审理的工程造价争议案件的事实部分至少已经经过了一审法院的审查，能够一定程度上加快庭审进程。但从审理期限上看，2014—2023 年最高人民法院审理工程造价争议案件的审理期限，在 91—180 天的案件数量最多，占 38.71%；其次是31—90 天，占 27.19%；再次是 181—365 天，占 26.27%（见图 1－10）。可以看出，最高人民法院审理的工程造价争议案件的案件期限仍较长，案情仍较复杂。

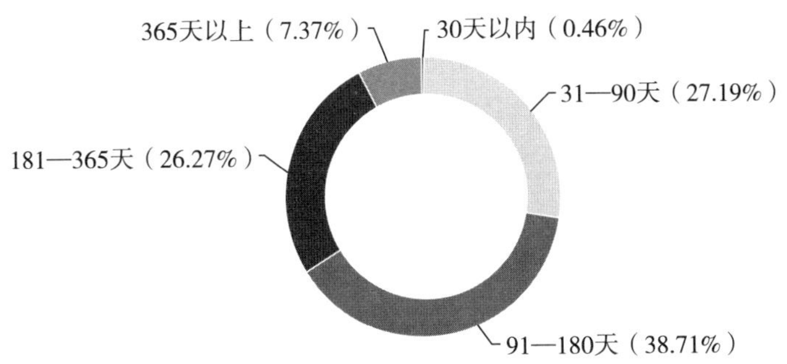

图 1－10　2014—2023 年最高人民法院审理工程造价争议案件审理期限分布

4. 2014—2023 年最高人民法院审理二审工程造价争议案件的裁判结果

2014—2023 年最高人民法院审理二审工程造价争议案件裁判结果中，维持原判案件数量的占比最高，为 49.92%；其次为直接改判，占比 40.32%；再次为发回重审，占比8.82%，改判率与发回率合计为 49.14%（见图 1－11）。最高人民法院审理的二审工程造价争议案件与其他类型案件相比改判与发回的情况较多，维持率较低，在司法实务中应格外重视对于最高人民法院造价争议案件裁判意见的研究。

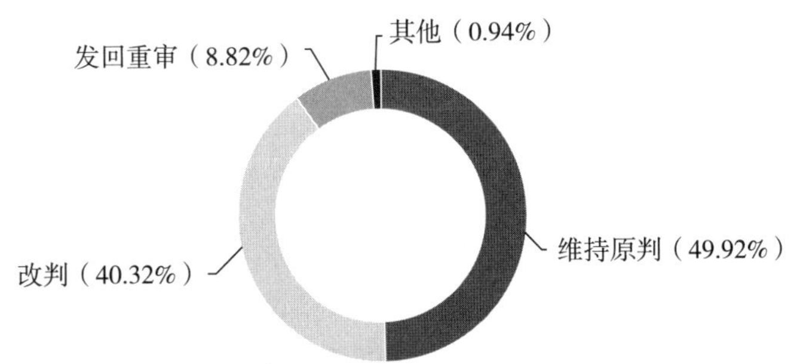

图 1－11　2014—2023 年最高人民法院审理二审工程造价争议案件的裁判结果

二、工程造价争议解决现状

(一)人民法院或仲裁机构审理工程造价争议的基本思路

1. 工程造价争议中涉及造价等专门性问题,法院认为需要鉴定的,应当委托具备资格的鉴定人进行鉴定

鉴于工程造价的专业性、复杂性,在发承包双方对工程款数额存在争议时,法院往往需要借助工程造价鉴定机构查明工程款的合理数额。对此,《民事诉讼法》第七十九条规定:"当事人可以就查明事实的专门性问题向人民法院申请鉴定。当事人申请鉴定的,由双方当事人协商确定具备资格的鉴定人;协商不成的,由人民法院指定。当事人未申请鉴定,人民法院对专门性问题认为需要鉴定的,应当委托具备资格的鉴定人进行鉴定。"最高人民法院《关于民事诉讼证据的若干规定》第三十条规定:"人民法院在审理案件过程中认为待证事实需要通过鉴定意见证明的,应当向当事人释明,并指定提出鉴定申请的期间。符合最高人民法院《关于适用〈中华人民共和国民事诉讼法〉的解释》(以下简称《民诉法解释》)第九十六条第一款规定情形的,人民法院应当依职权委托鉴定。"

根据上述规定,鉴定程序的启动方式可以分为因当事人申请而启动和法院依职权启动两种。在造价争议案件中,对于待证事实负有举证责任的当事人,如该待证事实涉及的工程造价需要鉴定,则该当事人负有提出申请的义务;如果该当事人未提出造价鉴定申请或者未在人民法院指定的期限内提出鉴定申请,抑或虽提出造价鉴定申请却不按照法院要求预交鉴定费用,应视为放弃申请,由该当事人承担举证不能的法律后果。当事人不提出造价鉴定申请,但法院认为对工程造价问题确需鉴定的,法院可以依职权启动造价鉴定。但需要注意的是,只有满足《民诉法解释》第九十六条第一款关于法院依职权调查收集证据情形的,法院才可以依职权委托鉴定,即"(一)涉及可能损害国家利益、社会公共利益的;(二)涉及身份关系的;(三)涉及民事诉讼法第五十八条规定诉讼的;(四)当事人有恶意串通损害他人合法权益可能的;(五)涉及依职权追加当事人、中止诉讼、终结诉讼、回避等程序性事项的"。这一方面体现了法院裁判中立和法院对当事人处分自己诉讼权利的尊重,另一方面也与当前法院较难向鉴定机构直接预交鉴定费用有一定的关系。

2. 当事人约定按照固定价结算工程价款,一方当事人请求对建设工程造价进行鉴定的,法院不予支持

本条裁判思路出自最高人民法院《关于审理建设工程施工合同纠纷案件适用法

律问题的解释(一)》(以下简称《施工合同司法解释(一)》)第二十八条①。在实践中,根据工程建设的实际需要,双方当事人约定的工程款结算方式也有不同。如合同中约定按照固定价结算工程款,一般是指按施工图总价包干,即以经发承包双方审查后的施工图总概算或者综合预算总价为准,也有以平方米包干的方式。这类工程款结算方式一般不通过鉴定就可以确定工程总价款。承包人和发包人在履行建设工程施工合同过程中,在合同约定的风险范围内,工程总价不作调整。

例如,《建设工程施工合同(示范文本)》(GF—2017—0201)(以下简称《2017 版施工合同》)通用合同条款第 12.1 条第 2 款约定:"总价合同是指合同当事人约定以施工图、已标价工程量清单或预算书及有关条件进行合同价格计算、调整和确认的建设工程施工合同,在约定的范围内合同总价不作调整。合同当事人应在专用合同条款中约定总价包含的风险范围和风险费用的计算方法,并约定风险范围以外的合同价格的调整方法,其中因市场价格波动引起的调整按第 11.1 款〔市场价格波动引起的调整〕、因法律变化引起的调整按第 11.2 款〔法律变化引起的调整〕约定执行。"根据该条约定,只有触发了专用合同条款特别约定的合同风险范围以外的调价条款,工程总价才会发生变化。

根据《施工合同司法解释(一)》第二十八条的规定,发承包双方约定按照固定价结算工程价款的,表明双方对建设施工的风险有一定的预知,应当尊重当事人的意思自治。一方当事人请求不采用固定价、申请对工程造价进行鉴定的,法院不应予以支持。即便发生发承包双方均同意鉴定的情形,考虑到合同约定的固定价结算工程款对双方都应具有法律约束力,在没有证据和事实推翻合同约定的情况下,应当按照合同约定执行,一般也不应启动鉴定。② 对于因设计变更等导致工程量发生增减变化的,在可以区分合同约定部分和设计变更部分的工程时,也不应对整个工程造价进行鉴定,而可以按照合同约定的变更原则对增减部分计算变更后的工程款。

3. 当事人在诉讼前已经对建设工程价款结算达成协议,诉讼中一方当事人申请对工程造价进行鉴定的,人民法院不予准许

本条裁判思路出自《施工合同司法解释(一)》第二十九条③。发承包双方在履行施工合同过程中就工程价款结算达成的协议,从内容上看,有可能是对施工合同中已有的相关约定的重申,也有可能是在施工合同约定之外达成新的约定或补充协议。一

① 《施工合同司法解释(一)》第二十八条规定:"当事人约定按照固定价结算工程价款,一方当事人请求对建设工程造价进行鉴定的,人民法院不予支持。"

② 参见最高人民法院民事审判第一庭编著:《最高人民法院新建设工程施工合同司法解释(一)理解与适用》,人民法院出版社 2021 年版,第 284 页。

③ 《施工合同司法解释(一)》第二十九条规定:"当事人在诉讼前已经对建设工程价款结算达成协议,诉讼中一方当事人申请对工程造价进行鉴定的,人民法院不予准许。"

般而言，多数工程款结算协议除结算工程价款内容外，也会对违约责任、损失赔偿、质保金等事项予以"一揽子"解决。

根据《施工合同司法解释(一)》第二十九条的规定，在建设工程施工合同履行过程中，如果当事人已经就建设工程施工合同的价款结算达成结算协议，则应恪守承诺，不能事后企图通过造价鉴定推翻自己已认可的工程价款结算协议以获取额外利益，否则就违背了民事行为的诚实信用原则与意思自治原则。此外，在当事人已经就结算工程价款达成协议的情形下，法院按照双方协议中的约定处理，也节约了司法资源，避免了助长不诚信的诉讼行为。

值得注意的是，当事人基于无效建设工程施工合同签订的建设工程价款结算协议是否无效，实践中存在不同认识。最高人民法院认为，建设工程价款结算协议源自建设工程施工合同，但又不同于后者，其应被视为独立协议，而非建设工程施工合同的结算和清理条款，因此即便建设工程施工合同被认定为无效，建设工程价款结算协议也不随之当然无效。① 例如，《民事审判指导与参考》2012 年第 1 辑(总第 49 辑)刊登的"黑龙江省东阳房地产开发有限公司与郑延利建设工程施工合同纠纷案"的案例分析部分指出："从本案案件审理中所引申出来的具有重要法律价值的问题是：实际施工人如果和发包人已经就建设工程价款进行了结算，并签署了结算协议，如果建设工程经竣工验收合格后，实际施工人依据结算文件请求支付工程价款的，人民法院则可以将该结算协议作为工程价款的结算依据。"②

4. 法院认为工程造价需要鉴定的，当事人经释明未申请鉴定、虽申请鉴定但未支付鉴定费用或者拒不提供相关材料的，应当承担举证不能的法律后果

本条裁判思路出自《施工合同司法解释(一)》第三十二条第一款。③ 一般而言，造价争议案件较为突出的特点是案件事实复杂、证据材料繁多，具有较强的专业性，需要查明的事实认定往往涉及很多专门性、技术性问题，特别是建设工程造价及质量缺陷修复费用等。为配合法院查明事实，需要借助司法鉴定的比例较高，而且鉴定意见通常直接影响案件的裁判结果，最终决定诉讼走向。而工程造价争议案件中的鉴定程序一般时间长、费用高、程序复杂，对委托鉴定也应采取慎用的态度。

---

① 参见最高人民法院民事审判第一庭编著：《最高人民法院新建设工程施工合同司法解释(一)理解与适用》，人民法院出版社 2021 年版，第 298 页。

② 最高人民法院民事审判第一庭编：《民事审判指导与参考》(2012 年第 1 辑)(总第 49 辑)，人民法院出版社 2012 年版，第 178 页。

③ 《施工合同司法解释(一)》第三十二条规定："当事人对工程造价、质量、修复费用等专门性问题有争议，人民法院认为需要鉴定的，应当向负有举证责任的当事人释明。当事人经释明未申请鉴定，虽申请鉴定但未支付鉴定费用或者拒不提供相关材料的，应当承担举证不能的法律后果。一审诉讼中负有举证责任的当事人未申请鉴定，虽申请鉴定但未支付鉴定费用或者拒不提供相关材料，二审诉讼中申请鉴定，人民法院认为确有必要的，应当依照民事诉讼法第一百七十条第一款第三项的规定处理。"

根据《施工合同司法解释(一)》第三十二条的规定,其一,是否需要造价鉴定,应由人民法院依据实际情况进行判断,并非造价争议一概应通过鉴定程序查明,如前文所述建设工程施工合同约定按照固定价结算工程价款或是当事人在诉讼前已经对建设工程价款结算达成协议的,就不应对工程造价进行鉴定;其二,哪一方当事人负有举证责任应由法院结合具体案情判断,法院应当告知负有举证责任的当事人鉴定的必要性以及不鉴定的法律后果,并询问其是否申请鉴定,否则可能构成诉讼程序瑕疵;其三,经法院释明后,负有举证责任的一方当事人未申请造价鉴定的,应承担举证不能的法律后果。具体而言,法院可能直接依据现有证据进行裁判,在依据现有证据确实无法查明工程款合理数额的情况下,亦有可能直接判决驳回诉讼请求。

需要注意的是,在工程造价争议案件中,即便判断需要委托造价鉴定,对鉴定范围也应适当予以限制,不能过分依赖鉴定意见的作用。对于法院能够依照现有证据材料认定案件事实的,可以不再委托鉴定。对此,《施工合同司法解释(一)》第三十一条规定:"当事人对部分案件事实有争议的,仅对有争议的事实进行鉴定,但争议事实范围不能确定,或者双方当事人请求对全部事实鉴定的除外。"

(二)工程造价争议解决的难点

工程造价争议,往往是众多建设工程合同纠纷的出发点与落脚点,在建设工程合同争议解决中占有核心地位。从本章可以看出,工程造价争议的解决一方面依赖于法院对于法律问题的把握,另一方面依赖于造价鉴定机构对于鉴定事项的判断,解决过程兼具法律判断与技术判断。准确理解工程造价争议,有赖于对众多工程造价问题的全面掌握。例如工程结算文件的编制、工程结算审核、工程造价鉴定意见的质证、特殊情形下工程造价的争议处理,等等。相较于其他争议类型,工程造价争议对参与争议解决的各方当事人提出了更高要求。

鉴于此,对于在解决工程造价争议过程中所必须具备的理论知识与实务经验,我们将在本书各章节中分别予以讨论。

第二章

工程造价鉴定不当行为及法律后果

近年来,因建设工程合同纠纷而引起的民事诉讼案件逐年增多,这类案件往往争议标的额巨大、专业性较强、审理周期长,服判息诉率低,随之引发的工程造价鉴定问题日益突出。客观、公正、科学地进行工程造价鉴定是建设工程合同纠纷案件审判质量的重要保证。本章对工程造价鉴定过程中可能出现的不当行为进行梳理汇总,并就工程造价鉴定中的不当行为引发的法律后果进行归纳分析。

一、工程造价鉴定中存在的不当行为

(一)鉴定机构、鉴定人员资质不适格

在诉讼及仲裁过程中进行的工程造价鉴定事项,受委托的鉴定机构的鉴定人员应当具备相应的工程造价执业资质。造价咨询企业资质自 2021 年 7 月 1 日起取消,因此对于造价咨询企业的资质不再做硬性要求。

1. 概述

诉讼或仲裁过程中的建设工程鉴定一般分为 3 种,即造价鉴定、质量鉴定和工期鉴定。但该 3 种鉴定需要何种资质,长期以来存在不同的观点。有一种比较常见的观点认为诉讼及仲裁活动中委托的鉴定为司法鉴定,鉴定机构需具备司法鉴定资质。另一种观点认为,诉讼或仲裁过程中,人民法院或仲裁机构委托的建设工程造价、质量、工期鉴定尽管属于司法鉴定,但是因接受委托的单位并非司法鉴定机构,故无须具备司法鉴定资格。另外,在司法实践中,鉴定人员需要具备相应的资质,否则将会影响其作出的鉴定报告的效力。

(1)实践中,建设工程造价鉴定机构曾受多重管理体制的规制

2021 年 7 月 1 日前,建设工程造价鉴定领域存在 3 套管理体制。一是依据《工程造价咨询企业管理办法》的规定,工程造价咨询企业必须取得建设行政主管部门颁发的资质证书才能进行资质等级许可范围内的工程造价咨询活动。二是依据全国人民

代表大会常务委员会《关于司法鉴定管理问题的决定》的规定，司法行政部门对鉴定人和鉴定机构进行登记管理，编制名册。三是依据《人民法院对外委托司法鉴定管理规定》和最高人民法院《对外委托鉴定、评估、拍卖等工作管理规定》的规定，人民法院对外委托鉴定实行名册制度。3 套管理体制可能确有其存在的合理性，但是多重管理体制无疑存在很多不确定性。2021 年 5 月 19 日后，国务院发布了《关于深化"证照分离"改革进一步激发市场主体发展活力的通知》(国发〔2021〕7 号)，在全国范围内取消了部分工程资质审批，其中包括工程造价资质认定，从行政法角度不再对工程造价鉴定机构作出资质要求。

(2)建设工程造价鉴定机构是否必须进行司法鉴定登记

实践中工程造价企业是否必须进行司法鉴定登记？全国人民代表大会常务委员会与最高人民法院和部分地方政府对此存在不同的规定。

①全国人民代表大会常务委员会与最高人民法院对于司法鉴定主体的管理

全国人民代表大会常务委员会《关于司法鉴定管理问题的决定》第二条规定："国家对从事下列司法鉴定业务的鉴定人和鉴定机构实行登记管理制度：(一)法医类鉴定；(二)物证类鉴定；(三)声像资料鉴定；(四)根据诉讼需要由国务院司法行政部门商最高人民法院、最高人民检察院确定的其他应当对鉴定人和鉴定机构实行登记管理的鉴定事项。法律对前款规定事项的鉴定人和鉴定机构的管理另有规定的，从其规定。"

最高人民法院《关于如何认定工程造价从业人员是否同时在两个单位执业问题的答复》(法函〔2006〕68 号)规定：工程造价咨询单位不属于实行司法鉴定登记管理制度的范围。对于从事工程造价咨询业务的单位和鉴定人员的执业资质认定以及对工程造价成果性文件的程序审查，应当以工程造价行政许可主管部门的审批、注册管理和相关法律规定为据。

②地方政府对于司法鉴定主体的管理主要分为以下 3 类

第一，要求所有类别的司法鉴定主体必须实行统一登记管理。例如，《山东省司法鉴定条例》第三条规定：司法鉴定包括法医类、物证类、声像资料类鉴定以及诉讼需要的会计、知识产权、建设工程、产品质量、海事、交通、电子数据等其他类鉴定。第五条规定：司法鉴定机构和司法鉴定人实行统一登记制度。未经司法行政部门登记并编入司法鉴定机构和司法鉴定人名册，任何组织和个人不得从事本条例第三条规定的司法鉴定业务，国家另有规定的除外。

第二，对司法鉴定主体的管理分为登记管理和备案管理。例如，《黑龙江省司法鉴定管理条例》第七条规定，对于全国人民代表大会常务委员会《关于司法鉴定管理问题的决定》规定的 4 类司法鉴定实行登记管理，对于其他种类的司法鉴定事项备案管理。

第三,仅对4类司法鉴定要求登记管理,对其他类别的司法鉴定主体未作要求。例如,《江苏省司法鉴定管理条例》第三条仅规定从事法医类、物证类、声像资料以及由国务院司法行政部门商最高人民法院、最高人民检察院确定的其他司法鉴定业务的鉴定人和鉴定机构实行登记管理制度。

③2021 年 7 月 1 日造价鉴定企业资质取消前,司法实践的处理情形如下

第一,取得了建设行政主管部门颁发的工程造价企业鉴定资质,但未纳入司法行政管理部门鉴定机构名册的。根据最高人民法院《关于如何认定工程造价从业人员是否同时在两个单位执业问题的答复》(法函〔2006〕68 号),对于取得了建设行政主管部门颁发的工程造价企业鉴定资质,但是未纳入司法行政管理部门鉴定机构名册的工程造价企业,应当认定为具有资质的司法鉴定机构。

第二,没有取得建设行政主管部门颁发的工程造价企业鉴定资质,但列入司法行政管理部门鉴定机构名册或者人民法院对外委托鉴定名册的。既然已列入司法行政管理部门鉴定机构名册或者人民法院对外委托鉴定名册,就没有理由不认定企业具有工程造价司法鉴定资质。

第三,没有取得建设行政主管部门颁发的工程造价企业鉴定资质,也没有列入司法行政管理部门鉴定机构名册或者人民法院对外委托鉴定名册的。原则上不应当认定企业具有工程造价司法鉴定资质,但是如果企业属于根据相关法律规定可以从事工程造价相关业务的机构也应当认定企业具有工程造价司法鉴定资质。

从这种处理思路就可以看出,司法鉴定中对于工程造价司法鉴定资格的管理呈现逐渐宽松的态势,而随着目前造价鉴定企业资质的取消,可以预见对于工程造价司法鉴定的要求将进一步放开,以司法行政管理部门鉴定机构名册或者人民法院对外委托鉴定名册为主要的鉴定资质认定依据,但如果企业属于根据相关法律规定可以从事工程造价相关业务的机构,那么也应被认定为具有工程造价司法鉴定资质。

(3)法理上,建设工程造价鉴定机构因其行为受到相关领域的法律法规等制约,不应纳入司法行政部门的管理范畴

根据全国人民代表大会常务委员会《关于司法鉴定管理问题的决定》第二条之规定,国家仅明确列举法医、物证、声像 3 类鉴定需纳入登记管理。

2004 年 12 月 25 日第十届全国人民代表大会常务委员会第十三次会议上,在原全国人大法律委员会《全国人民代表大会常务委员会关于司法鉴定管理问题的决定(草案)》修改情况的汇报中可以较为清晰地看出原因,该汇报意见载明:"一、草案第二条第一款规定:'国家对司法鉴定人员和司法鉴定机构实行登记管理制度,按照学科和专业分类编制并公告司法鉴定人员和司法鉴定机构名册。'有的常委委员和地

方、部门提出，诉讼活动中涉及的鉴定事项范围相当广泛，不可能将所有涉及诉讼鉴定的机构和人员都纳入司法行政部门统一登记管理的范围。纳入统一登记管理范围的，宜限于在诉讼活动中经常涉及的主要鉴定事项，如法医类鉴定，文书、痕迹等物证类鉴定，以及声像资料鉴定等。对那些社会通用性较强的事项，如产品质量的检验鉴定、建筑工程质量的检验鉴定等，有关法律、行政法规对这类机构应当具备的条件和监督管理已有规定，依照有关法律、行政法规的规定执行即可，不必纳入司法行政部门登记管理的范围。法律委员会经同内务司法委员会研究，赞成这一意见。”从中可以看出，对于已有相应法律和行政法规进行规制的鉴定事项，依相应的法律、行政法规的规定执行即可，不必再纳入国务院司法行政部门管理范畴。

因此，建设工程造价鉴定机构因其行为受到相关领域的法律法规等制约，不应纳入司法行政部门的管理范畴。

(4)建设工程造价鉴定机构不再需要相应的资质

建设工程造价鉴定机构的资质，是指机构的人员素质、管理水平、资金数量、技术装备和业绩等，并依据企业就前述要求所具备的条件划分资质等级，该等级直接决定企业承接造价咨询业务的范围大小。据此，《工程造价咨询企业管理办法》将造价咨询企业资质分为甲级和乙级。

随着国务院发布《关于深化“证照分离”改革进一步激发市场主体发展活力的通知》(国发〔2021〕7 号)，取消了造价咨询企业甲级、乙级资质认定，建设工程造价鉴定机构不再需要相应的资质。实际上，2019 年国务院就下发过《关于在自由贸易试验区开展“证照分离”改革全覆盖试点的通知》(国发〔2019〕25 号)，在上海、广东等自由贸易区试点取消造价咨询企业的资质审批，前述通知的发布只是将范围扩大至全国。

根据《民事诉讼法》第七十九条和《民诉法解释》第一百二十一条的规定，无论是当事人申请鉴定，还是法院依职权启动鉴定，均应委托具备相应资格的鉴定人。对比 2020 年与 2008 年施行的两版最高人民法院《关于民事诉讼证据的若干规定》，可以发现两者在鉴定资格瑕疵时是否启动重新鉴定，存在细微差别。2008 年的《最高人民法院关于民事诉讼证据的若干规定》第二十七条规定，鉴定机构或者鉴定人员不具备相关的鉴定资格的，法院应当准许当事人申请重新鉴定。而 2020 年施行的最高人民法院《关于民事诉讼证据的若干规定》第四十条则规定，鉴定人不具备相应资格的，法院应当准许当事人申请重新鉴定，取消了关于鉴定机构不适格而启动重新鉴定的规定，种种迹象都表明国家和司法实践对于鉴定机构企业资质进行了放开，但是对于鉴定人仍有资质要求。

(5)建设工程造价鉴定人员需要相应的资质

《建设工程造价鉴定规程》第 1.0.6 条规定：鉴定机构中主办工程造价鉴定的人

员(以下简称鉴定人员)必须是按照《注册造价工程师管理办法》注册于该鉴定机构的执业造价工程师。第6.1.1条规定:项目负责人必须是注册造价工程师。

2. 相关规定

(1)原建设部办公厅《关于对工程造价司法鉴定有关问题的复函》(建办标函〔2005〕155号)

一、从事工程造价司法鉴定,必须取得工程造价咨询资质,并在其资质许可范围内从事工程造价咨询活动。工程造价成果文件,应当由造价工程师签字,加盖执业专用章和单位公章后有效。

二、从事工程造价司法鉴定的人员,必须具备注册造价工程师执业资格,并只得在其注册的机构从事工程造价司法鉴定工作,否则不具有在该机构的工程造价成果文件上签字的权力。

(2)最高人民法院《关于如何认定工程造价从业人员是否同时在两个单位执业问题的答复》(法函〔2006〕68号)

一、根据全国人大常委会《关于司法鉴定管理问题的决定》第二条的规定,工程造价咨询单位不属于实行司法鉴定登记管理制度的范围。

二、根据《国务院对确需保留的行政审批项目设定行政许可的决定》(2004年国务院令第412号)以及国务院清理整顿经济鉴证类社会中介机构领导小组《关于规范工程造价咨询行业管理的通知》(国清〔2002〕6号)精神,工程造价咨询单位和造价工程师的审批、注册管理工作由建设行政部门负责。

关于你院请示中提出的由建设行政主管部门审批的工程造价咨询单位,又经司法行政主管部门核准登记注册为司法鉴定机构,其工程造价从业人员同时具有两个《执业许可证》的问题,是由当地行政主管部门对工程造价鉴定实行双重执业准入管理而引发的,应当视为一个单位两块牌子,不能因为工程造价咨询单位经过双重登记就认定在其单位注册从业的工程造价人员系同时在两个单位违规执业。对于从事工程造价咨询业务的单位和鉴定人员的执业资质认定以及对工程造价成果性文件的程序审查,应当以工程造价行政许可主管部门的审批、注册管理和相关法律规定为据。

(3)《民事诉讼法》

第七十九条　当事人可以就查明事实的专门性问题向人民法院申请鉴定。当事人申请鉴定的,由双方当事人协商确定具备资格的鉴定人;协商不成的,由人民法院指定。

当事人未申请鉴定,人民法院对专门性问题认为需要鉴定的,应当委托具备资格的鉴定人进行鉴定。

第八十条　鉴定人有权了解进行鉴定所需要的案件材料,必要时可以询问当事人、证人。

鉴定人应当提出书面鉴定意见，在鉴定书上签名或者盖章。

(4)最高人民法院《关于民事诉讼证据的若干规定》

第三十二条第一、二款　人民法院准许鉴定申请的，应当组织双方当事人协商确定具备相应资格的鉴定人。当事人协商不成的，由人民法院指定。

人民法院依职权委托鉴定的，可以在询问当事人的意见后，指定具备相应资格的鉴定人。

第三十六条　人民法院对鉴定人出具的鉴定书，应当审查是否具有下列内容：

（一）委托法院的名称；

（二）委托鉴定的内容、要求；

（三）鉴定材料；

（四）鉴定所依据的原理、方法；

（五）对鉴定过程的说明；

（六）鉴定意见；

（七）承诺书。

鉴定书应当由鉴定人签名或者盖章，并附鉴定人的相应资格证明。委托机构鉴定的，鉴定书应当由鉴定机构盖章，并由从事鉴定的人员签名。

第四十条　当事人申请重新鉴定，存在下列情形之一的，人民法院应当准许：

（一）鉴定人不具备相应资格的；

（二）鉴定程序严重违法的；

（三）鉴定意见明显依据不足的；

（四）鉴定意见不能作为证据使用的其他情形。

存在前款第一项至第三项情形的，鉴定人已经收取的鉴定费用应当退还。拒不退还的，依照本规定第八十一条第二款的规定处理。

对鉴定意见的瑕疵，可以通过补正、补充鉴定或者补充质证、重新质证等方法解决的，人民法院不予准许重新鉴定的申请。

重新鉴定的，原鉴定意见不得作为认定案件事实的根据。

(5)《注册造价工程师管理办法》

第十五条　一级注册造价工程师执业范围包括建设项目全过程的工程造价管理与工程造价咨询等，具体工作内容：

……

（五）建设工程审计、仲裁、诉讼、保险中的造价鉴定，工程造价纠纷调解；

……

(6)《建设工程造价鉴定规范》

3.1.1　鉴定机构应在其专业能力范围内接受委托，开展工程造价鉴定活动。

3.1.2　鉴定机构应对鉴定人的鉴定活动进行管理和监督，在鉴定意见书上加盖公章。当发现鉴定人有违反法律、法规和本规范规定行为的，鉴定机构应当责成鉴定人改正。

3.1.3　鉴定人在工程造价鉴定中，应严格遵守民事诉讼程序或仲裁规则以及职业道德、执业准则。

3.1.4　鉴定人应在鉴定意见书上签名并加盖注册造价工程师执业专用章，对鉴定意见负责。

5.13.1　接受重新鉴定委托的鉴定机构，指派的鉴定人应具有相应专业的注册造价工程师执业资格。

(7)国务院《关于深化"证照分离"改革进一步激发市场主体发展活力的通知》

附件1　15:取消"工程造价咨询企业甲级资质认定"。

16:取消"工程造价咨询企业乙级资质认定"。

3.相关案例

案例2-1

在安徽同聚祥实业有限公司(以下简称同聚祥公司)与安徽梅龙建设集团有限公司(以下简称梅龙公司)建设工程施工合同纠纷一案[①]中，最高人民法院认为，关于安徽辰宇建设工程项目管理有限公司(以下简称辰宇公司)作出的工程造价鉴定意见能否作为认定本案事实依据的问题。同聚祥公司申请再审称，根据2015年的《工程造价咨询企业管理办法》第十九条的规定，辰宇公司作为具有乙级资质的工程造价咨询企业，只能从事工程造价5000万元以下的工程造价咨询业务。而根据2015年的《工程造价咨询企业管理办法》第三十八条规定，超越资质等级承接工程造价咨询业务的，出具的工程造价成果文件无效。可见，同聚祥公司对于辰宇公司具有乙级资质、有能力对工程造价进行鉴定不持异议，只是对辰宇公司能否就5000万元以上的工程造价进行鉴定存在异议。鉴于在鉴定机构作出工程造价鉴定意见之前案涉工程造价的确切数额并不确定，同聚祥公司认可辰宇公司是具有乙级资质的工程造价咨询企业，《工程造价咨询企业管理办法》系部门规章，不能仅因2015年的《工程造价咨询企业管理办法》第三十八条规定而否定案涉鉴定意见的合法性。一审期间，鉴定机构辰宇公司依法举行了听证，进行了现场勘验并出具鉴定意见初稿，在充分听取双方当事人对鉴定意见初稿提出的异议后，最终定稿并出庭接受质询，对当事人当庭提出的异议再次复核后给予合理答复。二审期间，辰宇公司针对同聚祥公司提出的异议对案涉工

① 参见最高人民法院民事裁定书，(2019)最高法民申1242号。

程进行了两次补充鉴定，辰宇公司会同双方当事人对现场进行勘验，并出具了补充鉴定意见。综合全案情况，二审判决将辰宇公司作出的工程造价鉴定意见作为认定本案事实的依据是适当的。同聚祥公司的再审申请事由不成立。

案例2－2

在中铁十七局集团有限公司（以下简称中铁十七局）与冷某华、湖南省建筑工程集团总公司（以下简称湖南建工集团）建设工程施工合同纠纷一案[①]中，长沙市天心区人民法院在一审程序中认为，该造价鉴定报告由注册造价师陈某、工程造价师肖某纯、合同造价员冯某辉共同完成，报告末尾加盖了注册造价师陈某、工程造价师肖某纯、造价员鲁某印章，冯某辉进行了签字。湖南建业项目管理有限公司加盖了公司章。湖南建工集团和中铁十七局收到鉴定报告提出了异议，认为鉴定人有一位未盖章，却有一位非鉴定人盖章，形式不合法，鉴定结论[②]不客观，冷某华始终未提交施工现场原始资料等。湖南建工集团和中铁十七局要求鉴定人出庭接受质询。鉴定人接受质询意见如下：鉴定人依法只需要两名注册造价工程师签名并加盖执业专用章和编制单位印章即为合法，陈某和肖某纯系注册在本公司的造价工程师并且已签名并加盖个人执业专用章，满足《湖南省建设工程造价管理办法》之要求。冯某辉和鲁某作为负责该项目的注册造价工程师的技术助理人员，参与了数据计算工作，他们是否签名与盖章不影响该报告的效力。

长沙市中级人民法院[③]在二审程序中认为，湖南建业项目管理有限公司基于法院的委托，根据冷某华提交的上述证据作出的《关于冷某华完成同三线青岛段第十七合同段（K17＋850－K19＋850段）工程造价鉴定报告》依法有效。

最高人民法院[④]在再审程序中认为，关于湖南建业项目管理有限公司《关于冷某华完成同三线青岛段第十七合同段（K17＋850－K19＋850段）工程造价鉴定报告》的采信问题：其一，该司法鉴定报告是依法定程序委托具有司法鉴定资质的司法鉴定机构作出。其二，该司法鉴定是根据人民法院提交的鉴定资料作出。其三，鉴定报告由两名鉴定人签名盖章，并加盖了鉴定机构公章。因此，对该鉴定报告真实性、合法性、关联性予以采信。

案例2－3

在岳阳市君山水利工程建筑安装公司（以下简称君山公司）与湖南省隆回县木瓜山水库管理所（以下简称水库管理所）建设工程施工合同纠纷一案[⑤]中，君山公司申请

---

① 参见长沙市天心区人民法院民事判决书，（2011）天民初字2434号。

② 根据该案当时适用的《民事诉讼法》（2007年修正）第六十三条规定，证据包含鉴定结论。

③ 参见长沙市中级人民法院民事判决书，（2013）长中民三终字第03883号。

④ 参见最高人民法院民事判决书，（2016）最高法民再284号。

⑤ 参见最高人民法院民事判决书，（2013）民申字第656号。

再审称:鉴定单位和鉴定人员的组成均不合法。二审法院委托鉴定的机构是湖南华信求是工程造价咨询有限公司(以下简称华信公司),而实际完成鉴定任务的单位是湘潭精诚工程造价咨询有限公司(以下简称湘潭精诚公司)。在《湖南省隆回县木瓜山水库除险加固工程造价鉴定报告》(以下简称《木瓜山鉴定报告》)上签字的鉴定人员为周某、陈某顺、谢某强。经在工商登记部门查询,华信公司和湘潭精诚公司是两家独立法人单位,陈某顺是湘潭精诚公司的法定代表人,陈某顺在华信公司和湘潭精诚公司都有登记,出现了同时在两个机构执业的情况,其资质不符合法律规定。根据湖南建设工程造价信息网查询,周某所在单位为湘潭精诚公司。

关于鉴定机构和鉴定人员是否合法问题,最高人民法院认为,华信公司《企业法人营业执照》上载明的业务范围第四项是"工程造价经济纠纷的鉴定和仲裁的咨询"。因此,华信公司具有工程造价鉴定资质。二审法院通过抓阄方式委托华信公司鉴定,程序合法。《木瓜山鉴定报告》盖有华信公司的公章。二审法院认定鉴定报告为华信公司出具而非湘潭精诚公司出具,并无不当。《木瓜山鉴定报告》上署名的鉴定人员是周某、陈某顺和谢某强。根据周某的注册造价工程师资质证书,尽管周某原聘用单位为湘潭精诚公司,但该公司已于2010年11月22日变更为华信公司,而本案出具《木瓜山鉴定报告》的时间是2012年10月10日。根据陈某顺的全国建设工程造价员资格证书上的记载,陈某顺所在的执业机构是华信公司。君山公司提供了在湖南省建设工程造价信息网的查询结果,认为陈某顺同时在华信公司和湘潭精诚公司执业。即使陈某顺确实在两个机构同时执业,此行为也是行政部门和行业组织的管理问题,不影响其所出具的《木瓜山鉴定报告》的效力。根据谢某强的全国建设工程造价员资格证书上的记载,谢某强具有建设工程造价资质,由于行政法规并不要求建设工程造价员必须专职执业,即使谢某强的工作单位是湖南水利水电职业技术学院,也不影响其出具的《木瓜山鉴定报告》的效力。需要指出的是,陈某顺和谢某强都是建设工程造价员,周某是注册工程造价师,只要周某具有合法资质,就不影响《木瓜山鉴定报告》的效力。因此,二审法院认定鉴定人员具有鉴定资质,并无不当。

4. 法律评析

针对鉴定机构、鉴定人员的资格问题,我们提出以下建议:

(1)委托人在选取鉴定机构时,应当着重审查鉴定人的资质。同时,需要注意鉴定机构和鉴定人应当在其专业能力范围内接受委托。

(2)鉴定人是指受鉴定机构指派,负责鉴定项目工程造价鉴定的注册造价工程师。鉴定机构应当注意注册造价工程师是否专业对口。鉴定人应当具备注册造价工程师的资格,并且注册造价工程师专业与鉴定项目应当一致。目前,注册造价工程师设立4个专业,分别为土木建筑工程、交通运输工程、水利工程和安装工程。鉴定机构应当根据鉴定项目的具体情况，指派相应专业的注册造价工程师进行鉴定工作。

一个完整的工程造价审核，应由土建造价工程师及安装造价工程师共同审核才能完成。因此，首先应当考虑鉴定的内容是土建工程还是安装工程，或者二者均有，而后再核对具体负责审核的工程师专业是否符合。例如一个综合工程项目的造价司法鉴定报告仅有土建造价工程师或者仅有安装造价工程师的印章，也是不符合资质要求的，因为这样意味着另一个专业的造价审核没有相应资质的人员审核。

（二）鉴定机构、鉴定人员违反回避制度

鉴定机构、鉴定人员作为庭审活动中出具专家意见的重要参与人员，亦应当根据法律规定适用回避制度。

1. 概述

回避制度，是指审判人员和其他法定人员在遇有法律规定的情形时，退出或停止参与该案件审理程序的诉讼制度。

司法鉴定的中立性是指鉴定人员按照一定的程序要求并运用科学知识作出客观公正的判断，而不受其他因素的干扰。中立性是司法鉴定的本质要求，也是实现司法公正的前提。公正原则是司法鉴定的基本原则，公正原则要求鉴定机构及鉴定人站在公正的立场平等对待案件双方当事人的利益，结合双方当事人提供的事实公平地作出鉴定意见，不得因当事人的地位不同适用不同的标准，从而使双方当事人利益失衡。鉴定机构及鉴定人出具的鉴定意见作为一种证据，是对已经过去的客观事实的重新确认，它必须反映客观的真实。回避制度是司法鉴定公正原则的具体体现，是保障鉴定意见公正、中立的重要制度。

2. 相关规定

《民事诉讼法》

第四十七条　审判人员有下列情形之一的，应当自行回避，当事人有权用口头或者书面方式申请他们回避：

（一）是本案当事人或者当事人、诉讼代理人近亲属的；

（二）与本案有利害关系的；

（三）与本案当事人、诉讼代理人有其他关系，可能影响对案件公正审理的。

审判人员接受当事人、诉讼代理人请客送礼，或者违反规定会见当事人、诉讼代理人的，当事人有权要求他们回避。

审判人员有前款规定的行为的，应当依法追究法律责任。

前三款规定，适用于法官助理、书记员、司法技术人员、翻译人员、鉴定人、勘验人。

3. 相关案例

案例2－4

A公司与B公司建设工程施工合同纠纷案中,仲裁庭根据A公司申请决定对案涉工程造价进行鉴定。通过摇号方式确定鉴定机构,鉴定机构委派C、D作为鉴定人员。鉴定意见出具后,A公司提出鉴定意见违反法律规定,不应当被采纳。理由是鉴定人员C曾在案涉项目建设之初,参与过项目专家咨询,属于应当回避的情形。经仲裁庭合议后,认定鉴定人员C确实存在前述情况,根据相关规定,应当向仲裁庭及当事人说明情况并进行回避。因此对该份鉴定意见不予采纳。

4. 法律评析

(1)鉴定机构回避的类型

除上述《民事诉讼法》第四十七条规定鉴定人应当回避的类型外,《建设工程造价鉴定规范》第3.3.4条、第3.5.3条及第3.5.6条对鉴定人、鉴定机构应当回避的类型做了进一步的细化,现总结如下几个方面。

①鉴定机构自行回避的情形

有下列情形之一的,鉴定机构应当自行回避,向委托人说明,不予接受委托:

A. 担任过鉴定项目咨询人的;

B. 与鉴定项目有利害关系的。

②当事人申请回避的情形

在鉴定过程中,鉴定人有下列情形之一的,当事人有权向委托人申请其回避,但应提供证据,由委托人决定其是否回避:

A. 接受鉴定项目当事人、代理人吃请和礼物的;

B. 索取、借用鉴定项目当事人、代理人款物的。

③被发现应当回避的情形

鉴定人有下列情形之一的,应当自行提出回避,未自行回避,经当事人申请,委托人同意,通知鉴定机构决定其回避的,必须回避:

A. 是鉴定项目当事人、代理人近亲属的;

B. 与鉴定项目有利害关系的;

C. 与鉴定项目当事人、代理人有其他利害关系,可能影响鉴定公正的。

鉴定人主动提出回避且理由成立的,鉴定机构应予批准。

除上述制度外,根据《建设工程造价鉴定规范》要求,鉴定机构及鉴定人应当出具声明。根据《建设工程造价鉴定规范》附录P中鉴定人声明内容:"本鉴定机构和鉴定人郑重声明:本鉴定意见书中依据证据材料陈述的事实是准确的,其中的分析说明、鉴定意见是我们独立、公正的专业分析;……本鉴定机构及鉴定人与本鉴定项目不存在现行法律法规所要求的回避情形;……”从要求鉴定机构及鉴定人出具的声明内容可以看出,鉴定机构及鉴定人必须首先保证鉴定意见的出具是独立且公正的,同时承诺不存在回避情形来保证鉴定意见符合司法鉴定公正原则要求。

(2)违反回避制度应当承担的法律责任

①民事责任

工程造价鉴定人作为应当适用回避制度的诉讼参与人,其违反回避制度势必会造成鉴定意见无效的法律后果。通常鉴定人参与诉讼的费用由诉讼当事人承担,但由于鉴定人未履行回避义务导致鉴定结果无效的,其应当向当事人承担民事责任。

虽然工程造价鉴定并不属于《司法鉴定人登记管理办法》的适用范围,但根据本书第二章2.1.1中介绍,司法实践中确有相关部门依据《司法鉴定人登记管理办法》对造价鉴定单位进行处罚的情况。因此工程造价鉴定人若违反回避制度,其应承担的法律责任亦可参照《司法鉴定人登记管理办法》的规定认定。

《司法鉴定人登记管理办法》第三十一条规定:“司法鉴定人在执业活动中,因故意或者重大过失行为给当事人造成损失的,其所在的司法鉴定机构依法承担赔偿责任后,可以向有过错行为的司法鉴定人追偿。”同时,《民法典》第一百二十条规定:“民事权益受到侵害的,被侵权人有权请求侵权人承担侵权责任。”全国各地关于鉴定人承担民事责任有着类似规定,如《江苏省司法鉴定管理条例》第四十九条规定:“鉴定人在执业活动中,因故意或者重大过失行为给当事人造成损失的,由其所在的鉴定机构依法承担民事赔偿责任。其所在的鉴定机构承担赔偿责任后,可以向有过错的鉴定人追偿。”《云南省司法鉴定管理条例》第四十九条第一款规定:“司法鉴定机构和司法鉴定人违法执业或者因重大过失给当事人造成损失的,由司法鉴定机构依法承担赔偿责任。司法鉴定机构赔偿后,可以向有过错的司法鉴定人追偿……”等。

从前述法律法规规定可以看出,民事责任对外承担主体是鉴定机构,鉴定机构可在承担民事责任后向有过错的鉴定人追偿。

②刑事责任

《司法鉴定人登记管理办法》第二十九条规定:“司法鉴定人有下列情形之一的,由省级司法行政机关依法给予警告,并责令其改正:(一)同时在两个以上司法鉴定机构执业的;(二)超出登记的执业类别执业的;(三)私自接受司法鉴定委托的;(四)违反保密和回避规定的;(五)拒绝接受司法行政机关监督、检查或者向其提供虚假材料的;(六)法律、法规和规章规定的其他情形。”第三十条规定:“司法鉴定人有下列情形之一的,由省级司法行政机关给予停止执业三个月以上一年以下的处罚;情节严重的,撤销登记;构成犯罪的,依法追究刑事责任:(一)因严重不负责任给当事人合法权益造成重大损失的;(二)具有本办法第二十九规定的情形之一并造成严重后果的;

（三）提供虚假证明文件或者采取其他欺诈手段，骗取登记的；（四）经人民法院依法通知，非法定事由拒绝出庭作证的；（五）故意做虚假鉴定的；（六）法律、法规规定的其他情形。”根据上述规定，工程造价鉴定人违反回避制度造成严重后果已构成刑事犯罪的，还应当承担刑事责任。

根据我国《刑法》的规定，鉴定人违反回避制度可能涉嫌以下刑事罪名。《刑法》第二百二十九条规定：“承担资产评估、验资、验证、会计、审计、法律服务、保荐、安全评价、环境影响评价、环境监测等职责的中介组织的人员故意提供虚假证明文件，情节严重的，处五年以下有期徒刑或者拘役，并处罚金；有下列情形之一的，处五年以上十年以下有期徒刑，并处罚金：（一）提供与证券发行相关的虚假的资产评估、会计、审计、法律服务、保荐等证明文件，情节特别严重的；（二）提供与重大资产交易相关的虚假的资产评估、会计、审计等证明文件，情节特别严重的；（三）在涉及公共安全的重大工程、项目中提供虚假的安全评价、环境影响评价等证明文件，致使公共财产、国家和人民利益遭受特别重大损失的。有前款行为，同时索取他人财物或者非法收受他人财物构成犯罪的，依照处罚较重的规定定罪处罚。第一款规定的人员，严重不负责任，出具的证明文件有重大失实，造成严重后果的，处三年以下有期徒刑或者拘役，并处或者单处罚金。”

最高人民检察院、公安部《关于公安机关管辖的刑事案件立案追诉标准的规定（二）》第七十三条规定：“承担资产评估、验资、验证、会计、审计、法律服务、保荐、安全评价、环境影响评价、环境监测等职责的中介组织的人员故意提供虚假证明文件，涉嫌下列情形之一的，应予立案追诉：（一）给国家、公众或者其他投资者造成直接经济损失数额在五十万元以上的；（二）违法所得数额在十万元以上的；（三）虚假证明文件虚构数额在一百万元以上且占实际数额百分之三十以上的；（四）虽未达到上述数额标准，但二年内因提供虚假证明文件受过二次以上行政处罚，又提供虚假证明文件的；（五）其他情节严重的情形。”第七十四条规定：“承担资产评估、验资、验证、会计、审计、法律服务、保荐、安全评价、环境影响评价、环境监测等职责的中介组织的人员严重不负责任，出具的证明文件有重大失实，涉嫌下列情形之一的，应予立案追诉：（一）给国家、公众或者其他投资者造成直接经济损失数额在一百万元以上的；（二）其他造成严重后果的情形。”

③行政责任

前文介绍，工程造价鉴定机构主要受司法行政部门、建设行政主管部门管理。《司法鉴定人登记管理办法》第二十九条规定：“司法鉴定人有下列情形之一的，由省级司法行政机关依法给予警告，并责令其改正：（一）同时在两个以上司法鉴定机构执业的；（二）超出登记的执业类别执业的；（三）私自接受司法鉴定委托的；（四）违反保密和回避规定的；（五）拒绝接受司法行政机关监督、检查或者向其提供虚假材料的；（六）法律、法规和规章规定的其他情形。”第三十条规定：“司法鉴定人有下列情形之一的，由省级司法行政机关给予停止执业三个月以上一年以下的处罚；情节严重的，撤销登记；构成犯罪的，依法追究刑事责任：（一）因严重不负责任给当事人合法权益造成重大损失的；（二）具有本办法第二十九规定的情形之一并造成严重后果的；（三）提供虚假证明文件或者采取其他欺诈手段，骗取登记的；（四）经人民法院依法通知，非法定事由拒绝出庭作证的；（五）故意做虚假鉴定的；（六）法律、法规规定的其他情形。”由此可见，工程造价鉴定机构、鉴定人若违反回避制度，将会受到行政处罚。同时，根据《司法鉴定人登记管理办法》第三十三条规定，“司法鉴定人对司法行政机关的行政许可和行政处罚有异议的，可以依法申请行政复议”。工程造价鉴定人也可以对行政机关作出的行政处罚申请行政复议。

（三）鉴定费用收取不当

鉴定费用的收取由鉴定机构根据鉴定项目及鉴定事项确定，但对于鉴定费用的计算，我国尚缺乏全国统一标准。

1. 鉴定费用计取的概念

（1）鉴定费用的确定

《建设工程造价鉴定规范》第 3.3.3 条规定：“鉴定机构收取鉴定费用应与委托人根据鉴定项目和鉴定事项的服务内容、服务成本协商确定。当委托人明确由申请鉴定当事人先行垫付的，应由委托人监督实施。”从该规定可以看出，申请鉴定当事人和鉴定机构可以协商确定鉴定费用。

（2）鉴定费用价格标准

目前我国没有关于工程造价鉴定费用收取的统一标准，各地标准并不相同，当事人可以在鉴定申请书中向法院申请在参考中国建设工程造价管理协会《中价协建设工程造价咨询收费基准》（〔2013〕35 号）规定以及当地省物价局和住房和城乡建设厅/委员会联合制定的建设工程造价咨询服务收费项目和收费标准文件的基础上综合考虑鉴定工作量，结合市场行情合理确定鉴定费用。

然而司法鉴定作为司法制度的重要组成部分，由司法行政部门统一制定收费标准有利于规范收费。《司法鉴定收费管理办法》废止后，许多地方并未出台司法鉴定收费标准或者出台的司法鉴定标准不够完善，这使司法鉴定行业的市场价格变得不透明，有些案件甚至出现了“天价鉴定费用”①等不良现象，司法鉴定行业收费的随意性有损中国的司法形象。另外，关于鉴定费是否属于诉讼费，是否需要在当事人之间进

① 《四川现“天价司法鉴定费”：签名、指纹和两枚印章需 17 万》，载澎湃新闻 2017 年 2 月 8 日，https://www.thepaper.cn/newsDetail_forward_1614251。

行比例分担的问题，亦没有明确的规定，导致司法实践存在大量分歧。

2. 相关收费标准规定

(1) 中国建设工程造价管理协会《关于规范工程造价咨询服务收费的通知》(中价协〔2013〕35 号)(见表 2-1)

表 2-1　建设工程造价咨询收费基准价

序号	咨询项目名称	工作内容	收费基数(X)	划分标准(万元)					
				X≤200	200 < X≤500	500 < X≤2000	2000 < X≤10000	10000 < X≤50000	X > 50000
1	工程概算编制	依据初步设计文件计算工程量，套用概算定额，编制工程概算。	建安工程费用	3‰	2.5‰	2‰	1.8‰	1.6‰	1.5‰
2	工程量清单编制	依据施工图设计计算工程量，按工程量清单计价规范编制工程量清单，包括工程量和特征描述。	建安工程费用	5‰	4‰	3‰	2.2‰	1.8‰	1.5‰
3	招标控制价编制	依据发布的工程量清单，编制招标控制价。	建安工程费用	2.0‰	1.8‰	1.6‰	1.4‰	1.2‰	1.0‰
4	工程预算编制	依据施工图设计计算工程量，套用预算定额，编制工程预算。	建安工程费用	4‰	3.5‰	3‰	2.5‰	2‰	1.5‰
5	工程结算审查	依据发承包合同，进行工程量价调整，确定工程结算金额	建安工程费用	8‰	7‰	6‰	5‰	4‰	3‰
6	全过程造价咨询	编制工程量清单、招标控制价、施工过程造价管理、进行工程结算审查。	建安工程费用	–	–	–	12‰	10‰	8‰
7	竣工决算编制	依据工程结算成果文件和财务资料编制竣工决算	建安工程费用	2.0‰	1.5‰	1.2‰	1.0‰	0.8‰	0.6‰
8	工程造价纠纷鉴定	对纠纷项目的工程造价以及由此延伸而引起的经济问题，进行鉴别和判断并提供鉴定意见。	鉴定标的额	12‰	10‰	8‰	6‰	5‰	4‰

说明：

1. 工程造价咨询收费基准价根据项目的类别、工程造价金额等因素采取差额定率分档累进方法计算；

2. 工程造价咨询服务收费，地区调整系数为 0.9~1.1 之间……

（2）原北京市建设工程造价管理协会《关于调整“北京市建设工程造价咨询服务参考费用及费用指数”后的解释和自律管理》（京价协〔2015〕011 号）（见表 2－2）

表 2－2　北京市建设工程造价咨询参考费用

<table>
<tr><th rowspan="2">序号</th><th rowspan="2" colspan="2">咨询项目名称</th><th rowspan="2">工作内容</th><th rowspan="2">费用基数</th><th colspan="6">划分差额定率分档累进方法（万元）</th><th>测算时未包括的内容</th></tr>
<tr><th>≤200</th><th>200－500</th><th>500－2000</th><th>2000－10000</th><th>10000－50000</th><th>≥50000</th><th></th></tr>
<tr><td>1</td><td colspan="2">工程概算编制</td><td>依据初步设计文件计算工程量，套用概算定额，编制工程概算</td><td>建设项目总投资</td><td>2.5‰</td><td>2‰</td><td>1.8‰</td><td>1.5‰</td><td>1.3‰</td><td>1.2‰</td><td></td></tr>
<tr><td>2</td><td colspan="2">工程量清单编制</td><td>依据施工图设计、工程清单计算规范计算工程量，按工程量清单计价规范编制工程量清单，包括工程量和特征</td><td>建筑安装工程造价</td><td>3.2‰</td><td>2.7‰</td><td>2.4‰</td><td>2.1‰</td><td>1.9‰</td><td>1.6‰</td><td></td></tr>
<tr><td>3</td><td colspan="2">清单预算编制</td><td>依据发布的工程量清单编制清单预算</td><td>建筑安装工程造价</td><td>2.7‰</td><td>2.1‰</td><td>1.9‰</td><td>1.7‰</td><td>1.4‰</td><td>1.3‰</td><td>不含清单编制</td></tr>
<tr><td>4</td><td colspan="2">定额预算编制</td><td>依据施工图设计计算工程量，套用预算定额，编制工程预算</td><td>建筑安装工程造价</td><td>4‰</td><td>3.5‰</td><td>3‰</td><td>2.5‰</td><td>2‰</td><td>1.5‰</td><td></td></tr>
<tr><td rowspan="2">5.1</td><td rowspan="2">工程结算审查</td><td>（1）基本费</td><td rowspan="3">依据发承包合同，进行工程量价调整，确定工程结算金额</td><td>建筑安装工程造价</td><td>4.5‰</td><td>4‰</td><td>3.5‰</td><td>3‰</td><td>2.5‰</td><td>2‰</td><td></td></tr>
<tr><td>（2）效益费</td><td>|核减额|＋核增额</td><td colspan="6">5 至 10%</td><td></td></tr>
<tr><td>5.2</td><td colspan="2">工程结算审查</td><td>建筑安装工程造价</td><td>8‰</td><td>7‰</td><td>6‰</td><td>5‰</td><td>4‰</td><td>3‰</td><td></td></tr>
<tr><td>6</td><td colspan="2">工程实施阶段全过程造价控制</td><td>编制工程量清单、清单预算编制、施工过程造价管理、进行工程结算</td><td>建筑安装工程造价</td><td>18‰</td><td>15‰</td><td>13‰</td><td>11‰</td><td>9.5‰</td><td>8‰</td><td></td></tr>
</table>

续表

序号	咨询项目名称	工作内容	费用基数	划分差额定率分档累进方法(万元)						测算时未包括的内容
				≤200	200－500	500－2000	2000－10000	10000－50000	≥50000	
7	工程造价纠纷鉴定	对纠纷项目的工程造价以及由此延伸而引起的经济问题,进行鉴别和判断并提供鉴定意见	鉴定标的	12.8‰	10.7‰	8.6‰	6.4‰	5.4‰	4.3‰	
8	竣工决算编制	依据工程结算成果文件和财务资料编制竣工决算	建设项目总投资	2‰	1.8‰	1.5‰	1.3‰	1.2‰	1.0‰	不含财务决算

说明:

1. 工程主材和工程设备无论是否计入工程造价,均应计入取费基数;

2. 工程结算审查项目5.1、5.2两种计费方式,由甲乙双方自行选择;其中5.1的计费方式按(1)+(2)计算,效益费用应由受益人支付;

3. 工程实施阶段全过程造价控制,不包括中标价的审核、图纸改版导致重新计量等工作,发生时咨询费用由甲乙双方协商确定;其他咨询项目若发生此类情况,参照执行;

4. 单独委托的装饰工程、安装工程和修缮工程应在上述费用的基础上乘以系数1.2;

5. 工程概算、工程量清单、清单预算、定额预算、竣工决算的审核费用应在上述费用的基础上乘以系数0.9;

6. 每单咨询合同按上述费用计算不足3,000元时,按3,000—3,500元计取咨询费用;

7. 凡要求计算钢筋精细计量的,按14—16元/吨,另计费用;

8. 建设项目前期工作的咨询费用,包括建设项目专题研究、编制和评估项目建议书或者可行性研究报告,以及其他与建设项目前期工作有关的咨询服务费用参考市场行情由甲乙双方协商确定;

9. 工程设计阶段的前期造价控制,如配合设计方案比选、优化设计、限额设计等,根据咨询工作内容和工作量,咨询费用由甲乙双方协商确定;

10. 此表格费率上下浮动幅度为20%。

(3)上海市建设和交通委员会与上海市物价局联合发布的《上海市建设工程造价服务和工程招标代理服务收费标准》(沪建计联〔2005〕834号、沪价费〔2005〕056号)①(见表2－3)

表2－3 上海市建设工程造价服务和招标代理服务收费标准表(单位:%)

序号	收费项目	收费基数	差额定率累进收费划分标准(万元)						
			100以下(含100)	100－500(含500)	500－1000(含1000)	1000－3000(含3000)	3000－5000(含5000)	5000－10000(含10000)	10000以上
1	编制项目投资估算	总投资	0.08	0.07	0.06	0.05	0.045	0.03	0.015
2	编制设计概算	总投资	0.17	0.15	0.13	0.11	0.085	0.07	0.04

① 该收费标准虽已失效,但上海市未发布新的收费标准,该收费标准仍具参考意义。

续表

序号	收费项目	收费基数		差额定率累进收费						
				划分标准(万元)						
				100以下(含100)	100－500(含500)	500－1000(含1000)	1000－3000(含3000)	3000－5000(含5000)	5000－10000(含10000)	10000以上
3	A. 编制施工图预算	建安工程造价		0.37	0.35	0.33	0.29	0.27	0.22	0.18
	B. 编制工程量清单			0.37	0.35	0.33	0.29	0.27	0.22	0.18
	C. 定额预算编制			0.37	0.35	0.33	0.29	0.27	0.22	0.18
4	勘察招标代理	估算投资		0.04	0.04	0.04	0.036	0.032	0.024	0.02
5	设计招标代理	估算投资		0.1	0.1	0.1	0.09	0.08	0.06	0.05
6	施工监理招标代理	建安工程造价		0.11	0.11	0.11	0.1	0.085	0.07	0.06
7	施工招标代理			0.31	0.31	0.31	0.285	0.26	0.22	0.18
8	施工阶段全过程造价控制			1.1	1	0.85	0.8	0.75	0.7	0.65
9	工程造价审核	核增、减额5%以下(含),预送审价收取	建筑类	0.36	0.28	0.22	0.18	0.15	0.12	0.09
			安装类	0.36	0.31	0.22	0.19	0.16	0.12	0.09
		核增、减额5%以上,按核增、减额分别收取	建筑类	6.3	5.7	5.1	4	3.8	3.6	3.2
			安装类	7.3	6.7	6.1	5	4.5	3.7	3.2
10	钢筋及预埋件计算	吨		12.00元						

备注:

1、收费基数:

(1)估算投资:指建设项目可行性研究批复总投资扣除土地批租、动拆迁费及国内外成套设备生产流水线费用;

(2)建安工程造价:指建筑安装工程费用作为建筑安装工程价值的货币表现,由建筑工程费用和安装工程费用两部分组成;

(3)送审价:指承发包合同中各专业工程报送审核金额;

(4)吨:指钢筋及各种型号预埋件以重量(吨)计算单位。

2、出售招标文件,可收取编制成本费。收费中不含专家评审费、会务费、差旅费;

3、施工阶段全过程造价控制按单项承发包合同的建安工程造价收费;

4、承接编制施工图预算或工程量清单或标底,施工阶段全过程工程造价控制及工程造价审核收费的项目,不包括钢筋及预埋件重量的计算;

5、工程造价审核收费:

(1)项目送审价核减率在5%以内的(含5%),由委托单位负担审核费用;

(2)核减率在5%以上的,5%以内的审核费用由委托单位负担,超过部分由原编制单位负担;

(3)项目核减、核增部分分别计算审核费用,核增部分由原编制单位负担审核费用;

(4)房修、园林、装饰工程按"安装类"收费,其他工程按"建筑类"收费;

6、差额定率累进收费计算。例如:某编制工程量清单的建安工程造价为3,000万元,计算编制工程量清单收费额如下:

100万元×0.37% =0.37万元

(500—100)万元×0.35% =1.40万元

(1000—500)万元×0.33% =1.65万元

(3000—1000)万元×0.29% =5.80万元

合计收费=0.37+1.40+1.65+5.80=9.22万元

(4)广东省物价局发布的《广东省建设工程造价咨询服务收费项目和收费标准表》(粤价函〔2011〕742号文)①(见表2-4)

表2-4 广东省建设工程造价服务和招标代理服务收费标准表

序号	咨询项目名称	服务内容	收费基数	最高收费标准(万元)					
				≤100	101-500	501-1000	1001-5000	5001-10000	10000以上
1	投资估算的编制或审核	依据建设项目可行性研究方案编制或核对项目投资估算,出具投资估算报告或审核报告	估算价	1.3‰	1.1‰	0.9‰	0.7‰	0.5‰	0.4‰
2	工程概算的编制或审核	依据初步设计图纸计算或复核工程量,出具工程概算书或审核报告	概算价	2‰	1.8‰	1.6‰	1.3‰	1.2‰	1.1‰

① 2015年5月1日施行的广东省发展改革委、广东省住房城乡建设厅《关于放开部分建设项目服务收费的通知》明确说明放开建设工程造价咨询服务收费、城市规划信息技术服务收费、建设工程招标书工本费等3项服务收费标准,实行市场调节价,其收费标准由委托双方依据服务成本、服务质量和市场供求状况等协商确定。2021年5月14日广东省发展和改革委员会官网互动交流栏目也显示"关于我省建设工程造价咨询服务收费自2015年5月1日起实行市场调节价"。因此,该复函目前已不再适用,但在市场调节的情况下,原收费标准仍具参考意义。

续表

序号	咨询项目名称	服务内容	收费基数	最高收费标准（万元）					
				≤100	101－500	501－1000	1001－5000	5001－10000	10000以上
3	工程预算的编制或审核 清单计价法 单独编制或审核工程量清单	依据施工图编制或审核工程量清单，出具工程量清单书或审核报价	预算造价（预算价、招标控制价）	3‰	2.5‰	2.4‰	2.2‰	2‰	1.8‰
	工程预算的编制或审核 清单计价法 单独编制或审核预算造价	依据施工图、工程量清单编制或审核工程量清单报价，出具工程报价书或审核报告	预算造价（预算价、招标控制价、投标报价）	1.8‰	1.6‰	1.4‰	1.2‰	0.9‰	0.8‰
	工程预算的编制或审核 定额计价法 编制或审核预算造价	依据施工图编制或审核工程预算，出具工程预算书或审核报告	预算造价（预算价、招标控制价、投标报价）	3.5‰	3‰	2.8‰	2.7‰	2.4‰	2‰
4	工程结算的编制	依据竣工图等竣工资料编制工程结算报告	结算价	4.5‰	4‰	3.5‰	3.3‰	3‰	2.5‰
5	工程结算审核 （1）基本收费	依据竣工图、签证资料、工程结算书等进行审核，出具工程结算审核报告	送审结算价	2.8‰	2.5‰	2.2‰	1.6‰	1.3‰	1‰
	工程结算审核 （2）效益收费		|核减额|+|核增额|	5%					
6	施工阶段全过程造价监控	工程量清单编制开始到工程结算审核	概算价	12‰	11‰	10‰	9‰	8‰	7‰
7	工程造价纠纷鉴证	受委托进行鉴证	鉴证后标的额	12‰	10‰	8‰	7‰	6‰	5‰
		受委托进行鉴证	争议差额	争议差额在1,000万以下（含1,000万）按5%收取，1,000万元以上按4%收取					
8	钢筋及预埋件计算	依据施工图纸、设计标准和施工操作规程计算或审核钢筋（或铁件）	按实际钢筋使用量	12元/吨					

续表

序号	咨询项目名称	服务内容	收费基数	最高收费标准(万元)					
				≤100	101－500	501－1000	1001－5000	5001－10000	10000以上
9	工程造价咨询工日收费	受委托派出专业人员从事工程造价	工时	具有高级工程师职称的造价师:190 元/人·工作小时;注册造价师或高级职称的咨询人员:150 元/人·工作小时;工程造价中级资格专业人员:100 元/人·工作小时;工程造价初级资格专业人员:60 元/人·工作小时。					

说明:

1. 以上收费标准为最高收费标准,委托双方可在最高收费标准范围内协商确定具体收费标准;

2. 造价咨询费不足 2000 元的按 2000 元收取;

3. 工程主材无论是否计入工程造价,均应计入取费基数。合同包干价加签证项目,包干价部分应计入取费基数;

4. 工程预算的编制或审核、工程结算的编制或审核的收费标准不包括钢筋及预埋件计算,凡要求钢筋及预埋件计算的按相对应的收费标准另行收费。

除上述地方对建设工程造价咨询服务收费项目和收费标准进行规定外,还有江苏、福建、河北、安徽、浙江等地均有相应规定。需要提请读者注意的是,司法实践中,建设工程造价咨询服务收费标准并非强制适用,存在与鉴定机构沟通鉴定费用浮动的情况。

3. 相关案例

案例 2－5　湖北黄冈博林法医司法鉴定所违规收费案

2019 年 4 月,黄冈市司法局按照行政执法检查工作统一部署,对黄冈博林法医司法鉴定所(以下简称博林所)进行为期一周的专项检查。经抽查 2017 年至 2018 年的 359 份案卷,查明 70 件存在违规收费现象,超标准收费共计 45,000 元。其中 56 件将差旅费变相作为鉴定项目列入鉴定收费范围,涉及金额 37,800 元;14 件超标准重复收费,涉及金额 7200 元。以上 70 件鉴定案卷的第一鉴定人均为该所法定代表人、机构负责人冯某林。检查还查明,博林所于 2019 年初搬迁办公地址后,经有关部门多次催办依然未办理机构住所变更手续;该所的办公场所未按规定公示司法鉴定许可证(正本)、司法鉴定业务范围、收费标准等。2019 年 5 月 21 日,黄冈市司法局依据《湖北省人民政府关于取消和调整行政审批项目等事项的决定》(鄂政发〔2017〕65 号)精神,根据该决定第十二条、第十三条,《司法鉴定程序通则》第八条,《湖北省司法鉴定收费管理办法》①第八条等,给予博林所警告并责令改正的行政处罚,给予冯某林停止从事司法鉴定业务 3 个月的行政处罚。

① 该收费办法现已失效。

4. 法律评析

(1)鉴定费收取不当的法律后果

司法部发布的《司法鉴定程序通则》(中华人民共和国司法部令第132号)第八条规定:“司法鉴定收费执行国家有关规定。”第九条规定:“司法鉴定机构和司法鉴定人进行司法鉴定活动应当依法接受监督。对于有违反有关法律、法规、规章规定行为的,由司法行政机关依法给予相应的行政处罚;对于有违反司法鉴定行业规范行为的,由司法鉴定协会给予相应的行业处分。”在司法部《关于2019年度司法鉴定违法违规行为查处典型案例的通报》中,通过上述“湖北黄冈博林法医司法鉴定所违规收费案”对鉴定费违规收费进行了评析:“2017年,司法部按照《国家发展改革委员会　教育部　司法部　国家新闻出版广电总局关于下放教材及部分服务价格定价权限有关问题的通知》要求,指导全国31个省(区、市)完成新的司法鉴定收费标准制定。司法部办公厅于2017年3月和7月印发通知就加强司法鉴定收费行为监督管理,严肃查处违规收费行为提出要求。”

目前各地省级人大及其常委会针对鉴定费收取不当的现象也出台了相应条例进行规定。如《江苏省司法鉴定管理条例》第四十六条规定:“鉴定人或者鉴定机构有下列情形之一的,由省司法行政部门给予警告,并责令其改正:(一)登记事项发生变化,未按规定办理变更登记;(二)出租、出借《司法鉴定许可证》;(三)指派未取得《司法鉴定人执业证》的人员从事司法鉴定业务;(四)无正当理由未在规定或者约定的时限内完成鉴定;(五)违反司法鉴定程序规则和技术规范,造成后果;(六)违反规定收取费用或者其他财物;(七)违反保密和回避规定;(八)支付回扣、介绍费,诋毁其他鉴定人或者鉴定机构,进行虚假宣传;(九)在司法行政部门处理投诉过程中拒绝接受调查、配合或者提供虚假材料;(十)法律、法规规定的其他情形。”《北京市司法鉴定管理条例》第二十七条规定:“司法鉴定机构开展司法鉴定活动收取鉴定费和其他相关费用应当符合司法鉴定收费管理的规定,并明示收费标准。司法鉴定收费管理办法由市人民政府价格主管部门会同市司法行政部门制定,并向社会公布。司法鉴定费及其他相关费用由司法鉴定机构按照前款规定统一收取,司法鉴定人不得私自收取任何费用。”第三十八条规定:“司法鉴定机构和司法鉴定人违反本条例第二十条第(五)项和第二十七条规定的,由市场监督管理部门依法追究法律责任。”《四川省司法鉴定管理条例》第四十九条规定:“司法鉴定机构有下列情形之一的,由省或者市(州)司法行政部门给予警告,并责令其改正;有违法所得的,没收违法所得:(一)超出登记的司法鉴定业务范围开展司法鉴定活动的;(二)未经依法登记擅自设立分支机构的;(三)未依法办理变更登记的;(四)涂改、出借、出租、转让司法鉴定许可证的;(五)违反司法鉴定收费管理规定的;(六)支付回扣、介绍费,进行虚假宣传等不正当行为的;(七)违反司法鉴定程序的;(八)拒绝接受司法行政部门监督、检查或者向其提供虚假材料的;(九)组织本机构以外的鉴定人或者不具备合法资格的人员承办司法鉴定事项的;(十)法律、法规规定的其他情形。"《天津市司法鉴定管理条例》第四十三条第二款规定:"司法鉴定机构违反司法鉴定收费规定的,由市场监管部门依法处理。"

(2)鉴定费用的支付

根据《施工合同司法解释(一)》第三十二条规定:"当事人对工程造价、质量、修复费用等专门性问题有争议,人民法院认为需要鉴定的,应当向负有举证责任的当事人释明。当事人经释明未申请鉴定,虽申请鉴定但未支付鉴定费用或者拒不提供相关材料的,应当承担举证不能的法律后果。一审诉讼中负有举证责任的当事人未申请鉴定,虽申请鉴定但未支付鉴定费用或者拒不提供相关材料,二审诉讼中申请鉴定,人民法院认为确有必要的,应当依照民事诉讼法第一百七十条①第一款第三项的规定处理。"可以看出,鉴定费用应当先由工程造价鉴定申请的当事人或承担工程造价举证责任的当事人支付。但对于最终鉴定费用的承担问题,并没有相关法律法规进行明确规定。

根据最高人民法院《关于适用〈诉讼费用交纳办法〉的通知》第三条的规定:"《办法》第二十九条规定,诉讼费用由败诉方负担,胜诉方自愿承担的除外。对原告胜诉的案件,诉讼费用由被告负担,人民法院应当将预收的诉讼费用退还原告,再由人民法院直接向被告收取,但原告自愿承担或者同意被告直接向其支付的除外……"鉴定费用是否属于诉讼费用的一部分,似乎是判断最终承担主体的依据。

然而国务院2006年12月19日发布的《诉讼费用交纳办法》(中华人民共和国国务院令第481号)第十二条第一款规定:"诉讼过程中因鉴定、公告、勘验、翻译、评估、拍卖、变卖、仓储、保管、运输、船舶监管等发生的依法应当由当事人负担的费用,人民法院根据谁主张、谁负担的原则,决定由当事人直接支付给有关机构或者单位,人民法院不得代收代付。"《诉讼费用交纳办法》第六条规定:"当事人应当向人民法院交纳的诉讼费用包括:(一)案件受理费;(二)申请费;(三)证人、鉴定人、翻译人员、理算人员在人民法院指定日期出庭发生的交通费、住宿费、生活费和误工补贴。"根据上述规定,鉴定费用应当由负有举证责任的一方承担,但并未明确鉴定费用是否为诉讼费用。因此对于鉴定费用的承担认定问题,司法实践中也存在分歧。

①认为鉴定费不属于诉讼费用的处理意见

案例2-6

在安徽东昊建设有限公司、马鞍山苏杭置地发展有限公司等建设工程施工合同纠

---

① 《民事诉讼法》(2023修正)第一百七十七条。

纷案[①]中，最高人民法院认为：依据《诉讼费用交纳办法》第六条、第十二条规定，鉴定费不属于诉讼费用，不适用第二十九条关于“诉讼费用由败诉方负担”“部分胜诉、部分败诉的，人民法院根据案件的具体情况决定当事人各自负担的诉讼费用数额”的规定；诉讼过程中因鉴定等发生的依法应当由当事人负担的费用，人民法院需遵循谁主张、谁负担的原则。

案例2-7

在重庆市圣奇建设（集团）有限公司（以下简称圣奇公司）与宜昌玄辉旅游开发有限责任公司（以下简称玄辉公司）建设工程施工合同纠纷案[②]中，二审法院认为：关于圣奇公司主张的应由玄辉公司向其返还3万元鉴定费的问题。依照《诉讼费用交纳办法》第六条之规定，鉴定费不属于诉讼费用的范畴。人民法院在审理过程中，应当对当事人预交鉴定费的负担一并做出判决，一审法院对此未予明确的做法不当。但因圣奇公司未提起上诉，二审法院不宜直接做出处理，圣奇公司可另行提起诉讼解决。

此外，还有一些案例，虽然法院不认同鉴定费属于诉讼费用的一部分，但是会根据案件事实情况酌情判定败诉方承担鉴定费或按败诉比例分担。在云南省玉溪市中级人民法院审理的西部水电建设有限公司（以下简称西部水电公司）、玉溪德兆环保科技有限公司（以下简称德兆环保公司）建设工程施工合同纠纷案[③]中，一审法院认为：该鉴定费用虽不属于应向法院交纳的诉讼费用范围，但应参照诉讼费用“谁败诉，谁负担”的原则予以处理，因本院对西部水电公司所主张的工程款金额仅予以部分支持，故本案诉讼费用应由双方合理分担。鉴于本案的实际情况，确定由西部水电公司、德兆环保公司各负担5万元鉴定费用。二审法院认同了一审观点，认为一审产生的鉴定费10万元，系双方未进行结算，为确认工程款而产生，由双方各负担5万元符合案件实际，二审法院予以维持。类似案例还有段某兵与博乐市万坤物流有限责任公司、杨某林建设工程施工合同纠纷案[④]、河南东海消防工程有限公司、福建六建集团有限公司建设工程施工合同纠纷案[⑤]、四川省蜀通建设集团有限责任公司、成都佳源实业有限公司建设工程施工合同纠纷案[⑥]等。

②认为鉴定费属于诉讼费用的处理意见

案例2-8

在双辽天益房地产开发有限公司与长春建工集团有限公司建设工程施工合同纠

---

① 参见最高人民法院民事裁定书，(2021)最高法民申1517号。

② 参见湖北省宜昌市中级人民法院民事判决书，(2016)鄂05民终1792号。

③ 参见云南省玉溪市中级人民法院民事判决书，(2020)云04民终919号。

④ 参见新疆维吾尔自治区高级人民法院民事判决书，(2020)新民终351号。

⑤ 参见河南省郑州市中级人民法院民事判决书，(2020)豫01民终15405号。

⑥ 参见四川省高级人民法院民事判决书，(2020)川民终466号。

纷再审案[1]中，吉林省高级人民法院认为：就鉴定费是否属于诉讼费用的问题，在《诉讼费用交纳办法》实施前的《人民法院诉讼收费办法》第二条中有明确规定，即鉴定费属于诉讼费用。《诉讼费用交纳办法》第十二条第一款规定："诉讼过程中因鉴定、公告、勘验、翻译、评估、拍卖、变卖、仓储、保管、运输、船舶监管等发生的依法应当由当事人负担的费用，人民法院根据谁主张、谁负担的原则，决定由当事人直接支付给有关机构或者单位，人民法院不得代收代付。"第二十九条规定："诉讼费用由败诉方负担，胜诉方自愿承担的除外。部分胜诉、部分败诉的，人民法院根据案件的具体情况决定当事人各自负担的诉讼费用数额。共同诉讼当事人败诉的，人民法院根据其对诉讼标的的利害关系，决定当事人各自负担的诉讼费用数额。"根据上述规定，结合司法实践，《诉讼费用交纳办法》并未改变鉴定费属于诉讼费用的属性，只是要求直接支付给鉴定机构，人民法院不再代收。从实体法角度，鉴定费属于因诉讼而支出的费用，申请鉴定的当事人是预付诉讼费用，最终由谁负担、负担多少，应当由人民法院根据案件处理结果，按照《诉讼费用交纳办法》第二十九条的规定，依职权决定。从司法实践角度看，支付鉴定费不属于实体权利请求，不因当事人在诉讼请求事项中列出人民法院才支持。从诉讼成本角度看，人民法院在案件审理中如果不依职权判定鉴定费的负担，而要求当事人另诉主张鉴定费由对方当事人负担，不符合立法原意，徒增当事人讼累。

类似案例还有江苏省高级人民法院审理的赵某才与长广工程建设有限责任公司、江苏新天房地产开发有限公司建设工程施工合同纠纷案[2]，贵州省高级人民法院审理的王某琰与铜仁亿通置业有限公司、蒋某坪建设工程施工合同纠纷案等[3]，案涉法院均认为鉴定费用属于诉讼费的一种，最后鉴定费的承担由法院根据诉讼结果进行分配。

（四）鉴定事项、范围与委托不一致

工程造价鉴定不是当事人自行委托的造价咨询，而是人民法院或仲裁机构为查明涉案工程造价的真实情况，委托专业鉴定机构运用工程造价的专业知识对涉案工程造价争议进行甄别、分析、判断并提供造价鉴定意见。造价鉴定意见一旦被人民法院或仲裁机构采信，就是一份至关重要的证据。人民法院或仲裁机构往往在造价鉴定意见的基础上作出裁判。鉴于建设工程合同纠纷案件标的通常较大，少则数百万元，多则数亿元，造价鉴定意见直接关系当事人的切实利益，同时亦影响人民法院或仲裁机构的公信力，因此在造价鉴定过程中鉴定事项及鉴定范围的确定至关重要。

---

① 参见吉林省高级人民法院民事裁定书，(2016)吉民申664号。

② 参见江苏省高级人民法院民事判决书，(2017)苏民终762号。

③ 参见贵州省高级人民法院民事判决书，(2014)黔高民终字第55号。

1. 概述

司法实践中，鉴定机构与鉴定人自行确定鉴定事项、鉴定范围的现象较为常见，通常分为两种情况：其一，委托人未向鉴定机构、鉴定人明确委托鉴定事项、鉴定范围；其二，鉴定机构、鉴定人未按照委托人委托的鉴定事项、鉴定范围开展鉴定活动。无论前述哪种情形，鉴定机构与鉴定人自行确定鉴定事项、鉴定范围都是违反法律规定的。

根据《施工合同司法解释（一）》第三十一条之规定，当事人对部分案件事实有争议的，仅对有争议的案件事实进行鉴定。“对部分案件事实有争议的”，一般包括下列两种情形：其一，当事人约定涉案工程计价方式为固定合同总价，但在施工过程中，发生工程量增减、设计变更或索赔等变化，且当事人对该部分无法协商达成一致；其二，当事人约定案涉工程计价方式为固定单价，结算时因工程量不确定且当事人对工程量无法协商达成一致，需要对案涉工程量进行鉴定。但是，对于何为有争议的事实的确定属于司法审判权的范畴，只能由委托人审查决定，鉴定机构与鉴定人无权自行确定鉴定范围。

委托人应当先行确定对哪些事项进行鉴定，即是对工程造价进行鉴定还是对工程质量进行鉴定；如果是对工程造价进行鉴定，是全面鉴定还是部分鉴定；如果是部分鉴定，应当明确对哪一部分进行鉴定等，以确定涉案工程价款争议的项目，排除无争议和通过现有证据可以判断的项目，尽可能缩小鉴定范围，避免全部委托（将无须鉴定的部分也一并委托鉴定）。委托人亦应力争在尊重当事人约定的基础上，提高审判效率，节约诉讼成本。

委托人确定造价鉴定事项、鉴定范围后，应当在鉴定委托书中列明。鉴定机构、鉴定人应当根据鉴定委托书中列明的鉴定事项、鉴定范围进行鉴定，不可擅自扩大或缩小鉴定范围。如果鉴定机构、鉴定人对鉴定范围有疑问的，应当及时与委托人联系。

委托人确定造价鉴定事项、鉴定范围，主要是依据当事人的申请，如果当事人的申请与待证事项无关联或者对证明待证事实无意义的，委托人不予准许。例如，某工程未完工，因发包人不按时支付进度款导致停工，承包人诉请要求支付工程进度款，并申请对相关工程造价进行鉴定。委托人据此出具《鉴定委托书》，要求鉴定机构对实际完成的工程造价进行鉴定。由于承包人的诉请仅为工程进度款的支付，未包括由于发包人未按时支付进度款导致承包人停工的损失，《鉴定委托书》据此确定的造价鉴定范围仅为实际完成工程的工程造价，因此鉴定机构应严格按照委托人确定的鉴定范围开展鉴定工作，不可对不包含在鉴定范围内的停工损失等内容擅自进行鉴定。

2. 相关规定

目前，关于“鉴定事项、范围与委托不一致”情形的相关法律规定主要包括以下几点内容。

(1)《施工合同司法解释(一)》

第三十一条　当事人对部分案件事实有争议的,仅对有争议的事实进行鉴定,但争议事实范围不能确定,或者双方当事人请求对全部事实鉴定的除外。

第三十三条　人民法院准许当事人的鉴定申请后,应当根据当事人申请及查明案件事实的需要,确定委托鉴定的事项、范围、鉴定期限等,并组织当事人对争议的鉴定材料进行质证。

(2)最高人民法院《关于民事诉讼证据的若干规定》

第三十二条　人民法院准许鉴定申请的,应当组织双方当事人协商确定具备相应资格的鉴定人。当事人协商不成的,由人民法院指定。

人民法院依职权委托鉴定的,可以在询问当事人的意见后,指定具备相应资格的鉴定人。

人民法院在确定鉴定人后应当出具委托书,委托书中应当载明鉴定事项、鉴定范围、鉴定目的和鉴定期限。

(3)《建设工程造价鉴定规范》

3.2.2　委托人向鉴定机构出具鉴定委托书,应载明委托的鉴定机构名称、委托鉴定的目的、范围、事项和鉴定要求、委托人的名称等。

3.3.2　鉴定机构接受鉴定委托,对案件争议的事实初步了解后,当对委托鉴定的范围、事项和鉴定要求有不同意见时,应向委托人释明,释明后按委托人的决定进行鉴定。

3.6.1　鉴定人应当全面了解熟悉鉴定项目,对送鉴证据要认真研究,了解各方当事人争议的焦点和委托人的鉴定要求。委托人未明确鉴定事项的,鉴定机构应提请委托人确定鉴定事项。

(4)《重庆市高级人民法院关于建设工程造价鉴定若干问题的解答》

10.建设工程造价鉴定中,鉴定事项应当如何确定?当事人、鉴定人对鉴定事项有异议的,如何处理?

人民法院决定进行建设工程造价鉴定的,原则上应当根据当事人的申请确定鉴定事项。人民法院认为当事人申请的鉴定事项不符合合同约定或者相关法律、法规规定,或者与待证事实不具备关联性的,应当指导当事人选择正确的鉴定事项,并向当事人说明理由以及拒不变更鉴定事项的后果。经人民法院向当事人说明拒不变更鉴定事项的后果后,当事人仍拒不变更的,对当事人的鉴定申请应当不予准许,并根据举证规则由其承担相应的不利后果。

建设工程造价鉴定过程中,当事人、鉴定人对鉴定事项有异议的,应当向人民法院提交书面意见,并说明理由。人民法院应当对当事人、鉴定人提出的异议进行审查,异议成立的,应当向当事人释明变更鉴定事项;异议不成立的,书面告知当事人、鉴定人异议不成立,鉴定人应当按照委托的鉴定事项进行鉴定。

3. 相关案例

案例2－9

在湖北云鹏建筑劳务有限公司(以下简称云鹏公司)、四川绿能新源环保科技有限公司(以下简称绿能公司)建设工程施工合同纠纷一案①中,广西壮族自治区高级人民法院二审认为,原审法院在审理本案过程中,根据云鹏公司的申请,委托广西金朋工程造价咨询有限公司进行司法鉴定,委托鉴定的范围为:“对位于原告承建的钦州市城市生活垃圾发电厂工程量进行工程造价鉴定。”在原审法院未变更委托司法鉴定范围的情况下,广西金朋工程造价咨询有限公司仅根据绿能公司异议函提出的要求,擅自鉴定工期索赔金额,超出了委托司法鉴定范围;鉴定过程中,云鹏公司和绿能公司在对鉴定征求意见稿提出异议后,分别向一审法院补充提交部分鉴定资料,其中云鹏公司提交给鉴定机构的后续25份鉴定材料未经人民法院质证,不符合鉴定材料需经质证的程序要求。

综上,鉴定机构超出委托范围进行鉴定且部分材料未经质证,一审法院以该鉴定报告为定案依据,导致云鹏公司在本案工程中所完成工程的工程造价的基本事实不清。

最终,广西壮族自治区高级人民法院裁定撤销一审判决,发回钦州市中级人民法院重审。

4. 法律评析

当事人对部分案件事实有争议的,鉴定机构应仅对有争议的事实进行鉴定。对于何为有争议的事实,显然属于司法审判权的内容,只能由委托人来决定。

委托人委托鉴定机构对工程造价实施鉴定,目的是让鉴定机构利用其专业知识协助委托人确定工程价款,但并不是让鉴定机构替委托人确认案件事实,鉴定机构应只就委托人委托的事项应用其专业知识向委托人提供鉴定意见。因此,委托人委托时除应尽可能明确鉴定的范围和目的外,还应立足合同的约定及证据事实,明确计算工程款的方法和单价。对于当事人已约定的单价或计算方法应当作为鉴定的依据,鉴定单位不能无视合同的约定另行以定额作计算标准或以其他计算方法结算。

如果可以不通过鉴定,当事人各方能够达成一致意见,则不作鉴定;若必须通过鉴定才能查明案件事实,则尽量缩小鉴定范围并向鉴定机构、鉴定人明确,有利于缩短诉讼时间,降低鉴定费用,充分保护当事人利益。

---

① 参见广西壮族自治区高级人民法院民事裁定书,(2019)桂民终510号。

（五）鉴定机构与鉴定人自行确定鉴定依据

现阶段的工程造价鉴定包含内容较多，主要包括已竣工的工程造价鉴定、未完工的工程造价鉴定、专项工程造价鉴定以及工程索赔鉴定等。另外，工程造价鉴定涉及的当事人较多、牵涉利益复杂，委托人在裁判工程价款问题的过程中可能会牵涉多方面的利益，例如承包人、发包人等，甚至涉及相关的分包单位与材料供应商等。因此，如何确定工程造价鉴定依据是工程造价鉴定的重中之重。

1. 概述

鉴定机构与鉴定人自行确定鉴定依据，是指鉴定机构与鉴定人未经委托人准许，按照自己的理解确定涉案工程的造价鉴定依据。例如，在涉及“黑白合同”情形时，是按照“白合同”约定进行鉴定，还是按照“黑合同”约定进行鉴定？这显然属于司法审判权的内容，依法只能由委托人来行使，但是实践中，存在部分工程鉴定机构、鉴定人自行确定鉴定依据的现象。

无论基于何种原因，鉴定机构、鉴定人均无权直接确定工程造价鉴定的依据和范围，否则即是超越职权、以鉴代审，而鉴定机构、鉴定人依此作出的鉴定意见亦不应被委托人所采信。

2. 相关规定

目前，关于“鉴定机构与鉴定人自行确定鉴定依据”相关的法律规定主要包括以下几方面内容。

（1）《施工合同司法解释（一）》

第三十四条　人民法院应当组织当事人对鉴定意见进行质证。鉴定人将当事人有争议且未经质证的材料作为鉴定依据的，人民法院应当组织当事人就该部分材料进行质证。经质证认为不能作为鉴定依据的，根据该材料作出的鉴定意见不得作为认定案件事实的依据。

（2）最高人民法院《关于民事诉讼证据的若干规定》

第三十四条　人民法院应当组织当事人对鉴定材料进行质证。未经质证的材料，不得作为鉴定的根据。

经人民法院准许，鉴定人可以调取证据、勘验物证和现场、询问当事人或者证人。

（3）《建设工程造价鉴定规范》

5.3.1　委托人认定鉴定项目合同有效的，鉴定人应根据合同约定进行鉴定。

5.3.2　委托人认定鉴定项目合同无效的，鉴定人应按照委托人的决定进行鉴定。

5.3.3　鉴定项目合同对计价依据、计价方法约定不明的，鉴定人应厘清合同履行的事实，如是按合同履行的，应向委托人提出按其进行鉴定；如没有履行，鉴定人可向委托人提出“参照鉴定项目所在地同时期适用的计价依据、计价方法和签约时的市场价格信息进行鉴定”的建议，鉴定人应按照委托人的决定进行鉴定。

5.3.4　鉴定项目合同对计价依据、计价方法没有约定的，鉴定人可向委托人提出“参照鉴定项目所在地同时期适用的计价依据、计价方法和签约时的市场价格信息进行鉴定”的建议，鉴定人应按照委托人的决定进行鉴定。

5.3.5　鉴定项目合同对计价依据、计价方法约定条款前后矛盾的，鉴定人应提请委托人决定适用条款，委托人暂不明确的，鉴定人应按不同的约定条款分别作出鉴定意见，供委托人判断使用。

5.3.6　当事人分别提出不同的合同签约文本的，鉴定人应提请委托人决定适用的合同文本，委托人暂不明确的，鉴定人可按不同的合同文本分别作出鉴定意见，供委托人判断使用。

(4)北京市高级人民法院《关于审理建设工程施工合同纠纷案件若干疑难问题的解答》

34、工程造价鉴定中法院依职权判定的事项包括哪些?

当事人对施工合同效力、结算依据、签证文件的真实性及效力等问题存在争议的，应由法院进行审查并做出认定。法院在委托鉴定时可要求鉴定机构根据当事人所主张的不同结算依据分别作出鉴定结论，或者对存疑部分的工程量及价款鉴定后单独列项，供审判时审核认定使用，也可就争议问题先做出明确结论后再启动鉴定程序。

(5)重庆市高级人民法院《关于建设工程造价鉴定若干问题的解答》

18.建设工程造价鉴定过程中，鉴定资料如何进行认定?

人民法院收到当事人提交的鉴定资料后，应当组织当事人进行质证。当事人提交的鉴定资料繁多、杂乱，人民法院认为确有必要的，可以委托鉴定人对鉴定资料予以整理后再进行质证。

质证时，当事人应当围绕鉴定资料的真实性、合法性以及与鉴定事项的关联性陈述意见。鉴定人可以参加质证程序。经人民法院允许后，鉴定人可以就鉴定的相关问题向当事人发问。

质证后，人民法院应当结合当事人发表的质证意见对当事人提交的资料能否作为鉴定资料作出认定，并将当事人无异议或者人民法院认为应当作为鉴定依据的鉴定资料移交给鉴定人。人民法院对当事人提交的资料能否被采信暂时难以认定，需要在庭审后结合其他证据一并作出认定的，可以将存在争议的鉴定资料提交给鉴定人，由鉴定人就存在争议的鉴定资料所涉及的工程造价予以单列。

(6)河北省高级人民法院《建设工程施工合同案件审理指南》

25.当事人对施工合同效力、结算依据、签证文件的真实性及效力等问题存在争议的，应由人民法院进行审查并确认是否作为结算依据。

人民法院准许当事人对工程价款进行鉴定的申请后，应当根据当事人申请及查明案件事实的需要，确定委托鉴定的事项及范围，并组织双方当事人对争议的鉴定材料进行质证，确定鉴定依据。

当事人对对方提交的鉴定资料无法达成一致意见的，人民法院不能简单以当事人不予认可为由否认该鉴定资料的真实性，人民法院应依法对争议的资料进行审查并确定是否可以作为鉴定资料使用。

3. 相关案例

案例2－10

在宁波林丰建设有限公司（以下简称林丰公司）、黄山协诚置业有限公司（以下简称协诚公司）建设工程施工合同纠纷案①中，双方就涉案工程造价存在异议，依据林丰公司的申请，一审法院依法委托安徽天启工程造价咨询有限公司（以下简称天启公司）对涉案工程造价进行鉴定。2017 年 8 月 1 日，天启公司出具鉴定意见，一审法院根据鉴定意见认定案涉工程造价共计 146,796,592.86 元，协诚公司实际支付工程款 149,105,995 元，驳回了林丰公司全部诉讼请求。

林丰公司不服一审判决，向二审法院提起上诉。二审法院经审理认为，一审法院委托鉴定单位作出的鉴定意见存在诸多问题，如双方签订的《补充条款》约定，材料结算价：主体工程材料商品砼、钢材、模板、木材价格按《黄山市工程造价与定额》发布的材料信息价徽州栏套取，而鉴定单位却自行确认价格，且确定价格的方法和依据未经当事人质证；2017 年 5 月 27 日，双方当事人及鉴定人员已对钢筋套筒工程量进行签字确认，应当作为鉴定价款的依据，但鉴定单位自行以钢筋焊接检测报告来否定三方确定的钢筋套筒工程量，且鉴定单位确定的钢筋套筒工程量未经质证程序；在未经当事人或一审法院确定室外台阶、残疾人坡道为室外工程的情况下，鉴定单位自行确定属室外工程；工程签证虽对工程量或价格未进行明确记载，但可按鉴定项目相应的价格计算，或根据合同约定的原则、方法对该事项进行专业分析，作出推断性意见，鉴定单位不予计算明显不当。故鉴定意见不能作为认定工程造价的依据。二审法院最终裁定撤销一审法院民事判决，发回一审法院重审。

4. 法律评析

从上述案件可以看出，鉴定机构应当依据法院提供的鉴定材料客观、中立地进行鉴定，不得基于自行确定的鉴定依据出具鉴定意见。本案鉴定机构自行确定鉴定依

① 参见安徽省黄山市中级人民法院民事判决书，（2016）皖 10 民初 36 号；安徽省高级人民法院民事裁定书，（2018）皖民终 613 号。

据，包括未按《补充协议》约定的材料结算价进行结算、钢筋套筒工程量计算依据有误、自行确定工程范围等，偏离了法院委托的本意，存在以鉴代审的问题，因此安徽省高级人民法院否定了涉案鉴定意见的证明力，并撤销了一审法院的判决。

（六）鉴定机构随意从当事人处接受案件材料

鉴定机构接受委托人委托后，鉴定人员能否接见当事人？当事人直接将未经质证的材料提交鉴定机构进行鉴定，鉴定机构最终依据该材料作出鉴定意见，此时，委托人能否直接采纳该鉴定意见并作为认定案件事实的依据？

1. 概述

作为鉴定依据的鉴定材料应当经过委托人组织质证，鉴定材料的真实性、合法性等应当由委托人而非鉴定机构进行审核并确认。因此，鉴定机构不得随意从当事人处接受案件材料。

（1）鉴定材料是鉴定的基础，双方有争议的鉴定材料须经质证才能作为鉴定依据

在建设工程司法鉴定程序中，工程造价鉴定涉及的鉴定材料主要包括施工合同及补充协议、开工报告、施工图纸、图纸会审记录、设计变更单、工程签证单、工程会议纪要、甲供材料明细、工程竣工报告、工程量确认单等，以上由双方当事人提供的鉴定材料是鉴定机构进行鉴定的基础，鉴定材料是否全面、真实将影响最后的鉴定结果。

因此，委托人要尽可能地全面接收材料，除非能够辨别出确实与鉴定无关，否则不应以与鉴定内容无关为由拒收鉴定材料。在确认鉴定材料的真实性、合法性后，委托人要向鉴定机构全面转交鉴定材料，以便鉴定机构可以对材料和鉴定事项的相关性、材料的价值大小进一步鉴别和判断。

委托人应当确保所有的鉴定材料均已经过交换和质证程序。如果前述材料未经委托人组织质证，对于证据的合法性、真实性、关联性以及证明力的大小等这些需要委托人判断的问题将变成由鉴定机构、鉴定人进行取舍判断，实际上是形成了司法审判权的变相让渡，从而导致大量补充鉴定、重复鉴定的现象出现。

（2）工程造价鉴定所依据的鉴定材料质证的一般程序

根据《施工合同司法解释（一）》第三十三条之规定，对于双方有争议的鉴定材料应当通过质证并经过法院审查确认后才能作为鉴定依据。因此，与工程造价鉴定相关的质证的一般程序为：

①双方当事人对鉴定材料进行质证；

②委托人认定后转交鉴定人作为鉴定依据；

③鉴定人出具鉴定意见；

④双方当事人对鉴定意见进行质证。

上述规定从程序上规范了鉴定材料的提交,是为了让各方当事人了解鉴定意见据以作出的资料,防止出现因鉴定材料不真实、不全面导致鉴定意见不客观、不科学的现象。

(3)工程造价鉴定材料质证的补正程序

除未遵守上述工程造价鉴定材料质证的一般程序,司法实践中还存在其他不规范的现象,比如鉴定人直接从一方当事人处接收了鉴定材料,并依据该未经质证的材料出具鉴定意见。根据《施工合同司法解释(一)》第三十四条规定,鉴定人依据当事人有争议且未经质证的材料出具鉴定意见时,一方面基于诉讼效率的考量,人民法院不会直接否定鉴定意见;另一方面为保障当事人对鉴定材料的质证权,人民法院应当组织双方对有争议且未经质证的材料进行质证。该条规定实际属于对未履行鉴定材料质证前置程序的补正程序。

从图 2-1 可以看出:首先,委托人组织各方当事人就该部分材料进行质证,听取各方当事人的质证意见,这属于程序上的补救。其次,经质证后,如果委托人认为该部分材料真实合法,能够作为鉴定资料,则不影响对于鉴定意见的采纳;如果认为该部分材料真实性存疑,或者存在其他情形,不能作为鉴定依据,则根据该材料作出的相应鉴定意见不能采纳,不能作为认定案件事实的依据(见图 2-1)。但是,应当注意的是,并非鉴定意见整体不可采纳,如果鉴定意见可分,则材料所对应部分不能作为认定案件事实的依据;如果鉴定意见不可分,则整个鉴定意见均不能作为认定案件事实的依据。①

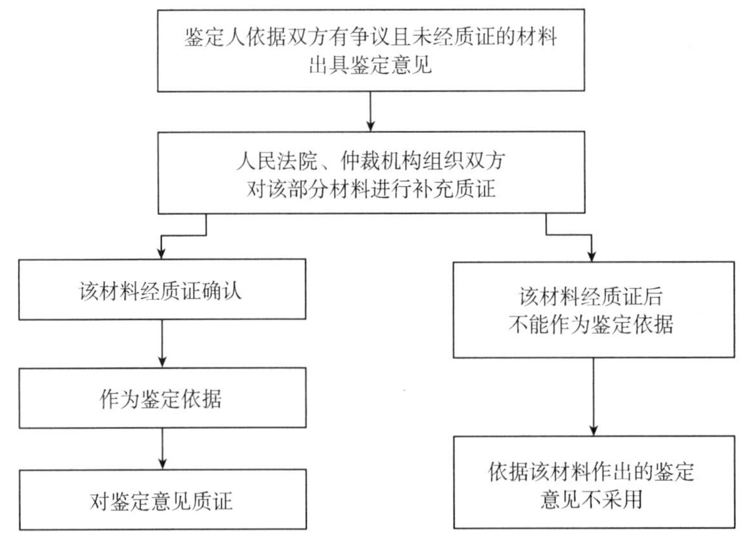

图 2-1　对未履行鉴定材料质证前置程序的补正程序

① 参见最高人民法院民事审判第一庭编著:《最高人民法院建设工程施工合同司法解释(二)理解与适用》,人民法院出版社 2019 年版,第 352 页。

2. 相关规定

目前,关于"鉴定机构随意接见当事人或接受案件材料"相关的法律规定主要包括以下几点内容。

(1)《民诉法解释》

第一百零三条　证据应当在法庭上出示,由当事人互相质证。未经当事人质证的证据,不得作为认定案件事实的根据。

当事人在审理前的准备阶段认可的证据,经审判人员在庭审中说明后,视为质证过的证据。

涉及国家秘密、商业秘密、个人隐私或者法律规定应当保密的证据,不得公开质证。

(2)最高人民法院《关于民事诉讼证据的若干规定》

第三十四条　人民法院应当组织当事人对鉴定材料进行质证。未经质证的材料,不得作为鉴定的根据。

经人民法院准许,鉴定人可以调取证据、勘验物证和现场、询问当事人或者证人。

(3)《施工合同司法解释(一)》

第三十四条　人民法院应当组织当事人对鉴定意见进行质证。鉴定人将当事人有争议且未经质证的材料作为鉴定依据的,人民法院应当组织当事人就该部分材料进行质证。经质证认为不能作为鉴定依据的,根据该材料作出的鉴定意见不得作为认定案件事实的依据。

(4)最高人民法院、司法部《关于建立司法鉴定管理与使用衔接机制的意见》

二、完善工作程序,规范司法鉴定委托与受理

……司法行政机关要严格规范鉴定受理程序和条件,明确鉴定机构不得违规接受委托;无正当理由不得拒绝接受人民法院的鉴定委托;接受人民法院委托鉴定后,不得私自接收当事人提交而未经人民法院确认的鉴定材料;鉴定机构应规范鉴定材料的接收和保存,实现鉴定过程和检验材料流转的全程记录和有效控制;鉴定过程中需要调取或者补充鉴定材料的,由鉴定机构或者当事人向委托法院提出申请。

(5)《建设工程造价鉴定规范》

4.2　委托人移交

4.2.1　委托人移交的证据材料宜包含但不限于下列内容:

1　起诉状(仲裁申请书)、反诉状(仲裁反申请书)及答辩状、代理词;

2　证据及《送鉴证据材料目录》(格式参见本规范附录E);

3　质证记录、庭审记录等卷宗;

4　鉴定机构认为需要的其他有关资料。

鉴定机构接收证据材料后,应开具接收清单。

4.2.2 委托人向鉴定机构直接移交的证据,应注明质证及证据认定情况,未注明的,鉴定机构应提请委托人明确质证及证据认定情况。

4.2.3 鉴定机构对收到的证据应认真分析,必要时可提请委托人向当事人转达要求补充证据的函件(格式参见本规范附录F)。

4.2.4 鉴定机构收取复制件应与证据原件核对无误。

4.3 当事人提交

4.3.1 鉴定工作中,委托人要求当事人直接向鉴定机构提交证据的,鉴定机构应提请委托人确定当事人的举证期限,并应及时向当事人发出函件(格式参见本规范附录G)。要求其在举证期限内提交证据。

4.3.2 鉴定机构收到当事人的证据材料后,应出具收据,写明证据名称、页数、份数、原件或者复印件以及签收日期,由经办人员签名或盖章。

4.3.3 鉴定机构应及时将收到的证据移交委托人,并提请委托人组织质证并确认证据的证明力。

4.3.4 若委托人委托鉴定机构组织当事人交换证据的,鉴定人应将证据逐一登记,当事人签领。若一方当事人拒绝参加交换证据的,鉴定机构应及时报告委托人,由委托人决定证据的交换。

4.3.5 鉴定人应组织当事人对交换的证据进行确认,当事人对证据有无异议都应详细记载,形成书面记录,请当事人各方核实后签字。并将签字后的书面记录报送委托人。若一方当事人拒绝参加对证据的确认,应将此报告委托人,由委托人决定证据的使用。

4.4 证据的补充

4.4.1 鉴定过程中,鉴定人可根据鉴定需要提请委托人通知当事人补充证据,对委托人组织质证并认定的补充证据,鉴定人可直接作为鉴定依据;对委托人转交,但未经质证的证据,鉴定人应提请委托人组织质证并确认证据的证明力。

4.4.2 当事人逾期向鉴定人补充证据的,鉴定人应告知当事人向委托人申请,由委托人决定是否接受。鉴定人应按委托人的决定执行。

(6)北京市高级人民法院《关于对外委托鉴定评估工作的规定(试行)》

第二十二条 【材料定义和要求】本规定所称鉴定评估材料是指人民法院移送专业机构用于形成鉴定意见、评估报告的材料。

人民法院应当向专业机构提供经庭审质证或者确认的鉴定评估材料,并明确材料名称、种类、数量、性状、保存状况、交接时间等内容。

专业机构不得自行接受当事人提交的未经人民法院庭审质证或者确认的鉴定评

估材料。

3. 相关案例

案例2－11

在潍坊荣鑫置业有限公司（以下简称荣鑫置业公司）、山东德馨宝隆建筑科技工程有限公司（以下简称德馨宝隆公司）建设工程施工合同纠纷案[①]中，2016年7月7日，作为承包方的德馨宝隆公司（乙方）与作为发包方的荣鑫置业公司（甲方）签订《高密世纪阳光城市广场外墙保温及饰面真石漆合同》，合同签订后，德馨宝隆公司主张按约定进场施工，截止到2016年10月10日商务楼保温工程已完成，住宅楼保温工程已施工过半。2016年11月15日至16日商务楼保温工程验收合格。2016年12月15日至25日住宅楼保温工程验收合格。2017年1月4日前饰面真石漆工程商务楼北立面、西立面已完成，南立面部分墙面已开始施工。后德馨宝隆公司向荣鑫置业公司申请支付工程款未成，遂停工撤离现场，并于2017年8月18日向荣鑫置业公司发送解除合同通知书。

根据德馨宝隆公司申请，法院委托天勤工程咨询有限公司对高密世纪阳光城市广场外墙保温及饰面真石漆的工程造价进行鉴定。2019年3月14日天勤工程咨询有限公司出具《高密世纪阳光城市广场外墙保温工程鉴定报告》，鉴定结果为：根据现有送鉴资料，高密世纪城市广场外墙保温工程鉴定价款为2,024,533.39元，其中地下室顶板257,097.60元。因外墙真石漆工程双方对完工节点未达成一致，暂不予评估。德馨宝隆公司进行鉴定支付鉴定费53,140元。

山东省高密市人民法院一审认为，德馨宝隆公司提交的德馨宝隆公司、荣鑫置业公司及监理三方确认的外墙保温工程施工验收表载明“保温基本完成”“考评合格”，应认定德馨宝隆公司已完成了施工并验收合格，且履行了相应的举证义务。对天勤工程咨询有限公司出具的鉴定报告中地下室顶板257,097.60元，德馨宝隆公司未能提交基本的施工资料和签证单等验收结算证明，也未完成实际施工工程量方面的举证。故对德馨宝隆公司主张的上述两部分工程价款，因荣鑫置业公司不予认可，一审法院不予支持。德馨宝隆公司如有证据，可另行主张。根据德馨宝隆公司提交的工作联系单、工程量确认单和天勤工程咨询有限公司出具的鉴定报告等，可以认定德馨宝隆公司施工的外墙保温工程价款为1,796,398.39元（总工程价款2,024,533.39元－地下室顶板工程款257,097.60元＋合同外抹灰找平鉴证工程款28,962.6元）。

后双方均不服一审判决，上诉至山东省潍坊市中级人民法院。二审期间，德馨宝隆公司提交天勤工程咨询有限公司出具的说明一份，证明鉴定报告中鉴定明细表第7

① 参见山东省高级人民法院民事判决书，(2020)鲁民再371号。

项的地下室顶板（材料规格25mm厚改性聚苯板）就是指分隔采暖与非采暖空间楼板，结合补充协议和工作联系单、工程款付款申请，能够证实德馨宝隆公司已经实际施工，鉴定报告当中第7项地下室顶板部分的评估数额257,097.60元，对支付该部分款项的请求，法院依法应当予以支持。荣鑫置业公司质证称，其对于该证据来源的合法性不予认可，天勤工程咨询有限公司是一审法院委托的鉴定机构，德馨宝隆公司未经委托单方与该鉴定机构联系取得该说明，不能排除德馨宝隆公司与天勤工程咨询有限公司存在串通行为，天勤工程咨询有限公司作为鉴定人私自与一方当事人接触并为其出具说明有失鉴定人的公信力，并且该说明也未能解释鉴定明细表中地下室顶板与分隔采暖与非采暖空间的内在联系，因此对该证据的合法性不认可，该证据也与工作联系单中我方代表徐某良的回复内容不一致，不能证明德馨宝隆公司对地下室顶板工程进行了实际施工。二审法院查明的其他事实与一审判决认定的事实基本一致。

关于涉案工程价款及利息认定问题，二审法院认为，对于地下室顶板257,097.60元的工程款项，德馨宝隆公司未能提交基本的施工资料和签证单等验收结算证明，也未完成实际施工工程量方面的举证，德馨宝隆公司二审中提交的天勤工程咨询有限公司出具的说明，系德馨宝隆公司提供的单方证据，未得到荣鑫置业公司的认可，亦无其他证据予以佐证，不能证明其主张，一审法院将地下室顶板257,097.60元从外墙保温工程价款鉴定价值中扣除，并认定工程价款相应的利息损失从合同约定的付款节点计算，符合本案实际，并无不当。后再审判决亦未变更该部分应付款金额。

4. 法律评析

司法实践中，由于建设工程案件的鉴定材料非常多，囿于审判人员对于建设工程案件的审判实务经验有限，可能存在没有对鉴定材料逐一进行质证甚至鉴定人私下从当事人处接收案件材料的情形。

依据没有经过庭审质证的鉴定材料而作出的鉴定意见能否采纳，涉及对存在争议的鉴定材料的质证情况，不能简单地理解为鉴定人依据未经质证的材料出具的鉴定意见一概无效。一旦出现前述情形，委托人应当组织当事人就该部分材料进行补充质证。经补充质证认为不能作为鉴定依据的，根据该材料作出的鉴定意见不得作为认定案件事实的依据。

为了保证鉴定意见的客观性、中立性，委托人对每一方当事人提交的鉴定材料都应当赋予对方当事人发表意见的权利，组织双方当事人对有争议的鉴定材料进行质证。对于基础性证据，比如施工合同、开工报告等，由委托人直接组织双方当事人进行质证。对于专业性的技术资料，比如施工图纸、签证单、预算书等，可以邀请鉴定人参加，以便引导当事人更好地对证据的真实性、合法性以及关联性发表质证意见。司法实践中一般是由委托人组织双方当事人及鉴定机构召开鉴定准备会，具体内容可包括以下几个方面。

（1）鉴定人提出需要双方提供的鉴定资料并向委托人建议提交的时限，由委托人征求各方当事人意见后确定。

（2）对于双方存在争议的鉴定材料，委托人在组织双方当事人质证后，决定是否作为鉴定资料提交。此处应当注意的是，所有材料均需要质证，不意味着所有材料的真实性、合法性均需经过对方当事人确认。对于一方当事人提交的鉴定材料，另一方当事人对真实性、合法性有异议的，如果委托人经过审查后，认为真实性、合法性可以确认，应依法确认并将其作为鉴定资料。

（3）委托人就鉴定范围、鉴定标准和方法听取各方当事人和鉴定人员的意见，并作出决定。

（4）委托人就鉴定期限和鉴定步骤听取各方当事人和鉴定人员意见，并作出决定。

（七）鉴定机构擅自进行现场勘验与取证

囿于部分审判人员欠缺建设工程造价专业知识，以及部分造价鉴定人员缺乏法律知识，审判人员与造价鉴定人员存在沟通不畅、权责不明的情况，因此，可能会出现造价鉴定人员未经审理法院同意，擅自进行现场勘验、取证等情形，这将直接导致造价鉴定意见不能被采信。

1. 概述

建设工程纠纷中，对于有些仅涉及工程造价而不涉及质量或工期的纠纷，委托人往往会根据当事人的申请，先行启动工程造价鉴定，待鉴定机构出具鉴定意见后再进行下一步的审理。鉴定机构接受委托后，为了解涉案工程现场状况，对现有资料无法确定且双方有争议的工作内容，有时会采取现场勘验的方式进行确认。

现场勘验是解决当事人意见不统一的鉴定方法之一，同时现场勘验也是弥补资料不足、获取涉案工程第一手资料的重要途径。具备现场勘验条件而且确有必要开展现场勘验工作的，鉴定机构应当向委托人申请进行现场勘验。特别需要注意的是，实践中，存在有些鉴定人自行前往现场进行勘验，并根据其单方获取的材料出具鉴定意见的情况；也有鉴定人仅与一方当事人前往现场进行勘验，并在此基础上出具鉴定意见。更有甚者，直到人民法院组织双方当事人针对鉴定意见初稿发表意见时，审理法院与双方当事人才得知鉴定人在未经人民法院同意的情况下擅自进行了现场勘验。前述行为都是违反法律、法规等相关规定的，在此基础上出具的鉴定意见因程序存在瑕疵，无法作为定案证据。

申请现场勘验的流程分为两种情形。

（1）如果鉴定人认为需要现场勘验的，应当提请委托人同意，待其同意后再由委托人组织现场勘验。

(2)如果当事人要求鉴定人进行现场勘验的,鉴定人应当告知当事人应先向委托人申请,待委托人同意后,由委托人组织现场勘验。

简言之,现场勘验前应当征得委托人同意,由委托人组织鉴定人、当事人针对被鉴定项目所涉及的标的物进行现场勘验。参与现场勘验的人员应当根据委托人的要求确定,鉴定人不得自行进行现场勘验。

综上所述,鉴定机构在接受人民法院或仲裁机构委托后,进行造价鉴定的委托、资料的流转、现场勘验等一系列与造价鉴定工作有关的活动均要取得委托人的同意,造价鉴定机构、造价鉴定人员不得擅自前往涉案项目现场开展勘验工作。

2. 相关规定

目前,与"鉴定机构擅自进行现场勘验与取证"情形相关的法律文件主要包括以下列举的几部文件。

(1)最高人民法院《关于民事诉讼证据的若干规定》

第三十四条　人民法院应当组织当事人对鉴定材料进行质证。未经质证的材料,不得作为鉴定的根据。

经人民法院准许,鉴定人可以调取证据、勘验物证和现场、询问当事人或者证人。

(2)重庆市高级人民法院《关于建设工程造价鉴定若干问题的解答》

20. 建设工程造价鉴定过程中,鉴定人认为需要进行现场勘验的,如何处理?

建设工程造价鉴定过程中,鉴定人认为需要对建设工程是否实际施工、实际施工的方式、数量以及施工现场状况等进行现场勘验的,应当告知人民法院。人民法院经审查后,认为确需进行现场勘验的,应当组织当事人、鉴定人进行现场勘验。

现场勘验应当形成勘验笔录,由当事人、鉴定人以及人民法院工作人员签字后提交给鉴定人作为鉴定依据。

(3)《建设工程造价鉴定规范》

4.6　现场勘验

4.6.1　当事人(一方或多方)要求鉴定人对鉴定项目标的物进行现场勘验的,鉴定人应告知当事人向委托人提交书面申请,经委托人同意后并组织现场勘验,鉴定人应当参加。

4.6.2　鉴定人认为根据鉴定工作需要进行现场勘验时,鉴定机构应提请委托人同意并由委托人组织现场勘验。

3. 相关案例

案例2-12

A作为某桥梁工程的发包人通过公开招标方式确定B为承包人。双方签订建设工程施工总承包合同，约定B应在两年内完成涉案工程。后B在约定时间内完工，A未按约定给付工程价款，双方产生争议，B向某仲裁机构申请仲裁，要求A支付欠付工程款及相应利息。案件审理过程中，B申请造价鉴定，经仲裁机构摇号，确定C作为本案造价鉴定单位。后仲裁庭向C出具造价鉴定委托书，同时明确了委托范围。

后B未经仲裁庭准许，自行与C沟通联络并擅自与其前往涉案工程现场进行勘验。C根据该次勘验获取的证据出具鉴定意见，最终该鉴定意见因违反鉴定程序，未被仲裁庭采纳。仲裁庭再次选取鉴定机构为案涉工程进行造价鉴定。

4. 法律评析

造价鉴定机构不仅要确保出具的造价意见正确、合理，还要使当事人感受到造价鉴定过程的公平性和合理性。鉴定人擅自进行现场勘验即是典型的不合理、不合法行为，故在此基础上出具的造价鉴定意见不可能使人信服。

鉴于此，为了确保造价鉴定意见能够作为定案证据，鉴定机构与鉴定人首先应当确保鉴定程序合法。尽管现场勘验并非鉴定过程中必不可缺的环节，但是一旦进行现场勘验，鉴定机构及鉴定人就应当确保在委托人的组织下进行勘验活动，制作并留存相应的勘验记录。

鉴定机构、鉴定人在工程造价司法鉴定活动中，应当恪守独立地位，坚持科学鉴定的理念，始终坚持以施工合同、现场勘验、鉴定规程、计价规则为依据，确保鉴定意见经得起庭审质证。

（八）鉴定采用的计价、计量方法与合同约定不一致

司法鉴定是法院审理工程结算类型案件的必要程序之一，法院通常将司法鉴定意见作为重要参考依据进而作出裁判。但在实践中，司法鉴定机构出于自身特殊判断等原因，会存在其所采用的计算方法同发包人与承包人约定的计价、计量方法不一致的情形，进而引发当事人对鉴定意见的质疑。

1. 概述

工程纠纷中，发承包双方往往都会在施工合同中对涉案工程的结算价款计算方法进行明确，但司法实践中，经常会出现发承包双方对合同约定的计价、计量方法理解不一致的情况，由此双方对工程结算价款的确定会存在巨大争议。

根据《建设工程工程量清单计价规范》（GB 50500—2013）（以下简称《2013版清单计价规范》），常见的合同类型有总价合同、单价合同及成本加酬金合同。

（1）总价合同

总价合同以招标文件（对于非招标项目，则为签约合同文件）约定的施工范围为基础，由发承包双方根据招标图纸（合同图纸）、技术规范、投标方案等确定合同价格，

并在合同条款中约定合同价格的调整方式，如设计变更、工程洽商、甲供材超供、材料人工价格调差等，在最终结算价款确认时，除合同约定的调整内容以外，其他部分均不予调整。由于总价合同的工程量及单价的调整范围非常有限，所以在招标或议标阶段需具备一定的条件，包括具备足够设计深度的招标图纸，可明确材料品牌档次的技术规范及充足的投标时间，由此承包人才有条件对工程量清单的准确性进行复核并进行合理报价。如承包人在招标或议标阶段未对工程量清单的准确性进行仔细复核或为承揽工程以较低价格中标，均可能导致后续施工过程中发现合同价格无法覆盖自身风险的问题，从而引发争议。

固定总价合同属于总价合同中风险较高的一种，固定总价是以合同约定的施工图确定的范围为基础，由发承包双方明确一个包干价格，也就是通常所说的“一口价”，施工过程中需要各方负担的费用和承担的风险均考虑在“一口价”中，不存在额外计费或另行补偿的问题。对此，《施工合同司法解释（一）》第二十八条已有明确规定，即“当事人约定按照固定价结算工程价款，一方当事人请求对建设工程造价进行鉴定的，人民法院不予支持”。

正因为固定总价是包干的“一口价”，施工过程中可能发生的情况和风险不可预见、不便估量，对合同双方均具有一定的风险性。所以，约定固定总价的施工合同一般仅在工期较短（通常是1年以内）且工程量小、合同金额较低、施工条件稳定、设计和图纸都比较完整和详细、施工技术相对简单的建设项目中使用。工程实践中，由于建筑市场竞争激烈，承包方为了承揽工程项目，往往会事先以较低的固定总价中标进场，甚至在图纸尚不明确的情况下就签订固定总价合同，待实际进场施工时才发现工程项目实际情况与签约时了解的情况完全不同，根本不具备固定总价包干的条件，从而引发争议，而这类争议最终无法直接按照合同约定的固定总价来结算，需要重新核价并办理结算。在合同履行实践中，固定总价包干的合同最终按照事先约定的包干价进行结算的情况较少。除了在条件不具备的情况下草率签约导致无法适用固定总价外，还有一些情况也会导致固定总价适用基础的丧失，比如施工范围发生调整（主要是设计变更导致的调整）。鉴于固定总价保持不变的前提是约定好的施工范围不作调整，施工范围出现增减，固定总价就要被打破，实践中通常将包含在合同范围内的工程量按照固定总价包干的方法结算，针对固定总价外增减的量，需双方重新核价，若无法达成一致意见，案件审理过程中则需要申请第三方鉴定，造价鉴定机构可以按照现行的计价原则并考虑合同包干价的优惠系数进行计算，否则有失公平。除前述情况外，施工合同的提前终止（如协议退场、甩项交工等情况），也将导致固定总价无法适用，此时面临的问题则是对已完工程量的结算。

(2)单价合同

单价合同是指在招标或议标阶段发承包双方就具体施工内容所对应的单位价格达成一致,但工程量暂定的合同,需结合工程量清单来适用。在招标或议标阶段,当施工图纸未达到足够设计深度或无足够时间对工程量进行准确计算时,一般会采用单价合同的形式。采用单价合同形式的项目,一般在施工过程中,当施工图达到设计深度后,会针对施工图进行重计量工作,即发承包双方根据合同约定的施工范围、计量原则以及确定版本的施工图纸,对工程量全面计量并核对达成一致,进而签订补充协议形成总价合同。合同条款也可约定变更洽商、甲供材超供、材料人工价格调差等其他合同价格的调整方式。单价合同相对于总价合同来说具有一定优势,其对招标或议标阶段的图纸要求不高,可加快开发进度。但单价合同亦可能存在如下风险:一是相对于招标或议标阶段,单价合同项下的施工内容、主要材料及设备不能发生较大变化,否则在重计量阶段会出现较多不适用原合同施工内容的清单列项,发承包双方易就新增部分对应单价产生争议;二是单价合同的计量计价原则需清晰明确,避免在重计量过程中发承包双方对计量原则理解产生歧义导致工程量计算无法达成一致。

(3)成本加酬金合同

"成本+酬金"顾名思义就是最终的合同金额将按照工程实际成本加一定标准的酬金进行结算。在合同订立时,工程的实际成本往往是无法明确的,仅是暂列一个金额,并同时约定酬金取值比例或计算标准。待施工完毕进入结算程序时,由发包人向承包人支付后者完成此工程项目的实际成本,并按事先约定的取值比例或计算标准核算酬金。采取成本加酬金的方法进行结算的施工合同比较少见,因为这种方法对于发包人和承包人来说都有一定的弊端,对发包人来说,由于施工的成本无法事先明确又不能通过包干价转嫁风险,所以,发包人不易控制造价和风险,承包人也就往往不注意降低施工成本;而对于承包人来说,由于这样的计价方法几乎无风险可言,其可得利润也会相对较低。所以,这种计价方法一般适用于抢险救灾类等需要立即开展的项目,也可适用于一些无价格可供参考的新型项目。

2.与"鉴定采用的计价、计量方法与合同约定不一致"情形相关的法律规定

(1)《民法典》

第五百一十一条　当事人就有关合同内容约定不明确,根据前条规定仍不能确定的,适用下列规定:……(二)价款或者报酬不明确的,按照订立合同时履行地的市场价格履行;依法应当执行政府定价或者政府指导价的,依照规定履行……

第七百九十三条　建设工程施工合同无效,但是建设工程经验收合格的,可以参照合同关于工程价款的约定折价补偿承包人。

建设工程施工合同无效,且建设工程经验收不合格的,按照以下情形处理:

（一）修复后的建设工程经验收合格的，发包人可以请求承包人承担修复费用；

（二）修复后的建设工程经验收不合格的，承包人无权请求参照合同关于工程价款的约定折价补偿。

发包人对因建设工程不合格造成的损失有过错的，应当承担相应的责任。

(2)《施工合同司法解释（一）》

第十九条第一款　当事人对建设工程的计价标准或者计价方法有约定的，按照约定结算工程价款。

(3)重庆市高级人民法院《关于建设工程造价鉴定若干问题的解答》

11.建设工程造价鉴定中，鉴定方法如何确定？

建设工程的计量应当按照合同约定的工程量计算规则、图纸及变更指示、签证单等确定。

建设工程的计价，通常情况下，可以通过以下方式确定：

(1)固定总价合同中，需要对风险范围以外的工程造价进行鉴定的，应当根据合同约定的风险范围以外的合同价格的调整方法确定工程造价。

(2)固定单价合同中，工程量清单载明的工程以及工程量清单的漏项工程、变更工程均应根据合同约定的固定单价或根据合同约定确定的单价确定工程造价；工程量清单外的新增工程，合同有约定的从其约定，未作约定的，参照工程所在地的建设工程定额及相关配套文件计价。

(3)合同约定采用建设工程定额及相关配套文件计价，或者约定根据建设工程定额及相关配套文件下浮一定比例计价的，从其约定。

(4)可调价格合同中，合同对计价原则以及价格的调整方式有约定的，从其约定；合同虽约定采用可调价格方式，但未对计价原则以及价格调整方式作出约定的，参照工程所在地的建设工程定额及相关配套文件计价。

(5)合同未对工程的计价原则作出约定的，参照工程所在地的建设工程定额及相关配套文件计价。

(6)建设工程为未完工程的，应当根据已完工程量和合同约定的计价原则来确定已完工程造价。如果合同为固定总价合同，且无法确定已完工程占整个工程的比例的，一般可以根据工程所在地的建设工程定额及相关配套文件确定已完工程占整个工程的比例，再以固定总价乘以该比例来确定已完工程造价。

(4)《建设工程造价鉴定规范》

5.3.1　委托人认定鉴定项目合同有效的，鉴定人应根据合同约定进行鉴定。

5.3.3　鉴定项目合同对计价依据、计价方法约定不明的，鉴定人应厘清合同履行的事实，如是按合同履行的，应向委托人提出按其进行鉴定；如没有履行，鉴定人可向委托人提出“参照鉴定项目所在地同时期适用的计价依据、计价方法和签约时的市场价格信息进行鉴定”的建议，鉴定人应按照委托人的决定进行鉴定。

5.5　计量争议的鉴定

5.5.1　当鉴定项目图纸完备，当事人就计量依据发生争议时，鉴定人应以现行国家相关工程计量规范规定的工程量计算规则计量；无国家标准的，按行业标准或地方标准计量。但当事人在合同中约定了计量规则的除外。

5.5.3　当事人就总价合同计量发生争议的，总价合同对工程计量标准有约定的，按约定进行鉴定；没有约定的，仅就工程变更部分进行鉴定。

5.6　计价争议的鉴定

5.6.1　当事人因工程变更导致工程量数量变化，要求调整综合单价发生争议的；或对新增工程项目组价发生争议的，鉴定人应按以下规定进行鉴定：

1　合同中有约定的，应按合同约定进行鉴定；

2　合同中约定不明的，鉴定人应厘清合同履行情况，如是按合同履行的，应向委托人提出按其进行鉴定；如没有履行，可按现行国家标准计价规范的相关规定进行鉴定，供委托人判断使用；

3　合同中没有约定的，应提请委托人决定并按其决定进行鉴定，委托人暂不决定的，可按现行国家标准计价规范的相关规定进行鉴定，供委托人判断使用。

5.6.2　当事人因物价波动，要求调整合同价款发生争议的，鉴定人应按以下规定进行鉴定：

1　合同中约定了计价风险范围和幅度的，按合同约定进行鉴定；合同中约定了物价波动可以调整，但没有约定风险范围和幅度的，应提请委托人决定，按现行国家标准计价规范的相关规定进行鉴定；但已经采用价格指数法进行了调整的除外；

2　合同中约定物价波动不予调整的，仍应对实行政府定价或政府指导价的材料按《中华人民共和国合同法》[①]的相关规定进行鉴定。

5.6.3　当事人因人工费调整文件，要求调整人工费发生争议的，鉴定人应按以下规定进行鉴定：

1　如合同中约定不执行的，鉴定人应提请委托人决定并按其决定进行鉴定；

2　合同中没有约定或约定不明的，鉴定人应提请委托人决定并按其决定进行鉴定，委托人要求鉴定人提出意见的，鉴定人应分析鉴别：如人工费的形成是以鉴定项目所在地工程造价管理部门发布的人工费为基础在合同中约定的，可按工程所在地人工费调整文件作出鉴定意见；如不是，则应作出否定性意见，供委托人判断使用。

① 现为《民法典》合同编。

5.6.4 当事人因材料价格发生争议的,鉴定人应提请委托人决定并按其决定进行鉴定。委托人未及时决定可按以下规定进行鉴定,供委托人判断使用:

1 材料价格在采购前经发包人或其代表签批认可的,应按签批的材料价格进行鉴定;

2 材料采购前未报发包人或其代表认质认价的,应按合同约定的价格进行鉴定;

3 发包人认为承包人采购的材料不符合质量要求,不予认价的,应按双方约定的价格进行鉴定,质量方面的争议应告知发包人另行申请质量鉴定。

5.6.5 发包人以工程质量不合格为由,拒绝办理工程结算而发生争议的,鉴定人应按以下规定进行鉴定:

1 已竣工验收合格或已竣工未验收但发包人已投入使用的工程,工程结算按合同约定进行鉴定;

2 已竣工未验收且发包人未投入使用的工程,以及停工、停建工程,鉴定人应对无争议、有争议的项目分别按合同约定进行鉴定。工程质量争议应告知发包人申请工程质量鉴定,待委托人分清当事人的质量责任后,分别按照工程造价鉴定意见判断采用。

综上所述,建设工程合同纠纷中对于计价标准或计价方式的选择应按如下方式:①委托人认定鉴定项目合同有效的,鉴定人应根据合同约定进行鉴定,不得随意改变双方的合意;②建设工程施工合同无效,但是建设工程经竣工验收合格的,合同价款可以参照合同约定予以确定;③建设工程施工合同对计价标准或者计价方式约定不明的,鉴定机构应采取市场价作为鉴定依据,但由于市场价往往难以确定,容易引起双方当事人的争议,在实践中,鉴定人普遍参考《建设工程造价鉴定规范》第5.3.3条规定"参照鉴定项目所在地同时期适用的计价依据、计价方法和签约时的市场价格信息进行鉴定"的方法确定市场价,通常采用工程所在地同时期适用的计价规则、消耗量定额并结合工程造价管理部门发布的市场价格信息进行计算。

3. 相关案例

案例2-13

在沈阳瑞家置业有限公司、湖北鑫华建筑安装工程有限公司建设工程施工合同纠纷案①中,最高人民法院认为,《建设工程造价鉴定规范》第5.1.2条规定,鉴定人应按合同约定的计价原则和方法进行鉴定;第5.3.1条规定,委托人认定鉴定项目合同有效的,鉴定人应按合同约定进行鉴定。故根据上述国家标准的《建设工程造价鉴定规范》,在案涉建设工程施工合同中已经约定工程计价方式的情况下,应按照合同约定

① 参见最高人民法院民事裁定书,(2020)最高法民终1150号。

进行鉴定。在最高人民法院审理该案过程中，作为该案鉴定人的辽宁志城工程造价咨询有限公司（现更名为辽宁志城建设工程管理咨询有限公司）亦表示：按照鉴定行业的通行做法，在合同有约定计价方式的情况下，应适用合同约定的计价方式进行鉴定，而不应适用定额规范进行鉴定。而在一审法院审理该案过程中，辽宁志城工程造价咨询有限公司对“鑫华公司已完工程量及造价”进行鉴定，并未依据上述鉴定规范和行业通行的鉴定原则进行鉴定，对此最高人民法院认为，辽宁志城工程造价咨询有限公司于2015年9月28日作出的辽志鉴字〔2015〕第059号《关于瑞家景峰二期工程造价司法鉴定报告》不能作为认定该案事实的依据。

4. 法律评析

在发承包双方订立的合同有效的情况下，造价鉴定机构应当尊重双方当事人的意思自治，根据双方约定的工程量和工程单价计算方法进行计算。如果造价鉴定机构无视发承包双方的约定，而自行确定计价标准进行鉴定，擅自认定涉及建设工程造价的计算依据，该行为违背了发承包双方的意思自治，亦违背了合同订立的初衷，鉴定机构基于此作出的鉴定意见不能作为案件裁判依据。

民事诉讼活动中，当事人签署的受法律保护的有效合同文件具有优先于法律规定的地位，也是发承包双方进行工程结算的首要依据。从约原则贯穿于工程造价鉴定的始终，鉴定的启动、鉴定的范围以及鉴定活动的进行都需遵守从约原则。其中，计价、计量方法在合同中占据举足轻重的地位，故双方在此方面应在慎重考虑、权衡利弊后磋商确定。造价鉴定机构应当全面贯彻从约原则，否则其在违背从约原则的情况下出具的鉴定意见将存在不被采纳的风险。

（九）“以鉴代审”

在工程类纠纷案件中，鉴定机构可能出现擅自认定工程造价的情况，委托人如没有判断能力而直接采纳该鉴定意见进行裁判，即为“以鉴代审”。部分委托人过分依赖司法鉴定，视司法鉴定过程为事实查明过程，裁判结果与鉴定意见几乎一一对应，将导致审判的虚化，使鉴定意见凌驾于委托人的审查判断之上。

1. 概述

（1）“以鉴代审”的现状

鉴定机构在进行工程造价鉴定时，通常会遇到以下问题：①鉴定范围应当如何确定？是鉴定全部工程还是部分工程？②应当按照什么标准来进行计价和计量？是严格按照双方约定的计价标准、计价方法进行造价鉴定，还是由委托人确定计价标准、计价方法？③当建设工程施工合同对计价标准、计价方法约定不明确或未作约定时，应当如何处理？

尽管《施工合同司法解释(一)》对上述部分问题有所规定,认为合同约定的计价标准、计价方法、造价鉴定所依据材料的真实、合法、关联性等问题,都是法律问题和事实问题,不属于专门性、技术性问题,应由委托人依法查清并予以认定,但是鉴于不同委托机构、委托人及不同鉴定机构、鉴定人员做法不尽相同,目前建设工程造价鉴定与司法审判较为混乱,委托人往往在进行简单的庭审质证之后,径行将案件推入造价鉴定环节,并将上述几个问题的决定权全部交给鉴定机构,由鉴定机构直接进行鉴定,然后委托人直接依据鉴定意见进行裁判。即使当事人或代理人提出了异议,表示前述问题的确定属于委托人行使审判权范畴,鉴定机构与委托人也可能不予理睬、不予纠正。

(2)“以鉴代审”的成因分析

施工项目是一项复杂、系统、长期的工程,建设周期长、施工过程复杂、造价成本高昂,且由于设计、施工、材料、设备、自然条件等差异,施工项目亦具有明显的个体差异。为确定工程造价,往往要具备物理、数学等多种学科知识,并需综合采取现场测量与估算、图纸计算、文件核对、与当事人确认等多种手段,因此,在确定工程造价时需要由专门的造价鉴定机构来鉴定,委托人作为司法裁判人员往往不具备相关专业知识,难以直接确定工程造价,这就导致凡是涉及工程造价的,委托人往往会以涉及专业技术性问题为由统统推给鉴定机构,由鉴定机构来确定工程造价,在鉴定机构出具鉴定意见后,委托人直接依据该鉴定意见对案件作出裁判。

司法实践中通常存在一种误区,即认为凡是需要进行司法鉴定的案件,委托人的审判工作都很简单,只要在鉴定机构出具鉴定意见后,依赖鉴定意见作出裁判即可。在工程类纠纷案件中,这种认识误区表现得更加突出,委托人经常完全依赖鉴定机构出具的鉴定意见直接裁判。之所以会出现这种情况就是因为委托人对司法鉴定的定位、工程造价鉴定的特殊性以及鉴定机构的工作内容认识不清。

综上所述,“以鉴代审”并非法律概念,而是对司法实践中出现的裁判者未经一定程序而直接将鉴定意见作为裁判意见使用的情形进行概括。司法实践中,“以鉴代审”的问题大量存在,一方面裁判者囿于知识领域的局限,倾向于信赖鉴定意见而直接将其纳入法律事实的一部分;另一方面缺乏相关知识背景也让裁判者没有足够的能力识别并纠正其他裁判者对鉴定意见的使用。

正是由于上述原因,不少委托人或者鉴定机构恰恰利用现存的司法弊端,在建设工程案件中,违规鉴定、违法办案。

(3)如何避免“以鉴代审”

①鉴定意见应当回归其作为证据的本质属性

根据《民事诉讼法》第六十六条的规定,鉴定意见作为独立的证据种类,当其具备一定的前提和条件时,才能产生应有的证明效力。因此,从理论上说,鉴定意见在诉讼中仅起到证据的作用,但是又并非当然的证据。委托人在审理案件过程中是否采纳鉴定意见,还需要对鉴定机构出具鉴定意见的程序是否正当进行审查,并确定鉴定意见符合证明标准,才可予以采纳。

尽管在一定条件下,鉴定意见确实能够帮助委托人查明案件事实,但是由于鉴定意见也是鉴定人作出的,鉴定人的认识活动受到主客观条件的制约,因此鉴定意见有时也会出现错误,要解决"以鉴代审"的问题,就不能过度依赖和使用鉴定意见。

为避免"以鉴代审",委托人可以先委托鉴定机构对当事人提交的资料进行核对区分,确定无争议的资料和有争议的资料,由双方当事人对无争议的资料进行书面确认。对有争议的资料,委托人应当组织当事人进行逐项质证,并对证据是否采信进行认定。只有经各方当事人质证认可或者经委托人予以认定的资料,才可以移交鉴定机构使用。

②重视鉴定人、专家辅助人出庭

鉴定意见通常是以书面形式呈现在委托人面前的,涉及复杂的专业知识,仅凭单纯的文字很难让委托人充分掌握鉴定意见所涉及的专业问题。委托人应当高度重视鉴定机构和鉴定人的出庭质证,增强鉴定意见庭审质证的对抗性和有效性。鉴定人就出具的鉴定意见出庭质证是基本义务,也是司法审判程序要求,同时也能够帮助委托人正确理解鉴定意见,有利于消除当事人对鉴定意见的疑惑,对案件的裁判起至关重要的作用。为此我国《仲裁法》第四十四条、《民事诉讼法》第八十一条及《建设工程造价鉴定规范》中均有明确规定。

同时,为了避免鉴定机构对相关技术问题作出倾向于某一方当事人的解释,当事人也可以考虑邀请相关领域的专家辅助人出庭协助委托人厘清相关专业问题,专家辅助人在法庭上就专业问题提出的意见,视为当事人的陈述,对此,《民事诉讼法》第八十二条有明确规定。

2. 相关规定

目前,与"以鉴代审"情形相关的法律文件主要包括以下列举的几部。

(1)《施工合同司法解释(一)》

第三十三条　人民法院准许当事人的鉴定申请后,应当根据当事人申请及查明案件事实的需要,确定委托鉴定的事项、范围、鉴定期限等,并组织当事人对争议的鉴定材料进行质证。

第三十四条　人民法院应当组织当事人对鉴定意见进行质证。鉴定人将当事人有争议且未经质证的材料作为鉴定依据的,人民法院应当组织当事人就该部分材料进行质证。经质证认为不能作为鉴定依据的,根据该材料作出的鉴定意见不得作为认定案件事实的依据。

(2)《民事诉讼法》

第八十一条　当事人对鉴定意见有异议或者人民法院认为鉴定人有必要出庭的，鉴定人应当出庭作证。经人民法院通知，鉴定人拒不出庭作证的，鉴定意见不得作为认定事实的根据；支付鉴定费用的当事人可以要求返还鉴定费用。

第八十二条　当事人可以申请人民法院通知有专门知识的人出庭，就鉴定人作出的鉴定意见或者专业问题提出意见。

(3)《仲裁法》

第四十四条第一款　仲裁庭对专门性问题认为需要鉴定的，可以交由当事人约定的鉴定部门鉴定，也可以由仲裁庭指定的鉴定部门鉴定。

(4)《建设工程造价鉴定规范》

3.8　出庭作证

3.8.1　鉴定人经委托人通知，应当依法出庭作证，接受当事人对工程造价鉴定意见书的质询，回答与鉴定事项有关的问题。

3.8.2　鉴定人因法定事由不能出庭作证的，经委托人同意后，可以书面形式答复当事人的质询。

3.8.3　未经委托人同意，鉴定人拒不出庭作证，导致鉴定意见不能作为认定事实的根据的，支付鉴定费用的当事人要求返还鉴定费用的，应当返还。

3.8.4　鉴定人出庭作证时，应当携带鉴定人的身份证明，包括身份证、造价工程师注册证、专业技术职称证等，在委托人要求时出示。

3.8.5　鉴定人出庭前应作好准备工作，熟悉和准确理解专业领域相应的法律、法规和标准、规范以及鉴定项目的合同约定等。

3.8.6　鉴定机构宜在开庭前，向委托人要求当事人提交所需回答的问题或对鉴定意见书有异议的内容，以便于鉴定人准备。

3.8.7　鉴定人出庭作证时，应依法、客观、公正、有针对性地回答与鉴定事项有关的问题。

3.8.8　鉴定人出庭作证时，对与鉴定事项无关的问题，可经委托人允许，不予回答。

3. 相关案例

案例 2－14

在林某奇与黄某州、林某娟建设工程分包合同纠纷一案中，林某奇不服海南省第二中级人民法院作出的(2013)海南二中民二终字第 213 号民事判决及儋州市人民法院作出的(2012)儋民初字第 1211 号民事判决，向海南省第二中级人民法院申请再审。海南省第二中级人民法院经审判委员会讨论决定,裁定再审本案①。

林某奇申请再审认为,第一,一审法院委托海南中明智工程造价咨询有限公司(以下简称中明智公司)进行鉴定作出的(2012)中明智价鉴字第12042号《工程造价鉴定报告》违反事实和法律,不应作为定案的参考依据。对于林某奇实际完成的地下室部分土方、放钢筋笼及降水施工等工作内容的工程量及工程价款,没有计算在该鉴定报告中。鉴定人在一审庭审中并没有出庭接受各方当事人的质询。二审时,鉴定人对林某奇实际完成的地下室部分土方、放钢筋笼及降水施工等情况再一次予以明确说明,并反复强调该部分工程量是由林某奇施工完成,由于法院委托鉴定机构按照合同约定的计价方式做鉴定,而合同中并没有约定该部分工程的计价方式,所以鉴定机构对该部分暂未考虑。第二,原审认定事实不清,证据不足。因采用合同价包干为前提进行工程造价计算,鉴定报告里面所计算的建筑面积折算系数含糊不清,基础土方工程、桩基工程、临水、临电工程、高层基础工程等很多实际完成的工程量都未计算在内,这与实际完成的工程量相去甚远。原审以鉴代审,以不应采用的鉴定报告作为主要定案依据,该判决依法应当撤销。

海南省第二中级人民法院经再审审理认为,鉴定机构中明智公司出具的《关于(2012)中明智价鉴第12042号〈工程造价鉴定报告〉(勘误稿)意见函的回复》中明确说明对本案工程中地下室部分的土方、放钢筋笼及降水施工等工程量未予以考虑;鉴定人也当庭确认地下工程部分实际已经施工了,只是双方没有约定单价,没有计算依据,就无法计算。从而证实鉴定出的工程款金额并未包含所有的工程量,存在漏项。本案一审、二审判决认定基本事实不清。经海南省第二中级人民法院审判委员会讨论决定,依照2013年《民事诉讼法》第二百零七条、第一百七十条第一款第三项之规定②,裁定撤销(2013)海南二中民二终字第213号民事判决及儋州市人民法院(2012)儋民初字第1211号民事判决;并将案件发回儋州市人民法院重审。

4. 法律评析

首先,鉴定意见作为一项证据,需要经过当事人质证,就鉴定人是否适格、鉴定程序是否合法来判断鉴定意见的效力。

其次,委托人应当审查鉴定活动启动的必要性与合理性。委托人作为建设工程领域的“业余人士”,要突破“以鉴代审”的乱象,就要强化委托人的司法鉴定主导权。

最后,鉴定意见不能决定审判结果。鉴定意见与其他证据相比,并不具有天然的优势性。委托人在裁判案件时,需要结合其他证据来综合判断。

---

① 参见海南省第二中级人民法院民事裁定书,(2014)海南二中民再字第3号。

② 现变更为《民事诉讼法》(2023修正)第二百一十八条、第一百七十七条第三项。

综上所述，委托人对司法鉴定的管控并不是只以鉴定意见为准，针对司法鉴定意见在形成过程中存在程序问题以及有违合法性、独立性、客观性、公正性四项原则的情况，委托人有权不予采信司法鉴定意见。

（十）鉴定机构拖延鉴定期限

鉴定机构拖延鉴定期限是目前司法实践中经常遇到的问题，司法鉴定机构常常以各种理由拖延鉴定期限，尤其是建设工程纠纷因其案件事实较复杂、鉴定资料繁多、当事人争议点多样等特点进一步加重了这一问题，影响案件审理的时效性，损害当事人的利益。

1. 概述

建设工程类纠纷案件的突出特点是审理周期长，该类案件一审能够在普通程序6个月审限内结案的数量少之又少。通过检索大数据显示，审判人员申报扣除不纳入审限计算的大部分理由就是工程造价鉴定，可以说工程造价鉴定已成为建设工程合同纠纷案件能否及时审结的关键因素。

根据最高人民法院《关于严格执行案件审理期限制度的若干规定》第九条第六项规定，民事案件的鉴定期限不计入审理期限。司法实践中，工程类纠纷案件审理法院从决定鉴定之日起即进入鉴定程序，根据前述规定，鉴定期限不计入审理期限。实践中，鉴定机构往往会因为各种原因导致无法在规定期限内完成委托人委托的鉴定事项，涉及的主要原因包括如下几个方面。

（1）案件事实复杂，各方争议大。工程类纠纷往往牵涉发包人、承包人、转包人、分包人、实际施工人等多方主体，证据数量多、种类多、关系复杂，审理中当事人对合同、图纸、协议等证据的效力和对方当事人主体资格问题多有争议，案件事实认定困难，法律适用不够统一；启动鉴定后，争议双方对鉴定机构的选择、勘验现场时隐蔽工程量大小和造价数额多有争议，鉴定人对梳理、筛选海量证据以及进行现场勘验和市场调查，均需要耗费大量时间，由此拖延鉴定期限。

（2）资料不全、提交拖延。工程造价鉴定所需材料一般都包括施工合同及相关补充协议、施工图纸、施工组织设计方案、工程预决算材料、工程验收文件、竣工资料等，鉴定所需资料较为繁杂，且在鉴定过程中鉴定人常常发现涉案工程项目未经过招投标程序、合同签订不规范、施工过程中变更签证确认不及时、工程洽商记录不准确等问题，前述问题可能影响鉴定意见的最终结果，因此争议双方在满足举证期限的情况下可能需要不断补充其他材料予以佐证，由此降低鉴定效率。

（3）现行法律并未禁止鉴定机构在鉴定期间承接社会上其他工程项目的造价鉴定业务，因此不可能完全切断工程鉴定单位与社会的联系。鉴于鉴定期限不计入审理期限,委托人出于结案压力忙于审判业务无心过问鉴定意见的出具时间,故鉴定机构可能因业务繁忙而搁置委托人委托的造价鉴定事项。

(4)鉴定机构鱼龙混杂,鉴定人员专业素养参差不齐,通过摇号确定的鉴定机构可能难以胜任委托人委托的鉴定事项,故迟迟无法出具鉴定意见。例如,某高级人民法院准入的10家造价咨询机构尽管均具有较强的工程审价方面的技术力量,但是司法审价具有其特殊性,对审价报告及审价人员的要求更高,而有些入围的造价咨询机构缺乏能够从事司法造价鉴定的相应人员,难以满足人民法院审理建设工程纠纷案件的要求,并由此大大延长鉴定意见出具的时间期限。

总之,在工程类纠纷案件的造价鉴定过程中,鉴定机构出具鉴定意见的期限短则数月、长则数年,使工程造价鉴定进展困难,鉴定意见迟迟不能出具,严重拖延鉴定期限,进而导致审理法院无法按期结案,不能及时有效的解决双方争议,不但未能定分止争,反而激化矛盾。例如,承包人未能及时获取工程价款,发包人应当支付的利息滚动增加。"用者不管,管者不用"的鉴定体制使得建设工程纠纷案件往往易陷入"迟来的正义"的尴尬境地。

2. 相关规定

目前,关于规制"鉴定机构拖延鉴定期限"问题的相关法律文件主要包括:

《建设工程造价鉴定规范》

3.7　鉴定期限

3.7.1　鉴定期限由鉴定机构与委托人根据鉴定项目争议标的涉及的工程造价金额、复杂程度等因素在表3.7.1规定的期限内确定。

表3.7.1　鉴定期限表

争议标的涉及工程造价	期限(工作日)
1000万元以下(含1000万元)	40
1000万元以上3000万元以下(含3000万元)	60
3000万元以上10,000万元以下(含10,000万元)	80
10,000万元以上(不含10,000万元)	100

鉴定机构与委托人对完成鉴定的期限另有约定的,从其约定。

3.7.2　鉴定期限从鉴定人接收委托人按本规范第4.2.1条的规定移交证据材料之日起的次日起计算。

3.7.3　鉴定事项涉及复杂、疑难、特殊的技术问题需要较长时间的,经与委托人协商,完成鉴定的时间可以延长,每次延长时间一般不得超过30个工作日。每个鉴定项目延长次数一般不得超过3次。

3.7.4 在鉴定过程中，经委托人认可，等待当事人提交、补充或者重新提交证据、勘验现场等所需的时间，不计入鉴定期限。

3. 相关案例

案例2－15

A作为某工程的发包人通过公开招标方式确定B为承包人。双方签订建设工程施工总承包合同，约定B应在730自然日内施工完成涉案工程。后B在约定时间内完工，A未按约定给付工程价款，双方产生争议，B向某仲裁机构申请仲裁，要求A支付欠付工程款及相应利息，同时B申请造价鉴定，经仲裁机构摇号，确定C作为本案造价鉴定单位。后仲裁庭向C出具造价鉴定委托书，同时明确委托范围与鉴定期限。

鉴定过程中，在A与B提交鉴定资料后，C又陆续要求A与B提交补充鉴定资料近10次。自B申请造价鉴定之日起至C出具鉴定意见之日止，已近3年的时间。

4. 法律评析

上述案例是一起典型的鉴定机构拖延鉴定期限的案例，鉴定期间B不断地通过电话联络、寄送函件等方式催促C出具鉴定意见，但是效果甚微。承办仲裁庭明确表示其无法掌控鉴定意见出具的时间。尽管建设工程纠纷案件久拖不决的原因是多方面的，但是本案中仲裁庭与鉴定机构之间沟通不够是其中一个重要方面。人民法院审理案件时亦会出现此类情况，由此笔者提出以下两方面建议。

（1）委托人要主动加强学习，熟悉相关造价专业知识，提高办案质量和效率。建设工程合同纠纷是专业性比较强的一类案件，承办人员如果不懂工程造价方面的知识，对于理解工程造价鉴定意见以及造价鉴定过程中当事人的争议和鉴定机构的解释等就会存在一定困难，更难以作出准确的裁判。

委托人要具有高度的责任感，加强与鉴定机构的沟通协调，推进工程造价鉴定的进程。委托人要及时了解鉴定的进度情况，对于经常出现的当事人迟延提供鉴定资料等问题，委托人应及时进行督促干预，以保证鉴定的正常进行。

委托人在选定鉴定机构后应当及时向当事人明确举证期限并释明逾期提交的法律后果，然后组织争议双方进行证据交换，对鉴定资料进行庭审质证，委托人依据双方当事人的质证意见对鉴定资料进行审核认定并移送给鉴定机构，未经当事人质证的证据材料不能作为鉴定依据，只有这样才可能有效减少补充鉴定、重新鉴定、重复鉴定的发生。

（2）鉴定机构应当尽职尽责完成委托事项，利用己方的专业技术知识高效、及时出具鉴定意见。首先，鉴定机构应当加强对鉴定人的业务培训，提高鉴定人的素质，特别是增加其法律知识的储备，培养法律思维能力。其次，鉴定机构除安排业务精干的专业技术人员进行造价鉴定外，还需要配备专门的管理人员，对内负责督促鉴定工作，对外做好与委托人之间的协调工作,积极向委托人汇报造价鉴定的进展,沟通亟待解决的问题等,以确保造价鉴定工作的顺利进行。最后,对于部分疑难复杂的工程造价鉴定案件,鉴定机构应当积极参加委托人组织的包括争议双方在内的案件听证会,从专业的角度协助委托人分析和处理造价争议。

(十一)鉴定意见书内容不完整,格式不规范

鉴定意见书作为一种法律文书,应当有明确、完整、规范的内容。我国司法实践中,鉴定意见书的内容存在缺陷的情况非常普遍,如存在严重缺陷最终可能导致鉴定意见被当事人质疑,甚至影响鉴定意见的效力,最终导致无法被采纳。

1. 概述

鉴定意见书是鉴定机构和鉴定人对委托的鉴定事项进行鉴别和判断后,出具的记录鉴定人专业判断意见的文书,其反映了鉴定受理、实施过程、鉴定技术方法及鉴定意见等内容。鉴定意见书不仅仅要回答和解决专门性问题,更是鉴定人个人科学技术素养、法律知识素养、逻辑思维能力的系统展示。鉴定意见书的使用人、关系人,既包括法官、仲裁员,也包括当事人及其他诉讼或仲裁参与人。因此,鉴定意见书除了应文字简练,用词专业外,还应考虑委托鉴定的目的和实际用途,注意逻辑推理和表述规范,力求让上述人员能够正确理解并使用。

鉴定意见书常见的缺陷有两类,除鉴定依据、鉴定方法或鉴定意见等存在问题导致的实体性缺陷外,还有一类是程序性的缺陷。程序性的缺陷表现为:鉴定机构和鉴定人不具有相应的鉴定资格;鉴定程序违法;文字表述部分有错别字;意思表述不准确,论述不完整或不充分;鉴定意见部分与论证部分有逻辑矛盾;只回答鉴定要求所提出的部分问题;没有鉴定人签名或盖章或者没有加盖鉴定机构印章等。这些问题违反了程序法的要求或鉴定意见书制作规范的要求,会对鉴定意见的效力产生影响。虽然上述问题并不必然影响对鉴定意见的实质判断,但其影响了对鉴定意见的审查评断。

《建设工程造价鉴定规范》对于鉴定意见书的内容完整性、格式规范性作出了要求。《建设工程造价鉴定规范》第 6.1.2 条规定:“鉴定意见书的制作应标准、规范,语言表述应符合下列要求……”第 6.2.1 条规定:“鉴定意见书一般由封面、声明、基本情况、案情摘要、鉴定过程、鉴定意见、附注、附件目录、落款、附件等部分组成……”

因此,倘若鉴定意见书内容不完整、格式不规范,鉴定机构可能会被委托人要求补正瑕疵或者补充鉴定。鉴定机构也可能面临被投诉或遭到行政处罚、行业处罚的后果。

2. 相关规定

(1)最高人民法院《关于民事诉讼证据的若干规定》

第三十六条　人民法院对鉴定人出具的鉴定书,应当审查是否具有下列内容:

（一）委托法院的名称；

（二）委托鉴定的内容、要求；

（三）鉴定材料；

（四）鉴定所依据的原理、方法；

（五）对鉴定过程的说明；

（六）鉴定意见；

（七）承诺书。

鉴定书应当由鉴定人签名或者盖章，并附鉴定人的相应资格证明。委托机构鉴定的，鉴定书应当由鉴定机构盖章，并由从事鉴定的人员签名。

第四十条　当事人申请重新鉴定，存在下列情形之一的，人民法院应当准许：

（一）鉴定人不具备相应资格的；

（二）鉴定程序严重违法的；

（三）鉴定意见明显依据不足的；

（四）鉴定意见不能作为证据使用的其他情形。

存在前款第一项至第三项情形的，鉴定人已经收取的鉴定费用应当退还。拒不退还的，依照本规定第八十一条第二款的规定处理。

对鉴定意见的瑕疵，可以通过补正、补充鉴定或者补充质证、重新质证等方法解决的，人民法院不予准许重新鉴定的申请。

重新鉴定的，原鉴定意见不得作为认定案件事实的根据。

(2)《建设工程造价鉴定规范》

6.1.1　鉴定机构和鉴定人在完成委托的鉴定事项后，应向委托人出具鉴定意见书。

6.1.2　鉴定意见书的制作应标准、规范，语言表述应符合下列要求：

1　使用符合国家通用语言文字规范、通用专业术语规范和法律规范的用语，不得使用文言、方言和土语；

2　使用国家标准计量单位和符号；

3　文字精练，用词准确，语句通顺，描述客观清晰。

6.1.3　鉴定意见书不得载有对案件性质和当事人责任进行认定的内容。

6.1.4　多名鉴定人参加鉴定，对鉴定意见有不同意见的，应当在鉴定意见书中予以注明。

6.2　鉴定意见书格式

6.2.1　鉴定意见书一般由封面、声明、基本情况、案情摘要、鉴定过程、鉴定意见、附注、附件目录、落款、附件等部分组成：

1　封面：写明鉴定机构名称、鉴定意见书的编号、出具年月；其中意见书的编号应包括鉴定机构缩略名、文书缩略语、年份及序号（格式参见本规范附录N）；

2　鉴定声明（格式参见本规范附录P）；

3　基本情况：写明委托人、委托日期、鉴定项目、鉴定事项、送鉴材料、送鉴日期、鉴定人、鉴定日期、鉴定地点；

4　案情摘要：写明委托鉴定事项涉及鉴定项目争议的简要情况；

5　鉴定过程：写明鉴定的实施过程和科学依据（包括鉴定程序、所用技术方法、标准和规范等）；分析说明根据证据材料形成鉴定意见的分析、鉴别和判断过程；

6　鉴定意见：应当明确、具体、规范、具有针对性和可适用性；

7　附注：对鉴定意见书中需要解释的内容，可以在附注中作出说明；

8　附件目录：对鉴定意见书正文后面的附件，应按其在正文中出现的顺序，统一编号形成目录；

9　落款：鉴定人应在鉴定意见书上签字并加盖执业专用章，日期上应加盖鉴定机构的印章（格式参见本规范附录Q）；

10　附件：包括鉴定委托书，与鉴定意见有关的现场勘验与测绘报告，调查笔录，相关的图片、照片，鉴定机构资质证书及鉴定人执业资格证书复印件。

6.2.2　补充鉴定意见书在鉴定意见书格式的基础上，应说明以下事项：

1　补充鉴定说明：阐明补充鉴定理由和新的委托鉴定事由；

2　补充资料摘要：在补充资料摘要的基础上，注明原鉴定意见的基本内容；

3　补充鉴定过程：在补充鉴定、勘验的基础上，注明原鉴定过程的基本内容；

4　补充鉴定意见：在原鉴定意见的基础上，提出补充鉴定意见。

6.2.3　应委托人、当事人的要求或者鉴定人自行发现有下列情形之一的，经鉴定机构负责人审核批准，应对鉴定意见书进行补正：

1　鉴定意见书的图像、表格、文字不清晰的；

2　鉴定意见书中的签名、盖章或者编号不符合制作要求的；

3　鉴定意见书文字表达有瑕疵或者错别字，但不影响鉴定意见、不改变鉴定意见书的其他内容的。

对已发出鉴定意见书的补正，如以追加文件的形式实施，应包括如下声明："对××××字号（或其他标识）鉴定意见书的补正"。鉴定意见书补正应满足本规范的相关要求。

如以更换鉴定意见书的形式实施，应经委托人同意，在全部收回原有鉴定意见书的情况下更换。重新制作的鉴定意见书除补正内容外，其他内容应与原鉴定意见书一致。

6.2.4　鉴定机构和鉴定人发现所出具的鉴定意见存在错误的，应及时向委托人作出书面说明。

6.3 鉴定意见书制作

6.3.1 鉴定意见书的制作应符合下列基本要求：

1 使用A4规格纸张、打印制作；

2 在正文每页页眉的右上角或页脚的中间位置以小五号字注明正文共几页，本页是第几页；

3 落款应当与正文同页，不得使用“此页无正文”字样；

4 不得有涂改；

5 应装订成册。

6.3.2 鉴定意见书应根据委托人及当事人的数量和鉴定机构的存档要求确定制作份数。

(3)《司法鉴定程序通则》

第三十六条 司法鉴定机构和司法鉴定人应当按照统一规定的文本格式制作司法鉴定意见书。

第三十七条 司法鉴定意见书应当由司法鉴定人签名。多人参加的鉴定，对鉴定意见有不同意见的，应当注明。

第三十八条 司法鉴定意见书应当加盖司法鉴定机构的司法鉴定专用章。

第三十九条 司法鉴定意见书应当一式四份，三份交委托人收执，一份由司法鉴定机构存档。司法鉴定机构应当按照有关规定或者与委托人约定的方式，向委托人发送司法鉴定意见书。

第四十一条 司法鉴定意见书出具后，发现有下列情形之一的，司法鉴定机构可以进行补正：

（一）图像、谱图、表格不清晰的；

（二）签名、盖章或者编号不符合制作要求的；

（三）文字表达有瑕疵或者错别字，但不影响司法鉴定意见的。

补正应当在原司法鉴定意见书上进行，由至少一名司法鉴定人在补正处签名。必要时，可以出具补正书。

对司法鉴定意见书进行补正，不得改变司法鉴定意见的原意。

3.相关案例

案例2-16

在哈尔滨三环美达机械设备制造有限责任公司、翟福益产品生产者责任纠纷案①

① 参见黑龙江省农垦中级法院民事判决书，(2018)黑81民终300号。

中，上诉人哈尔滨三环美达机械设备制造有限责任公司（以下简称三环美达公司）因对与被上诉人翟某益、原审被告黑龙江农垦农业机械试验鉴定站（以下简称鉴定站）的产品生产者责任纠纷一案，不服黑龙江省绥化农垦法院（2017）黑8105民初703号民事判决，向黑龙江省农垦中级法院提起上诉。

三环美达公司上诉请求：撤销黑龙江省绥化农垦法院（2017）黑8105民初703号民事判决，驳回被上诉人对上诉人的诉讼请求；诉讼费用由被上诉人承担。三环美达公司认为，一审法院认定出具《鉴定意见书》的鉴定机构无鉴定资质、鉴定人员无鉴定资质且鉴定程序违法，不应采信。《鉴定意见书》的原件中，没有鉴定人员的签名或盖章，违反了《民事诉讼法》第七十七条①的规定，故该鉴定无效，《司法鉴定程序通则》中的相关规定与《民事诉讼法》相冲突，且前者属扩大解释，不应适用。一审指定建设工程鉴定机构错误，应在具有农业机械鉴定资质的鉴定机构和鉴定人员处鉴定。原审鉴定费用过高，超出规定范围，由上诉人承担没有法律依据。一审法院依据《鉴定意见书》作出的判决，认定事实不清、证据不足，适用法律错误，应予改判。

被上诉人翟某益辩称，上诉人上诉理由不成立，上诉人称一审法院适用法律错误没有依据，法律适用的原则是上位法优于下位法，特殊法优于普通法，一审法院适用特殊法律规定，认定鉴定机构具有资质，符合本案的鉴定范围，鉴定人员也具有相应的资质，原审中的相应的鉴定资料需要补充补正的部分，均进行了完善，鉴定程序符合法律规定，所依据的鉴定意见并不违反法律规定。（2017）黑8105民初703号判决书中对该事实进行了阐述和认证，相关证据的采信符合法律程序，并无不当，案涉设备在未运行使用的情况下，因钢结构安装质量问题存在产品缺陷，造成该设备突然倒塌的后果，给被上诉人造成了巨大的经济损失，而上诉人拒不承认所制造的产品系三无产品，即不合格产品，拒绝承担赔偿义务，拖延履行法定义务，二审法院应当维持一审判决，驳回上诉人的上诉请求。

针对上诉人提出的《鉴定意见书》格式不标准的问题，黑龙江省农垦中级法院经审理认为：本院于2016年9月6日向各方当事人下发鉴定通知书，通知协商选定鉴定机构事宜，并于当月9日到本院技术室确定鉴定人，如协商不成，则由法院指定。本案当事人均签收了该通知书。双方因未达成一致意见，由法院指定了鉴定机构，程序符合2017年《民事诉讼法》第七十六条②的规定，原审被告在接到通知后未到场是对自身权利的放弃。故对三环美达公司主张鉴定程序违法的上诉意见，本院不予支持。关于鉴定机构和鉴定人员的资质问题，经向鉴定机构发函，鉴定机构已作了答复。粮食

① 现变更为《民事诉讼法》（2023修正）第八十条。

② 现变更为《民事诉讼法》（2023修正）第七十九条。

干燥机倒塌原因鉴定为钢结构现场施工鉴定，是对设备安装质量、维修造价及被倒塌设备砸坏的不锈钢粮仓损失进行鉴定，这属于建筑工程中的钢结构及工程造价范畴，不是对干燥机自身质量是否合格进行鉴定，故在鉴定机构鉴定范围之内；本案鉴定人员亦具备相关技术资质，鉴定机构向法院提交了司法鉴定资质证书，因此本案的鉴定机构和鉴定人员不存在鉴定资质及超范围鉴定的问题。对于鉴定人员没有在鉴定意见书上签字或盖章、鉴定意见书格式不规范的问题，属于可以补正的内容，并已经补正。综上，鉴定意见书合法有效。根据2008年最高人民法院《关于民事诉讼证据的若干规定》第二十七条第二款①的规定，对三环美达公司提出重新鉴定的申请，不予准许。

4. 法律评析

委托人或当事人发现鉴定意见书存在如内容不完整、格式不规范等瑕疵的，其法律后果一般是由委托人要求鉴定机构进行补正、修订，此类问题是比较轻微的瑕疵，一般不会产生补充鉴定、重新鉴定、否认鉴定意见等情况。不过作为造价鉴定机构和鉴定人，在作出鉴定意见书时还是应严格遵循各类规定的指引，确保自身造价鉴定意见书内容的完整、格式的工整，这也是鉴定机构专业性的体现。

（十二）鉴定机构未按要求进行补充鉴定

补充鉴定是在并不放弃原鉴定意见的条件下，在原鉴定意见的基础上对其中出现的缺乏可靠性、妥当性的个别问题予以复查、修正、充实或进一步加以论证，以使原鉴定意见更加完备。

1. 概述

当事人对鉴定意见提出异议时，委托人多会先给予鉴定机构出庭解释、说明或者补正的机会，如果鉴定意见中确实存在自相矛盾、漏项、鉴定意见依据不足或者当事人补充提交新的鉴定材料影响鉴定意见，委托人多会要求鉴定机构进行补充鉴定，补充鉴定意见将作为鉴定意见的组成部分。

但是如果经补充鉴定，鉴定意见中还存在重大问题，譬如出现原委托鉴定事项有遗漏、鉴定意见依据不足、鉴定意见和鉴定意见书的其他部分相互矛盾、同一认定意见使用不确定性表述、鉴定机构不具备相应资格、鉴定程序严重违法等情形时，委托人可能会认为鉴定机构无法完成委托鉴定事项。此时，委托人轻则会要求再次补充鉴定，重则可能要求鉴定机构退回已经收取的鉴定费用，并启动重新鉴定程序，原鉴定意见不得作为认定案件事实的根据。

---

① 现变更为最高人民法院《关于民事诉讼证据的若干规定》(2019修正)第四十条。

2. 相关规定

(1)最高人民法院《关于民事诉讼证据的若干规定》

第四十条　当事人申请重新鉴定，存在下列情形之一的，人民法院应当准许：

(一)鉴定人不具备相应资格的；

(二)鉴定程序严重违法的；

(三)鉴定意见明显依据不足的；

(四)鉴定意见不能作为证据使用的其他情形。

存在前款第一项至第三项情形的，鉴定人已经收取的鉴定费用应当退还。拒不退还的，依照本规定第八十一条第二款的规定处理。

对鉴定意见的瑕疵，可以通过补正、补充鉴定或者补充质证、重新质证等方法解决的，人民法院不予准许重新鉴定的申请。

重新鉴定的，原鉴定意见不得作为认定案件事实的根据。

(2)最高人民法院《关于人民法院民事诉讼中委托鉴定审查工作若干问题的规定》

11. 鉴定意见书有下列情形之一的，视为未完成委托鉴定事项，人民法院应当要求鉴定人补充鉴定或重新鉴定：

(1)鉴定意见和鉴定意见书的其他部分相互矛盾的；

(2)同一认定意见使用不确定性表述的；

(3)鉴定意见书有其他明显瑕疵的。

补充鉴定或重新鉴定仍不能完成委托鉴定事项的，人民法院应当责令鉴定人退回已经收取的鉴定费用。

(3)《司法鉴定程序通则》

第三十条　有下列情形之一的，司法鉴定机构可以根据委托人的要求进行补充鉴定：

(一)原委托鉴定事项有遗漏的；

(二)委托人就原委托鉴定事项提供新的鉴定材料的；

(三)其他需要补充鉴定的情形。

补充鉴定是原委托鉴定的组成部分，应当由原司法鉴定人进行。

(4)最高人民法院《关于印发〈第八次全国法院民事商事审判工作会议(民事部分)纪要〉的通知》

35. 当事人对鉴定人作出的鉴定意见的一部分提出异议并申请重新鉴定的，应当着重审查异议是否成立；如异议成立，原则上仅针对异议部分重新鉴定或者补充鉴定，并尽量缩减鉴定的范围和次数。

3. 相关案例

案例2 - 17

在佳木斯市振华思锦建筑材料有限公司(以下简称振华思锦公司)与黑龙江信恒建筑工程有限公司(以下简称信恒公司)、黄某广建设工程施工合同纠纷案[①]中,2015年8月31日,信恒公司通过公开招标,确定为江山居住区(东兴城)项目施工第二标段(A组团二标段)中标人,并于2015年9月24日与发包人佳木斯市新时代城市基础设施投资(集团)有限公司签订《黑龙江省建设工程施工合同》。2015年10月15日,信恒公司与黄某广签订《合伙承包工程协议》,约定双方合伙承包江山居住区(东兴城)A组团二标段,对外以信恒公司名义出现。2016年8月,信恒公司与振华思锦公司签订《找平砂浆工程合同》,约定工程内容为天棚找平砂浆、楼道刮腻子,随即由振华思锦公司开始进行粉刷。最终,振华思锦公司应得粉刷工费1,418,124.57元,其间黄某广曾支付部分款项。

因黄某广一直未能依约全额支付工程款,振华思锦公司向一审法院提起诉讼。请求判决黄某广给付拖欠的工程款1,018,061.58元,信恒公司对其中的948,061.58元承担连带责任。

审理过程中,振华思锦公司与黄某广对案涉工程G1至G10号楼外墙粉刷人工费的价格存在争议,一审法院委托黑龙江利达工程造价咨询有限责任公司(以下简称利达造价咨询公司)对案涉工程G1至G10号楼外墙粉刷人工费进行价格鉴定,利达造价咨询公司依据《黑龙江省建设工程计价依据建设工程计价定额》(黑龙江省住房和城乡建设厅HLJD - FY - 2010)作出司法鉴定意见书。振华思锦公司在二审期间对该司法鉴定书提出异议。

针对振华思锦公司提出的异议,二审法院向利达造价咨询公司发函要求鉴定机构对当事人的异议部分予以解释说明。利达造价咨询公司向二审法院提交书面答复意见称对案涉工程G1至G10号楼外墙粉刷人工费价格的鉴定是依据黑龙江省住房和城乡建设厅文件(黑建造价〔2010〕5号)执行。经二审法院审查,黑龙江省住房和城乡建设厅文件(黑建造价〔2010〕5号)有效期至2015年6月10日,本案案涉工程施工时间为2016年至2017年,故利达造价咨询公司依据黑龙江省住房和城乡建设厅文件(黑建造价〔2010〕5号)鉴定案涉工程G1至G10号楼外墙粉刷人工费价格属鉴定依据不足,一审判决采信该鉴定意见于法无据,二审法院予以纠正。依照最高人民法院《关于民事诉讼证据的若干规定》第四十条第二款的规定,已经收取的鉴定费用应当退还。故利达造价咨询公司应当退还6700元鉴定费。

---

① 参见黑龙江省佳木斯市中级人民法院民事判决书,(2020)黑08民终1126号。

本案中,利达造价咨询公司依据已经失效的黑龙江省住房和城乡建设厅文件(黑建造价〔2010〕5号)出具鉴定意见,属于最高人民法院《关于民事诉讼证据的若干规定》第四十条“当事人申请重新鉴定,存在下列情形之一的,人民法院应当准许:(一)鉴定人不具备相应资格的;(二)鉴定程序严重违法的;(三)鉴定意见明显依据不足的;(四)鉴定意见不能作为证据使用的其他情形”规定的情形,此时,该鉴定意见显然无法作为定案依据,二审法院判令利达造价咨询公司退还6700元鉴定费于法有据。

4. 法律评析

经检索发现,如鉴定报告存在瑕疵,委托人多会秉持着缩减鉴定范围和次数、不变更鉴定机构的原则责令鉴定机构查缺补漏,这样一方面能够保持鉴定意见中关于同一问题认定的一致性,另一方面也能节约出具最终鉴定意见的时间。鉴定机构也应当充分利用好补充鉴定的机会,一次性、全面准确地解决委托鉴定事项,如果经多次沟通未果、补充鉴定意见仍存在重大瑕疵,委托人极有可能视为鉴定机构无法完成委托鉴定事项,进而不仅已经出具的鉴定意见无法作为定案依据,而且可能要求鉴定机构退还已经收取的鉴定费用。

(十三)鉴定人违反出庭作证制度与保密要求

鉴定人出具的鉴定意见是法定证据种类的一种,鉴定意见应当接受质证,而鉴定人出庭接受当事人质证及委托人的询问也应是鉴定意见质证中最常见的方式。然而,在司法实践中仍存在大量鉴定人违反出庭作证制度拒不到庭接受质询的现象,导致对鉴定意见的质证程序无法得到最为高效和准确的落实,进而影响案件事实的认定和最终裁判。此外,相较于出庭接受质证及询问,保守秘密对于鉴定人而言则属于更为强制及严格的要求。保守秘密既是鉴定机构和鉴定人应当遵守的基本义务,又是鉴定机构和鉴定人的执业纪律与职业道德规范的基本要求。鉴定人违反保密要求不仅会承担由此给当事人造成损失的民事赔偿责任,还可能被取消鉴定资格,严重的将会承担相应的刑事责任。

1. 概述

(1)鉴定人违反出庭作证制度

根据法律法规规章的规定,鉴定人出庭作证的启动条件为“当事人对鉴定意见有异议申请鉴定人出庭作证,委托人经审查后决定出庭”和“委托人认为鉴定人有必要出庭”两种。其中,当事人对鉴定意见提异议的方式可以是自行提出,也可以是委托“专家辅助人”对鉴定意见发表意见。实践中,当事人提出的异议情形主要有:①对鉴定意见内容提出异议,并要求鉴定人出庭作证,向当事人解释和说明鉴定的具体问题;②对鉴定人的主体资质提出异议;③对鉴定的程序违法提出异议;④对鉴定意见所依据的证据表示异议。尽管法律法规未明确规定委托人对当事人异议进行审查,但实际上无论是当事人提出哪种异议,委托人均会对异议内容进行审查后决定是否要求鉴定人出庭作证。

根据法律法规规章的规定,鉴定人非经委托人同意擅自不出庭接受询问的,将导致鉴定意见不能作为认定事实的依据,同时,如支付鉴定费用,当事人要求返还鉴定费用,应当返还。此外,鉴定人违反出庭作证制度所产生的负面影响是十分显著的。

首先,鉴定意见为法定证据的一种,根据《民事诉讼法》的规定及原则,鉴定意见应当经过当事人质证后才能作为定案的依据,不应当有例外。鉴定人不出庭将导致当事人无法对鉴定意见进行当庭质证,从而使当事人所享有的当庭质证的诉讼/仲裁权利落空。在庭审中心主义的背景下,当庭质证是民事诉讼/仲裁中最重要的环节,不能当庭质证对庭审中心主义的实现亦有着负面影响。

其次,面对专门性问题,由于委托人通常不具备较强的专业知识,所以才委托鉴定人对专门性问题进行鉴定,以辅助委托人对案件事实情况进行充分了解。如鉴定人不出庭接受质证和询问,委托人仅根据书面鉴定意见加上自己的理解随意决定鉴定意见是否作为定案依据将会对司法公正性产生负面影响。

再次,不出庭作证的鉴定人由于没有接受质询,无法直接面对当事人对鉴定意见的反驳和质疑,往往导致鉴定意见中的错误难以得到及时发现和有效纠正,甚至导致委托人将错误的鉴定意见作为定案依据,这不仅损害了当事人的合法权利,也损害了委托人的权威性。尽管对于鉴定意见持有质疑的当事人可以申请委托人重新启动鉴定,但倘若当事人的申请不符合法定的重新鉴定情形,或委托人认为无须重新启动鉴定,委托人也不会准予启动重新鉴定。

最后,鉴定人不出庭就无法对鉴定意见的科学性和真实性作出当面说明及保证,这将容易导致当事人对鉴定人的公正性和鉴定意见的科学性产生怀疑,从而对司法公正性造成消极影响,而且通过书面质证的方式会将质证时间拖长,增加当事人维护合法权益的成本,浪费司法资源。

(2)鉴定人违反保密要求

《建设工程造价鉴定规范》第 3.1.5 条规定:“鉴定机构和鉴定人应履行保密义务,未经委托人同意,不得向其他人或者组织提供与鉴定事项有关的信息。法律、法规另有规定的除外。”也即在非法律、法规另有规定的情况下,鉴定机构和鉴定人在鉴定过程中对获取到的相关当事人的相关信息、鉴定材料等均应履行保密义务,未经委托人同意不得对外提供。

若鉴定机构和鉴定人违反保密义务将会承担相应的法律后果,如《河北省司法鉴定管理条例》第三十三条第二款规定,“鉴定人因故意或过失造成错误鉴定或者泄露鉴定秘密,给当事人造成损失的,应当由其所在的司法鉴定机构依法承担赔偿责任。司法鉴定机构赔偿后,可以向有关司法鉴定人予以追偿";第三十四条规定:"鉴定人不履行保密义务,或者应当回避而未回避的,或者对提供鉴定的检材、样本和资料保管不善,以致损毁、丢失使鉴定无法进行的,由其所在单位给予行政处分;情节严重的,由省人民政府司法行政部门取消其鉴定资格;构成犯罪的,依法追究刑事责任。"

但除部分地方性法规外,目前法律及行政法规层面关于鉴定机构和鉴定人违反保密义务的法律后果的规定尚不明确,部门规章及其他规范性文件也仅对鉴定机构和鉴定人违反保密义务的行政责任进行了原则性规定,鉴定机构和鉴定人违反保密义务应当承担的法律后果需要根据具体情形、结合具体规定予以进一步明确。

2. 相关规定

目前,对于鉴定人出庭作证制度及规制"鉴定人违反出庭作证制度"的相关法律规定主要包括以下所列内容。

(1)全国人民代表大会常务委员会《关于司法鉴定管理问题的决定》

第十一条　在诉讼中,当事人对鉴定意见有异议的,经人民法院依法通知,鉴定人应当出庭作证。

第十三条第二款　鉴定人或者鉴定机构有下列情形之一的,由省级人民政府司法行政部门给予停止从事司法鉴定业务三个月以上一年以下的处罚;情节严重的,撤销登记:……(三)经人民法院依法通知,拒绝出庭作证的……

(2)《民事诉讼法》

第八十一条　当事人对鉴定意见有异议或者人民法院认为鉴定人有必要出庭的,鉴定人应当出庭作证。经人民法院通知,鉴定人拒不出庭作证的,鉴定意见不得作为认定事实的根据;支付鉴定费用的当事人可以要求返还鉴定费用。

(3)最高人民法院《关于民事诉讼证据的若干规定》

第三十八条　当事人在收到鉴定人的书面答复后仍有异议的,人民法院应当根据《诉讼费用交纳办法》第十一条的规定,通知有异议的当事人预交鉴定人出庭费用,并通知鉴定人出庭。有异议的当事人不预交鉴定人出庭费用的,视为放弃异议。

双方当事人对鉴定意见均有异议的,分摊预交鉴定人出庭费用。

第三十九条　鉴定人出庭费用按照证人出庭作证费用的标准计算,由败诉的当事人负担。因鉴定意见不明确或者有瑕疵需要鉴定人出庭的,出庭费用由其自行负担。

人民法院委托鉴定时已经确定鉴定人出庭费用包含在鉴定费用中的,不再通知当事人预交。

(4)最高人民法院《关于人民法院民事诉讼中委托鉴定审查工作若干问题的规定》

第14条　鉴定机构、鉴定人超范围鉴定、虚假鉴定、无正当理由拖延鉴定、拒不出庭作证、违规收费以及有其他违法违规情形的,人民法院可以根据情节轻重,对鉴定机构、鉴定人予以暂停委托、责令退还鉴定费用、从人民法院委托鉴定专业机构、专业人员备选名单中除名等惩戒,并向行政主管部门或者行业协会发出司法建议。鉴定机构、鉴定人存在违法犯罪情形的,人民法院应当将有关线索材料移送公安、检察机关处理。

人民法院建立鉴定人黑名单制度。鉴定机构、鉴定人有前款情形的,可列入鉴定人黑名单。鉴定机构、鉴定人被列入黑名单期间,不得进入人民法院委托鉴定专业机构、专业人员备选名单和相关信息平台。

(5)司法部《关于进一步规范和完善司法鉴定人出庭作证活动的指导意见》

第五条　鉴定人出庭要做到:

(一)遵守法律、法规,恪守职业道德,实事求是,尊重科学,尊重事实;

(二)按时出庭,举止文明,遵守法庭纪律;

(三)配合法庭质证,如实回答与鉴定有关的问题;

(四)妥善保管出庭所需的鉴定材料、样本和鉴定档案资料;

(五)所回答问题涉及执业活动中知悉的国家秘密、商业秘密和个人隐私的,应当向人民法院阐明;经人民法院许可的,应当如实回答;

(六)依法应当做到的其他事项。

第八条　鉴定人出庭作证时,要如实回答涉及下列内容的问题:

(一)与本人及其所执业鉴定机构执业资格和执业范围有关的问题;

(二)与鉴定活动及其鉴定意见有关的问题;

(三)其他依法应当回答的问题。

第九条　法庭质证中,鉴定人无法当庭回答质询或者提问的,经法庭同意,可以在庭后提交书面意见。

第十条　鉴定人退庭后,要对法庭笔录中鉴定意见的质证内容进行确认。

经确认无误的,应当签名;发现记录有差错的,可以要求补充或者改正。

第十四条　司法行政机关接到人民法院有关鉴定人无正当理由拒不出庭的通报、司法建议,或公民、法人和其他组织有关投诉、举报的,要依法进行调查处理。

在调查中发现鉴定人存在经人民法院依法通知,拒绝出庭作证情形的,要依法给予其停止从事司法鉴定业务三个月以上一年以下的处罚;情节严重的,撤销登记。

(6)《建设工程造价鉴定规范》

3.8　出庭作证

3.8.1　鉴定人经委托人通知,应当依法出庭作证,接受当事人对工程造价鉴定意见书的质询,回答与鉴定事项有关的问题。

3.8.2　鉴定人因法定事由不能出庭作证的，经委托人同意后，可以书面形式答复当事人的质询。

3.8.3　未经委托人同意，鉴定人拒不出庭作证，导致鉴定意见不能作为认定事实的根据的，支付鉴定费用的当事人要求返还鉴定费用的，应当返还。

3.8.4　鉴定人出庭作证时，应当携带鉴定人的身份证明，包括身份证、造价工程师注册证、专业技术职称证等，在委托人要求时出示。

3.8.5　鉴定人出庭前应作好准备工作，熟悉和准确理解专业领域相应的法律、法规和标准、规范以及鉴定项目的合同约定等。

3.8.6　鉴定机构宜在开庭前，向委托人要求当事人提交所需回答的问题或对鉴定意见书有异议的内容，以便于鉴定人准备。

3.8.7　鉴定人出庭作证时，应依法、客观、公正、有针对性地回答与鉴定事项有关的问题。

3.8.8　鉴定人出庭作证时，对与鉴定事项无关的问题，可经委托人允许，不予回答。

关于规制"鉴定人违反保密义务"尚无相关法律法规规章的明确规定，多见于地方性法规中对于保密义务的规定，如以下所列几点。

(1)《北京市司法鉴定管理条例》

第二十条　司法鉴定机构、司法鉴定人从事司法鉴定业务，应当遵守法律、法规，遵守职业道德和职业纪律，遵守管理规范，不得有下列行为：……(八)司法鉴定人在两个以上司法鉴定机构执业，或者在执业过程中违反保密、回避等规定……

第三十条　与司法鉴定事项有利害关系的个人、法人或者其他组织，认为司法鉴定机构或者司法鉴定人在执业活动中有下列违法违规行为的，可以向司法鉴定机构所在地的司法行政部门投诉：……(五)司法鉴定人在执业过程中违反保密和回避规定的……

(2)《上海市司法鉴定管理条例》

第四十八条　司法鉴定机构有下列情形之一的，由市司法行政部门责令改正，没收违法所得，并处以警告：……(四)违反鉴定材料保管、档案管理、保密规定的……

(3)《浙江省司法鉴定管理条例》

第四十七条第一款　司法鉴定人有下列情形之一的，由省、设区的市司法行政部门给予警告，并责令改正；有违法所得的，没收违法所得，并处违法所得一倍以上三倍以下的罚款：……(四)不履行保密、回避义务的……

(4)《天津市司法鉴定管理条例》

第十八条第二款　司法鉴定人和司法鉴定机构应当保守在执业活动中知悉的国

家秘密、商业秘密、个人隐私和其他需要予以保密的鉴定信息。

第四十二条第一款　司法鉴定人有下列情形之一的，由市司法行政部门给予警告，并责令其改正；拒不改正的，给予停止从事司法鉴定业务三个月以上一年以下的处罚；情节严重的，撤销登记：……(四)违反保密和回避规定的……

3. 相关案例

案例2－18

在白银宏利伟业装饰工程有限公司与甘肃第二建设集团有限责任公司、甘肃省第二建筑工程公司靖煤晶虹嘉城项目部装饰装修合同纠纷一案①中，甘肃第二建设集团有限责任公司(以下简称甘肃二建)承建甘肃靖煤房地产开发公司(以下简称靖煤公司)供应公司小区商住楼工程一期22#商业楼，后双方因工程质量、工程量及工程变更内容结算发生纠纷。案件审理中，经甘肃二建申请，甘肃省白银市平川区人民法院(以下简称一审法院)委托甘肃恒瑞会计师事务有限公司(以下简称恒瑞公司)对该项工程的造价进行鉴定。鉴定意见作出后，原被告双方均提出书面异议，鉴定机构进行了书面答复。一审判决出具后，甘肃二建提起上诉称鉴定意见存在明显程序错误，不能作为定案的依据，其认为鉴定人员拒不出庭作证，鉴定意见不能作为定案的依据。甘肃二建申请鉴定人出庭，法庭亦通知鉴定人出庭，但鉴定人均未出庭，致使鉴定意见中的内容不能被理解，同时，一审法院对未查明的事实委托鉴定，违反法律规定。

甘肃省白银市中级人民法院(以下简称二审法院)二审认为，恒瑞公司对双方当事人就鉴定报告提出的相关异议进行了明确答复，故恒瑞公司对该工程的造价作出的《工程造价鉴定报告》应作为本案工程造价依据，应予采信。

本案经甘肃省高级人民法院再审裁定维持原判后，甘肃二建向甘肃省人民检察院申诉，甘肃省人民检察院向甘肃省高级人民法院抗诉认为，终审判决违反法律规定，剥夺当事人辩论权利。终审判决采信恒瑞公司作出的《工程造价鉴定报告》作为本案涉诉工程造价的依据属适用法律错误，根据全国人大常委会《关于司法鉴定管理问题的决定》第十一条规定，“在诉讼中，当事人对鉴定意见有异议的，经人民法院通知，鉴定人应当出庭作证”，根据2017年《民事诉讼法》第七十八条②规定，“当事人对鉴定意见有异议或者人民法院认为鉴定人有必要出庭的，鉴定人应当出庭作证。经人民法院通知，鉴定人拒不出庭作证的，鉴定意见不作为认定事实的根据；支付鉴定费用的当事人可以要求返还鉴定费用”。可见，终审判决在本案鉴定人未依法出庭作证、接受案件双方当事人质证的情况下，将该鉴定意见作为认定案件事实的依据，剥夺了当事人的

---

① 参见甘肃省高级人民法院民事裁定书，(2018)甘民再30号；甘肃省白银市中级人民法院民事判决书，(2020)甘04民终579号。

② 现更新为《民事诉讼法》(2023修正)第八十一条。

辩论权利，明显属适用法律错误。甘肃二建认可并同意检察机关的抗诉意见及理由，并补充申诉称，依照《民事诉讼法》规定，鉴定人的确未出庭参加质证，对于其鉴定意见应该不予认可、采信。

甘肃省高级人民法院裁定提审本案后认为，二审法院在鉴定人拒绝出庭作证的情况下，仍然采信恒瑞公司的鉴定意见的做法违反法律规定，采信证据错误，导致所认定的案件事实缺乏证据证明，本案基本事实不清、证据不足并且适用法律错误，故裁定撤销终审判决，发回一审法院重审。

4. 法律评析

在大陆法系国家或地区，鉴定人作为人民法院或仲裁机构审理案件中专门性问题的辅佐角色，其出庭义务被认定为一般原则义务，对于专门性问题事实查明起到至关重要的作用。我国鉴定人出庭制度也可以进行借鉴，要求鉴定人应当出庭作证为一般原则。

正如最高人民法院、司法部于2016年10月9日发布的《关于建立司法鉴定管理与使用衔接机制的意见》第三条规定，鉴定人出庭作证对于法庭通过质证解决鉴定意见争议具有重要作用。人民法院要加强对鉴定意见的审查，通过强化法庭质证解决鉴定意见争议，完善鉴定人出庭作证的审查、启动和告知程序，在开庭前合理期限以书面形式告知鉴定人出庭作证的相关事项。人民法院要为鉴定人出庭提供席位、通道等，依法保障鉴定人出庭作证时的人身安全及其他合法权益。经人民法院同意，鉴定人可以使用视听传输技术或者同步视频作证室等作证。刑事法庭可以配置同步视频作证室，供依法应当保护或其他确有保护必要的鉴定人作证时使用，并可采取不暴露鉴定人外貌、真实声音等保护措施。鉴定人在人民法院指定日期出庭发生的交通费、住宿费、生活费和误工补贴，按照国家有关规定应当由当事人承担的，由人民法院代为收取。司法行政机关要监督、指导鉴定人依法履行出庭作证义务。对于无正当理由拒不出庭作证的，要依法严格查处，追究鉴定人和鉴定机构及机构代表人的责任。

关于鉴定人出庭制度的完善，可以从以下几个方面进行。

（1）强调鉴定人出庭义务为一般义务

现行《民事诉讼法》相关规定在强调鉴定人出庭接受质询义务时，并未规定鉴定人出庭义务为一般原则性义务，而是在当事人对鉴定意见有异议并提出申请、经委托人同意或委托人主动通知时才应当出庭，同时并没有就违反该项义务的法律责任作出明确规定，仅规定鉴定意见不得作为认定事实的根据及当事人有权要求鉴定人退还鉴定费用，由此导致鉴定人出庭制度的实施情况不够理想。

鉴于此，我国《民事诉讼法》关于鉴定人出庭作证制度可以借鉴其他国家和地区关于鉴定人强制出庭制度的规定，明确鉴定人不出庭的法律后果，强化鉴定人出庭作证的法律意识。对于经合法传唤仍拒绝出庭的鉴定人员,委托人可以采取拘传等措施,强制其出庭作证;无正当理由拒绝出庭的,委托人可对鉴定人或相关责任人员处以罚款,甚至吊销鉴定资质等处罚,以保证庭审的顺利进行,维护法律的尊严和权威。

(2)明确关于鉴定人可以不出庭作证法定情形的规定

鉴定人出庭接受当事人的质询是原则性的规定,但在特定的情况下,如果符合法定的条件,鉴定人也应享有不出庭的权利。2008 年最高人民法院《关于民事诉讼证据的若干规定》①第五十九条第二款对此作出了规定:"鉴定人确因特殊原因无法出庭的,经人民法院准许,可以书面答复当事人的质询。"尽管该条款已删除,但现行《民事诉讼法》规定中仍然没有对鉴定人是否存在可以不出庭作证的法定情形进行明确说明。另外,《建设工程造价鉴定规范》第 3.8.2 条仍规定鉴定人在法定情形下可以不出庭作证,但也没有明确规定哪些情形属于法定不出庭作证的情形。

我们认为,鉴定人不同于证人,不能将证人法定可以不出庭作证的情形直接套用至鉴定人。鉴定人不出庭的例外情形和条件应当更为严格。同时鉴定人不出庭的例外情形应该是十分明确且以列举式的方式进行规定,如鉴定人因自然灾害等不可抗力或其他意外事件无法出庭的;鉴定人因突发疾病、重病或者行动极为不便的;当事人在庭前证据交换中对鉴定意见无异议的,鉴定人可不出庭。

(3)加强鉴定人出庭的人身安全权利保障

在规定鉴定人出庭是鉴定人的一项重要且一般原则性义务的同时,也应当规定鉴定人应享有的一些基本权利,如人身安全等。但现行《民事诉讼法》在规定鉴定人出庭义务的同时,仅规定了鉴定人出庭作证的费用承担,并没有赋予鉴定人其他相应的权利,由此导致了权利与义务失衡的现象。为此,法律应明确规定鉴定人出庭所享有的权利,这样才能体现权利和义务相一致的原则,提高鉴定人出庭率。实践中,由于鉴定意见对定案有至关重要的作用,鉴定人经常受到威胁、引诱甚至打击报复,使自身及家人的人身安全受损。这不但大大降低了鉴定人出庭的积极性,也使其出庭作证变成一种带风险的行为。为了免除鉴定人出庭带来的其自身及家人安全问题的后顾之忧,鉴定人员及其近亲属的人身、财产应受到法律的明确保护。鉴定人保护,是指国家对鉴定人在履行出庭作证义务的同时所给予的对其自身和近亲属人身及财产安全方面的法律保障。为此,我们认为不仅需要以法规的形式设立鉴定人保护措施,而且应该健全对相关意外情况的预防机制以及出现意外情况的法律责任承担制度。

最后,关于鉴定人的保密要求,同样应当在法律法规层面明确鉴定人遵守保密义

① 2019 年 10 月 14 日最高人民法院审判委员会第 1777 次会议已通过修订后的最高人民法院《关于民事诉讼证据的若干规定》,第五十九条已被修改。

务的一般规定。保密义务作为鉴定人的一般义务及执业纪律与职业道德规范的基本要求，对于保密义务的履行应当贯穿于鉴定活动的始终，保密内容应当包括但不限于案件秘密，证据秘密，鉴定方法、内容、手段、结论的秘密，检材与样本的秘密，当事人的秘密等。

二、不当行为引发的法律后果

（一）不当行为引发的法律后果概述

我国法律法规对于鉴定机构和鉴定人开展造价鉴定活动有着诸多规范性要求，主要表现为：鉴定机构与鉴定人的鉴定资质应符合鉴定项目的要求；鉴定依据的获取应符合法律法规的规定；鉴定程序应当符合合理、合法的要求；鉴定范围应符合鉴定委托书的要求；鉴定方法和适用标准应符合合同约定或者委托人的要求；鉴定意见书的格式和内容应符合相关规范性文件的规定。倘若违反这些规定就可能对当事人造成严重损害，相应责任人也将可能承担相应责任。

该等不当行为的行为人的责任可能会在诉讼环节直接反馈。比如《民事诉讼法》第八十一条规定，“当事人对鉴定意见有异议或者人民法院认为鉴定人有必要出庭的，鉴定人应当出庭作证。经人民法院通知，鉴定人拒不出庭作证的，鉴定意见不得作为认定事实的根据；支付鉴定费用的当事人可以要求返还鉴定费用”；最高人民法院《关于民事诉讼证据的若干规定》第三十五条第二款规定，“鉴定人无正当理由未按期提交鉴定书的，当事人可以申请人民法院另行委托鉴定人进行鉴定。人民法院准许的，原鉴定人已经收取的鉴定费用应当退还……”；最高人民法院《关于民事诉讼证据的若干规定》第八十一条规定，“鉴定人拒不出庭作证的，鉴定意见不得作为认定案件事实的根据……”。这种不当行为往往体现为鉴定意见不被作为认定案件事实的依据、退还鉴定费用、补充鉴定、重新鉴定等，如果不当行为与诉讼当事人有关，可能还会导致诉讼主张不被法庭支持等。

不当行为如更严重，鉴定机构、鉴定人和委托人可能遭受严厉的惩罚，甚至产生严重的法律后果。比如《民事诉讼法》第一百一十四条规定：“诉讼参与人或者其他人有下列行为之一的，人民法院可以根据情节轻重予以罚款、拘留；构成犯罪的，依法追究刑事责任：（一）伪造、毁灭重要证据，妨碍人民法院审理案件的；（二）以暴力、威胁、贿买方法阻止证人作证或者指使、贿买、胁迫他人作伪证的……”该等法律后果可分为5种类型，即鉴定机构和鉴定人的民事责任、行政责任、刑事责任、行业处罚责任4种法律后果以及与委托人不当行为相关的法律后果。这些法律后果有轻有重，也可能存在竞合的情况。

实践中,建设工程造价鉴定机构违纪违规的情况时有发生,有的鉴定机构既接受委托人的委托,又同时接受同案当事人的委托,使自己成为利害关系人,影响鉴定结果的公平公正。另外,由于我国对于造价鉴定机构的资质管理、业务管理比较粗犷,法院选取鉴定机构的手段也较为简单,鉴定机构的水平参差不齐,导致选取的造价鉴定机构很可能“才不配位”,出具的鉴定报告不能很好地反映真实情况,或者鉴定意见不够客观。

造价鉴定市场的乱象一方面是由于我国在相关领域内的经验不足,缺乏足够的规则进行规制;另一方面也是由于对不当行为的惩罚力度不足。建设工程纠纷中鉴定机构或鉴定人的公正性或专业度在不少案件中饱受质疑,甚至有证据证明鉴定机构或鉴定人与当事人有利益牵连。但是追究鉴定机构、鉴定人法律责任的案件却极比较少见。这也侧面印证我国对鉴定机构和鉴定人不当行为的惩罚力度不足。

(二)鉴定机构与鉴定人不当行为引发的民事责任

1. 概述

造价鉴定人在司法鉴定中,若因故意或重大过失给当事人造成损失,则应该承担相应的民事责任,此种民事责任往往体现为侵权责任。

2. 相关规定

(1)《民法典》

第一千一百六十五条第一款　行为人因过错侵害他人民事权益造成损害的,应当承担侵权责任。

(2)《司法鉴定人登记管理办法》

第三十一条　司法鉴定人在执业活动中,因故意或者重大过失行为给当事人造成损失的,其所在的司法鉴定机构依法承担赔偿责任后,可以向有过错行为的司法鉴定人追偿。

3. 相关案例

案例2-19

在殷某模与云南天禹司法鉴定中心(以下简称天禹鉴定中心)侵权责任纠纷案①中,2011年10月20日,殷某模曾向蒙自市人民法院提起诉讼,要求确认殷某模与屏边县宏诚建筑安装工程有限公司(以下简称宏诚公司)签订的《建筑工程补充协议》有效,并予以解除;对宏诚公司已施工部分的工程质量进行鉴定,要求宏诚公司对存在的瑕疵进行处理。后宏诚公司提起反诉,要求确认双方签订的《建设工程施工合同》及

① 参见云南省蒙自市人民法院民事判决书,(2015)蒙民初字第00123号。

《建设工程施工补充协议》有效,并予以终止履行,对宏诚公司已施工的工程造价进行结算,要求殷某模支付宏诚公司已施工工程款。2011年10月30日、2011年11月11日,殷某模向蒙自市人民法院提出鉴定申请,要求对宏诚公司已施工的位于蒙自市富康路南端殷某模旅馆(以下简称涉案工程)的施工工艺是否符合国家施工规范,是否存在质量瑕疵和隐患,整改措施方案及费用进行鉴定。后宏诚公司申请鉴定,要求对自己承建的涉案工程已施工部分的工程造价进行鉴定。2011年11月15日,蒙自市人民法院委托本案被告天禹鉴定中心进行鉴定。2012年3月26日,天禹鉴定中心出具天禹司鉴字[2012]第(0432005)号《蒙自市富康路南端殷某模旅馆工程建筑工程司法鉴定意见书》,鉴定结论①:(1)该房屋处于主体结构的施工阶段,二层柱浇筑完成18处砌筑部分填充墙后即已停止施工。地基基础的施工质量无验收记录和其他证明文件,工程已隐蔽,鉴定人不发表意见。上部结构工程中的混凝土部分工程缺陷较多,具体表现有……(2)根据现场勘验的情况,参照国家及行业的相关规范标准计算得出蒙自市富康路南端殷某模旅馆工程修复费用为56,498.84元。殷某模支付鉴定费48,000元。同日,天禹鉴定中心出具天禹司鉴字[2012]第(0432062)号《蒙自市富康路南端殷某模旅馆工程造价司法鉴定意见书》,鉴定结论为:根据现场勘验情况,结合国家及行业的相关规范、标准、招投标文件、施工阶段图纸、施工合同、验收及相关签证等相关资料计算得出涉案工程已完工程造价为1,361,017.08元。2012年7月5日,殷某模与宏诚公司经蒙自市人民法院调解达成协议:(1)终止殷某模与宏诚公司签订的《建设工程施工合同》《建筑工程补充协议》的履行。(2)殷某模综合楼工程缺陷由殷某模自行拆除修复。(3)殷某模支付宏诚公司工程款人民币1,060,000元。殷某模于2013年7月29日向宏诚公司支付了工程款1,060,000元。

2012年10月30日,殷某模向红河州中级人民法院申请再审。2013年1月23日,红河州中级人民法院(2012)红中民申字第27号民事裁定书裁定:驳回殷某模的再审申请。

2013年10月11日,经云南春城司法鉴定中心对殷某模综合楼施工中存在的质量问题及处理费用进行鉴定时发现,宏诚公司未按建筑施工设计图施工,导致建筑物的地梁与设计图相差20厘米,但天禹鉴定中心未鉴定出,由此造成了殷某模的损失。

蒙自市人民法院总结争议焦点为:(1)天禹鉴定中心是否是本案适格的被告?(2)天禹鉴定中心出具的天禹司鉴字[2012]第(0432005)号《蒙自市富康路南端殷某模旅馆工程建筑工程司法鉴定意见书》和天禹司鉴字[2012]第(0432062)号《蒙自市

① 根据该案当时适用的《民事诉讼法》(2007修正)第六十三条规定:证据有下列几种:……(六)鉴定结论……,下同。

富康路南端殷某模旅馆工程造价司法鉴定意见书》的鉴定行为是否存在过错？是否构成侵权？(3)殷某模要求天禹鉴定中心退还的鉴定费及损失是多少，该否支持？

关于天禹鉴定中心是否是本案适格被告的问题。人民法院根据殷某模的鉴定申请，委托天禹鉴定中心进行鉴定。天禹鉴定中心接受人民法院的委托，殷某模向天禹鉴定中心支付相应的鉴定费用后，天禹鉴定中心根据殷某模申请的鉴定项目进行相应鉴定。天禹鉴定中心的鉴定行为如果不客观公正、科学合理会给申请鉴定的殷某模带来不公和造成经济损失，故殷某模认为天禹鉴定中心的鉴定行为侵害了其合法权益，给其造成损失，有权对天禹鉴定中心提起侵权之诉，天禹鉴定中心作为鉴定机构，对殷某模申请的鉴定事项进行鉴定，若给殷某模造成损失，应承担相应责任，故天禹鉴定中心是本案适格被告。

关于天禹鉴定中心出具的天禹司鉴字[2012]第(0432005)号《蒙自市富康路南端殷某模旅馆工程建筑工程司法鉴定意见书》和天禹司鉴字[2012]第(0432062)号《蒙自市富康路南端殷某模旅馆工程造价司法鉴定意见书》的鉴定行为是否存在过错，是否构成侵权的问题。房屋质量鉴定中，地基基础属于殷某模申请鉴定的项目，且地基基础也未完全隐蔽，天禹鉴定中心进行工程质量鉴定时对属于鉴定项目的地基基础不发表意见，不符合相关规定，存在过错。工程造价鉴定中，天禹鉴定中心没有实际对地基基础进行测量，且在有两份施工图纸的情况下，依据70厘米基础梁的图纸进行造价鉴定，导致多计算了20厘米的基础梁造价5793.96元，故天禹鉴定中心在该鉴定中存在过错，侵害了殷某模的合法权益。

关于殷某模要求天禹鉴定中心退还的鉴定费及损失是多少，应否支持的问题。因天禹鉴定中心在鉴定中存在过错，故殷某模要求退还鉴定费的请求，一审法院予以支持。殷某模要求退还鉴定费60,000元，但经审理查明，依殷某模提交的证据，可证实所交纳的鉴定费仅为48,000元，故天禹鉴定中心应退还殷某模鉴定费48,000元。殷某模要求天禹鉴定中心赔偿因其过错造成的工期延误进而材料上涨而带来的经济损失10万元，审理中，殷某模认可10万元中包括多计算的20厘米的基础梁的造价5793.96元及因工期延误导致材料费用上涨的损失。对于因工期延误导致材料费用上涨的损失，因原告未动工，未提交相应证据证实该损失是多少，法院不予支持。原告与宏诚公司达成协议后，已向宏诚公司实际支付相应款项，故对于多计算的20厘米的基础梁的造价5793.96元，是因被告过错给原告造成的损失，应由被告赔偿给原告。

综上，依照《中华人民共和国侵权责任法》第六条①之规定，蒙自市人民法院判决天禹鉴定中心于判决生效后5日内一次性退还殷某模鉴定费48,000元、赔偿殷某模损失5793.96元，共计人民币53,793.96元，驳回殷某模的其他诉讼请求。

---

① 现变更为《民法典》第一千一百六十五条。

后天禹鉴定中心不服一审判决，向云南省红河哈尼族彝族自治州中级人民法院提起上诉，在二审审理过程中，天禹鉴定中心自愿申请撤回上诉，云南省红河哈尼族彝族自治州中级人民法院予以准许①，一审判决发生法律效力。

4. 法律评析

上述案件虽然涉及标的额并不大，但却“五脏俱全”，能带给我们很多启示。对于造价鉴定不当行为引起的民事法律后果有一个明确的反映。

关于追究鉴定机构和鉴定人不当行为的民事法律后果的请求权基础和请求可能性的问题。鉴定机构和鉴定人不当行为给他人造成损失的，被侵权人享有请求赔偿损失的权利，其请求权基础是《民法典》第一千一百六十五条第一款，“行为人因过错侵害他人民事权益造成损害的，应当承担侵权责任”。因此可以看出这种民事责任是一种过错侵权责任。

既然是过错侵权责任，就必须涉及 4 个要件：侵权行为、过错、损失及行为与损失之间的因果关系。

鉴定机构或鉴定人的侵权行为主要就是上一节中分析的“不当行为”，如造价鉴定人与一方当事人恶意串通、由于自身的疏忽大意导致鉴定错误或者拖延鉴定时间等。实践中，鉴定机构的此类不当行为经常发生。

损害后果可能是此类侵权纠纷的审查重点和难点，如果鉴定意见确实因鉴定机构的问题而出现错误，庭审过程中，委托人在采纳当事人的意见后，认为确实存在不当之处，可以在后期的审理中通过重新鉴定、补充鉴定等手段进行补救，错误的鉴定意见不会直接影响到案件的最终裁判，最多是导致审判周期延长。但是当这种错误在庭审过程中没有被发觉，而是在作出裁判且被执行以后发现，并且鉴定机构的行为确实给案件当事人造成损失，此类情况才会被认为是侵权纠纷中的“损害后果”。

而过错和因果关系要件则要求鉴定机构和鉴定人在鉴定中存在明显的过错，而且这个过错与当事人的损失有密切关联。所谓“明显的过错”是指鉴定机构和鉴定人故意做出错误结论，或者做出远低于其应有专业水平的结论，比如量价的计算错误、鉴定思路与合同约定或者委托人意愿完全不符等。“密切关联”则是指鉴定机构和鉴定人的这种不当行为直接或严重影响当事人的利益，使其利益遭受重大损失。

（三）鉴定机构与鉴定人不当行为引发的行政责任

1. 概述

鉴定机构和鉴定人的不当行为，如超业务范围鉴定、违反收费管理规定、无正当理

① 参见云南省红河哈尼族彝族自治州中级人民法院民事裁定书，(2016) 云 25 民终 180 号。

由拒绝鉴定或拒绝出庭作证、故意做虚假鉴定等，都可能招致相应的行政责任。应该说，我国法律法规对于造价鉴定机构和鉴定人不当行为的惩罚是以行政责任为主，但我国对于造价鉴定机构和鉴定人的管理部门以及管理规范的划分还存在模糊地带。正如本章第一部分"（一）鉴定机构、鉴定人员资质不适格"中所分析的，最高人民法院《关于如何认定工程造价从业人员是否同时在两个单位执业问题的答复》（法函〔2006〕68 号）规定：工程造价咨询单位不属于实行司法鉴定登记管理制度的范围。对于从事工程造价咨询业务的单位和鉴定人员的执业资质认定以及对工程造价成果性文件的程序审查，应当以工程造价行政许可主管部门的审批、注册管理和相关法律规定为据。

按最高人民法院的上述规定，造价鉴定的鉴定机构和鉴定人，由于不符合全国人民代表大会常务委员会《关于司法鉴定管理问题的决定》第二条的范围，不应受《司法鉴定机构登记管理办法》《司法鉴定人登记管理办法》的规制。进言之，造价鉴定机构和鉴定人是否应受司法行政部门的管理也存在疑问。

但实践情况并不完全统一。一方面，最高人民法院的规定并不直接约束行政机关，解释路径较长，实践中行政机关依然存在依据全国人民代表大会常务委员会《关于司法鉴定管理问题的决定》《司法鉴定机构登记管理办法》《司法鉴定人登记管理办法》的相关规定作出行政处罚的情形。另一方面，虽然《司法鉴定机构登记管理办法》《司法鉴定人登记管理办法》的主要内容为"司法鉴定机构和司法鉴定人的登记管理"，但其中亦包含了登记管理之外的内容，例如对司法鉴定机构和鉴定人是否依法依规、遵守职业道德进行鉴定的监督管理程序；对司法鉴定机构和鉴定人的责任承担方式进行了规定等。即便造价鉴定机构和鉴定人不属于登记管理的范畴，是否就意味着其他规范一并不适用，也存在极大疑问。

鉴于上述情况，造价鉴定机构和鉴定人仍应尽可能地遵守《司法鉴定机构登记管理办法》《司法鉴定人登记管理办法》的相关规定，避免因不当行为承担行政责任。

2. 相关规定

(1)《民事诉讼法》

第一百一十四条　诉讼参与人或者其他人有下列行为之一的，人民法院可以根据情节轻重予以罚款、拘留；构成犯罪的，依法追究刑事责任：

（一）伪造、毁灭重要证据，妨碍人民法院审理案件的；

（二）以暴力、威胁、贿买方法阻止证人作证或者指使、贿买、胁迫他人作伪证的；

（三）隐藏、转移、变卖、毁损已被查封、扣押的财产，或者已被清点并责令其保管的财产，转移已被冻结的财产的；

（四）对司法工作人员、诉讼参加人、证人、翻译人员、鉴定人、勘验人、协助执行的人，进行侮辱、诽谤、诬陷、殴打或者打击报复的；

（五）以暴力、威胁或者其他方法阻碍司法工作人员执行职务的；

（六）拒不履行人民法院已经发生法律效力的判决、裁定的。

人民法院对有前款规定的行为之一的单位，可以对其主要负责人或者直接责任人员予以罚款、拘留；构成犯罪的，依法追究刑事责任。

（2）全国人民代表大会常务委员会《关于司法鉴定管理问题的决定》

十三、鉴定人或者鉴定机构有违反本决定规定行为的，由省级人民政府司法行政部门予以警告，责令改正。

鉴定人或者鉴定机构有下列情形之一的，由省级人民政府司法行政部门给予停止从事司法鉴定业务三个月以上一年以下的处罚；情节严重的，撤销登记：

（一）因严重不负责任给当事人合法权益造成重大损失的；

（二）提供虚假证明文件或者采取其他欺诈手段，骗取登记的；

（三）经人民法院依法通知，拒绝出庭作证的；

（四）法律、行政法规规定的其他情形。

鉴定人故意作虚假鉴定，构成犯罪的，依法追究刑事责任；尚不构成犯罪的，依照前款规定处罚。

十四、司法行政部门在鉴定人和鉴定机构的登记管理工作中，应当严格依法办事，积极推进司法鉴定的规范化、法制化。对于滥用职权、玩忽职守，造成严重后果的直接责任人员，应当追究相应的法律责任。

（3）《司法鉴定机构登记管理办法》

第三十八条　法人或者其他组织未经登记，从事已纳入本办法调整范围司法鉴定业务的，省级司法行政机关应当责令其停止司法鉴定活动，并处以违法所得一至三倍的罚款，罚款总额最高不得超过三万元。

第三十九条　司法鉴定机构有下列情形之一的，由省级司法行政机关依法给予警告，并责令其改正：

（一）超出登记的司法鉴定业务范围开展司法鉴定活动的；

（二）未经依法登记擅自设立分支机构的；

（三）未依法办理变更登记的；

（四）出借《司法鉴定许可证》的；

（五）组织未取得《司法鉴定人执业证》的人员从事司法鉴定业务的；

（六）无正当理由拒绝接受司法鉴定委托的；

（七）违反司法鉴定收费管理办法的；

（八）支付回扣、介绍费，进行虚假宣传等不正当行为的；

（九）拒绝接受司法行政机关监督、检查或者向其提供虚假材料的；

（十）法律、法规和规章规定的其他情形。

第四十条　司法鉴定机构有下列情形之一的，由省级司法行政机关依法给予停止从事司法鉴定业务三个月以上一年以下的处罚；情节严重的，撤销登记：

（一）因严重不负责任给当事人合法权益造成重大损失的；

（二）具有本办法第三十九条规定的情形之一，并造成严重后果的；

（三）提供虚假证明文件或采取其他欺诈手段，骗取登记的；

（四）法律、法规规定的其他情形。

(4)《司法鉴定人登记管理办法》

第二十八条　未经登记的人员，从事已纳入本办法调整范围司法鉴定业务的，省级司法行政机关应当责令其停止司法鉴定活动，并处以违法所得一至三倍的罚款，罚款总额最高不得超过三万元。

第二十九条　司法鉴定人有下列情形之一的，由省级司法行政机关依法给予警告，并责令其改正：

（一）同时在两个以上司法鉴定机构执业的；

（二）超出登记的执业类别执业的；

（三）私自接受司法鉴定委托的；

（四）违反保密和回避规定的；

（五）拒绝接受司法行政机关监督、检查或者向其提供虚假材料的；

（六）法律、法规和规章规定的其他情形。

第三十条　司法鉴定人有下列情形之一的，由省级司法行政机关给予停止执业三个月以上一年以下的处罚；情节严重的，撤销登记；构成犯罪的，依法追究刑事责任：

（一）因严重不负责任给当事人合法权益造成重大损失的；

（二）具有本办法第二十九条规定的情形之一并造成严重后果的；

（三）提供虚假证明文件或者采取其他欺诈手段，骗取登记的；

（四）经人民法院依法通知，非法定事由拒绝出庭作证的；

（五）故意做虚假鉴定的；

（六）法律、法规规定的其他情形。

(5)《司法鉴定执业活动投诉处理办法》

第十条　公民、法人和非法人组织认为司法鉴定机构或者司法鉴定人在执业活动中有下列违法违规情形的，可以向司法鉴定机构住所地或者司法鉴定人执业机构住所地的县级以上司法行政机关投诉：

（一）司法鉴定机构组织未取得《司法鉴定人执业证》的人员违规从事司法鉴定业

务的；

（二）超出登记的业务范围或者执业类别从事司法鉴定活动的；

（三）司法鉴定机构无正当理由拒绝接受司法鉴定委托的；

（四）司法鉴定人私自接受司法鉴定委托的；

（五）违反司法鉴定收费管理规定的；

（六）违反司法鉴定程序规则从事司法鉴定活动的；

（七）支付回扣、介绍费以及进行虚假宣传等不正当行为的；

（八）因不负责任给当事人合法权益造成损失的；

（九）司法鉴定人经人民法院通知，无正当理由拒绝出庭作证的；

（十）司法鉴定人故意做虚假鉴定的；

（十一）其他违反司法鉴定管理规定的行为。

3. 相关案例

鉴于造价鉴定机构和鉴定人的不当行为既可能体现在行政机关作出的行政处罚中，也可能体现在行政诉讼中。

案例 2－20　天津市森宇建筑技术法律咨询有限公司指派未取得司法鉴定执业证的人员参与鉴定案

处罚机构：天津市司法局

发文案号：津司罚决字〔2019〕第 5 号

处罚时间：2019－12－26

行政相对人名称：天津市森宇建筑技术法律咨询有限公司

统一社会信用代码：91120116712897020T

法定代表人：徐某

行政处罚决定书文号：津司罚决字〔2019〕第 5 号

违法行为类型：违反《司法鉴定程序通则》第十八条、《全国人民代表大会常务委员会关于司法鉴定管理问题的决定》第十二条

违法事实：天津市森宇建筑技术法律咨询有限公司指派未取得司法鉴定执业证的人员参与鉴定

处罚依据：《全国人民代表大会常务委员会关于司法鉴定管理问题的决定》第十三条、《司法鉴定机构登记管理办法》第三十九条

处罚类别：警告

处罚内容：给予天津市森宇建筑技术法律咨询有限公司警告的行政处罚

案例 2－21

在湛江经济技术开发区耀华建筑装饰工程公司与湛江市司法局、广东正大建筑工

程造价司法鉴定所司法行政行政监督纠纷案①中，广东省湛江市坡头区人民法院（以下简称湛江坡头法院）受理湛江市坡头区南调街道社区卫生服务中心（以下简称坡头南调卫服中心）诉湛江经济技术开发区耀华建筑装饰工程公司（以下简称湛江耀华公司）建设工程施工合同纠纷一案[案号：(2013)湛坡法民三初字第213号]，根据双方当事人的申请，湛江坡头法院于2013年11月4日依法委托了湛江市正大工程造价咨询事务所有限公司（以下简称湛江正大咨询公司）对坡头南调卫服中心的改造工程已完成工程量、已完成工程部分的招标图纸内、招标图纸外的工程量及剩余工程量进行造价和完工时间的鉴定（坡头南调卫服中心的申请事项），根据2013年5月14日的会议记录对该工程已完工的内容进行造价鉴定（湛江耀华公司的申请事项）。湛江正大咨询公司在发给湛江坡头法院《关于提供工程造价司法鉴定资料的函》中加盖了广东正大建筑工程造价司法鉴定所（以下简称广东正大鉴定所）的印章。湛江耀华公司向湛江正大咨询公司缴纳了鉴定费22,000元。湛江正大咨询公司与广东正大鉴定所共同向湛江坡头法院出具了广正大司法鉴定(2014)鉴字第1－1号、广正大司法鉴定(2014)鉴字第1－2号《司法鉴定意见书》2份，并各自盖上印章，司法鉴定人汪某平、彭某忠盖上其名字的印章。

2014年8月1日，湛江耀华公司向广东省司法厅投诉：(1)湛江正大咨询公司冒充司法鉴定机构；(2)广东正大鉴定所涉嫌违法违纪问题；(3)广东正大鉴定所伙同湛江正大咨询公司恶意造假，与一方当事人串通，情节特别恶劣；(4)鉴定人员严重违反职业道德，拒绝到庭接受质询；(5)鉴定意见造假。广东省司法厅于2014年8月6日作出粤司办[2014]221号《司法鉴定投诉事项通知书》将原告投诉事项转交被告湛江市司法局（以下简称湛江司法局）调查处理。

湛江司法局在调查中，发现广东正大鉴定所的公章盖在湛江正大咨询公司出具的广正大司法鉴定[2014]鉴字第1－1号、第1－2号两份《司法鉴定意见书》上和该公司的《关于提供工程造价司法鉴定资料的函》上，认为此情形违反了《广东省司法鉴定机构印章衔牌管理办法》第三条“……司法鉴定机构……司法鉴定专用印章……适用于以司法鉴定机构名义出具的文件、签订合同……适用于司法鉴定文书……”的规定，为此，2014年8月27日向广东正大鉴定所发出了湛司办〔2014〕29号《限期改正通知》。2014年9月2日广东正大鉴定所向被告提交书面《整改措施》。被告于2014年9月26日对原告作出湛司函〔2014〕65号《关于湛江经济技术开发区耀华建筑装饰工程公司投诉广东正大建筑工程造价司法鉴定所有关问题的复函》（以下简称湛司函〔2014〕65号《复函》），对关于广东正大鉴定所《司法鉴定机构司法鉴定专用印章》的

① 参见广东省湛江经济技术开发区人民法院行政判决书，(2015)湛开法行初字第47号。

使用问题及司法鉴定意见的问题和请求追究相关鉴定人的法律责任问题进行了答复，并于2014年9月29日送达给湛江耀华公司。

湛江耀华公司不服湛司函〔2014〕65号《复函》，认为该《复函》含糊不清，对于其投诉是否成立、广东正大鉴定所是否有过错，以及如何处理广东正大鉴定所等问题均没有明确答复，故于2014年10月29日向广东省司法厅申请行政复议，请求依法对广东正大鉴定所涉嫌的违法、违纪问题作出明确的处理决定。广东省司法厅受理后，于2014年12月26日作出粤司行复〔2014〕19号《行政复议决定书》，认为被告对广东正大鉴定所作出限期整改的处理是恰当的，对原告投诉湛江正大咨询公司事宜作出的答复和指引并无不妥，对不属其监管职责范围的投诉事项告知原告寻求其他途径解决，维持被告湛江司法局作出的湛司函〔2014〕65号《复函》。原告湛江耀华公司不服，认为鉴定人或鉴定机构有经人民法院依法通知拒绝出庭作证的情形应撤销鉴定机构登记，遂于2015年1月28日诉至湛江经济技术开发区人民法院，诉求："原告投诉广东正大鉴定所违反法律规定，2014年9月28日被告湛江司法局对原告作出《复函》。原告收到《复函》后不服，向广东省司法厅申请行政复议。2015年1月6日广东省司法厅作出粤司行复〔2014〕19号《行政复议决定书》。现原告对行政复议决定不服。原告认为，根据全国人民代表大会常务委员会《关于司法鉴定管理问题的决定》第十三条第二款'鉴定人或者鉴定机构有下列情形之一的，由省级人民政府司法行政部门给予停止从事司法鉴定业务三个月以上一年以下的处罚；情节严重的，撤销登记：……（三）经人民法院依法通知拒绝出庭作证的……'"本案应该由广东省司法厅依法撤销该鉴定机构的登记。原告特向法院起诉，请求判决：(1)撤销被告湛江司法局2014年9月26日作出的湛司函〔2014〕65号《复函》，并判令被告湛江司法局从具体行政行为被撤销之日起15日内重新作出新的具体行政行为；(2)被告承担本案诉讼费用。

法院查明，广东正大鉴定所持有广东省司法厅颁发的《司法鉴定许可证》，鉴定业务范围是建筑工程造价司法鉴定。汪某平、彭某忠均持有广东省司法厅颁发的《司法鉴定人执业证》，其2人执业证均显示执业机构是广东正大鉴定所，执业证号分别为441505××××、441508××××。湛江正大咨询公司持有中华人民共和国住房和城乡建设部颁发的《工程造价咨询企业甲级资质证书》及湛江市工商行政管理局颁发的《营业执照》。

又查明，汪某平、彭某忠在广正大司法鉴定[2014]鉴字第1－1号、第1－2号《司法鉴定意见书》盖的名字印章上分别有其2人的司法鉴定人执业证号码441505××××、441508××××。

法院认为，本案属于司法行政监督纠纷。关于被告对原告作出湛司函〔2014〕65号《复函》是否违反法定程序的争议焦点问题：本案中，湛江坡头法院受理坡头南调卫服中心与湛江耀华公司建设工程施工合同纠纷一案，根据双方当事人申请鉴定的事项，只是委托了湛江正大咨询公司进行鉴定，但湛江正大咨询公司与广东正大鉴定所共同向湛江坡头法院出具了广正大司法鉴定[2014]鉴字第1-1号、第1-2号《司法鉴定意见书》，并盖上各自印章，汪某平、彭某忠盖上其名字印章。汪某平、彭某忠在上述两份《司法鉴定意见书》盖的名字印章上分别有其2人的司法鉴定人执业证号码，其2人的司法鉴定人执业证显示执业机构均是广东正大鉴定所。湛江坡头法院审理坡头南调卫服中心与湛江耀华公司建设工程施工合同纠纷一案，进行二次公开开庭审理，并通知广东正大鉴定所出庭，第一次开庭审理只有鉴定人员汪某平到庭，第二次开庭审理未有人员到庭。原告湛江耀华公司投诉反映的是：(1)湛江正大咨询公司冒充司法鉴定机构；(2)广东正大鉴定所涉嫌违法违纪问题；(3)广东正大鉴定所伙同湛江正大咨询公司恶意造假，与一方当事人串通，情节特别恶劣；(4)鉴定人员严重违反职业道德，拒绝到庭接受质询；(5)鉴定意见造假。而被告对原告作出湛司函〔2014〕65号《复函》，只是对关于广东正大鉴定所《司法鉴定机构司法鉴定专用印章》的使用问题及司法鉴定意见的问题和请求追究相关鉴定人的法律责任问题进行了答复，未向原告答复第三人的鉴定人员是否存在未到庭接受质询的行为及相应的处理结果，即未涉及原告所投诉的"鉴定人员严重违反职业道德，拒绝到庭接受质询"的事项，也未涉及原告投诉的"广东正大鉴定所伙同湛江正大咨询公司恶意造假，与一方当事人串通，情节特别恶劣"等其他事项。根据《司法鉴定执业活动投诉处理办法》第八条①"公民、法人和其他组织认为司法鉴定机构和司法鉴定人在执业活动中有下列违法违规情形的，可以向司法鉴定机构住所地或者司法鉴定人执业机构所在地的县级以上司法行政机关投诉：……(二)违反司法鉴定程序规则从事司法鉴定活动的……(七)司法鉴定人经人民法院通知，无正当理由拒绝出庭作证的……(八)司法鉴定人故意做虚假鉴定的……"及第二十三条"司法行政机关应当自作出处理决定之日起七日内，将投诉处理结果书面告知投诉人、被投诉人"的规定，被告应对原告所投诉的事项进行调查，并对是否处理及处理结果向原告进行答复，被告只是答复了原告的部分投诉事项，已违反上述法定程序。

综上所述，原告诉求撤销被告湛司函〔2014〕65号《复函》，并重新作出新的具体行政行为，法院认为，根据《行政诉讼法》第五十四条②"人民法院经过审理，根据不同情况，分别作出以下判决：……(二)具体行政行为有下列情形之一的，判决撤销或者

① 现为2019年的《司法鉴定执业活动投诉处理办法》第十条。

② 现变更为《行政诉讼法》(2017修正)第七十条规定："行政行为有下列情形之一的，人民法院判决撤销或者部分撤销，并可以判决被告重新作出行政行为：(一)主要证据不足的；(二)适用法律、法规错误的；(三)违反法定程序的；(四)超越职权的；(五)滥用职权的；(六)明显不当的。"

部分撤销,并可以判决被告重新作出具体行政行为:……违反法定程序的……”的规定,被告作出的湛司函〔2014〕65 号《复函》,未对第三人广东正大鉴定所鉴定人员是否到庭及第三人是否存在造假行为等情况进行答复,违反法定程序,应予以撤销,并对原告的投诉处理结果重新作出书面答复。据此,对于原告该诉求,法院予以支持。

4. 法律评析

(1)鉴定机构与鉴定人可能会导致行政责任的不当行为

①超越行政许可范围从事鉴定的:比如鉴定机构超出登记的司法鉴定业务范围开展司法鉴定、组织未取得鉴定资格的鉴定人鉴定、擅自设立分支机构;鉴定人超出登记的执业类别执业或同时在多个鉴定机构执业,等等。

②接受鉴定委托不符合规定的:比如鉴定机构无正当理由拒绝司法鉴定委托;鉴定人私自接受鉴定等。

③鉴定机构或鉴定人鉴定行为失当:比如故意做虚假鉴定、违反保密或回避规定、非正当理由拒绝出庭作证、严重不负责任导致当事人重大损失等。

④违规收费和虚假宣传等其他行为。

(2)鉴定机构和鉴定人的行政管理机关

根据全国人民代表大会常务委员会《关于司法鉴定管理问题的决定》第三条、第十三条的规定:国务院司法行政部门主管全国鉴定人和鉴定机构的登记管理工作;省级人民政府司法行政部门依照该决定的规定,负责对鉴定人和鉴定机构的登记、名册编制和公告;鉴定人或者鉴定机构有违反该决定规定行为的,由省级人民政府司法行政部门予以警告,责令改正。

负责管理司法鉴定机构和鉴定人的行政机构是国务院司法行政部门和省级人民政府司法行政部门,即国务院司法部和各省级的司法厅/司法局。根据《民事诉讼法》的规定,人民法院也可以直接对鉴定机构或鉴定人作出处罚。

(3)鉴定机构与鉴定人不当行为承担行政责任的方式

结合法律法规和相关案例,鉴定机构和鉴定人不当行为引发的行政后果包括:警告;停止从事司法鉴定业务 3 个月以上 1 年以下;未取得行政许可从事鉴定的责令其停止司法鉴定活动,并处以违法所得 1—3 倍的罚款,罚款总额最高不得超过 3 万元;情节严重的,撤销登记。

我国对鉴定机构和鉴定人不当行为的行政法律后果更强调对未取得资质(或超越资质)的鉴定机构和鉴定人的打击,对正常开展鉴定业务之中不当行为的处罚力度较轻。

从公开信息看,由造价鉴定不当行为引发的行政处罚责任的情况较为罕见。可能由于:①造价鉴定专业性较强,即使存在恶意违规的情况一般也难以被发现和证明;

②造价鉴定机构或鉴定人的不当行为往往在诉讼中就可能被解决，当事人在利益得到满足而且鉴定机构或鉴定人的违规行为不严重的情况下，也容易忽视对自身权利的维护。

(4)当事人的救济路径

对于行政责任而言，权益受侵害的当事人救济路径主要是通过向司法行政机关举报、投诉进而维护自身合法权益。其投诉依据是《司法鉴定执业活动投诉处理办法》。根据上述办法，投诉人是指认为司法鉴定机构和司法鉴定人在执业活动中有违法违规行为，向司法行政机关投诉的公民、法人和其他组织；被投诉人是指被投诉的司法鉴定机构和司法鉴定人。

根据《司法鉴定职业活动投诉处理办法》的规定，可投诉的事项是比较广泛的，基本涵盖了上文中提到的大部分鉴定机构和鉴定人的不当行为。包括鉴定机构、鉴定人未取得相应资格，超越业务范围进行鉴定，也涵盖了鉴定机构和鉴定人的其他不当行为，如乱收费、支付回扣、虚假宣传、拒绝出庭作证、虚假鉴定，等等。

司法行政机关接到投诉的应启动对被投诉人的调查，根据调查结果作出如下处理：①被投诉人有应当给予行政处罚的违法违规行为的，移送有处罚权的司法行政机关依法给予行政处罚，对于涉嫌犯罪的移送司法机关依法追究刑事责任；②被投诉人违法违规情节轻微，没有造成危害后果，依法可以不予行政处罚的，应当给予批评教育、训诫、通报、责令限期整改等处理；③投诉事项查证不实或者无法查实的，对被投诉人不作处理，并应当将不予处理的理由书面告知投诉人。

(四)鉴定机构与鉴定人不当行为引发的刑事责任

1. 概述

司法鉴定事关案件当事人切身利益，对于司法鉴定的违法、违规行为，必须及时处置，严肃查处。因此对于严重违反鉴定规则且构成犯罪的，按照我国法律规定，应当追究刑事责任。刑事责任是鉴定机构或鉴定人承担法律责任的最严厉形式，其主要针对的是鉴定机构或鉴定人故意作出虚假鉴定而谋取不正当利益的严重违法行为。

全国人民代表大会常务委员会《关于司法鉴定管理问题的决定》第十三条规定，“……鉴定人故意作虚假鉴定，构成犯罪的，依法追究刑事责任……”。最高人民法院、司法部《关于建立司法鉴定管理与使用衔接机制的意见》第四条规定：“……鉴定人或者鉴定机构经依法认定有故意作虚假鉴定等严重违法行为的……情节严重的，撤销登记；构成犯罪的，依法追究刑事责任……”

鉴于造价鉴定往往发生在民事诉讼过程中，触犯刑责的可能性相对较低，实践中公开的造价鉴定机构或鉴定人触犯刑法的案例比较罕见。但是从法律规定的角度来看，对于刑事处罚，随着我国近年来对于司法鉴定的管理日趋严格，上述两类主体并不能置身于事外。

2. 相关规定

(1)《刑法》

第一百六十三条　公司、企业或者其他单位的工作人员，利用职务上的便利，索取他人财物或者非法收受他人财物，为他人谋取利益，数额较大的，处三年以下有期徒刑或者拘役，并处罚金；数额巨大或者有其他严重情节的，处三年以上十年以下有期徒刑，并处罚金；数额特别巨大或者有其他特别严重情节的，处十年以上有期徒刑或者无期徒刑，并处罚金。

公司、企业或者其他单位的工作人员在经济往来中，利用职务上的便利，违反国家规定，收受各种名义的回扣、手续费，归个人所有的，依照前款的规定处罚。

国有公司、企业或者其他国有单位中从事公务的人员和国有公司、企业或者其他国有单位委派到非国有公司、企业以及其他单位从事公务的人员有前两款行为的，依照本法第三百八十五条、第三百八十六条的规定定罪处罚。

第二百二十九条　承担资产评估、验资、验证、会计、审计、法律服务、保荐、安全评价、环境影响评价、环境监测等职责的中介组织的人员故意提供虚假证明文件，情节严重的，处五年以下有期徒刑或者拘役，并处罚金；有下列情形之一的，处五年以上十年以下有期徒刑，并处罚金：

(一)提供与证券发行相关的虚假的资产评估、会计、审计、法律服务、保荐等证明文件，情节特别严重的；

(二)提供与重大资产交易相关的虚假的资产评估、会计、审计等证明文件，情节特别严重的；

(三)在涉及公共安全的重大工程、项目中提供虚假的安全评价、环境影响评价等证明文件，致使公共财产、国家和人民利益遭受特别重大损失的。

有前款行为，同时索取他人财物或者非法收受他人财物构成犯罪的，依照处罚较重的规定定罪处罚。

第一款规定的人员，严重不负责任，出具的证明文件有重大失实，造成严重后果的，处三年以下有期徒刑或者拘役，并处或者单处罚金。

第三百零七条　以暴力、威胁、贿买等方法阻止证人作证或者指使他人作伪证的，处三年以下有期徒刑或者拘役；情节严重的，处三年以上七年以下有期徒刑。

帮助当事人毁灭、伪造证据，情节严重的，处三年以下有期徒刑或者拘役。

司法工作人员犯前两款罪的，从重处罚。

第三百零七条之一　以捏造的事实提起民事诉讼，妨害司法秩序或者严重侵害他人合法权益的，处三年以下有期徒刑、拘役或者管制，并处或者单处罚金；情节严重的，处三年以上七年以下有期徒刑，并处罚金。

单位犯前款罪的，对单位判处罚金，并对其直接负责的主管人员和其他直接责任人员，依照前款的规定处罚。

有第一款行为，非法占有他人财产或者逃避合法债务，又构成其他犯罪的，依照处罚较重的规定定罪从重处罚。

司法工作人员利用职权，与他人共同实施前三款行为的，从重处罚；同时构成其他犯罪的，依照处罚较重的规定定罪从重处罚。

第三百八十七条　国家机关、国有公司、企业、事业单位、人民团体，索取、非法收受他人财物，为他人谋取利益，情节严重的，对单位判处罚金，并对其直接负责的主管人员和其他直接责任人员，处五年以下有期徒刑或者拘役。

前款所列单位，在经济往来中，在帐外暗中收受各种名义的回扣、手续费的，以受贿论，依照前款的规定处罚。

(2)《民事诉讼法》

第一百一十四条　诉讼参与人或者其他人有下列行为之一的，人民法院可以根据情节轻重予以罚款、拘留；构成犯罪的，依法追究刑事责任：

(一)伪造、毁灭重要证据，妨碍人民法院审理案件的；

……

人民法院对有前款规定的行为之一的单位，可以对其主要负责人或者直接责任人员予以罚款、拘留；构成犯罪的，依法追究刑事责任。

(3)最高人民法院、司法部《关于建立司法鉴定管理与使用衔接机制的意见》

四、严处违法违规行为，维持良好司法鉴定秩序

司法鉴定事关案件当事人切身利益，对于司法鉴定违法违规行为必须及时处置，严肃查处。司法行政机关要加强司法鉴定监督，完善处罚规则，加大处罚力度，促进鉴定人和鉴定机构规范执业。监督信息应当向社会公开。鉴定人和鉴定机构对处罚决定有异议的，可依法申请行政复议或者提起行政诉讼。人民法院在委托鉴定和审判工作中发现鉴定机构或鉴定人存在违规受理、无正当理由不按照规定或约定时限完成鉴定、经人民法院通知无正当理由拒不出庭作证等违法违规情形的，可暂停委托其从事人民法院司法鉴定业务，并告知司法行政机关或发出司法建议书。司法行政机关按照规定的时限调查处理，并将处理结果反馈人民法院。鉴定人或者鉴定机构经依法认定有故意作虚假鉴定等严重违法行为的，由省级人民政府司法行政部门给予停止从事司法鉴定业务三个月至一年的处罚；情节严重的，撤销登记；构成犯罪的，依法追究刑事责任；人民法院可视情节不再委托其从事人民法院司法鉴定业务；在执业活动中因故

意或者重大过失给当事人造成损失的,依法承担民事责任。

(4)最高人民法院、最高人民检察院《关于办理虚假诉讼刑事案件适用法律若干问题的解释》

第六条　诉讼代理人、证人、鉴定人等诉讼参与人与他人通谋,代理提起虚假民事诉讼、故意作虚假证言或者出具虚假鉴定意见,共同实施刑法第三百零七条之一前三款行为的,依照共同犯罪的规定定罪处罚;同时构成妨害作证罪,帮助毁灭、伪造证据罪等犯罪的,依照处罚较重的规定定罪从重处罚。

(5)《人民检察院鉴定人登记管理办法》

第二十九条　鉴定人具有下列情形之一的,登记管理部门应当移送并建议有关部门给予相应的行政处分,构成犯罪的,依法追究刑事责任,并终身不授予鉴定资格:

(一)故意出具虚假鉴定意见的;

(二)严重违反规定,出具错误鉴定意见,造成严重后果的;

(三)违反法律、法规的其他情形。

(6)《司法鉴定机构登记管理办法》

第四十二条　司法行政机关工作人员在管理工作中滥用职权、玩忽职守造成严重后果的,依法追究相应的法律责任。

(7)《司法鉴定人登记管理办法》

第三十条　司法鉴定人有下列情形之一的,由省级司法行政机关给予停止执业三个月以上一年以下的处罚;情节严重的,撤销登记;构成犯罪的,依法追究刑事责任:

(一)因严重不负责任给当事人合法权益造成重大损失的;

(二)具有本办法第二十九条规定的情形之一并造成严重后果的;

(三)提供虚假证明文件或者采取其他欺诈手段,骗取登记的;

(四)经人民法院依法通知,非法定事由拒绝出庭作证的;

(五)故意做虚假鉴定的;

(六)法律、法规规定的其他情形。

3. 相关案例

根据犯罪各构成要件,如主体、行为方式、主观心态,危害后果等等的不同,造价鉴定中具有严重社会危害性的不当行为可能触犯不同罪名。

案例2-22①　提供虚假证明文件罪、出具证明文件重大失实罪

河北省某公司风电分公司与石家庄市某有限公司因某工程升压站建筑施工工程

① 参见河北省石家庄市桥西区人民法院刑事判决书,(2013)西刑一初字第00269号。

向石家庄仲裁委员会申请仲裁，石家庄仲裁委员会根据当事人的申请，于2009年10月28日委托河北某咨询有限责任公司对该工程的中控楼、高低压、合同外增项、消防水池、架构钢梁和架构水泥杆等造价进行鉴定，被告人靳某、姚某负责该项目的鉴定工作，被告人靳某具有河北省土建一级造价员资质，被告人姚某具有造价工程师的资质。二被告人于2010年5月11日、2010年9月28日分别出具了河北某咨询有限责任公司冀天华基字(2010)第1038号《基本建设工程造价鉴定报告》和冀天华基字(2010)第1038－1号《基本建设工程造价鉴定补正报告》，该报告包括土建和安装两个部分，而被告人靳某、姚某在均不具备安装专业鉴定资质，且在工作期间丢失鉴定材料一份的情况下，在该报告上签字盖章。石家庄市某有限公司和河北省某公司风电分公司签订的承包合同中第6.4条约定，“工程量超出清单量的部分，根据甲方(某公司)与项目业主的结算情况，扣除甲方19%的综合管理费后，结算给乙方(石家庄市某有限公司)”，而被告人靳某、姚某在鉴定时，按工程总造价扣除了19%的管理费，该报告出具的鉴定造价为人民币2,817,150.30元；石家庄市公安局桥西分局委托石家庄某鉴定机构对该工程进行了鉴定，石家庄某鉴定机构于2012年6月6日、2012年6月27日分别出具了石某鉴字(2012)第2017号《造价鉴定报告书》《关于某工程升压站工程鉴定报告的补充说明》，该报告鉴定该项工程造价为人民币4,205,729.86元。两份鉴定报告确定的价格相差人民币1,388,579.56元。

公诉机关指控：被告人靳某丢失鉴定材料两份，未通知仲裁庭；被告人姚某未到现场查看实际情况，在只对测算数据进行审核的情况下就在报告上盖章并出具正式报告。靳某、姚某均不具备安装专业的鉴定资质，并且该鉴定报告只有一名造价师盖章。靳某、姚某故意提供虚假证明文件，影响了仲裁结果，给石家庄市某公司造成直接经济损失达100余万元。石家庄市桥西区人民法院认为：被告人靳某、姚某作为受石家庄仲裁委员会委托出具鉴定报告的中介组织人员，在对某工程进行鉴定期间，提供虚假证明文件，其行为已构成提供虚假证明文件罪。公诉机关指控的罪名成立。根据《刑法》第二百二十九条的规定，承担资产评估、验资、会计、审计、法律服务等职责的中介组织的人员故意提供虚假证明文件，情节严重的，构成中介组织人员提供虚假证明文件罪。根据最高人民检察院、公安部《关于公安机关管辖的刑事案件立案追诉标准的规定(二)》第七十三条第三项的规定，承担资产评估、验资、会计、审计、法律服务等职责的中介组织的人员故意提供虚假证明文件，虚假证明文件虚构数额在100万元且占实际数额30%以上的即够追诉标准。在本案中，被告人靳某、姚某在鉴定时，按工程总造价扣除了19%的管理费，且二被告人不具备安装专业鉴定资质，却签署了含有安装专业报告的文件，还在工作期间丢失鉴定材料，出具的鉴定报告与某公司出具的鉴定报告相差人民币1,388,579.56元，二被告人的行为已构成了提供虚假证明文件罪。

故对于二被告人及其辩护人提出的被告人的行为不构成犯罪的观点,法院不予支持。二被告人出具的鉴定数额与石家庄某鉴定机构出具的鉴定数额相差人民币1,388,579.56元,虽已达到刑事案件立案追诉标准的规定,但应属犯罪情节轻微。因此最终判决二被告人构成犯罪,免予刑事处罚。

案例2-23①　帮助伪造证据罪

2004年4月21日,绍兴市城中村改造建设投资有限公司(以下简称城投公司)东湖分公司与浙江中实建设集团有限公司(以下简称中实公司)的前身企业浙江中实建设有限公司签订了建设工程施工合同,约定由中实公司承建香山·白莲岙安置房Ⅰ标、Ⅱ标工程,合同约定工期为360天,工程总价分别暂定为48,681,160元、38,611,800元。

2004年至2005年间,香山·白莲岙安置房Ⅰ标、Ⅱ标工程陆续开工。2006年6月22日,绍兴市越城区人民政府、浙江绍兴经济开发区管委会、东湖镇政府、中实公司等单位就香山·白莲岙安置房建设涉及的有关问题进行专题协商,并形成协调会议纪要。该纪要载明,在工程实施过程中,由于拆迁"钉子户"影响及新港村住户住宅安全的要求阻碍施工,部分幢号桩型由沉灌桩改为钻孔桩,最后一幢房子开工日为2005年6月18日,引发工期顺延。同时明确,整个工程必须在2006年11月底前全面竣工,逾期开发区不再支付过渡费,一切责任由具体实施单位承担。2006年6月15日、8月7日,香山·白莲岙安置房Ⅰ标、Ⅱ标工程分别竣工验收合格。2007年1月13日,场外工程竣工验收合格。同年4月18日,中实公司与城投公司东湖分公司签订建设工程施工合同补充协议,约定补充协议与上述香山·白莲岙安置房Ⅰ标、Ⅱ标工程施工合同具有同等法律效力。补充协议确定合同施工建筑面积为113,700平方米,与开发委共同确定的建筑面积为143,122.6平方米,并作为预算依据,三方确定的暂定工程价款为1.3亿元。现实际完成的暂估建筑面积为156,671.795平方米(最终以审核确认为准),现工程承包人送审价款为187,636,374元(不包括场外工程竣工验收后增加部分的所有窗门的纱窗、幼儿园围墙、塑胶操场的联系单等工程,价款按审计报告为准);应补合同施工建筑面积差额暂估为13,549.195平方米。2010年12月13日,绍兴市审计局出具了绍市审投(2010)9号审计报告,审定香山·白莲岙安置房工程(不含绿化工程)造价为173,279,664元。同时,认定该项目实际建筑面积、造价均超过批复规模,并且其中10,539平方米建筑面积的综合楼在立项批复中未涉及。10、11、12、16、17、18幢楼原为沉管灌注桩,后换为转孔灌注桩,导致误工。因中实公司对(2010)9号审计报告审定的工程造价存在异议,双方产生争议,中实公司遂向绍兴市中级人

① 参见浙江省绍兴市中级人民法院刑事裁定书,(2017)浙06刑终249号。

民法院提起诉讼。

2011年7月15日,绍兴市中级人民法院立案受理了中实公司诉城投公司建设工程施工合同纠纷一案。同年8月9日,原绍兴市建筑业管理局(以下简称绍兴市建管局)对中实公司提出的要求对涉案工程计补人工、水、电价差的报告出具回复,载明:根据报告所述内容,并查阅中实公司提供的文件材料,结合2010年8月的信息综合审查后,认为依据实事求是、公平公正的原则,该工程人工、水、电价差应予以计补。诉讼期间,经中实公司申请,绍兴市中级人民法院于2011年11月30日委托浙江中汇工程咨询有限公司(以下简称中汇公司)"对绍市审投(2010)9号审计报告中遗漏的施工用柴汽油费用补差等10个项目和因工期延长造成的工程费用增加的费用"进行鉴定。中汇公司接受委托后,指派被告人郭某为技术负责人,何某(另案处理)为项目负责人。在进行司法鉴定期间,何某受浙江省高级人民法院某位法官电话打招呼,要求关照中实公司的诉求,被告人郭某收受中实公司人员所送的购物卡、黄酒等财物。2012年7月26日,中汇公司出具了中汇工咨(2012)0384号司法鉴定报告,结论为:绍市审投(2010)9号审计报告中遗漏的施工用柴汽油费用补差等10个项目和因工期延长增加的工程费用合计为人民币32,377,351元。其中被告人郭某在明知原绍兴市建管局出具的上述回复与绍兴市建设工程造价管理处《关于浙江省预算定额(一九九四版)遗漏问题的综合解释》(以下简称《预算综合解释》)规定不符的情况下,未经调查核实,计水、电价差人民币1,666,075元、计补人工费人民币19,073,594元。对因工期延长增加的费用,鉴定人在鉴定报告的鉴定说明中表示,鉴定方鉴定时暂按工期延误均由建设单位造成考虑。在鉴定报告中,被告人郭某采用《浙江省建筑工程预算定额(2003版)》2006年11月的信息价及《浙江省建筑工程预算定额(一九九四版)》的人工量作为计补人工价差的依据,并予以全额计补。

2012年12月20日,绍兴市中级人民法院对该案作出一审判决,判决采纳了中汇公司的上述鉴定意见。一审判决后,中实公司和城投公司均不服判决,向浙江省高级人民法院提出上诉。2013年5月13日,浙江省高级人民法院作出终审判决:驳回上诉,维持原判。

2016年7月18日10时许,被告人郭某在浙江省杭州市江干区中汇公司被警察抓获归案。

一审法院认为,被告人郭某伙同他人在民事诉讼中故意作出存在错误的司法鉴定意见,帮助当事人伪造证据,情节严重,其行为已构成帮助伪造证据罪,且系共同犯罪。鉴于被告人郭某系初犯,到案后对基本犯罪事实予以供认,可酌情从轻处罚。根据《刑法》第三百零七条第二款、第二十五条第一款、第六十四条之规定,被告人郭某犯帮助伪造证据罪,判处有期徒刑9个月。

关于上诉理由及辩护意见，二审法院浙江省绍兴市中级人民法院的评析包括如下几点内容。

关于郭某及其辩护人均提出上诉人与中实公司无共同犯罪故意的上诉理由及辩护意见，经查：(1)郭某在接受委托担任司法鉴定人期间，多次私自会见委托方中实公司，接受请客吃饭并违反规定收受中实公司的财物，中实公司相关人员曾多次向上诉人提出要求在鉴定过程中予以关照；(2)非同案共犯的何某亦供述其向郭某曾传达过有人就此案向其打过招呼，希望其在鉴定时予以关照；(3)郭某多次供述其所作鉴定对中实公司有利，原因有收受礼物及有人打招呼等因素；(4)郭某接受人民法院委托担任鉴定人，明知其所作鉴定会对司法机关的正常诉讼活动造成妨害，仍帮助中实公司出具对其有利的司法鉴定。综上，应认定上诉人与中实公司有共同犯罪故意。

关于上诉人提出其对鉴定材料的真实性、合法性不负责审查，绍兴市建管局回复的效力其无权判定的上诉理由，经查：(1)城投公司与中实公司在建设工程施工合同中约定土建工程按《浙江省建筑工程预算定额(一九九四版)》编制结算。(2)绍兴市建设工程造价管理处为解决94定额遗留问题出台了《预算综合解释》就双方之间的争议解决方法予以了明确。(3)绍兴市建设工程造价管理处对本市工程造价进行管理有法定职权。(4)绍兴市建管局出具的函实质对城投公司与中实公司的民事纠纷作出了裁决。而法律并未授权建管局对民事纠纷的行政裁决权。该具体行政行为有重大明显违法因素，属无效具体行政行为。(5)上诉人郭某为注册造价工程师，对与其所属领域密切相关的绍兴市建管局的职权应明确，且郭某亦供述其认为中实公司能够取得建管局的函感觉不可思议，其对该函的效力始终存在疑问，但却有意采信了该函。综上，二审法院认为无效的具体行政行为具有重大明显违法因素，自始即无效力，郭某在内心对该函的效力存疑的情况下，未就该函的效力进行确认即按该函的要求作出司法鉴定，结合其收受了中实公司所送礼品，且有相关人员曾授意其在鉴定中对中实公司的需求予以照顾等因素，可以认定郭某有帮助中实公司伪造证据的故意及具体行为。

关于辩护人提出根据绍兴市建设工程造价管理处《预算综合解释》的规定，在案证据可证实工期延误甲方确有责任，对人工、水、电可以计补价差，且绍兴市建筑业管理局就此明确回复应予计补，建筑业管理局位阶高于下设处室，上诉人按此回复作出鉴定并无不当的辩护意见，经查：(1)根据绍兴市建设工程造价管理处《预算综合解释》第二条、第三条的规定对于2005年1月1日以前订立合同的工程项目，水、电价差原则上不得调整。人工价差只有在因甲方造成工期延误的情况下可予相应调整。(2)中实公司与城投公司合同约定采用该标准，应按合同约定办理或者双方再次协商对合同予以变更。(3)绍兴市建设工程造价管理处对绍兴市工程造价进行管理有法定职权,《预算综合解释》是绍兴市建设工程造价管理处依据其职权所制定的规范性文件,在绍兴市范围内具有普遍适用的效力。但法律并未授予绍兴市建管局就当事人之间的民事争议作出行政裁决的权力,故不能认为绍兴市建管局出具的函的效力高于《预算综合解释》的效力。(4)水、电价按规定不可以补价差,且双方亦未协商达成一致的情况下,绍兴市建管局以公权力干涉双方的民事争议以及郭某基于建管局无效的具体行政行为对水、电费予以补差的行为明显不当。(5)对于人工费的价差计补,《预算综合解释》规定在甲方原因造成工期延误的情况下,可以调整。但根据收集在案的由郭某负责的中汇公司就本案所作的司法鉴定报告可以看出,在司法鉴定的鉴定说明部分,就人工、水、电价的补差部分,鉴定方意见是根据绍兴市建管局的回复应予计补。而在鉴定说明第11项中,对工期延误而增加的费用部分,仅提到文明施工费及现场经费,并未提及因工期延误造成人工费价差应予调整。该司法鉴定对人工、水、电费的价差计补部分,并未建立在工期延误原因的责任分析基础上。且工期延误的责任应由人民法院判定。故此上诉理由及辩护意见不成立。

关于辩护人提出郭某出具的鉴定意见是工期延误暂认定为由建设单位造成,民事判决对鉴定意见分析判断后予以采信,判决生效后出现新的证据不能证实原诉讼过程中鉴定人员未依法履职的辩护意见,经查,涉案司法鉴定在因工期延长而增加的费用部分就工期延长的责任陈述为"暂按工期延误均由建设单位原因造成",但该部分并未涉及水、电、人工费用的计补。该鉴定的记录方式极易造成水电、人工的计补与工期延误无关的误解。结合郭某供述,其知道绍兴市建管局的回复效力可疑,为规避责任在鉴定中写明"暂按",故应认定郭某故意不依法履职。

关于辩护人提出郭某对人工费的补差所作鉴定并无不当的辩护意见,二审法院认为中实公司与城投公司就人工费的计算标准有约定。双方签订合同的时间处于《浙江省建筑工程预算定额(一九九四版)》与《浙江省建筑工程预算定额(2023版)》的过渡期,绍兴市建设工程造价管理处作为对绍兴市工程造价进行管理的机构,对该期间签订的建筑工程合同的争议处理方法作出了解释。对于人工费的计补问题,作为鉴定机构,计算标准应以当事人的约定为准。上诉人擅自突破当事人的约定计补人工费的价差,作出有利于中实公司的鉴定,有违民事合同意思自治原则。故该辩护意见不成立。

二审法院认为,原判认定郭某收受民事诉讼一方当事人财物,接受请托,违反规定故意作出有利于一方当事人的错误鉴定意见的事实清楚,适用法律正确,量刑时对郭某的犯罪事实、社会危害性、悔罪表现等均已予以考量,量刑适当。上诉人郭某及其辩护人均提出应认定其无罪的上诉理由及辩护意见不成立,不予支持。

4. 法律评析

司法实践中，造价鉴定机构和鉴定人承担刑事责任的案例不多，但是该类主体并非可以完全规避刑事责任。事实上，鉴定人可能构成的犯罪非常多样，主要有以下几种。

（1）贿赂类犯罪

倘若鉴定机构与鉴定人同当事人勾结，索取、收受当事人财物，为其谋求利益，或违反国家有关规定，收受各种名义的回扣、手续费，因犯罪主体不同可能构成受贿罪、单位受贿罪、非国家工作人员受贿罪。

（2）妨害司法类犯罪

造价鉴定发生在司法过程中，因此鉴定机构和鉴定人的不当行为最有可能损害的法益便是司法秩序和司法过程中的他人合法利益。

若在刑事诉讼中，造价鉴定人对与案件有重要关系的情节，故意作虚假证明、鉴定、记录、翻译，意图陷害他人或者隐匿罪证，鉴定人可能构成伪证罪；若类似事实发生在民事诉讼中，造价鉴定人可能构成帮助毁灭、伪造证据罪。

另外，根据最高人民法院、最高人民检察院《关于办理虚假诉讼刑事案件适用法律若干问题的解释》，造价鉴定机构和鉴定人与他人通谋，出具虚假鉴定意见，共同实施《刑法》第三百零七条之一前三款行为的，可能构成虚假诉讼罪的共犯。

（3）提供虚假证明文件罪/出具证明文件重大失实罪

根据《刑法》第二百二十九条，造价机构人员作为中介机构的一种，故意提供虚假证明文件或出具证明文件存在重大失实的，可能构成提供虚假证明文件罪/出具证明文件重大失实罪。

出具证明文件重大失实罪是对造价人员过错出具证明文件行为进行规制的基础罪名，比如相关人员在进行造价评估中存在失职行为并造成不当行为的，应当构成本罪。本罪能否适用于造价鉴定人在司法程序中的鉴定行为，或者说鉴定行为是否属于一种中介行为存在一定的争议。但是不可否认的是，倘若因为造价鉴定人的重大过失，比如未去现场勘验、忽略重要鉴定材料等，但又不存在与当事人一方恶意串通的行为，以本罪判罚是最为合适的，前述引用的案例也是基于此思路进行的判决。

（五）鉴定机构与鉴定人不当行为引发的行业责任

1. 概述

在鉴定机构与鉴定人不当行为引发的民事责任、行政责任、刑事责任以外，我们还需要探讨行业责任。严格来讲，行业或协会属于民间自治组织，其作出的惩戒或其他措施不能被视为“法律后果”，但是我国的行业协会有半官方组织的特殊性，并且我国不乏要求行业协会作出某些惩罚措施的法律规定,因此本文中对鉴定机构与鉴定人不当行为引发的行业责任作为一种广义的法律责任进行讨论。

造价鉴定机构和造价鉴定人的造价鉴定行为,既是一种建设工程造价评估行为,也是一种司法鉴定行为。因此,造价鉴定可能会同时受造价管理协会和司法鉴定协会的管理与监督。

在我国民政部官方网站中对社会组织进行检索,针对司法鉴定我国并未成立一个全国性的协会组织,但是部分省市乃至部分区县设立了地区性的司法鉴定协会,截至2020年4月,我国地方行政区大概设立了139家司法鉴定协会。近些年,有不少人建议设立全国性的司法鉴定协会①。

造价咨询类企业则存在中国建设工程造价管理协会这一全国性的行业组织,同时各省、市也存在相应的造价协会,截至2020年4月,全国共设立了约199家造价行业协会,从组织结构和协会名称上看,这些地方的造价行业协会并不一定隶属于中国建设工程造价管理协会,也不一定全部归其管理。

由于我国相关行业协会的发展还处于起步阶段,没有形成统一的行业组织管理。因此行业规范并不健全,就近些年出台的规范来看,行业协会目前的立"法"重点仍着眼于鉴定程序规范、统一等基础事项,比如中国建设工程造价管理协会编制的《建设工程造价鉴定规程》等,但是对鉴定机构与鉴定人不当行为的处理行业协会并未出台相应政策。而且我国法律、法规、规章对于行业协会对鉴定机构和鉴定人的管理、惩戒方法和措施也缺乏明确的规定,因此我国对于造价鉴定行为中不当行为的行业责任规定还不甚健全。全国人民代表大会常务委员会《关于司法鉴定管理问题的决定》《司法鉴定机构登记管理办法》《司法鉴定人登记管理办法》等规定均未具体规定行业协会可以作出惩戒的情形和惩戒方法。

2. 相关规定

(1)《司法鉴定机构登记管理办法》

第四条　司法鉴定管理实行行政管理与行业管理相结合的管理制度。

司法行政机关对司法鉴定机构及其司法鉴定活动依法进行指导、管理和监督、检查。司法鉴定行业协会依法进行自律管理。

(2)《司法鉴定人登记管理办法》

第四条　司法鉴定管理实行行政管理与行业管理相结合的管理制度。

司法行政机关对司法鉴定人及其执业活动进行指导、管理和监督、检查,司法鉴定

---

① 参见《全国政协委员汤维建:建立全国性司法鉴定行业协会,统一管理》,载搜狐网2017年3月2日,https://www.sohu.com/a/127689954_260616。

行业协会依法进行自律管理。

(3)《司法鉴定执业活动投诉处理办法》

第八条　司法行政机关指导、监督司法鉴定协会实施行业惩戒;司法鉴定协会协助和配合司法行政机关开展投诉处理工作。

第二十条　司法行政机关根据投诉处理工作需要,可以委托司法鉴定协会协助开展调查工作。

接受委托的司法鉴定协会可以组织专家对投诉涉及的相关专业技术问题进行论证,并提供论证意见;组织有关专家接待投诉人并提供咨询等。

第二十四条　司法行政机关应当根据对投诉事项的调查结果,分别作出以下处理:

(一)被投诉人有应当给予行政处罚的违法违规行为的,依法给予行政处罚或者移送有处罚权的司法行政机关依法给予行政处罚;

(二)被投诉人违法违规情节轻微,没有造成危害后果,依法可以不予行政处罚的,应当给予批评教育、训诫、通报、责令限期整改等处理;

(三)投诉事项查证不实或者无法查实的,对被投诉人不作处理,并向投诉人说明情况。

涉嫌违反职业道德、执业纪律和行业自律规范的,移交有关司法鉴定协会调查处理;涉嫌犯罪的,移送司法机关依法追究刑事责任。

第二十七条　对于被投诉人存在违法违规行为并被处罚、处理的,司法行政机关应当及时将投诉处理结果通报委托办案机关和相关司法鉴定协会,并向社会公开。

(4)上海市《关于严格司法鉴定责任追究的实施办法》①

第八条　鉴定机构和鉴定人有下列情形之一的,司法鉴定协会应当追究其行业责任:

(一)采取不正当手段与同行进行竞争的;

(二)无正当理由,不受理办案机关鉴定委托的;

(三)向委托人或当事人作虚假宣传或不当承诺的,或承诺按特定要求出具鉴定意见的;

(四)受理具有重大社会影响案件不及时报告司法行政机关及行业协会的;

(五)将受理的委托鉴定事项全部委托给其他司法鉴定机构办理的;

(六)应当进行现场勘验或其他鉴定调查,而未进行的;

---

①　本部分一般不引用地方性法规、规章,但由于全国有关造价鉴定不当行为行业责任的规范过少且较为笼统,因此增加一些有代表性的地方性法规、规章,以方便读者全面了解相关制度。

（七）违反有关规定仅一名鉴定人进行鉴定的；

（八）鉴定活动无实时记录的；

（九）鉴定文书出现文字差错，严重影响文书质量的；

（十）超出本机构或者本人鉴定能力进行鉴定活动的；

（十一）在媒体、出庭质证或公开场合有不当言行，给同行或者行业造成不良影响的；

（十二）未完成年度继续教育培训的；

（十三）拒不执行协会决议的；

（十四）质量检查不合格的；

（十五）服务态度差，辱骂、诋毁当事人的；

（十六）违反司法鉴定收费管理规定，不按收费标准收取费用或提出收费标准之外的不合理要求或私自收费的；

（十七）拒不配合司法鉴定协会监督、检查的；

（十八）违反司法鉴定行业技术标准、技术规范的；

（十九）鉴定人年度考核不称职的；

（二十）违反职业道德、执业纪律的其他情形。

第九条　司法行政机关或司法鉴定协会在工作中发现涉及鉴定机构负责人、鉴定人违反党纪政纪问题线索的，应当及时移送有关纪检监察机关调查处理；发现事业编制的鉴定机构、鉴定人违反事业单位纪律的，应当建议有权部门或单位给予相应纪律处分。

第十五条　司法鉴定协会在工作中发现鉴定机构、鉴定人存在本办法第五条、第六条、第七条规定的应当追究其刑事责任、行政责任情形的，应及时将相关材料移送司法行政机关调查处理。

第十六条　司法行政机关应当监督、指导司法鉴定行业协会建立鉴定机构、鉴定人执业诚信评价机制，依据鉴定机构、鉴定人遵守法律、法规、规章、行业规范等情况，定期进行执业诚信等级评定，并向社会公开。

第十九条　人民法院、人民检察院、公安机关、司法行政机关、司法鉴定协会应当建立联席会议制度，定期通报司法鉴定类案件信息、司法鉴定违法违规执业信息，健全互联互通网络平台，健全司法鉴定违法违规执业行为发现机制，畅通案件移送渠道。

司法行政机关及司法鉴定协会工作人员在司法鉴定管理工作中滥用职权、玩忽职守，造成严重后果的，依法追究相应的法律责任；对涉嫌违反党规党纪的具有中共党员身份的工作人员，移送其所属党组织纪检监察部门追究党纪责任。

(5)《山东省司法鉴定条例》

第六条　司法鉴定管理实行行政管理和行业管理相结合的管理制度。

省人民政府司法行政部门制定全省司法鉴定工作发展规划和管理制度并组织实施,负责司法鉴定机构和司法鉴定人登记、名册编制和执业监督,组织司法鉴定科学技术研发、推广和应用,指导下级司法行政部门的司法鉴定管理工作。

设区的市和县(市、区)人民政府司法行政部门依照法定职责管理本行政区域的司法鉴定工作。

司法鉴定协会依照法定职责和协会章程,对会员进行行业自律管理。

有关单位应当支持司法行政部门和司法鉴定协会做好司法鉴定管理工作。

第五十条　司法鉴定协会负责制定行业规范,维护会员权益,总结交流经验,组织技术研发,处理投诉和会员申诉,调解执业纠纷,对会员进行教育培训、监督、考核、评估、奖励、惩戒,对重大、复杂、疑难鉴定事项提出咨询意见,承担司法行政部门交办事项。

司法鉴定协会根据需要,可以设立专门委员会和专业委员会,按照协会章程履行职责。

(6)《江西省司法鉴定行业惩戒暂行办法》

第三条　司法鉴定行业惩戒,遵循分级管理、客观公正、惩戒与教育相结合的原则。

司法鉴定协会实施惩戒,应当依法保障会员的合法权益,会员对协会给予的惩戒,享有陈述和申辩的权利。

第四条　司法鉴定协会的行业惩戒工作,在司法行政机关的指导、监督下进行。

省司法鉴定协会负责指导、监督全省司法鉴定行业的惩戒工作;省属司法鉴定机构和司法鉴定人违规行为的调查处理工作。

设区市司法鉴定协会负责本市区域内所属司法鉴定机构和司法鉴定人违规行为的调查处理工作。

第五条　受协会惩戒的行为在程度上一般轻于应受行政处罚的行为。但受行政处罚的行为情节比较轻微,处罚种类在警告、责令改正以下,可以适用惩戒方式的,列入本办法的惩戒范围。

第六条　协会根据应受惩戒行为的具体情节,给予以下惩戒:

(一)训诫;

(二)责成改正并书面检讨或书面道歉;

(三)行业内通报批评;

(四)公开谴责。

上述惩戒方式可视情况单独或合并使用,对于构成行政处罚的,由司法鉴定协会向司法行政机关提出行政处罚建议。

第七条　会员具有下列行业违规行为之一的,协会可依其违规行为程度的不同对其做出相应的惩戒处分:

(一)在鉴定过程中不坚持客观、公正、公平原则,违反司法鉴定技术规范从事司法鉴定活动的;

(二)在鉴定过程中,向委托人或鉴定当事人做出不当承诺的;

(三)在媒体或公开场合故意贬损同行的业务能力或执业声誉,给同行或者行业造成不良影响的;

(四)利用网络、报刊等媒体或通过其他方式做不实宣传的;

(五)接受委托后,不与委托人依法签订司法鉴定协议或因粗心大意未列、漏列具体鉴定项目的;

(六)违反司法鉴定收费管理相关规定,不按收费标准收取费用或提出收费标准之外的不合理要求或私自收费的;

(七)超过约定的鉴定时限且无正当理由,未出具鉴定文书的;

(八)鉴定文书未达到基本规范要求,或因鉴定机构和鉴定人不认真、不负责,对鉴定文书审核把关不严,出现造成严重后果的失误;

(九)未经委托人授权或违反法律法规,泄露执业过程中知悉的国家秘密、商业秘密和个人隐私的,或利用所获悉的涉密信息为自己或第三方谋取利益的;

(十)在鉴定过程中,遇到超出自己鉴定能力应当中止鉴定但未中止,或未经委托人授权、擅自将鉴定业务转委托给其他机构或人员办理的;

(十一)丢失、损毁、隐匿、涂改鉴定材料的;

(十二)未经司法行政部门同意,在公告地址以外,私自以任何形式、任何名称设立与开展鉴定业务有关的场所的;

(十三)不按规定参加转岗培训和继续教育的;

(十四)拒绝接受司法行政机关、司法鉴定协会监督、检查或者提供虚假材料的;

(十五)其他违反司法鉴定相关法律、法规、规章,违反司法鉴定职业道德和执业纪律的情形。

第八条　被惩戒对象有下列情形之一的,应从重惩戒:

(一)伪造、销毁、隐匿证据的;

(二)阻挠、不配合调查的;

(三)打击报复调查人员、投诉举报人员和协会工作人员的;

(四)同时具有两种或两种以上应惩戒行为的;

（五）在一年内发生两次或两次以上同一性质应予惩戒行为的。

第九条　被惩戒对象有下列情形之一的，可以从轻惩戒：

（一）主动向有关部门和协会报告违法违规行为的；

（二）在调查前已经主动改正的；

（三）积极配合协会查处违法违规行为并主动整改的；

（四）自觉纠正违规行为，及时采取有效措施，消除或减轻违法违规行为造成的不良后果的。

第十条　协会对受理的投诉举报、行政机关移交的案件和日常监管中发现的问题进行审查，并决定是否立案调查。

协会对举报投诉事项进行调查，应当有两名以上工作人员参加。调查人员必须实事求是，坚持依法、客观、公平、公正的原则，遵守回避等制度。

3. 法律点评

我国法律、法规、地方性规范一般将行业协会作为辅助性的管理部门，辅助司法行政机关对鉴定机构和鉴定人进行管理。相对于行政机关的惩罚措施，行业协会的惩戒措施具有适用范围广、惩罚措施轻的特点。惩罚的不当行为既包括错误鉴定、虚假鉴定这种严重违规行为，也涵盖不当竞争、文字错误、辱骂当事人等有违行业纪律和职业道德的行为；其惩罚措施则以名誉罚为主，包括警告、书面检讨、行业内通报批评、谴责等。

总体而言，我国对鉴定机构与鉴定人不当行为的行业责任的规范还处在起步阶段，虽然现有规定已经明确相关行业协会的职能和惩罚权限，搭建出了基本框架，但是仍缺少对违规行为和责任承担方式的全国性统一规定，地方性规定的内容亦不统一。而且，目前在公开信息中未检索到行业协会对造价鉴定机构或鉴定人的不当行为作出惩戒的信息，这也侧面显示了在实践层面，将行业责任作为不当行为法律后果的一环还有比较长的路要走。

行业责任应被视为鉴定机构与鉴定人不当行为的一种重要惩罚措施，尤其是对于一些轻度违规的行为，民事、行政、刑事责任的惩罚措施过于严厉，而且救济路径非常漫长，这时就需要行业协会弥补此类空白，这将有助于我国造价鉴定行业的规范化、正规化。

（六）委托人不当行为引发的法律后果

1. 概述

在前文中我们讨论了大量造价鉴定中的不当行为及其对应的法律后果，应该注意到，除了鉴定机构和鉴定人存在不当行为之外，委托人也可能存在不当行为，最终导致司法不公并损害当事人的合法权益。

无论是委托人依职权发起的鉴定还是经当事人申请的鉴定均应按照一定的司法程序进行。委托人应当严格遵照我国现行的《民事诉讼法》《仲裁法》《法官法》,最高人民法院《关于民事诉讼证据的若干规定》、《人民法院司法鉴定工作暂行规定》、《人民法院对外委托司法鉴定管理规定》、《司法鉴定程序通则》、《法官行为规范》、《人民法院审判人员违法审判责任追究办法(试行)》和《人民法院工作人员处分条例》等的规定委托鉴定并进行裁判,维护司法公平。

倘若委托人不能按照法律法规规定委托鉴定、进行裁判,则可能导致裁判结果被推翻、受到体制内处罚,承担行政责任乃至刑事责任的严重后果。

我国法律、法规仅从正面规定了委托人应当如何委托鉴定及裁判程序,但并未对委托人在造价过程中的不当行为的后果进行直接规定,这种不当行为的法律后果更多是通过适用相关法律规定而得出的,比如鉴定人应当回避而未回避的可能构成再审的事由,裁判人员玩忽职守、徇私舞弊、枉法裁判的可能构成玩忽职守罪、枉法裁判罪等。

2. 相关规定

(1)《民事诉讼法》

第四十七条　审判人员有下列情形之一的,应当自行回避,当事人有权用口头或者书面方式申请他们回避:

(一)是本案当事人或者当事人、诉讼代理人近亲属的;

(二)与本案有利害关系的;

(三)与本案当事人、诉讼代理人有其他关系,可能影响对案件公正审理的。

审判人员接受当事人、诉讼代理人请客送礼,或者违反规定会见当事人、诉讼代理人的,当事人有权要求他们回避。

审判人员有前款规定的行为的,应当依法追究法律责任。

前三款规定,适用于法官助理、书记员、司法技术人员、翻译人员、鉴定人、勘验人。

第七十九条　当事人可以就查明事实的专门性问题向人民法院申请鉴定。当事人申请鉴定的,由双方当事人协商确定具备资格的鉴定人;协商不成的,由人民法院指定。

当事人未申请鉴定,人民法院对专门性问题认为需要鉴定的,应当委托具备资格的鉴定人进行鉴定。

第八十一条　当事人对鉴定意见有异议或者人民法院认为鉴定人有必要出庭的,鉴定人应当出庭作证。经人民法院通知,鉴定人拒不出庭作证的,鉴定意见不得作为认定事实的根据;支付鉴定费用的当事人可以要求返还鉴定费用。

第一百四十二条　当事人在法庭上可以提出新的证据。

当事人经法庭许可，可以向证人、鉴定人、勘验人发问。

当事人要求重新进行调查、鉴定或者勘验的，是否准许，由人民法院决定。

第一百四十九条　有下列情形之一的，可以延期开庭审理：

（一）必须到庭的当事人和其他诉讼参与人有正当理由没有到庭的；

（二）当事人临时提出回避申请的；

（三）需要通知新的证人到庭，调取新的证据，重新鉴定、勘验，或者需要补充调查的；

（四）其他应当延期的情形。

（2）《仲裁法》

第四十四条　仲裁庭对专门性问题认为需要鉴定的，可以交由当事人约定的鉴定部门鉴定，也可以由仲裁庭指定的鉴定部门鉴定。

根据当事人的请求或者仲裁庭的要求，鉴定部门应当派鉴定人参加开庭。当事人经仲裁庭许可，可以向鉴定人提问。

（3）《刑法》

第三百零七条之一　以捏造的事实提起民事诉讼，妨害司法秩序或者严重侵害他人合法权益的，处三年以下有期徒刑、拘役或者管制，并处或者单处罚金；情节严重的，处三年以上七年以下有期徒刑，并处罚金。

单位犯前款罪的，对单位判处罚金，并对其直接负责的主管人员和其他直接责任人员，依照前款的规定处罚。

有第一款行为，非法占有他人财产或者逃避合法债务，又构成其他犯罪的，依照处罚较重的规定定罪从重处罚。

司法工作人员利用职权，与他人共同实施前三款行为的，从重处罚；同时构成其他犯罪的，依照处罚较重的规定定罪从重处罚。

第三百九十七条　国家机关工作人员滥用职权或者玩忽职守，致使公共财产、国家和人民利益遭受重大损失的，处三年以下有期徒刑或者拘役；情节特别严重的，处三年以上七年以下有期徒刑。本法另有规定的，依照规定。

第三百九十九条第二款　在民事、行政审判活动中故意违背事实和法律作枉法裁判，情节严重的，处五年以下有期徒刑或者拘役；情节特别严重的，处五年以上十年以下有期徒刑。

（4）《法官法》

第四十六条　法官有下列行为之一的，应当给予处分；构成犯罪的，依法追究刑事责任：

（一）贪污受贿、徇私舞弊、枉法裁判的；

（二）隐瞒、伪造、变造、故意损毁证据、案件材料的；

（三）泄露国家秘密、审判工作秘密、商业秘密或者个人隐私的；

（四）故意违反法律法规办理案件的；

（五）因重大过失导致裁判结果错误并造成严重后果的；

（六）拖延办案，贻误工作的；

（七）利用职权为自己或者他人谋取私利的；

（八）接受当事人及其代理人利益输送，或者违反有关规定会见当事人及其代理人的；

（九）违反有关规定从事或者参与营利性活动，在企业或者其他营利性组织中兼任职务的；

（十）有其他违纪违法行为的。

法官的处分按照有关规定办理。

（5）最高人民法院《关于民事诉讼证据的若干规定》

第二十四条　人民法院调查收集可能需要鉴定的证据，应当遵守相关技术规范，确保证据不被污染。

第三十二条　人民法院准许鉴定申请的，应当组织双方当事人协商确定具备相应资格的鉴定人。当事人协商不成的，由人民法院指定。

人民法院依职权委托鉴定的，可以在询问当事人的意见后，指定具备相应资格的鉴定人。

人民法院在确定鉴定人后应当出具委托书，委托书中应当载明鉴定事项、鉴定范围、鉴定目的和鉴定期限。

第三十三条　鉴定开始之前，人民法院应当要求鉴定人签署承诺书。承诺书中应当载明鉴定人保证客观、公正、诚实地进行鉴定，保证出庭作证，如作虚假鉴定应当承担法律责任等内容。

鉴定人故意作虚假鉴定的，人民法院应当责令其退还鉴定费用，并根据情节，依照民事诉讼法第一百一十一条①的规定进行处罚。

第三十四条　人民法院应当组织当事人对鉴定材料进行质证。未经质证的材料，不得作为鉴定的根据。

经人民法院准许，鉴定人可以调取证据、勘验物证和现场、询问当事人或者证人。

第三十五条　鉴定人应当在人民法院确定的期限内完成鉴定，并提交鉴定书。

鉴定人无正当理由未按期提交鉴定书的，当事人可以申请人民法院另行委托鉴定

---

①　现变更为《民事诉讼法》（2023 修正）第一百一十四条。

人进行鉴定。人民法院准许的，原鉴定人已经收取的鉴定费用应当退还；拒不退还的，依照本规定第八十一条第二款的规定处理。

第三十六条　人民法院对鉴定人出具的鉴定书，应当审查是否具有下列内容：

（一）委托法院的名称；

（二）委托鉴定的内容、要求；

（三）鉴定材料；

（四）鉴定所依据的原理、方法；

（五）对鉴定过程的说明；

（六）鉴定意见；

（七）承诺书。

鉴定书应当由鉴定人签名或者盖章，并附鉴定人的相应资格证明。委托机构鉴定的，鉴定书应当由鉴定机构盖章，并由从事鉴定的人员签名。

第三十七条　人民法院收到鉴定书后，应当及时将副本送交当事人。

当事人对鉴定书的内容有异议的，应当在人民法院指定期间内以书面方式提出。

对于当事人的异议，人民法院应当要求鉴定人作出解释、说明或者补充。人民法院认为有必要的，可以要求鉴定人对当事人未提出异议的内容进行解释、说明或者补充。

第三十八条　当事人在收到鉴定人的书面答复后仍有异议的，人民法院应当根据《诉讼费用交纳办法》第十一条的规定，通知有异议的当事人预交鉴定人出庭费用，并通知鉴定人出庭。有异议的当事人不预交鉴定人出庭费用的，视为放弃异议。

双方当事人对鉴定意见均有异议的，分摊预交鉴定人出庭费用。

第三十九条　鉴定人出庭费用按照证人出庭作证费用的标准计算，由败诉的当事人负担。因鉴定意见不明确或者有瑕疵需要鉴定人出庭的，出庭费用由其自行负担。

人民法院委托鉴定时已经确定鉴定人出庭费用包含在鉴定费用中的，不再通知当事人预交。

第四十条　当事人申请重新鉴定，存在下列情形之一的，人民法院应当准许：

（一）鉴定人不具备相应资格的；

（二）鉴定程序严重违法的；

（三）鉴定意见明显依据不足的；

（四）鉴定意见不能作为证据使用的其他情形。

存在前款第一项至第三项情形的，鉴定人已经收取的鉴定费用应当退还。拒不退还的，依照本规定第八十一条第二款的规定处理。

对鉴定意见的瑕疵，可以通过补正、补充鉴定或者补充质证、重新质证等方法解决的，人民法院不予准许重新鉴定的申请。

重新鉴定的，原鉴定意见不得作为认定案件事实的根据。

第四十一条　对于一方当事人就专门性问题自行委托有关机构或者人员出具的意见，另一方当事人有证据或者理由足以反驳并申请鉴定的，人民法院应予准许。

第四十二条　鉴定意见被采信后，鉴定人无正当理由撤销鉴定意见的，人民法院应当责令其退还鉴定费用，并可以根据情节，依照民事诉讼法第一百一十一条[①]的规定对鉴定人进行处罚。当事人主张鉴定人负担由此增加的合理费用的，人民法院应予支持。

人民法院采信鉴定意见后准许鉴定人撤销的，应当责令其退还鉴定费用。

第七十九条　鉴定人依照民事诉讼法第七十八条[②]的规定出庭作证的，人民法院应当在开庭审理三日前将出庭的时间、地点及要求通知鉴定人。

委托机构鉴定的，应当由从事鉴定的人员代表机构出庭。

第八十条　鉴定人应当就鉴定事项如实答复当事人的异议和审判人员的询问。当庭答复确有困难的，经人民法院准许，可以在庭审结束后书面答复。

人民法院应当及时将书面答复送交当事人，并听取当事人的意见。必要时，可以再次组织质证。

第八十一条　鉴定人拒不出庭作证的，鉴定意见不得作为认定案件事实的根据。人民法院应当建议有关主管部门或者组织对拒不出庭作证的鉴定人予以处罚。

当事人要求退还鉴定费用的，人民法院应当在三日内作出裁定，责令鉴定人退还；拒不退还的，由人民法院依法执行。

当事人因鉴定人拒不出庭作证申请重新鉴定的，人民法院应当准许。

(6)《人民法院对外委托司法鉴定管理规定》

第三条　人民法院司法鉴定机构建立社会鉴定机构和鉴定人（以下简称鉴定人）名册，根据鉴定对象对专业技术的要求，随机选择和委托鉴定人进行司法鉴定。

第十条　人民法院司法鉴定机构依据尊重当事人选择和人民法院指定相结合的原则，组织诉讼双方当事人进行司法鉴定的对外委托。

诉讼双方当事人协商不一致的，由人民法院司法鉴定机构在列入名册的、符合鉴定要求的鉴定人中，选择受委托人鉴定。

第十二条　遇有鉴定人应当回避等情形时，有关人民法院司法鉴定机构应当重新选择鉴定人。

---

① 现变更为《民事诉讼法》（2023修正）第一百一十四条。

② 现变更为《民事诉讼法》（2023修正）第八十一条。

第十三条 人民法院司法鉴定机构对外委托鉴定的,应当指派专人负责协调,主动了解鉴定的有关情况,及时处理可能影响鉴定的问题。

第十四条 接受委托的鉴定人认为需要补充鉴定材料时,如果由申请鉴定的当事人提供确有困难的,可以向有关人民法院司法鉴定机构提出请求,由人民法院决定依据职权采集鉴定材料。

第十五条 鉴定人应当依法履行出庭接受质询的义务。人民法院司法鉴定机构应当协调鉴定人做好出庭工作。

(7)《人民法院审判人员违法审判责任追究办法》

第九条 依职权应当对影响案件主要事实认定的证据进行鉴定、勘验、查询、核对,或者应当采取证据保全措施而故意不进行,导致裁判错误的。

(8)《人民法院工作人员处分条例》

第三十五条 依照规定应当采取鉴定、勘验、证据保全等措施而故意不采取,造成不良后果的,给予警告、记过或者记大过处分;情节较重的,给予降级或者撤职处分;情节严重的,给予开除处分。

第三十六条 依照规定应当采取财产保全措施或者执行措施而故意不采取,或者依法应当委托有关机构审计、鉴定、评估、拍卖而故意不委托,造成不良后果的,给予警告、记过或者记大过处分;情节较重的,给予降级或者撤职处分;情节严重的,给予开除处分。

第三十八条 故意违反规定选定审计、鉴定、评估、拍卖等中介机构,或者串通、指使相关中介机构在审计、鉴定、评估、拍卖等活动中徇私舞弊、弄虚作假的,给予警告、记过或者记大过处分;情节较重的,给予降级或者撤职处分;情节严重的,给予开除处分。

3. 相关案例

案例 2-24 曹某犯玩忽职守罪一审刑事判决①

原案案情

(1)原案诉讼情况

被告人曹某,为秦皇岛市某区法院副庭长。因建设施工合同纠纷一案,原告秦皇岛市某三建公司(以下简称某三建公司)于 2004 年 2 月 6 日向某区法院提起民事诉讼,请求判令被告秦皇岛市某房地产开发有限公司(以下简称某房地产有限公司)支付附属工程工程款 18 万元。同日,某区法院受理并立案,指定时任民二庭法官的曹某主审。2 月 16 日,原告增加诉讼请求,请求法院判令被告另行支付拖欠的工程款 90

① 参见河北省秦皇岛市北戴河区人民法院刑事判决书,(2014)北刑初字第 51 号。

万元。

2004年3月12日,曹某适用简易程序独任审理了此案。在庭审中,原、被告分别提交了施工合同、补充合同、《工程决算单》等证据,双方均认可2003年12月24日双方签订的工程造价为670万元的《工程结算单》,但对工程决算数额是否包含附属工程产生分歧。原告方认为不包含附属工程,被告方认为已包含附属工程。

在本次庭审结束前,曹某作为主办法官告知原、被告双方到庭的诉讼参加人,依据原告方申请,某区法院将委托某涉案物品评估部门进行价格评估,从即日起该案中止审理,待鉴定后再进行审理。对此,曹某征询双方意见,原告方委托代理人表示同意,被告方委托代理人以已有双方认可的工程决算书,原告不能提供足以推翻信东公司造价鉴定的证据为由,明确表示不同意重新评估。

2004年3月20日,曹某以某区法院的名义,委托某物价局价格认证中心(以下简称海港区认证中心)对涉案工程款进行鉴定。其间,曹某未通知某房地产有限公司提交鉴定资料并向海港区认证中心移交了某三建公司提供的未经双方当事人质证的证据。海港区认证中心受理委托后,指定价格鉴证员刘某某、王某某进行价格鉴证,但因该中心无具有工程造价资质的工作人员,遂口头聘请造价员白某(非认证中心工作人员)进行工程造价鉴定。白某根据海港区认证中心提供的工程资料,依照1998年河北省建筑工程预算定额计算出数据。刘某某、王某某核对数据后,海港区认证中心于2004年4月28日向某区法院出具了秦海价认字(2004)110号《秦皇岛市海港区涉案资产价格鉴定结论书》,鉴定标的物价格为717.2万元。鉴定结论①报告书中未署白某姓名,原、被告及主审法官均不知实际鉴定人是白某。

白某在计算数据的过程中,未与双方当事人和主审法官曹某接触,也未向他们核对鉴定资料。鉴定过程中,法官、海港区认证中心和鉴定人均未通知双方当事人到现场勘查、核对工程量。

某房地产有限公司在收到鉴定结论书后,于2004年6月7日提出异议,并申请重新或者补充鉴定,同时向曹某提交了169项异议资料复印件。后曹某主持双方当事人对某房地产有限公司提交的异议资料进行核对,经双方核对后,曹某将其中没有异议的25项工程资料复印件送交海港区认证中心进行补充鉴定。海港区认证中心于2004年8月17日出具了补充鉴定结论书,鉴定标的的价格为705.8万元。

2004年4月30日,因案情复杂,经曹某申请,某区法院将该案由简易程序转为普通程序审理。9月2日,某区法院由庭长马某某任审判长,主审曹某、审判员张某组成合议庭,第二次开庭审理了该案,庭审中,合议庭当庭出示海港区认证中心作出的补充

---

① 根据该案当时适用的《民事诉讼法》(2007修正)第六十三条规定,鉴定结论是证据的一种。下同。

鉴定结论书,原告方发表了对核减部分及评估均无异议的质证意见;被告方的质证意见为,海港区价格认证中心未向被告方调取材料、查阅双方备案的施工记录,也未到现场核实,因此海港区认证中心作出的鉴定及补充鉴定是评估而非鉴定,不具有证据的客观性、关联性,不能作为证据使用。

2004 年 11 月 23 日,案件转交民一庭法官陈某某审理,曹某向民一庭工作人员移交了案卷,但未随案移交某房地产有限公司提交的、未送交补充鉴定的 144 项鉴定异议证据材料复印件。

2004 年 12 月 21 日上午 9 时,由李某某、鹿某某和陈某某另行组成合议庭公开开庭审理此案。庭审结束后的当天下午,某房地产有限公司法定代表人高某甲的儿子高某乙到某区法院找到曹某,后曹某拿着鉴定异议材料复印件与高某乙一同找到陈某某,欲将被告方提交的鉴定异议材料复印件移交给陈某某,但陈某某称有鉴定报告即可,未接收,曹某又将鉴定异议材料复印件带回自行保存。

2005 年 1 月 18 日,某区法院作出(2004)海民初字第 400 号民事判决(陈某某主审,李某某、鹿某某为合议庭成员),判决某房地产有限公司给付某三建公司总工程款 705.8 万元的余额 1,046,260 元。2005 年 1 月 31 日,某房地产有限公司向秦皇岛市中院提出上诉。2005 年 5 月 30 日,秦皇岛市中级人民法院以(2005)秦民终字第 503 号民事判决书作出终审判决:驳回上诉,维持原判。判决生效后,河北省人民检察院向河北省高级人民法院提出抗诉,河北省高级人民法院于 2006 年 4 月 3 日,向秦皇岛市中院发出《抗诉案件转办函》,指定秦皇岛市中院再审。4 月 7 日,秦皇岛市中院以(2006)秦民监字第 9 号民事裁定书裁定:另行组成合议庭进行再审;再审期间,中止原判决的执行。再审期间由曾某某、贾某、张某某组成合议庭审理。2006 年 9 月 11 日,秦皇岛市中院作出了(2006)秦民再终字第 30 号民事判决:维持(2005)秦民终字第 503 号民事判决。曾某某、贾某于 2006 年 10 月 25 日、10 月 30 日分别找到曹某和陈某某、金某某谈话,并制作谈话笔录,主要内容为,曹某承认这些材料还在他手中,但向陈某某移交时,陈某某表示有报告就行了,所以没有接收;而陈某某和金某某都说曾某某、贾某找他们之前,从来没看过这些材料,即曹某未移交,并说明某房地产有限公司开庭时未提出这些异议。曹某与陈某某、金某某各执一词。2006 年 10 月 25 日,被告人曹某将某房地产有限公司提交的有关鉴定方面的证据材料复印件交给秦皇岛市中院审监庭法官贾某。

再审判决后,某房地产有限公司不服,于 2007 年 3 月申请河北省高院再审。2008 年 1 月 7 日,河北省高院以(2008)冀民再终字第 8 号民事裁定书裁定:原判决认定事实不清,撤销(2004)海民初字第 400 号民事判决、秦民终字第 503 号民事判决和(2006)秦民再终字第 30 号民事判决,发回某区法院重审。某区法院再审期间,经原审被告申请,法院委托河北正祥工程造价咨询有限公司(以下简称正祥公司)对原告所承建工程进行了重新鉴定,并于2011年6月22日作出(2008)海经再字第2号民事判决:原审被告某房地产有限公司应给付原审原告某三建公司工程款205,282.52元。

判决后,某三建公司以正祥公司已被河北省高级人民法院取消了涉案鉴定的资格,其所出具的鉴定结论不能作为定案依据等理由提出上诉,秦皇岛市中院以原一审原、被告于2003年12月24日所做的工程决算单为依据,于2012年2月16日作出(2011)秦民再终字第89号民事判决:撤销某区法院(2008)海经再字第2号民事判决,某房地产有限公司再给付某三建公司工程差额款90万元。

某房地产有限公司再次申请河北省高院再审。河北省高院认为,正祥公司所做鉴定程序合法,内容公正,结论客观,某区法院再审以此作为定案依据是正确的,于2013年12月23日作出(2013)冀民再终字第58号民事判决:撤销秦皇岛市中院(2011)秦民再终字第89号民事判决,维持某区法院(2008)海经再字第2号民事判决。

经查,原、被告于2003年12月24日签订的工程决算单是根据信东公司的造价结论签订的,内容为,红旗路中段邵岭村南商住楼工程决算总造价为670万元,甲方(某房地产有限公司)已支付乙方(某三建公司)材料工程款530万元,欠工程款140万元。决算单一式二份,甲、乙双方签字盖章生效。

(2)原案执行情况

2005年10月25日,某三建公司向某区法院递交书面申请,要求将某房地产有限公司红旗路198号房屋拍卖。11月4日,某区法院委托认证中心对该门市房的价格进行鉴证。11月15日,认证中心出具秦海价认字(2005)203号《关于红旗路198号门市房的价格鉴证结论书》,估价1,533,100元。

某区法院将红旗路198号门市房查封,后委托秦皇岛经纶拍卖有限公司对该门市房进行拍卖,该公司于2006年10月30日与竞买人签订《拍卖成交合同》,成交价格为1,491,187.5元。2006年11月28日,某区法院以(2005)海执字第904号民事裁定书裁定,将红旗路198号门市房以1,491,187.5元的价格拍卖给竞买人。12月4日,某区法院向市房管局下达(2005)秦法海执字第904号《协助执行通知书》,要求将该门市房解除查封,并确权给竞买人。房产管理部门依据协助执行通知为竞买人办理了产权登记。

(3)某房地产有限公司损失情况

经秦皇岛正源资产评估有限公司评估,红旗路198号门市房2004年2月25日至2014年4月23日租金收入为1,117,948元,2014年4月23日房地产评估值为4,914,954元。

本案公诉机关认为,被告人曹某在办理某三建公司诉某房地产有限公司建设施工

合同纠纷一案中,存在以下违法、违规行为:

一是鉴定机构未经双方当事人协商,直接以人民法院的名义指定。最高人民法院《关于民事诉讼证据的若干规定》(以下简称《证据规定》)第二十六条[①]规定:"当事人申请鉴定经人民法院同意后,由双方当事人协商确定有鉴定资格的鉴定机构、鉴定人员,协商不成的,由人民法院指定。"《人民法院对外委托司法鉴定管理规定》第十条规定:"人民法院司法鉴定机构依据尊重当事人选择和人民法院指定相结合的原则,组织诉讼双方当事人进行司法鉴定的对外委托。诉讼双方当事人协商不一致的,由人民法院司法鉴定机构在列入名册的、符合要求的鉴定人中,选择受委托人鉴定。"

二是没有通知被告提交鉴定材料,且未组织双方当事人对提交鉴定的材料进行质证。根据《证据规定》第四十七条[②]关于证据的规定,证据应当在法庭上出示由当事人质证,未经质证的证据,不能作为认定案件事实的依据。

三是未审核鉴定机构、鉴定人员的鉴定资质。《证据规定》第二十九条[③]规定:"审判人员对鉴定人出具的鉴定书,应当审查是否具有下列内容:……(六)对鉴定人鉴定资格的说明……"

四是被告人曹某与高某乙一起移交异议材料,陈某某未接收,曹某没有采取补救措施。虽未找到相应法律、法规规定,但作为司法人员,自身有维护司法公正的职责,遇有可能影响审判公正的事项,自身无法解决的理应逐级上报,不需要规定。

五是通过审查,原、被告双方提交的证据足以认定信东公司出具的造价结论已在工程造价站备案,依据该公司的造价结论签订的670万元的工程结算单,是对包括附属工程在内的整体工程进行的决算,应作为当事人结算的依据。但曹某未当庭予以认定,而是仅依据原告单方的申请,并在被告明确表示反对的情况下,又决定委托鉴定。

综上,被告人曹某身为国家机关工作人员,玩忽职守,致使人民利益遭受重大损失,触犯了《刑法》第三百九十七条的规定,应以玩忽职守罪追究其刑事责任。

本案审理法院认为,玩忽职守罪是指国家机关工作人员严重不负责任,不履行或者不认真履行职责,致使公共财产、国家和人民利益遭受重大损失的行为。

本案争议的焦点为:①被告人曹某有无严重不负责任,不履行或不正确履行职责

---

① 现变更为最高人民法院《关于民事诉讼证据的若干规定》第三十二条第一款:"人民法院准许鉴定申请的,应当组织双方当事人协商确定具备相应资格的鉴定人。当事人协商不成的,由人民法院指定。"

② 现变更为最高人民法院《关于民事诉讼证据的若干规定》第三十四条第一款:"人民法院应当组织当事人对鉴定材料进行质证。未经质证的材料,不得作为鉴定的根据。"

③ 现变更为最高人民法院《关于民事诉讼证据的若干规定》第三十六条:"人民法院对鉴定人出具的鉴定书,应当审查是否具有下列内容:(一)委托法院的名称;(二)委托鉴定的内容、要求;(三)鉴定材料;(四)鉴定所依据的原理、方法;(五)对鉴定过程的说明;(六)鉴定意见;(七)承诺书。鉴定书应当由鉴定人签名或者盖章,并附鉴定人的相应资格证明。委托机构鉴定的,鉴定书应当由鉴定机构盖章,并由从事鉴定的人员签名。"

的行为;②被告人曹某的行为与公诉机关指控的某房地产有限公司所有的红旗路198号门市房损失总计5,213,300.98元有无法律上的因果关系。

根据查明事实,法院认为,被告人曹某作为原告某三建公司与被告某房地产有限公司建设施工合同纠纷案的主办人,在案件审理过程中虽然存在委托鉴定之前未组织双方对鉴定资料进行质证、未严格按照最高人民法院《关于民事诉讼证据的若干规定》委托鉴定和审查鉴定人员资格,以及在案件由他人承办后未及时将被告提交的异议资料复印件转交下一承办人等工作瑕疵。但被告人曹某并未参与某区法院对该案一审程序实体处理的合议及判决,而且该案经过二审法院审理后才发生法律效力。被告人曹某存在上述瑕疵行为时,该案一审审理程序尚未结束,继任主审法官仍须对整个案件事实进行调查审理,且某房地产有限公司向被告人曹某提交的是鉴定异议证据材料复印件,其原件仍保留在某房地产有限公司处,被告人曹某上述瑕疵行为,均不会影响继任合议庭及二审法院对该案的全面审理与认定以及某房地产有限公司依法行使其再提交鉴定异议证据材料等诉讼权利。故被告人曹某审理该案的上述瑕疵行为,与原审的判决结果间没有法律上的因果关系,对被告人曹某及其辩护人提出的被告人曹某的行为与公诉机关指控的某房地产有限公司500余万元的损失之间没有法律上因果关系的辩护意见,予以采纳。公诉机关指控被告人曹某犯有玩忽职守罪,证据不足,不能成立。依照2012年《刑事诉讼法》第一百九十五条①第三项之规定,经审判委员会讨论并作出决定,判决:被告人曹某无罪。

4. 法律评析

虽然本案最终以法院判决曹某无罪告终,但本案的审理过程可谓一波三折。曹某身为某区法院的副庭长,因为在鉴定程序中的一系列疏忽行为而被公诉机关指控,虽然最终被法院宣判无罪,但恐怕其政治生命已告终结,也难以胜任法官,其境遇不得不令人唏嘘。

曹某的案件也给广大裁判者敲响了警钟。一方面,委托人漠视规则开展鉴定程序,可能会给其带来极为严重的法律后果,甚至会被追究刑事责任;另一方面,即使未追及自身的责任,也可能导致当事人的案件难以得到公平处理,不仅浪费司法资源,还将损害国家的司法权威和鉴定制度的公信力。

---

① 现变更为《刑事诉讼法》(2018修正)第二百条。

2 基础篇

第三章

工程造价管理概述

一、工程造价管理相关概念

准确理解工程造价管理的相关概念是做好工程造价管理的基础，工程造价管理领域的很多问题存在争论，有的甚至发展成建设工程纠纷。实践中，部分案件往往是由于当事人对工程造价管理相关概念的认识、工程造价费用构成的认识不同。

（一）工程造价

《工程造价术语标准》（GB /T 50875—2013）中对工程造价的定义是：工程项目在建设期预计或实际支出的建设费用。

工程造价的定义包括四层含义。

（1）工程造价的管理对象是工程项目，该工程项目可以是建设项目，其工程造价的具体指向是建设投资或固定资产投资；也可以是单项工程、单位工程、分部工程或分项工程，其工程造价的具体指向是这部分工程的建设或建造费用。

（2）工程造价的费用计算范围是建设期费用，是指工程项目从投资决策到竣工投产这一工程建设时段所发生的费用。

（3）工程造价在工程交易或工程发承包前均是预期支出的费用，包括投资决策阶段的投资估算，设计阶段的设计概算、施工图预算，发承包阶段的最高投标限价，这些均是估价，是预期费用。在工程交易以后则为实际核定的费用，包括工程交易时的合同价，施工阶段的工程结算，竣工阶段的竣工决算。工程交易阶段通过发承包双方博弈最终由市场形成工程价格，并以建设工程合同的形式载明合同价及其调整原则与方式，施工阶段的费用调整一般要依据合同做出。

（4）工程造价最终反映的是工程所需的建设费用或建造费用，不包括生产运营期的维护改造等各项费用，也不包括流动资金。

(二)工程造价构成

1. 建设项目总投资与工程造价

工程造价是建设项目总投资的重要组成。为了宏观管理或整个建设项目的管理需要,一般以建设项目总投资、固定资产投资等反映国家基本建设投资情况,建设项目总投资是为完成工程项目建设并达到使用要求或生产条件,在建设期内预计或实际投入的全部费用总和。生产性建设项目总投资包括固定资产投资和流动资产投资两部分组成。非生产性建设项目总投资一般不需要流动资金。我国现行建设项目总投资构成如图3-1所示。

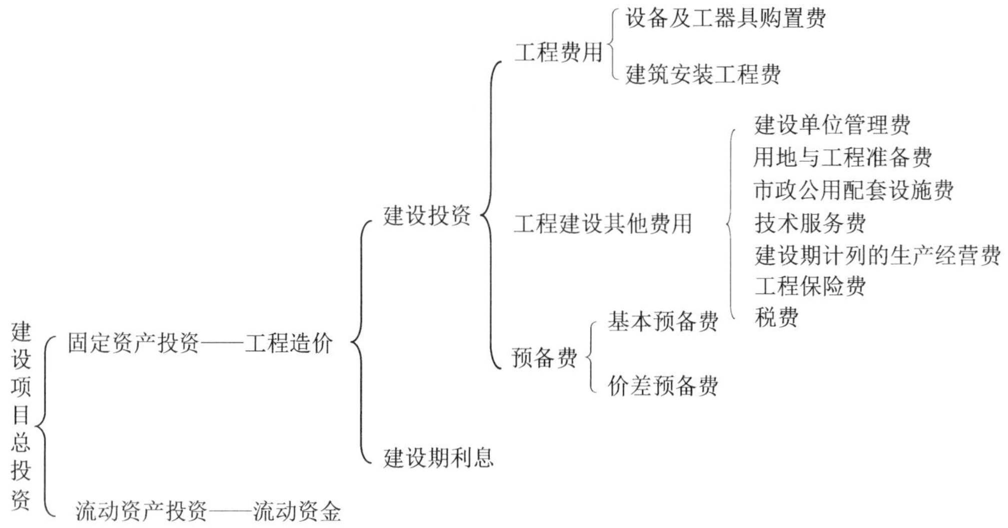

图3-1　我国现行建设项目总投资构成

工程造价包括建设投资和建设期利息两个部分。建设投资是为完成工程项目建设,在建设期内投入且形成现金流出的全部费用。一般包括工程费用、工程建设其他费和预备费三部分。建设期利息主要是指在建设期内发生的债务资金利息,以及为工程项目筹措资金所发生的融资性费用,因建设期利息不仅指债务资金的利息,还包括担保费、融资手续费等融资性费用,所以又称为建设期资金筹措费用。

2. 工程费用

工程费用是指建设期内直接用于工程建造、设备购置及其安装的建设投资,包括建筑工程费、安装工程费和设备及工器具购置费。

(1)建筑安装工程费

建筑工程费是指为完成建筑物和构筑物的建造所需要的费用。安装工程费是指为完成工程项目的设备及其配套工程的安装、组装所需要的费用。建筑工程费和安装工程费在费用构成上基本一致,且建筑工程和安装工程一般会同时发包给施工单位,两种工程产生的费用称为建筑安装工程费。根据住房和城乡建设部、财政部颁布的《关于印发〈建筑安装工程费用项目组成〉的通知》(建标〔2013〕44 号)规定,我国现行建筑安装工程费用项目按两种不同的方式划分,即按费用构成要素划分和按造价形成划分,其具体构成如图 3 –2 所示。

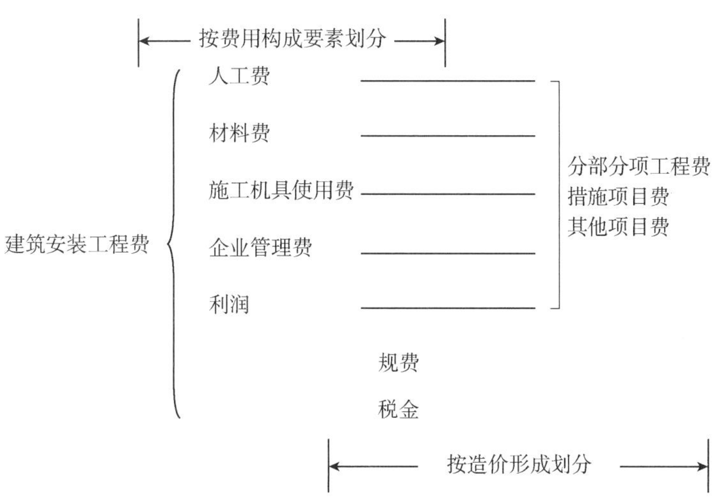

图 3 –2 建筑安装工程费用项目构成

按费用构成要素划分,建筑安装工程费用由人工费、材料费、施工机具使用费、企业管理费、利润、规费和税金组成。

①人工费:是指按工资总额构成规定,支付给从事建筑安装工程施工的生产工人和附属生产单位工人的各项费用。

②材料费:是指施工过程中耗费的原材料、辅助材料、构配件、零件、半成品或成品、工程设备的费用。

③施工机具使用费:是指施工作业所发生的施工机械、仪器仪表使用费或其租赁费。

④企业管理费:是指施工企业组织施工生产和经营管理所需的费用。内容包括:管理人员工资、办公费、差旅交通费、固定资产使用费、工具用具使用费、劳动保险和职工福利费、劳动保护费、检验试验费、工会经费、职工教育经费、财产保险费、财务费、税金,以及其他管理性的费用。

⑤利润:是指施工企业从事建筑安装工程施工所获得的盈利。

⑥规费:是指按国家法律、法规规定,由省级政府和省级有关权力部门规定施工单位必须缴纳或计取的费用。包括社会保险费、住房公积金、工程排污费。

⑦税金:是指施工企业所要缴纳的增值税。

按照工程造价标准划分,建筑安装工程费用由分部分项工程费、措施项目费、其他项目费、规费、税金组成。分部分项工程费、措施项目费、其他项目费包含人工费、材料费、施工机具使用费、企业管理费和利润。

①分部分项工程费:是指各专业工程的分部分项工程应予列支的各项费用。

②措施项目费:是指为完成建设工程施工,发生于该工程施工前和施工过程中的技术、生活、安全、环境保护等方面的费用。内容包括:安全文明施工费、夜间施工增加费、二次搬运费、冬雨季施工增加费、已完工程及设备保护费、工程定位复测费、特殊地区施工增加费、大型机械设备进出场及安拆费、脚手架工程费和其他措施项目费等。

③其他项目费:是指除分部分项工程费和措施项目费之外的其他工程费用,包括暂列金额、暂估价、计日工费用和总承包服务费等。其中,暂列金额是指建设单位在工程量清单中暂定并包括在工程合同价款中的一笔款项,用于施工合同签订时尚未确定或者不可预见的所需材料、工程设备、服务的采购以及施工中可能发生的工程变更、合同约定调整因素出现时的工程价款调整以及发生的索赔、现场签证确认等的费用;暂估价是指招标人在工程量清单中提供的用于支付必然发生但暂时不能确定价格的材料、工程设备的单价以及专业工程的金额;计日工费是指在施工过程中,施工企业完成建设单位提出的施工图纸以外的零星项目或工作所需的费用;总承包服务费是指总承包人为配合、协调建设单位进行的专业工程发包,对建设单位自行采购的材料、工程设备等进行保管以及提供施工现场管理、竣工资料汇总整理等服务所需的费用。

(2)设备及工器具购置费

设备及工器具购置费用由设备购置费和工具、器具及生产家具购置费组成。设备购置费是指购置或自制的达到固定资产标准的设备、工器具及生产家具等所需的费用。其中,设备包括构成固定资产的机械和电气设备、仪器、仪表、车辆、通信设备等;达到固定资产标准的工具、器具、用具的购置费用也计入设备购置费。工具、器具及生产家具购置费是指新建或扩建项目初步设计规定的,保证初期正常生产必须购置的没有达到固定资产标准的设备、仪器、工卡模具、器具、生产家具和备品备件等的购置费用。

3. 工程建设其他费用

工程建设其他费用是指建设期内预计或实际发生的与土地使用权取得、全部工程项目建设以及与未来生产经营有关的,除工程费用、预备费、增值税、建设期融资费用、流动资金以外的费用。工程建设其他费用主要包括建设单位管理费、用地与工程准备费、市政公用配套设施费、技术服务费、建设期计列的生产经营费、工程保险费和税费等。

(1)建设单位管理费:是指项目建设单位为组织完成工程项目建设从项目筹建之日起至办理竣工财务决算之日止发生的管理性质的支出。

(2)用地与工程准备费:是指取得土地与为工程建设施工做准备所发生的费用。包括土地使用费和补偿费 、场地准备费、临时设施费等。

(3)市政公用配套设施费:是指使用市政公用配套设施的工程项目,按照项目所在地政府有关规定建设市政公用设施或缴纳的市政公用设施建设的配套费用。

(4)技术服务费:是指在项目建设全部过程中委托第三方提供项目策划、技术咨询、勘察设计、项目管理和跟踪验收评估等技术服务发生的费用。技术服务费包括可行性研究费、专项评价费、勘察设计费、监理费、研究试验费、特殊设备安全监督检验费、监造费、招标费、设计评审费、技术经济标准使用费、工程造价咨询费及其他咨询费。

(5)建设期计列的生产经营费:是指为达到生产经营条件在建设期发生或将要发生的费用。包括专利及专有技术使用费、联合试运转费、生产准备费等。

(6)工程保险费:是指为转移工程项目建设的意外风险,在建设期内对建筑工程、安装工程、机械设备和人身安全进行投保而发生的费用。包括建筑安装工程一切险、引进设备财产保险和人身意外伤害险等。

(7)税费:是指在建设期建设单位向政府缴纳的税金和行政事业性收费,包括土地使用税、耕地占用税、契税、车船税、印花税等。

4. 预备费

预备费是指在建设期内因各种不可预见因素的变化而预留的可能增加的费用,包括基本预备费和价差预备费。

(1)基本预备费:是指投资估算或工程概算阶段预留的,由于工程实施中不可预见的工程变更及洽商、一般自然灾害处理、地下障碍物处理、超规超限设备运输等而可能增加的费用。

(2)价差预备费:是指为在建设期内利率、汇率或价格等因素的变化而预留的可能增加的费用。价差预备费应考虑人工、设备、材料、施工机具的价格因素变化可能引起的工程费用的调整,以及因利率、汇率因素变化可能引起的相关费用调整。

(三)工程计量

1. 工程计量的概念与含义

工程计量即计算工程量,是指依据设计文件,按照标准规定的相关工程的工程量计算规则对工程数量进行计算的活动。

工程计量是造价工程师在工程计价活动中的重点工作之一，目的是测算出工程的数量。工程计量实质上包括两个方面，一般是用于工程交易，以及确定工程造价所需要的工程的工作量，即依据工程量清单计价规范和工程量计算规范、估算指标、概算定额、预算定额等方面的规定进行计算的单项工程、单位工程、分部分项工程的工程量。另外，也可以从工程成本、工程施工组织和成本管理角度计算人工、材料、施工机械等要素消耗量，该消耗量一般要依据施工定额或预算定额等进行计算。准确的工程计量是工程计价的基础，也是对工程进行精细管理、科学管理的需要。

2. 工程量清单的概念与含义

工程量清单是指建设工程中载明项目名称、项目特征计量单位、和工程数量等的明细清单（表）。

工程量清单是工程交易内容的表现形式，或者说是工程采购的明细单（表），发包人一般在招标文件中明示，投标人以此来进行投标报价，并最终作为建设工程施工合同的组成部分。全面、准确的工程量清单，便于工程交易、方便准确确定合同价格、避免工程造价纠纷。工程量清单项目划分的粗细要与设计深度保持一致，并应始终关注工程量较大或价值较高项目的准确工程计量。因此，在工程量清单项目分解上，对于价值不高的项目可以分解到单位工程，甚至是单项工程，对于价值较大的项目要分解到分部工程或分项工程（通称为分部分项工程）。

在工程量清单计价模式下，工程计量分为单价合同计量和总价合同计量。

（1）单价合同的工程量必须以承包人完成合同工程应予计量的工程量确定，对于承包人造成的超出合同工程范围施工或返工的工程量，发包人不予计量。施工中进行工程计量，当发现招标工程量清单中出现缺项、工程量偏差，或因工程变更引起工程量增减时，应按承包人在履行合同义务中完成的工程量计算。

（2）总价合同的工程量。采用工程量清单方式招标形成的总价合同，其工程量应按照与单价合同相同的规定计算；采用经审定批准的施工图纸及其预算方式发包形成的总价合同，除按照工程变更规定的工程量增减外，总价合同各项目的工程量应为承包人用于结算的最终工程量。

（四）工程计价

1. 工程计价的概念

工程计价是指按照法律法规和标准规定的程序、方法和依据，对工程项目实施建设的各个阶段的工程造价及其构成内容进行预测和确定的行为。

工程计价是工程价值的货币表现形式，在市场经济体制下，它是工程建设各方关注的核心,因此,对工程计价要有严格的要求。工程计价具体含义包括以下几方面。

(1)要按照法律法规和标准规定的程序、方法和依据,方法要合乎法律、法规和标准的要求,即程序正确、方法正确、依据正确。这里的工程计价依据,一般是指在工程计价活动中,所要依据的与工程计价内容、工程计价方法和要素价格相关的工程计量计价标准、工程计价定额及工程计价信息等,广义的工程计价依据还包括工程的设计文件、施工组织设计等。

(2)要对各阶段工程造价及其构成进行计算,各个阶段是指工程计价要随设计深度的不同进行多次工程计价,如方案设计阶段进行投资估算,初步设计阶段进行设计概算,招投标时要编制最高投标限价、投标报价,并以中标价确定合同价,工程完工后还要进行工程结算等,工程计价时不仅要计算出工程的总价,还要按相关标准的要求表现出工程造价的费用构成,即各单项工程、单位工程的费用组成,以及单价的组成。

(3)工程计价定义中的预测和确定与工程造价的预计和实际的含义是一致的,即包括预测和确定的价格。工程交易合同签订前的估算、概算都是预测价格,其后均要依据合同的约定,确定并调整相应的合同价款。

2. 工程计价依据

狭义的工程计价依据是指与计价内容、计价方法、价格标准相关的工程计量计价标准、工程计价定额、工程造价信息等;广义的计价依据还包括与工程计价相关的工程勘察设计文件、合同文件及其实施中的有关资料等。从工程造价管理机构和大多造价工程师的角度看,工程计价依据多理解成狭义的概念。

(1)工程计量计价标准:是指进行工程计价所要依据的计量计价标准,包括建设工程工程量清单计价规范、各专业工程工程量计算规范等。

(2)工程计价定额:是指工程定额中直接用于工程计价的定额或指标,包括预算定额、概算定额、概算指标和投资估算指标等。

(3)工程造价信息:是指为工程计价提供价格依据的有关信息。包括建设工程人工、设备、材料、施工机械价格信息,各类建设工程价格综合指标、单位指标,以及建设工程造价指数等。

3. 工程计价原理

工程计价采用分部组合计价方式计价。工程计价的基本原理可以通过以下公式分别表达。

(1)工程造价总体构成的基本公式

工程造价总体构成的基本公式可以表达为式(3-1):

$$C = X + E + R \tag{3-1}$$

其中：

C 表示工程造价；

X 表示工程费用；

E 表示工程建设其他费用；

R 表示预备费。

（2）工程造价分部构成的基本公式

工程费用是计算建设项目工程造价的基础，也是工程计价最核心的内容。工程费用的计算公式可以表达为式（3－2）：

$$X = \sum_{i=1}^{l} \sum_{j=0}^{m} \sum_{k=0}^{n} Q_{ijk} P_{ijk} + \sum_{r=0}^{v} H_r \qquad (3-2)$$

其中：

Q_{ijk} 表示第 i 个单项工程中第 j 个单位工程中第 k 个分部分项项目的建筑、安装或设备工程量，$i = 1,2,\cdots,l,$；$j = 0,1,2,\cdots,m$；$k = 0,1,2,\cdots,n$；

P_{ijk} 表示综合单价，$i = 1,2,\cdots,l,$；$j = 0,1,2,\cdots,m$；$k = 0,1,2,\cdots,n$；

H_r 表示措施项目费，$r = 0,1,2,\cdots,v$。

该公式明确了工程费用的基本计算原理，建筑工程费、安装工程费，以至于设备购置费均可表现为工程量乘以相应的综合单价。此外，还要计算工程施工中的不构成工程实体和综合使用的措施费。

该公式中，$i = 1,2,\cdots,l$ 表示一个建设项目最少为一个单项工程；$j = 0,1,2,\cdots,m$、$k = 0,1,2,\cdots,n$、$r = 0,1,2,\cdots,v$ 则表示可以是零个或若干个单位工程、分部分项工程、措施项目，零个表示可以直接进行其上一级工程计价并汇总。

措施项目费（H_r）分成三类。第一类是与实体工程量密切相关的项目，如混凝土模板，它随实体工程的工程量的变化而变化，一是可以把它的费用计入实体工程费用，即实体工程综合单价包括其费用；二是单独列项计算其费用。第二类是独立性的措施费，如土方施工需要的护坡工程、降水工程，该类费用应以措施方案的设计文件为依据进行计算。第三类是综合取定的措施项目费，如工程项目整体考虑和使用的安全文明施工费，该类费用一般以人工、材料、机械费用的合价为基数乘以类似工程的费率进行计算。

（3）工程单价的基本公式

根据定额的人工、材料、机械要素消耗量和工程造价管理机构发布的价格信息或市场价格、费用定额等来计算综合单价。综合单价的计算可以用以下公式表示见式（3－3）：

$$P_{ijk} = DP_1 + TP_2 + MP_3 + X + Y \quad (3-3)$$

其中：

D 表示人工消耗量；

T 表示材料消耗量；

M 表示施工机具机械消耗量；

P_1、P_2、P_3 表示人工工日单价、材料单价、施工机具机械台班单价；

X 表示企业管理费；

Y 表示利润。

目前，我国的《2013 版清单计价规范》中的综合单价为不包括规费和税金在内的非完全综合单价。我国的投资估算指标和概算指标一般为完全综合单价。概算定额、预算定额一般为人工、材料、机械组成的工料单价，要在工程量乘工料单价后进行汇总形成工料总价，并以此为基础计算管理费和利润。

4. 工程计价的方法

在工程计价时，传统的工程计价方法根据采用的单价内容和计算程序不同，主要分为项目单价法和实物量法，项目单价法又分为定额计价法（工料单价法）和工程量清单计价法（综合单价法）。

（1）项目单价法

①定额计价法。首先依据相应工程计价定额的工程量计算规则计算项目的工程量，然后依据计价定额的人工、材料、施工机具的要素消耗量和单价计算各个项目的定额单价，用项目的工程量乘以定额单价，然后汇总再计算定额直接费①合价，再按照相应的取费程序计算企业管理费、利润、规费、税金等费用，最后逐级汇总形成工程造价。

②工程量清单计价法。首先依据《2013 版清单计价规范》，以及其相应的工程量计算规范规定的工程量计算规则计算清单工程量，并依据相应的工程计价依据或市场交易价格确定综合单价，然后用工程量乘以综合单价，得到该工程量清单项目的合价，并以该合价或其中的人工费为基础计算应综合计取的措施项目费，以及规费等，最后逐级汇总形成工程造价。工程量清单的综合单价按照单价的构成可分为完全综合单价和非完全综合单价。工程量清单单价法使用的是综合单价，故一般又称综合单价法。

（2）实物量法

实物量法是首先依据相应工程量计算规范规定的工程量计算规则计算实物工程

---

① 住房和城乡建设部、财政部《建筑安装工程费用项目组成》（建标〔2013〕44 号）主要从消耗要素和造价形成两个视角对建筑安装工程费进行了划分。但施工企业基于成本管理的需要，仍按照直接成本和间接成本的方式对建筑安装工程成本进行划分。为兼顾这一情况，本文中仍然保留直接费和间接费这两个概念。直接费包括人工费、材料费、施工机具使用费，间接费包括企业管理费、规费。

量,然后套用相应的实物量消耗定额计算单项工程或整个工程的实物量消耗。再根据当时、当地的人工、材料、施工机械的价格计算工程直接费,在此基础上,通过取费的方式计算企业管理费、利润、规费和税金等费用。当然,使用实物量法也可以将企业管理费、利润、规费、税金等分摊到各个实物工程量子目,以综合单价形式进行表示。

5. 全过程多次性计价

工程项目需要按程序进行策划、设计到建设实施,工程计价也需要在不同阶段多次进行,不断深入与细化,以保证工程计价结果的准确性和工程造价管理的有效性。在建设全过程中,多次进行的工程计价如图3－3所示。

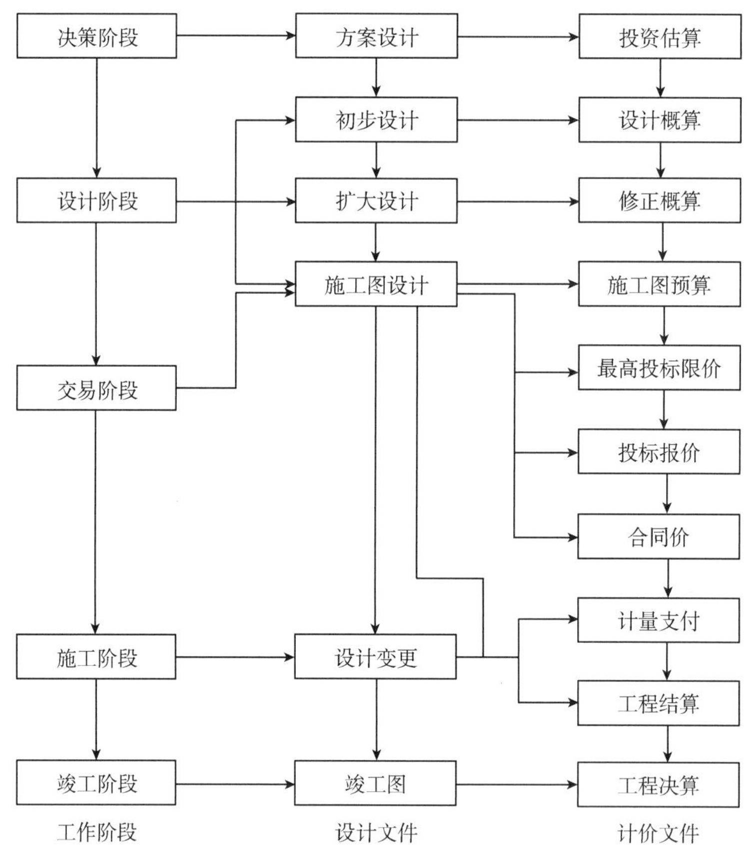

图3－3 工程计价过程的多次性

如图3－3所示,从投资决策到竣工,工程项目要依据不同深度的设计文件,进行多次计价,包括投资估算、设计概算、修正概算、施工图预算、最高投标限价、投标报价、合同价、计量支付、工程结算、工程决算。

(1)投资估算。投资估算一般是指在工程项目建设的投资决策(项目建议书、可行性研究)阶段,依据现有的资料和特定的方法,对建设项目的投资数额进行预测和估计的过程。投资估算书是在建设前期各个阶段工作中，作为论证拟建项目在经济上是否合理的重要文件，是决策、筹资和控制造价的主要依据。

(2)设计概算和修正概算。设计概算是根据初步设计图纸、概算定额规定的工程量计算规则和设计概算编制方法，预先测定工程造价的文件。设计概算文件包括：建设项目总概算、单项工程综合概算和单位工程概算。修正概算是在扩大初步设计阶段对概算进行的修正调整，较设计概算更为准确，但受设计概算控制。

(3)施工图预算。施工图预算一般是指在工程开工前，根据已批准的施工图纸，在施工方案(或施工组织设计)已确定的前提下，按照预算定额规定的工程量计算规则或国家发布的工程量清单计量规则，预先编制的工程造价计价文件。施工图预算造价较概算造价更为详尽和准确，但同样要受前一阶段所确定的概算造价的控制。

(4)最高投标限价。最高投标限价也称招标控制价，是指招标人根据国家或省级行业建设主管部门颁发的有关计价依据和办法，按设计施工图纸计算的，对招标工程限定的最高工程造价。投标报价低于成本或者高于招标文件设定的最高投标限价的，应予以废标。

(5)投标报价。投标报价是指投标人根据招标文件的商务条款、技术条款、工程图纸及其他部分的意图和要求，按照自己制定的施工方案、施工工艺、施工技术措施，并结合自己企业的生产组织管理水平编制并确定的招标工程的价格。

(6)合同价。合同价是指在工程招投标阶段通过签订总承包合同、建筑安装工程承包合同、设备材料采购合同，以及技术和咨询服务合同所确定的价格。合同价属于市场价格，它是由发承包双方，即商品和劳务买卖双方根据市场行情共同议定和认可的成交价格，但它并不等同于实际工程造价。按计价方式不同，建设工程合同一般表现为三种类型，即总价合同、单价合同和成本加酬金合同。对于不同类型的合同，其合同价的内涵也有所不同。

(7)计量支付。计量支付是按照合同中约定的计量部位和方式，监理(甲方)对承包人的已完工作进行核实和确认后，签发支付凭证的工作。

(8)工程结算。工程结算价是指一个单项工程、单位工程、分部工程或分项工程完工后，经建设单位及有关部门验收并办理验收手续后，施工企业根据合同文件、施工过程中现场实际情况的记录、工程变更文件、现场工程变更签证、索赔文件、调价文件等资料，在工程结算时按合同调价范围和调价方法，对实际发生的工程量增减、设备和材料价差等进行调整后计算和确定的价格。结算价是该结算工程的实际价格。结算一般有定期结算、阶段结算和竣工结算等方式。

(9)工程决算。竣工决算是指以实物数量和货币指标为计量单位，综合反映建设项目从投资决策到竣工交付为止的全部费用、投资效果和新增资产价值及财务情况的总结性文件。竣工决算由竣工财务决算说明书、竣工财务决算报表、工程竣工图和工程竣工造价对比分析4部分组成。竣工决算是最终确定的实际工程造价，是建设投资管理的重要环节，是工程竣工验收、交付使用的重要依据，是进行建设项目财务总结的依据，也是银行对其实行监督的必要手段。

（五）工程造价管理

1. 工程造价管理的概念与含义

工程造价管理是指综合运用管理学、经济学和工程技术等方面的知识与技能，对工程造价进行预测、计划、控制、核算、分析和评价等的过程。工程造价管理既涵盖宏观层次的工程建设投资管理，也涵盖微观层次的工程项目成本或费用的管理。宏观层面是指政府部门根据社会经济发展需求，利用法律、经济和行政等手段规范市场主体的价格行为、监控工程造价的系统活动。微观层面是指工程参建主体根据工程计价依据和市场价格信息等预测、计划、控制、核算、分析和评价工程造价的系统活动。

（1）工程造价的预测。是指在项目实施前对项目工程造价要进行估价，估算建设项目的工程造价及其构成，以及资金筹措费用、流动资金等，同时也要分析建设期可能产生的价格变动情况，测算基本预备费和价差预备费等。

（2）工程造价的计划。是指从投资者的角度对工程建设投资做出整体融资计划，对年度资金使用计划、月或季度工程进度款支付做出安排；从承包人的角度做出工程实施中的工料机投入计划、成本管理计划、资金投入计划等。

（3）工程造价的控制。是指从投资者的角度要按照确定的投资或工程造价目标来控制，确保按照确定的投资目标来实现投资和设计意图，在计划工期内，达到建设标准、建设规模、工程质量等，避免超投资的现象发生；从承包人的角度则是工程成本控制，在计划工期内，完成施工任务，以期达到或超过计划时的利润。工程造价的核算是指在工程实施时或实施完成后，对已经实施的工程进行工程计量和费用核算，以此作为拨付工程款、进行工程结算和竣工决算的依据并最终形成相应资产。工程造价的控制是工程造价管理的最主要内容。

（4）工程造价的分析。从投资者的角度是指在决策和设计阶段对决策和设计方案在经济上的合理性进行分析，进行方案比选和优化设计；从承包人的角度是指对施工方案进行经济上的合理性分析，在保证工程质量、安全和工期的前提下，尽可能地通过优化施工组织、措施方案来降低工程成本。工程造价的分析应贯穿于工程建设的各个阶段。

（5）工程造价的评价。一般是指在项目决策时对项目的预期效果做出的系统分析、评估，以及在项目建成后对项目预计的建设投资、建设效果所做出的后评价等。

2. 工程造价管理的主要内容

在工程建设全过程的各个不同阶段，工程造价管理有着不同的工作内容，其目的是在优化设计方案、施工方案的基础上，有效控制建设工程项目的实际费用支出。

(1)决策阶段

按照拟定的建设方案和方案设计，确定项目的主要功能需求、建设标准、建设规模、建设地点、建设时间。依据投资管理部门和建设行政主管部门的有关规定，提出资金筹措方案，编制和审核建设项目投资估算，作为拟建项目工程造价的控制目标。根据投资估算以及主要建设方案、设计文件进行项目的经济评价，然后基于不同的投资方案进行方案比选与优化，对项目实施的可行性进行研究与论证。

(2)设计阶段

落实好决策阶段可行性研究所确定的功能需求、建设标准、建设规模、投资控制目标等，严格把握设计任务书，分解设计任务，做好设计管理。在批准或计划的限额之内进行初步设计错漏项审核、编制工程概算，通过方案比选、价值工程、技术经济分析等手段分析项目设计和投资分解的合理性，协助设计单位进行建设项目的设计优化，并以此确定每个单项工程的具体技术方案、主要设备等。对于政府投资工程而言，应将批准的工程概算作为拟建工程项目造价控制的最高限额。在扩大初步设计或施工图设计完成后，依据常规或拟定的施工组织设计等，编制修正概算和施工图预算。

(3)交易阶段

目前，我国大多工程建设项目以施工图设计为技术基础进行工程施工发包。建设单位在施工图设计完成后，进行标段的合理划分和招标策划；然后依据施工图和拟定的招标文件编制工程量清单、最高投标限价。投标单位应依据招标文件确定投标策略，依据自身测算的工程成本和项目竞争情况进行投标报价。建设单位依据投标报价、施工方案择优选择中标人，并依据其投标报价确定合同价，签订工程施工承包合同。

对于实施工程总承包的工程，可以在初步设计完成后，依据初步设计图纸编制工程量清单和最高投标限价，并依据中标人的投标报价确定合同价，签订工程总承包合同；也可以依据方案设计确定的建设标准、建设规模、生产工艺、主要装备、建筑特征等进行工程总承包招标。

(4)工程施工阶段

工程实施阶段的主要工作是以工程进度进行工程计量及工程款支付管理，对工程费用进行动态监控，处理工程变更和索赔，编制和审核工程结算。工程实施阶段的重点工作包括：加强合同履约管理，关注施工总承包与专业分包施工界面的划分；重点做好施工合同中暂估价设备或材料的价格、暂估项工程价格或工程造价的确定；重点关注设备、材料采购的品种规格是否与设计和投标报价相符合,是否存在增加数量、提高标准现象;关注施工过程中发生的设计变更、工程洽商等事项的合理性、必要性;积极处理工程索赔和工程造价纠纷;建立工程款支付台账或图表,进行投资偏差分析与偏差控制。

(5)工程竣工阶段

进行工程的竣工结算和财务决算,处理工程保修费用,完成固定资产交付,做好项目验收。对于政府投资项目还要进行工程审计、项目投资的绩效评价,以及建设项目后评价等工作。

3. 工程造价管理的基本原则

建设项目工程造价管理的目的是依据国家有关法律、法规和建设行政主管部门的有关规定,让工程建设各方主动参与工程造价管理工作,实现对整个建设项目工程造价的合理确定、有效控制与必要的调整,缩小投资偏差,控制投资风险,确保工程造价的控制目标和投资期望的实现。为了实现上述目的,工程造价的有效管理应坚持以下5个原则。

(1)强化决策和设计阶段的工程造价管理。工程造价管理贯穿工程建设的始终,但是工程造价管理的关键在于前期决策和设计阶段,造价工程师在决策和设计阶段要积极发挥在工程经济方面的优势,利用技术经济指标以起到对工程参谋及工程造价进行有效控制的作用。

在决策阶段一是要依据类似工程的投资估算指标或资料,对不同的建设方案做好投资估算、融资分析;二是要通过建设工程全寿命周期费用分析进行项目经济评价;最后对方案比选的结论及方案改进提出意见和建议。

在设计阶段,一是要依据设计文件做好工程概算和施工图预算,准确把握建设项目的工程造价;二是要依据类似工程指标对不同的工艺、设备选型、建筑形式等进行指标分析;最后依据有关数据对设计方案提出优化设计的意见和建议。

(2)强化工程造价的主动控制。目前,大多数的造价工程师还是把控制理解为目标值与实际值的比较分析,但这种控制仍是一种被动控制。为尽量减少或避免目标值与实际值的偏离,还必须事先主动采取控制措施,实施主动控制。也就是说,工程造价控制不仅要反映投资决策,反映设计、发包和施工,被动地控制工程造价,更要主动地影响投资决策,影响工程设计、发包和施工,主动地控制工程造价。

(3)强化技术与管理、经济相结合。为了有效地控制工程造价,应从管理、技术、经济等多方面采取措施。从工程组织与管理上,明确工程建设项目各方主体的管理职责与分工,共同做好工程项目管理和工程造价管理。从技术上要主动采取相应措施,严格初步设计、扩大设计、施工图设计、施工组织设计审查与设计交底,深入研究降低工程投资、提升工程价值的可能性。从经济上要加强动态管理，严格审核各项工程造价，做好投资计划，积极采取对节约投资、缩短工期的奖励措施，优化施工方案等。

（4）强化工程合同管理，把合同作为管控工程造价的主要手段。对工程合同应实行有效管理，正确界定合同实施范围，合理选择合同类型，分解投资风险，是确保工程造价控制和投资效益的关键环节。此外，对于合同的变更、合同价款的调整、风险范围等内容，应参照类似工程或行业惯例予以约定并在合同中载明。

（5）强化计算机技术的应用与信息管理。随着工程建设项目越来越庞大、复杂，在工程造价管理的手段方面也越来越离不开信息技术，如利用计算机及网络通信技术为工程造价全过程信息化管理服务，建立工程造价信息数据库，使用工程造价软件。工程建设的参与各方应遵循统一化、标准化、网络化的原则，在工程项目各阶段有效地应用工程项目管理软件和工程造价管理软件，确保高效、及时地处理工程造价信息，贯穿建设工程项目全过程，实现信息的高效贯通、交互、共享，并应用于工程造价的确定、审核及成本分析等环节。

二、工程造价管理制度

（一）工程造价咨询管理制度

工程造价咨询企业管理制度始于1996年，我国工程造价咨询企业和造价工程师自此实行资质和资格准入管理制度。2021年前，相关制度要求工程造价咨询企业接受委托承担工程造价咨询服务必须取得工程造价咨询企业资质。2021年5月，国务院发布通知取消工程造价咨询企业甲级、乙级资质认定。

1. 工程造价咨询企业管理制度的产生

工程造价咨询企业是指接受委托，对建设项目投资、工程造价的确定与控制提供专业咨询服务的企业。

1996年3月6日，原建设部发布了《关于印发〈工程造价咨询单位资质管理办法（试行）〉的通知》（建标〔1996〕133号），自此工程造价咨询制度应运而生。

2. 工程造价咨询企业管理制度的调整

2000年1月，原建设部发布了《工程造价咨询单位管理办法》（中华人民共和国建设部第74号令），同时废止了《工程造价咨询单位资质管理办法（试行）》《工程造价咨询单位管理办法》对工程造价咨询企业的管理原则、资质等级标准、业务许可范围、资质许可的程序与要求、成果管理、备案管理、信用管理等都提出了具体的行政管理要求，促进了我国工程造价咨询业的快速发展。该办法颁布后，随着我国相关法律制度的调整又分别于2006年、2015年、2016年、2020年进行了4次修订。

2021年5月，国务院发布了《关于深化“证照分离”改革进一步激发市场主体发展活力的通知》（国发〔2021〕7号），取消了工程造价咨询企业甲级、乙级资质认定，自此，工程造价咨询企业资质正式取消。

2021年6月28日，为贯彻落实国务院《关于深化“证照分离”改革进一步激发市场主体发展活力的通知》的要求，住房和城乡建设部办公厅印发《关于取消工程造价咨询企业资质审批加强事中事后监管的通知》（建办标〔2021〕26号），该通知有以下几个方面要求。

（1）取消工程造价咨询企业资质审批。按照国发〔2021〕7号文件要求，自2021年7月1日起，住房和城乡建设主管部门停止工程造价咨询企业资质审批，工程造价咨询企业按照其营业执照所列经营范围开展业务，行政机关、企事业单位、行业组织不得要求企业提供工程造价咨询企业资质证明。2021年6月3日起，住房和城乡建设主管部门不再办理工程造价咨询企业资质延续手续，到期需延续的企业，有效期自动延续至2021年6月30日。

（2）健全企业信息管理制度。各级住房和城乡建设主管部门要加强与市场监管等有关部门的沟通协调，结合工程造价咨询统计调查数据，健全工程造价咨询企业名录，积极做好行政区域内企业信息的归集、共享和公开工作。鼓励企业自愿在全国工程造价咨询管理系统完善并及时更新相关信息，供委托方根据工程项目实际情况选择参考。企业对所填写信息的真实性和准确性负责，并接受社会监督。对于提供虚假信息的工程造价咨询企业，其不良行为记入企业社会信用档案。

（3）推进信用体系建设。各级住房和城乡建设主管部门要进一步完善工程造价咨询企业诚信长效机制，加强信用管理，及时将行政处罚、生效的司法判决等信息归集至全国工程造价咨询管理系统，充分运用信息化手段实行动态监管。依法实施失信惩戒，提高工程造价咨询企业的诚信意识，努力营造诚实守信的市场环境。

（4）构建协同监管新格局。健全政府主导、企业自治、行业自律、社会监督的协同监管格局。探索建立企业信用与执业人员信用挂钩机制，强化个人执业资格管理，落实工程造价咨询成果质量终身责任制，推广职业保险制度。支持行业协会提升自律水平，完善会员自律公约和职业道德准则，做好会员信用评价工作，加强会员行为约束和管理。充分发挥社会监督力量参与市场秩序治理。鼓励第三方信用服务机构开展信用业务。

（5）提升工程造价咨询服务能力。继续落实《关于推进全过程工程咨询服务发展的指导意见》（发改投资规〔2019〕515号）精神，深化工程领域咨询服务供给侧结构性改革，积极培育具有全过程咨询能力的工程造价咨询企业，提高企业服务水平和国际竞争力。

(6)加强事中事后监管。各级住房和城乡建设主管部门要高度重视工程造价咨询企业资质取消后的事中事后监管工作,落实放管结合的要求,健全审管衔接机制,完善工作机制,创新监管手段,加大监管力度,依法履行监管职责。全面推行"双随机、一公开"监管,根据企业信用风险分类结果实施差异化监管措施,及时查处相关违法、违规行为,并将监督检查结果向社会公布。

工程造价咨询资质是伴随工程造价咨询业的产生而建立的,它是在市场经济体制建立初期,为扶持和推进社会迫切需求的工程造价咨询业而建立,该资质的建立显然对工程造价咨询企业的快速成长起到了重大的促进作用。随着我国社会主义市场经济体制的逐步成熟,工程造价咨询资质伴随去行政化的改革而被取消,这也正标志着我国工程咨询的成熟并逐渐进入专业化、综合化、规模化、国际化高质量发展的新阶段。同时,工程造价咨询资质的取消并不意味着对工程造价咨询企业的管理会弱化,政府将通过健全企业信息管理制度、推进信用体系建设、加强事中事后监管等措施进一步提升企业的工程造价咨询服务能力,促进工程咨询业的高质量发展。

(二)造价工程师职业资格制度

造价工程师是指通过职业资格考试取得中华人民共和国造价工程师职业资格证书,并经注册后从事建设工程造价工作的专业技术人员。造价工程师职业资格制度是在1996年与工程造价咨询资质相伴而产生的一项行政准入制度。

1.造价工程师职业资格制度的产生与发展

改革开放以后,1990年前后国务院各专业部门和地方工程造价管理机构陆续推进工程造价专业人员队伍建设,开始进行工程概预算人员培训,并发放建设工程预算员资格证书。2005年后,该证书经中国建设工程造价管理协会统一为全国建设工程造价员水平评价类职业资格。

1996年8月26日,原人事部、原建设部联合发布《造价工程师执业资格制度暂行规定》(人发〔1996〕77号,现已失效),标志着造价工程师执业资格制度在我国正式实施。该暂行规定要求:凡从事工程建设活动的建设、设计、施工、工程造价咨询、工程造价管理等单位和部门,必须在计价、评估、审查(核)、控制及管理等岗位配备有造价工程师执业资格的专业技术管理人员,并进一步明确了对造价工程师考试、注册的有关要求,以及造价工程师的权利与义务。

党的十八大后,在去行政化改革的大背景下,国家取消了多项由部门或行业协会设立的职业资格。2016年1月20日,国务院印发了《关于取消一批职业资格许可和认定事项的决定》(国发〔2016〕5号),取消了经住房和城乡建设部授权、由中国建设工程造价管理协会实施的全国建设工程造价员水平评价类职业资格。

2016 年 12 月，人力资源和社会保障部按照国务院的要求公布了《国家职业资格目录清单》，列入职业资格目录清单的共 151 项。其中，专业技术人员职业资格 58 项，技能人员职业资格 93 项。根据公示清单，造价工程师资格被纳入国家职业资格目录清单，类别为准入类，即属于国家行政许可范畴。2018 年 7 月 20 日，住房和城乡建设部、交通运输部、水利部、人力资源和社会保障部共同发布了《关于印发〈造价工程师职业资格制度规定〉〈造价工程师职业资格考试实施办法〉的通知》(建人〔2018〕67 号)。该通知明确：国家设置造价工程师准入类职业资格，纳入国家职业资格目录。工程造价咨询企业应配备造价工程师；工程建设活动中有关工程造价管理岗位按需要配备造价工程师。造价工程师分为一级造价工程师和二级造价工程师。住房和城乡建设部、交通运输部、水利部、人力资源和社会保障部共同制定造价工程师职业资格制度，并按照职责分工负责造价工程师职业资格制度的实施与监管。各省、自治区、直辖市住房和城乡建设、交通运输、水利、人力资源社会保障行政主管部门，按照职责分工负责本行政区域内造价工程师职业资格制度的实施与监管。同时，造价工程师资格也从执业发展为职业。

2. 造价工程师注册管理制度内容

2016 年的《国家职业资格目录清单》和 2018 年的《造价工程师职业资格制度规定》构成了造价工程师职业资格的制度基础，也是全国造价工程师实施注册管理制度的前提。2000 年原建设部颁布了《注册造价工程师管理办法》(建设部令第 75 号)；2006 年又以建设部令第 150 号对《注册造价工程师管理办法》进行了全面修订；2016 年，发布住房和城乡建设部令第 32 号对《注册造价工程师管理办法》进行了局部修订；2020 年，为贯彻落实国务院深化“放管服”改革、优化营商环境的要求，住房和城乡建设部发布住房和城乡建设部令第 50 号对《注册造价工程师管理办法》又进行了修改。为了配合造价工程师的注册和继续教育，中国建设工程造价管理协会根据住房和城乡建设部有关文件的要求制定了《注册造价工程师继续教育实施暂行办法》，完善了造价工程师继续教育制度。

(1) 职业资格考试

《造价工程师职业资格制度规定》(建人〔2018〕67 号)规定，造价工程师分为一级造价工程师和二级造价工程师，一级造价工程师职业资格实行全国统一大纲、统一命题、统一组织的考试制度；二级造价工程师职业资格考试实行全国统一大纲，各省、自治区、直辖市自主命题并组织实施。

住房和城乡建设部组织拟定一级造价工程师和二级造价工程师职业资格考试基础科目的考试大纲，组织一级造价工程师基础科目命审题工作。住房和城乡建设部、交通运输部、水利部按照职责分别负责拟定一级造价工程师和二级造价工程师职业资格考试专业科目的考试大纲，组织一级造价工程师专业科目命审题工作。人力资源和社会保障部负责审定一级造价工程师和二级造价工程师职业资格考试的考试科目和考试大纲，负责一级造价工程师职业资格考试的考务工作。人力资源和社会保障部会同住房和城乡建设部、交通运输部、水利部确定一级造价工程师职业资格考试合格标准。一级造价工程师职业资格考试合格者，由各省、自治区、直辖市人力资源和社会保障行政主管部门颁发中华人民共和国一级造价工程师职业资格证书。该证书由人力资源和社会保障部统一印制，住房和城乡建设部、交通运输部、水利部按专业类别分别与人力资源和社会保障部用印，在全国范围内有效。

各省、自治区、直辖市住房和城乡建设、交通运输、水利行政主管部门会同人力资源社会保障行政主管部门，按照全国统一的考试大纲和相关规定组织实施二级造价工程师职业资格考试。各省、自治区、直辖市人力资源社会保障行政主管部门会同住房和城乡建 设、交通运输、水利行政主管部门确定二级造价工程师职业资格考试合格标准。二级造价工程师职业资格考试合格者，由各省、自治区、直辖市人力资源社会保障行政主管部门颁发中华人民共和国二级造价工程师职业资格证书。该证书由各省、自治区、直辖市住房城乡建设、交通运输、水利行政主管部门按专业类别分别与人力资源社会保障行政主管部门用印，原则上在所在行政区域内有效。

（2）注册管理

《造价工程师职业资格制度规定》明确：国家对造价工程师职业资格实行执业注册管理制度。取得造价工程师职业资格证书且从事工程造价相关工作的人员，经注册方可以造价工程师名义执业。

住房和城乡建设部、交通运输部、水利部分别负责一级造价工程师注册及相关工作。各省、自治区、直辖市住房城乡建设、交通运输、水利行政主管部门按专业类别分别负责二级造价工程师注册及相关工作。经批准注册的申请人，由住房和城乡建设部、交通运输部、水利部核发《中华人民共和国一级造价工程师注册证》（或电子证书）；或由各省、自治区、直辖市住房和城乡建设、交通运输、水利行政主管部门核发《中华人民共和国二级造价工程师注册证》（或电子证书）。造价工程师执业时应持注册证书和执业印章。住房和城乡建设部、交通运输部、水利部按照职责分工建立造价工程师注册管理信息平台。保持通用数据标准统一。住房和城乡建设部负责归集全国造价工程师注册信息，促进造价工程师注册、执业和信用信息互通共享。

住房和城乡建设部发布的《注册造价工程师管理办法》第四条规定："国务院住房城乡建设主管部门对全国注册造价工程师的注册、执业活动实施统一监督管理，负责实施全国一级注册造价工程师的注册，并负责建立全国统一的注册造价工程师注册信息管理平台；国务院有关专业部门按照国务院规定的职责分工，对本行业注册造价工程师的执业活动实施监督管理。省、自治区、直辖市人民政府住房城乡建设主管部门对本行政区域内注册造价工程师的执业活动实施监督管理,并实施本行政区域二级注册造价工程师的注册。”第六条规定:“注册造价工程师实行注册执业管理制度。取得职业资格的人员,经过注册方能以注册造价工程师的名义执业。”

造价工程师的注册管理内容有初始注册、延续注册、变更注册、撤销注册、注销注册、重新注册、暂停执业、不予注册等情形。注册造价工程师的初始、变更、延续注册,通过全国统一的注册造价工程师注册信息管理平台实行网上申报、受理和审批。

(3)执业要求

注册造价工程师应当遵守法律、法规、有关管理规定,恪守职业道德;保证执业活动成果的质量;接受继续教育,提高执业水平;执行工程造价计价标准和计价方法;与当事人有利害关系的,应当主动回避;保守在执业中知悉的国家秘密和他人的商业、技术秘密。注册造价工程师不得有下列行为:不履行注册造价工程师义务;在执业过程中,索贿、受贿或者谋取合同约定费用外的其他利益;在执业过程中实施商业贿赂;签署有虚假记载、误导性陈述的工程造价成果文件;以个人名义承接工程造价业务;允许他人以自己名义从事工程造价业务;同时在两个或者两个以上单位执业;涂改、倒卖、出租、出借或者以其他形式非法转让注册证书或者执业印章;超出执业范围、注册专业范围执业;以及法律、法规、规章禁止的其他行为。

一级注册造价工程师的执业范围包括:

①项目建议书、可行性研究投资估算与审核,项目评价造价分析;

②建设工程设计概算、施工预算编制和审核;

③建设工程招标、投标文件工程量和造价的编制与审核;

④建设工程合同价款、结算价款、竣工决算价款的编制与管理;

⑤建设工程审计、仲裁、诉讼、保险中的造价鉴定,工程造价纠纷调解;

⑥建设工程计价依据、造价指标的编制与管理;

⑦与工程造价管理有关的其他事项。

二级注册造价工程师的执业范围包括:

①建设工程工料分析、计划、组织与成本管理,施工图预算、设计概算编制;

②建设工程量清单、最高投标限价、投标报价编制;

③建设工程合同价款、结算价款和竣工决算价款的编制。

注册造价工程师应当根据执业范围,在本人形成的工程造价成果文件上签字并加盖执业印章,并承担相应的法律责任。最终出具的工程造价成果文件应当由一级注册造价工程师审核并签字盖章。修改经注册造价工程师签字盖章的工程造价成果文件,应当由签字盖章的注册造价工程师本人进行;注册造价工程师本人因特殊情况不能进行修改的，应当由其他注册造价工程师修改并签字盖章，修改工程造价成果文件的注册造价工程师对修改部分承担相应的法律责任。

（4）继续教育

《造价工程师职业资格制度规定》第二十九条规定，取得造价工程师注册证书的人员，应当按照国家专业技术人员继续教育的有关规定接受继续教育，更新专业知识，提高业务水平。《注册造价工程师管理办法》第二十二条规定，注册造价工程师应当适应岗位需要和职业发展的要求，按照国家专业技术人员继续教育的有关规定接受继续教育，更新专业知识，提高专业水平。土木建筑工程、交通运输工程、水利工程和安装工程专业的一级注册造价工程师继续教育，由中国建设工程造价管理协会负责组织。《造价工程师继续教育实施办法》中规定继续教育分为必修课和选修课，要求每一注册有效期各为60学时，经继续教育达到合格标准的，颁发继续教育合格证明。

（5）信用管理

《造价工程师职业资格制度规定》第二十三条规定，造价工程师在工作中，必须遵纪守法，恪守职业道德和从业规范，诚信执业，主动接受有关主管部门的监督检查，加强行业自律。住房和城乡建设部、交通运输部、水利部共同建立健全造价工程师执业诚信体系，制定相关规章制度或从业标准规范，并指导监督信用评价工作。

《注册造价工程师管理办法》第五条规定，工程造价行业组织应当加强造价工程师自律管理。鼓励注册造价工程师加入工程造价行业组织。注册造价工程师及其聘用单位应当按照有关规定，向注册机关提供真实、准确、完整的注册造价工程师信用档案信息。注册造价工程师信用档案应当包括造价工程师的基本情况、业绩、良好行为、不良行为等内容。违法违规行为、被投诉举报处理、行政处罚等情况应当作为造价工程师的不良行为记入其信用档案。注册造价工程师信用档案信息按有关规定向社会公示。

（三）工程造价管理的其他主要制度

《建筑法》、《民法典》合同编、《招标投标法》、《价格法》等法律，以及《招标投标法实施条例》《政府采购法实施条例》《建设工程质量管理条例》《建设工程安全生产管理条例》等法规有部分涉及工程造价管理或合同价款管理、价格管理的条款。工程造价管理专门的部门规章主要有《工程造价咨询企业管理办法》、《注册造价工程师管理办法》和2013年的《发承包计价管理办法》3个部门规章，这3个办法除建立工程造价咨询资质管理制度、注册造价工程师管理制度外，还明确建立了工程量清单计价、最高投标限价、工程结算审查、工程造价纠纷调解、工程造价鉴定等制度，除此之外，根据《审计法》，在国有投资的基本建设管理活动中，我国对工程造价管理还实行工程审计制度等。

1. 工程量清单计价制度

(1)依据与要求

根据2013年的《发承包计价管理办法》规定,全部使用国有资金投资或者以国有资金投资为主(以下简称国有资金投资)的建筑工程应当采用工程量清单计价;对于非国有资金投资的建筑工程,鼓励采用工程量清单计价。

(2)目的、意义和主要特征

在市场经济体制下,通过市场竞争形成工程价格,实现企业自主报价,便于使国有资金投资的建设工程在国家有关规定和标准的基础上实现更有效的监管。对非国有资金投资的工程项目鼓励采用工程量清单计价方式,其是否采用工程量清单计价方式由项目业主自主确定,这也符合《招标投标法》和《民法典》的基本原则和立法精神。

工程量清单计价是我国工程造价管理改革的一项制度设计。2003年,我国通过推行《2003版清单计价规范》(现已失效),开始在建设工程中实施国际上常用的工程量清单计价方式。工程量清单计价方式既有技术要求,也有管理要求。推行工程量清单计价是实现建筑产品市场调节价格属性的重要改革举措,在国有投资的建筑工程上强制采用工程量清单计价将有利于国有投资的透明交易、公平对价、有效监管、防止腐败,也可以总结经验,完善办法和规则,具有示范和导向作用。

工程量清单计价制度以招标时发布工程量清单为主要特征,投标人依据发布的招标工程量清单进行报价,发包人据此择优确定中标人(承包人),并将该承包人的已标价工程量清单作为合同内容的一部分,其作用将贯穿于工程施工及合同履约的全过程,包括合同价款的确定、预付款的支付、工程进度款的支付,合同价款的调整,工程变更和工程索赔的处理,以及竣工结算和工程款最终结清等。

2. 最高投标限价制度

(1)依据与要求

2013年的《发承包计价管理办法》规定,国有资金投资的建筑工程招标的,应当设有最高投标限价。非国有资金投资的建筑工程招标的,可以设有最高投标限价或者招标标底。最高投标限价及其成果文件应当由招标人报工程所在地县级以上地方人民政府住房城乡建设主管部门备案。

(2)目的、意义和主要特征

最高投标限价也就是招标控制价,招标控制价最早出现于《建设工程工程量清单计价规范》(GB 50500—2008)(以下简称《2008版清单计价规范》,现已失效),它是工程量清单计价制度的配套制度。《发承包计价管理办法》编制时,遵从《招标投标法实施条例》,将上述称谓统一为最高投标限价。最高投标限价设置的目的有3点,一是防止“高价围标”和“低价诱标”，进一步实现公平交易；二是替代需要保密的标底管理形式；三是投标人可对压低或不按国家有关规定编制的招标控制价进行质疑，防止个别招标人利用主体优势通过压低招标控制价来恶意压低中标价的现象。

最高投标限价制度要求有两方面：一是对国有资金投资的建筑工程而言，当其超过批准概算时，可能存在其项目投资不足问题，应重新审核；二是当投标报价高于最高投标限价时，投标人的投标将被拒绝。

2020 年，住房和城乡建设部办公厅发布《关于印发工程造价改革工作方案的通知》（建办标〔2020〕38 号）。决定全国房地产的开发项目，以及北京市、浙江省、湖北省、广东省、广西壮族自治区有条件的国有资金投资的房屋建筑、市政公用工程项目进行工程造价改革试点。完善工程计价依据发布机制——加快转变政府职能，优化概算定额、估算指标编制发布和动态管理，取消最高投标限价按定额计价的规定，逐步停止发布预算定额。强化建设单位造价管控责任——引导建设单位根据工程造价数据库、造价指标指数和市场价格信息等编制和确定最高投标限价。从最高投标限价制度上看，该通知的规定与招标投标法是相符合的，但是，其依靠政府发布的预算定额来编制和管理要求的做法是存在一定问题的。政府将逐步通过建设单位和企业建设的工程造价数据库来取代以工程造价管理机构发布的定额来编制最高投标限价的做法，强化建设单位的管控责任和市场机制，但最高投标限价本身不会受到较大的影响。

3. 工程竣工结算审查制度

2013 年的《发承包计价管理办法》特别强调工程结算的审核要求，并建立了工程竣工结算审查制度，该办法要求，建设工程完工后，应当按照下列规定进行竣工结算。

（1）承包人应当在工程完工后的约定期限内提交竣工结算文件。

（2）国有资金投资建筑工程的发包人，应当委托具有相应资质的工程造价咨询企业对竣工结算文件进行审核，并在收到竣工结算文件后的约定期限内向承包人提出对由工程造价咨询企业出具的竣工结算文件的审核意见；逾期未答复的，按照合同约定处理，合同没有约定的，竣工结算文件视为已被认可。

非国有资金投资的建筑工程发包人，应当在收到竣工结算文件后的约定期限内予以答复，逾期未答复的，按照合同约定处理，合同没有约定的，竣工结算文件视为已被认可；发包人对竣工结算文件有异议的，应当在答复期内向承包人提出，并可以在提出异议之日起的约定期限内与承包人协商；发包人在协商期内未与承包人协商或者经协商未能与承包人达成协议的，应当委托工程造价咨询企业进行竣工结算审核，并在协商期满后的约定期限内向承包人提出对由工程造价咨询企业出具的竣工结算文件的审核意见。

发承包双方在合同中对工程结算的编制与审核期限没有明确约定的，应当按照国家有关规定执行，国家没有规定的，可认为其约定期限均为28日。

工程结算审查制度是保证招投标制度、工程量清单计价制度、最高投标限价制度有效落实的重要举措。同时，要求国有资金投资建筑工程的发包人应当委托具有相应资质的工程造价咨询企业对竣工结算文件进行审核，以加强国有投资工程的工程造价管理。

4. 工程结算审计制度

除工程结算审查制度外，对于政府投资和以政府投资为主的建设项目的预算执行情况和决算还需根据《审计法》第二十二条进行审计监督。根据《审计法实施条例》第二十条，上述所称政府投资和以政府投资为主的建设项目，包括：(1)全部使用预算内投资资金、专项建设基金、政府举借债务筹措的资金等财政资金的；(2)未全部使用财政资金，财政资金占项目总投资的比例超过50%，或者占项目总投资的比例在50%以下，但政府拥有项目建设、运营实际控制权的。审计机关对前款规定的建设项目的总预算或者概算的执行情况、年度预算的执行情况和年度决算、单项工程结算、项目竣工决算依法进行审计监督；对前款规定的建设项目进行审计时，可以对直接有关的设计、施工、供货等单位取得建设项目资金的真实性、合法性进行调查。

工程审计是从国有投资监管的角度对建设项目资金的筹措，工程造价的确定与控制情况，资金的支付、结余，绩效等多方面进行审计和监管，对确保国有投资的增值保值和绩效，防止工程建设方面的腐败和资金滥用起到了重要的监督管理和威慑作用。

但是，对一般的基本建设项目管理程序而言，工程审计并不同于作为工程建设的必须环节的招投标和工程结算审查等制度，也就是说，任何投资项目均可以依据项目管理情况自行决定是否审计。对于大多数非国有投资项目而言，尽管也有审计部门进行内部审计，但大多是抽查性审计。目前，我国政府投资项目要求进行工程审计，这与我国没有形成完善的信用体系有关，审计主要目的仍然是对项目进行行政监督。

5. 工程造价纠纷调解制度

工程造价纠纷调解是指承包人对发包人提出的工程造价咨询企业竣工结算审核意见有异议的，在接到该审核意见后1个月内，可以向有关工程造价管理机构或者有关行业组织申请调解，调解不成的，可以依法申请仲裁或者向人民法院提起诉讼。

建立工程造价纠纷调解制度的目的是避免工程纠纷过多地进入漫长的诉讼程序，降低工程造价纠纷的处理费用、化解发承包双方的矛盾、尽快完成工程结算。尽管我国法律对调解有具体建议，并支持多元化的纠纷解决机制，但是，并未规定调解主体，目前大多工程法律界的专业人士认为，工程纠纷的调解主体应以有关工程造价管理机构和行业组织为主。因此根据《民法典》《标准施工招标文件》等的基本精神，在修订2013年的《发承包计价管理办法》时，引入了工程造价纠纷调解制度，明确了工程造价纠纷的调解主体，即有关工程造价管理机构或者有关行业组织，旨在鼓励工程造价纠纷调解制度和调解主体的建立。

6. 工程造价鉴定制度

工程造价鉴定是指鉴定机构接受人民法院或仲裁机构委托，在诉讼或仲裁案件中，鉴定人运用工程造价方面的科学技术和专业知识，对工程造价争议中涉及的专门性问题进行鉴别、判断并提供鉴定意见的活动。

工程造价鉴定制度的依据是《司法鉴定程序通则》（司法部令第132号）和《工程造价咨询企业管理办法》（建设部第50号令）、《注册造价工程师管理办法》（建设部第50号令）。《司法鉴定程序通则》第四十七条规定："本通则是司法鉴定机构和司法鉴定人进行司法鉴定活动应当遵守和采用的一般程序规则，不同专业领域对鉴定程序有特殊要求的，可以依据本通则制定鉴定程序细则。"因此，考虑到工程造价鉴定的特殊性，有关部门以我国《民事诉讼法》规定的基本鉴定程序为依据，在总结多年来我国工程造价鉴定工作经验的基础上，建立了系统的工程造价鉴定制度。工程造价咨询资质行政许可取消前，建设部办公厅《关于对工程造价司法鉴定有关问题的复函》明确"从事工程造价司法鉴定，必须取得工程造价咨询资质，并在其资质许可范围内从事工程造价咨询活动。工程造价成果文件，应当由造价工程师签字，加盖执业专用章和单位公章后有效"；"从事工程造价司法鉴定的人员，必须具备注册造价工程师执业资格，并只得在其注册的机构从事工程造价司法鉴定工作，否则不具有在该机构的工程造价成果文件上签字的权力"。

工程造价鉴定主要在诉讼或仲裁案件中出现，工程造价鉴定意见作为一种证据，对工程造价纠纷中的专门性问题进行了鉴别和判断，为司法和诉讼提供技术保障。工程造价鉴定不同于一般的工程咨询业务，具有经济鉴证性质，因此法规和有关规范均要求鉴定人在工程造价鉴定中，应严格遵守民事诉讼程序或仲裁规则以及职业道德、执业准则，并应遵循合法、独立、客观、公正的原则。工程造价鉴定应在鉴定委托人要求的期限内做出，并应经委托、接受、回避反馈、鉴定准备、现场勘验、出庭质证、出具鉴定意见书等必要的程序。工程造价鉴定过程中鉴定机构应对鉴定人的鉴定活动进行管理和监督，鉴定人有违反法律、法规和有关规范规定行为的，应当责成鉴定人改正，最后，鉴定机构应在鉴定意见书上加盖公章，鉴定人在鉴定意见书上签名并加盖注册造价工程师执业专用章，该鉴定意见书方为有效。

工程造价咨询资质行政许可的取消，也对工程造价鉴定制度产生了影响，国际上常用的专家证人、专家辅助人将会在国内外的建设工程造价纠纷中发挥越来越重要的作用，这就更要求优秀的造价工程师加强自身综合素质的锻炼与实践，以更高要求的执业操守、更高水准的执业能力树立个人形象与品牌，具有独立承接工程造价纠纷的和解、鉴定、调解、专家评审、专家辅助人等工作的能力。

三、工程造价管理改革与发展方向

(一)工程造价管理改革的主要进程

1. 我国工程造价管理发展历程回顾

新中国成立后,我国引入苏联基本建设概预算制度进行工程造价管理。党的十一届三中全会以后,我国工程造价管理开始从计划经济的概预算管理、工程定额管理的"量价统一",逐步过渡到以市场经济体制下的工程量清单计价为代表的工程造价管理制度。党的十八届三中全会以后,我国又围绕工程造价的市场化改革进行深入,启动了新一轮的工程造价管理改革。新中国工程造价管理发展经历了以下主要发展历程。

(1)1950—1957 年,工程定额管理与概预算管理制度初步建立

1950 年开始,国家经历了 3 年的稳定经济和进行大规模的恢复重建工作,原中央人民政府财政经济委员会和原政务院财政经济委员会先后颁发了《基本建设工作程序暂行办法》和《基本建设工作暂行办法》,提出初步设计和技术设计阶段都要编制全部建设费用及分期用款数。1953 年,我国制定了"一五"计划(1953—1957 年)。为合理确定工程造价,用好紧缺的基本建设资金,在工程造价管理方面,我国引入了苏联计划经济体制的工程概预算定额管理制度,实现中国经济建设的迅速恢复与发展。各部门和各地方为适应经济建设的需要,相继组建了国营建筑施工企业,建立了企业管理制度。

1955 年,国务院颁发《基本建设工程设计和预算文件审核批准暂行办法》,原国家基本建设委员会(以下简称国家建委)也先后颁布了《工业与民用建设设计及预算编制暂行办法》《工业与民用建设预算编制暂行细则》《关于编制工业与民用建设预算的若干规定》等系列文件。这些文件的颁布,使我国初步建立了工程概预算工作制度,确立了概预算在基本建设工作中的地位和作用,这些文件对概预算的编制原则、内容、方法和审批、修正办法、程序等作了明确的规定,并确立了对概预算编制依据实行集中管理为主、分级管理为辅的原则。

"一五"计划期间,工程建设定额建设成果丰富,如原国家建委 1954 年颁布了《一九五五年度建筑工程预算定额》、1955 年颁布了《一九五五年度建筑工程概算指标(草案)》和《建筑安装工程间接费用定额》等。在组织建设上,为加强概预算的管理工作,1954 年原国家计划委员会(以下简称国家计委)在其基本建设办公室下设立了标准定额处,1954 年原国家建委成立后,设立标准定额局。1956 年又单独成立建筑经济局,

专门管理概预算工作，同时，各部也建立相应的管理机构，各设计单位也设立了技术经济室、概预算室，充实了专业人员储备。

但是，从 1958 年开始，概预算制度被说成“束缚群众手脚”“苏联修正主义”，不适当地全部下放。同时，各级概预算管理部门被精简，设计单位概预算人员减少，概预算控制作用被弱化。1966—1976 年，设计单位不再编制施工图预算，工程决算后实行多退少补，实报实销，施工企业行政事业化，工程概预算和定额管理机构被撤销，概预算人员改行，大量宝贵的工程经济资料遗失或销毁。

(2)1976—1992 年，工程定额管理与概预算管理制度得到恢复与发展

1976 年，国家的中心任务逐步转移到经济建设上来，1978 年，国家逐步实行改革开放。同年，原国家建委、财政部印发了《建筑安装工程费用项目划分暂行规定》，原国家建委、原国家计委、财政部制订了《关于加强基本建设概、预、决算管理工作的几项规定》（现已失效），为恢复与重建工程造价管理制度与机构提供了良好的条件。1977—1982 年，各省、自治区、直辖市和国务院专业部门相继以“定额站”为主要称谓设立定额编制与管理的工程造价管理机构。

1984 年国务院发布了《关于改革建筑业和基本建设管理体制若干问题的暂行规定》（国发〔1984〕3 号），提出了建筑业和基本建设管理的 16 条举措。在基本建设管理体制改革的大背景下，1985 年原国家计委、中国人民银行印发《关于改进工程建设概预算定额管理工作的若干规定》（已失效）、《关于建筑安装工程费用项目划分暂行规定》、《关于工程建设其他费用项目划分暂行规定》（计标〔85〕352 号），原国家计委 1986 年《关于加强工程建设标准定额工作的意见》（计标〔1986〕288 号），《关于控制建设工程造价的若干规定》（计标〔1988〕30 号）。这些文件，不仅形成了工程建设概预算定额、费用标准、机构建设等一系列工作制度，也在中国工程造价管理制度的建立和工程造价管理的业务发展上产生了深远的影响，主要管理思想和工程费用构成的框架延续至今。其后，全国各地和各部门颁布了一系列推动工程概预算管理和定额管理发展的文件，并颁布了几十项预算定额、概算定额、估算指标等。

在组织建设上，1983 年，国务院批准原国家计委成立基本建设标准定额局，国家科学技术委员会批准成立原国家计委基本建设标准定额研究所，各省市、各部委相继建立了定额管理站。1985 年，中国工程建设概算预算定额委员会成立，并以此为基础，于 1990 年成立了中国建设工程造价管理协会。

(3)1992 年后，工程定额管理与概预算管理制度向全面工程造价管理制度改革与发展

1992 年党的十四大提出，“我国经济体制改革的目标是建立社会主义市场经济体制”，“要使市场在社会主义国家宏观调控下对资源配置起基础性作用”。国家建设行

政主管部门也逐渐认识到随着我国投资体制的改革,传统的与计划经济相适应的概预算定额管理实际上是行政指令性的直接管理,遏制了竞争,抑制了生产者和经营者的积极性与创造性,不能发挥市场优化资源配置的基础作用。因而,在总结十年改革开放和工程造价管理经验的基础上,我国广大工程造价管理人员也逐渐认识到,工程造价管理制度必须改革,要先易后难、循序渐进、重点突破。大家逐步认识到在工程项目管理上,要按照全过程控制和动态管理的思路来提供市场服务并对工程造价管理进行改革;在工程计价依据改革方面,1992 年,建设行政主管部门提出了"量价分离"的指导思想,改变了国家对工程定额管理的传统固化方式,并同时提出了"统一量""指导价""竞争费"的工作思路。建设工程市场上也初步建立了"在国家宏观控制下,项目法人对建设项目的全过程负责,以定额指导下的市场形成工程造价为主"的具有中国特色的工程造价管理体制。

1996 年,原人事部与原建设部发布《关于印发〈造价工程师执业资格制度暂行规定〉的通知》(人发〔1996〕77 号,已失效),原建设部发布《关于印发〈工程造价咨询单位资质管理办法(试行)〉的通知》(建标〔1996〕133 号,已失效),以此为标志,造价工程师执业资格制度、工程造价咨询制度在我国正式实施,开创了工程造价管理走向辉煌的新篇章。

进入 21 世纪,市场经济体制下的工程造价管理体制初步形成。2001 年原建设部颁布的《发承包计价管理办法》(建设部令第 107 号)指出"建筑工程施工发包与承包价在政府宏观调控下,由市场竞争形成",迈出了工程计价方式改革的重要一步。2003 年,原建设部推出了《2003 版清单计价规范》,这是建设工程计价依据第一次以国家强制性标准的形式出现,初步实现了从传统的定额计价模式到工程量清单计价模式的转变,也为工程承发包价格由市场竞争形成提供了必要条件,同时也以国家强制性技术标准的形式使我们的计价依据在法律地位上得到了进一步确立,这标志着又一个崭新阶段的开始。

在全面总结工程清单计价制度和市场经济体制下工程发承包计价管理经验的基础上,2013 年住房和城乡建设部修订了《发承包计价管理办法》(住房和城乡建设部 16 号部令),进一步明确了工程量清单计价、最高投标限价、工程结算审查、工程造价纠纷调解等制度。

2013 年,党的十八届三中全会通过的中共中央《关于全面深化改革若干重大问题的决定》。为了贯彻该决定精神,住房和城乡建设部标准定额司在广泛调研的基础上提出了:"属于宏观管理要尽职,属于公共服务要到位,属于微观管理要放手"的工程造价管理改革思路。并于 2014 年 9 月发布了住房和城乡建设部《关于进一步推进工程造价管理改革的指导意见》(建标〔2014〕142 号)。该意见提出:"到 2020 年,健全市场决定工程造价机制，建立与市场经济相适应的工程造价管理体系。完成国家工程造价数据库建设，构建多元化工程造价信息服务方式。完善工程计价活动监管机制，推行工程全过程造价服务。改革行政审批制度，建立造价咨询业诚信体系，形成统一开放、竞争有序的市场环境。实施人才发展战略，培养与行业发展相适应的人才队伍。”该意见为我国工程造价专业的改革与发展确定了方向。2020 年 7 月，住房和城乡建设部办公厅在《关于印发工程造价改革工作方案的通知》（建办标〔2020〕38 号）中提出，坚持市场在资源配置中起决定性作用，正确处理政府与市场的关系，通过改进工程计量和计价规则、完善工程计价依据发布机制、加强工程造价数据积累、强化建设单位造价管控责任、严格施工合同履约管理等措施，推行清单计量、市场询价、自主报价、竞争定价的工程计价方式，进一步完善工程造价市场形成机制。

与此同时，我国的工程造价专业高等教育本科学历建设也得到了长足的发展。1986 年，南方冶金学院（现江西理工大学）经国家有色金属工业总公司批准设立工程造价专业；2002 年，天津理工大学经教育部批准在经济管理学院设立工程造价专业，并授予工学学士学位。2012 年教育部颁布的《普通高等学校本科专业目录》将工程造价专业纳入其中，该目录将工程造价专业设置在管理学门类下的管理科学与工程专业类，代码 120105，该专业可以授予管理学或工学学士学位。2013 年，住房和城乡建设部在工程管理教学指导委员会的基础上，成立了高等学校土建学科工程管理和工程造价专业指导委员会。2018 年，高等教育教学指导委员会统一归属教育部，成为教育部高等教育管理科学与工程教学指导委员会工程管理和工程造价专业教学指导分委员会，工程造价专业建设逐步走向规范发展。2020 年，重庆大学、沈阳建筑大学、江西理工大学的工程造价专业率先通过住房和城乡建设部组织的专业评估认证，标志着高等教育的工程造价专业进一步迈向与产业发展更加融合的高质量发展阶段。

可以说，我国的社会主义市场经济体制改革推动了工程造价管理改革，也正因为要适应市场经济对建设项目投资管理、工程价格博弈、企业成本管理的要求，工程造价管理工作业务范围越来越宽，造价工程师和工程造价咨询企业越来越得到工程建设各方主体的重视。

2. 工程造价管理改革的主要要求

从主要内容和措施上看，2020 年《关于印发工程造价改革工作方案的通知》是对 2014 年《关于进一步推进工程造价管理改革的指导意见》具体内容的落实与强化，其思想上是一脉相承的。住房和城乡建设部《关于进一步推进工程造价管理改革的指导意见》相对是比较系统的，该意见提出以下几个方面内容。

（1）健全市场决定工程造价制度

加强市场决定工程造价的法规制度建设，加快推进工程造价管理立法，依法规范市场主体计价行为,落实各方权利义务和法律责任。全面推行工程量清单计价,完善配套管理制度,为“企业自主报价,竞争形成价格”提供制度保障。细化招投标、合同订立阶段有关工程造价条款,为严格按照合同进行工程结算与合同价款支付夯实基础。

按照市场决定工程造价原则,全面清理现有工程造价管理制度和计价依据,消除对市场主体计价行为的干扰。大力培育造价咨询市场,充分发挥造价咨询企业在造价形成过程中的第三方专业服务的作用。

(2)构建科学合理的工程计价依据体系

逐步统一各行业、各地区的工程计价规则,以工程量清单为核心,构建科学合理的工程计价依据体系,为打破行业、地区分割,服务统一开放、竞争有序的工程建设市场提供保障。

完善工程项目划分,建立多层级工程量清单,形成以清单计价规范和各专业工程量计算规范配套使用的清单规范体系,满足不同设计深度、不同复杂程度、不同承包方式及不同管理需求下工程计价的需要。推行工程量清单全费用综合单价,鼓励有条件的行业和地区编制全费用定额。完善清单计价配套措施,推广适合工程量清单计价的要素价格指数调价法。

研究制定工程定额编制规则,统一全国工程定额编码、子目设置、工作内容等编制要求,并与工程量清单规范衔接。厘清全国统一、行业、地区定额专业划分和管理归属,补充完善各类工程定额,形成服务于从工程建设到维修养护全过程的工程定额体系。

(3)建立与市场相适应的工程定额管理制度

明确工程定额定位。将国有资金投资工程作为编制估算、概算、最高投标限价的依据;对其他工程仅作参考。通过购买服务等多种方式,充分发挥企业、科研单位、社团组织等社会力量在工程定额编制中的基础作用,提高工程定额编制水平。鼓励企业编制企业定额。

建立工程定额全面修订和局部修订相结合的动态调整机制,及时修订不符合市场实际的内容,提高定额时效性。编制有关建筑产业现代化、建筑节能与绿色建筑等工程定额,发挥定额在新技术、新工艺、新材料、新设备推广应用中的引导约束作用,支持建筑业转型升级。

(4)改革工程造价信息服务方式

明晰政府与市场的服务边界,明确政府提供的工程造价信息服务清单,鼓励社会力量开展工程造价信息服务,探索政府购买服务路径,构建多元化的工程造价信息服务方式。

建立工程造价信息化标准体系。编制工程造价数据交换标准，打破“信息孤岛”，奠定造价信息数据共享基础。建立国家工程造价数据库，开展工程造价数据积累，提升公共服务能力。制定工程造价指标指数编制标准，抓好造价指标指数测算发布工作。

(5)完善工程全过程造价服务和计价活动监管机制

建立健全工程造价全过程管理制度，实现工程项目投资估算、概算与最高投标限价、合同价、结算价政策衔接。注重工程造价与招投标、合同的管理制度协调，形成制度合力，保障工程造价的合理确定和有效控制。

完善建设工程价款结算办法，转变结算方式，推行过程结算，简化竣工结算。建筑工程在交付竣工验收时，必须具备完整的技术经济资料，鼓励将竣工结算书作为竣工验收备案的文件，引导工程竣工结算按约定及时办理，遏制工程款拖欠现象。创新工程造价纠纷调解机制，鼓励联合行业协会成立专家委员会进行造价纠纷专业调解。

推行工程全过程造价咨询服务，更加注重工程项目前期和设计的造价确定。充分发挥造价工程师的作用，使其参与工程立项、设计、发包、施工到竣工全过程，实现对造价的动态控制。发挥造价管理机构专业作用，加强对工程计价活动及参与计价活动的工程建设各方主体、从业人员的监督检查，规范计价行为。

(6)推进造价咨询诚信体系建设

加快造价咨询企业职业道德守则和执业标准建设，加强执业质量监管。整合资质资格管理系统与信用信息系统，搭建统一的信息平台。依托统一信息平台，建立信用档案，及时公开信用信息，形成有效的社会监督机制。加强信息资源整合，逐步建立与工商、税务、社保等部门的信用信息共享机制。

探索开展以企业和从业人员执业行为和执业质量为主要内容的评价活动，并与资质资格管理联动，营造“褒扬守信、惩戒失信”的环境。鼓励行业协会开展社会信用评价。

(7)促进造价专业人才水平提升

研究制定工程造价专业人才发展战略，提升专业人才素质。注重造价工程师考试和继续教育的实务操作和专业需求。加强与大专院校的联系，指导工程造价专业学科建设，保证专业人才培养质量。

该意见可以说是继2003年工程量清单计价制度改革后，又一次系统化的工程造价管理改革部署，为通过市场竞争形成工程造价，决定工程价格，以及促进行业的健康持续发展，工程造价专业人员的素质提升提出了具体的任务与措施。

总之，我国的工程造价市场化进程依然很慢，各方主体的造价工程师更多地依赖政府供给的定额进行工程计价，已经成为工程造价管理改革的重要瓶颈，也制约了造价工程师在建设项目价格管理、工程施工成本管理,以及综合工程咨询和工程项目管理方面能力的提升。因此,必须围绕健全市场决定工程造价机制,建立与市场经济相适应的工程造价管理体系,深化工程造价管理改革,并重点做好以下几项工作。

一是要健全以工程发承包和工程价款结算为主的工程造价管理制度,实现“法律制度健全,交易规则明晰,价格市场形成,监管切实到位”的工程造价管理环境。

二是要完善以市场需求为主的工程交易规则,实现工程总承包、施工承包、专业分包的工程计价、计量规则的全覆盖。

三是要优化以工程计价定额和工程计价信息为主的公共服务,提高编制质量,实现国有投资项目各阶段工程计价定额的全覆盖和工程计价信息的动态化。

四是要完善以工程造价咨询业务为主的工程造价成果文件技术标准,实现各阶段工程计价文件的规范化、数据格式的标准化。

五是要推进工程造价咨询企业信息化建设,促进工程造价咨询企业经营的规模化、业务的综合化和市场的国际化。

六是要完善以造价工程师执业资格制度、个人会员制度为主的人才培养机制,促进学历教育、资格准入、继续教育的有效衔接,并通过行业领军人才带动造价工程师素质的全面提升。

(二)工程价格属性的调整与特点

依据《价格法》的规定,国家实行并逐步完善宏观经济调控下主要由市场形成价格的机制。价格的制定应当符合价值规律,大多数商品和服务价格实行市场调节价,极少数商品和服务价格实行政府指导价或者政府定价。其中,市场调节价是指由经营者自主制定,通过市场竞争形成的价格;政府指导价是指由政府价格主管部门或者其他有关部门按照定价权限和范围规定基准价及其浮动幅度,指导经营者制定的价格;政府定价是指由政府价格主管部门或者其他有关部门按照定价权限和范围制定的价格。

1984 年,国务院发布《关于改革建筑业和基本建设管理体制若干问题的暂行规定》,以此为标志,我国的建设工程价格属性随着我国经济体制的改革不断进行着调整,经历了政府定价、政府指导价和市场调节价为主的 3 个阶段。我国的工程造价管理改革与我国经济体制的改革是密不可分的,工程造价管理者,务必要研究工程价格属性,在工程造价纠纷处理中要把握不同时期的建筑产品或工程价格属性,政府政策、文件等工程造价的管理要求及其效力,人材机要素价格不同时点的价格属性,对建设工程的价格依法、规范地进行调整。如《价格法》第十二条要求“经营者进行价格活动,应当遵守法律、法规,执行依法制定的政府指导价、政府定价和法定的价格干预措施、紧急措施”。当我国政府定价的电价、水价做出调整时显然应该调整工程价格，当新冠疫情暴发后，建设工程项目要依据政府规定采取防护措施，由此增加的费用可依据政府有关部门的要求或规定计入工程造价，调整合同价款，这也可以视为政府采取的价格干预措施。

1. 1985 年以前的政府定价阶段

在 1985 年以前，政府基本上是建设项目唯一的投资主体，人工、建设产品和生产资料等要素价格以及其供应均由政府确定和计划供应，是高度统一的。此时的建筑产品实际上并不具有市场经济商品性质，而是具有计划经济物资属性。在工程计价方面，国家是建设工程价格形成的决策和管理主体，建设单位、设计单位、施工单位都按照国家有关部门批准的建设方案，及其规定的建设工程定额、建设标准、材料价格和取费标准来计算、确定工程价格，在工程竣工后，对基本建设资金实行“多退少补”、据实核算，各方建设主体都按照国家基本建设计划来建设，并不存在竞争以及利益纠葛，这种“建筑安装工程交易价格”属于国家定价的价格形式，其属性显然是政府定价。

2. 1985—2003 年的国家指导价阶段

改革开放以后，1985 年 1 月，经国务院批准，原国家物价局、物资局发布《关于放开工业生产资料超产自销产品价格的通知》，取消了企业完成国家计划后生产资料产品销售不得高于国家牌价 20% 的限制。从此，计划外生产资料的自由交易取得合法地位。当年，政府还放开了绝大部分农副产品的购销价格，取消了粮油的统购价格，实行合同定购制度。1986 年，放开了名牌自行车、电冰箱、洗衣机等 7 种耐用消费品的价格。其实，早在 1984 年 9 月 18 日，国务院《关于改革建筑业和基本建设管理体制若干问题的暂行规定》（国发〔1984〕3 号）就规定：改革建设资金管理办法——改财政拨款为银行贷款，国家将投资总金额分年拨付各建设银行。改变工程款结算办法——建筑安装企业向银行贷款，项目竣工后一次结算。改革建筑材料供应方式——国家重点项目所需的材料要优先保证（计划内供应），其他项目所需主要材料，由承包单位向物资供应单位或生产企业订货。凡是计划分配不足的部分，允许采购议价材料，所增加的费用，在编制工程总概算时，应被考虑在内。总的来说，改革是按照“以放为主”的思路不断减少对价格的控制。国家提出了计划内、计划外生产资料价格的双轨制，打破了计划经济体制下统一价格的供给模式。为吸引多方投资，国家又提出了投资主体多元化、拨款改贷款等投资体制、资金管理改革。在此背景下，计划经济体制下形成的传统建筑产品价格形成机制和表现形式，已经不再适应经济体制和发展的要求，原有的工程计价定额作为工程计价唯一依据的缺陷也就不断显露。

20 世纪 90 年代初期，为了适应市场化需要、改进工程计价定额不合理之处，工程造价管理部门相继提出了“量价分离”和“控制量、指导价、竞争费”的工程造价改革方向,这些措施的实施缓解了社会对工程价格形成机制的矛盾。这一阶段,这种“建筑安装工程交易价格”具有明显的政府指导价的特征。建筑工程计价管理依据的内容也从工程量计算规则和工程计价定额管理逐步发展到工程量计算规则、工程计价定额和工程价格信息等多个方面。回过头来看“统一量、指导价、竞争费”的工程计价原则,一是“控制量”,即统一计价时定额消耗量,但不同的施工企业管理水平、装备水平不同,在人材机的消耗量上是不一样的;二是“指导价”,即人材机的价格由工程造价管理机构发布,具有指导性,《价格法》明确规定,价格分为政府定价、政府指导价、市场调节价,我国的绝大部分商品与服务实行市场调节价,但电价、水价、煤气、铁路运输仍实行政府定价,部分商品与服务性价格有的还实行政府指导价,因此,在工程计价时应根据政府确定的价格属性区别对待;三是竞争费,即人材机价格之外的费用是竞争性的,我国《2013 版清单计价规范》以强制性条文规定安全文明施工费和规费应按国家或省级、行业建设主管部门的规定计价,不得作为竞争性费用。这就要求工程造价管理者一定要审时度势,适应市场经济体制改革的需要,与时俱进地推进工程造价管理改革。

3. 2003 年以后,市场调节价为主阶段

2003 年 2 月 27 日《2003 版清单计价规范》(现已失效)以国家标准形式发布实施,该规范的实施是工程造价管理体制改革的一个里程碑,它标志着建设工程价格从政府指导价向市场调节价的根本过渡。从表面上看实行工程量清单计价,仅是工程量清单计价方式取代了传统的预算定额计价方式,并且仍以工程计价定额为组价的支撑。但从根本上看,这种交易表现方式的变化,彻底改变了工程造价价格属性的形成机制,以预算定额为基础进行工程计价,其结果是在传统计价定额指导下对工程造价的确定,其价格属性具有政府指导价性质。

工程量清单计价,是通过在招标投标阶段以发包人提供的工程量清单为基础,由投标人自主报价,来实现市场竞争形成工程价格,这样便使建筑产品价格由市场来调节,打破了仅依据预算定额计价的国家指导价价格属性。工程量清单计价方式的实施,对规范建设工程市场计价行为和秩序,促进建设工程市场有序竞争和企业健康发展,加快工程造价的确定与控制是有积极意义的。2008 年、2013 年住房和城乡建设部对《建设工程工程量清单计价规范》进行了两次系统修订,使其执行力度进一步加大,内容更加全面,可操作性更强,更加符合国情和改革发展趋势。

但是,我们也必须清醒地看到,因为我国的工程招投标管理体制仍然没有发挥好业主在项目管理和工程交易中的关键作用,特别是完全依靠政府确定的招标管理机构主持下的评标,虽然一定程度上显示了公平,但没有真正反映业主与项目的需求。另外,我们的最高投标限价制度也存在一定缺陷,有关管理规定和《2013 版清单计价规

范》规定国有投资项目的最高投标限价要依据相应的工程造价管理机构发布的定额和工程计价信息进行编制，导致投标人围绕最高投标限价投标，而不是依据企业定额和具体项目的施工组织方案进行编制。还有，工程建设中的要素价格仍然存在政府定价、政府指导价，因此，我们的工程价格与真正意义的市场调节价仍有差距，应该定位为市场调节价或政府计价依据影响下的不完全市场调节价为主。

（三）工程造价管理中的主要挑战

改革开放以来，我国工程造价管理不断适应经济体制改革的需要，经历了政府定价、政府指导价、市场调节价（为主）的发展历程，也取得了较大的成就，随着我国工程造价管理改革的不断深化，政府将逐步取消预算定额，改进信息建设和发布机制。但目前大多工程造价管理机构、工程造价咨询企业还不能按照工程价格形成市场化、建筑产业化、业务和管理数字化的发展要求提供高质量的服务，这与供给侧结构性改革、完善的市场经济体制的发展要求还有很大差距，概括起来主要表现在以下几个方面。

1. 工程造价管理工作缺乏法律法规的有效支撑

工程造价管理的立法十分薄弱，在工程造价管理制度上，工程造价管理与监督上位缺乏，导致工程造价管理机构定位不清、监管乏力，建筑市场在市场秩序、交易公平、合理确定工程价格、合同的如实履约以及工程价款支付、工程质量与安全上缺乏有效的保证。与律师、会计师、建筑师相比，造价工程师的职能没有法律和行政法规上的体现，工程造价咨询业的执业环境有待改善。这也为工程造价管理、工程造价纠纷争议处理带来了诸多不便。

2. 各方主体过度依赖政府发布的工程计价依据

投资管理、工程建设、财政、审计等部门，以及建设单位、施工企业、工程造价咨询企业等与工程建设相关的各方主体都较为依赖政府发布的工程计价定额、费用定额、工程计价信息进行工程造价的确定、核算以及解决争议，不符合市场竞争形成价格的发展要求，也遏制了真实的工程造价数据的产生、积累与复用，没有形成市场化的工程造价管理体系。

3. 没有发挥好合同管理在工程造价管控中的关键作用

建设单位和工程咨询企业没有发挥好合同管理在工程造价管控中的关键作用，没有重视以合同方式全面地管控工程、工程价格和工程价款支付，没有运用好招标人发布的工程量清单，投标人的投标报价没有作为合同的重要组成部分，合同承载着工程交易、工程计量支付以及工程结算的重要作用。

4. 工程建设各方主体信用和诚信缺乏

工程造价专业人员的工作重点更多集中于工程计价业务，且不断重复进行核定工作，没有着眼于建设项目的全寿命周期的价值管理，进而发挥好各方主体在工程造价管理上应有的作用。

5. 工程造价咨询企业整体实力有待提升

工程造价咨询企业过多地依靠政府的工程定额和工程计价信息，大多企业没有企业标准、作业规范的作业模板、业务指南，更没有自身的企业定额、典型工程数据库、工程计价信息库，以及可资源化的业务成果。工程造价咨询企业规模普遍偏低、业务建设投入十分薄弱，整体实力有待提升，规范管理和诚信建设有待加强。

6. 企业定额主要作用没有有效发挥

部分施工企业没有自身的企业定额，未依靠企业定额和投标项目的施工组织方案进行投标报价，围绕交易价格以包代管，没有发挥施工企业定额在投标报价、工程分包、工料计划、成本管理等方面的核心作用。大多施工企业管理层级过多，且放权项目经理进行工程分包、劳务分包、设备材料采购，没有形成先进的企业管理机制，发挥好企业特别是大型企业在人、财（资金）、物（材料、设备）供应链管理、物流管理方面的成本管理优势，经营管理模式较为粗放。

（四）工程造价管理市场化发展的方向

改革开放40多年来，建筑业一直是中国经济发展的重要支撑，作为工程建设的组成部分，工程造价管理在中国经济改革中发挥了重要的作用。随着科技手段的不断发展和完善，工程造价管理的相关工作要采取更加积极的措施，适应国家全面深化市场经济体制改革要求，实现工程造价管理工作的提质增效，满足建设项目投资造价控制的实际需求。

1. 改革是工程造价管理工作的主基调

在国家层面，继续、全面深化市场经济体制改革仍是我国科学发展的主要动力，是贯彻国家全面深化市场经济体制改革的相应措施。工程造价市场化改革仍是在一定时期内工程造价宏观管理工作和发展改革的重点。

政府部门要按照市场决定工程造价的原则，加强和改善市场监管，转变政府职能，围绕规则制定、维护市场秩序的目的健全市场决定工程造价的机制，建立与市场经济相适应的工程造价监督管理体系，形成统一开放、竞争有序的市场环境，正确处理工程造价管理中政府与市场、发包与承包、监管与服务等关系，促进工程造价事业的协同发展。

2. 市场化计价是工程造价管理发展要求

一要建立良好的市场环境，保障工程造价管理相关要素市场化配置、流动。工程造价管理工作除传统的工程计价、工程造价管理工作外，还要高度关注建设投资、土地、各生产要素以及数据、技术等资源配置的效率与价格等。

二要坚持以市场化为导向,以市场竞争形成价格为主,以成本形成价格为辅。随着我国市场经济体制的不断成熟,传统的以定额为主的工程计价方式带来的弊端越发显现,定额计价本质上是以成本来形成交易价格,政府对工程计价定额的供给,强化了成本形成价格的作用,也不利于建筑工业化产业链的培育与科学发展,因此,工程造价管理实践中要坚持市场化导向,以市场竞争形成价格为主,以成本形成价格为辅,重新构建建筑产品定价方式,并以此促进建筑的工业化和建筑产业链的良性发展。

三要强化企业的工程计价依据建设能力。长期以来,我国以工程计价定额为主的工程计价依据一直由政府主导,部分数据失实,与社会平均劳动力水平和效率的差异越来越大,并严重影响了真实数据的产生与建设。今后,要积极引导企业编制自己的企业定额,真正体现企业自主经营和参与市场自由竞争的价值,使企业的工程计价依据真正反映本企业技术管理水平,促进企业通过技术进步、加强管理等措施和方法提高市场竞争力。另外,随着政府工程计价定额的取消,各方主体要加强合同履约的管理,在处理工程造价纠纷时,要具有对成本以及损失进行举证和质证的能力。

3. 大数据是工程造价信息的主要表现形式

2017 年,党的十九大报告提出:建设网络强国、数字中国、智慧社会。推动实施国家大数据战略,加快建设数字中国,更好服务社会、服务人民。2021 年,《国民经济和社会发展第十四个五年规划和 2035 年远景目标纲要》在“加快数字化发展、建设数字中国”中要求迎接数字时代,激活数据要素潜能,推进网络强国建设,加快建设数字经济、数字社会、数字政府,以数字化转型整体驱动生产方式、生活方式和治理方式变革。

工程管理,包括工程造价管理的相关工作需要始终树立以人民为中心的发展理念,把握方向、牢记使命、与时俱进、适应未来。

随着互联网、云计算、大数据、人工智能技术的不断发展,工程造价的数据建设,必须摒弃传统的指标积累和定额编制方法,如:传统的定额编制强调现场的写实记录、平均、综合、步距、幅度差、系数调整,这些都不符合大数据的原理。大数据是无限趋近真实的数据、是最可靠的数据,也是人工智能可应用的基础。我们有必要用好定额的原理,与时俱进地用大数据的技术促进工程造价的数据积累与建设。一是要利用定额的原理,用大数据技术获取的真实数据,经过结构化和标准化,形成数据的良性发展机制;二是要拓展传统的数据内容,工程造价的大数据显然不限于定额、价格等,它应该涵盖业务、管理等各方面的全息数据。

4. 数字化是工程造价管理的大势所趋

为适应建筑业工业化和数字化发展,工程造价专业需要利用数字化技术,促进工程造价管理的规范化、成果和信息的资源化,这是工程造价管理科学发展的大势所趋。

(1)工程造价管理数字化转型的必要性

一是工程造价的数字化转型可以促进政府转变职能。将政府发布的工程造价信息由计价依据转向大数据信息,如工程指标指数、价格信息,形成从工程计价依据发布型向工程数据服务型的新供给。

二是工程造价服务的数字化转型可以满足多元市场需求。通过数据积累分析和反馈,精准反映标准变化、技术进步、价格波动,推动实现数据的共建、共享和数据资源化价值,推动行业的健康持续发展。

三是工程造价服务的数字化转型可以实现全过程造价管控。通过持续的标准建设,发挥人工智能、数据成长在迭代全生命周期的价值来管理数据,形成全参与方、全要素数据协调与配合,提高工程造价管理的质量和效率,支撑建筑供应链各方的投资与成本管控活动。

(2)工程造价管理数字化发展的两个重要维度

一是产品的数字化(MBD)。基于建筑信息模型(BIM)的数字化产品(MBD),实现数字模型技术在全流程和全产业链中的应用。要基于数据定义工程建设产品,以推动形成工程咨询业务产品新标准,用带有注释的三维模型及其相关的数据元素来对产品进行定义、描述,实现数据从决策、设计上游到制造、建造、使用、运维下游的传递、使用、拓延。

二是企业的数字化(MBE)。要基于数字化产品生产和合作要求,实现跨组织的信息共享与传递、集成。通过数字孪生模型,以及组织系统、生产系统的全流程数字化仿真,实现各参与方、各阶段、各要素模型和数据的应用,实现向智能型、数字化组织转变。基于数据建立新的生产关系,让企业的效率建立在产品的组合上。

(3)工程造价管理数字化发展的主要“瓶颈”

工程造价管理一般要以工程计量计价为基础,工程计价成果文件和工程计价依据具有天然的二维结构,易于标准化,但我们可以打破传统的定额编制方法,按照工程造价数据类别、项目划分、数据层级、成果文件、要素价格等构建数字化的标准体系,以建立工程造价各类数据之间的逻辑关系和数据穿透,打破“信息孤岛”,奠定工程造价信息数据共享和数据资源化基础。

一要完善工程造价管理的数字化标准。要针对建设项目的类别、项目的层级进行规范性的项目划分,编制基于工程造价管理应用的建设项目划分基本标准;还要对工程造价费用构成或组成编制规范性的基础标准,然后在此基础上建立从建设项目到专业工程的数据属性与分解标准,建立工程造价成果文件的数据格式标准,以及建设工程要素信息数据标准等。

二要推进工程造价管理业务的数字化。工程造价管理要积极适应互联网、人工智能、大数据、云计算等数字信息技术的发展要求，促进以 BIM 技术为代表的虚拟仿真、信息管理等方面数字建筑技术在工程建设领域的应用。工程造价管理的数字化应以实现工程造价管理业务的软件和数据驱动为应用场景，秉持现代工程管理的思想以实现工程造价系统化集成、专业化管理、数字化交付和资源化利用。要改变传统的采集和测算方式，通过平台和系统建设，建立以投资项目为主的工程造价数据库，规范地开展工程造价数据积累，自动形成政府投资项目的典型工程、专业工程、要素价格指标或指数。

(4)强化工程造价数字化应用场景分析

项目价值管理与工程估价。以工程造价咨询企业或项目业主为主，结合自身的管理和业务建设要求，建立从工程估算到最高投标限价的全面工程估价信息，该信息不仅要立足于工程造价本身，还要包括项目建设范围、项目组成、功能需求、建设标准、建设条件、各类专业工程费用构成、交易价格、资产交付等全面的价值管理信息，以形成可供复用的典型工程数据案例。

工程交易与工程要素价格。以工程招投标市场的交易结果或投标报价为数据源头，构建基于设计施工总承包、工程施工总承包为主要交易场景的工程交易信息，以及自动提取市场形成的人工、材料、机械要素价格信息。

工程施工成本与施工定额。以施工企业为主，利用 BIM、智慧工地、大数据等技术实现工程施工现场数据的智能化采集，获取施工企业和咨询企业应用的各专业工程的人工、材料、施工机械消耗量，积累建设项目的管理人员投入、工期、措施方案与措施费用等相关数据，在保持原有定额原理的基础上，利用数字化技术，改变原有定额编制的方法。

工程造价业务成果的资源化。工程造价咨询企业应改变原有的作业模式，建设平台化、数字化的作业系统，在作业过程中应用系统软件和工具软件，在作业过程中应用数据、解构数据、积累数据，实现工程造价数据的良性成长系统和资源化价值。

第四章

工程发承包管理主要制度

一、建设工程招标投标制度

建设工程招标投标，是建设单位对拟建的建设工程项目通过法定的程序和方式吸引承包单位进行公平竞争，并从中选择条件优越者来完成建设工程任务的行为。建设工程招标投标是在市场经济条件下常用的一种建设工程项目交易方式。

我国建设工程招标投标制度是遵循《招标投标法》《招标投标法实施条例》《工程建设项目施工招标投标办法》等法律法规而建立的。

（一）建设工程法定招标的范围、招标方式

1. 建设工程必须招标的范围

《招标投标法》第三条第一款规定，在中华人民共和国境内进行下列工程建设项目包括项目的勘察、设计、施工、监理以及与工程建设有关的重要设备、材料等的采购，必须进行招标：

（1）大型基础设施、公用事业等关系社会公共利益、公众安全的项目；

（2）全部或者部分使用国有资金投资或者国家融资的项目；

（3）使用国际组织或者外国政府贷款、援助资金的项目。

2. 建设工程必须招标的规模标准

2018 年 3 月 27 日，经国务院批准，国家发展和改革委员会发布《必须招标的工程项目规定》（国家发展和改革委员会令第 16 号），2000 年 5 月 1 日原国家发展计划委员会发布的《工程建设项目招标范围和规模标准规定》同时废止。2020 年 10 月 19 日，国家发展改革委办公厅发布《关于进一步做好〈必须招标的工程项目规定〉和〈必须招标的基础设施和公用事业项目范围规定〉实施工作的通知》（发改办法规〔2020〕770 号），对依法必须招标的工程建设项目范围进行了进一步明确。

根据上述两个文件，依法必须招标的工程建设项目范围包括：

（1）全部或者部分使用国有资金投资或者国家融资的项目，具体包括使用预算资金200万元人民币以上，并且该资金占投资额10%以上的项目；使用国有企业事业单位资金，并且该资金占控股或者主导地位的项目。使用国际组织或者外国政府贷款、援助资金的项目，包括使用世界银行、亚洲开发银行等国际组织贷款、援助资金的项目；使用外国政府及其机构贷款、援助资金的项目。对于不满足上述规定情形的大型基础设施、公用事业等关系社会公共利益、公众安全的项目，必须招标的具体范围由国务院发展改革部门会同国务院有关部门按照确有必要、严格限定的原则制订，报国务院批准。

（2）必须招标的工程建设项目范围内的项目，其勘察、设计、施工、监理以及与工程建设有关的重要设备、材料等的采购达到下列标准之一的，必须招标：施工单项合同估算价在400万元人民币以上；重要设备、材料等货物的采购，单项合同估算价在200万元人民币以上；勘察、设计、监理等服务的采购，单项合同估算价在100万元人民币以上。同一项目中可以合并进行的勘察、设计、施工、监理以及与工程建设有关的重要设备、材料等的采购，合同估算价合计达到前款规定标准的，必须招标。其中"同一项目中可以合并进行"，是指根据项目实际以及行业标准或行业惯例，符合科学性、经济性、可操作性要求的同一项目中适宜放在一起进行采购的同类采购项目。

（3）必须招标的工程建设项目范围内的项目，其勘察、设计、施工、监理以及与工程建设有关的重要设备、材料等的单项采购分别达到上述单项合同价估算标准的，该单项采购必须招标；该项目中未达到前述相应标准的单项采购，不属于必须招标的范畴。发包人依法对工程以及与工程建设有关的货物、服务全部或者部分实行总承包发包的，总承包中施工、货物、服务等各部分的估算价中，只要有一项达到上述相应标准，即施工部分估算价达到400万元以上，或者货物部分达到200万元以上，或者服务部分达到100万元以上，则整个总承包发包应当招标。

明确全国执行统一的规模标准。明确全国适用统一规则，各地不得另行调整。

3. 可以不进行招标的建设工程项目

《招标投标法》第六十六条规定，涉及国家安全、国家秘密、抢险救灾或者属于利用扶贫资金实行以工代赈、需要使用农民工等特殊情况，不适宜进行招标的项目，按照国家有关规定可以不进行招标。

《招标投标法实施条例》第九条第一款还规定，除上述《招标投标法》规定的可以不进行招标的特殊情况外，有下列情形之一的，可以不进行招标：

（1）需要采用不可替代的专利或者专有技术；

（2）采购人依法能够自行建设、生产或者提供；

（3）已通过招标方式选定的特许经营项目投资人依法能够自行建设、生产或者提供；

(4)需要向原中标人采购工程、货物或者服务，否则将影响施工或者功能配套要求；

(5)国家规定的其他特殊情形。

4. 建设工程招标方式

《招标投标法》第十条规定，招标分为公开招标和邀请招标。

公开招标是指招标人以招标公告的方式邀请不特定的法人或者其他组织投标。招标人采用公开招标方式的，应当发布招标公告，依法必须进行招标的项目的招标公告，应当通过国家指定的报刊、信息网络或者其他媒介发布。《招标投标法实施条例》第八条第一款进一步规定，国有资金占控股或者主导地位的依法必须进行招标的项目，应当公开招标。

邀请招标是指招标人以投标邀请书的方式邀请特定的法人或者其他组织投标。《招标投标法》第十七条第一款规定，招标人采用邀请招标方式的，应当向 3 个以上具备承担招标项目的能力、资信良好的特定法人或者其他组织发出投标邀请书。《招标投标法》第十一条规定，国务院发展计划部门确定的国家重点项目和省、自治区、直辖市人民政府确定的地方重点项目不适宜公开招标的，经国务院发展计划部门或者省、自治区、直辖市人民政府批准，可以进行邀请招标。

《招标投标法实施条例》第八条第一款进一步规定，国有资金占控股或者主导地位的依法必须进行招标的项目，应当公开招标；但有下列情形之一的，可以邀请招标：

(1)技术复杂、有特殊要求或者受自然环境限制，只有少量潜在投标人可供选择；

(2)采用公开招标方式的费用占项目合同金额的比例过大。

此外，《招标投标法实施条例》第二十九条还规定，招标人可以依法对工程以及与工程建设有关的货物、服务全部或者部分实行总承包招标。以暂估价形式包括在总承包范围内的工程、货物、服务属于依法必须进行招标的项目范围且达到国家规定规模标准的，应当依法进行招标。以上所称暂估价，是指总承包招标时不能确定价格而由招标人在招标文件中暂时估定的工程、货物、服务的金额。

该条例第三十条规定，对技术复杂或者无法精确拟定技术规格的项目，招标人可以分两阶段进行招标。第一阶段，投标人按照招标公告或者投标邀请书的要求提交不带报价的技术建议，招标人根据投标人提交的技术建议确定技术标准和要求，编制招标文件。第二阶段，招标人向在第一阶段提交技术建议的投标人提供招标文件，投标人按照招标文件的要求提交包括最终技术方案和投标报价的投标文件。

（二）招标基本程序

《招标投标法》第五条规定，招标投标活动应当遵循公开、公平、公正和诚实信用的原则。

建设工程招标的基本程序主要包括:履行项目审批手续、委托招标代理机构、编制招标文件、发布招标公告或投标邀请书、资格审查、开标、评标、中标和签订合同,以及终止招标等。

1. 履行项目审批手续

《招标投标法》第九条规定,招标项目按照国家有关规定需要履行项目审批手续的,应当先履行审批手续,取得批准。招标人应当有进行招标项目的相应资金或者资金来源已经落实,并应当在招标文件中如实载明。

《招标投标法实施条例》第七条进一步规定,按照国家有关规定需要履行项目审批、核准手续的依法必须进行招标的项目,其招标范围、招标方式、招标组织形式应当报项目审批、核准部门审批、核准。项目审批、核准部门应当及时将审批、核准确定的招标范围、招标方式、招标组织形式通报有关行政监督部门。

2. 委托招标代理机构

招标代理机构是依法设立、从事招标代理业务并提供相关服务的社会中介组织。《招标投标法》规定,招标人有权自行选择招标代理机构,委托其办理招标事宜。招标代理机构应当具备下列条件:

(1)有从事招标代理业务的营业场所和相应资金;

(2)有能够编制招标文件和组织评标的相应专业力量。

但委托招标代理机构并不是招标的必要程序,《招标投标法》第十二条规定,招标人具有编制招标文件和组织评标能力的,可以自行办理招标事宜。任何单位和个人不得强制其委托招标代理机构办理招标事宜。依法必须进行招标的项目,招标人自行办理招标事宜的,应当向有关行政监督部门备案。《招标投标法实施条例》第十条进一步规定,招标人具有编制招标文件和组织评标能力,是指招标人具有与招标项目规模和复杂程度相适应的技术、经济等方面的专业人员。

3. 编制招标文件

《招标投标法》第十九条第一款、第二款规定,招标人应当根据招标项目的特点和需要编制招标文件。招标文件应当包括招标项目的技术要求、对投标人资格审查的标准、投标报价要求和评标标准等所有实质性要求和条件以及拟签订合同的主要条款。国家对招标项目的技术、标准有规定的,招标人应当按照其规定在招标文件中提出相应要求。

招标文件不得要求或者标明特定的生产供应者以及含有倾向或者排斥潜在投标人的其他内容。招标人对已发出的招标文件进行必要的澄清或者修改的,应当在招标文件要求提交投标文件截止时间至少 15 日前,以书面形式通知所有招标文件收受人,该澄清或者修改的内容为招标文件的组成部分。

招标人应当确定投标人编制投标文件所需要的合理时间，但是依法必须进行招标的项目，自招标文件开始发出之日起至投标人提交投标文件截止之日止，最短不得少于 20 日。

4. 发布招标公告或者投标邀请书

根据《招标投标法》第十六条的规定，招标人采用公开招标方式的，应当发布招标公告。招标公告应当载明招标人的名称和地址，招标项目的性质、数量、实施地点和时间以及获取招标文件的办法等事项。

招标人采用邀请招标方式的，应当向 3 个以上具备承担招标项目的能力、资信良好的特定的法人或者其他组织发出投标邀请书。投标邀请书也应当载明招标人的名称和地址，招标项目的性质、数量、实施地点和时间以及获取招标文件的办法等事项。

《招标投标法实施条例》第十六条进一步规定，招标人应当按照资格预审公告、招标公告或者投标邀请书规定的时间、地点发售资格预审文件或者招标文件。资格预审文件或者招标文件的发售期不得少于 5 日。招标人发售资格预审文件、招标文件收取的费用应当限于补偿印刷、邮寄的成本支出，不得以营利为目的。

5. 资格审查

资格审查分为资格预审和资格后审。

《招标投标法实施条例》规定，招标人采用资格预审办法对潜在投标人进行资格审查的，应当发布资格预审公告、编制资格预审文件。招标人应当合理确定提交资格预审申请文件的时间。依法必须进行招标的项目提交资格预审申请文件的时间，自资格预审文件停止发售之日起不得少于 5 日。资格预审结束后，招标人应当及时向资格预审申请人发出资格预审结果通知书。未通过资格预审的申请人不具有投标资格。通过资格预审的申请人少于 3 个的，应当重新招标。

招标人采用资格后审办法对投标人进行资格审查的，应当在开标后由评标委员会按照招标文件规定的标准和方法对投标人的资格进行审查。

6. 开标

《招标投标法》第三十四条规定，开标应当在招标文件确定的提交投标文件截止时间的同一时间公开进行，开标地点应当为招标文件中预先确定的地点。

开标由招标人主持，邀请所有投标人参加。开标时，由投标人或者其推选的代表检查投标文件的密封情况，也可由招标人委托的公证机构检查并公证；经确认无误后，由工作人员当众拆封，宣读投标人名称、投标价格和投标文件的其他主要内容。招标人在招标文件要求提交投标文件的截止时间前收到的所有投标文件，开标时都应当当众予以拆封、宣读。开标过程应当记录，并存档备查。

《招标投标法实施条例》第四十四条进一步规定，招标人应当按照招标文件规定的时间、地点开标。投标人少于3个的，不得开标；招标人应当重新招标。投标人对开标有异议的，应当在开标现场提出，招标人应当当场作出答复，并制作记录。

7. 评标

《招标投标法》规定，评标由招标人依法组建的评标委员会负责。招标人应当采取必要的措施，保证评标在严格保密的情况下进行。任何单位和个人不得非法干预、影响评标的过程和结果。

依法必须进行招标的项目，其评标委员会由招标人的代表和有关技术、经济等方面的专家组成，成员人数为5人以上单数，其中技术、经济等方面的专家不得少于成员总数的2/3。与投标人有利害关系的人不得进入相关项目的评标委员会；已经进入的应当更换。评标委员会成员的名单在中标结果确定前应当保密。

评标委员会可以要求投标人对投标文件中含义不明确的内容作必要的澄清或者说明，但是澄清或者说明不得超出投标文件的范围或者改变投标文件的实质性内容。评标委员会应当按照招标文件确定的评标标准和方法，对投标文件进行评审和比较；设有标底的，应当参考标底。评标委员会完成评标后，应当向招标人提出书面评标报告，并推荐合格的中标候选人。评标委员会经评审，认为所有投标都不符合招标文件要求的，可以否决所有投标。依法必须进行招标的项目的所有投标被否决的，招标人应当依法重新招标。

8. 中标和签订合同

《招标投标法》规定，招标人根据评标委员会提出的书面评标报告和推荐的中标候选人确定中标人。招标人也可以授权评标委员会直接确定中标人。

招标人和中标人应当自中标通知书发出之日起30日内，按照招标文件和中标人的投标文件订立书面合同。招标人和中标人不得再行订立背离合同实质性内容的其他协议。

《招标投标法实施条例》第五十七条进一步规定，招标人和中标人应当依照《招标投标法》和本条例的规定签订书面合同，合同的标的、价款、质量、履行期限等主要条款应当与招标文件和中标人的投标文件的内容一致。

9. 终止招标

《招标投标法实施条例》第三十一条规定，招标人终止招标的，应当及时发布公告，或者以书面形式通知被邀请的或者已经获取资格预审文件、招标文件的潜在投标人。已经发售资格预审文件、招标文件或者已经收取投标保证金的，招标人应当及时退还所收取的资格预审文件、招标文件的费用，以及所收取的投标保证金及银行同期存款利息。

（三）投标人、投标文件的法定要求和投标保证金

1. 投标人

《招标投标法》规定，投标人是响应招标、参加投标竞争的法人或者其他组织。投标人应当具备承担招标项目的能力；国家有关规定对投标人资格条件或者招标文件对投标人资格条件有规定的，投标人应当具备规定的资格条件。

《招标投标法实施条例》对投标人有进一步的规定。投标人参加依法必须进行招标的项目的投标，不受地区或者部门的限制，任何单位和个人不得非法干涉。与招标人存在利害关系可能影响招标公正性的法人、其他组织或者个人，不得参加投标。单位负责人为同一人或者存在控股、管理关系的不同单位，不得参加同一标段投标或者未划分标段的同一招标项目投标。违反以上规定的，相关投标均无效。投标人发生合并、分立、破产等重大变化的，应当及时书面告知招标人。投标人不再具备资格预审文件、招标文件规定的资格条件或者其投标影响招标公正性的，其投标无效。

2. 投标文件

（1）投标文件的内容要求。《招标投标法》第二十七条规定，投标人应当按照招标文件的要求编制投标文件。投标文件应当对招标文件提出的实质性要求和条件作出响应。招标项目属于建设施工的，投标文件的内容应当包括拟派出的项目负责人与主要技术人员的简历、业绩和拟用于完成招标项目的机械设备等。

（2）投标文件的修改与撤回。《招标投标法》第二十九条规定，投标人在招标文件要求提交投标文件的截止时间前，可以补充、修改或者撤回已提交的投标文件，并书面通知招标人。补充、修改的内容为投标文件的组成部分。

《招标投标法实施条例》第三十五条进一步规定，投标人撤回已提交的投标文件，应当在投标截止时间前书面通知招标人。

（3）招标文件的送达与签收。《招标投标法》第二十八条规定，投标人应当在招标文件要求提交投标文件的截止时间前，将投标文件送达投标地点。招标人收到投标文件后，应当签收保存，不得开启。投标人少于 3 个的，招标人应当依法重新招标。在招标文件要求提交投标文件的截止时间后送达的投标文件，招标人应当拒收。

《招标投标法实施条例》第三十六条进一步规定，未通过资格预审的申请人提交的投标文件，以及逾期送达或者不按照招标文件要求密封的投标文件，招标人应当拒收。招标人应当如实记载投标文件的送达时间和密封情况，并存档备查。

3. 投标保证金

投标保证金是指投标人按照招标文件的要求向招标人出具的，以一定金额表示的投标责任担保，其实质是为了避免因投标人在投标有效期内随意撤销投标或中标后不

能提交履约保证金和签署合同等行为而给招标人造成损失。

《招标投标法实施条例》第二十六条规定，招标人在招标文件中要求投标人提交投标保证金的，投标保证金不得超过招标项目估算价的2%。投标保证金有效期应当与投标有效期一致。依法必须进行招标的项目的境内投标单位，以现金或者支票形式提交的投标保证金应当从其基本账户转出。招标人不得挪用投标保证金。

2013年经修正后发布的《工程建设项目施工招标投标办法》进一步规定，投标保证金不得超过项目估算价的2%，但最高不得超过80万元人民币。投标人应当按照招标文件要求的方式和金额，将投标保证金随投标文件提交给招标人或其委托的招标代理机构。

《招标投标法实施条例》关于投标保证金另行规定，实行两阶段招标的，招标人要求投标人提交投标保证金的，应当在第二阶段提出。招标人终止招标时，已经收取投标保证金的，招标人应当及时退还所收取的投标保证金及银行同期存款利息。投标人撤回已提交的投标文件时，招标人已收取投标保证金的，应当自收到投标人书面撤回通知之日起5日内退还。投标截止时间后投标人撤销投标文件的，招标人可以不退还投标保证金。

招标人最迟应当在书面合同签订后5日内向中标人和未中标的投标人退还投标保证金及银行同期存款利息。

4. 禁止串通投标和其他不正当竞争行为的规定

（1）禁止投标人相互串通投标。《招标投标法》第三十二条第一款规定，投标人不得相互串通投标报价，不得排挤其他投标人的公平竞争，损害招标人或者其他投标人的合法权益。

《招标投标法实施条例》进一步规定，禁止投标人相互串通投标。有下列情形之一的，属于投标人相互串通投标：

①投标人之间协商投标报价等投标文件的实质性内容；

②投标人之间约定中标人；

③投标人之间约定部分投标人放弃投标或者中标；

④属于同一集团、协会、商会等组织成员的投标人按照该组织要求协同投标；

⑤投标人之间为谋取中标或者排斥特定投标人而采取的其他联合行动。

有下列情形之一的，视为投标人相互串通投标：

①不同投标人的投标文件由同一单位或者个人编制；

②不同投标人委托同一单位或者个人办理投标事宜；

③不同投标人的投标文件载明的项目管理成员为同一人；

④不同投标人的投标文件异常一致或者投标报价呈规律性差异；

⑤不同投标人的投标文件相互混装；

⑥不同投标人的投标保证金从同一单位或者个人的账户转出。

（2）禁止招标人与投标人相互串通投标。《招标投标法》第三十二条第二款规定，投标人不得与招标人串通投标，损害国家利益、社会公共利益或者他人的合法权益。

《招标投标法实施条例》第四十一条进一步规定，禁止招标人与投标人串通投标。有下列情形之一的，属于招标人与投标人串通投标：

①招标人在开标前开启投标文件并将有关信息泄露给其他投标人；

②招标人直接或者间接向投标人泄露标底、评标委员会成员等信息；

③招标人明示或者暗示投标人压低或者抬高投标报价；

④招标人授意投标人撤换、修改投标文件；

⑤招标人明示或者暗示投标人为特定投标人中标提供方便；

⑥招标人与投标人为谋求特定投标人中标而采取的其他串通行为。

二、建设工程施工许可证制度

施工许可制度是由国家授权的有关行政主管部门，在建设工程开工之前对其是否符合法定的开工条件进行审核，对符合条件的建设工程允许其开工建设的法定制度。建立施工许可制度，有利于保证建设工程的开工符合必要条件，保证建设工程质量和施工安全生产，避免不具备条件的建设工程盲目开工而给当事人甚至国家财产造成损失，为建设工程在开工后的顺利实施提供保障，也便于有关行政主管部门了解和掌握所辖范围内建设工程的数量、规模以及施工队伍等基本情况，对其依法进行指导和监督，保证建设工程活动依法有序进行。

（一）施工许可证的适用范围

2019 年 4 月经修正后公布的《建筑法》第七条规定，建筑工程开工前，建设单位应当按照国家有关规定向工程所在地县级以上人民政府建设行政主管部门申请领取施工许可证；但是，国务院建设行政主管部门确定的限额以下的小型工程除外。按照国务院规定的权限和程序批准开工报告的建筑工程，不再领取施工许可证。

1. 需要办理施工许可证的建设工程

2021 年 3 月住房和城乡建设部经修改后发布的《建筑工程施工许可管理办法》第二条第一款规定，在中华人民共和国境内从事各类房屋建筑及其附属设施的建造、装修装饰和与其配套的线路、管道、设备的安装，以及城镇市政基础设施工程的施工，建设单位在开工前应当依照本办法的规定，向工程所在地的县级以上地方人民政府住房城乡建设主管部门申请领取施工许可证。

2. 不需要办理施工许可证的建设工程

(1)限额以下的小型工程。按照《建筑法》规定,国务院建设行政主管部门确定的限额以下的小型工程,可以不申请办理施工许可证。据此,《建筑工程施工许可管理办法》第二条第二款规定,工程投资额在30万元以下或者建筑面积在300平方米以下的建筑工程,可以不申请办理施工许可证。省、自治区、直辖市人民政府住房城乡建设主管部门可以根据当地的实际情况,对限额进行调整,并报国务院住房城乡建设主管部门备案。

(2)抢险救灾等工程。《建筑法》第八十三条第三款规定,抢险救灾及其他临时性房屋建筑和农民自建低层住宅的建筑活动,不适用《建筑法》。

(3)无须重复办理施工许可证的建设工程。为避免同一建设工程的开工由不同行政主管部门重复审批的现象,《建筑法》第七条第二款规定,按照国务院规定的权限和程序批准开工报告的建筑工程,不再领取施工许可证。这有两层含义:一是实行开工报告批准制度的建设工程,必须符合国务院的规定,其他任何部门的规定无效;二是开工报告与施工许可证不需要重复办理。

(二)申请主体和法定批准条件

1. 施工许可证的申请主体

《建筑法》第七条第一款规定,建设单位应当按照国家有关规定向工程所在地县级以上人民政府建设行政主管部门申请领取施工许可证。

2. 施工许可证的法定审批条件

《建筑法》第八条第一款规定,申请领取施工许可证,应当具备下列条件:

(1)已经办理该建筑工程用地批准手续;

(2)依法应当办理建设工程规划许可证的,已经取得建设工程规划许可证;

(3)需要拆迁的,其拆迁进度符合施工要求;

(4)已经确定建筑施工企业;

(5)有满足施工需要的资金安排、施工图纸及技术资料;

(6)有保证工程质量和安全的具体措施。

3. 施工许可证的申报文件要求

《建筑工程施工许可管理办法》第四条进一步规定,建设单位申请领取施工许可证,应当具备下列条件,并提交相应的证明文件:

(1)依法应当办理用地批准手续的,已经办理该建筑工程用地批准手续。

(2)依法应当办理建设工程规划许可证的,已经取得建设工程规划许可证。

(3)施工场地已经基本具备施工条件,需要征收房屋的,其进度符合施工要求。

(4)已经确定施工企业。按照规定应当招标的工程没有招标,应当公开招标的工程没有公开招标,或者支解发包工程,以及将工程发包给不具备相应资质条件的企业的,所确定的施工企业无效。

(5)有满足施工需要的资金安排、施工图纸及技术资料,建设单位应当提供建设资金已经落实承诺书,施工图设计文件已按规定审查合格。

(6)有保证工程质量和安全的具体措施。施工企业编制的施工组织设计中有根据建筑工程特点制定的相应质量、安全技术措施。建立工程质量安全责任制并落实到人。专业性较强的工程项目编制了专项质量、安全施工组织设计,并按照规定办理了工程质量、安全监督手续。

4. 延期开工、核验和重新办理批准的规定

(1)申请延期的规定。《建筑法》第九条规定,建设单位应当自领取施工许可证之日起 3 个月内开工。因故不能按期开工的,应当向发证机关申请延期;延期以两次为限,每次不超过 3 个月。既不开工又不申请延期或者超过延期时限的,施工许可证自行废止。

(2)核验施工许可证的规定。《建筑法》第十条规定,在建的建筑工程因故中止施工的,建设单位应当自中止施工之日起一个月内,向发证机关报告,并按照规定做好建筑工程的维护管理工作。建筑工程恢复施工时,应当向发证机关报告;中止施工满一年的工程恢复施工前,建设单位应当报发证机关核验施工许可证。

(3)重新办理批准手续的规定。对于实行开工报告制度的建设工程,《建筑法》第十一条规定,按照国务院有关规定批准开工报告的建筑工程,因故不能按期开工或者中止施工的,应当及时向批准机关报告情况。因故不能按期开工超过 6 个月的,应当重新办理开工报告的批准手续。

三、建设工程资质管理制度

建筑企业市场准入制度是我国政府管理建筑业市场的主要手段,也是在市场经济初期培育市场的重要举措,但是,它也直接影响着市场主体的行为方式及活力,随着我国市场经济管理体制的逐步完善,资质管理制度也应进行调整。

(一)建设工程资质管理的范围与基本条件

《建筑法》第十二条规定,从事建筑活动的建筑施工企业、勘察单位、设计单位和工程监理单位,应当具备下列条件:

(1)有符合国家规定的注册资本;

(2)有与其从事的建筑活动相适应的具有法定执业资格的专业技术人员;

(3)有从事相关建筑活动所应有的技术装备;

(4)法律、行政法规规定的其他条件。

《建筑法》还规定,从事建筑活动的建筑施工企业、勘察单位、设计单位和工程监理单位,按照其拥有的注册资本、专业技术人员、技术装备和已完成的建筑工程业绩等资质条件,划分为不同的资质等级,经资质审查合格,取得相应等级的资质证书后,方可在其资质等级许可的范围内从事建筑活动。从事建筑活动的专业技术人员,应当依法取得相应的执业资格证书,并在执业资格证书许可的范围内从事建筑活动。

(二)建设工程资质管理制度的建设与调整

计划经济时期,我国对建筑企业实行行政体制管理。随着我国市场经济体制的改革,1984 年原中国建设银行颁布《建筑企业营业管理条例》,以资金、技术、人员、生产设备等要素为建筑企业划分资质类别与等级,开始了对建筑企业的规范化管理。其后经历数轮改革,不断细化资质分类分级标准并完善相关配套措施,逐步形成严格稳定的建筑企业资质体系,成为我国建筑企业市场准入制度的主要形式。

2014 年,住房和城乡建设部颁布新版《建筑业企业资质标准》,将建筑企业资质由 85 类缩减至 49 类,同时取消劳务资质分级,自此开启了建筑企业资质体系的精简优化阶段。其后住房和城乡建设部陆续颁布相关文件,通过缩短审批时限、推行告知承诺制度、推行无纸化审批等方式不断优化资质审批流程并强化后续监管。2020 年 11 月,住房和城乡建设部颁布《建设工程企业资质管理制度改革方案》(建市〔2020〕94 号),进一步大幅调整并精简建筑企业资质类别与等级,强调下放审批权限并创新资质监管方式。至此,建筑企业资质体系改革进入新的阶段。自 2014 年至今的建筑企业资质体系相关政策文件及主要改革内容如表 4 - 1 所示。

表 4 - 1　2014 年至今建筑企业资质体系相关政策文件及主要改革内容

年份	文件名称	主要改革内容
2014—2015	《关于建设工程企业发生重组、合并、分立等情况资质核定有关问题的通知》《建筑业企业资质管理规定》	明确建筑企业重组、合并、分立后涉及资质重新核定办理的相关要求; 将建筑企业资质缩减至 49 类,取消劳务资质分级;取消企业注册资本金要求并提高净资产要求,取消项目经理要求并提高建造师要求
2018	《建筑业企业资质管理规定》《关于建设工程企业资质统一实行电子化申报和审批的通知》	对建筑企业资质的新申请、升级、增项、重新核定事项,统一实行电子化申报和审批
2019	《关于实行建筑业企业资质审批告知承诺制的通知》	对建筑工程、市政公用工程施工总承包一级资质审批实行告知承诺制

续表

年份	文件名称	主要改革内容
2020	《关于印发建设工程企业资质管理制度改革方案的通知》《关于建设工程企业资质申请实行无纸化受理的通知》《关于开展建设工程企业资质审批权限下放试点的通知》	对建筑工程、市政公用工程施工总承包一级资质审批实行告知承诺制，将10类施工总承包企业特级资质调整为施工综合资质，将劳务企业资质调整为专业作业资质，精简施工总承包资质和专业承包资质的类别与等级；针对建筑企业资质新申请、升级、增项、重新核定事项实行无纸化受理；将部分资质的审批权限下放至试点地区省级住房和城乡建设主管部门
2021	《关于扩大建设工程企业资质审批权限下放试点范围的通知》	新增9省（区、市）开展建设工程企业资质审批权限下放试点

目前，依据2020年11月最新发布的《建设工程企业资质管理制度改革方案》（建市〔2020〕94号），建筑企业资质被划分为综合资质、施工总承包资质、专业承包资质和专业作业资质4个序列共33类，各类资质仅划分甲乙两级或者不分等级，但是与其对应的建筑企业资质管理规定、标准等文件尚未修订完成。住房和城乡建设部也正在选取上海市、江苏省等15个地区开展建筑企业资质审批权限下放试点工作，建筑企业资质审批监管方式有待进一步优化。此外，通过梳理相关政策不难看出，我国建筑企业资质管理仍然过度依赖行政部门的刚性约束，以信用为核心的多元主体共治格局尚未形成。

总体而言，建筑企业资质体系作为我国现行的建筑企业市场准入制度，正处在新的过渡时期。未来建筑企业资质体系应当如何创新以满足我国建筑业中长期战略转型需求，值得进一步研究。

四、工程发承包计价管理制度

（一）2013年《发承包计价管理办法》的制定背景

工程发承包计价管理制度依据投资主体不同、所属行业不同可能会存在一定差异，房屋建筑与市政工程的工程发承包计价管理主要遵从2013年《发承包计价管理办法》。为了规范建筑工程施工发包与承包的计价行为，维护建筑工程发包与承包双方的合法权益，促进建筑市场的健康发展，2001年原建设部便发布了《发承包计价管理办法》。为了适应市场经济体制的发展要求和工程造价管理改革的需要，进一步规范建筑市场秩序，2009年，住房和城乡建设部开始对该办法进行系统修订。2013年12月住房和城乡建设部向社会正式公布了修订后的《发承包计价管理办法》（住房和城乡建设部令第16号），并自2014年2月1日起正式施行。

(二)2013 年《发承包计价管理办法》的主要内容和主要制度

1. 适用范围

该办法的适用范围界定为中华人民共和国境内的建筑工程施工发包与承包计价管理。其中,建筑工程是指房屋建筑和市政基础设施工程;工程发承包计价包括编制工程量清单、最高投标限价、招标标底、投标报价,进行工程结算,以及签订和调整合同价款等活动。

2. 原则要求

该办法要求建筑工程施工发包与承包价在政府宏观调控下,由市场竞争形成。工程发承包计价应当遵循公平、合法和诚实信用的原则。

3. 管理分工

明确国务院住房城乡建设主管部门负责全国工程发承包计价工作的管理。县级以上地方人民政府住房城乡建设主管部门负责本行政区域内工程发承包计价工作的管理,其具体工作可以委托工程造价管理机构负责。

4. 全过程造价管理制度

该办法第五条明确,国家推广工程造价咨询制度,对建筑工程项目实行全过程造价管理。

5. 工程量清单计价制度

(1)2013 年《发承包计价管理办法》的主要要求。该办法第六条要求,国有资金投资的建筑工程,应当采用工程量清单计价;非国有资金投资的建筑工程,鼓励采用工程量清单计价。该办法第七条要求,工程量清单应当依据国家制定的工程量清单计价规范、工程量计算规范等编制。工程量清单应当作为招标文件的组成部分。

(2)工程量清单计价制度阐释。工程量清单计价制度是以招标时发布工程量清单为主要特征,投标人依据发布的招标工程量清单进行报价,并据此择优确定中标人即承包人,并将该承包人的已标价工程量清单作为合同内容的一部分的制度,其作用将贯穿于工程施工及合同履约的全过程,包括以此来进行合同价款的确定、预付款的支付、工程进度款的支付、合同价款的调整、工程变更和工程索赔的处理以及竣工结算和工程款最终结清等。目前,全国除西部个别省份外均已施行,大多省份还建立了配套的措施,取得了良好的效果。尽管该制度已经在我国广泛实施,并取得了较好的效果,但是,以法规的形式明确其地位仍是十分必要的。

工程量清单计价制度主要流程见图 4 - 1。

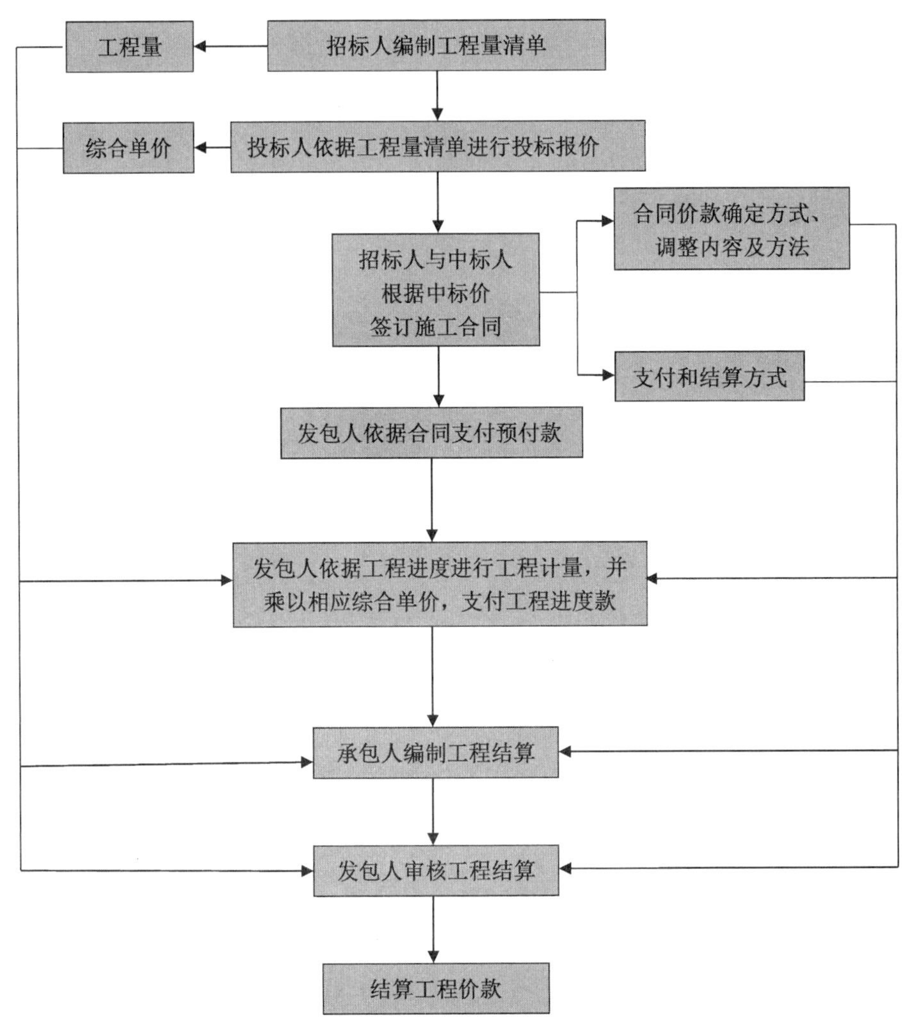

图4－1　工程量清单计价主要流程

（3）工程量清单的编制要求。2013年《发承包计价管理办法》一是要求工程量清单的编制依据是国家制定的工程量清单计价规范、工程量计算规范；二是强调工程量清单是招标文件的重要组成部分，《标准施工招标文件》和《2017版施工合同》均将工程量清单作为招标文件的组成部分，招标的工程量清单作为招标文件的一章与招标文件一同发布，投标报价中的已标价工程量清单是投标文件的组成部分，中标时以此来签订施工承包合同。因工程量清单对投标报价和工程合同价款的确定、调整以及支付均至关重要，因此，它是一个需要严格规范的技术性文件，需要以国家标准的形式明确技术要求。《2003版清单计价规范》和《2008版清单计价规范》，均是包括正文和附录两大部分，其正文部分即规范工程量清单计价的有关技术要求，附录部分是各专业工程的工程量计算规范。2013年为完善工程造价管理标准体系，将计价与计量两部分进行了拆分，发布《2013 版清单计价规范》的同时，也发布了与其配套使用的 9 本工程量计算规范，并形成了一个开放的工程量清单计价体系，这也是以《标准化法》为支撑的、以标准形式表现的工程造价管理的技术体系，是对法律、法规的有益补充。

6. 最高投标限价制度

(1)2013 年《发承包计价管理办法》的主要要求。该办法的第六条同时要求，国有资金投资的建筑工程招标的，应当设有最高投标限价；非国有资金投资的建筑工程招标的，可以设有最高投标限价或者招标标底。最高投标限价及其成果文件，应当由招标人报工程所在地县级以上地方人民政府住房城乡建设主管部门备案。第八条要求，最高投标限价应当依据工程量清单、工程计价有关规定和市场价格信息等编制。招标人设有最高投标限价的，应当在招标时公布最高投标限价的总价，以及各单位工程的分部分项工程费、措施项目费、其他项目费、规费和税金。

(2)最高投标限价制度的阐释。最高投标限价制度又称招标控制价制度，是与工程量清单计价制度相配套的一项制度。招标控制价是在《2008 版清单计价规范》中首次提出的，即在工程发承包阶段以公开的招标控制价取代标底，招标控制价是公开的投标最高限额，其主要作用在于：一是对国有资金投资的建筑工程而言，当其超过批准概算时，可能存在其项目投资不足的问题，应重新审核；二是招标控制价可以有效控制项目投资，遏制高价围标，当投标报价高于招标控制价时，投标人的投标将被拒绝；三是投标人可对压低或不按国家有关规定编制的招标控制价进行质疑，防止个别招标人利用主体优势通过压低招标控制价，来恶意压低中标价的现象。最高投标限价制度实施程序如下：

①招标人拟定招标文件，编制或委托咨询人编制其中的工程量清单；

②招标人依据拟定的招标文件(包括工程量清单)委托工程造价咨询企业编制招标控制价；

③招标人按要求发布招标控制价；

④招标控制价超过批准的概算时，招标人应将其报原概算审批部门审核，招标中止；

⑤投标人可对招标控制价过高或过低，以及违反国家有关规定，损害自身利益的情形进行投诉；

⑥招投标管理机构和工程造价管理机构接受投诉，并按规定处理；

⑦投标人进行投标报价；

⑧评标委员会评标选定合理投标人(不高于招标控制价，且不得低于工程成本)。

最高投标限价制度主要流程见图 4 - 2。

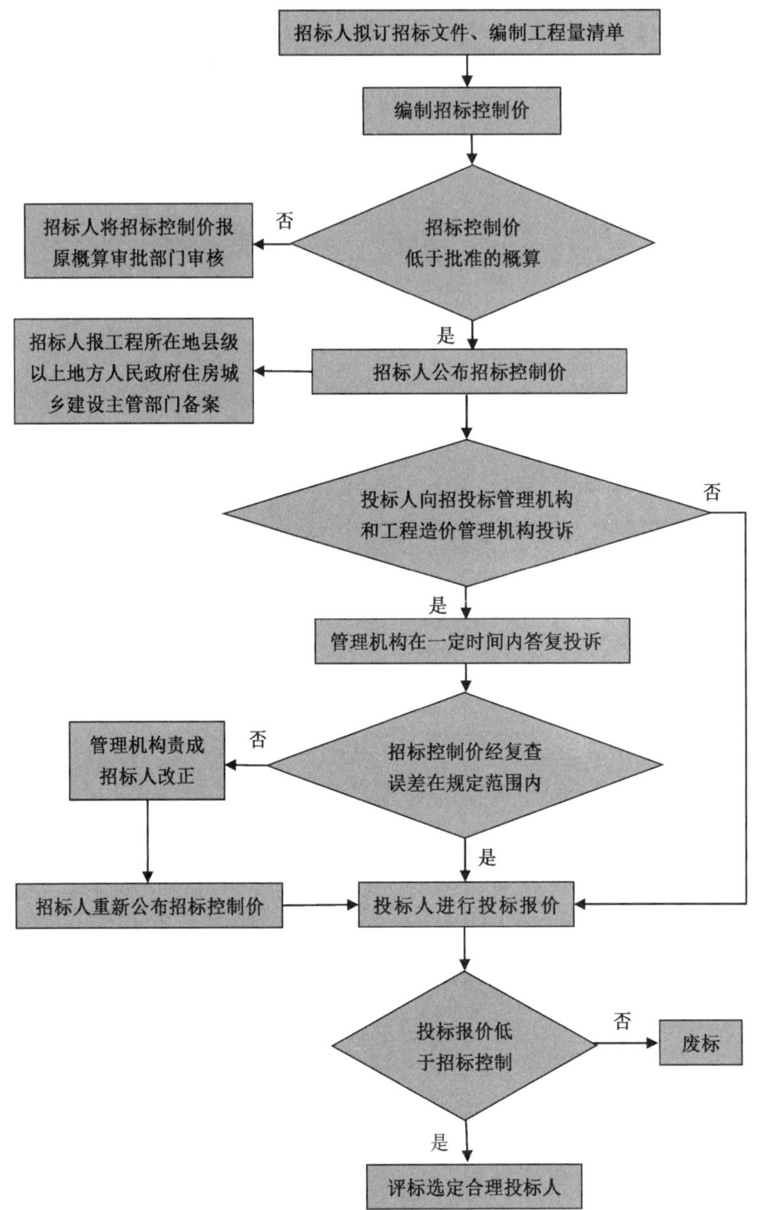

图4－2　最高投标限价制度主要流程

(3)最高投标限价的编制要求。为配合建立和完善最高投标限价制度,2013年《发承包计价管理办法》明确最高投标限价(招标控制价)编制依据为工程量清单、工程计价有关规定和市场价格信息等。《2008版清单计价规范》《2013版清单计价规范》均明确了招标控制价的编制依据。《2013版清单计价规范》中招标控制价的依据如下:

①本规范(《2013版清单计价规范》);

②国家或省级、行业建设主管部门颁发的计价定额和计价办法；

③建设工程设计文件及相关资料；

④拟定的招标文件及招标工程量清单；

⑤与建设项目相关的标准、规范、技术资料；

⑥施工现场情况、工程特点及常规施工方案；

⑦工程造价管理机构发布的工程造价信息；工程造价信息没有发布时，参照市场价；

⑧其他的相关资料。

2013 年《发承包计价管理办法》在价格信息使用上明确了使用的是“市场价格信息”，与《2013 版清单计价规范》是有出入的。2020 年 7 月，住房和城乡建设部印发了《工程造价改革工作方案》，该方案主要任务第（二）条要求“完善工程计价依据发布机制。加快转变政府职能，优化概算定额、估算指标编制发布和动态管理，取消最高投标限价按定额计价的规定，逐步停止发布预算定额”。取消最高投标限价按定额计价的规定，逐步停止发布预算定额意味着要逐步消除政府对最高投标限价确定的直接影响，真正实现按工程量清单计价制度“企业自主报价、竞争形成价格”的本质要求。

（4）最高投标限价的公布要求。关于招标控制价公布的时间要求，2013 年《发承包计价管理办法》在时间上确定为招标时，没有强调随招标文件一同发布，一是招标控制价是一个独立的工程造价技术文件，可以不作为招标文件的组成部分；二是招标时是一个时段，在编制时间比较紧时，招标文件发布后，招标答疑前公布更便于提高编制质量，也可以把编制招标控制价时遇到的问题及其处理原则，随招标答疑发布，但要注意的是，招标人公布、修改或重新公布招标控制价，其最终公布的时间至招标文件要求提交投标文件截止时间不足 15 天的，应相应延长投标文件的截止时间。因为《招标投标法》第二十三条规定：“招标人对已发出的招标文件进行必要的澄清或者修改的，应当在招标文件要求提交投标文件截止时间至少十五日前，以书面形式通知所有招标文件收受人。”另外，关于最高投标限价公布内容的要求，是依据《招标投标法实施条例》第二十七条第三款“招标人设有最高投标限价的，应当在招标文件中明确最高投标限价或者最高投标限价的计算方法”进行规定的。招标人设有最高投标限价的，应当在招标时公布最高投标限价的总价，以及各单位工程的分部分项工程费、措施项目费、其他项目费、规费和税金。确定公布范围的原因是，如只公布到总价或单项工程总价，投标人对招标控制价的错误无法识别，也就无法投诉，从而失去招标控制价制度设立的作用；如公布到清单列项单价，可能会对投标人的报价产生负面影响，不利于投标人按自身实力和市场价格进行竞价。

7. 细化了合同中工程造价管理主要要求

(1)合同订立的价款管理主要要求。2013 年《发承包计价管理办法》第十二条要求,招标人与中标人应当根据中标价订立合同。不实行招标投标的工程由发承包双方协商订立合同。合同价款的有关事项由发承包双方约定,一般包括合同价款约定方式,预付工程款、工程进度款、工程竣工价款的支付和结算方式,以及合同价款的调整情形等。该条制定的目的是强调在合同订立时,对合同价款的确定原则以及合同价款的调整、支付和结算方式更加明确,减少工程造价纠纷的产生或使工程造价纠纷更易于处理,是对《招标投标法》、《建筑法》和《民法典》合同编要求的具体落实。《招标投标法》第四十六条规定:招标人和中标人应当自中标通知书发出之日起 30 日内,按照招标文件和中标人的投标文件订立书面合同。招标人和中标人不得再行订立背离合同实质性内容的其他协议。因此,实行招标的工程招标人与中标人应当根据中标人的投标文件,以中标价为准来订立合同。对于不实行招标投标的工程由发承包双方协商订立合同。《建筑法》第十五条规定:建筑工程的发包单位与承包单位应当依法订立书面合同,明确双方的权利和义务。《民法典》第七百九十五条规定:施工合同的内容包括工程范围、建设工期、中间交工工程的开工和竣工时间、工程质量、工程造价、技术资料交付时间、材料和设备供应责任、拨款和结算、竣工验收、质量保修范围和质量保证期、双方相互协作等条款。《建筑法》和《民法典》合同编虽然对发承包双方订立合同有要求,但均不详细。虽然《标准施工招标文件》和《2017 版施工合同》的要求更加详细,但关于合同价款确定方式,预付工程款、工程进度款、工程竣工价款的支付和结算方式,以及合同价款的调整等情形可操作性仍不足以满足工程实施要求。

建设工程施工合同中合同价款的确定方式、调整内容、支付和结算方式等有关事项构成合同的实质性内容,同时合同价款的执行与监督管理也是工程发承包计价管理中的重要环节。目前,发承包双方对采用的施工合同形式以及合同中有关合同价款确定与调整、工程款支付与结算等了解不深,缺乏重视和自我保护意识,合同中经常出现不合理条款,发承包双方在合同中对有关风险和责任缺乏必要的约定,在合同执行过程中当有关工程变更、价格变化等因素发生时未能及时对合同进行调整和补充,导致履约过程中产生大量的纠纷,也造成了工程款的拖欠。

(2)合同价款的确定方式。2013 年《发承包计价管理办法》第十三条明确,发承包双方在确定合同价款时,应当考虑市场环境和生产要素价格变化对合同价款的影响。实行工程量清单计价的建筑工程,鼓励发承包双方采用单价方式确定合同价款。建设规模较小、技术难度较低、工期较短的建筑工程,发承包双方可以采用总价方式确定合同价款。紧急抢险、救灾以及施工技术特别复杂的建筑工程,发承包双方可以采用成本加酬金方式确定合同价款。依据不同的标准,合同分类如下:从适用范围来划分可分为建设工程合同、运输合同、买卖合同、借款合同等;从价格是否可调整的角度来分可分为固定价格合同和可调价格合同。建设工程合同从计价方式角度划分可分为总价方式、单价方式和成本加酬金方式,2013 年《发承包计价管理办法》强调“方式”二字,是因为工程计价的需要。总价方式也不是一个不可调的固定价格合同,只不过是在一定的条件下或范围内不调整而已,同样单价方式也不是单价不能调整。建设工程是一个持续进行的过程,一般周期都比较长,确定合同的计价方式更符合建设工程价格科学管理的需要,只有这样,才能有真正意义上的风险共担。

单价方式主要是指发承包双方约定依据工程量清单及其综合单价进行合同价款计算、调整和结算。合同中的工程量清单项目综合单价在约定条件下一般是相对固定的,只有在发生超出一定风险范围的变化时方可调整,而工程量在合同价款支付和结算时按照合同的约定予以计量且按实际完成的工程量进行调整。因此单价方式适用于任何工程,尤其是采用工程量清单计价的工程。

总价方式是指发承包双方约定依据施工图及其预算和有关条件进行合同价款计算、调整和确认的建设工程施工合同。总价合同除工程变更外,一般在约定的施工图纸范围内合同总价不作调整,因此一般适用于施工图纸已经完善,且建设规模较小、技术难度较低、工期较短的建筑工程。同时发承包双方应在专用合同条款中约定总价包含的风险范围和风险费用的计算方法,并约定风险范围以外的合同价格的调整方法。

成本加酬金方式是指发承包双方约定,以施工工程成本再加合同约定的一定比例或一定额度的酬金进行合同价款计算、调整和确认的建设工程施工合同。所谓的成本加酬金合同,特点是承包人是不承担任何要素价格变化风险,一般也难以体现竞争性,因此适用于时间紧迫,来不及进行详细计划的抢险、救灾工程,以及工程施工技术特别复杂的工程。

(3)合同价款调整应考虑的主要因素。2013 年《发承包计价管理办法》第十四条要求,发承包双方应当在合同中约定,发生法律、法规、规章或者国家有关政策变化影响合同价款的;工程造价管理机构发布价格调整信息的;经批准变更设计的;发包方更改经审定批准的施工组织设计造成费用增加的;双方约定的其他因素等情形时合同价款的调整方法,以便有效避免工程造价纠纷。

(4)工程预付款、进度款管理。2013 年《发承包计价管理办法》第十五条要求,发承包双方应当根据国务院住房城乡建设主管部门和省、自治区、直辖市人民政府住房城乡建设主管部门的规定,结合工程款、建设工期等情况在合同中约定预付工程款的具体事宜。预付工程款按照合同价款或者年度工程计划额度的一定比例确定和支付,并在工程进度款中予以抵扣。第十六条要求,承包方应当按照合同约定向发包方提交已完成工程量报告。发包方收到工程量报告后,应当按照合同约定及时核对并确认。

第十七条要求，发承包双方应当按照合同约定，定期或者按照工程进度分段进行工程款结算和支付。以上内容详细明确了预付款的支付和抵扣方式、工程施工中工程计量的流程和要求、定期或按照形象进度节点进行期中结算或工程进度款支付的有关要求。

工程款的拖欠，一方面是建设单位的主观原因，另一方面是合同价款的确定和调整、工程进度款和工程结算款支付程序与时限不明确等客观原因。目前，地方政府发布的“条例”或“办法”中，有很多省市对合同价款的调整做了相关规定，2013 年《发承包计价管理办法》对合同价款的确定原则、计价方式、调整内容，工程预付款和工程进度款的支付原则和要求，竣工结算的程序和内容及其支付和管理要求等都进行了明确。对明确合同各方责任，防止以工程结算、工程造价纠纷等为借口拖延支付工程款，解决工程款拖欠问题，提供了法规支撑。

8. 工程结算审核制度

(1)关于工程结算的要求

2013 年《发承包计价管理办法》第十八条规定，工程完工后，应当按照下列规定进行竣工结算：

①承包方应当在工程完工后的约定期限内提交竣工结算文件。

②国有资金投资建筑工程的发包方，应当委托具有相应资质的工程造价咨询企业对竣工结算文件进行审核，并在收到竣工结算文件后的约定期限内向承包方提出由工程造价咨询企业出具的竣工结算文件审核意见；逾期未答复的，按照合同约定处理，合同没有约定的，竣工结算文件视为已被认可。非国有资金投资的建筑工程发包方，应当在收到竣工结算文件后的约定期限内予以答复，逾期未答复的，按照合同约定处理，合同没有约定的，竣工结算文件视为已被认可；发包方对竣工结算文件有异议的，应当在答复期内向承包方提出，并可以在提出异议之日起的约定期限内与承包方协商；发包方在协商期内未与承包方协商或者经协商未能与承包方达成协议的，应当委托工程造价咨询企业进行竣工结算审核，并在协商期满后的约定期限内向承包方提出由工程造价咨询企业出具的竣工结算文件审核意见。

③承包方对发包方提出的工程造价咨询企业竣工结算审核意见有异议的，在接到该审核意见后 1 个月内，可以向有关工程造价管理机构或者有关行业组织申请调解，调解不成的，可以依法申请仲裁或者向人民法院提起诉讼。发承包双方在合同中对本条第①项、第②项的期限没有明确约定的，应当按照国家有关规定执行；国家没有规定的，可认为其约定期限均为 28 日。

2013 年《发承包计价管理办法》第十九条规定，工程竣工结算文件经发承包双方签字确认的，应当作为工程决算的依据，未经对方同意，另一方不得就已生效的竣工结算文件委托工程造价咨询企业重复审核。发包方应当按照竣工结算文件及时支付竣工结算款。竣工结算文件应当由发包方报工程所在地县级以上地方人民政府住房城乡建设主管部门备案。

(2)关于工程结算规定的说明

2013 年《发承包计价管理办法》对工程结算的时点明确为工程完工后,即工程施工完成,而不是工程的竣工验收,因为工程结算文件是竣工验收必备的技术经济文件之一,而工程验收有时是一个非常漫长的过程。

目前,国有资金投资的工程项目存在以下可能损害国家利益的现象:高价围标、低价中标后随意调整合同条款,工程变更,专业工程分包价款确定、暂估材料价格的签认不够规范,工程结算的随意性较大,因此有必要对这些项目的工程计价行为实行规范的管理和有效的监督。基于上述原因,2013 年《发承包计价管理办法》对国有资金投资和非国有资金投资的工程项目的竣工结算程序及方法分别做了规定,进行差异性对待。对国有资金投资的工程项目要求其委托具有相应资质的工程造价咨询企业对竣工结算文件进行审核,并在收到竣工结算文件后的约定期限内向承包方提出由工程造价咨询企业出具的竣工结算文件审核意见。对非国有资金投资的工程项目发包方在协商期内未与承包方协商或者经协商未能与承包方达成协议的,应当委托工程造价咨询企业进行竣工结算审核,并在协商期满后的约定期限内向承包方提出由工程造价咨询企业出具的竣工结算文件审核意见。显然,对国有资金投资的项目而言,委托工程造价咨询企业审查并出具竣工结算文件审核意见是强制性的。而对非国有资金投资的工程项目,只有在发包方在协商期内未与承包方协商或者经协商未能与承包方达成协议的情况下,才应当委托工程造价咨询企业进行竣工结算审核。

(3)工程竣工结算审核制度阐释

2013 年《发承包计价管理办法》增加了对国有资金投资的工程项目的工程竣工结算审核制度,以对国有资金投资工程项目的工程造价进行有效控制和监督。对国有投资项目有效的管理措施是引入国有投资项目的工程竣工结算审核制度,即对国有投资项目的合同价款从确定到执行情况进行全面的审查,包括:工程量的确定与调整,工程单价的确定与调整,主要材料和设备价款的认定,工程计量与价款支付,设计变更和工程索赔的处理,工程计价争议处理等。工程竣工结算审核制度也是保证招投标制度、工程量清单计价制度、招标控制价制度的有效落实的重要举措。工程竣工结算审核制度的主要流程见图 4 - 3。

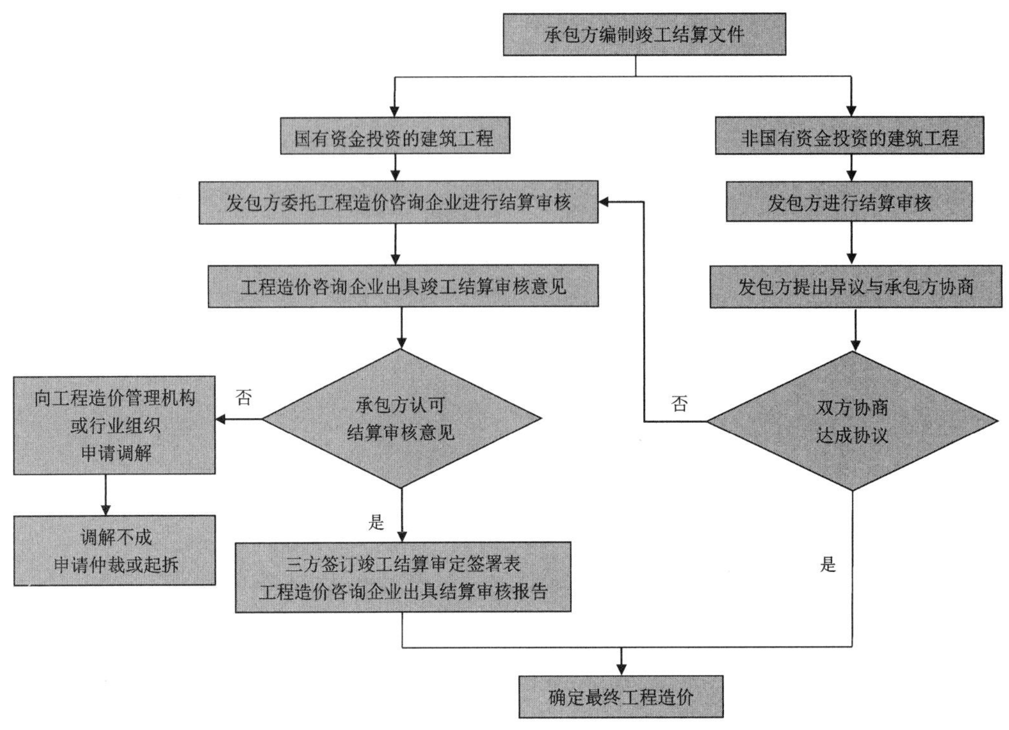

图4－3　工程竣工结算审核制度流程

9. 工程造价纠纷调解制度

(1)2013年《发承包计价管理办法》的主要要求。该办法第十八条第一款第(三)项明确，承包方对发包方提出的工程造价咨询企业竣工结算审核意见有异议的，在接到该审核意见后1个月内，可以向有关工程造价管理机构或者有关行业组织申请调解，调解不成的，可以依法申请仲裁或者向人民法院提起诉讼。

(2)工程造价纠纷调解制度阐释。工程造价纠纷调解制度，重点是明确调解的主体问题。2013年《发承包计价管理办法》明确发生工程造价纠纷时，可以向有关工程造价管理机构或者有关行业组织申请调解，同意工程造价管理机构或者有关行业组织调解意见或同意评审建议的，纠纷自然解决，否则仍然可以通过仲裁或诉讼解决纠纷。这有利于推进使用国际上普遍采用的调解方式来解决工程造价纠纷，促进工程造价纠纷的高效解决和社会和谐，同时，也避免发包方以工程造价纠纷为借口而拖欠工程款，使工程造价的管理制度进一步完善。工程造价纠纷调解制度的流程设计见图4－4。

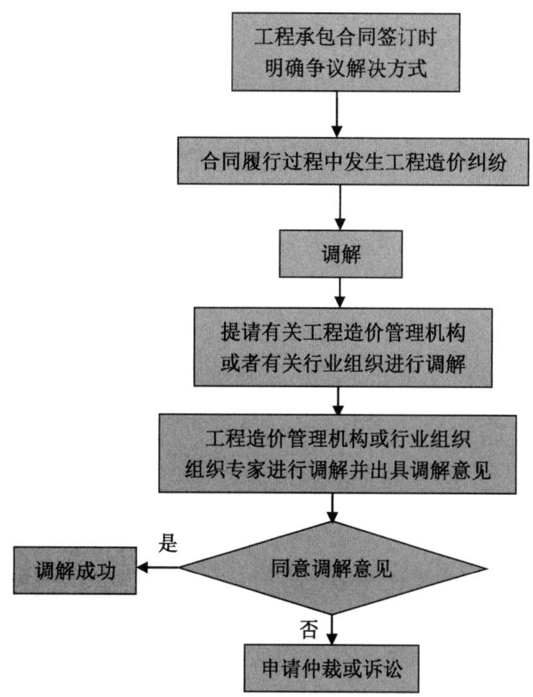

图 4－4　工程造价纠纷调解制度流程

五、工程总承包管理制度

工程总承包［EPC，一般是指设计（engineering）、采购（procurement）、施工（construction）的英文缩写，又称“设计采购施工”或“交钥匙工程”］，是指承包单位按照与建设单位签订的合同，对工程设计、采购、施工或者设计、施工等阶段实行总承包，并对工程的质量、安全、工期和造价等全面负责的工程建设组织实施方式。工程总承包是一种以向业主交付最终产品服务为目的，对整个工程项目实行整体构思、全面安排、协调运行的前后衔接的承包体系。

（一）工程总承包管理制度出台的背景

2017 年，国务院发布了国务院办公厅《关于促进建筑业持续健康发展的意见》（国办发〔2017〕19 号），该意见提出了“完善工程建设组织模式”“加快推行工程总承包”。该意见明确：装配式建筑原则上应采用工程总承包模式。政府投资工程应完善建设管理模式，带头推行工程总承包。加快完善工程总承包相关的招标投标、施工许可、竣工验收等制度规定。按照总承包负总责的原则，落实工程总承包单位在工程质量安全、进度控制、成本管理等方面的责任。除以暂估价形式包括在工程总承包范围内且依法必须进行招标的项目外，工程总承包单位可以直接发包总承包合同中涵盖的其他专业业务。

2019年12月23日,住房和城乡建设部与国家发展和改革委员会联合发布了《房屋建筑和市政基础设施项目工程总承包管理办法》(以下简称《工程总承包管理办法》)(建市规〔2019〕12号)。《工程总承包管理办法》旨在落实中共中央、国务院《关于进一步加强城市规划建设管理工作的若干意见》和国务院办公厅《关于促进建筑业持续健康发展的意见》,推动和规范房屋建筑和市政基础设施项目工程总承包活动,提升工程建设质量和效益。《工程总承包管理办法》第三条是对工程总承包概念的权威定义,不仅适用于房屋建筑和市政基础设施领域,对其他领域的建设工程也具有重要的参考意义。

(二)工程总承包的主要模式

根据住房和城乡建设部于2017年发布的《建设项目工程总承包管理规范》(GB/T 50358—2017)第2.0.1条及原建设部2003年发布的《关于培育发展工程总承包和工程项目管理企业的指导意见》(建市〔2003〕30号),按照过程内容和融资运营划分,工程总承包主要包含以下模式。

1. 按照过程内容划分

(1)设计采购施工(E+P+C)/交钥匙总承包

即设计(engineering)、采购(procurement)、建造(construction)模式,又被业内称为设计、采购施工总承包,是我国目前推行的工程总承包模式中最主要的一种。交钥匙总承包是设计采购施工总承包业务和责任的延伸,最终是向业主提交一个满足使用功能、具备使用条件的工程项目。

(2)设计采购与施工管理总承包(E+P+CM)

EPCM承包人是通过业主委托或招标而确定的,承包人与业主直接签订合同,对工程的设计、材料设备供应、施工管理进行全面的负责。根据业主提出的投资意图和要求,通过招标为业主选择、推荐最合适的分包商来完成设计、采购、施工任务。设计、采购分包商对EPCM承包人负责,而施工分包商则不与EPCM承包人签订合同,但其接受EPCM承包人的管理,施工分包商直接与业主具有合同关系。因此,EPCM承包人无须承担施工合同风险和经济风险。当EPCM总承包模式实施一次性总报价方式支付时,EPCM承包人的经济风险被控制在一定的范围内,承包人承担的经济风险相对较小,获利较为稳定。

(3)设计—施工总承包(D+B)

即设计、建造(design and built)模式,设计—施工总承包是指工程总承包企业按照合同约定,承担工程项目设计和施工,并对承包工程的质量、安全、工期、造价全面负责。

(4)设计—采购总承包(E+P)及采购—施工总承包(P+C)

(E+P)模式即设计、采购(engineering and procurement)模式,设计—采购总承包是指工程总承包企业按照合同约定,承担工程项目设计和采购,并对承包工程的设计和采购的质量进度等负责的模式。

(P+C)模式即采购、施工(procurement and construction)模式,采购—施工总承包是指工程总承包企业按照合同约定,承担工程项目采购和施工,并对承包工程的采购和施工质量等负责。

前述两种模式一般根据工程项目的不同规模、类型和业主要求进行选择。

(5)PMC 模式

项目总承包(project management contract),有时候也被称为一体化项目管理(Integrated Project Management Team,IMPT),广义上是指业主聘请专业的项目管理公司,代表业主在项目组织实施的全过程或若干过程中提供一体化的项目管理服务。此定义涵盖了所有管理类总承包模式的内容。

2. 按照融资运营划分

(1)项目 BOT 模式

BOT(build-operation-transfer)即建设—经营—移交,指一国政府或其授权的政府部门经过一定程序并签订特许协议将专属国家的特定的基础设施、公用事业或工业项目的筹资、投资、建设、营运、管理和使用的权利在一定时期内赋予本国或/和外国民间企业,政府保留该项目、设施以及其相关的自然资源永久所有权;由民间企业建立项目公司并按照政府与项目公司签订的特许协议投资、开发、建设、营运和管理特许项目,以营运所得清偿项目债务、收回投资、获得利润,并在特许权期限届满时将该项目、设施无偿移交给政府。有时,BOT 模式被称为“暂时私有化”(temporary privatization)过程。国家体育馆、国家会议中心、位于五棵松的北京奥林匹克篮球馆等项目采用了 BOT 模式,由政府对项目建设、经营提供特许权协议,投资者需全部承担项目的设计、投资、建设和运营,在有限时间内获得商业利润,期满后需将场馆交付政府。

BOT 可演化的主要方向:

①BOO(build-own-operate)即建设—拥有—经营。项目一旦建成,项目公司对其拥有所有权,当地政府只是购买项目服务。

②BOOT(build-own-operate-transfer)即建设—拥有—经营—转让。项目公司对所建项目设施拥有所有权并负责经营,经过一定期限后,再将该项目移交给政府。

③BLT(build-lease-transfer)即建设—租赁—转让。项目完工后一定期限内出租给第三者,以租赁分期付款方式收回工程投资和运营收益以后,再行将所有权转让

给政府。

④BTO(build – transfer – operate)即建设—转让—经营。项目的公共性很强,不宜让私营企业在运营期间享有所有权,须在项目完工后转让所有权,其后再由项目公司进行维护经营。

⑤ROT(rehabilitate – operate – transfer)即修复—经营—转让。项目在使用后,发现损毁,项目设施的所有人进行修复,恢复经营后一定期限再转让。

⑥DBFO(design – build – finance – operate)即设计—建设—融资—经营。

⑦BOOST(build – own – operate – subsidy – transfer)即建设—拥有—经营—补贴—转让。

⑧ROMT(rehabilitate – operate – maintain – transfer)即修复—经营—维修—转让。

⑨ROO(rehabilitate – own – operate)即修复—拥有—经营。

(2)项目 BT 模式

BT 是建设(build)和移交(transfer)的缩写形式,即"建设—移交",是政府或开发商利用承包人资金来进行融资建设项目的一种模式。BT 模式是 BOT 模式的一种变换形式,指一个项目的运作由项目公司总承包,融资、建设验收合格后移交给业主,业主向投资方支付项目总投资加上合理回报的过程。

(三)工程总承包和施工总承包的区别

《民法典》第七百九十一条第一款规定:"发包人可以与总承包人订立建设工程合同,也可以分别与勘察人、设计人、施工人订立勘察、设计、施工承包合同。"《建筑法》第二十四条第二款规定:"建筑工程的发包单位可以将建筑工程的勘察、设计、施工、设备采购一并发包给一个工程总承包单位,也可以将建筑工程勘察、设计、施工、设备采购的一项或者多项发包给一个工程总承包单位。"而所谓施工总承包即针对施工这项工程内容的总承包,是指发包单位将建筑工程的施工任务,包括土建施工和有关设备、设施安装调试的施工任务,全部发包给一家具备相应的施工总承包资质的承包单位,由该施工总承包单位对工程施工的全过程向建设单位负责,直至工程竣工,并向建设单位交付经验收符合设计要求的建筑工程的承发包方式。①

由于长期以来施工总承包是我国建设工程市场主流的工程组织实施方式,其承包模式已为人们所熟知,相关的裁判规则也较为成熟,因此在施工总承包的知识背景下,注意工程总承包与施工总承包的区别,是理解工程总承包这一新兴承包模式的关键所在。具体而言,二者主要存在的区别如下。

① 参见卞耀武主编:《中华人民共和国建筑法释义》,法律出版社 1998 年版,第 81 页。

1. 概念内涵

施工总承包是仅对施工这一项工程内容的承包，其之所以称为总承包，是因为由一个施工单位负责工程的全部施工内容。施工总承包的承包范围不包括设计，而是由施工总承包方根据设计单位的设计进行施工，也就是通常所说的“按图施工”。对于工程总承包而言，无论其有着如何多样的具体表现形式，承包人同时负责设计和施工，或者说由施工单位负责设计，都是其应有的内涵。因此，工程总承包与施工总承包在概念上存在明显的差别。

2. 资质要求

我国在建设工程领域执行严格的资质管理制度。《建筑法》第十三条规定：“从事建筑活动的建筑施工企业、勘察单位、设计单位和工程监理单位，按照其拥有的注册资本、专业技术人员、技术装备和已完成的建筑工程业绩等资质条件，划分为不同的资质等级，经资质审查合格，取得相应等级的资质证书后，方可在其资质等级许可的范围内从事建筑活动。”根据《建筑业企业资质标准》（建市〔2014〕159 号），我国的施工总承包资质分为建筑工程施工总承包、公路工程施工总承包、铁路工程施工总承包等 12 个类别，一般分为 4 个等级（特级、一级、二级、三级），施工总承包单位只能在其资质允许的范围内承包相应的工程。

从上述《建筑法》第十三条的规定可以看出，其并未对工程总承包单位的资质问题做出规定。事实上，虽然建设行政主管部门曾经对工程总承包资质做出过一些尝试，但目前尚未建立有效的工程总承包资质管理制度。《工程总承包管理办法》第十条规定：“工程总承包单位应当同时具有与工程规模相适应的工程设计资质和施工资质，或者由具有相应资质的设计单位和施工单位组成联合体。”第十二条则鼓励设计单位申请取得施工资质，并鼓励施工单位申请取得工程设计资质，这意味着主管部门决定在现有施工资质和设计资质的框架内解决工程总承包的资质问题。《工程总承包管理办法》对房建和市政工程总承包提出了设计资质和施工资质的“双资质”要求，这意味着和施工总承包相比，工程总承包的资质要求更高。

3. 风险分配与价格形式

如前所述，工程总承包的风险分配根据合同的不同约定而存在多样性，并不能一概而论。但一般认为，和施工总承包相比，在工程总承包模式下，承包人负责设计，因此将承担更多的风险。如在雇主风险最小化的《设计采购施工（EPC）/交钥匙合同条件》（以下简称银皮书）模式中，除合同另有规定外，承包人不仅要承担与承包人设计相关的风险，而且还要承担雇主要求错误的风险。2017 版银皮书第 5.1 款规定，承包人应被视为，在基准日期前已仔细审查了雇主要求（包括设计标准和计算，如果有）。承包人应实施并负责工程的设计，并在除合同列明雇主应负责的部分外，对雇主要求

(包括设计标准和计算)的正确性负责。承包人无论从雇主或其他方面收到任何数据或资料,均不应解除承包人对设计和工程施工承担的职责。

《工程总承包管理办法》第十五条第二款规定:“建设单位承担的风险主要包括:(一)主要工程材料、设备、人工价格与招标时基期价相比,波动幅度超过合同约定幅度的部分;(二)因国家法律法规政策变化引起的合同价格的变化;(三)不可预见的地质条件造成的工程费用和工期的变化;(四)因建设单位原因产生的工程费用和工期的变化;(五)不可抗力造成的工程费用和工期的变化。”第二款规定中第(一)项价格波动风险和第(三)项不可预见的地质条件风险在银皮书模式下均由承包人承担,而第十五条第一款还规定:“建设单位和工程总承包单位应当加强风险管理,合理分担风险。”因此,可以认为主管部门的政策导向仍然注重发包人与承包人之间的风险平衡,其所推广的工程总承包不等同于银皮书模式。当然,《工程总承包管理办法》的上述规定并非强制性规定,其第十五条第三款明确具体风险分担内容由双方在合同中约定,对于个案而言,双方权利义务和风险分配仍需通过合同约定来确定。

与风险分配直接相关的是价格形式。在施工总承包模式下,由于是按图施工,一般适宜采用单价形式,而工程总承包则一般被认为适宜采取总价形式。在银皮书模式下,与发包人风险最小化相对应的是价格最大程度的确定性,即比较严格的固定总价模式。《生产设备和设计—施工合同条件》(以下简称黄皮书)则规定,如果工程的任何部分是按照提供的数量或已完成的工作进行支付,那么计量和估价应按专用条件中的规定进行。也就是说,在以总价为基础的原则下,黄皮书可以视需要应用单价以及工程量清单,比银皮书更具弹性。就我国而言,虽然《建设项目工程总承包合同(示范文本)》(GF—2020—0216)(以下简称《2020 版工程总承包合同》)和 9 部门《标准设计施工总承包招标文件》(2012 年版)“合同条款及格式”两个示范合同文本都以总价为原则,但在建设工程实践中也存在采用单价形式的工程总承包项目,而具体采用何种价格形式应根据项目的具体情况由当事人协商确定,属于合同自由的范围。基于这种现实,关于工程总承包的价格形式,《工程总承包管理办法》只能做出原则性的规定,其第十六条规定:“企业投资项目的工程总承包宜采用总价合同,政府投资项目的工程总承包应当合理确定合同价格形式。采用总价合同的,除合同约定可以调整的情形外,合同总价一般不予调整。”

4. 法律关系与法律规范

《民法典》设置建设工程合同专章,其第七百八十八条规定:“建设工程合同是承包人进行工程建设,发包人支付价款的合同。”多数观点认为,工程总承包合同和施工总承包合同均属于建设工程合同。但由于二者的承包范围不同,发包人与承包人的法律关系也有所区别,施工总承包是单纯的施工合同法律关系,而工程总承包除了施工合同法律关系之外,还存在设计合同法律关系。根据最高人民法院印发的《民事案件案由规定》(法〔2020〕347 号),建设工程施工合同纠纷和建设工程设计合同纠纷均属于建设工程合同纠纷项下的四级案由。施工总承包模式下的纠纷属于建设工程施工合同纠纷,但工程总承包并没有对应的特定案由,其是否应适用建设工程合同纠纷三级案由,在实务中仍然存在争议。

基于建设工程领域施工总承包模式的长期实践,不仅各级行政主管部门出台了大量的行政规范性文件,人民法院也形成了较为成熟的裁判规范。如最高人民法院先后针对建设工程施工合同颁布了最高人民法院《关于审理建设工程施工合同纠纷案件适用法律问题的解释》(以下简称《施工合同司法解释》)(法释〔2004〕14 号)、最高人民法院《关于审理建设工程施工合同纠纷案件适用法律问题的解释(二)》(以下简称《施工合同司法解释(二)》)(法释〔2018〕20 号)和《施工合同司法解释(一)》(法释〔2020〕25 号)。因行政主管部门针对施工总承包的行政规范性文件以及人民法院关于建设工程施工合同形成的裁判规则,对工程总承包不具有当然的适用性,在裁判时需要注意对工程总承包相关规范予以甄别,在工程总承包规范缺位而施工总承包相关规范足以参考的情况下,法院可以在自由裁量的范围内对其谨慎参考适用。

需要注意的是,我国的建设工程相关制度规范主要是基于在传统上设计与施工分离的建设工程实践而确立的,部分内容在工程总承包模式下适用时时有争议。如《建筑法》第二十九条第三款规定,禁止分包单位将其承包的工程再分包,《建设工程质量管理条例》第七十八条也将分包单位的再分包列为违法分包的类型。但国际通行的工程总承包模式将施工或设计整体分包并由分包单位将部分工作再分包是常见的做法。在《工程总承包管理办法》出台前,部分地方政府部门的规范性文件对该问题存在一些变通性的做法,如《上海市工程总承包试点项目管理办法》[①]第十条允许工程总承包单位将工程的全部设计或者全部施工业务以“工程总承包再发包”的名义交由具备相应资质条件的设计单位、施工总承包单位实施。一方面,虽然《工程总承包管理办法》第十条通过要求工程总承包单位具备设计和施工双资质的方式对将施工或设计整体分包的做法采取了否定的态度,但并不能据此规制在《工程总承包管理办法》生效前的工程总承包活动。另一方面,建设工程法律规范也处在发展变化中,对《建筑法》新一轮的修订工作已经启动,新法对工程总承包快速发展的现实如何回应值得期待。因此,裁判者对工程总承包规范还需要注意其时效性,需要考察个案中不同时间与空间下的制度环境。

① 本办法自 2017 年 1 月 1 日起施行,有效期 2 年。本办法已过有效期。

第五章

工程造价管理体系

2011年住房和城乡建设部发布《工程造价行业发展“十二五”规划》，首次提出了“在工程造价管理制度体系上，要构建以工程造价管理法律、法规为制度依据，以工程造价标准规范和工程计价定额为核心内容，以工程造价信息为服务手段的工程造价法律、法规、标准规范、计价定额和信息服务体系”的我国工程造价管理体系的建设思路。认知与建设中国特色的工程造价管理体系是工程造价事业高质量发展的前提，也是造价工程师做好工程造价管理工作的最重要的基础，优秀的造价工程师应当以打造与英联邦的工料测量体系、北美的工程造价管理体系比肩，同时具有国际影响力的中国特色的工程造价管理体系为事业情怀。

一、工程造价管理体系综述

（一）工程造价管理体系的含义与目的

工程造价管理体系是指规范建设项目的工程造价管理的法律法规、标准、定额、信息等相互联系且可以进行科学划分的一个整体。广义上看，工程造价管理体系也应包括工程造价管理的组织体系，我国工程造价管理体制一直处于改革和调整之中，对工程造价管理体系的研究，一般多从工程造价管理的技术体系和知识体系进行研究，据此，我国的工程造价管理体系范围包括工程造价管理的相关法律法规、管理标准、计价定额和计价信息等。

工程造价管理体系的建设目的是指导我国工程造价管理法制建设和制度设计，依法进行建设项目的工程造价管理与监督，规范建设项目投资估算、设计概算、工程量清单、招标控制价和工程结算等各类工程计价文件的编制；明确与各类工程造价相关的法律、法规、标准、定额、信息的作用、表现形式以及体系框架，避免各类工程计价依据之间不协调、不配套，甚至互相重复和矛盾的现象。最终通过建立我国工程造价管理体系，提高我国建设工程造价管理的水平，打造具有中国特色和国际影响力的工程造价管理体系。

(二)工程造价管理体系的总体架构

1. 工程造价管理体系划分原则

工程造价管理体系的划分主要是依据工程造价管理的概念、含义,学科体系和工作任务进行的。从对工程造价管理的定义和学科特点来看,工程造价管理涉及法律、管理、工程技术、经济和信息技术等诸多学科,体系复杂、庞大。因此,工程造价管理体系包括工程造价管理的法律法规体系、组织管理体系、技术体系和经济体系,工程造价管理体系中的组织管理体系受上层建筑和机构设置、现状等多因素所影响,大多难以在技术层面展开研究,属于行政管理制度的设计,在进行技术体系研究时,一般不涉及组织管理体系。

2. 工程造价管理体系的总体架构及内容

工程造价管理的任务,是工程造价的计划、确定、控制、分析、评估等,目前,它的核心工作仍然是工程造价的确定与控制,工作手段是为社会所熟知的,即为我们沿用了50余年的工程计价定额。工程造价管理的前提是工程造价管理的法律法规,其最核心的内容是确定工程造价的工程计价依据。因此,工程造价管理体系是工程造价管理的总体系统框架,包括工程造价管理的法律法规、工程造价管理的标准、工程计价定额和工程计价信息等。

通过对工程造价管理体系划分依据的分析,工程造价管理体系应包括工程造价管理的法律法规、工程造价管理的标准、工程计价定额和工程计价信息四个部分,这四个部分又有各自的庞大内容,因此工程造价管理体系可以划分成工程造价管理法律法规体系、工程造价管理标准体系、工程计价定额体系以及工程计价信息体系四大子体系。工程造价管理体系的总体框架见图5-1。

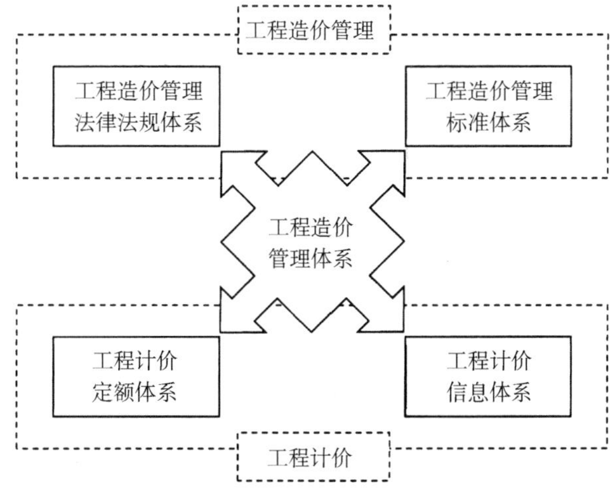

图5-1　工程造价管理体系总体框架

基础篇

3. 工程造价管理体系的内在关系

从工程造价管理体系的总体架构看,工程造价管理法律法规体系、工程造价管理标准体系,属于工程造价宏观管理的范畴,工程计价定额体系、工程计价信息体系的定义使用的是工程计价,属于工程造价微观管理的范畴。前两项是以工程造价管理或基本建设管理、工程管理为目的,需要有法律法规和行政授权加以支撑,这也是一个法治国家应该加强的宏观管理制度,是工程造价管理改革应重点加强的;后两项服务于微观工程计价业务,在市场化的体制下,要实现市场竞争形成工程造价,就应该逐步放给市场。

工程造价管理体系内的法律法规体系是位于整个工程造价管理体系最上层的制度依据,对包括工程造价管理标准体系、工程计价定额体系以及工程计价信息体系在内的其他要素起到约束和指导作用。工程造价管理标准体系则是整个工程造价管理体系技术上的核心内容,是工程计价定额体系以及工程计价信息体系的规范管理与科学发展基础。工程计价定额体系则通过提供全国、行业、地方定额的参考性依据和数据,指导企业定额编制,起到规范管理和科学计价的作用。工程计价信息体系是保障各个要素间信息传递以及成果形成的主要支撑,是工程计价依据能够有效实施的保障,通过信息的及时更新有利于工程造价活动各个层面的具体操作。

4. 工程造价管理体系建设要求

工程造价管理体系中的工程造价管理标准体系、工程计价定额体系和工程计价信息体系,既是当前我国工程造价管理机构最主要的工作内容,也是工程计价的主要依据,有时又将工程造价管理标准体系、工程计价定额体系和工程计价信息体系称为工程计价依据体系,是我国工程计价依据体系建设与公共服务的重要内容。

工程造价管理体系并不是一成不变的,即使对一个国家来说,也只是相对稳定,特别是我国仍然处于社会主义市场经济体制的改革发展时期,与经济体制改革密切相关的基本建设管理体制或投资管理改革还处在一个逐步完善的过程中,其核心是管理主体和工程价格的改革,在市场经济体制、基本建设管理体制调整过程中,我国的工程造价管理体制应不断适应其发展需要进行完善、调整与发展。2014 年中国建设工程造价管理协会在出席亚洲和太平洋地区第 18 届年会时指出:一个专业要发展的前提,一是要有能够服务于社会,被社会认同和接受的完善知识结构,并为社会创造价值。二是要有支撑行业发展要求的法律法规、技术标准和核心技术内容。中国的造价工作者应进行不懈努力,打造一个与北美工程造价管理体系,英联邦的工料测量体系比肩,同时具有国际影响力的中国工程造价管理体系。

二、工程造价管理法律法规体系

工程造价管理法律法规体系主要包括工程造价管理的法律、法规和规范性文件。

其中,法律法规体系的重点是两个方面:一是宏观工程造价管理的相关制度,二是围绕工程造价行业管理的相关制度。在工程造价管理法律法规体系建设方面,应逐步建立包括国家法律、地方立法和部门立法在内的多层次法律框架体系。工程造价管理法律法规体系见图 5-2。

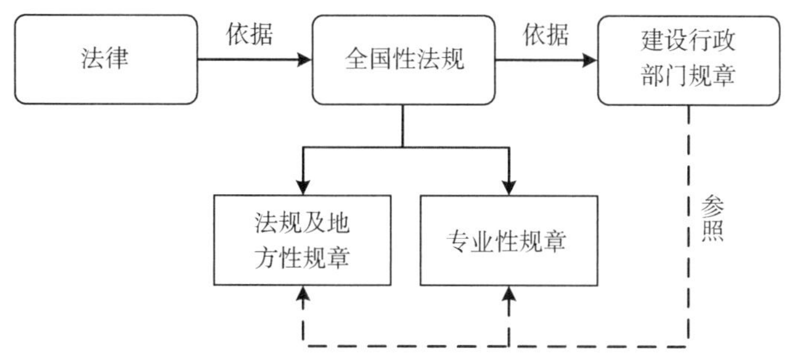

图 5-2　工程造价管理法律法规体系

(一)法律

我国的法律是由全国人民代表大会和全国人民代表大会常务委员会制定,并由国家强制力保证实施,以规定当事人权利和义务为内容的,对全体社会成员具有普遍约束力的一种特殊行为规范。与工程造价管理直接相关的法律包括《建筑法》《民法典》《招标投标法》《价格法》等。上述法律决定了我国的基本建设管理制度,也涵盖了工程造价管理的主要内容、管理原则和相关制度要求,也是工程造价管理方面建立行政法规和部门规章的前提。

1.《建筑法》中的相关规定

《建筑法》中与工程造价管理相关的内容包括建筑许可、工程发包与承包、工程监理、安全生产管理、质量管理和相关的法律责任等;范围涉及各类房屋建筑及其附属设施的新建、改建以及与其配套的线路、管道、设备的安装活动,还包括建设单位、勘察设计单位、施工企业、监理单位、建设行政管理机关和从事建筑活动的个人的行为。其中承发包价格和工程款的支付是工程造价管理的重要部分。《建筑法》第十八条规定:"建筑工程造价应当按照国家有关规定,由发包单位与承包单位在合同中约定。公开招标发包的,其造价的约定,须遵守招标投标法律的规定。发包单位应当按照合同的约定,及时拨付工程款项。"这为工程造价管理中的承发包价格和工程款的支付的管理提供了基本的依据;对于工程造价管理的参与主体,《建筑法》分别从建筑工程发包、承包、监理等方面作重要规定,严格发包过程中的招标投标以及合同管理,明确承包人的资质要求与分包行为要求,并提出大力推行建设工程监理制度,引入建设工程活动的第三方约束。过程管理方面,主要从施工许可、勘察设计、施工合同以及保修阶段几个重点部分提高要求、明确责任。要素管理方面,注重建设工程质量管理、安全生产管理,保证建设工程实施的控制效果。除此之外,《建筑法》关于法律责任的条款,为从事工程建设的参与各方明确了责任边界,并为工程建设的过程管理提供依据。

2.《民法典》中的相关规定

《民法典》已由第十三届全国人民代表大会第三次会议于 2020 年 5 月 28 日通过,自 2021 年 1 月 1 日起施行,自此《民法通则》《民法总则》《合同法》同时废止。《民法典》的编纂是中国法律史上有重大意义的大事件,它是一项系统的、重大的立法工程。《民法典》是第一部以法典命名的法律,在法律体系中居于基础性地位,是市场经济的基本法,也是完善社会主义制度、推进国家治理体系和治理能力现代化的重要标志。《民法典》共 7 编、1260 条,各编依次为总则、物权、合同、人格权、婚姻家庭、继承、侵权责任,以及附则。

《民法典》合同编第二分编的第 18 章为建设工程合同。建设工程合同是承包人进行工程建设,发包人支付价款的合同。《民法典》明确建设工程合同包括工程勘察、设计、施工合同,建设工程合同要求的主要内容有以下几个方面。

(1)建设工程合同的形式。建设工程合同应当采用书面形式。

(2)建设工程招标投标活动的原则。建设工程的招标投标活动,应当依照有关法律的规定公开、公平、公正进行。

(3)建设工程的发包、承包、分包要求。发包人可以与总承包人订立建设工程合同,也可以分别与勘察人、设计人、施工人订立勘察、设计、施工承包合同。发包人不得将应当由一个承包人完成的建设工程支解成若干部分发包给数个承包人。承包人不得将其承包的全部建设工程转包给第三人或者将其承包的全部建设工程支解以后以分包的名义分别转包给第三人。禁止承包人将工程分包给不具备相应资质条件的单位。禁止分包单位将其承包的工程再分包。建设工程主体结构的施工必须由承包人自行完成。

(4)建设工程合同无效、验收合格的处理。建设工程施工合同无效,但是建设工程经验收合格的,可以参照合同关于工程价款的约定折价补偿承包人。

(5)施工合同的内容。施工合同的内容一般包括工程范围、建设工期、中间交工工程的开工和竣工时间、工程质量、工程造价、技术资料交付时间、材料和设备供应责任、拨款和结算、竣工验收、质量保修范围和质量保证期、相互协作等条款。

(6)建设工程的竣工验收。建设工程竣工后,发包人应当根据施工图纸及说明书、国家颁发的施工验收规范和质量检验标准及时进行验收。验收合格的,发包人应当按照约定支付价款,并接收该建设工程。

(7)施工人对建设工程质量承担的民事责任。因施工人的原因致使建设工程质量不符合约定的,发包人有权请求施工人在合理期限内无偿修理或者返工、改建。经过修理或者返工、改建后,造成逾期交付的,施工人应当承担违约责任。

(8)发包人的违约责任。发包人未按照约定的时间和要求提供原材料、设备、场地、资金、技术资料的,承包人可以顺延工程日期,并有权请求赔偿停工、窝工等损失。因发包人的原因致使工程中途停建、缓建的,发包人应当采取措施弥补或者减少损失,赔偿承包人因此造成的停工、窝工、倒运、机械设备调迁、材料和构件积压等损失和实际费用。因发包人变更计划,提供的资料不准确,或者未按照期限提供必需的勘察、设计工作条件而造成勘察、设计的返工、停工或者修改设计,发包人应当按照勘察人、设计人实际消耗的工作量增付费用。

(9)合同解除及后果处理的规定。承包人将建设工程转包、违法分包的,发包人可以解除合同。发包人提供的主要建筑材料、建筑构配件和设备不符合强制性标准或者不履行协助义务,致使承包人无法施工,经催告后在合理期限内仍未履行相应义务的,承包人可以解除合同。合同解除后,承包人对已经完成的建设工程或修复后的建设工程验收合格的可以请求发包人支付相应的工程价款。

(10)发包人未支付工程价款的责任。发包人未按照约定支付价款的,承包人可以催告发包人在合理期限内支付价款。发包人逾期不支付的,除根据建设工程的性质不宜折价、拍卖外,承包人可以与发包人协议将该工程折价,也可以请求人民法院将该工程依法拍卖。建设工程的价款就该工程折价或者拍卖的价款优先受偿。

合同管理是进行有效工程造价管理的重要前提,《民法典》合同编有诸多合同管理的具体要求和合同价款管理的有关内容,造价工程师应全面掌握《民法典》合同编的主要内容,关注法律对签订合同的原则要求,合同订立的形式、程序,合同效力,合同履行、变更、转让,合同的权利义务和违约责任,纠纷的解决方式等,并应重点把握《民法典》合同编对建设工程合同的有关要求等。

3.《招标投标法》中的相关规定

《招标投标法》规范了建设工程招标投标过程中各环节的主要活动,对工程造价起到直接和间接的影响。对于投标阶段,第三十三条规定“投标人不得以低于成本的报价竞标”,旨在维护招投标市场的健康发展;第九条规定“招标人应当有进行招标项目的相应资金或者资金来源已经落实”,以防止承包人之间的恶意竞标等有碍公平竞争的现象以及工程因资金短缺不能如期完成,或者竣工后不能支付工程款而引发纠纷。对于评标阶段,第三十七条规定在评标委员会中,技术、经济等方面的专家不得少于成员总数的2/3,以提高招投标项目在技术上的可行性与经济上的合理性,确保项目的投资效益。在保证招标投标价格合理确定、促进有效市场竞争性方面,第四十三条规定“在确定中标人前,招标人不得与投标人就投标价格、投标方案等实质性内容进行谈判”;在合理选择中标人方面,第四十一条规定中标人应当能够最大限度地满足招标文件中规定的各项综合评价标准,或能够实质性响应招标文件,并且经评审的投标价格最低,但不得低于成本。《招标投标法》对招投标各阶段工作的规范与调整,明确了招投标双方的权利和义务,提供了招标投标活动的操作原则。对保证招投标活动公平合理、实现有效竞争以及加强工程造价的合理确定和有效控制等方面都有着重要意义。

4.《价格法》中的相关规定

《价格法》是调整价格行为的法律,内容包括经营者的价格行为、政府的定价行为、价格总水平调控、价格监督检查等。建设工程造价的确定,一个重要的方面就是依据市场形成价格。同一般的商品或服务一样,建设工程的造价也应当遵从《价格法》的规定。《价格法》第二条规定:“本法所称价格包括商品价格和服务价格。商品价格是指各类有形产品和无形资产的价格。服务价格是指各类有偿服务的收费。”第二条规定明确了建设工程造价管理中的工程商品价格的确定以及工程咨询服务费用的确定都应当以《价格法》为依据。对于工程建设中承发包定价以及委托监理委托合同价格的确定,《价格法》第八条规定:“经营者定价的基本依据是生产经营成本和市场供求状况。”第九条规定:“经营者应当努力改进生产经营管理,降低生产经营成本,为消费者提供价格合理的商品和服务,并在市场竞争中获取合法利润。”建设工程造价的确定应当以建设实施过程的生产经营成本为依据,结合建筑市场的供需状况,以及合理的竞争利润形成。

(二)行政法规

行政法规是国务院为领导和管理国家各项行政工作,根据宪法和法律,并且按照《行政法规制定程序条例》的规定而制定的政治、经济、教育、科技、文化、外事等各类法规的总称。行政法规的制定主体是国务院,其根据法律的授权,经过法定程序制定,具有法的效力,它一般以条例、办法、实施细则、规定等形式发布。行政法规的效力次于法律、高于部门规章和地方性法规。目前,没有针对工程造价管理的专门性行政法规。与工程造价管理相关的法规主要有《招标投标法实施条例》《建设工程勘察设计管理条例》《建设工程质量管理条例》《建设工程安全生产管理条例》,以及各类税法实施细则等相关法规。

从工程造价在工程管理中的作用来看,工程造价是工程建设各方关注的焦点,对工程建设的各要素发挥着重大的制约作用,因此,从工程造价管理的立法规划上,有必要单独制定与质量管理条例、安全管理条例具有同样地位的工程造价管理条例,把工程造价管理的主体、原则、内容和相关制度通过行政法规加以明确。

（三）部门规章

部门规章是国务院各部门等根据法律和行政法规的规定和国务院的决定，在本部门的权限范围内制定和发布的调整本部门范围内的行政管理关系的命令、指示和规章等。部门规章一样要经过法定程序，并且不得与宪法、法律和行政法规相抵触，其更具体、更具操作性。目前，在工程造价管理方面2013年已经制订了《发承包计价管理办法》《造价工程师注册管理办法》《建设工程定额管理办法》等规章文件。

上述部门规章规定了造价工程师执业资格制度、工程量清单计价制度、国有投资项目招标控制价制度、工程结算审查和备案制度、工程造价鉴定制度、工程造价纠纷调解制度等，为工程造价咨询业的稳定发展和拓宽服务范围提供法律依据。除上述部门规章外，还财政部制定了《建设工程价款结算暂行办法》《建筑安装工程费用项目组成》等规章文件。随着我国去行政化改革的深入，工程造价咨询资质管理已经淡出历史舞台，但造价工程师职业资格制度仍然会延续下去。与此同时，2013年《发承包计价管理办法》也将需要进行修订，并通过上升为国务院条例进一步规范工程造价管理制度。

此外，交通、电力、水利等国务院相关专业工程建设部门亦应依据国家的法律法规和建设行政主管部门的行业规章，完善自身业务管理范围内的行业规章，编制相应的建设工程造价管理办法等。

（四）地方性法规、规章和规范性文件

地方立法是指省、自治区、直辖市人民代表大会及其常务委员会依法制定并颁布法规，以及省、自治区、直辖市以及省会城市和经国务院批准的较大城市的人民政府颁布规章等的活动。目前，各地依据国家的法律法规和建设行政主管部门的行业规章，为完善其行政区域内的地方性法规和规章，大多制定了相应的建设工程造价管理条例或建设工程造价管理办法。

除此之外，我国地方工程造价管理部门还根据国家政策法规及市场环境的调整，不定期发布规范计量计价行为有关要素价格、费率、计价方法等调整的政府规范性文件，用于指导工程计价活动。如《关于计取市政基础设施建设工程扬尘防治措施费的通知》《关于调整建设工程安全文明施工费管理工作的通知》等，这些政府规范性文件影响着具体工程价格的形成，对于造价工程师的微观计价活动至关重要。

三、工程造价管理标准体系

(一)工程造价管理标准体系的定义与分类

1. 工程造价管理标准体系的定义

工程造价管理标准体系除包括以法律、法规进行管理和规范的内容外,还包括以国家标准、行业标准进行规范的工程管理和工程造价咨询行为、质量的有关技术内容。

2. 工程造价管理标准体系的划分

工程造价管理的标准体系按照管理性质可分为,统一工程造价管理基本术语、费用构成等的基础标准;规范工程造价管理行为、项目划分和工程量计算规则等管理规范;规范各类工程造价成果文件编制的业务操作规程;规范工程造价咨询质量和档案质量的标准;规范工程造价指数发布及信息交换等的信息标准。工程造价管理标准体系的划分见图5-3。

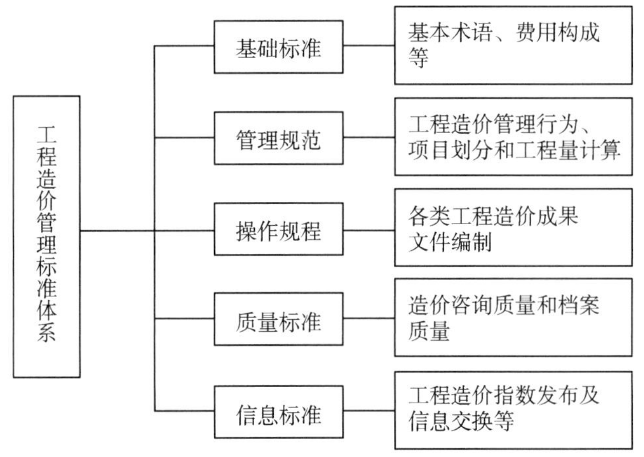

图5-3 工程造价管理标准体系划分

(二)基础标准

1. 工程造价术语标准

《工程造价术语标准》(GB/T 50875—2013)于2013年颁布,该标准是工程造价管理最基础的标准,目的是统一和规范工程造价术语,也是规范公众对工程造价、工程计价、工程造价管理等基本认识的重要基础。公众在工程造价管理上对很多问题认识不统一的归因,往往是对基本概念的认识不一致,因此,《工程造价术语标准》的编制,不仅是对工程造价及其相关术语的定义,也是规范工程造价管理的重要基础。

2. 建设工程计价设备材料划分标准

《建设工程计价设备材料划分标准》(GB/T 50531—2009)是针对工程计价中设

备材料的划分而制订的，以规范设备购置费、建筑安装工程费的分类，同时为工程造价文件编制时计算税金提供重要的参考或依据。该标准已于2009年颁布实施。

3. 建筑安装工程费用项目组成

建设工程的费用构成和分类是工程计价最重要的基础工作，目前，我国建筑安装工程费用项目组成仍以规范性文件《建筑安装工程费用项目组成》的形式来发布，执行的是2013年住房和城乡建设部、财政部联合发布的建标〔2013〕44号文，该费用项目组成的前身是2003年原建设部、财政部联合发布的建标〔2003〕206号文，再上一版是原建设部、中国人民建设银行《关于调整建筑安装工程费用项目组成的若干规定》（建标〔1993〕894号）。由此可见，《建筑安装工程费用项目组成》是计算建筑安装工程费的最主要依据。

目前《建筑安装工程费用项目组成》仍定位为划分和计算建筑安装工程费的基础文件，并得到了社会的普遍认同。但是，从本质上讲它仍是一个基础性的技术性标准，且未完全涵盖整个工程造价，因此非常有必要制订权威性的“建设工程造价费用构成通则”，目的是以标准的形式规范工程造价中各类费用的构成及其含义、基本计算方法等，并以通则的形式对各类工程费用构成加以明确和规定，形成完善清晰的工程造价构成项目划分和费用内容，目前有关单位正在开展这方面的制订工作。

（三）管理规范

1. 建设工程工程量清单计价规范

2003年我国颁布了《2003版清单计价规范》，目的是针对市场化发展的要求，推行工程量清单计价，规范工程量清单计价文件的编制。但是，《2008版清单计价规范》发布以后该规范已经不再是单一的工程量清单计价规范，其不仅涵盖了工程计价的主要内容，还包括了合同管理与工程计价的大部分内容，大大超出了名称所限，因此有必要在其基础上综合成为建设工程计价规范，以统一工程计价的原则、计价方法和基本要求等，同时，也有必要扩展其适用工程总承包、专业工程分包等方面的内容。

2. 建设工程造价咨询规范

针对规范工程造价咨询业务的需要，2015年我国颁布《建设工程造价咨询规范》（GB/T 50195—2015），目的是统一工程造价咨询管理的原则要求，以及工程造价咨询活动的内容、项目管理和组织要求，各类成果文件的深度要求、表现形式等内容。

3. 建筑工程建筑面积计算规范

《建筑工程建筑面积计算规范》是第一部以国家标准的形式来表现的工程造价管理标准，最早于2005年批准发布，是对1982年公布的《建筑面积计算规则》的修订，并以国家标准形式表现。该规范本质上属于工程量计算规则的一部分，该规范是可以纳入全国统一的工程量计算规则的，但考虑其广泛适用性及历史原因，目前单独成册。

4. 建设工程工程量计算规范

《2013 版清单计价规范》将工程量计算部分单独成册，形成了《房屋建筑与装饰工程工程量计算规范》（GB 50854—2013）、《仿古建筑工程工程量计算规范》（GB 50855—2013）、《通用安装工程工程量计算规范》（GB 50856—2013）、《市政工程工程量计算规范》（GB 50857—2013）、《园林绿化工程工程量计算规范》（GB 50858—2013）、《构筑物工程工程量计算规范》（GB 50860—2013）、《矿山工程工程量计算规范》（GB 50859—2013）、《城市轨道交通工程工程量计算规范》（GB 50861—2013）、《爆破工程工程量计算规范》（GB 50862—2013）9 册工程量计算规范。除此之外，我国还于 2007 年单独出版了《水利工程工程量清单计价规范》（GB 50501—2007），该规范适用于水利枢纽、水力发电、引（调）水、供水、灌溉、河湖整治、堤防等建设工程的招标投标工程量清单编制和计价活动，其附录包括了水利建筑工程和水利安装工程工程量清单项目及计算规则。

（四）操作规程

2007 年开始，中国建设工程造价管理协会陆续发布更为详细的各类成果文件编审的操作规程，主要有以下几项。

1.《建设项目投资估算编审规程》

《建设项目投资估算编审规程》主要是用于规范建设项目投资估算的成果文件编制和审查要求，该规程已于 2007 年以中国建设工程造价管理协会标准（CECA/GC1）的形式试行，并于 2015 年再版更新。

2.《建设项目设计概算编审规程》

《建设项目设计概算编审规程》主要是用于规范建设工程设计概算的成果文件编制和审查要求，该规程已于 2007 年以中国建设工程造价管理协会标准（CECA/GC2）的形式试行，并于 2015 年再版更新。

3.《建设项目施工图预算编审规程》

《建设项目施工图预算编审规程》主要是用于规范建设工程施工图预算的成果文件编制和审查要求，该规程已于 2010 年以中国建设工程造价管理协会标准（CECA/GC5）的形式试行。

4.《建设项目工程结算编审规程》

《建设项目工程结算编审规程》主要是用于规范建设工程结算的成果文件编制和审查要求，该规程已于 2007 年以中国建设工程造价管理协会标准（CECA/GC3）的形式试行，2010 年又进行了系统修订。2014 年，该规程又列入了国家标准编制计划，并于2017年向社会征求意见,现已基本完成全部工作。

5.《建设项目工程竣工决算编制规程》

《建设项目工程竣工决算编制规程》主要是用于规范建设工程竣工决算的成果文件编制和审查要求,该规程已于2013年以中国建设工程造价管理协会标准(CECA/GC9)的形式试行。

6.《建设工程招标控制价编审规程》

《建设工程招标控制价编审规程》是为了配合《2008版清单计价规范》的落地实施,主要用于规范建设工程招标控制价的成果文件编制和审查要求,该规程已于2011年以中国建设工程造价管理协会标准(CECA/GC6)的形式试行。

7.《建设工程造价鉴定规程》

《建设工程造价鉴定规程》主要用于规范建设工程造价鉴定的成果文件编制和审查要求,该规程已于2012年以中国建设工程造价管理协会标准(CECA/GC8)的形式试行。该标准于2014年纳入了国家标准编制计划,并于2017年颁布,更名为《建设工程造价鉴定规范》,编号为(GB/T 51262—2017),但本质上仍属于业务操作规程层面。

8.《建设项目全过程造价咨询规程》

为了推进和规范建设项目全过程造价咨询,2009年中国建设工程造价管理协会以协会标准发布了《建设项目全过程造价咨询规程》,编号为(CECA/GC4—2009),该规程于2017年进行了系统修订,这也是我国最早发布的涉及建设项目全过程工程咨询的标准之一。

(五)质量管理标准

2012年中国建设工程造价管理协会发布《建设工程造价咨询成果文件质量标准》(CECA/GC7—2012)。该标准编制的目的是对工程造价咨询成果文件和过程文件的组成、表现形式、质量管理要素、成果质量标准等进行规范。

(六)信息管理规范

1.《建设工程人工材料设备机械数据标准》

《建设工程人工材料设备机械数据标准》制定的目的是便于信息检索和信息积累,统一建筑安装工程人材机的分类和数据表示,该标准已于2013年开始实施,编号为GB/T 50851—2013。

2.《建设工程造价指标指数分类与测算标准》

《建设工程造价指标指数分类与测算标准》制定的目的是规范建设工程造价指标指数分类与测算方法,提高建设工程造价指标指数在宏观决策、行业监管中的指导作用，更好地服务建设各方主体。该标准已于2018年7月1日开始实施，编号为GB/T 51290—2018。

根据《标准化法》，我国的标准包括国家标准、行业标准和地方标准、团体标准以及企业标准。从标准的类别看，工程造价管理的相关标准均是工程建设标准，上述标准既可以国家标准的形式表现，也可以住房和城乡建设部发布行业标准的形式表现，还可以中国建设工程造价管理协会发布行业自律标准的形式来表现。工程造价管理标准是市场经济体制下工程造价管理的核心内容，政府部门要改变签发“红头文件”的做法，凡是不属于必须以法律、法规管理的技术内容，均应以国家标准、行业（协会）标准的形式来发布。我国工程造价管理标准大多属于技术要求，如术语、项目划分、计算规则等，从工程建设标准的属性看应以推荐性标准的形式发布，其他的规范工程造价咨询成果文件、数据格式等技术要求可以行业标准或协会标准的形式发布，最终逐渐形成具有中国特色的工程造价管理标准体系。

四、工程计价定额体系

（一）工程计价定额体系的定义与分类

1. 工程计价定额概述

工程建设是物质资料的生产活动，需要消耗大量的人力、物力、财力。为了生产的科学管理，需要规定和计划这些消耗量，这便产生了定额。定额就是规定的额度，或称数量标准。工程定额一般是指在一定的生产力水平下，工程建设中单位产品上人工、材料、机械消耗的额度，此外，为了便于进行工期管理还有工期定额。

工程计价定额是指工程定额中直接用于工程计价的定额或指标，包括预算定额、概算定额、概算指标和投资估算指标等。不同的计价定额用于建设项目的不同阶段作为确定和计算工程造价的依据。

2. 工程计价定额体系

工程计价定额体系泛指国家、行业或地方发布的人工、材料、机械台班消耗量，可以直接进行有关工程计价的计价依据。工程计价定额已经成为独具中国特色的中国工程计价依据的核心内容，工程计价定额体系也是我国工程管理的宝贵财富。同时，工程计价定额也是科学计价的最基础资料，无论采用何种计价方式，工程的成本管理均离不开定额在工料计划与组织方面的基础性作用，工程计价定额必须始终满足三个基本要求：一是满足工程（该工程可能是单项工程、单位工程、分部工程或分项工程）单价的确定；二是该工程单价依据计价定额的编制期与工程建设期的不同可进行调整；三是要准确反映人工、材料（特别是主要材料）、施工机械的消耗量。

3. 工程计价定额体系的划分

我国的工程计价定额体系依据建设工程的阶段不同，纵向划分为投资估算指标、概算定额和预算定额，按照建设项目的性质不同又分为全国统一的房屋建筑及市政工程、通用安装工程计价定额，此外还包括铁路、公路、冶金、建材等各专业工程计价定额，地方的房屋建筑及市政工程、通用安装工程计价定额。工程计价定额体系纵向划分见图5－4。

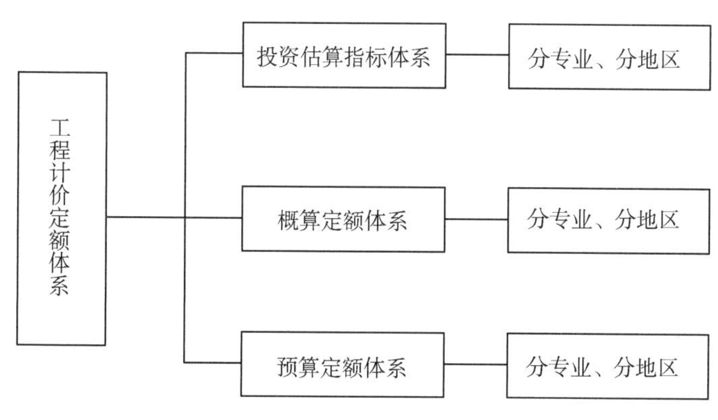

图5－4　工程计价定额体系纵向划分

(二)投资估算指标体系

建设项目投资估算指标是以整个建设项目、单项工程、单位工程为对象编制的工程价格标准，尽管投资估算指标反映的是一个规定项目(整个建设项目、单项工程、单位工程和主要分部分项工程)的工程价格或综合单价，但是投资估算指标主要材料的消耗量和工程材料及人工单价仍是投资估算指标的核心内容。

建设项目投资估算指标一般包括建设项目综合指标、单项工程综合指标和单位工程指标，为了增加投资估算指标的实用性和时效性，在单位工程投资估算时应尽可能地反映主要材料的消耗量和单价，同时对投资较大的单位工程应进一步细化到主要分部分项工程。

建设项目投资估算指标是编制建设项目建议书、可行性研究报告等前期工作阶段投资估算的依据，也可以作为编制建设项目投资计划、进行建设项目经济评价的重要基础。

我国的建设项目投资估算指标分别为各地区工程造价管理机构发布建筑工程、市政工程等的投资估算指标，以及各专业部门工程造价管理机构发布的专业工程投资估算指标。

(三)概算定额体系

概算定额(指标)是在预算定额基础上，确定完成合格的单位综合(或扩大)分部分项工程所需消耗的人工、材料和机械台班的数量标准。概算定额与预算定额的不同在于其计量单位，该计量单位扩大可以到一个分部分项工程或综合数个分项工程。因此概算定额是预算定额的合并与扩大，它将预算定额中有联系的若干个分项工程项目综合为一个概算定额项目。概算定额主要用于编制工程设计概算，它是确定和判断初步设计或扩大初步设计是否经济合理，进行初步设计优化的重要手段。

概算指标是概算定额的扩大与合并，它以综合的分部分项工程或一个单位工程为对象作为基础进行编制，并且它多以综合单价的形式来体现。概算指标一般是在概算定额和预算定额的基础上编制，比概算定额更加综合扩大。一方面概算指标可以快速完成工程概算的编制，便于初步设计方案的比选，另一方面也可以补充因采用新技术、新材料、新工艺等因素造成的概算定额项目不足从而便于工程概算的编制。

我国的建设项目工程设计概算定额分别为各地区工程造价管理机构发布的建筑工程、市政工程等的概算定额，以及各专业部门工程造价管理机构发布的专业工程概算定额。

（四）预算定额体系

预算定额是工程建设中一项重要的技术经济标准，它强调完成规定计量单位并符合设计标准和施工及验收规范要求的分项工程的人工、材料、机械台班的消耗量标准。该消耗量受一定的技术进步和经济发展的制约，在一定时期内是相对稳定的。预算定额以消耗量为核心，反映合理的施工组织设计和在正常施工条件下生产一个规定计量单位合格产品所需的人工、材料和机械台班的社会平均消耗量标准，该计量单位一般以一个分项工程或一个分部工程为对象。预算定额的消耗量与构成预算定额的人工、材料、机械台班的价格构成预算定额单价，为了管理和计价方便，在预算定额发布的同时，编制人工、材料、机械台班的预算单价，构成预算定额单价。

预算定额是编制施工图预算的基础。施工图预算不仅是判断设计是否合理、进行优化设计和工程造价控制的重要方法，同时也是确定建筑安装工程承发包价格的重要参考，是进行工程分包、编制施工组织设计、处理工程经济纠纷、进行工程结算等的参考依据。

我国的建设工程设计预算定额分别为各地区工程造价管理机构发布建筑工程、市政工程等的预算，以及各专业部门工程造价管理机构发布的专业工程预算定额。

科学的工程计价定额体系的定位是使工程造价管理体系建设并得以科学发展的重要内容。新中国成立以来，我国的工程造价管理本质上一直是沿用以定额为主的工程造价管理体制，财政、发改、审计等各方也对此形成了强烈路径依赖。2003 年，尽管我国实现了形式上的工程量清单计价，但是，政府发布的计价定额的影响始终如影相随。应该讲，定额是正确的，是经过标准化和结构化的工程数据库，所以好用、易用，但其本质仍是建筑企业生产管理的基础，并不完全适用于工程造价管理的方方面面，特别是不能用于干预市场形成的价格，更不能用于对合同价款的调整。依赖政府发布、固化的定额产生的数据不仅不符合大数据思维，也抑制数据的产生，对施工企业科学的成本管理、成本举证，以及市场博弈、国际化发展产生了一定程度的制约与影响。因此，我们需要消除对政府定额的依赖性，用科技创新，与时俱进，构建来自现场的真实定额，并利用大数据思维建立广义的工程定额与工程造价数据。

五、工程计价信息体系

（一）工程计价信息体系的定义与分类

1. 工程计价信息体系的定义

工程计价信息体系是指国家、各地区、各部门工程造价管理机构、行业组织以及信息服务企业发布的指导或服务建设工程计价的工程造价指数、指标、要素价格信息、典型工程数据库（典型工程案例）等。

2. 工程计价信息体系的划分

工程计价信息体系具体包括：建设工程造价指数，建设工程人工、设备、材料、施工机械要素价格信息，综合指标信息等。工程计价信息体系的分类见图5-5。

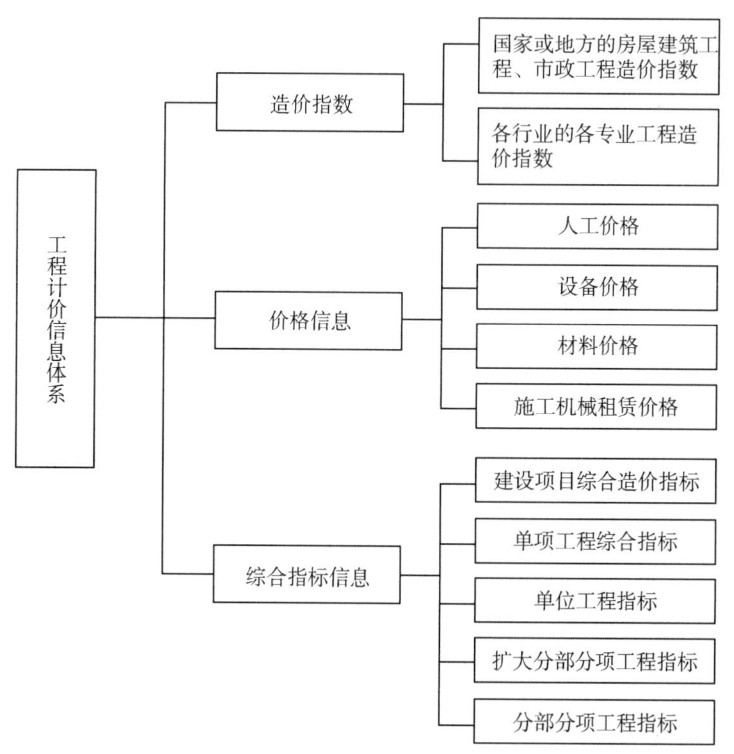

图5-5　工程计价信息体系

(二)建设工程造价指数

建设工程造价指数包括:国家或地方的房屋建筑工程、市政工程造价指数,以及各行业的各专业工程造价指数。

(三)建设工程要素价格信息

建设工程要素价格信息包括:建筑安装工程人工价格信息、材料价格信息、施工机械租赁价格信息、建设工程设备价格信息等。

(四)建设工程综合指标信息

建设工程综合指标信息包括:建设项目的综合造价指标、单项工程的综合指标、单位工程的指标、扩大分部分项工程指标和分部分项工程指标。建设工程综合指标信息可以以平均的综合指标表示,也可以以典型工程的形式表示。

多年来,我国企业过于依赖政府发布的工程计价定额和工程计价信息进行工程计价,对工程计价信息体系,特别是工程造价数据库建设缺乏动力,导致企业的数据建设非常薄弱。工程计价信息的建设需要坚持以下基本要求:

一是坚持问题导向,系统建设工程造价指标。多年来,工程计价的数据建设一直比较零散、孤立,除设备、材料价格服务外均未形成规模,大多缺乏实际意义上的商业化应用。主要原因一是我国工程计价工作长期以来依靠政府供给的定额;二是房地产业开发的市场化项目尽管重视指标积累,但强调交易指标居多,没有形成指标体系,且规则不同,自身又缺乏数据标准和数据分析技术,造成工程造价数据孤立存在,使用背景不清晰,难以产生价值。

二是促进互联网、人工智能、大数据、区块链等数字技术在工程建设领域的应用。工程造价管理要适应平台经济、数字经济、共享经济的发展要求,实现工程造价咨询业务的在线化,工程咨询成果的数字化、标准化和资源化。应按照大数据、人工智能的技术发展要求,高质量、可持续的原则,进行工程造价数据建设最基础标准的研究与制定,使工程造价数据的产生、积累、分析、应用形成数据闭环,进而实现持续优化和自动积累。

三是加强典型工程数据库建设,用大数据技术自动进行指标计算,形成自成长知识库。若工程造价的指标和数据缺乏数据背景,其价值和应用将大打折扣。传统的工程指标分析,大多局限于估算指标、概算指标、交易指标,直接对应工程计价的使用要求。在大数据时代,这是远远不够的,建设工程造价指标应该以个别项目为样本或研究对象,全面建立设计主要技术参数与指标、工程量指标、工料价格指标、要素消耗量指标、工程经济指标、技术经济关联性指标，形成一个完整的工程造价数据，并建立从估价到结算，以至运维的全息数据，建立各阶段的数据逻辑关系与联系，形成可分类、可聚类的工程造价数据体系。在完善项目数据格式、逻辑、层次、内涵等内容的基础上，依靠大数据、人工智能、物联网的技术，对接建设项目智慧工地管理系统，实时地自动建设、积累各个项目的工程造价数据库，建立起工程数据的自成长机制。

3 实务篇

第六章

建设工程结算编制

一、工程结算的基本概念与分类

（一）工程结算的概念

工程结算是指发承包双方根据国家有关法律、法规、标准规定和合同约定的程序、方法、依据等，对在工程实施过程中、已完工或中止的工程项目进行的合同价款计算、调整和确认等活动。

工程结算既是基本建设的程序要求，更是合同履行和合同价款调整的需要。

（二）工程结算的分类

1. 期中结算

期中结算是指发承包双方按照一定支付周期或工程节点，对工程预付款及已完成工程项目的进度款进行的计算、调整和确认等活动。期中结算又称为过程结算，期中结算往往与工程进度款的支付紧密联系，特别是在由多个单项工程组成或单项工程投资额较大的建设项目中，往往会按照工程的里程碑或月（季）度进行期中结算。

2. 中止结算

中止结算是指发承包双方在工程中止时，对已实施的工程项目和经发承包双方确认已经投入工程项目范围内的人工、材料、机械、设备等价款进行的计算、调整和确认等活动。中止结算往往是在合同工作并未完成的情形下发生合同中止、合同解除、合同终止等情形而进行的工程结算。

3. 竣工结算

竣工结算是指发承包双方在承包人完成合同约定的全部工作后，对最终工程价款进行的调整和确定。建设工程完工后，无论是总价合同、单价合同，还是成本加酬金合同，合同双方均会依据合同约定，按建设工程竣工验收的要求编制并审核竣工结算。

二、法律法规关于工程结算的有关规定

（一）法律关于与工程结算有关的规定

《民法典》第七百九十五条规定：施工合同的内容一般包括工程范围、建设工期、中间交工工程的开工和竣工时间、工程质量、工程造价、技术资料交付时间、材料和设备供应责任、拨款和结算、竣工验收、质量保修范围和质量保证期、相互协作等条款；第七百九十九条第一款规定：建设工程竣工后，发包人应当根据施工图纸及说明书、国家颁发的施工验收规范和质量检验标准及时进行验收。验收合格的，发包人应当按照约定支付价款，并接收该建设工程。

《建筑法》第十八条规定：建筑工程造价应当按照国家有关规定，由发包单位与承包单位在合同中约定。公开招标发包的，其造价的约定，须遵守招标投标法律的规定。发包单位应当按照合同的约定，及时拨付工程款项。

《审计法》第二十三条规定：审计机关对政府投资和以政府投资为主的建设项目的预算执行情况和决算，对其他关系国家利益和公共利益的重大公共工程项目的资金管理使用和建设运营情况，进行审计监督。

法律关于工程结算的条款虽然不具体，但是《民法典》合同编和《建筑法》的相关内容均可适用于合同价款的管理、工程结算与工程款的支付。另外，有关政府投资和以政府投资为主的建设项目，施工合同未约定工程结算以政府审计为依据的，不能强制要求以政府审计核定金额作为结算依据。

（二）工程结算有关的规章和规范性文件

1. 2013 年《发承包计价管理办法》

2013 年，住房和城乡建设部发布了《发承包计价管理办法》。该办法对建设工程合同订立价款和履行过程中的计价相关问题进行了具体的规定。主要有以下内容。

（1）合同的订立和约定内容。该办法第十二条规定，招标人与中标人应当根据中标价订立合同。不实行招标投标的工程由发承包双方协商订立合同。合同价款的有关事项由发承包双方约定，一般包括合同价款约定方式，预付工程款、工程进度款、工程竣工价款的支付和结算方式，以及合同价款的调整情形等。

（2）合同的主要形式。该办法第十三条规定，发承包双方在确定合同价款时，应当考虑市场环境和生产要素价格变化对合同价款的影响。实行工程量清单计价的建筑工程，鼓励发承包双方采用单价方式确定合同价款。建设规模较小、技术难度较低、工期较短的建筑工程，发承包双方可以采用总价方式确定合同价款。紧急抢险、救灾以及施工技术特别复杂的建筑工程，发承包双方可以采用成本加酬金方式确定合同

价款。

（3）合同价款调整的方式。该办法第十四条规定，发承包双方应当在合同中约定，发生下列情形时合同价款的调整方法：①法律、法规、规章或者国家有关政策变化影响合同价款的；②工程造价管理机构发布价格调整信息的；③经批准变更设计的；④发包方更改经审定批准的施工组织设计造成费用增加的；⑤双方约定的其他因素。

（4）预付款要求。该办法第十五条规定，发承包双方应当根据国务院住房城乡建设主管部门和省、自治区、直辖市人民政府住房城乡建设主管部门的规定，结合工程款、建设工期等情况在合同中约定预付工程款的具体事宜。预付工程款按照合同价款或者年度工程计划额度的一定比例确定和支付，并在工程进度款中予以抵扣。

（5）工程计量要求。该办法第十六条规定，承包方应当按照合同约定向发包方提交已完成工程量报告。发包方收到工程量报告后，应当按照合同约定及时核对并确认。

（6）进度款的要求。该办法第十七条规定，发承包双方应当按照合同约定，定期或者按照工程进度分段进行工程款结算和支付。

（7）竣工结算的要求。该办法第十八条规定，工程完工后，应当按照下列规定进行竣工结算：

①承包方应当在工程完工后的约定期限内提交竣工结算文件。

②国有资金投资建筑工程的发包方，应当委托具有相应资质的工程造价咨询企业对竣工结算文件进行审核，并在收到竣工结算文件后的约定期限内向承包方提出由工程造价咨询企业出具的竣工结算文件审核意见；逾期未答复的，按照合同约定处理，合同没有约定的，竣工结算文件视为已被认可。

非国有资金投资的建筑工程发包方，应当在收到竣工结算文件后的约定期限内予以答复，逾期未答复的，按照合同约定处理，合同没有约定的，竣工结算文件视为已被认可；发包方对竣工结算文件有异议的，应当在答复期内向承包方提出，并可以在提出异议之日起的约定期限内与承包方协商；发包方在协商期内未与承包方协商或者经协商未能与承包方达成协议的，应当委托工程造价咨询企业进行竣工结算审核，并在协商期满后的约定期限内向承包方提出由工程造价咨询企业出具的竣工结算文件审核意见。

③承包方对发包方提出的工程造价咨询企业竣工结算审核意见有异议的，在接到该审核意见后一个月内，可以向有关工程造价管理机构或者有关行业组织申请调解，调解不成的，可以依法申请仲裁或者向人民法院提起诉讼。

发承包双方在合同中对本条第①项、第②项的期限没有明确约定的，应当按照国家有关规定执行；国家没有规定的，可认为其约定期限均为 28 日。

(8)竣工结算的效力。该办法第十九条第一款规定,工程竣工结算文件经发承包双方签字确认的,应当作为工程决算的依据,未经对方同意,另一方不得就已生效的竣工结算文件委托工程造价咨询企业重复审核。发包方应当按照竣工结算文件及时支付竣工结算款。

2. 建设工程价款结算暂行办法

2004 年,财政部、原建设部发布了《建设工程价款结算暂行办法》(财建〔2004〕369 号),该办法是针对工程结算的规范性文件,主要内容有:

(1)竣工结算的编制。该办法第十四条规定,工程完工后,双方应按照约定的合同价款及合同价款调整内容以及索赔事项,进行工程竣工结算。工程竣工结算方式分为单位工程竣工结算、单项工程竣工结算和建设项目竣工总结算。单位工程竣工结算由承包人编制,发包人审查;实行总承包的工程,由具体承包人编制,在总(承)包人审查的基础上,发包人审查。单项工程竣工结算或建设项目竣工总结算由总包人编制,发包人可直接进行审查,也可以委托具有相应资质的工程造价咨询机构进行审查。政府投资项目,由同级财政部门审查。单项工程竣工结算或建设项目竣工总结算经发、承包人签字盖章后有效。承包人应在合同约定期限内完成项目竣工结算编制工作,未在规定期限内完成的并且提不出正当理由延期的,责任自负。

(2)结算编制与审核责任。该办法第十六条规定,发包人收到竣工结算报告及完整的结算资料后,在本办法规定或合同约定期限内,对结算报告及资料没有提出意见,则视同认可。承包人如未在规定时间内提供完整的工程竣工结算资料,经发包人催促后 14 天内仍未提供或没有明确答复,发包人有权根据已有资料进行审查,责任由承包人自负。

3.《关于完善建设工程价款结算有关办法的通知》

2022 年,财政部、住房和城乡建设部发布《关于完善建设工程价款结算有关办法的通知》(财建〔2022〕183 号),要求:

(1)提高建设工程进度款支付比例。政府机关、事业单位、国有企业建设工程进度款支付应不低于已完成工程价款的 80%;同时,在确保不超出工程总概算以及工程决算工作顺利开展的前提下,除按合同约定保留不超过工程价款总额 3% 的质量保证金外,进度款支付比例可由发承包双方根据项目实际情况自行确定。在结算过程中,若发生进度款支付超出实际已完成工程价款的情况,承包单位应按规定在结算后 30 日内向发包单位返还多收到的工程进度款。

(2)当年开工、当年不能竣工的新开工项目可以推行过程结算。发承包双方通过合同约定,将施工过程按时间或进度节点划分施工周期,对周期内已完成且无争议的工程量(含变更、签证、索赔等)进行价款计算、确认和支付,支付金额不得超出已完工部分对应的批复概算。经双方确认的过程结算文件作为竣工结算文件的组成部分，竣工后原则上不再重复审核。

三、工程结算编制原则

工程结算编制一般遵循以下原则：

（1）工程结算编制应该在该工程完工后办理，对未完工程或质量不合格的工程一般不应办理工程竣工结算。

（2）工程结算编制应以施工图纸的子项目名称为单位分别进行编制，各标段所有子项的工程结算资料应一次性完整提交。

（3）工程结算编制应以发承包双方共同确认的施工图、施工界面和工作内容确认资料、设计变更资料、现场收方和签证资料、认质认价材料清单、甲供材料清单等为依据，共同根据施工合同的约定和合同中明确的计价原则编制。坚持客观公正、实事求是、协商解决的原则。

（4）工程结算编制应严格按照合同或标准规范编制程序，以统一的计量规则和统一的编制方法进行编制。

四、工程结算编制的依据

工程结算编制的依据主要包括以下内容，承包人在编制工程结算时需按照以下要求进行整理。

（一）合同类文件

双方签订的工程承包（施工）合同、补充协议、中标通知书、投标文件、招标文件等合同性资料。

（二）勘察设计类文件

包括工程地质勘察文件、工程设计文件、施工图审查报告、图纸会审记录等设计及其审查资料。

用于工程结算的图纸是施工图，而不是竣工图时，施工图应由编制工程结算的施工方负责整理，凡按设计院图纸施工的必须以设计院提供的蓝图为准。在整理时要求按出图顺序编制图纸目录并装订成册，凡是不属于施工方施工范围的图纸不宜反映在工程结算的施工图中。用于工程结算的竣工图与施工图有出入的，必须有有效的工程变更资料，此外还必须加盖施工单位的竣工图章进行确认，同时应由总监理工程师和建设单位代表审核签字确认，未满足以上要求的竣工图，在工程结算时应进行说明。

（三）施工组织类文件

包括施工界面和工作内容确认资料，施工组织设计文件、深化设计文件、优化设计文件等设计及其审查资料。

凡施工图中相关单位工程或分部分项工程有其他施工方负责施工的，施工方应对自己施工或未施工的部位进行界面划分或说明。涉及界面划分的有关资料应通过监理工程师和建设单位代表审核签字或单位盖章的方式确认。无施工界面和工程内容确认资料的工程子项，在工程结算审核时往往不会得到支持。

（四）工程变更资料

包括工程变更有关的指令、设计文件、现场签证、会议纪要，以及对工程变更费用审核的处理意见等。

工程变更主要有以下四种情况。

（1）由设计院出具的工程设计变更，该变更应由负责设计的设计单位进行签章，可直接作为工程结算依据。

（2）由建设单位出具的工程变更，包括设计变更令，设备、材料替换等，该变更由建设单位代表审核签字和单位盖章，并经监理工程师签字确认，可直接作为工程结算依据。

（3）会议形式或建设单位现场口头指令产生的工程变更，由施工方负责整理、设计变更资料，并需经监理工程师和建设单位代表审核签字和单位盖章确认。

（4）施工单位提出的工程变更及现场签证，应由建设单位或设计单位批准。

以上工程变更资料应由施工方按该子项变更资料的时间先后整理装订成册，且要有统一的目录和详细的编码，同一部位在不同时间的工程变更资料必须以最后实施且完工的内容为准。

（五）工程索赔资料

包括工程索赔报告书及其有关的详细计算书、证据资料，以及工程索赔费用审核的处理意见等。

（六）施工过程结算资料

主要有施工过程或期中结算报告、工程竣工结算报告及其审查资料等的正文、工程量计算书及其电子文件，预付工程款、工程进度款、履约保证金等付款资料。

（七）主要设备材料认价资料

包括设备、材料招标采购文件、合同或认价单，甲供设备材料领料单，代交的工程水电费等资料。

（八）重要的施工节点记录资料

工程的开工报告、分部分项工程验收记录、工程质量检测报告、工程验收报告、与证明事项有关的监理或施工日志等资料。

（九）有关部门发布的工程计价依据

（1）建设期内影响合同价款的法律、法规和规范性文件；

（2）建设期内影响合同价款的相关技术标准；

（3）与工程结算编制相关的计价规范、工程量计算规则、消耗量定额、设备材料价格信息等。

（十）与工程结算有关的其他依据

上述未涵盖的与工程造价结算有关的其他计价依据。

五、工程结算编制的程序

工程结算一般应由实施合同的承包人进行编制，承包人也可以委托工程造价咨询企业进行编制。工程造价咨询企业编制的工程结算文件一般应由委托其的承包人审核、认可，并加盖承包人的印章方可作为正式的工程结算申请文件送交发包人。

工程结算编制应按准备、编制和审核与定稿三个工作阶段进行，并应实行编制、审核、审定三级管理制度，确保编制质量。

（一）工程结算编制准备阶段

1. 收集资料。收集、整理涉及工程结算相关的编制依据资料。主要包括以下内容：

（1）施工合同及补充协议、合同附件（承包人投标报价商务及技术文件）；

（2）招标文件及招标工程量清单；

（3）项目招标图纸、施工图纸、签字齐全的竣工蓝图；

（4）图纸会审记录、建筑工程隐蔽检验记录、施工组织设计、月度工程形象进度记录；

(5)设计变更通知单、洽商变更记录单、现场签证单;

(6)材料设备批价单、甲供材料清单;

(7)有关的商务会议纪要;

(8)其他需要补充的资料。

2. 熟悉与核查资料。工程结算编制人员应分专业熟悉与核对资料,包括施工合同、施工图纸、投标文件、招标文件等相关资料。

3. 掌握工程项目发承包方式、现场施工条件、采用的工程技术标准、定额、费用标准、材料价格变化等情况。

4. 对工程结算编制依据进行分类、归纳、整理,召集工程结算编制人员对工程结算资料,以及可能涉及的问题、内容进行分析、补充和完善。

(二)工程结算编制阶段

1. 现场勘验。根据工程施工图或竣工图以及施工组织设计进行现场勘验,熟悉工程施工的相关情况,了解工程变更等的实施情况及虽未纳入工程变更,但工程实际与施工图、竣工图不符等情况。

2. 施工图纸部分的工程量计算。按施工合同约定和相应的工程量计算规则对施工图反映的工作内容计算分部分项工程、措施项目及其他项目的工程量。工程量计算底稿应采用电子版,做到部位明确、内容清晰、计量准确。

3. 施工图纸内的工程计价。按施工合同约定的计价原则和计价办法对分部分项工程、措施项目或其他项目进行工程计价;对于合同工程量清单缺项的部分,以及采用超出合同要求的新材料、新设备、新工艺的,应按合同约定的新增单价组价方式重新编制综合单价,形成单价分析表。合同没有约定的,可根据施工过程的合理人材机要素消耗和市场价格进行组价。

4. 工程变更费用的计算。对涉及的工程变更费用,应根据合同约定的工程变更计价原则进行计量与计价,并整理工程变更计价的依据性资料。

5. 工程索赔费用的计算。对涉及的工程索赔费用,应按照合同约定或行业惯例的工程索赔处理原则、程序和计算方法计算索赔费用,并整理工程索赔计价的依据性资料。

6. 新增工程费用的计算。对于新增工程,补充协议或合同对新增工程有约定的,按补充协议或合同的约定计算新增工程费用;没有约定的,一般按合同约定的工程量计算规则及新增单价组价方式分别计算工程量并组价,从而得到直接费,并计取合理的管理费和利润。合同没有约定新增单价组价方式的,可根据施工过程的合理人材机要素消耗和市场价格进行组价。

7. 计算可能增加或扣减的费用。例如应增加的奖励费用、零星或其他工作费用,可能扣减的包括甲供材料相关费用或甲方垫付的工程水电费用等。

8. 汇总。汇总计算工程费用,包括分部分项工程费、措施项目费、其他项目费、规费及增值税税金,初步确定工程结算价格。

9. 编写编制说明。工程结算编制人员在工程量计算、计价过程中,应随时记录增减事项、增减原因、暂计项目、未计入项目及处理方式等,并于工作完成后编制各专业汇总表,整理本专业范围内的编制说明,提交项目负责人汇总后出具工程结算编制说明。工程结算编制说明应包括:工程概况、编制范围、编制依据、编制方法,工程计量、计价及人工、材料、设备等的价格和费率计取的说明,以及应予说明的其他事项。

10. 编制工程结算报告。编制工程结算报告的初步成果文件,应包括:封面、签署页、目录、编制说明、工程结算汇总表、单项工程结算汇总表、单位工程结算汇总表等。

(三)工程结算的审核与定稿阶段

1. 工程结算编制单位审核人对初步成果文件进行审核的主要工作应包括:对工程结算的编制依据、编制方法进行审核;抽样复核结算的部分工程量;抽样审核部分工程结算的综合单价;对工程变更、工程索赔、新增工程费用的类别、计价方法和依据进行审核;审核汇总计算和税金等相关费用。

2. 工程结算编制单位审定人对初步成果文件进行审核的主要工作应包括:对工程结算的编制依据、编制方法进行审核,通过主要技术经济指标核对初步成果文件,对异常项目或错误问题提出调整意见。

3. 工程结算编制人、审核人、审定人应分别在工程结算成果文件上署名,加盖造价工程师职业资格印章,并最终由承包单位进行签章。

六、工程结算编制方法

(一)工程结算编制的基本要求

工程结算应依据施工合同约定的计价方式的不同,采用相应的编制方法。采用总价方式的,应在合同总价基础上,对合同约定可调整的内容及超过合同约定范围的风险因素进行调整。采用单价方式的,在合同约定风险范围内的综合单价应固定不变,工程量应以承包人完成合同工程应予计量的且依据合同约定的工程量计算规则计算得到的工程量确定,并对合同约定可调整的内容及超出合同约定范围的风险因素进行调整。采用成本加酬金方式的,应依据合同约定的方法计算工程成本、酬金及税费。

部分合同可能采用单价方式、总价方式结合的计价方法,应依据合同约定对相应的内容分别采用单价方式和总价方式编制工程结算。如某工程拆除部分、土方工程部分采用总价方式,建筑结构、设备安装、装饰工程采用单价方式计价,就应按照合同要求的计价方式分别计算。

(二)采用单价方式计价的工程结算编制

1. 分部分项工程费

采用工程量清单单价方式计价的建设工程的结算,分部分项工程费应按分部分项工程量乘以综合单价计算,工程量应按施工合同约定的计算承包人完成合同工程应予计量的工程量确定,综合单价应按施工合同中已标价工程量清单的综合单价计价。当发生工程变更、单价调整、甲供材料等情形时,合同有约定的从其约定,没有约定的应符合下列规定:

(1)工程变更引起已标价工程量清单项目或其工程数量发生变化时,该项目的综合单价应按《2013 版清单计价规范》第 9.3.1 条的相关规定进行调整。

(2)在合同履行期间出现人工、材料、工程设备和施工机械台班单价或价格与合同工程基准日期相应单价或价格比较出现涨落时,应按《2013 版清单计价规范》第 9.8 条调整。

(3)对于发包人提供的工程材料、设备价款可先计入综合单价,但应在汇总工程造价后再予以扣除。

2. 措施项目费

采用工程量清单单价方式计价的建设工程的结算,措施项目费应按施工合同约定的项目、金额、计价方法等确定,并应符合下列规定:

(1)与分部分项实体项目相关的措施项目费用,应随该分部分项工程项目实体工程量的变化而调整工程量,并应依据施工合同约定的综合单价进行计算,如模板或脚手架费用。

(2)具有竞争性的独立性措施项目费用,应按投标报价计列,除出现工程变更外,一般不宜调整,如护坡工程、降水工程费用。

(3)按费率综合计算的措施项目费用,应按国家有关规定,以及施工合同约定的取费基数和投标报价时的费率进行计算或调整。

3. 其他项目费

采用工程量清单单价方式计价的建设工程的结算,其他项目费的确定应符合下列规定:

(1)投标报价中的暂列金额如已发生,应分别计入相应的分部分项工程费、措施项目费中。

(2)材料暂估单价应按发承包双方最终确认价,在分部分项工程费、措施项目费中对相应综合单价进行调整。

(3)专业工程暂估价应按专业分包施工合同另行结算。

(4)计日工应按发包人已签证的数量、投标时的计日工单价进行计算。

(5)总承包服务费应以实际发生的专业分包工程费用及发包人供应的工程设备、材料价格为基数采用投标报价的费率进行计算。

4. 工程索赔费用

采用工程量清单单价方式计价的工程结算,工程索赔费用价款应依据发承包双方确认的索赔事项和施工合同中约定的计价方式进行计算,并计入相应的分部分项工程费、措施项目费、其他项目费中。

5. 新增工程费用

新增工程有别于工程变更,新增工程是指在工程实施过程中,发生承包人按发包人指令实施的不属于合同约定承包范围内的工程。承包人对新增工程可以主张不同于工程变更的工程计价原则与方法,并提出自身的主张。

因新增工程属于合同外工程,所以不受原合同中价款、工期等的约定,承包人和发包人可协商是否采取合同单价,或通过调整合同单价而确定新增工程的单价,新增工程原则上须按承包人与雇主协商确定的单价而计价,但承包人主张调整合同单价的,应对调整的单价承担举证和说明的责任。

(1)合同双方针对新增工程签订了补充协议,并明确工程计价原则与方法的,应执行补充协议所确定的工程计价原则与方法。

(2)合同双方针对新增工程未签订补充协议,也没有证据表明有明确工程计价原则与方法的,不必须执行原合同的计价原则与方法。

(三)采用总价方式计价的工程结算编制

采用总价方式计价的建设工程的结算,应在合同总价的基础上进行调整,一般不得重新计算已签约的合同价款。对合同范围的变化、工程变更、工程索赔等费用的计算应参照已标价工程量清单中相应项目的单价和合同约定的计价原则、方法进行计算与调整。应在总价的基础上考虑以下因素:

(1)合同范围变化和工程变更引起的费用增减。

(2)工程索赔费用。

(3)新增工程费用。

(4)合同约定可调整的其他费用。

采用总价方式计价的合同发生上述因素的,可参照单价合同中相应的调整方法对需要调整的部分进行调整。

（四）成本加酬金合同

成本加酬金合同要依据合同约定的成本构成和成本的计算方法来计算承包人的工程成本，然后依据合同约定的固定酬金或固定酬金费率确定承包人应获得的酬金，具体计算方法有以下几种方式。

1. 成本加固定费用

发包方支付工程的全部直接成本（人工、材料、设备台班费等），再向承包方支付一笔固定的费用作为管理费（包括综合措施项目费、其他需要计入的费）、利润等。这笔固定费用的金额由发承包双方在合同中协商约定。

虽然合同中约定的该笔费用是固定金额，但是并不代表绝对不能调整，其原理和固定总价合同一样，当出现合同范围变化、较大的工程变更导致工程价款变化超出合同的约定时，也是可以对固定金额的酬金进行调整的。

2. 成本加固定比例费用

与上述成本加固定费用相似，其工程成本计算与前述方法是一致的，区别主要是固定费用的费用金额是事先约定、提前固定下来的，而固定比例费用是按成本的一定百分比来计算应付承包方的费用，因此，该费用比例是固定不变的，只需按双方核定的工程成本和酬金费率计算即可。

七、过程结算的编制

（一）过程结算的概念与内容

过程结算，是指施工企业（承包人）在工程实施过程中，依据承包合同中付款条款的约定和已经完成的工程量，按照规定的程序向建设单位（业主）收取工程价款的一项经济活动。

除合同另有约定外，工程项目的过程结算用于价款支付时，应包括下列内容：(1)本周期已完成工程的价款；(2)累计已完成工程的价款；(3)累计已支付的工程价款；(4)本周期已完成计日工金额；(5)本周期应增加和扣减的变更金额；(6)本周期应增加和扣减的索赔金额；(7)根据合同应增加和扣减的其他金额；(8)应抵扣的工程预付款；(9)本付款周期应支付的工程价款。

（二）过程结算的作用

1. 过程结算是工程进度的主要指标。在施工过程中，过程结算的依据之一就是按照已完成的工程量进行进度款支付的期中结算，也就是说，承包人完成的工程量越多，所应结算的工程价款就应越多。所以，根据累计已结算的工程价款占合同总价款的比例，能够近似地反映出工程的进度情况，有利于准确掌握工程进度，分析进度偏差。

2. 过程结算是加速资金周转的重要环节。承包人能够尽快地分阶段收回工程款，有利于偿还因项目采购形成的应付账款，也有利于资金的回笼，降低内部运营成本，使经营资金流的表现更为良好，从而加速资金周转，提高资金的使用效率。

3. 过程结算是考核经济效益的重要指标。对于承包人来说，只有完成工程结算并收回款项，才意味着工程项目的完成，避免经营风险，获得相应的利润，进而得到良好的经济效益。

（三）过程结算方式

我国现行建筑安装工程价款过程结算的主要方式有以下几种。

1. 按月（季）结算

按月（季）结算是指实行每月（季）中或月（季）末进行结算，竣工后再进行竣工结算的方法。实行按月（季）结算的工程合同，应分期计算本周期已完成工程的价款、累计已完成的工程价款、累计已支付的工程价款等，最终确定本付款周期应支付的工程价款。

2. 按工程里程碑节点结算

按工程里程碑节点结算与按月结算的不同主要在于，按月（季）结算是按照固定的时间来进行定期结算，而按工程里程碑节点结算是指承包人需完成所有合同约定的单项里程碑活动的相关工作后才能视为达到了某项付款节点，建设工程项目里程碑的节点一般包括：房屋建筑工程的土方工程完成、结构出地平、结构封顶、机电工程完成、装修工程完成等。

（四）过程结算程序

过程结算一般按已完成的分部分项工程或实物量，按合同约定的付款比例计算已完成工程的费用，待工程竣工后再办理竣工结算，处理甲供材料、工程水电费及遗留的待结算项目，形成最终的工程结算金额，并按合同约定的条款办理结算款的支付等。过程结算一般包括以下工作内容。

（1）预付工程款

我国工程建设大多实行预付备料款的形式，即由发包人在工程开工前或开工后的一定期限内支付给承包人一定比例的预付款，用于施工组织与采购工程材料等。预付备料款与我国从计划经济发展到市场经济的历程是密切相关的，在计划经济时期，施工企业没有充足的流动资金更没有融资能力，在建设单位获批建设后，才由有关部门拨付项目资金用于工程建设，建设单位必须支付一定比例的预付款给承包人用以采购材料等，因此，我国的预付款性质主要表现为预付备料款。在国际上，承包人一般有融资和供应链优势，预付工程款主要用于项目动员，即承包人要赴项目工地，在前期工作所发生的成本，其性质并非预付备料使用。随着我国市场经济体制的完善，这一点在不同的建设模式下，也会发生改变。

根据2013年《发承包计价管理办法》相关规定，发承包双方应在合同签订时明确预付款的有关事项，如金额、支付时间和方式、支付条件、扣回时限与方式等。

(2)期中结算与工程进度款的支付

期中结算办法主要是指承包人在合同约定的时间节点向建设单位提交当期或累计的已完工程量报告，并结合合同约定的付款比例、累计已支付的工程款、应扣回的预付款等，向建设单位申请当期应支付的工程价款，进行期中结算，获得进度款。

近年来，鉴于我国工程款拖欠和劳务工人（或农民工）工资拖欠问题越发严重，为维护承包人，特别是劳务工人的权益，我国进一步强化了过程结算。但是，过程结算或期中结算并非新鲜事物，承包人按月或按照工程里程碑节点获取一定比例的工程进度款是国内外通行的做法，这也是建设工程合同的一个最重要特点。

按工程里程碑节点结算与按月（季）结算在程序上大体是一致的，差异主要是采用按工程里程碑节点结算的方式在重要里程碑完成后可以实现精准计量，因此，按里程碑节点支付进度款的合同可以降低预付款的比例，加大里程碑节点的进度款支付比例，有利于调动承包人的积极性，加快工程进度。

过程结算的编制依据、原则与方法等与竣工结算基本一致，可参照下一节竣工结算的编制进行。

八、竣工结算的编制

（一）采用单价合同计价方式的工程竣工结算编制

采用工程量清单计价方式计价的工程，一般采用单价方式计价，并签订工程合同。在编制工程竣工结算时，主要是重新计算分部分项工程的工程量，按合同约定调整综合单价，然后形成分部分项工程合价；依据合同约定计算措施项目费、其他项目费，最后计取规费和税金，形成工程结算价。

1. 分部分项工程费的计算

(1)按实际施工图纸和工程变更重新计算工程量

①按实际施工图纸重新计算工程量。工程施工时，无论是采用原招标时的施工图

纸，还是采用了两版或多版图纸，只要招标工程量清单与实际实施工程的工程量清单有出入的均需要重新计算工程量。

②计算施工图纸之外的变更工程量。作为以单价方式计价的施工合同，在工程变更仅引起工程数量变化的情形发生时，承包人一般无须以工程变更为由主张费用。已经在施工图纸中反映的工程变更，可在施工图重计量中计入变更工程量。除施工图纸的工程量外，承包人还需要对发包人指令或经发包人批准的工程变更调整的工程量进行计算，一并计入分部分项工程量。除非该工程变更引起施工措施方案的变化，或者该变化超出一定的范围（如超过 15%）引起了综合单价中的管理费和利润分摊过高或过低，且整个项目总体上导致承包人的管理费和利润分摊不合理。

重新计算工程量时，应列明项目编码、项目名称、计量单位、工程数量。施工图纸内的工程量应尽可能与原投标工程量清单的编排顺序一致，原工程量清单项目的缺漏项可在相应的位置增项。施工图纸外的工程变更宜在原工程量清单项目后单独列项。

（2）选择及调整综合单价

投标报价中的综合单价不符合合同约定的调整条件的，应直接选择投标报价中的综合单价，作为申报工程结算的综合单价。

投标报价中的综合单价触发合同约定的调整条件的，分别按以下方式调整综合单价。

①综合单价中含有暂估价的项目的。采用招标方式采购暂估价材料或设备的，按照经发包人认可的招标方式，以实际招标的材料、设备单价，替代综合单价中的暂估价，形成新的综合单价；未采用招标方式的，以发包人和承包人共同认定的材料、设备单价，替代综合单价的暂估价，形成新的综合单价。

②物价变化引起综合单价调整的。合同履行期间，人工、材料、工程设备、机械台班价格波动超出合同约定的风险范围或幅度时，应按照合同约定的方式调整相应的人工费、材料和设备费、施工机械使用费，形成新的综合单价。

③因项目特征描述不符调整综合单价的。招标工程量清单与按照施工图实际施工的项目的特征不符的，应按照合同约定对综合单价进行调整。同一个合同同类专业工程有相同项目的，可直接使用相同项目的综合单价，如某建设工程施工合同，共建设 5 栋住宅楼，A 栋楼项目特征描述与实际施工不符，B 栋楼有相同项目时，可直接使用 B 栋楼的综合单价；没有相同项目，但有类似工程项目的可参照同类项目的综合单价进行修正，如某混凝土浇筑工程，投标工程量清单是 C40 混凝土柱，实际施工图为 C50 混凝土柱，可参照 C40 混凝土柱的单价分析表重新组价，组价时可以采用 C50 混凝土材料单价替换 C40 混凝土材料单价，参照类似项目修正综合单价时，应保持口径一致；在投标报价的已标价工程量清单中，没有相同项目，也没有类似项目的，承包人应

结合该项目的人工、材料、施工机械的直接成本,并结合投标报价中的同类单位工程的管理费费率和利润率进行组价。

④因工程量偏差较大调整综合单价的。当招标工程量清单与实际工程量偏差超出合同约定的幅度(如未约定的按15%)时,偏差外的部分可依据合同约定调整综合单价。《2013版清单计价规范》对因工程量清单偏差调整综合单价虽有指导性建议,但该类调整一般以施工措施方案发生变化或引起分部分项费用合计变化超过一定幅度为限定条件,在工程量有增有减时,该项调整并无必要。因此,应依据合同约定进行调整。

进行综合单价调整的,承包人应重新编制综合单价分析表。

(3)计算分部分项子项费用,并汇总分部分项工程合价

承包人应依据重新计算的工程量,适用或调整原综合单价,并根据最终确定的综合单价重新计算每个分部分项项目的费用,加和汇总形成分部分项工程合价。

2. 措施项目费的计算

在工程竣工结算编制时,措施项目费应依据合同约定的项目和金额进行计算,若发生变更、新增的措施项目,以发承包双方合同约定的计价方式计算,其中措施项目清单中的安全文明施工费用应按照国家或省级、行业建设主管部门的规定计算。施工合同中未约定措施项目费工程结算方法时,措施项目费应按以下方法编制竣工结算。

(1)与分部分项实体消耗相关的措施项目。与分部分项实体消耗相关的措施项目,当分部分项工程量发生变化时,应随该分部分项工程的实体工程量变化,依据发承包双方确定的工程量,并结合合同约定的原措施项目的综合单价进行结算。如未计入分部分项混凝土项目的模板,当混凝土工程量发生变化时,应依据合同约定的工程量计算规则,按模板的接触面积或按单位混凝土的体积计算;再如综合使用的脚手架,当建筑面积或外墙面积等发生变化时,应依据合同约定的工程量计算规则,按调整后的建筑面积或外墙面积进行计算。

(2)独立性、竞争性的措施项目一般不应调整。如护坡工程、降水工程等独立性的措施项目,应充分体现不同企业的竞争性,一般应固定不变,按合同中相应的措施项目费用进行结算。但是,当发生设计变更、外界的条件变化,致使原独立性、竞争性的措施项目的施工方案不再适用,引起措施方案发生变化时,要依据工程变更、工程索赔,分别主张措施费用的调整,按照实际使用的措施方案重新计算措施项目费。

案例6-1

某地产项目建设工程施工的背景为:①四栋别墅的基础土石方工程施工,招标时按一层地下室考虑,实际施工时按照销售的要求进行了设计变更,修改为二层地下室。②因工程变更导致基础加深、外围承台和独立基础降1米、部分区域降板,且基础底板

改为后浇板(相应增加底板垫层及防水层厚度)。③现场原为高尔夫球场,有给水管(地勘未显示),含水率增大,因地质变化、实际开挖深度发生变化,导致挖土放坡系数增大。

承包人结合工程变更的实际情况出具的工程结算书主要内容为:①由于设计变更和现场实际情况与招标时施工图纸相比发生变化,应按工程实际,对工程量或综合单价进行调整,增加工程量为2300立方米;因深度增加和含水量增大综合单价提高15%。②由于基础加深,且工程地质为砂夹石,考虑到地下开挖已达6米,为了安全起见,需要进行护坡支护,增加护坡工程措施费23万元。

建设单位同意进行调整,经承担结算审核的工程造价咨询公司审核,最终形成如下处理意见:①招标文件(及其工程量清单)与项目实际施工确实存在较大差异,该风险主要是设计变更引起的,地质风险次之,不应由施工方承担,综合单价应按实际进行调整。②设计变化及实际现场、施工方案等原因,原工程量清单确定的工程量已不适用,可按合同约定的计算规则重新计算工程量:工程量计算按房屋基础外边线外扩300毫米(施工方申报的是垫层外扩800毫米)形成封闭面作挖土投影面积,深度按验槽记录数据平均值进行计算,施工放坡等其他因素引起的变化与现行确定的计算规则有差异的部分不再单独计算。其他部分作为定额的含量与原清单保持一致。③含水率增大并未实质影响施工机械的工效,地下一层(-3米以上)部分的综合单价不予调整,地下二层(-3米以下)因深度增加对施工机械的效率有一定影响,对地下二层部分的综合单价上调10%。④采取护坡的安全措施是必要的,在施工中已经监理公司批准,同意按照监理公司批复的方案计算护坡费用,并入工程结算,审核金额为16.5万元。

(3)综合计取的措施费一般可按投标报价的费率进行重新计算。综合计取的措施费是指包括安全文明施工费在内的与施工措施相关,且在分部分项工程综合单价管理费之外的其他直接费。投标时该类措施费以费率形式表现,在工程结算编制时,应随着分部分项工程费用的总价变化进行调整。

3. 其他项目费

其他项目费在投标时大多属于暂估或暂列费用,可将分部分项工程费、措施项目费之外的费用,在竣工结算时一并纳入其他项目费。在工程竣工结算时,应根据承包人实际工作量按以下方法进行结算。

(1)计日工。计日工在招标时是暂估数量,编制工程结算时应按发包人实际签证的类别、数量和确认的事项进行工程结算。该类别和数量可以是不同种类的工种及其数量,施工机械的种类和台班数量,零星工作的名称及金额等。凡在施工范围内,且可以在分部分项工程费中计算的不宜以计日工来结算。

(2)专业工程暂估价及暂列金额。工程竣工结算时,专业工程不属于承包人实施的,不得计算。凡属于承包人施工的,应按中标价或发包人、承包人与分包人最终确认的分包工程价,以及该专业工程约定的工程计价方法进行竣工结算。承包人施工的专业工程一般应在分部分项工程费用中原工程量清单项目后,进行单独列项。

(3)总承包服务费。总承包服务费应以实际发生的分包工程综合费用为基数,并依据施工合同或投标报价的总承包服务费费率进行计算。

(4)甲供材料费用。建设单位供应的甲供材料费用,在工程竣工结算时,应进行扣减和最终清算。甲供材的消耗量和单价,应按投标报价中综合单价分析表的消耗量和合同约定的方法计入综合单价。竣工结算时甲供材扣减的数量应以实际领料量为准,材料单价应执行投标报价的单价或暂估价。在投标报价时,甲供材以未计价材料形式出现的,应结合工程项目适用的预算定额的消耗量来确定数量,结余的归施工人所有,超出的由施工人承担。建设单位代付工程水电费的,可参照甲供材的方式进行结算,一般以读表确定实际数量,以当地政府主管部门或供应企业发布的价格进行计算,扣减相应的工程水电费。

(5)工程索赔费用。工程索赔费用一般难以计入原工程量清单对应的分部分项工程费,工程索赔费用不同于可以计入分部分项工程费用的工程变更费用,如工期、不可抗力、第三方干扰、情势变更引起的工程索赔,均难以在分部分项工程费中体现,工程索赔可能包括分部分项工程增加费、措施项目增加费,以及其他费用,承包人在索赔事件发生后及工程竣工结算时,应针对各个索赔事件,分别列项,依据合同和事实计算工程索赔费用的成本和可能获得的利润。

(6)新增工程费用。承包人实施的合同工程范围外的新增工程,并不必然执行原投标报价的单价与费率,也不应该因实施新增工程导致原合同的结算周期、履约保证金的释放、质量保证金等节点的改变,仅应就新增工程另行约定。如施工合同工作内容为建设10栋商品房,后增加了1栋商品房、幼儿园工程或附属工程;再如合同的工作范围为某机关建设办公楼建设的土建工程及粗装修工程,而在工程实施过程中,增加了精装修工程。此时,承包人可以考虑先对合同范围内容的工程进行工程结算,新增工程竣工时间较原合同工程竣工时间不长的,也可以一并结算。

(7)合同约定的工程奖惩费用。合同约定的质量、安全文明、工期等奖励,承包人应在工程竣工结算时一并主张,并应提供详细的计算依据与结果。

4.规费和税金

工程竣工结算时,承包人应结合上述分部分项工程费、措施项目费、其他项目费,按国家、省级或行业建设主管部门的规定和合同约定重新计算规费和税金,并纳入工程竣工结算费用。

（二）采用总价合同计价方式的工程竣工结算编制

采用工程量清单计价方式计价的总价合同，应在施工合同总价的基础上进行编制，可以考虑以下项目的费用调整。总价合同的可调整范围一是工程变更，二是工程索赔，三是合同约定的其他情形。

1.工程变更费用

施工合同所附的工程量清单中的工程量在编制工程结算时不调整，如果招标图纸与施工图纸一致，该工程量均不应进行调整。招标图纸和施工图纸属于两版图的，图差部分工程量应进行调整。例如，根据《2017版施工合同》通用条款，发生下列情形的，承包人在工程结算时，均可以工程变更主张调整合同金额。

（1）增加或减少合同中任何工作，或追加额外的工作；

（2）取消合同中任何工作，但转由他人实施的工作除外；

（3）改变合同中任何工作的质量标准或其他特性；

（4）改变工程的基线、标高、位置和尺寸；

（5）改变工程的时间安排或实施顺序。

因此，工程变更是非常宽泛的，无论是设计单位在图纸上反映的设计变化，还是发包人或监理人的指令，以及经承包人建议发包人批准的上述变化，均可以工程变更主张总价合同的费用调整。

采用总价方式计价的工程变更的费用，可参照上述单价合同的分部分项工程费、措施项目费的计算方法编制工程变更部分的工程结算，包括工程实体部分的分部分项工程费，以及相应的措施项目费。

以总价方式计价的工程变更不应在原合同总价中进行重新计算与调整，应按照每一个变更事件分别计算因工程变更而调整的费用，即实际实施工程的费用减去原合同中相应项目的费用。

2.工程索赔费用

以总价方式计价的工程索赔费用与以单价方式计价的工程索赔费用的计算方法一致，可参照以单价方式计价的工程索赔费用，并依据合同约定进行结算。

3.合同约定的其他情形

合同约定的其他情形一般包括物价上涨时合同价格的调整、甲供材及工程水电费的扣减、暂列金额中分包工程的总包管理费、工期奖惩、质量奖惩等其他情形，上述情形发生时，应按照合同约定进行调整。

工程竣工结算时，合同总价发生变化，或者规费费率或税率发生调整的，应按国家、省级或行业建设主管部门的规定和合同约定重新计算规费和税金，并纳入工程竣工结算费用。

（三）成本加酬金计价方式的工程竣工结算编制

在成本加酬金的合同模式下，工程结算编制的重点主要是工程成本构成，应根据工程成本和合同约定计算酬金。

在计算工程成本时，人、材、机要素的消耗量（包括各类措施项目的消耗量）一般可采用当地建设行政主管部门或相应行业工程造价管理机构发布的消耗量定额或预算定额的消耗量进行确定与计算。人、材、机要素的价格首先应以实际采购或建设单位签认的价格确定，以便真实反映工程成本，合同有约定的也可以采用相应工程造价管理机构发布的信息价格或参照材料价格信息服务企业的信息价，其次依据要素消耗量和要素价格计算工程成本，并以工程成本为基数，按合同约定的管理费费率和利润率计算相应的管理费和利润，最后按照国家有关规定计算税金。

无论发生什么事件，除非属于承包人的责任事件需要自行承担相应费用外，采用成本加酬金方式计价的工程实体和相应的措施项目消耗均是可以纳入成本、并可获取相应酬金的，因此，采用成本加酬金方式计价的，一般不需要以工程变更和工程索赔的方式计算费用。

第七章

建设工程结算审核

一、工程结算审核的概念、意义与要求

（一）工程结算审核的概念

本篇第六章“一、（二）工程结算的分类”已经论述过工程结算从类别上可以划分为期中结算、中止结算和竣工结算，因此，工程结算的审核也可以划分为期中结算审核、中止结算审核和竣工结算审核。因竣工结算审核反映最终工程合同价款，其要求更加严格、全面，因此，本章在没有特别说明的情况下，所论述的工程结算的审核主要指竣工结算的审核。

（二）工程结算审核的意义

工程结算审核在工程建设的程序和合同管理上均是十分重要的工作，主要意义在于以下几个方面。

1. 工程结算审核是建设单位履行基本建设程序的重要工作。合同工程完成后，建设单位需要支付合同款项，依法进行工程验收，并向建设行政主管部门报送工程验收资料。工程结算资料也是工程竣工验收资料的组成部分，应按国家、地方或行业，以及建设单位的要求完善基本建设管理程序。

2. 工程结算审核是建设单位合理控制建设成本的途径之一。工程结算审核的基础依据是施工图和现场实际施工情况，工程结算审核要对工程量进行全面核算，确保工程量的准确性；要根据合同约定、施工期间的法律变化、市场行情等对工程单价和费用构成的调整是否合理进行审核，保证费用计算的合理性，并最终使工程结算价合法、合规、精确。

3. 工程结算是工程审计、工程决算和工程造价纠纷解决的重要基础。无论是国有投资还是社会投资项目，工程审计均是基本建设的程序之一，其主要目的是履行投资

者的审计监督职责,工程审计的基础之一即是建设单位审核或确认的工程结算文件。工程结算审核文件也是工程决算,形成固定资产,以及项目后评价的重要基础。另外,科学、有据、合理的工程结算也是避免工程造价纠纷,以及处理工程造价纠纷的重要基础。

4. 工程结算审核成果是真实的工程技术经济指标积累的基础。工程交易前的指标主要来自工程估价,合同签订和工程实施后,形成的工程结算审核结果则反映最真实的工程量和市场价格。因此,根据工程结算审核成果进行分析的工程技术经济指标更具有价值。该技术经济指标对建设单位的价值管理、工程交易的合同价款管理、施工企业的成本管理均具有重要的指导意义。

5. 工程结算审核是考核施工企业最终经济效益的基础。工程结算审核结果,是最终支付结算价款的基础,也是承包人确定最终经营利润、项目经营效果的重要基础。

(三)工程结算审核的要求

工程结算审核是一项技术性很强的工作,工程结算审核人员需要在工作中不断地实践和学习,逐渐积累专业知识和审查技巧,才能够适应不断变化的市场经济和不断发展的建筑行业的需要。

工程结算审核要求审核人员对建筑设计、施工技术、建筑市场、结算业务知识等具备较高的素养,同时,由于工程造价涉及的项目数量繁多且变动频繁,新技术、新材料、新规范不断涌现,导致工程项目时常变化,造价工程师很难取得第一手可靠的数据,从而导致工程造价的确定出现不同程度的偏差。另外,在市场经济体制下,工程价格是发承包双方博弈的焦点,也涉及众多工程参与者的利益,工程结算审核需确保程序公平、依据正确。因此,要求编审人员不仅要具备较高的专业素质,还要具备较好的职业道德。

二、工程结算审核程序

工程结算的审核程序规范、严谨是提升审核的工作质量的前提。工程结算的审核工程通常分为准备、审查、意见反馈和定稿四个阶段。

(一)审核准备阶段

在工程结算审核的准备阶段,审核人应重点核实工程变更、工程签证、工程索赔等资料的有效性、真实性和完整性。对工程结算审核依据进行分类、归纳、整理,应注重审核送审资料的完整性(如相关变更、签证等是否完整)、相关性(如相关文件是否存在矛盾或疑问)和有效性(如相关文件的设立程序和签署是否符合合同约定)。工程造价咨询企业接受委托进行工程结算审核前应针对资料的缺陷向委托人提出书面意见和要求，委托人应及时修正、补充和完善。审核准备阶段主要包括下列工作内容。

1. 收集、归纳、整理与工程结算相关的审核依据和资料。

2. 熟悉相应的建设工程施工合同、主要设备采购合同、主要材料采购合同、合同补充文件、中标人的投标文件、招标文件、施工图纸、竣工图纸、工程变更、工程签证、工程索赔、设备及材料价格确定文件、竣工验收证明、相关的会议纪要等资料。

3. 掌握工程项目发承包方式、现场施工条件、工期进展情况、应采用的工程计量计算规则、计价依据、工程类别，以及人工、材料、机械、设备价格信息等情况。

4. 掌握工程结算计价标准、规范、定额、费用标准，掌握工程量清单计价规范、工程量计算规范及国家和当地建设行政主管部门发布的计价依据及相关规定。

5. 审核工程结算手续的完备性，工程结算送审资料的完整性、相关性、有效性，对不符合要求的资料应予退回，并针对资料的缺陷提出书面意见及要求，限时补正。

6. 做好送审资料的交验、核实、签收工作。

（二）送审报告审阅与检查阶段

工程结算审核人在送审报告审阅与检查阶段的主要工作任务是在工程结算审核过程中，审核工程图纸、工程签证等与事实的符合性，并请发承包双方书面澄清有关事实，进行必要的现场勘验等。审核人还应审核合同履行中工程预付款支付与抵扣情况、期中结算成果及其修正情况、暂估价执行情况、甲供材及工程水电费的消耗量的确定、领料量及扣除情况等。本阶段工程结算审核人要自行依据图纸、合同文件进行大量的基础计算，以便在核对过程中有的放矢，体现专业性。本阶段结算的工作内容有以下几点。

1. 根据建设工程设计文件及相关资料以及经批准的施工组织设计进行现场勘验核实。

2. 召开审核会议，澄清有关问题，提出补充依据性资料及其他弥补措施，并形成会议纪要。

3. 审核工程结算范围、工程结算的节点与施工合同约定的一致性。

4. 依据合同约定的工程计价原则与方法，审核分部分项工程、措施项目和其他项目工程计量、计价的准确性，以及费用计取依据的时效性、相符性。

5. 依据合同约定的工程计价原则与方法，审核人工费、材料费、机械台班费价差调整的合理性和合规性。

6. 依据合同约定的工程计价原则与方法，审核新增工程量清单项目综合单价中消耗量的准确性，以及组价的合理性、合规性、准确性。

7. 审核工程变更指令、凭据的合规性、真实性、有效性、合理性，并核定工程变更的有关费用。

8. 审核工程索赔是否依据施工合同约定的工程索赔处理原则、程序和计算方法进行计算，并审核索赔费用的真实性、合理性、准确性。

9. 审核工程预付款支付与抵扣情况、期中结算成果及其修正情况。

10. 审核工程认价单、材料设备采购合同的真实性和价格的合理性，暂估价执行和扣除是否符合合同约定，相关的计算是否正确。

11. 审核甲供材及工程水电费的消耗量的确定是否准确，材料或设备领料量是否真实，费用扣除的计算是否正确等。

12. 根据上述审核的初步结果，形成初步的工程结算审核报告。

（三）征求意见及意见反馈阶段

为确保合同履行和工程进度，在以工程款支付为目的的期中结算审核过程中，发包人一般对承包人提出的反馈意见多进行简化处理，即发承包双方可将暂时无法达成一致的部分留至竣工结算时处理。工程竣工结算审核时，工程结算审核人一般通过会商会议、专题会议等形式听取双方意见，进行意见反馈。工程竣工结算审核会商会议一般由发包人或工程造价咨询企业组织召开，并以纪要的形式明确会议时间、地点、参会人员、会议议题、会商结果等内容，与会各方签认后，一般也可作为竣工结算审核的依据之一。征求意见及意见反馈阶段的主要工作包括以下几点。

1. 对施工合同中约定不明的事宜、缺陷进行弥补，需澄清的问题，提请双方当事人进行意见反馈，并尽可能形成一致意见，作为工程结算审核的依据。

2. 了解工程施工过程中的合同争议、补充协议签订等情况，并请双方当事人就已形成的约定事项，完善手续，作为工程结算审核的依据。

3. 查阅与核实工程进度款支付，工程变更、工程索赔等涉及工程价款调整及工程价款调整的依据，并请双方当事人进一步就以上事项，完善手续，并予以确认。

4. 处理工程结算审核人与发包人或承包人就工程结算审核初稿中工程量、单价、费用等方面的核对问题，处理有关分歧，并就能够确认的部分进行签字确认。

5. 对竣工结算审核意见有异议的事项，以及需要在工程结算中处理的其他问题明确分歧和各方观点。

（四）定稿和报告出具阶段

工程结算审核的最终目的是出具具有约束力的工程结算审核报告。《建设工程造价咨询规范》（GB/T 51095—2015）第 8.3.8 条对工程造价咨询企业出具工程结算审核报告提出了明确的要求:工程造价咨询企业完成竣工结算的审核,其结论应由发包人、承包人、工程造价咨询企业共同签认。无实质性理由发包人、承包人及工程造价咨询企业因分歧不能共同签认竣工结算审定签署表的,工程造价咨询企业在协调无果的情况下可单独提交竣工结算审核书,并承担相应责任。

定稿和报告出具阶段包括下列工作内容。

1. 由工程结算审核部门负责人对工程结算审核的初步成果文件进行检查校对。

2. 由审核报告审定人审核批准。

3. 编制人、审核人、审定人分别在审核报告署名,并签章。

4. 发包人、承包人以及接受委托的工程造价咨询企业共同签署确认结算审定签署表,在合同约定的期限内,提交正式的工程结算审核报告。

三、工程结算的审核依据与方法

(一)工程结算的审核依据

在工程结算审核过程中,结算审核人所使用的审核依据的真实性、全面性、准确性是确保工程结算审核质量的基础,结算审核人应高度重视结算审核依据的全面、适用、准确,避免因结算审核依据的错误,造成工程结算审核结果受到质疑,甚至不能够被采用的后果,并引发工程造价纠纷。

1. 工程结算审核依据按来源划分

工程结算审核依据按来源划分,包括:

(1)国家或地方发布的法律、法规、规范性文件。

(2)国家、行业或地方发布的技术标准。

(3)工程结算编制人或承包人编制的工程结算及其编制依据。

(4)工程结算委托人或发包人提供的与工程结算有关的资料。

(5)工程结算审核人自备的与工程结算有关的资料。

(6)通过现场调查、勘验取得的有关记录、资料,以及其他工程建设实施方提供的资料等。

工程结算审核人应根据结算审核依据的来源,提请承包人、发包人提供工程结算审核依据,并应自行准备与工程造价管理和工程计价有关的法律、法规、规范性文件、技术标准、定额、材料价格信息等常用依据或资料,以避免遗漏或无法甄别真伪。

2. 工程结算审核依据按内容划分

工程结算审核依据按内容划分,一般包括以下方面。

(1)委托人委托工程造价咨询企业进行竣工结算审核。

(2)发承包双方签订的工程承包(施工)合同、招标文件、投标文件、中标通知书、补充协议等合同性资料。

(3)工程地质勘察文件、工程设计文件、施工图审查报告、图纸会审记录等勘察设计文件及其审查资料。

(4)施工组织设计文件、深化设计文件、优化设计文件等承包人设计文件及其审查资料。

(5)工程变更有关的指令、设计文件、现场签证、会议纪要,以及对工程变更费用审核的处理意见等。

(6)工程索赔报告书及其有关的详细计算书、证据资料,以及对工程索赔费用审核的处理意见等。

(7)施工过程(或期中)结算审核报告,工程竣工结算申请报告及其审查资料等的正文、工程量计算书及其电子文件。

(8)预付工程款、工程进度款、履约保证金等付款及扣款资料。

(9)设备、材料招标采购的文件、合同或认价单,甲供设备材料领料单等资料。

(10)结算工程的开工报告、工程验收记录、工程质量检测报告、工程验收报告、与证明事项有关的监理或施工日志等资料。

(11)现场考察报告、勘验复验记录,以及第三方出具的与工程结算有关的依据。

(12)影响结算或合同价款的法律、法规和规范性文件。

(13)与工程结算项目有关的国家、行业或地方发布的技术标准。

(14)相关工程造价管理机构发布的计价依据。

(15)与工程造价鉴定有关的其他资料。

(二)工程结算的审核方法

工程结算应依据施工合同约定的不同计价方式采用相应的审核方法。在期中结算时,针对以月为支付周期的,除合同明确约定外,大多采用粗略审核法,该方法仅作为工程进度款的支付依据,因此,在进行工程结算时,可以依据某个时点完成的工程量,也可以粗略依据大致的完成节点进行工程计量,来申请工程进度款。但合同有要求的,应精准计量,至少应在清晰的工程节点或里程碑进行精准计量,并作为竣工结算的依据。工程竣工结算或合同中止结算均需要进行精准计量,并完成工程变更、工程索赔等所有工程结算工作。工程竣工结算的审核包括以下方法。

1. 全面审核法

根据工程施工图纸的相关要求,结合发包人与承包人之间施工合同的相关约定、工程量清单及其他设计文件,对整个项目的施工质量、数量、费用进行最终核算,即为全面审核法。这种工程结算方法与施工预算方法、施工结算过程大体相同。这种方法唯一的缺点在于人员工作量较大，工作时间较长，但是运用全面审核法对工程进行全面、细致的检查，能够提高审查质量，提升结算质量，为了更好地控制工程造价，全面审核法一直是运用最多的一种审核方式。

2. 重点审核法

从建筑工程施工中，甄选出施工重点，进行详细的审核与调研，这就是重点审核法。这种审核方式的审核范围没有全面审核法广泛，两种审核方式的区别主要在于审核范围的不同。重点审核法具有侧重点，审核范围较小，比较适合运用在审核时间较为紧张的项目中。这种方式主要是从整个建筑工程中，甄选出造价较高、施工质量较为重要的项目进行重点审核，例如基础工程、混凝土工程、砖石工程等。

3. 分组计算审查法

将工程计算项目划分为若干个组成分支，针对同一组中的某一个数据进行审核计算，这就是分组计算审查法。在利用分组计算审查法之前，需要先依据工程中各个项目的类型进行相应的分类，使每一个分组项目之间都有一定的内在联系。通过同一个分组项目中近似数据或者是相同数据的内在关系，开展分组项目的审查工作。例如，在建筑施工结算中，通常将地面面层、地面垫层、底层地面面积、底层建筑面积、天棚涂料面层、天棚抹灰、楼板体积、楼面找平层、楼面面积编设为一个组，将建筑工程中的底层建筑施工面积和楼地面施工面积计算出来，其他建筑面积利用建筑技术进行类推计算。这种计算方式能够最大限度降低核算工作量，节约核算时间。

4. 筛选法

筛选法作为统筹法里的一种特殊形式，主要是将建筑施工面积的施工价格、工程总量和用工的数值作为建筑施工的一个标准或是“基本值”，针对不同的施工标准进行适当的调整。这种方式能够快速发现施工中所存在的问题，使审查者能够快速掌握审查方式，提升审查效率。但是筛选法具有一定的局限性，是众多审核方式中错误率最高的一种审核方法。

为了避免工程结算审核的误差或引发争议，《建设工程造价咨询规范》(GB/T 51095—2015)第 8.3.5 条规定：工程结算的审核应采用全面审核法。除工程造价咨询合同另有约定外，不得采用重点审核法、抽样审核法或类比审核法等其他方法。

四、工程结算审核的原则与要求

2013 年《发承包计价管理办法》第十三条明确：发承包双方在确定合同价款时，应当考虑市场环境和生产要素价格变化对合同价款的影响。实行工程量清单计价的建筑工程，鼓励发承包双方采用单价方式确定合同价款。建设规模较小、技术难度较低、工期较短的建筑工程，发承包双方可以采用总价方式确定合同价款。紧急抢险、救灾以及施工技术特别复杂的建筑工程，发承包双方可以采用成本加酬金方式确定合同价款。

建设工程合同从适用范围角度可分为建设工程施工合同、装饰工程施工合同、园林工程施工合同、土石方工程施工合同等；从价格是否可调整角度可分为固定价格合同和可调价格合同；从计价方式角度可分为总价方式、单价方式和成本加酬金方式。工程结算审核时应针对合同的计价方式把握不同的审核原则。

（一）单价方式计价的审核原则

单价方式计价坚持单价固定的基本原则，即工程量在结算时据实调整，单价相对固定，也称单价合同。

采用单价方式计价的，工程结算审核时工程量要按照实际施工的图纸据实结算。施工图纸与竣工图纸有出入的，应通过工程变更等方式调整合同金额，并需进一步核实发生变更的原因、指令及内容等。措施项目费、其他项目费、规费等按合同约定的方式进行结算，若遇到投标中没有的项目，需按合同约定的原则重新组价。

单价方式包括两种计价方式，工程量清单计价和定额计价。一般全部使用国有资金或以国有资金投资为主的大中型建设工程执行工程量清单计价。工程量清单计价模式与传统的定额计价模式有很大的不同，因而在使用不同模式的合同中约定的结算相关条款也存在很大的区别。传统的定额计价的合同结算条款一般约定为：工程结算按工程所在地的省、自治区、直辖市或行业的相关定额、信息价及取费标准计价后，整体下浮一定的比例，这种方式体现为总价下浮。工程量清单计价的合同结算条款一般约定为：采用固定单价合同，合同中明确了固定单价包含的风险范围，对于新增项目，原投标报价中有相同或类似的项目时，执行相应的单价；原投标报价中没有相同或类似的项目时，根据投标时的相关约定，编制相应的单价，并与投标报价同比例优惠。这种方式体现为单价整体下浮。

以单价方式计价的工程在结算审核时要注意合同中特殊条款的约定。例如合同中已经约定对部分材料的价格按照包干价计入，就不得再计取任何费用；约定有甲供材的工程项目，甲供材价格是否可以计入基价并参与取费，或者甲供材应计取哪些费用；约定甲供的设备需要现场搬运及保管的，是否可以计取搬运及保管的费用等。合同中如有上述类似情况的，在工程结算审核时应注意此部分单价的确定或费用的计取是否正确。

（二）总价方式计价的审核原则

相对于单价方式计价而言，总价方式计价强调在工程施工图纸范围内的合同价格是确定且不能调整的。但由于以总价方式计价或固定总价合同的工程在执行过程中完全不改变施工图纸和工作内容的情况很少发生,通常会产生一定数量的设计变更和现场签证,以及发生新增工程、工程索赔等费用,这些也应按合同要求进行合同价格的调整。此外,以总价方式计价的工程结算审核,还要考虑建设单位供应的设备、材料费用、工程水电费,以及合同约定的其他费用的扣除与调整。

(三)成本加酬金方式计价的审核原则

在成本加酬金的合同模式下,工程结算审核的重点主要是成本审核,并根据成本和合同约定计算酬金。目前,在成本方面,关于人、材、机要素的消耗量一般多采用当地建设行政主管部门或相应行业工程造价管理机构发布的消耗量定额或预算定额进行确定与计算,例如,某分项工程的材料量 = 图纸工程量 × 定额消耗量。在审核人、材、机要素的价格时,一般应以建设单位签认的价格或建设单位认可的施工单位采购价格为准,建设单位没有签认的可参照建设行政主管部门发布的信息价。成本加酬金合同的成本组成包括:工程的实体成本,与实体相关的措施项目成本,如降水、护坡、模板等,也可以包括综合取定的夜间施工增加费,二次搬运费,现场安全文明施工费及临时设施等费用。

酬金组成应包括用于支付承包人的企业管理费、项目管理费、各项非生产性开支,以及利润等,酬金的计算应严格按照实际发生的工程成本和施工合同约定的管理费费率、利润率进行计算。

无论发生什么事件,除非属于承包人的责任事件需要自行承担并扣减相应的费用外,成本加酬金合同中直接费均是可以计入工程成本,并获取相应的酬金的,因此,采用成本加酬金方式计价的,一般不需要以工程变更和工程索赔的方式计算费用。在工程结算时,对于承包人以工程变更和工程索赔主张的费用,应调整至相应的实体项目和措施项目,无法计入的分别以人工成本、材料成本、施工机械台班成本体现。

(四)工程结算审核的主要要求

1. 进行必要的现场核查,核对实际施工图纸

以单价方式计价的,要重新计算工程量,依据实际的施工图纸计算工程量。以总价方式计价的,不再进行原施工图纸内的工程量计算,因此,此时更应关注工程实物与原施工图相比是否发生了变化。施工单位在编制竣工结算时,常常只计取引起工程造价增加的部分,而不计取减少部分,特别是部分已取消的工程内容,大多不在竣工资料中体现。工程结算审核人员在进行结算审核时,应通过现场核查关注该事项。

对于工程结算的送审资料,包括原施工图或招标图、多版本的施工图、竣工图、所

有的图纸会审记录、招标工程量清单、招标文件及答疑、设计变更、现场签证、材料品牌要求等,审核人需进行如下工作。一是要认真对比招标图和实际施工图与竣工图、工程量清单与竣工图的差异,检查设计变更和图纸会审中的变动是否全部在竣工图上有所体现,并在竣工结算审核中进行核对;二是查看主要材料的数量、材质、规格、尺寸、品牌、标准等是否与设计图纸及投标报价的工程量清单一致;三是在出现多版工程图纸时,要通过询问监理工程师、查阅监理日志、现场核实等多种手段,掌握各个工程实际使用的施工图版本。

2. 核查工程变更及其现场签证单

在工程竣工结算中,首先要核实工程变更是否实际发生,即现场是否按照变更指令如实施工;其次要认真判断引起工程变更的原因,若是施工方施工不当引起工程变更则不予调整费用或进行必要的费用扣减;最后要充分结合签证和其他技术资料计算设计变更引起的工程量变化,做到每一项工程量的计算都有理有据,不重不漏,计算准确。

例如在某住宅工程结算中,施工方在上报结算时增加了部分桩基的接头处理费用3000 元,理由是其在施工桩顶标高低于设计柱顶标高的部分采用人工挖孔桩进行补桩,并提供了设计单位的桩身补长设计图,桩基施工记录及办理的施工现场签证,业主签署的意见为情况属实。根据施工技术资料,可以认定该项变更发生并已实施,那么这项变更的费用是否就可以计取呢? 根据施工合同,不能仅基于变更工程内容是否实施判断其费用是否应该计取,还需判断变更的发生是否为非施工方责任造成。通过查阅项目结算送审资料,未发现地勘报告与实际不符的记录。通过向设计人员和业主方现场管理人员了解得知,本工程地质条件与地质勘察报告并无出入,部分桩基需要进行桩身补长是施工方的施工原因造成的,设计单位的桩身补长设计是为了补救施工方造成的工程缺陷。因此,业主签署的意见及其相关资料只是证明了施工方有按该补救方案进行施工。据此,审核中否定了该项费用的增加,并在与施工方确认造价过程中进行了说明,因理由充分,施工方未对此表示异议,认可了该项费用的扣减。

3. 核查工程索赔的各类资料

因总价方式计价的严格性,除工程变更和合同外新增工程外,发生下列情形的,可以依据合同约定的程序、证据或资料要求,编制工程索赔计算书计算索赔费用。(1)工期变化,施工条件变化、发包人指令、不可抗力等原因引起的工程延误或加速施工;(2)施工条件变化与额外工作,除变更之外,增加额外工作、施工条件发生变化等导致工作和费用额外增加;(3)不可抗力、例外事件、不可预见的不利条件或外界障碍事件对工程造成影响导致费用增加;(4)货币贬值、汇率变化、物价上涨、法律或政策变化等。

五、工程结算的审核内容

(一)工程量的审核与调整

招标人发布或合同签订的工程量清单无论是暂估(模拟)工程量清单,还是依据图纸计算的工程量清单,只要在同一版图纸中出现计算错误或存在偏差、缺项或漏项等情形,均应调整工程量。招标图纸与实际施工图纸是两版图的,本质上已经构成变更,但在单价方式计价的情况下,一般无须以工程变更主张费用调整,在特征与原清单项目相符时,且不引起施工措施方案发生变化的,可以视为工程量变化,调整工程量即可。如果特征与招标工程量清单不符,就不能视为同一个工程量,应主张综合单价调整。计日工在招标时属于暂估数量,应以实际签证数量调整工程量。

1. 把握工程量调整的原则

工程计量是发承包双方根据合同约定,对承包人完成合同工程的数量进行计算和确认的活动。工程量是承载工程实体工作量的表现形式,是工程费用最直接的承载主体。招标时的工程量一般由招标人编制,并以招标工程量清单来表示,采用单价方式计价的,招标人要对该工程量负责,投标人必须以招标人发布的工程量清单标注相应项目的综合单价,形成已标价工程量清单,该综合单价是合同中最重要的价格确定与调整的基础。采用总价方式计价的,招标人发布的工程量清单一般仅供参考,投标人需要核定招标工程量清单,并依据投标策略进行报价,一般情况下,投标人可以调整招标人的工程量清单,依据自身计算的工程量清单,形成已标价工程量清单,以及合同总价,该总价成为合同执行的重要基础,其单价仅作为工程变更等合同价款调整使用。

工程结算审核人,应首先依据合同的价款组成,区分整个合同是以单价方式计价还是总价方式计价,或者存在单价方式与总价方式并行的情形。采用单价方式计价的,要依据工程实施的施工图计算实际工程量,作为工程结算的审核基础。采用总价方式计价的,对原施工图纸内的工程量无须计算,仅计算工程变更所引起的工程量调整。

2. 工程量计算规则的选择与适用

工程量计算规则是计算工程量的根本,一般在合同中应有明确约定,有约定的应从其约定。但是,因招标人的不专业或疏漏也会存在未作约定的情形,这种情况出现时,可能会引发合同双方对工程计量规则适用的争议。在双方存在争议时,工程结算审核人应依据合同价款的形成过程和合同类别,谨慎选择适用的工程量计算规则。作为单价合同或以单价方式计价的合同,因为工程量由招标人(确定工程量的主体)负责,因此,招标人编制工程量清单所使用的工程量计算规则(无论是否在工程量清单编制说明中予以明确),事实上也是合同约定应当使用的工程量计算规则,此时,工程结算审核人应对招标工程量清单和最高投标限价所使用的工程量计算规则进行查证,包括未载明工程量计算规则时通过计算进行查证,以确定其适用的版本。而作为总价合同或以总价方式计价的合同,因为工程量由投标人(确定工程量的主体)负责,因此,应使用其投标报价的工程量计算规则。

案例7-1

某钢结构工程发包人与承包人签订了钢结构工程施工合同,工期为6个月,合同总价款为16,000万元(暂定)。关于合同价款的确定与调整,合同约定:采用单价合同,结算时合同单价不变;工程量按照实际施工的工程量进行结算。实施施工时,发包人按月支付工程进度款,工程进度款的支付由承包人按月估算实际完成工程量,并由现场的监理工程师依据工程进度进行审核,待发包人复核后付款。前4个月,工程进度款付款顺利,第5个月,监理工程师发现工程量已经接近投标报价的工程量,批复支付至合同价款的85%,待第6个月工程完工后再进行工程结算。工程结算时,分包人和承包人发现建设工程施工合同未明确工程量计算规则,双方就工程量计算规则和工程量发生争议。后发包人请工程造价咨询企业进行竣工结算审核。

工程造价咨询企业依据发包人的委托,进行了事实查证。查明,建设工程施工合同、招标文件均未载明工程量计算规则,2013年对应的钢结构工程的计算规则为《房屋建筑与装饰工程工程量计算规范》(GB 50854—2013),该规范按照柱、梁、板的类型进行分类与编码,分别说明工程量计算规则,例如实腹钢柱、空腹钢柱的工程量计算规则为"按设计图示尺寸以质量计算。不扣除孔眼的质量,焊条、铆钉、螺栓等不另增加质量,依附在钢柱上的牛腿及悬臂梁等并入钢柱工程量内";而2008年,对应的钢结构工程的计算规则为《2008版清单计价规范》,其附录A实腹钢柱、空腹钢柱的工程量计算规则为:"按设计图示尺寸以质量计算。不扣除孔眼、切边、切肢的质量,焊条、铆钉、螺栓等不另增加质量,不规则或多边形钢板以其外接矩形面积乘以厚度乘以单位理论质量计算,依附在钢柱上的牛腿及悬臂梁等并入钢柱工程量内。"该建设工程合同的招标文件载明的投标截止日是2015年3月10日,合同签订日期是2015年4月25日。工程造价咨询企业认为:应参照《2008版清单计价规范》,招标工程以投标截止日前28天,非招标工程以合同签订前28天为基准日,其后国家的法律、法规、规章和政策发生变化引起工程造价增减变化的,发承包双方应按照省级或行业建设主管部门或其授权的工程造价管理机构据此发布的规定调整合同价款之规定。《房屋建筑与装饰工程工程量计算规范》(GB 50854—2013)是在2013年施行的。发承包双方应在招标截止日前,知道或应当知道工程量计算规则的变化,应采用与招标时相适应的工程量计算规则,且《2008版清单计价规范》的附录A已经废止。

承包人解释，工程发包时，当地工程造价管理机构并没有发布与2013年版《房屋建筑与装饰工程工程量计算规范》（GB 50854—2013）配套的预算定额可供使用，当地的预算定额是2010年发布的。当时，投标人已经注意到，招标人对最高投标限价进行了公示，该最高投标限价和招标工程量清单均为同一工程造价咨询企业编制的，尽管最高投标限价也没有明确适用的工程量计算规则，但在其最高投标限价的编制说明中明确使用的是当地的《××省房屋建筑工程预算定额》及其配套文件，因该预算定额编制说明中的编制依据明确包括《2008版清单计价规范》，因此，工程量清单发布的工程量应该按2008年的规则进行计算，其最高投标限价综合单价相对较低。投标人为了中标，参照招标人最高投标限价的编制原则与依据，并无不妥，符合工程交易惯例，事实上工程量计算规则应依据《2008版清单计价规范》，不应该执行现行的工程量计算规则。

最后，双方通过工程造价纠纷争议评审进行了处理。评审专家首先让双方依据招标图纸，核实了3项工程量，经核实，对于不规则或多边形钢板工程量的计算是采用"其外接矩形面积乘以厚度乘以单位理论质量计算"，招标工程量清单的计量原则与当地的《××省房屋建筑工程预算定额》及其配套文件也是吻合的，因此专家据此出具了评审意见：工程量计算规则是工程交易的基础，在工程交易时应当是清晰和明确的，《房屋建筑与装饰工程工程量计算规范》（GB 50854—2013）中的工程量计算规则不属于国际标准的强制性条文，经查投标人的投标报价和招标人的最高投标限价均是参考了当地的《××省房屋建筑工程预算定额》及其配套文件，然后依据招标图纸复核部分工程量清单项目，也是依据《2008版清单计价规范》附录A的工程量计算规则计算的，建议双方依据该规范的工程量计算规则进行结算。最终，双方采纳了专家的评审意见。

3. 工程量的计算与核对

工程量计算具有较大的弹性和隐蔽性。审核工程量是重点，也是难点。在审核中，经常会发现结算的工程量与实际完成的工程量有出入，这种现象的原因很多，一般有以下几种：一是施工企业为加大费用，有意增加工程量和夸大工程的施工难度；二是有些变更了的项目仍按原图纸计入结算，而在计算变更时依据联系单又重复计取一遍；三是多方施工的工程项目，有时会出现各方将同一施工内容均计入自己承担的部分工程的情况，界面不清导致工程量重复计取。

上述几种情况在结算审核中经常发生。审核人对于多报的工程量要扣除，否则就直接损害了业主的利益，同时对于漏报的工程量，在反复核实后，应本着实事求是的原则将漏报的工程量增补到结算中去，避免承包人的利益受到损失。

一般情况下，审核人审核初期会对工程量部分全面核算一遍，随后与施工单位进行核对,对于双方在核对时能够达成一致的按双方达成一致的工程量计入结算,若双方对某些工程范围、实际施工情况等产生分歧的,应整理为争议问题统一提交建设单位,由建设单位召开协调会议,各方协商解决。

(二)合同中单价的审核与调整

1. 合同约定综合单价的审核

2003 年,我国在实行工程量清单计价制度以后,对施工承包合同和专业分包合同一般均采用单价方式计价,即以招标人发布的工程量清单和投标人投标报价的综合单价作为合同价款结算和调整的最主要依据,期中结算或进度款支付时以已完成的工程量乘以合同约定的综合单价作为工程进度款支付和期中结算的基础,工程竣工结算时以施工图纸计算的工程量和调整后的综合单价作为最终的竣工结算依据。

我国《2013 版清单计价规范》的综合单价构成包括:人工费、材料费、工程设备费、施工机具使用费、企业管理费和利润,并要求投标人报价时应考虑完成该项目的部分风险费用。我国的工程量清单单价是非完全综合单价,即不包括规费,目前,规费仍是不可竞争性费用,但是,规费在本质上属于人工费的一部分,将规费游离于综合单价之外,割裂了市场价格与交易价格,随着改革的深入,将规费纳入综合单价已经成为行业共识。实行工程量清单计价制度的核心是强调“企业自主报价,竞争形成价格”,因此,单价方式计价强调的是综合单价相对固定,一般不应调整。但是,目前我国的工程量清单计价相关规范明确对以下情形可以调整:

(1)综合单价中含有暂估价的项目。按照承包人实际招标的材料、设备单价,或者经发包人认定的单价,替代综合单价中的暂估价,调整综合单价。

(2)物价变化引起的综合单价调整。合同履行期间,人工、材料、工程设备、机械台班价格波动超出合同约定的风险范围或幅度时,应调整综合单价。

(3)与项目特征描述不符的综合单价调整。招标工程量清单与实际施工图纸的项目特征不符的,应按照合同约定对综合单价进行调整。

(4)工程量偏差引起的综合单价调整。当招标工程量清单与实际工程量偏差超出合同约定的幅度(如未约定的按 15%)时,偏差外的部分可调整综合单价。

期中结算和竣工结算时,承担工程结算审核的造价工程师应依据合同约定审核和调整综合单价,除非合同有约定,否则,一般情况下综合单价不予调整。其中,由于物价变化引起综合单价的调整,造价工程师应考虑人材机要素价格变化的实际情况,可以参照当地或行业建设行政主管部门的有关规定进行调整,另外,要素价格中有属于政府定价的,可以依据《价格法》直接进行调整。

案例7－2

某建设项目，施工承包合同约定采用固定单价方式计价，合同约定“施工期间，人材机价格波动不予调整”。在工程实施过程中，因年终欠薪等原因，劳务分包公司请求增加并提前支付人工费，发包人要求承包人先行支付，后发包人与承包人签订补充协议，协议约定参照当地建设行政主管部门的调价文件，对人工费进行调整。其后，在工程审计过程中，审计单位认为发包人对合同进行了实质性修改，违反基本建设程序，要求不予调整。工程审计引发工程结算争议，合同双方按照合同约定通过诉讼解决。法院最终判定按补充协议进行调整。

本案分析：关于人工费调整的独特性

在建设工程实施或工程结算过程中，合同双方形成一致意见执行住房城乡建设主管部门发布的有关人工、材料、施工机械的调整文件，一般应视为合同变更，该变更对合同双方具有与合同相同的约束力，应按补充协议进行调整。

建设工程施工合同（不包括工程总承包合同、总价合同）对人材机要素价格调整没有约定或约定不明的，一般执行住房城乡建设主管部门的有关规定。如果建设工程施工合同（不包括工程总承包合同、总价合同）约定“施工期间，人材机要素价格波动不予调整”，且没有形成补充协议而产生纠纷的，在司法实践和住房城乡建设行政主管部门的解释中一般会有三种情形：一是认定合同约定内容有效，不予调整。二是根据《2013版清单计价规范》第3.4.1条“建设工程发承包，必须在招标文件、合同中明确计价中的风险内容及其范围，不得采用无限风险、所有风险或类似语句规定计价中的风险内容及范围”的强制性条文的规定，认定合同违反国家标准的强制性条文，从而认定该合同条款无效。合同应按照住房城乡建设行政主管部门的有关规定执行。三是认定合同条款有失公平，从保护建筑工人或农民工利益、维护合同公平之原则出发，对人工费进行调整。

2. 合同约定采用定额的单价审核

目前，仍有部分合同采用预算定额进行合同价款的确定与调整。在现实中，采用预算定额方式计价也主要有两种形式，一是以《2013版清单计价规范》的工程量计算规则来确定工程量，以预算定额进行综合单价分析表的编制与组价，计算费率执行优惠后的合同费率；二是直接实行预算定额，进行合同价款的确定与调整，费率在合同中进行一定程度的优惠。上述两种方式，形式上虽有不同，但本质上均属于以预算定额方式进行的工程计价。

关于预算定额单价的审核。建设工程预算定额均有详细的项目划分，工程量计算规则，单价构成，定额使用的相关文件、解释或说明等，因此，其组价与计价是相对方便的。工程结算审核时应严格参照定额的项目划分、使用规则、单价明细进行套用。然而在实际操作中,定额单价套用往往容易出现差错。究其原因,一是人为地提高材料或设备规格,套用不适宜的子目;二是错将定额中包含的工作内容分离出来,重复计算;三是使用的定额不适用于此项施工工艺,未对定额单价进行换算与调整;四是补充的定额单价套用的技术标准与实际不符,缺乏依据,没有经过批准就直接计入结算等。上述情况会直接影响合同价款,因此在审核时要依据施工图纸、技术标准和预算定额的具体规定进行逐项审核。

关于取费的审核。工程取费首先要区分合同约定和预算定额规定。合同有约定的,应先执行合同约定,合同约定清晰的可以直接依据合同约定进行取费。合同约定下浮或执行预算定额的,工程结算审核人首先要依据各地和行业与预算定额配套的建筑安装工程费用定额或计算标准计算取费金额,然后依据合同约定对管理费和利润等进行调整。

3. 合同中要素价格的确定与调整

无论是单价方式计价还是总价方式计价,当涉及暂估价时,双方需询价、认价设备或材料,其中均可能涉及对人材机要素价格的调整。

(1)暂估价的类别与调整

暂估价是招标人在工程量清单中提供的用于支付必然发生但暂时不能确定价格的材料、工程设备的单价以及专业工程的金额。因此,暂估价是预计肯定要发生,但因标准不明确或者需要由专业承包人完成,而暂时无法确定具体价格时采用的一种特殊价格形式。暂估价不仅包括材料暂估单价,还包括工程设备暂估单价、专业工程暂估价。为了合同管理和工程计价,进入工程量清单项目的暂估价应该是计入综合单价中的材料费和设备费,以方便投标人组价。而专业工程暂估价一般应是包括管理费、利润在内的综合暂估价。

综合单价中有招标人发布暂估价的,投标人应按招标人发布的暂估价计入综合单价或确定专业工程暂估价。工程结算审核时,工程结算审核人应按招标人和承包人共同招标的材料、设备或专业工程实际价格替换综合单价中的暂估价或专业工程暂估价。暂估价构成合同条件的一部分,投标人错误使用暂估价的,应按招标人发布的暂估价进行扣除。

案例 7-3

某国有投资的房屋建筑工程,发包人进行了公开招标。承包人获取工程施工资格,其中某项铝塑板墙面工程,材料暂估价为 600 元/平方米。工程竣工结算时,结算审核人发现承包人将招标人发布的暂估价遗漏了一个小数点,暂估价按 60 元/平方米计入了综合单价。双方对暂估价的扣除单价产生了分歧。

承包人认为:应按承包人与发包人实际签认的 560 元/平方米调整综合单价,并按承包人投标报价综合单价中的60元/平方米扣除。因为投标报价是在招标文件之后形成的，发包人经过评标理应发现这一问题，应承担审视不能的责任，这不是承包人的责任。

发包人认为：按承包人与发包人实际签认的价格调整综合单价没有异议，关于暂估价的扣除，应按发包人招标文件中公开发布的暂估价，并请咨询人根据合同约定，国家或行业的有关规定、标准进行工程竣工结算。

工程造价咨询人认为：①招标人发布的材料暂估价构成了合同条件的一部分，承包人的投标报价必须无条件执行；②报价错误无论是承包人的疏忽还是其有意造成的，均应由承包人承担相应责任；③60元/平方米并非暂估价，以60元/平方米扣款对未中标的其他承包人显失公平；④承包人其他项目的单价显然相对较高。因此，应按招标时发包人招标文件确定的暂估价，以及经承包人与发包人实际签认的材料价格调整综合单价，即按560元/平方米实际签认的材料价格替代合同中600元/平方米暂估价，确定新的综合单价。

(2)对共同招标材料、设备、专业工程价格的审核

发包人在招标工程量清单中给定暂估价的材料、设备属于依法必须招标的，应由发承包双方以招标的方式选择供应商，确定价格，并应以此为依据替换暂估价，调整合同价款。工程结算审核时，对依法必须进行招标的材料、设备应结合招标程序的合法性、材料的完整性，对招标成果中的材料、设备价格的确定进行审核，进行多批次招标的，应结合发包人采购的数量、时点等进行确定。对于应共同招标，而承包人未通知发包人擅自招标的，应由发包人按认质认价的方式决定是否采用承包人单独招标的材料、设备价格。

发包人在招标工程量清单中给定暂估价的专业工程，依法必须招标的，应当由发承包双方依法组织招标，选择专业分包人，并接受有管辖权的建设工程招标投标管理机构的监督。工程结算审核人应重点关注：①除合同另有约定外，承包人不参加投标的专业工程的发包招标，应由承包人作为招标人，但拟定的招标文件、评标工作及评标结果应报送发包人审核批准；②承包人参加投标的专业工程的发包招标，应由发包人作为招标人，且在同等条件下，可优先选择承包人中标。有发包人参加或经发包人批准的专业工程发包中标价是合法有效的价格，可取代专业工程暂估价，调整合同价款。

(3)对发包人认质认价材料、设备或专业工程价格的审核

发包人在招标工程量清单中给定暂估价的材料、设备、专业工程不属于依法必须招标的，应由承包人按照合同约定采购，经发包人确认单价(认质认价)后替换暂估价，调整合同价款。建设工程因工期要求等，大量的材料、设备、专业工程价格是通过认质认价的方式获得的。

除专用合同条款另有约定外,对于不属于依法必须招标的暂估价项目,采取以下方式确定:

①承包人应根据施工进度计划,在签订暂估价项目的采购合同、分包合同前的约定期限内向发包人指定的工程师提出书面申请,明确采购厂家或专业承包人、规格、技术标准、数量、拟定价格等。工程师应当在收到申请后的约定期限内给予批准或提出修改意见,发包人逾期未予批准或未提出修改意见的,视为该书面申请已获得同意。

②发包人认为承包人确定的供应商、专业分包人无法满足工程质量或合同要求的,发包人可以要求承包人重新确定暂估价项目的供应商、专业分包人。

③承包人应当在签订暂估价合同后的约定期限内,将暂估价合同副本报送发包人留存。

尽管不属于依法必须招标的暂估价项目,但是,承包人按照招投标方式确定暂估价的,工程结算审核人应予认可,并执行经双方招投标确定的价格。

(4)对合同约定采用信息价的材料的审核

现实中,为方便材料价格的确定与控制,很多建设工程施工合同约定采用当地或行业工程造价管理机构发布的工程造价信息,即信息价,明确约定对部分材料采用信息价作为合同价款确定的基础,或在此基础上进行一定幅度的优惠等。在此情形下,工程结算审核人员应重点审核材料或设备与工程项目实际采购的一致性,并充分考虑品牌、规格、技术标准、数量、价格时点等因素。工程造价管理机构发布的与工程造价信息相关的刊物或网上电子期刊有的材料或设备,应按合同约定执行其相应价格。与工程造价信息相关的刊物上没有的材料、设备或合同约定通过询价方式确定价格的,可采取询价等方式确定相应的价格。

市场询价是工程建设过程中常用的获取价格的途径,以及采购材料的途径。询价是指采购人向有关供应商发出询价单,让其进行针对性报价,并通过比较,在报价基础上确定最优供应商、最优价格的一种方式。询价经常要求货比三家,采购人员应提供至少三家供应商的报价单,审核人员选择最优的供应商。

工程结算审核人要通过询价流程来判断是否进行了完善的流程管理,以确定询价结果是否可靠。询价一般要经过以下环节:①有明确的询价清单,材料询价清单应载明的信息有:材料名称、特征描述、品牌、规格型号、单位、数量、技术标准、产地、使用要求说明、满足条件的潜在供应商情况及数量以及采购人建议的付款方式、运输方式、交货地点、售后服务、其他要求等。②查询相关价格,有的放矢,摸清市场价格水平。具体包括以下环节:查询以往合同、招标、集采的相同或类似材料单价;查询工程所在地的信息价或者指导价;查询专业网站价格,如我的钢铁网、有色金属网、广材网、中国建材在线等;考查当地的建材市场、五金商城价格;查询以往相关供应商的广告册、报价单等。③询价的具体操作。选择至少三家符合采购条件的供应商作为询价对象,询价人员通过电话、传真、网络方式向询价对象发出询价单,询价对象向采购方回复报价单和订货要求等,采购人与采购对象进一步商讨报价细节和购货合同等。

工程结算审核人应集合上述要求,对符合程序要求的采购合同和报价应予以确认。在工程结算审核中,手续不全或未经发包人签字确认的,应补签有关手续,或通过函件、会议纪要等形式要求发承包双方进行确认。

(三)措施项目费

在住房和城乡建设部、财政部印发的《建筑安装工程费用项目组成》中,措施项目费定义是指为完成建设工程施工,发生于该工程施工前和施工过程中的技术、生活、安全、环境保护等方面的费用。内容包括:安全文明施工费、夜间施工增加费、二次搬运费、冬雨季施工增加费、已完工程及设备保护费、工程定位复测费、特殊地区施工增加费、大型机械设备进出场及安拆费、脚手架工程费等。其中,安全文明施工费包括环境保护费、文明施工费、安全施工费、临时设施费4项。措施项目费是相对于实体项目或分部分项工程项目而言的,应充分体现竞争性,但是,《2013版清单计价规范》第3.1.5条规定,措施项目中的安全文明施工费应按国家或省级、行业建设主管部门的规定计算,不得作为竞争性费用。目前,第3.1.5条规定仍为有效条款,应按国家或省级、行业建设主管部门的规定计算,但随着工程造价管理改革的深入以及2013年《建设工程工程量清单计价规范》的修订,淡化措施项目费不可竞争性已经成为行业共识。因为,仅仅将占工程造价极少比例的安全文明施工费确定为不可竞争性费用,不仅没有实际意义,还是十分荒唐的。因此,工程结算审核人要依据合同约定以及合同签订时间并结合国家标准、地方或行业有关规定的效力进行审核。造价工程师在审核时可以区分当事人所使用的合同范本,参照以下原则进行审核。

1. 安全文明施工费

合同约定执行《2013版清单计价规范》的强制性条文,以及合同未作约定或者约定不明的,安全文明施工费应包括环境保护费、安全施工费、文明施工费、临时设施费,并应按国家及省级、行业主管部门的有关规定计算,即以分部分项工程费为基数,并按照省级、行业主管部门发布的费率计算安全文明施工费。工程竣工结算时,应依据分部分项工程费合价或总价方式计价的工程变更调整安全文明施工费。

发承包双方在合同中对安全文明施工费约定不明的,一方主张按照《2013版清单计价规范》的强制性条文进行调整的,工程结算审核人应按省级、行业主管部门发布的费率计算,并在工程结算审核报告中进行说明。

2. 与实体工程量直接相关的措施项目费

如模板、脚手架等费用是与实体工程量直接相关的措施项目费，要遵循合同约定的计价原则进行调整。与实体工程量直接相关的措施项目费既可以并入分部分项工程费的综合单价，也可以在措施项目费中单独计算，有些合同甚至约定在分部分项工程费下单独列项计算。无论如何列项，采用工程量清单方式计价的，与实体工程量直接相关的措施项目费均应随着实体工程量的调整而调整。已经并入相应分部分项工程费综合单价的，不需要单独计量调整该类费用，因调整分部分项工程量时已经包括该类措施项目费用的调整；在措施项目费项下，或在分部分项工程费中单独列项计价的，可随着分部分项工程工程量的变化，对该类措施项目的费用重新计量，并进行调整。

3. 独立性的专项措施项目费

独立性的措施项目费，是指不属于工程实体或摊销性消耗，为保证工程施工的技术要求或安全等的专项施工措施，如护坡工程、降水工程等。该类措施项目费，要充分体现竞争性，该类措施项目费一般应以项计价，除工程变更影响措施方案外，该类措施项目费一般不应调整。

4. 综合取费的各类措施费

以分部分项工程费为基数综合取费的夜间施工增加费、二次搬运费、冬雨季施工增加费、已完工程及设备保护费、工程定位复测费、特殊地区施工增加费等各类措施费，应按工程结算时分部分项工程费的基数和投标报价时的费率进行计算并调整。

5. 临时设施费

临时设施费是指施工企业为进行建设工程施工所必须搭设和修建的生活和生产用的临时建筑物、构筑物、智慧工地、临时水电及网络接驳等设施建设费用。包括临时设施的搭设、移拆、维修、摊销、清理、拆除后恢复等费用，以及因修建临时设施由施工企业负责租用土地而发生的租地、青苗补偿、拆迁补偿、复垦等与土地有关的费用。我国的临时设施费包含在安全文明施工费中，一般应执行《2013 版清单计价规范》的有关规定。国际工程招标或其他版本的合同一般会将临时设施费纳入开办费，并要求投标人结合工程项目类型、建设规模、现场条件等进行实际测算，且不进行调整，合同有此类约定的，应执行合同约定。发承包双方就此产生分歧的，工程结算审核人应按照合同约定审核，并应在结算审核报告中予以说明。

（四）工程变更

工程变更是指在合同实施过程中由发包人批准的对合同工程的工作内容、工程数量、质量要求、施工顺序与时间、施工条件、施工工艺或其他特征及合同条件等的改变。

1. 工程变更的主要情形

工程变更的管理要严格依据合同变更条款的规定，合同变更条款是工程变更的行动指南。可参见本书第六章“八、（二）采用总价合同计价方式的工程竣工结算编制”部分对现场发生的事件是否构成工程变更进行判断。

2. 工程变更权

发包人、设计单位，以及业主授权的监理、咨询企业的工程师均可以提出变更。设计单位的设计变更一般通过设计图纸进行反映。其他工程变更指令均通过工程师发出，工程师发出工程变更指令前一般应征得发包人同意。承包人收到经发包人签认的工程变更指令后，方可实施工程变更。承包人也可以建议工程变更（有的称为工程洽商），但是该工程变更必须经发包人或其授权的工程师许可，承包人不得擅自对工程的任何部分进行工程变更。承包人实施变更应依据设计人提供的工程变更后的图纸和说明，仅涉及材料替换的变更可以通过指令进行实施。如工程变更超过原设计控制标准或批准的建设规模时，承包人和设计单位应告知发包人及时办理规划、设计变更等审批手续。

承包人收到工程师下达的变更指示后，如果认为不能执行，应立即提出不能执行该变更指示的理由。但是，承包人不得以费用争议而拒绝实施工程变更。承包人认为可以执行工程变更的，应当书面说明实施该工程变更指示对合同价格和工期的影响，且应当按照合同变更估价条款的约定与发包人确定工程变更价款。

工程结算审核人应严格按照合同约定的工程变更程序审核承包人提交的工程变更的有效性、真实性。

3. 工程变更的计价原则

除专用合同条款另有约定外，工程结算审核人要结合工程造价管理改革的意见，以及当地或行业建设行政主管部门的有关规定，对工程变更计价按照如下方式处理。

（1）变更工程的费率或价格在合同中有规定的，则适用合同中规定的费率或价格；

（2）变更工程的费率或价格在合同中没有规定的，可以适用合同中类似工程的费率或价格；

（3）变更工程的费率或价格在合同中没有规定，也没有类似项目的，可以根据实施工程的合理成本和投标报价的利润，提出新的费率或价格。

工程造价审核人在审核时，应关注合同类型或工程计价方式，对于以单价方式计价的，工程竣工结算时对工程量要按实际施工图据实调整，不一定要在工程变更项下主张工程价款的调整，可以在分部分项工程费中直接调整工程量。而采用总价方式计价的，应在合同总价的基础上进行调整，即对工程变更引起的费用增减进行调整。

（五）工程索赔费用

工程索赔是当事人一方在合同履行中因非己方的原因而遭受经济损失或工期延误，按照合同约定或法律规定，对于应由对方承担补偿义务的，向对方提出工期和（或）费用补偿要求的行为。

工程索赔与工程变更的最大不同是：工程变更是事前主动行为，发包人或设计人员通过指令、图纸等实施工程变更，一般会改变工程本身；而工程索赔是被动的行为，一般是事件或风险发生后的事后行为，合同一方意识到对合同的实施产生影响，进而主张权利与救济，该事件对工程本身的最终交付物没有影响，但可能对工程的实施方式、工期、费用产生影响。因工程变更和工程索赔的处理原则不一样，因此，工程结算审核人要确保对工程变更和工程索赔在定性上的判断正确。

1. 工程索赔常见的主要情形

工程结算审核人遇到下列情形，均应按照工程索赔进行处理。

（1）工期变化。施工条件变化、发包人指令、不可抗力等原因引起的工程延误或加速施工。

（2）施工条件变化与额外工作。除变更之外，增加额外工作、施工条件发生变化等导致工作和费用额外增加。

（3）不可抗力或例外事件。不可抗力、例外事件、不可预见的不利条件等不利的施工条件，外界的干扰或障碍等。

（4）合同终（中）止的工程索赔。合同无法继续履行，造成合同的解除（中止）等非正常情形。

（5）其他情形。货币贬值、汇率变化、物价上涨、法律或政策变化等。

部分合同会对法律或政策的变化、物价上涨等进行约定，有约定的执行合同约定，合同未作约定的，承包人可在工程索赔项下提出。

2. 工程索赔成立的三大要件

工程结算审核人遇到工程索赔事件的结算，应关注工程索赔的以下三个要件。

（1）正当的理由。事件的发生确实造成了承包人直接经济损失或工期延误，且是非承包人造成的。

（2）有效的证据。要依据合同约定、法律规定提出有效的工程索赔的事实证据、法律证据等相关证明材料，计算依据等。

（3）符合程序要求。承包人要按照工程施工合同规定的期限和程序提交索赔意向通知、索赔报告及索赔证据、工程索赔计算书等。

3. 工程索赔的主要依据

工程结算审核人遇到工程索赔事件的结算，应关注工程索赔的以下主要依据。

(1)工程事件的签证文(函)件。在工程施工期间，发生工程索赔事件时，发承包双方关于工程的洽商、变更等书面协议或文件。

(2)工程施工合同文件。工程施工合同是工程索赔事件发生后责任合理分担的最关键和最主要的依据。

(3)法律、行政法规等法律依据。国家相关法律、法规、规章变化或支撑事件发生后可以进行工程索赔的法律依据。

(4)技术标准及工程计价依据。工程技术标准及工程计价定额等计价依据调整引起费用和工期变化的，若为强制性标准可直接引用并执行其规定；非强制性标准则要符合合同约定。

(5)与索赔事件有关的各种凭证。审核人要依据有关凭证支持承包人因索赔事件所遭受的费用或工期损失，并进行正确计算，清晰反映计划与实际的变化情况。

4. 工程索赔的计算内容与方法

对于不同原因引起的索赔，承包人可索赔的具体费用内容是不完全一致的。费用索赔应按照事件产生的原因，造成损失的程度和要素费用构成分类计算，一般包括人工费、材料费、施工机械费、管理费(总、项、分)、利息、利润等。费用索赔的计算方法主要有实际费用法、总费用法。

(1)实际费用法(分项法)。按索赔费用项目的要素构成逐项进行分析、详细计算各类费用的索赔金额。索赔金额 = ∑(各类费用 + 可计算的管理费 + 可计算的利润) + 其他损失。

(2)总费用法(总成本法)。多事件或综合事件发生后，重新计算工程的实际总费用，再减去投标报价时的相应总费用，获得费用损失金额。索赔金额 = 实际总费用 - 投标报价总费用。

合同对费用索赔的内容一般不会做详细规定，工程结算审核人应参照9部门《标准施工招标文件》中承包人的索赔事件及可补偿内容进行确定(见表7-1)。《标准施工招标文件》中没有的，工程结算审核人可对因发包人的责任引起的索赔事件，导致延误、拆改等情形，支持承包人索赔利润的主张。

表7-1　《标准施工招标文件》中承包人的索赔事件及可补偿内容

序号	条款号	索赔事件	可补偿内容		
			工期	费用	利润
1	1.6.1	迟延提供图纸	√	√	√

实务篇

续表

序号	条款号	索赔事件	可补偿内容		
			工期	费用	利润
2	1.10.1	施工中发现文物、古迹	√	√	
3	2.3	迟延提供施工场地	√	√	√
4	4.11	施工中遇到不利物质条件	√	√	
5	5.2.4	发包人要求承包人提前交货		√	
6	5.2.6	发包人提供材料、工程设备不合格或迟延提供或变更交货地点	√	√	√
7	8.3	承包人依据发包人提供的错误资料导致测量放线错误	√	√	√
8	9.2.6	因发包人原因造成承包人人员工伤事故		√	
9	11.3	因发包人原因造成工期延误	√	√	√
10	11.4	异常恶劣的气候条件导致工期延误	√		
11	11.6	发包人要求承包人提前竣工		√	
12	12.2	发包人暂停施工造成工期延误	√	√	√
13	12.4.2	工程暂停后因发包人原因无法按时复工	√	√	√
14	13.1.3	因发包人原因造成工程质量达不到合同约定验收标准的	√	√	√
15	13.5.3	监理人对已经覆盖的隐蔽工程要求重新检查且检查结果合格	√	√	√
16	13.6.2	因发包人提供的材料、工程设备造成工程不合格	√	√	√
17	14.1.3	承包人应监理人要求对材料、工程设备和工程重新检验且检验结果合格	√	√	√
18	16.2	基准日后法律变化		√	
19	18.4.2	发包人在工程竣工前提前占用工程	√	√	√
20	18.6.2	因发包人的原因导致工程试运行失败		√	√
21	19.2.3	工程移交后因发包人原因出现新的缺陷或损坏的修复		√	√
22	19.4	工程移交后因发包人原因出现的缺陷修复后的试验和试运行		√	
23	21.3.1(4)	因不可抗力停工期间应监理人要求照管、清理、修复工程		√	
24	21.3.1(5)	因不可抗力造成工期延误	√		
25	22.2.2	因发包人违约导致承包人暂停施工	√	√	√

（六）其他项目费

1.暂列金额

暂列金额是招标人在工程量清单中暂定并包括在合同价款中，用于工程合同签订时尚未确定或者不可预见的所需材料、工程设备、服务的采购，以及施工中可能发生的工程变更、合同约定调整因素出现时的合同价款调整以及发生的索赔、现场签证等确认的费用。工程竣工结算时，暂列金额应该清零。发生设备、材料、服务采购以及工程变更、工程索赔等费用的，承包人应根据发包人的指令，分别在相应的分部分项工程项目、措施项目或其他项目中进行主张，并参照前述要求进行工程竣工结算。

2.计日工

计日工是在施工过程中，承包人完成发包人提出的工程合同范围以外的零星项目或工作后，按合同中约定的单价计算零星用工费用的一种计价方式。

工程竣工结算时，计日工的计算要取得发包人或其授权人的签证认可。计日工的结算要结合发承包双方的工程签证中计日工的类别，依据已标价工程量清单或预算书中的计日工计价项目及其单价进行计算。对于在已标价工程量清单或预算书中无相应的计日工单价的，承包人应按照合理的成本与利润的构成原则进行举证，由双方按照合同的约定办法确定计日工的单价。

工程结算审核人对计日工应重点审核以下内容：

(1)工程签证的真实性和关联性。

(2)工作名称和工作内容。

(3)投入该工作的所有人员的姓名、专业、工种、级别和耗用工时；投入该工作的材料类别、数量；投入该工作的施工设备型号、台数和耗用台时等。

(4)其他有关资料和凭证。

(5)套用合同计日工单价的准确性，以及重新确定的计日工单价的合理性。

(6)单项计算和汇总的正确性。

3.总承包服务费

总承包服务费是总承包人为配合协调发包人进行的专业工程发包，对发包人自行采购的材料、工程设备等进行保管以及施工现场管理、竣工资料汇总整理等服务所需的费用。

除合同另有约定外，总承包服务费应以实际发生的总承包服务项目类别及其金额为基数，以承包人投标报价的总承包服务费费率进行计算，出现以下情况在工程竣工结算时可以计算总承包服务费：

(1)发包人按法律、法规规定对专业工程进行招标发包，并要求总承包人协调服务的；

(2)发包人自行采购供应部分材料、工程设备时，要求总承包人提供保管等相关服务的；

(3)总承包人在施工现场进行协调和统一管理、对竣工资料进行统一汇总整理等所需的费用。

承包人合同内直接实施的工程,经发包人后期招标承包人中标的专业工程,承包人自身施工工程的材料采购、劳务分包不得计算总承包服务费。

4. 甲供材料扣减

甲供材料是个通俗的术语,是指建设工程中由发包人供应,承包人在施工中领取并使用的材料及设备,主要是发包人供应的设备和主要材料,以本质上讲发包人供应的工程水电费与设备、材料具有相同性质。

甲供材料属于设备、材料的应首先计入分部分项项目的综合单价,然后按照工程竣工结算确定的分部分项项目的工程量,以及综合单价分析表的消耗量进行扣除。若甲供材料在综合单价分析表中没有进行消耗量分析,可参照相应的预算定额的消耗量,预算定额也没有时,施工图纸能够测算的以实际测算为准,不能测算的由承包人进行举证,发包人进行确认。

工程结算审核时,发现甲供材料的领料量超出综合单价分析表或经预算定额计算的消耗量的,超出部分的领料量应当予以扣除,价格可执行发包人采购价格或依据其他证据确定的价格。

除合同另有约定外,工程水电费应计入分部分项项目综合单价。由发包人先行交纳的工程水电费,在工程竣工结算时应依据发承包双方确认的水表、电表计量结果和当地的水电价格进行扣除。发承包双方未进行水电计量的,可参照相应预算定额中其他直接费中的工程水电费的费率进行扣除。

5. 合同中的其他约定

合同中的其他约定是指合同约定的工期奖励与惩罚、质量奖励与惩罚、安全文明的奖励与惩罚、延迟付款的利息计算等项目。合同有约定的,工程结算审核人可依据发承包双方的主张与事实纳入工程竣工结算。合同中的其他约定可在其他项目费中进行汇总,也可以在汇总工程造价后进行计算。

(七)规费、税金的计算与汇总

1. 规费

规费是指根据国家法律、法规规定,由省级政府或省级有关权力部门规定施工企业必须缴纳的,应计入建筑安装工程造价的费用。规费包括社会保险费(含养老保险费、医疗保险费、失业保险费、工伤保险费、生育保险费)、住房公积金、工程排污费。目前,我国《2013 版清单计价规范》将规费作为不可竞争性费用。

工程结算审核时,应结合发承包双方签订的合同进行审核,合同约定执行《2013 版清单计价规范》的,应按该规范计取规费,约定不明的,应按国家或工程项目所在地省级行政主管部门的规定计取规费。

2. 税金

《2013版清单计价规范》中对税金的定义是，国家税法规定的应计入建筑安装工程造价内的营业税、城市维护建设税及教育费附加等。2016年，住房和城乡建设部办公厅发布了《关于做好建筑业营改增建设工程计价依据调整准备工作的通知》，2017年，财政部、国家税务总局发布了《关于建筑服务等营改增试点政策的通知》，我国开始实行营业税改增值税。营改增后税金仅指增值税，城市维护建设税、教育费附加和地方教育附加计入管理费。

无论合同如何约定，工程竣工结算时，税金即增值税都应依据国家的有关规定计算，并据实调整。

3. 汇总计算

工程竣工结算的审核应以合同为对象，着眼于合同价款的调整与最终确定。合同内含有多个单项工程的，工程造价的汇总，应首先以单位工程为基础，该单位工程的造价应包括分部分项工程费、措施项目费、其他费用、规费和税金；其次由单位工程汇总到单项工程，最后由单项工程汇总至整个合同。

工程结算审核人在审核整个建设项目或多个合同时，可按照各个施工承包合同、设备采购合同等进行全面汇总。

工程结算审核人应在汇总时进一步审核汇总计算的正确性。

六、工程结算审核报告书的编制

工程竣工结算审核结束后，工程结算审核人应结合合同约定，以及《建设工程造价咨询规范》（GB/T 51095—2015）的有关规定，提请咨询委托人（如建设单位的上级主管单位）、建设单位（发包人）、施工单位（承包人）与咨询人共同签署竣工结算审定签署表，共同认可审核结果，并出具审核报告书。

（一）结算审核报告的主要内容

竣工结算审核的成果文件应包括竣工结算审核书封面、签署页、竣工结算审核报告、竣工结算审定签署表、汇总表、明细表等。

采用工程量清单固定单价方式计价的竣工结算审核报告，应包括下列内容：

（1）封面；

（2）签署页；

（3）竣工结算审核报告书；

（4）竣工结算审定签署表；

(5)项目工程竣工结算审核汇总对比表；

(6)单项工程竣工结算审核汇总对比表；

(7)单位工程竣工结算审核汇总对比表；

(8)分部分项工程和单价措施项目清单计价审核对比表；

(9)总价措施项目清单计价审核对比表；

(10)其他项目清单计价审核汇总对比表；

(11)规费、税金计价审核对比表；

(12)竣工结算款支付核准表；

(13)最终结清支付核准表；

(14)其他必要的表格等。

(二)竣工结算审定签署表

《建设工程造价咨询规范》(GB/T 51095—2015)第 8.3.8 条规定,工程造价咨询企业完成竣工结算的审核,其结论应由发包人、承包人、工程造价咨询企业共同签认。无实质性理由发包人、承包人及工程造价咨询企业因分歧不能共同签认竣工结算审定签署表的,工程造价咨询企业在协调无果的情况下可单独提交竣工结算审核书,并承担相应责任。上述要求既要尽可能使工程结算审核报告发挥好应有的结算作用,也要对工程造价咨询企业进行保护。工程造价咨询企业在承担竣工结算审核时,其成果一般应得到三方的共同认可,并签署“竣工结算审定签署表”。如果在合同约定的期限内发承包双方不配合或无正当理由拖延或拒绝签认的,且经工程造价咨询企业协调,判定分歧的产生无实质性合理理由的,工程造价咨询单位可适时结束审核工作,出具竣工结算审核书。

第八章

工程造价鉴定

一、工程造价鉴定的概念与要求

(一)工程造价鉴定的概念

《建设工程造价鉴定规范》明确,工程造价鉴定是指鉴定机构接受人民法院或仲裁机构委托,在诉讼或仲裁案件中,鉴定人运用工程造价方面的科学技术和专业知识,对工程造价争议中涉及的专门性问题进行鉴别、判断并提供鉴定意见的活动。

最高人民法院于2001年发布的《人民法院司法鉴定工作暂行规定》第二条明确"本规定所称司法鉴定,是指在诉讼过程中,为查明案件事实,人民法院依据职权,或者应当事人及其他诉讼参与人的申请,指派或委托具有专门知识人,对专门性问题进行检验、鉴别和评定的活动"。这是首次提到具有专门知识人,其指向是鉴定人。司法部发布的《司法鉴定程序通则》(2016年修订)第二条明确"司法鉴定是指在诉讼活动中鉴定人运用科学技术或者专门知识对诉讼涉及的专门性问题进行鉴别和判断并提供鉴定意见的活动"。该规则进一步明确司法鉴定的主体是鉴定人。2021年的《民事诉讼法》第七十九条规定:"当事人可以就查明事实的专门性问题向人民法院申请鉴定。当事人申请鉴定的,由双方当事人协商确定具备资格的鉴定人;协商不成的,由人民法院指定。当事人未申请鉴定,人民法院对专门性问题认为需要鉴定的,应当委托具备资格的鉴定人进行鉴定。"上述"具备资格""具有专门知识人"显然指的是从事工程造价鉴定业务的人,并非鉴定机构。从工程造价鉴定的概念来看,工程造价鉴定的目的是使鉴定人出具工程造价鉴定意见,在当事人及其委托代理人或其聘请的专家辅助人质证后,委托人依据工程造价鉴定意见的证明力将其作为案件事实的认定根据。

(二)工程造价鉴定的要求

1. 鉴定程序合规

工程造价鉴定是鉴定机构接受人民法院或仲裁机构委托,在诉讼或仲裁程序中所进行的一项活动,因此工程造价鉴定应满足诉讼或仲裁的程序要求,严格按照《民事诉讼法》及其司法解释以及其他相关规定进行鉴定。比如,鉴定人在接到鉴定委托时,应在规定的时间内向委托人递交鉴定方案、鉴定组成人员等函件;鉴定人应满足相应要求;现场勘验应在委托人的组织下进行;鉴定所需要的证据材料均需要经过质证;鉴定期限应按照法律规定并满足委托人的要求;鉴定人应出庭参与对鉴定意见的质证;等等。若未按照相应的鉴定程序进行鉴定,则可能面临不利的法律后果,鉴定意见不能作为裁判案件的依据。根据最高人民法院《关于民事诉讼证据的若干规定》(法释〔2019〕19号)第四十条的规定,"当事人申请重新鉴定,存在下列情形之一的,人民法院应当准许:(二)鉴定程序严重违法的……"。

2. 鉴定方法恰当

工程造价鉴定是鉴定机构运用工程造价方面的科学技术和专业知识进行鉴定的一项活动。鉴定人在鉴定时应根据案件的实际情况,结合现有的证据材料,选用适当的鉴定方法,以体现鉴定应有的专业性。当证据材料较为充分、有可供勘验的现场时,则应采用施工图算量、现场测量等精算的方法;当事实较为清楚但证据材料不够充分,同时无法通过现场查勘时,则可采用产值比例法、建筑面积估算法、生产能力指数法等较为粗略的估算方法。

3. 鉴定深度适当

工程造价鉴定是鉴定机构对工程造价争议中涉及的专门性问题进行鉴别、判断并提供鉴定意见的活动。工程造价鉴定并非简单地按图或现场算量计价,为了达到委托人的要求,对工程造价争议中涉及的专门性问题还需结合证据材料、客观事实进行判断,具有鉴定可能性的,鉴定人应根据科学认识方法和证据要求作出推断性鉴定意见,而不能因证据材料不足或未达鉴定应有深度便直接作出否定性的鉴定意见或者不予鉴定。

4. 鉴定意见准确

鉴定意见准确包含两个含义:一是鉴定意见的结论应准确,二是鉴定意见的表现形式应准确。因为工程造价鉴定意见作为证据,对委托人最终的裁判起着非常重要的作用,可能直接影响当事人的合法权益。

根据《建设工程造价鉴定规范》的规定,鉴定意见可同时包括确定性意见、推断性意见、供选择性意见。当鉴定事项内容事实清楚、证据材料充分或各方当事人均予以认可,应作出确定性意见;当鉴定事项内容客观、事实较为清楚但证据不够充分或者被鉴定的问题本身技术难度大,经过鉴定难以形成确定性意见时,可作出推断性意见;当合同约定矛盾或证据矛盾,当事人无法达成一致,委托人未明确鉴定采用的合同或证据时,可作出供选择性意见。

二、工程造价鉴定程序与时限

(一)鉴定程序

根据《建设工程造价鉴定规范》的相关规定,鉴定程序主要有接受委托、收取鉴定费用、要求补充鉴定材料、现场勘验、工程量及价款计算、邀请当事人量价核对、出具鉴定意见征求意见稿、出具正式鉴定意见、对当事人的异议进行回复等程序,必要时鉴定人需出庭作证,参与对鉴定意见的质证活动。工程造价鉴定程序详见图8－1。

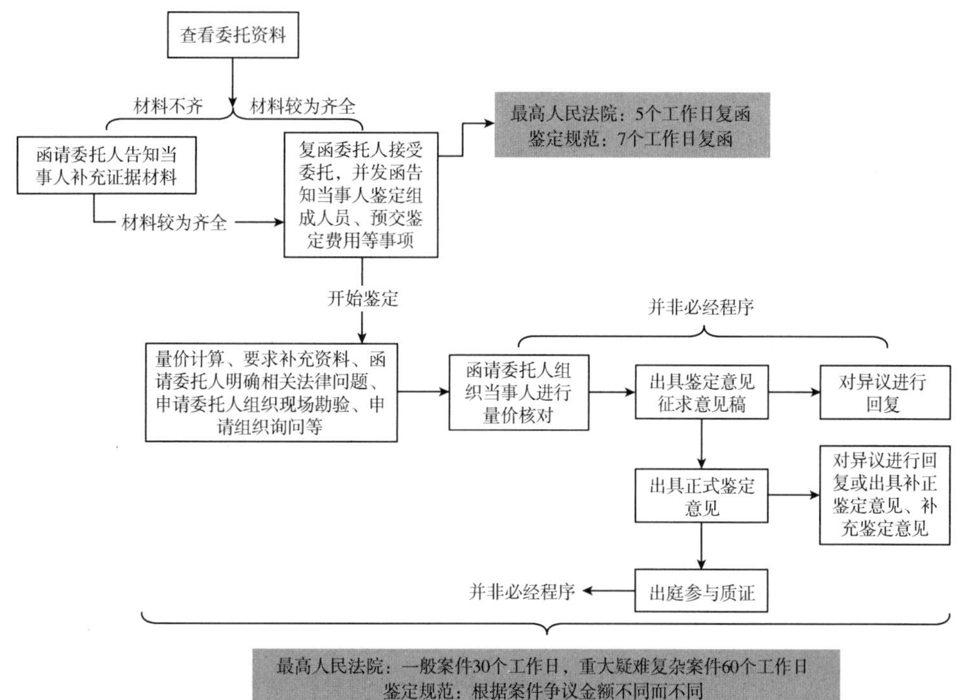

图8－1 工程造价鉴定程序

1. 鉴定项目委托

人民法院或仲裁机构需要委托工程造价鉴定的,需向鉴定机构出具鉴定委托书,委托书应载明委托的鉴定机构名称,委托鉴定的目的、范围、事项和鉴定要求,委托人的名称及联系人、联系方式等。

鉴定机构在收到鉴定委托书后,应在委托人规定的期限内决定是否接受委托并书面函复委托人。书面函复应包括下列内容：

(1)同意接受委托的意思表示(如果不同意的,需写明理由)；

(2)鉴定所需证据材料；

(3)鉴定工作负责人及其联系方式；

(4)鉴定费用及收取方式；

(5)鉴定机构认为应当写明的其他事项。

实践中,某些委托人在出具鉴定委托书的同时会将当事人提交的证据材料一并移交鉴定机构,但某些委托人仅出具委托书,并告知鉴定机构已书面函告需要当事人提交的证据材料。鉴定机构在未收到较为齐备的材料之前往往难以确定是否能进行鉴定或者如何收费,因此,此种情况下也可函复委托人,在收到部分证据材料后再确定是否接受委托以及收费等事宜。

根据最高人民法院《关于人民法院民事诉讼中委托鉴定审查工作若干问题的规定》,鉴定机构应在接受委托后 5 个工作日内,提交鉴定方案、收费标准、鉴定人情况和鉴定人承诺书。委托人对时限有规定的应从其规定,委托人没有规定的应符合上述规定或国家有关标准的规定。

2. 鉴定机构及鉴定人员回避

(1)鉴定机构的主动回避。在接受委托时,鉴定机构应重点审查是否存在回避情形,存在下列情形之一的鉴定机构应当自行回避,并向委托人说明,不予接受委托：

①担任过鉴定项目咨询人的；

②与鉴定项目有利害关系的。

(2)鉴定人的主动回避。鉴定人或者辅助人员有下列情形之一的,应当自行提出回避,未自行回避,经当事人申请,委托人同意,通知鉴定机构决定其回避的,必须回避。

①是鉴定项目当事人、代理人的近亲属；

②与鉴定项目有利害关系的；

③与鉴定项目当事人、代理人有其他利害关系,可能影响鉴定公正的。

(3)当事人要求的回避。参照《民事诉讼法》及其司法解释对审判人员回避的相关规定,鉴定机构及鉴定人员有以下行为的,可以视为与鉴定项目当事人、代理人有其他利害关系,可能影响鉴定公正的情形,当事人有权申请其回避：

①接受鉴定项目当事人及其受托人宴请,或者参加由其支付费用的活动的；

②索取、接受鉴定项目当事人及其受托人财物或者其他利益的；

③违反规定会见鉴定项目当事人、诉讼代理人的；

④为鉴定项目当事人推荐、介绍诉讼代理人,或者为律师、其他人员介绍代理本

案的；

⑤向鉴定项目当事人及其受托人借用款物的。

3. 鉴定人员组织

接受鉴定委托后，鉴定机构应根据鉴定项目的实际情况组织鉴定人员，对同一鉴定事项，应指定两名及以上鉴定人共同进行鉴定。对争议标的较大或涉及工程专业较多的鉴定项目，应成立由三名及以上鉴定人组成的鉴定项目组。鉴定人需为一级造价工程师，同时需满足鉴定项目的专业要求。根据鉴定工作需要，鉴定机构可安排非一级造价工程师的专业人员作为鉴定辅助人员，参与鉴定的辅助性工作。

鉴定人员确定后，鉴定机构应在接受委托、复函之日起的规定时限内向委托人、当事人送达《鉴定人员组成通知书》，载明鉴定人员姓名、执业资格专业及注册证号、专业技术职称等信息。

4. 鉴定事项的确定

鉴定机构还应重点审查委托人出具的《鉴定委托书》中委托鉴定范围、事项是否清晰；是否在本机构可以进行鉴定的范围内。在接受鉴定委托，鉴定机构对案件争议的事实初步了解后，当其对委托鉴定的范围、事项和鉴定要求有不同意见时，应向委托人释明，释明后按委托人的决定进行鉴定。由于委托人非工程造价的专业人员，在出具鉴定委托书时，可能出现鉴定委托范围不清晰、鉴定事项不明确或遗漏某些鉴定事项的情况，鉴定机构在接受委托时的主动释明尤为重要，在鉴定开始前对鉴定委托范围及事项进行明确，可避免到鉴定后期才发现鉴定方向有误或者遗漏鉴定事项，导致延长鉴定期限的情形。

5. 鉴定收费

鉴定机构应结合鉴定项目和鉴定事项的服务内容、服务成本、难易程度，根据委托人的规定合理确定鉴定费用。目前，主要以各地建设行政主管部门或者物价部门发布的工程造价咨询服务收费标准作为收费参考的依据。

确定鉴定费用后，鉴定机构应向委托人发送《鉴定缴费通知》，《鉴定缴费通知》包括鉴定事项、收费项目、收费标准、收费金额、结算方式、缴费期限等内容，同时应当明确是否包括鉴定人出庭费用。申请人、鉴定机构未约定出庭费用，鉴定人经委托人通知需出庭作证的，出庭费用可参照当地法院关于证人出庭作证费用的相关规定进行确定。

6. 鉴定实施

(1)现场勘验

当事人要求或者鉴定人认为有必要对现场进行勘验的，应提请委托人组织现场勘验。鉴定机构按委托人的要求通知当事人进行现场勘验的，应填写现场勘验通知书，通知各方当事人参加,并提请委托人组织。通知书中应载明勘验时间、地点、是否需要准备勘验设备或工具、要求勘验代表携带授权书等内容。一方当事人拒绝参加现场勘验的,不影响现场勘验的进行。

准备勘验前,应核实当事人参与人员的身份,若非当事人本人或诉讼代理人参与的需要求其提交当事人出具的授权书。

勘验现场应制作勘验笔录或勘验图表,记录勘验的时间、地点、勘验人、在场人、勘验经过、结果,由勘验人、在场人签名或盖章。必要时鉴定人应采取拍照或摄像取证的方式,留下影像资料。

当事人代表参与了现场勘验,中途离场或者对现场勘验图表或勘验笔录等不予签字,又不提出具体书面意见的,不影响鉴定人采用勘验结果进行鉴定。

(2)完成鉴定初稿

鉴定人可自行按照鉴定依据计算完成鉴定初稿。邀请当事人核对量价、出具鉴定意见征求意见稿并非必经程序,鉴定人可根据案件实际情况决定是否邀请当事人核对量价或出具鉴定意见征求意见稿。当鉴定项目具有标的金额较大、法律关系复杂(转包、违法分包、挂靠等情况)或者大量证据材料未得到对方当事人认可等情形时,为了做出更为客观、准确的鉴定意见,一般需要邀请当事人进行量价核对,或先出具征求意见稿,尽力在出具正式鉴定意见前将当事人双方的争议范围减少到最小。

(3)出具鉴定意见书

正式鉴定意见书。鉴定意见书的语言表述应文字精练、用语准确、语句通顺、描述客观清晰。对当事人的争议焦点所采用的鉴定方法宜作出特别的说明,阐述理由及依据,供委托人更为准确地判断。

鉴定意见可同时包含确定性意见、推断性意见或供选择性意见,具体适用情况见下列内容:

①当鉴定项目或鉴定事项内容事实清楚,证据充分,应作出确定性的意见。

②当鉴定项目或鉴定事项内容客观,事实较清楚,但证据不够充分,应作出推断性的意见。

③当鉴定项目合同约定矛盾或鉴定事项中部分内容证据矛盾,委托人暂不明确要求鉴定人分别鉴定的,可分别按照不同的合同约定或证据,作出选择性意见,由委托人判断使用。

鉴定人在证据不力或依据不足且当事人无法妥协的条件下,不应擅自做出确定性意见,也不应未通过专业的分析、鉴别和判断,做出推断性意见。实践中,在较为复杂的建设工程纠纷案件中,某些事项法律问题与专业问题交织在一起,难以区分,如何做到既不“以鉴代审”又不失专业深度是非常难以把握的问题。鉴定人在出具鉴定意见前与委托人就某些复杂事项进行有效的沟通是避免出现前述问题的最有利的办法。

工程造价鉴定意见书补正书。应委托人的要求、当事人的要求或者鉴定人自行发现有下列情形之一的,经鉴定机构负责人审核批准,应对鉴定意见书进行补正:

①鉴定意见书的图像、表格、文字不清晰的;

②鉴定意见书中的签名、盖章或者编号不符合制作要求的;

③鉴定意见书的文字表述有瑕疵或者有错别字,但不影响鉴定意见、不改变鉴定意见书的其他内容的。

工程造价补充鉴定意见书。当委托人增加新的鉴定要求或鉴定意见书有前后表述矛盾、遗漏鉴定事项、某些鉴定事项依据不足的,鉴定机构应采用补充鉴定的方式将其修改完善;委托人要求按照当事人提交的新的证据材料补充鉴定的,鉴定机构也应按照委托人的决定进行补充鉴定。

补充鉴定意见书应在鉴定意见书的基础上说明以下事项:①补充鉴定说明,阐明补充鉴定的理由和新的委托鉴定事由;②补充资料摘要,在补充资料摘要的基础上注明原鉴定意见的基本内容;③补充鉴定过程,在补充鉴定、勘验的基础上,注明原鉴定过程的基本内容;④补充鉴定意见,在原鉴定意见的基础上,提出补充的鉴定意见。

(4)出庭作证

出庭作证是鉴定人的一项法定义务。未经委托人同意,鉴定人拒不出庭作证的,其鉴定意见不得作为认定案件事实的根据。委托人可以建议有关主管部门或组织对拒不出庭作证的鉴定人予以处罚。当事人要求退还鉴定费用的,委托人应当责令鉴定人退还。

(二)鉴定期限

1. 鉴定期限的确定

根据《建设工程造价鉴定规范》第 3.7.1 条的规定,鉴定期限由鉴定机构与委托人根据鉴定项目争议标的涉及的工程造价金额、复杂程度等因素在表 8－1 规定的期限内确定。

表 8－1　工程造价鉴定期限

争议标的所涉及工程造价金额	期限(工作日)
1000 万元以下(含 1000 万元)	40
1000 万元以上 3000 万元以下(含 3000 万元)	60
3000 万元以上 1 亿元以下(含 1 亿元)	80
1 亿元以上	100

最高人民法院《关于人民法院民事诉讼中委托鉴定审查工作若干问题的规定》第十三条第一款、第二款规定："人民法院委托鉴定应当根据鉴定事项的难易程度、鉴定材料准备情况，确定合理的鉴定期限，一般案件鉴定时限不超过30个工作日，重大、疑难、复杂案件鉴定时限不超过60个工作日。鉴定机构、鉴定人因特殊情况需要延长鉴定期限的，应当提出书面申请，人民法院可以根据具体情况决定是否延长鉴定期限。"

因此，人民法院对鉴定期限的规定与《建设工程造价鉴定规范》的规定并不相同。实践中委托人一般按照法院的规定对鉴定机构设置鉴定期限，但鉴于建设工程纠纷案件的复杂性，鉴定机构有正当理由提出书面申请需要延长鉴定期限的，委托人原则上均会同意延期。

2. 鉴定期限的计算

鉴定期限从鉴定人收到当事人预交的鉴定费且接收委托人按照规定移交证据材料之日起的次日起算。补充鉴定材料、重新提取鉴定材料、申请变更鉴定事项所需时间、中止鉴定期间等情形不计入鉴定时限。

三、工程造价鉴定原则

工程造价鉴定应遵循合法、独立、客观、公正的职业准则要求。其中，合法是指鉴定主体合法、鉴定程序合法、鉴定依据合法 、鉴定范围和标准合法、鉴定意见书合法；独立是指鉴定机构独立经营、鉴定人员独立执业、鉴定专业人员可独立表达自身意见；客观是指鉴定证据真实客观、鉴定方法科学客观、鉴定意见准确客观；公正是指鉴定立场公正、鉴定行为公正、鉴定程序公正、鉴定方法公正、鉴定意见最终体现公正。

除此之外，鉴定人还需要根据建设工程施工合同纠纷案件的特殊性，同时遵循从约原则和取舍原则。

1. 从约原则

从约原则的文义解释即为鉴定人应按照合同约定进行鉴定。根据《民法典》中关于合同签订所体现的自愿原则、意思自治原则，只要当事人的约定不违反国家法律和行政法规的强制性规定，不违背公序良俗，不管双方签订的合同或具体条款是否合理，鉴定人均无权自行选择鉴定依据或否定当事人之间有效的合同或补充协议的约定内容。但建设工程施工合同纠纷案件复杂的原因之一就在于鉴定所依据的合同是否有效或者到底哪一份合同可以作为鉴定依据有待委托人确定。因此，有没有合同，合同是否有效或者订立数份合同时应依据哪一份合同进行鉴定成为鉴定开始前应首先确定的问题。具体来说，应做到以下两点。

(1)合同是否有效应由委托人认定，委托人认定合同有效的，鉴定人应根据合同约定进行鉴定；委托人认定合同无效的，鉴定人应按照委托人的决定进行鉴定，鉴定人可向委托人建议参照鉴定项目所在地同时期适用的计价依据、计价方法和签约时的市场价格信息进行鉴定。

（2）若合同有效，则合同有约定的依照约定；无约定或约定有矛盾的，鉴定人应按照委托人的决定鉴定，若委托人暂不决定，鉴定人应按照不同的合同约定分别作出鉴定意见，由委托人判断使用。

2. 取舍原则

取舍原则是指，当鉴定项目合同约定矛盾或鉴定事项中部分内容证据矛盾时，对于鉴定的计价标准如何选取、鉴定材料能否使用、存在歧义的约定如何理解以及施工合同是否有效等属于司法审判职权范畴的问题，鉴定人员无权作出判断，故鉴定人会在鉴定报告中出具两种或两种以上的鉴定意见，或者将争议项目单列出来并做出说明，由委托人综合证据、事实和法律作出决定。

换言之，即在鉴定事项的事实不清楚时，鉴定人应从专业角度给出可能出现的两种或两种以上结论供委托人决定，而不能擅自决定采用哪一种方式鉴定。这也是工程造价鉴定可以出具供选择性意见的原因。

不难看出，合法、独立、客观、公正原则属于思想行为上的基本原则，而从约原则与取舍原则主要是鉴定技术与方法方面的原则。工程造价鉴定除需解决工程造价专业技术方面的难题之外，如何把握好从约原则与取舍原则也是鉴定过程中的难点。实践中亦出现了较多的错误做法，包括鉴定人自行判定合同无效而未按合同约定的计价方式鉴定；当有数份合同时鉴定人自行确定应依据的合同并按照其进行鉴定；鉴定人认为合同约定的条款不合理或者存在矛盾时，凭个人经验自行确定计价方式或者材料价格等；鉴定人自行选择可以作为鉴定依据的证据材料；证据材料有瑕疵时鉴定人不经委托人判断，直接作出否定性的意见或者直接将其列为争议证据等。上述做法造成当事人各方的矛头直指鉴定机构，鉴定意见难以通过质证确定其证据效力，最后只能由鉴定机构无奈出具补充鉴定意见或者重新鉴定，既影响法院的审判效率又影响鉴定的公信力。

四、工程造价鉴定依据

（一）工程造价鉴定依据的内容

工程造价鉴定依据是指鉴定项目适用的法律、法规、规章、专业标准规范、计价依据；当事人提交的经过质证并经委托人认定或当事人一致认可后用作鉴定的依据。鉴定依据是否真实、齐备直接影响工程造价鉴定的质量。工程造价鉴定依据具体应当包括以下内容。

1. 适用的法律法规和计价依据

(1) 鉴定人在进行造价鉴定的过程中,应当遵循适用的法律、法规、规章和规范性文件的规定。

(2) 鉴定项目工程合同的约定,或者委托人要求执行的国家或行业相关规范标准、工程所在地的技术经济指标及各类生产要素价格等。

2. 与造价鉴定相关的法律文书

工程造价鉴定主要是为了解决当事人对工程造价的争议问题,而对于任一工程造价鉴定项目,其需解决的工程造价问题均具有特殊性。委托人的鉴定委托书是启动鉴定程序的依据,同时也包含对争议问题做出界定的最直接的内容。

鉴定人应当首先根据委托人出具的造价鉴定委托书确定鉴定项目的鉴定范围、鉴定原则及鉴定内容,并通过鉴定与案件相关的法律文书如起诉书(仲裁申请书)、答辩状、证据及质证意见、庭审笔录等了解案件事实、双方争议内容、各自的诉求,从而进一步理解委托人的委托内涵,并最终就委托内容做出有针对性的结论。

3. 工程合同文件

工程造价争议受合同法律关系的制约,其首先是一个合同问题,即一项具体的建设工程项目的合同造价(也包括其他交易范畴的契约价格),是当事人经过利害权衡、竞价磋商等博弈方式所达成的特定的交易价格,而不是某一合同交易客体的市场平均价格或公允价格。因此,只要不是出现法定的不能或无法适用合同价格条款的情形,诉讼或仲裁中的工程造价鉴定,就应当遵循契约性原则,鉴定项目的工程合同即是确定鉴定项目工程造价鉴定计价原则的最重要的鉴定依据文件。基于建设工程的复杂性和招标投标法的制约,建设工程合同通常通过法定招标投标程序缔结,并由系列合同文件组成,主要包括:

(1) 合同协议书和合同条款(包括通用部分和专用部分);

(2) 中标通知书(通过招投标签署合同时);

(3) 投标函及投标函附录、已标价的工程量清单或合同预算书;

(4) 招标文件、招标图纸、招标的技术标准和要求等;

(5) 招投标过程的答疑及补充文件(通过招投标签署合同时);

(6) 评标过程的澄清文件(通过招投标签署合同时);

(7) 在合同履约过程中签署的补充协议。

4. 工程技术及管理文件

在鉴定项目履约过程中,双方根据合同文件和鉴定项目的实际情况,出具和编制的与鉴定工程造价相关工程的技术文件、商务文件和过程记录文件等,包括以下内容:

(1) 工程技术文件,包括施工图纸、技术规格书、地质勘察报告,以及履约过程中对上述技术文件进行的补充、修改，包括图纸会审记录、设计变更、工程洽商、工程签证。

（2）工程商务文件，包括专业分包工程或材料（设备）的中标价及已标价工程量清单或报价明细（若采用招标方式确定时）；材料（设备）批价（认价）单；发包人供应材料（设备）（甲供材料）领料单或进场清单；工程预付款、进度款、结算款及尾款的申请报告及审批意见；工程索赔和反索赔报告及相应的审核意见；施工过程（或期中）和工程竣工结算申请书及审核或审批意见。

（3）承包人编制的施工组织设计、施工方案，以及监理人的审批意见。

（4）鉴定项目在履约过程中的相关过程记录文件，包括开工通知书、监理会议纪要、监理日志、施工日志、专业工程验收记录、隐蔽工程验收记录、竣工验收记录等。

上述第（4）项的内容，多用于对工程索赔，尤其是因工期延误导致的损失费用的鉴定。

5. 现场勘验记录

在鉴定过程中，通过组织现场勘验而确定工程事实的记录文件，应当由双方当事人签字确认。

6. 鉴定过程中双方当事人共同签署的会议纪要等文件

在鉴定过程中，鉴定人组织双方当事人就鉴定工作召开鉴定会议而形成的鉴定会议纪要，应当由双方当事人签字确认。

（二）鉴定依据的来源

1. 委托人移交的证据

委托人在向鉴定人发出工程造价鉴定委托书的同时或其后相应的时间内，应当向鉴定人移交其所需的鉴定证据或材料。委托人向鉴定人移交的证据材料通常会注明证据质证及证据认定情况，未注明的，鉴定人应当提请委托人明确证据质证及证据认定情况。

鉴定人在收到委托人移交的证据材料清单后，应当根据委托鉴定项目情况及鉴定要求，认真仔细核对委托人移交清单中的证据材料。鉴定人认为需要补充证据材料的，应当向委托人提交补充证据材料的申请，并附上需要补充的证据材料清单。委托人认为确有必要的，通知当事人予以补充提交，并对补充提交的证据材料经过质证后转交鉴定人。

2. 当事人提交的证据

（1）当事人应当提交的证据

由于建筑工程生产周期长、生产过程复杂、定价过程特殊，工程造价司法鉴定涉及的鉴定证据材料往往数量大、内容多。如存在委托人移交证据之外的鉴定依据,委托人可要求当事人直接向鉴定机构提交证据。

根据《民事诉讼法》第六十七条第一款的规定,当事人对自己提出的主张,有责任提供证据,即"谁主张,谁举证"。在民事合同法律关系中,当事人的举证责任与其合同义务相挂钩。一般而言,承担合同义务的一方当事人负有证明合同义务已经履行的举证责任。所以,对于建设工程合同纠纷,无论造价鉴定是由哪方提出申请或由委托人决定,当事人双方均有责任提供造价鉴定所需的证据材料。

当事人应当提供的造价鉴定证据材料的具体内容应当根据委托人下达的造价鉴定委托书中的鉴定范围和鉴定内容,结合本章"四、(一)工程造价鉴定依据的内容"中所列的内容,并依据自身的举证责任确定。

委托人通常按照鉴定人提出的鉴定依据资料清单,要求当事人在限定的时间内向委托人提交鉴定证据材料,委托人收取并经过质证确认后转交鉴定人。但也存在委托人仅将委托鉴定前已经收取并质证的基础性证据材料转交鉴定人的情形,如本节工程合同、补充协议等;对尚未收取且与造价鉴定相关的专业工程技术材料应授权鉴定人向当事人收集并组织交换,从而避免委托人因对专业工程技术材料不熟悉而导致质证效率较低或难以取得应有的效果。在此情况下,鉴定人应当按照下述要求收集当事人提交的证据材料:

①起草要求当事人在限定的时间内提交工程造价鉴定证据材料(附资料清单)的函件,报委托人同意后向双方当事人发出;其中资料清单的内容应当根据委托人的委托鉴定书、双方当事人的争议和诉求内容提出,并可参照本章"四、(一)工程造价鉴定依据的内容"中的内容列出清单。

②当事人提出延长举证期限的,鉴定人应经委托人书面同意后,向双方当事人发出延长举证期限的通知。

③鉴定人收到当事人提交的证据材料,逐项核对后,在证据材料接收清单上签字,并将一份清单报委托人。

(2)补充鉴定证据材料

鉴定人在鉴定过程中,认为需要当事人补充提交鉴定材料或者当事人向鉴定人提出需补充鉴定证据材料的,鉴定人应当函告委托人,并附上鉴定证据材料清单及提交时间。委托人同意后,鉴定人应当向当事人发出补充提交鉴定证据材料的函,并在收到补充鉴定材料后,提请委托人组织质证。委托人授权鉴定人组织当事人交换证据的,鉴定人应按照委托人的要求组织核对,并进行书面确认。

(3)对当事人提供证据材料的引导

工程造价鉴定证据资料是否全面、合理和有效,直接影响着造价鉴定结果的质量。

而双方当事人基于各种原因,有时会存在不提交或选择性提交证据材料的情况,此时,鉴定人应当根据具体情况引导当事人或提请委托人调取相应的证据材料。

3. 鉴定人应收集的证据

鉴定人应自行收集与鉴定项目相关的国家、省级、行业主管部门公开的法律、法规、规章和规范性文件,主要包括以下内容。

(1)鉴定人应当自备与鉴定项目相关的技术标准规范,包括标准图集、技术规范等,但仅限于国家、省级、行业主管部门公开发行或网站公开的技术标准。其他的社团、企业等技术标准应由鉴定项目的当事人提供。

(2)鉴定人应自行收集与鉴定项目同时期、同地区、相同或类似的工程技术经济指标以及生产要素价格等资料。

4. 鉴定过程中形成的证据

(1)现场勘验

在造价鉴定过程中,经当事人或鉴定人申请或委托人认为必要时,应当在委托人的组织下,通过现场勘验获取符合客观事实的工程鉴定依据,并以现场勘验记录的方式予以固定。现场勘验主要针对鉴定对象的实物进行现状勘测,为鉴定人了解和掌握基本事实,解决当事人的争议提供必要的依据。

(2)鉴定会议记录

在鉴定过程中,鉴定人若发现当事人曾经就部分争议事项达成过一致意见,或就部分鉴定事项中的部分事实、工程量、价格能够达成一致意见的,鉴定人应积极促成当事人对全部或部分鉴定事项达成和解性意见,并以书面文件的形式由当事人各方签字(盖章)确认。

鉴定人同时应当做好鉴定过程的相关会议纪要,如实记录双方的诉求和争议。鉴定会议纪要不仅是鉴定意见形成的重要依据,同时也是鉴定行为合法、规范的证明。

(三)鉴定依据的确认与使用

1. 证据的确认

工程造价鉴定意见书是建立在证据之上的证据,鉴定意见的形成依靠证据,而证据的合法性是鉴定意见能够被采信的基础。对证据的确认包括以下内容。

(1)当事人提交证据的时限。举证期限,是当事人在民事诉讼程序中按照法律的规定,积极收集、整理相关证据并提交法庭的期限,举证期限一直是民事诉讼实务中的热点问题。造价鉴定作为民事诉讼中的环节,当事人提交造价鉴定的证据材料的时效亦应当受到举证期限的制约,该时限应当由委托人按照相关法律规定确定。在鉴定过程中,当委托人授权鉴定人向当事人收取鉴定证据,或当事人在鉴定过程中向鉴定人提出补充鉴定证据材料或延长举证期限时，鉴定人均应当按照委托人确认的时限或者经委托人同意的时限收取和接收相应的证据材料。

(2)证据的核对或质证。如果鉴定证据的真实性、完整性未经确认，那么依据这些鉴定证据得出的鉴定意见的准确性就会大幅度降低，因此，需要作为造价鉴定依据的证据必须经过法定程序的审查才能作为造价鉴定的依据。按照最高人民法院《关于民事诉讼证据的若干规定》第三十四条的规定，“人民法院应当组织当事人对鉴定材料进行质证。未经质证的材料，不得作为鉴定的根据。经人民法院准许，鉴定人可以调取证据、勘验物证和现场、询问当事人或者证人”。当事人提供的所有鉴定证据，均应当由委托人组织当事人进行证据交换并质证。当委托人授权鉴定人向当事人收取并组织交换证据时，鉴定人在按照委托人的要求向当事人收取鉴定证据后，应当按照下述要求，组织双方当事人对收取的证据材料进行核对确认：

①鉴定人编制证据材料交换会议通知，明确参会人员要求、会议程序、会议内容和会议要求，报委托人同意后向双方当事人发出。

②鉴定人按照通知中规定的时间组织双方当事人召开证据材料核对确认会议。

③鉴定人在会议中首先应当核对当事人各自出席会议的人员身份(非当事人的需出具授权委托书)，其次按照既定程序组织双方当事人对交换的鉴定证据围绕其真实性、合法性以及与鉴定事项的关联性陈述意见。不论当事人对鉴定证据材料有无异议都应当详细记载，形成书面记录，请当事人各方核实后签字，并将签字后的书面记录留存。若一方当事人拒绝对鉴定依据证据材料进行核实确认，应将此报告委托人，由委托人决定证据的使用。

(3)证据的确认

在当事人提交的所有证据中，经当事人质证或核对，并经委托人确认了证明力的证据；经鉴定人组织的证据交换，双方当事人已认可无异议并报委托人记录在卷的证据，鉴定人均可作为鉴定依据。

2. 已确认证据的使用

(1)委托人已明确的事项可直接作为鉴定依据，具体包括：

①委托人已查明的与鉴定事项相关的事实；

②委托人已认定的与鉴定事项相关的法律关系性质和行为效力；

③委托人对证据中影响鉴定意见重大问题的处理决定；

④委托人明确的其他事项。

(2)经过当事人质证或核对认可的证据可作为鉴定依据。

(3)现场勘验记录可以直接作为证据使用。现场勘验是取得鉴定事实依据的重要环节，当事人对证据的异议可通过现场勘验解决的，鉴定人均应当提请委托人组织现场勘验,由此形成的现场勘验记录应当作为鉴定依据。

(4)会议纪要共识的部分。在鉴定过程中,鉴定人组织双方当事人共同召开鉴定相关会议,在会议上组织双方达成的会议纪要等由双方当事人在鉴定过程中签署的文件,应当作为鉴定依据。

3. 瑕疵证据的完善与使用

(1)瑕疵证据的完善

①通过现场勘验进一步完善证据。在造价鉴定过程中,一方当事人对另一方当事人提交的证据材料的真实性不予认可的,如工程洽商签字不全或双方当事人分别提交的已完工程施工界面的证明材料出现矛盾时,可通过组织现场勘验,根据现场的实际勘验结果解决上述证据问题。

案例8-1

在某鉴定项目中,鉴定人发现原告提供的5份涉及鉴定项目大堂地面装修做法的变更资料,均是对地面面层材料的变更。但被告在质证过程中对上述5份变更资料均给出了不确认的意见,并说明上述5份变更资料虽然已签署,但实际未实施,在合同履约过程中发包人已口头要求各方撤回上述5项变更,但未就此签署书面撤回的文件。

基于此,鉴定机构在组织现场勘验时,特别对大堂地面进行了勘察,确认地面实际采用的材料与施工图纸一致而与变更资料中要求的材料不一致,鉴定机构在勘验记录中如实记录该事实,双方当事人共同签字确认。依据勘验记录,该5份变更资料未实施,鉴定人在鉴定意见中无须考虑与变更相关的费用。

②人民法院或仲裁机构自行调查收集证据。在造价鉴定过程中,双方当事人主张的事实或提供的证据材料存在矛盾,且无法通过现场勘验解决时,鉴定人可建议委托人自行调查收集补充证据。对于诉讼案件,如需补充的证据属于《民事诉讼法》第六十七条第二款规定的"当事人及其诉讼代理人因客观原因不能自行收集的证据,或者人民法院认为审理案件需要的证据,人民法院应当调查收集"。对于仲裁案件,应按相应仲裁规则的规定,如《北京仲裁委员会仲裁规则》第三十四条第一项规定"当事人申请且仲裁庭认为必要,或者当事人虽未申请,但仲裁庭根据案件审理情况认为必要时,仲裁庭可以自行调查事实、收集证据"。

案例8-2

如某鉴定工程索赔项目涉及恶劣天气导致鉴定工程停工引起的停窝工损失,由于承包人提交的关于工程停工的联系单未得到发包人的签字确认且发包人对其真实性不予认可,鉴定人无法将工程联系单作为鉴定依据。当事人无法自行收集相关证据,因此向人民法院申请调查鉴定工程所在地气象局的气象资料,人民法院经审理向鉴定工程所在地气象局发出调查令,获取施工期间的气象资料作为鉴定依据。

③通过鉴定过程的专业调解促成双方达成一致意见。在造价鉴定过程中，鉴定依据资料不全或存在矛盾，但鉴定人根据经验和专业判断可基本认定事实的，鉴定人应当根据专业判断计算出相应的鉴定造价，并就此组织双方当事人进行沟通协调，从而促成双方当事人对该鉴定造价共同签署确认。

（2）瑕疵证据的使用

在造价鉴定过程中，对存在瑕疵的证据，鉴定人可区分不同情况作为鉴定依据并出具相应类型的鉴定意见：当鉴定项目的事实较为清楚但当事人提供的证据材料不足以证明其证明目的时，鉴定人可根据自身的专业技术知识、参考自身经验作出推断性鉴定意见；当双方当事人对证据的真实性提出异议，或证据本身存在矛盾时，如委托人未及时确认，或要求鉴定人出具选择性鉴定意见的，鉴定人应对存在争议的证据分别鉴定并出具相应的选择性鉴定意见，供委托人判断使用。

4. 证据欠缺的鉴定

在鉴定过程中，若存在鉴定项目施工图（或竣工图）缺失，鉴定人可按照下述规定进行鉴定：

（1）建筑标的物存在的，标的物鉴定人应提请委托人组织现场勘验计算工程量作出鉴定。

案例8－3

在某建筑面积达20,000平方米的办公楼工程的造价鉴定中，因双方当事人均不能提供施工图纸，经过鉴定人与双方当事人协调沟通，双方当事人同意按照下述鉴定原则对该建筑进行鉴定，并共同签署了鉴定工程鉴定原则认定协议。

1. 现场能够通过勘验测量确定的，以勘验测量结果为准；

2. 无法通过勘验和测量确定的，以鉴定人选择的同类型、同规模和同地域的办公楼工程的相关设计指标计算确定，但双方当事人能提交相应证据证明不合理的，则按照当事人提供的相应证据予以修正。

鉴定人与双方当事人通过7天的现场实际勘验测量后，鉴定人按照上述原则最终确定了该办公楼的工程造价。

（2）建筑标的物已经隐蔽的，鉴定人可根据工程性质、是否为其他工程的组成部分等作出专业分析并进行鉴定。

（3）建筑标的物已经灭失的，鉴定人应提请委托人对不利后果的承担主体作出认定，再根据委托人的决定进行鉴定。在工程造价鉴定过程中，如果当事人未按要求提供鉴定所需的鉴定材料致使无法查明待证事实的，根据《民诉法解释》第九十条第二款的规定，应当由对待证事实负有举证责任的当事人承担不利的法律后果。但是，如果有证据证明对方当事人控制相关资料，但对方当事人无正当理由拒不提交，根据最高人民法院《关于民事诉讼证据的若干规定》第九十五条的规定，对待证事实负有举证责任的当事人主张该证据的内容不利于控制人的，可以认定该主张成立。

案例8－4

在某鉴定项目施工过程中，发包人要求承包人为其在现场加建一幢小二层办公楼并提供了相应施工图，因为无相应建设手续，在鉴定项目竣工验收时，发包人要求承包人对加建的办公楼予以拆除。双方办理竣工结算时，承包人同时提供了该加建办公楼的建造和拆除费用。发包人以审核结算价款为由，将承包人手里仅有的一份该加建办公楼的图纸要走，但承包人要求发包人工程师签署了确认收到该加建办公楼结算申请报告及图纸的签收记录。待鉴定项目提起诉讼并进行造价鉴定时，发包人否认该办公楼加建和拆除的事实，在承包人提供上述签收记录后，发包人仍拒绝提供该加建办公楼的图纸。在这种情况下，委托人可直接认定承包人提供的竣工结算申请报告中的加建办公楼的建造及拆除结算申报金额。

(4)在鉴定项目施工图或合同约定的工程范围以外，承包人以完成了发包人通知的零星工程为由，要求结算价款，但未提供发包人的签证或书面认可文件时，鉴定人应按以下规定作出专业分析并进行鉴定：

①发包人认可或承包人提供的其他证据可以证明的，鉴定人应作出肯定性鉴定，供委托人判断使用。

案例8－5

原告承包人提出，在合同履行过程中，被告发包人要求承包人帮忙修复因发包人原因损坏的施工现场周边的市政道路，承包人提出因修复该条道路发生的相应修复费用为××万元，并提交了相应的组价明细，但未能提供发包人签署的任何证明文件，且发包人对该事项完全不予认可。

在鉴定过程中，鉴定人发现，在被告提交的一份监理会议纪要中，存在下述表述内容："7月20日，承包人现场共有320人，其中10人按照发包人要求修复场外××××路；7月21日，承包人现场共有280人，其中10人按照发包人要求修复场外××××路；7月23日，承包人现场共有271人，其中10人按照发包人要求修复场外××××路；……"而该时间段正是承包人表述的修复××××路的时间，据此，鉴定人在组织现场勘察时，同时对该场外道路的现状进行了勘察，并根据勘察记录中注明的路面材质、承包人报送的修复方案、监理纪要中确定的修复人数，经综合测算后，确定了该修复道路的造价鉴定金额。

②发包人不认可，但该工程可以进行现场勘验的，鉴定人应提请委托人组织现场勘验，依据勘验结果进行鉴定。

五、现场调查或现场勘验

(一)鉴定事项调查

1.概述

鉴定人要全面了解、熟悉项目,在认真研究送鉴材料的基础上,了解当事人的争议焦点和委托方的鉴定要求,结合工程合同和有关规定提出鉴定方案。因为建设工程情况错综复杂,鉴定方案直接影响鉴定意见,所以鉴定方案必须经鉴定机构的技术负责人批准后方能实施。为了充分了解项目情况,鉴定人可进行现场调查。

2.《建设工程造价鉴定规范》的规定

4.5.1　根据鉴定需要,鉴定人有权了解与鉴定事项有关的情况,并对所需要的证据进行复制。

4.5.2　根据鉴定需要,鉴定人可以询问当事人、证人,询问应制作询问笔录(格式参见本规范附录 H)。

4.5.3　鉴定人对特别复杂、疑难、特殊技术等问题或对鉴定意见有重大分歧时,可以向本机构以外的相关专家进行咨询,但最终的鉴定意见应由鉴定人作出,鉴定机构出具。

3.相关案例

案例8－6　鉴定人对特别复杂、疑难、特殊技术等问题或对鉴定意见有重大分歧时,可以向本机构以外的相关专家进行咨询,但最终的鉴定意见应由鉴定人作出,鉴定机构出具

在上海锦浩建筑安装工程有限公司与昆山纯高投资开发有限公司建设工程施工合同纠纷一案①中,鉴定单位就定额适用等问题咨询了其他单位专家,鉴定报告出具后,双方当事人对该鉴定报告均提出大量意见,在一审法院组织下,鉴定单位、双方当事人就工程量和争议的问题进行了多轮充分核对,一审法院与鉴定单位还就一些定额适用等问题咨询了苏州市工程造价管理处相关工作人员。鉴定单位后于 2013 年 12 月 9 日出具《关于苏亚工咨二(2013)121 号鉴定报告的补充说明》(以下简称“说明一”),内容为:本说明为鉴定报告的补充,不一致部分以本说明及相关附件为准,本说明及附件未涉及的内容以鉴定报告为准。“说明一”中所列的工程造价,按《江苏省建筑工程综合预算定额》及相关配套文件(以下简称“01 定额”)鉴定金额为 227,444,198.24 元,按《江苏省建筑与装饰工程计价表》及相关配套文件(以下简称“03 计价表”)鉴定

---

① 参见上海锦浩建筑安装工程有限公司与昆山纯高投资开发有限公司建设工程施工合同纠纷案,最高人民法院(2015)民一终字第 86 号民事判决书。

金额为222,895,314.27元。“说明一”中工程造价金额均为适用“01定额”计算的结果,根据双方2012年8月7日的协议约定,适用“03计价表”方法计算的工程造价应在适用“01定额”方法计算的结果基础上减少2%。

案例8-7 根据鉴定需要,鉴定人有权了解与鉴定事项有关的情况

在英德市公路发展实业公司与英德海英公路有限公司(以下简称海英公司)、台山市路桥工程有限公司(以下简称台山公司)建设工程施工合同纠纷一案①中,一审法院参考鉴定报告进行判决,海英公司上诉否认鉴定报告效力并希望重新鉴定,理由之一为台山公司未提交76份变更设计报告单原件,不能作为结算依据。经广东省高级人民法院再审查明,首先,案涉工程完工后,台山公司提交了施工资料(包括争议的76份变更设计报告单),海英公司签收了施工资料,且在合同约定的30天异议期内没有提出异议,应视为海英公司认可台山公司提交的施工资料。其次,一审法院对海英公司聘请的监理工程师和建设方的施工管理人员进行了调查,被调查人均承认《变更设计报告单》及相关材料上的签名为其所签或事后补签或不能具体记清哪些为当时签名,但均可确定确有其签名。海英公司认为,原一审法院超越职权向有关人员调查取证。经查,原一审法院鉴于鉴定单位要求确定争议材料的真实性,为慎重处理本案,根据《民事诉讼法》(2012年修正)第六十七条第一款关于“人民法院有权向有关单位和个人调查取证”的规定,原一审法院依职权对76份变更设计报告单上署名的海英公司聘请的监理工程师和建设方的施工管理人员进行调查,符合法律规定。最后,海英公司没有提供证据证明《变更设计报告单》上记载的变更项目没有实施,故原审以76份变更设计报告单作为结算依据是适当的。

(二)现场勘验

1.概述

现场勘验是指在委托人组织下,当事人、鉴定人以及第三方专业勘验人(有需要时)参加的,在现场凭借专业工具和技能,对鉴定项目进行查勘、测量等收集证据的活动。必要的现场勘验对鉴定工作非常重要。

勘验工作大致可以分为准备、勘验实施、勘验记录和勘验报告等几个阶段。不同的阶段有着不同的工作内容,准备阶段主要是了解工程、熟悉资料;实施阶段是去现场加深认识、复核尺寸、核对做法等;勘验记录即记录勘验的事实与结果;勘验报告是对勘验程序、勘验结果,以及与待证事实相关的结论性成果的记载,可作为工程造价鉴定的依据,以及形成工程鉴定意见的前提。

---

① 广东省高级人民法院民事判决书,(2013)粤高法审监民再字第33号。

关于工程发承包双方合同纠纷的工程造价鉴定，如当事人能够提供施工图纸或竣工图纸、变更洽商及联系单等结算资料，且得到双方的确认，即可以依据各方当事人确认的图纸及相关资料计算工程量，仅对争议部分进行现场勘验。对未完工程，可要求双方当事人确认已施工完成的界面，按照施工图计算已施工的工程量，差异部分通过现场勘验进行完善。如双方当事人不能确认工程界面，应通过现场勘验手段对已施工的工程界面进行认定。

由于装饰装修工程纠纷、房屋租赁合同提前解除赔偿、质量问题修复费用等引发的工程造价纠纷，可能存在图纸不完善或与现场不符等情形，无法仅依据图纸准确计算工程量，因此，鉴定人需进行现场勘验，依据现场的实测数据确定工程量。

2. 勘验工作的准备与实施

为避免遗漏，鉴定人在勘验前应做好准备工作，包括鉴定资料及对双方当事人争议事项的梳理，如果勘验范围较大，也可事先制定勘验路线图或者勘验内容对照表，将现场勘验需要落实的问题、疑点整理并记录。

勘验工作实施阶段主要解决以下问题：做了没有？谁做的？做了多少？怎么做的？做的程度如何？

前两个问题“做了没有？谁做的？”是为了查明标段划分较多、甲方另行发包等原因，部分工程内容施工单位未施工或者非施工单位完成的情况。

“做了多少？”主要针对停工项目，为了核实承包人的施工进度。

“怎么做的？”是为了查明施工工艺问题。不同的施工工艺会对工程造价产生影响，例如混凝土是现浇的还是预制的，泵送的还是非泵送的，水利工程的块石挡墙是浆砌还是干砌等。

“做的程度如何？”是为了查明施工单位是否严格按照合同约定的材料设备品牌、规格等进行采购及施工，如石材厚度是否与图纸相符，瓷砖、防水的品牌是否与合同要求一致等，这需要鉴定人员在勘验时详细复核。

综上，现场勘验重点做好以下“五查”工作：

（1）查竣工项目是否按原设计图纸施工，有无未施工项目、未完成工程量。

（2）查实际变更是否与变更签证相符，所办签证是否合理、是否有重复计算之嫌等。

（3）查实际施工情况是否与设计要求相符，有无偷工减料、低档替代高档现象。必要时还必须对有些构件进行破拆，从而更进一步核实确认实际施工情况。

（4）查变更工程量增减情况，看有无虚报、多报情况。必要时通过现场测量确定工程结算是否合理。

（5）查实际使用建设、安装材料的品牌、规格、品质、等级等情况，是否与合同约定相符。

3.《建设工程造价鉴定规范》的规定

4.6.1 当事人(一方或多方)要求鉴定人对鉴定项目标的物进行现场勘验的,鉴定人应告知当事人向委托人提交书面申请,经委托人同意后并组织现场勘验,鉴定人应当参加。

4.6.2 鉴定人认为根据鉴定工作需要进行现场勘验时,鉴定机构应提请委托人同意并由委托人组织现场勘验。

4.6.3 鉴定项目标的物因特殊要求,需要第三方专业机构进行现场勘验的,鉴定机构应说明理由,提请委托人、当事人委托第三方专业机构进行勘验,委托人同意并组织现场勘验,鉴定人应当参加。

4.6.4 鉴定机构按委托人要求通知当事人进行现场勘验的,应填写现场勘验通知书(格式参见本规范附录J),通知各方当事人参加,并提请委托人组织。一方当事人拒绝参加现场勘验的,不影响现场勘验的进行。

4.6.5 勘验现场应制作勘验笔录或勘验图表,记录勘验的时间、地点、勘验人、在场人、勘验经过、结果,由勘验人、在场人签名或者盖章(格式参见本规范附录K)。对于绘制的现场图表应注明绘制的时间、方位、绘测人姓名、身份等内容。必要时鉴定人应采取拍照或摄像取证的方式,留下影像资料。

4.6.6 当事人代表参与了现场勘验,但对现场勘验图表或勘验笔录等不予签字,又不提出具体书面意见的,不影响鉴定人采用勘验结果进行鉴定。

4.相关案例

案例8-8 对于当事人提交的证据不足、事实不清的鉴定事项,可通过现场勘验查明案件事实

在天津滨海名苑投资有限公司与大庆建筑安装集团有限责任公司(以下简称大庆建筑公司)建设工程施工合同纠纷一案①中,最高人民法院认为,关于"屋面金属瓦"和"更改钢筋接头连接方式"对应的工程款应否增加,根据鉴定机构现场勘验,确认涉案工程已经实际使用或者采用了上述建材及施工工艺,且大庆建筑公司主张在工程造价中增加上述工程款,有监理单位确认的分包供应合同、签证单等佐证。一审法院据此对相应工程价款进行核增,并无不当。

案例8-9 造价鉴定应以证据为主,现场勘验为补充

在玉溪市悦福汽车贸易有限公司(以下简称悦福公司)与李某明建设工程施工合

① 最高人民法院民事判决书,(2019)最高法民终126号。

同纠纷一案[1]中，悦福公司申请再审，认为一审、二审法院将云南天禹司法鉴定中心作出的《司法鉴定意见书》作为定案的依据，严重违背客观事实，理由之一是《司法鉴定意见书》采用的大量数据均非来源于现场勘验，因此违背了客观真实。关于这一问题，最高人民法院认为，首先，天禹司法鉴定中心已注意到案涉工程的实际施工情况与设计图纸有所出入，在《司法鉴定意见书》中明确指出，案涉工程实际完成情况与委托人提供的图纸有较大出入，该鉴定中心的相关意见系基于现场勘验情况及委托人提供的资料，综合认定。其次，针对悦福公司提出的关于勘验问题的质疑，天禹司法鉴定中心亦出具了书面回复，指出由于该鉴定中心做鉴定时，一审法院提供了设计图纸，因而现场勘验工作量相对较小，现场勘验时间亦较少，但现场勘验情况仍是《司法鉴定意见书》的重要数据来源。因此，悦福公司关于天禹司法鉴定中心因现场勘验问题而不应采信其作出的《司法鉴定意见书》的再审申请理由缺乏依据，不能成立。

案例8－10　当工程量已有完备的证据资料可证明时，无须现场勘验

在英德市公路发展实业公司（以下简称公路公司）与英德海英公路有限公司（以下简称海英公司）、台山市路桥工程有限公司建设工程施工合同纠纷一案[2]中，公路公司、海英公司质疑鉴定报告的效力，希望重新鉴定，理由之一是一审法院清远市中级人民法院未同意鉴定单位到现场测量。对此，二审法院广东省高级人民法院认为，本案工程的工程量均有工程施工时建设单位、施工单位、监理单位等确认的施工资料证明，无须再到施工现场进行测量。一审法院不同意原鉴定单位广东省分行造价咨询中心到现场测量是正确的。银宇工程造价咨询有限公司具有建设工程造价乙级资质，该公司接受一审法院委托，依据双方当事人提供的经过法庭质证的材料得出鉴定意见，该鉴定意见并经当事人质证，程序合法，依据充分，依法应当采信。经广东省人民检察院抗诉，广东省高级人民法院再审同样不同意重新鉴定。

六、工程计量争议的鉴定

工程计量争议分两种情形，一是计量规则一致时的争议，二是关于计量规则的争议。当事人对工程计量规则达成一致但对工程量有异议的，可通过组织各方核对解决，如仍存在争议的，可能是证据欠缺导致施工界限不清晰或者承包人未按照图纸施工等原因造成；当双方对工程计量规则未达成一致时，可能是双方当事人对合同的约定有争议，或者是对合同约定的工程计量规则的适用、版本有争议，或者是对根据合同的约定是否应予计量等存在争议。

---

① 最高人民法院民事裁定书，(2014)民申字第255号。

② 广东省高级人民法院民事判决书，(2013)粤高法审监民再字第33号。

(一)计量规则一致时的争议

计量规则一致时的争议主要有以下两种情形。

(1)证据欠缺导致工程量的计算范围有争议

计算范围的争议属于工程造价纠纷中的常见争议。主要由于发包人在施工过程中通过口头商议、指令等形式要求承包人施工,在结算时证据欠缺导致无法确认施工范围而产生的争议。此种争议在劳务分包施工合同纠纷案件中比较常见,由于劳务班组普遍缺乏证据意识,且其在合同关系中处于劣势地位,通常在总承包人或者发包人发出口头指令后即开始实施,而在实施完成后,总承包人或者发包人又怠于签字确认工作范围或工程量,导致相应证据的欠缺。特别是当同一项目中存在多个同一工种的劳务班组同时施工的情况时,更加难以确定劳务班组的具体施工范围。

在此种情况下,鉴定人难以根据证据材料做出确定性的鉴定意见,往往需要通过委托人确定施工范围,或者在委托人未明确施工范围时出具选择性鉴定意见供委托人参考,再由委托人根据法律规定的举证规则确定举证责任,裁定争议工程量及价款。

案例8-11

某装饰工程施工合同纠纷案件,通过招投标确定中标人为A公司,A公司于施工合同签订前便已进场施工,后因发包人的原因,双方并未最终签订施工合同,发包人要求承包人停止施工。在诉讼中法院委托造价鉴定机构对A公司已完工部分工程价款进行鉴定。但由于施工期较短,仅完成了部分基层施工工作,无竣工图纸。在对现场进行勘验时,发包人以部分内容为其他单位施工为由,不配合勘验,导致A公司施工的范围无法确定。

鉴定处理方法:在首次勘验未果后,鉴定机构发函提请委托人明确A公司施工范围,委托人要求发包人提供材料说明其他公司与A公司施工范围的界限,发包人在规定的期限内并未提供,委托人再次组织当事人双方对现场进行勘验,并明确要求对现场已施工部分全部勘验,根据勘验结果计算价款供委托人参考。

(2)鉴定依据与现场实际情况不符产生争议

虽然鉴定依据充分,有满足计算要求的施工图纸、双方签认的变更洽商等资料,但可能存在发包人认为承包人并未按图施工的争议,也有可能存在承包人认为鉴定依据并未反映出现场的实际情况的争议。

一方当事人仅提出鉴定依据与现场实际情况不符的异议,但并未提供任何证据证明时,鉴定人仍应按照现有的鉴定依据进行计算。当一方当事人提供了现场照片、影像资料等具体的证据材料时,鉴定人则应提请委托人组织现场勘验以核实实际施工情况,根据鉴定依据并结合实际实施情况确定工程量。但对于部分隐蔽工程(如桩基工程、安装管线工程）、已拆除的临时工程、土方开挖及回填工程等已无法通过现场勘验方式确定实施情况的，则应综合现有的证据材料进行专业分析判断，根据项目实际情况做出确定性意见、推断性意见或供选择性的意见供委托人参考。

案例8－12

某酒店装饰装修工程施工合同纠纷案件，在启动鉴定程序后，发包人提供了竣工图电子版，承包人和实际施工人均提供了竣工图纸质版和电子版，但各方提交的图纸均有差异。鉴定人提请委托人组织各方询问以确定计算依据，此后各方均确认按照实际施工人提交的竣工图纸的电子版和纸质版进行鉴定。在鉴定过程中，鉴定人提请委托人组织现场勘验，对竣工图纸不详、签证不明、变更不清晰或者当事人特别提出需要勘验等部位进行了重点勘验。鉴定人计算完成后组织各方进行了量价核对，在核对过程中，发包人提出安装管线工程并未按照竣工图纸施工，并出示了多份记录了拍摄时间、拍摄地点、现场人员等关键信息的现场照片，照片中显示的安装管线安装方式确实与竣工图纸不符。核对工作陷入僵局。

鉴定处理方法：由于发包人出示的照片并未作为证据提交委托人，因此并未进行质证，鉴定机构要求发包人将证据移交法院进行质证，同时，告知发包人质证后也需要通过现场勘验的方式核实现场实施情况，是否接收证据材料、是否同意组织再次现场勘验均由委托人决定。此后，发包人向委托人提交补充证据材料，并提出补充现场勘验的书面申请。委托人同意组织再次现场勘验。在勘验开始前，鉴定机构组织各方当事人进行勘验前询问，告知各方由于安装管线工程属于隐蔽工程，需要破除墙面装饰才能核实，并要求各方选定破除的位置及数量，并就破除后修复费用的承担达成一致意见。由于破除后会影响酒店运营，考虑到修复费用、运营损失等各种问题，各方均表示希望鉴定机构能组织调解。最后各方对在工程价款中扣除一笔包干费用达成一致意见并在询问笔录上签字确认。

（二）关于计量规则的争议

关于计量规则的争议主要指当合同未约定工程量计算规则、合同约定不明或者合同约定有矛盾时，各方的主张或者对合同的理解不同而产生的争议。

（1）对工程量计算规则本身存在争议

若对合同约定的工程量计算规则本身存在争议，应根据委托人确定的有效合同约定的工程量计算规则进行鉴定。若合同对工程量计算规则约定不明或未约定的，应按照国家标准进行鉴定，无国家标准的按照地方标准或行业标准规定的方式进行鉴定。

案例8－13

某住宅项目施工合同纠纷，合同约定在施工图范围内每平方米单价包干不调整，结算时建筑面积据实调整。但双方并未约定建筑面积的计算规则，发包人主张应按照房地产管理部门测绘的建筑面积计算，承包人主张应按照建设行政主管部门发布的建筑面积计算规范计算。

鉴定处理方法：由于建筑面积的计算规则约定不明，鉴定机构认为使用建设行政主管部门发布的建筑面积计算规范计算建筑面积是工程造价行业的惯例，因此应按照建设行政主管部门发布的建筑面积计算规范进行鉴定。

（2）若对已完工程是否应予计量存在争议，应视具体情况而定

总价合同中，属于总价包干范围内的不予计量，仅就工程变更等合同约定的总价合同调整部分进行鉴定。合同约定措施项目费包干的，按如下方式确定措施费：

①因发包人或设计单位提出的工程变更导致措施方案必须改变，且增加费用的，应予计量并调整措施费。

②承包人提出工程变更，经发包人批准，且引起措施费用增加的，签证文件中明确费用承担方式的，以签证文件为准；签证手续完备，但未明确费用承担的，可以通过发包人是否受益来判断是否应予计量。

③承包人由于自身原因自行改变施工措施方案，引起措施费用增加的，不予计量，应由承包人承担费用。

案例8－14

某工业厂房项目施工合同纠纷，合同约定措施费包干不调整。承包人在搭设脚手架时，正值当地多雨季节，且土质较软，因此承包人发出工程联系单要求在搭设脚手架的部位地面铺设一层混凝土，发包人现场人员在函件中批复同意按此方案施工，此后双方未办理签证。据此承包人认为发包人同意施工，铺设混凝土为合同外增加的措施费用，应予计取。发包人认为发包人同意施工并不代表发包人同意另行支付价款，按照合同约定措施费用包干不调整，不应计取。

鉴定处理方法：搭设脚手架时在地面铺设一层混凝土，属于承包人为了保障安全而主动采取的施工措施，根据合同约定，此部分费用不予计取。

七、工程计价争议的鉴定

（一）合同价格的确定和调整原则

当事人因工程变更导致工程数量变化，要求调整综合单价发生争议的；或对新增工程项目组价发生争议的，价格的确定和调整首先应依据委托人在委托书中明确的鉴定原则进行鉴定。如委托人委托书中的鉴定原则不明确时，鉴定机构应与委托人进行沟通，请委托人给予明确。若委托人无法明确或者委托人要求鉴定人根据鉴定资料及

相关计价文件规定进行鉴定时,鉴定人应区分合同效力,并应按照如下原则进行鉴定。

1. 基于合同有效的鉴定

(1)鉴定项目合同有效,鉴定人应按照合同约定的工程计价方法进行鉴定。

(2)鉴定项目合同有效,但鉴定项目合同对工程计价依据、工程计价方法没有约定,或者工程计价依据、工程计价方法约定不明的,鉴定人应厘清合同履行的事实,如合同履行的,应向委托人提出按其进行鉴定;如没有履行,鉴定人可向委托人提出"参照鉴定项目所在地同时期适用的计价依据、计价方法和签约时的市场价格信息进行鉴定"的建议,鉴定人应按照委托人的决定进行鉴定。

(3)鉴定项目合同有效,但鉴定项目合同对工程计价依据、工程计价方法约定条款前后矛盾的,鉴定人应提请委托人决定具体适用条款,委托人暂不明确的,鉴定人应按不同的约定条款分别作出鉴定意见,供委托人判断使用。

(4)鉴定项目合同有效,但工程变更导致实际工程量较合同签订时的工程量发生较大偏差时,当事人一方以工程量偏差较大,若仍按照合同约定的综合单价进行结算明显不公平为由,主张调整合同单价的,鉴定人可向委托人提出参考《2013 版清单计价规范》第9.6.2 条规定予以调整,即当工程量增加 15% 以上时,增加部分的工程量的综合单价应予调低;当工程量减少 15% 以上时,减少后剩余部分的工程量的综合单价应予调高。但此规定仅为原则性的规定,具体如何调整并未明确,鉴定人可根据自身专业经验向委托人提出不同的鉴定方法,鉴定人应按照委托人的决定进行鉴定。

对于发包人提出的工程变更因非承包人的原因删减了合同中的某项原定工作或工程,致使承包人发生的费用或(和)得到的收益不能被包括在其他已支付或应支付的项目中,也未被包含在任何替代的工作或工程中时,根据《2013 版清单计价规范》第 9.3.3 条的规定,承包人有权提出并应得到合理的费用及利润补偿。

案例 8 – 15

某企业投资的商品房住宅项目,发包人在施工图未经政府主管部门审批通过之前便组织招标,发承包双方签订施工合同,合同计价条款约定工程量清单综合单价包干,工程变更不调整合同单价。承包人中标后即开始施工。此后,由于施工图纸未通过政府主管部门的审批,发包人修改设计图纸,将原来的超高层住宅修改为高层住宅,经测算,合同价款由原来的 2 亿元减至 1.64 亿元,所有工程量减少约 18%。结算时,承包人提出索赔,主张其按照 2 亿元的合同规模组织实施投入人工、材料、机械等,但由于工程量的大幅减少,其收入减少,难以覆盖成本,按照投标时的合同清单价格必然亏损,按照《2013 版清单计价规范》的规定,承包人要求按照定额组价的计价模式计算其工程价款。发包人认为合同已经明确约定工程变更不调整合同单价,且《2013 版清单计价规范》所规定的工程量变化超过 15% 时,双方可以协商调整合同价款并非强制性的法律条文,且其也并未给出明确的调整方式,双方仍然应该按照合同约定不予调整合同单价。

鉴定方法:根据从约原则,鉴定人应按照合同约定进行鉴定,除非委托人要求按照承包人主张的计价方式计算费用供其参考。但若承包人同时就此事件造成其成本增加的事实提出索赔,并出具相应证明文件的,根据《2013 版清单计价规范》第 9.3.3 条的规定:"当发包人提出的工程变更因非承包人原因删减了合同中的某项原定工作或工程,致使承包人发生的费用或(和)得到的收益不能被包括在其他已支付或应支付的项目中,也未被包含在任何替代的工作或工程中时,承包人有权提出并应得到合理的费用及利润补偿。"鉴定机构可就承包人提出的合理的费用及利润补偿方式计算总价供委托人参考判断。

2. 基于合同无效的鉴定

鉴定项目合同无效,鉴定人应按照委托人的决定进行鉴定。根据《施工合同司法解释(一)》第二十四条的规定,委托人一般决定采用实际履行的合同约定的工程计价方法。

3. 合同效力待定的鉴定

鉴定项目合同存在不同签约文本的,鉴定人应提请委托人决定具体适用的合同文本。委托人暂不明确的,鉴定人可按不同的合同文本分别作出鉴定意见,供委托人判断使用。

(二)物价变化风险分担的一般原则

根据《建设工程造价鉴定规范》第 5.6.2 条规定,当事人因物价波动,要求调整合同价款发生争议的,鉴定人应按以下规定进行鉴定:

(1)合同中约定了计价风险范围和幅度的,按合同约定进行鉴定;合同中约定了物价波动可以调整,但没有约定风险范围和幅度的,应提请委托人决定,按现行国家标准计价规范的相关规定进行鉴定;但已经采用价格指数法进行了调整的除外;

(2)合同中约定物价波动不予调整的,仍应对实行政府定价或政府指导价的材料按《合同法》①的相关规定进行鉴定。

(三)人工费价格调整争议

根据《建设工程造价鉴定规范》第 5.6.3 条规定,当事人因人工费调整文件,要求

① 现为《民法典》第五百一十三条:执行政府定价或者政府指导价的,在合同约定的交付期限内政府价格调整时,按照交付时的价格计价。逾期交付标的物的,遇价格上涨时,按照原价格执行;价格下降时,按照新价格执行。逾期提取标的物或者逾期付款的,遇价格上涨时,按照新价格执行;价格下降时,按照原价格执行。

调整人工费发生争议的,鉴定人应按以下规定进行鉴定:

(1)如合同中约定不执行的,鉴定人应提请委托人决定并按其决定进行鉴定;

(2)合同中没有约定或约定不明的,鉴定人应提请委托人决定并按其决定进行鉴定,委托人要求鉴定人提出意见的,鉴定人应分析鉴别:如人工费的形成是以鉴定项目所在地工程造价管理部门发布的人工费为基础在合同中约定的,可按工程所在地人工费调整文件作出鉴定意见;如不是,则应作出否定性意见,供委托人判断。

(四)材料费价格调整争议

根据《建设工程造价鉴定规范》第5.6.4条规定,当事人因材料价格发生争议的,鉴定人应提请委托人决定并按其决定进行鉴定。委托人未及时决定可按以下规定进行鉴定,供委托人判断使用:

(1)材料价格在采购前经发包人或其代表签批认可的,应按签批的材料价格进行鉴定;

(2)材料采购前未报发包人或其代表认质认价的,应按合同约定的价格进行鉴定;

(3)发包人认为承包人采购的材料不符合质量要求,不予认价的,应按双方约定的价格进行鉴定,质量方面的争议应告知发包人另行申请质量鉴定。

八、工程签证争议的鉴定

工程签证指除施工图纸所确定的工程内容以外的施工现场发生的实际工作,由监理工程师确认其工程行为的发生与数量。《中国建设工程施工合同法律全书词条释义与实务指引》认为:"签证是发承包人或其代理人就施工过程中涉及的影响双方当事人权利义务的责任事件所作的补充协议。"《建设工程造价鉴定规范》对工程签证争议的鉴定有如下规定:

1. 当事人因工程签证费用而发生争议,鉴定人应按以下规定进行鉴定:(1)签证明确了人工、材料、机械台班数量及其价格的,按签证的数量和价格计算;(2)签证只有用工数量没有人工单价的,其人工单价按照工作技术要求比照鉴定项目相应工程人工单价适当上浮计算;(3)签证只有材料和机械台班用量没有价格的,其材料和台班价格按照鉴定项目相应工程材料和台班价格计算;(4)签证只有总价款而无明细表述的,按总价款计算;(5)签证中的零星工程数量与该工程应予实际完成的数量不一致时,应按实际完成的工程数量计算。

2. 当事人因工程签证存在瑕疵而发生争议的,鉴定人应按以下规定进行鉴定:(1)签证发包人只签字证明收到,但未表示同意,承包人有证据证明该签证已经完成,鉴定人可作出鉴定意见并单列,供委托人判断使用;(2)签证既无数量,又无价格,只有工作事项的,由当事人双方协商,协商不成的,鉴定人可根据工程合同约定的原则、方法对该事项进行专业分析,作出推断性意见,供委托人判断使用。

承包人主张以发包人口头指令完成了某项零星工作或工程,要求支付费用,而发包人不认可该事实且无相关证据的,鉴定人应以证据不足为由,作出否定性鉴定。

案例8-16

某市政道路施工合同纠纷案件,合同清单中仅有开挖土方的价格,但在实际开挖过程中,承包人认为开挖的土质为淤泥,遂与发包人就淤泥土的工程量办理技术签证核定单,但双方并未就开挖的土质是否为淤泥进行检测。结算时,承包人要求按照开挖淤泥计算价款,此价格按照合同约定需重新组价,重新组价后高出合同中开挖土方的单价数倍,双方未达成一致意见,遂起诉至法院。

鉴定处理方法:鉴定机构在核查双方签订的技术签证单时发现,签证单上所记载的内容多处矛盾:部分签证单表述路床下存在严重的淤泥土和腐殖土,未说明有淤泥,但最后核定工程量全部是淤泥;还有部分签证单表述原路基有腐质土、耕植土、淤泥土,但最后亦核定全部工程量为淤泥土。根据签证单的表述,即便有淤泥也并非原路基下的土均为淤泥,无法核实真实工程量;此外,根据相关规定,淤泥土并不等同于淤泥,同时承包人未提供淤泥检测报告。因此,鉴定机构对此部分签证作出了否定性的鉴定意见。最后法院采纳了鉴定机构的意见。

九、费用索赔争议的鉴定

(一)费用索赔的类别与内容

1.工程索赔的概念与类别

工程索赔是指在工程合同履行过程中,当事人一方因非己方的原因而遭受经济损失或工期延误,按照合同约定或法律规定,对于应由对方承担责任的,向对方提出工期和(或)费用补偿要求的行为。

陈勇强教授等编写的《FIDIC 2017版系列合同条件解析》中对索赔的翻译是:指一方向另一方要求或主张其在合同条件的任何条款下,或与合同、工程实施相关或因其产生的权利或救济。并明确认为索赔是基于法律和合同的正常且合理行为,索赔要具有合法性、补偿性、客观性。因此,索赔并不需要强调过错或责任,更不需要强调赔偿,它是例外事件等发生后的一种合理的补偿行为,这一点是需要建设工程参与方改变认识的。

根据索赔的目的和要求不同,可以将工程索赔分为工期索赔和费用索赔。费用索赔,是指在工程承包合同履行中,当事人一方因非己方原因而遭受费用损失,按合同约定或法律规定应由对方承担责任,而向对方提出增加费用要求的行为。

费用索赔不应被视为承包人的额外收入,也不应该被视为业主的不必要支出。实际上,费用索赔的存在是应由业主承担的风险因素变化超出合同约定范围导致的结果。承包人的投标报价中一般不含有业主应承担风险的对价,因而,一旦这类风险发生,承包人增加的成本即为其工程索赔的重要组成部分,成本补偿是承包人进行索赔的主要目标之一。同时,由于索赔费用的大小关系承包人的盈亏,也影响业主工程项目的建设成本,且合同中对于索赔费用的计算一般并没有明确约定,且在施工过程中建设参与各方均对费用索赔相关的签认非常敏感,因而费用索赔常常是最困难也是双方分歧最大的索赔。特别是对于发生亏损或接近亏损的承包人和财务状况不佳的业主,情况更是如此。

2. 费用索赔的内容

对于不同原因引起的索赔,承包人可索赔的具体费用内容是不完全一样的。但归纳起来,索赔费用的要素与工程造价的构成基本类似,一般可归结为人工费、材料费、工程设备费、施工机具使用费、管理费、利润,以及利息等。费用索赔时,管理费又可以进一步细分为现场管理费、总部(企业)管理费、保函手续费、保险费等。

(1)人工费。人工费的索赔包括:发包人原因导致工效降低所增加的人工费用、工程停工的人员窝工费和工资上涨费;非承包人原因导致的赶工期间人员超过法定工作时间的加班费用等。在计算停工损失中的人工费时,通常采取人工单价乘以折算系数计算。

(2)材料费。材料费的索赔包括:索赔事件的发生造成材料实际用量超过计划用量而增加的材料费;发包人原因导致的工程延期期间的材料价格上涨和超期储存费用。材料费应包括运输费、仓储费,以及合理的损耗费用。如果由于承包人管理不善,材料损坏失效,则不能列入索赔款项内。

(3)施工机具使用费,主要内容为施工机械使用费。施工机械使用费的索赔包括:发包人原因导致的工效降低所增加的机械使用费;发包人或工程师指令错误或迟延导致机械停工的台班停滞费。在计算机械设备台班停滞费时,不能按机械设备台班费计算,因为台班费中包括设备使用费。如果机械设备是承包人自有设备,一般按台班折旧费、人工费与其他费之和计算;如果是承包人租赁的设备,一般按台班租金加上每台班分摊的施工机械进出场费计算。

(4)现场管理费。现场管理费的索赔包括发包人原因导致的工期延期期间的现场管理费,包括管理人员工资、办公费、通信费、交通费等。

现场管理费索赔金额的计算可采取以下方法:

现场管理费索赔金额 = 索赔的直接成本费用 × 现场管理费率，其中，现场管理费率的确定可以选用以下方法：①合同百分比法，即在合同中规定管理费比率；②行业平均水平法，即采用公开认可的行业标准费率；③原始估价法，即采用投标报价时确定的费率；④历史数据法，即采用以往相似工程的管理费率。根据现场管理人员的工资及社会保险的实际支出证明材料计算实际发生的金额。

（5）总部（企业）管理费。总部管理费的索赔主要指发包人原因导致的工程延期期间所增加的承包人向公司总部支付的管理费，包括总部职工工资、办公大楼折旧、办公用品、财务管理、通信设施以及总部领导人员赴工地检查指导工作等开支。总部管理费索赔金额的计算，目前还没有统一的方法。通常可采用以下几种方法。

①按总部管理费的比率计算：

总部管理费索赔金额 =（直接费索赔金额 + 现场管理费索赔金额）× 总部管理费比率（%）

其中，总部管理费比率可以按照投标书中的总部管理费比率计算（一般为 3% ~ 8%），也可以按照承包人公司总部统一规定的管理费比率计算。

②以已获补偿的工程延期天数为基础计算。该公式是在承包人已经获得工程延期索赔的批准后，进一步获得总部管理费索赔的计算方法，计算步骤如下：

（a）计算被延期工程应当分摊的总部管理费：

延期工程应分摊的总部管理费 = 同期公司计划总部管理费 × 延期工程合同价格 同期公司所有工程合同总价

（b）计算被延期工程的日平均总部管理费：

延期工程的日平均总部管理费 = 延期工程应分摊的总部管理费 ÷ 延期工程计划工期

（c）计算索赔的总部管理费：

索赔的总部管理费 = 延期工程的日平均总部管理费 × 工程延期的天数

（6）保险费。发包人原因导致工程延期时，承包人必须办理工程保险、施工人员意外伤害保险等各项保险的延期手续，对于由此而增加的费用，承包人可以提出索赔。

（7）保函手续费。发包人原因导致工程延期时，承包人必须办理相关履约保函的延期手续，对于由此而增加的手续费，承包人可以提出索赔。

（8）利息。利息的索赔包括：发包人拖延支付工程款的利息；发包人迟延退还工程质量保证金的利息；超出合同约定范围的承包人垫资施工的垫资利息；发包人错误扣款的利息等。对于具体的利率标准，双方可以在合同中明确约定，没有约定或约定不明的，可以按照中国人民银行发布的同期同类贷款利率计算。

（9）利润。一般来说，发包人提供的文件有缺陷或错误、发包人未能提供施工场地以及发包人违约导致的合同终止等事件引起的索赔，承包人都可以列入利润。比较特殊的是，根据《标准施工招标文件》（2007 年版）通用合同条款第 11.3 条的约定，对于发包人原因暂停施工导致的工期延误，承包人有权要求发包人支付合理的利润。索赔利润的计算通常与原报价单中的利润百分率保持一致。但是应当注意的是，由于工程量清单中的单价是综合单价，已经包含了人工费、材料费、施工机具使用费、企业管理费、利润以及一定范围内的风险费用，在索赔计算时不应重复计算。同时，由于一些引起索赔的事件，同时也可能是合同中约定的合同价款调整因素（如法律法规的变化以及物价波动等），因此，对于已经进行了合同价款调整的索赔事件，承包人在费用索赔的计算时，不能重复计算。

（10）分包费用。发包人的原因导致分包工程费用增加时，分包人只能向总承包人提出索赔，但分包人的索赔款项应当列入总承包人对发包人的索赔款项中。分包费用索赔指的是分包人的索赔费用，一般也包括与上述费用类似的索赔内容。

建设工程合同的约定不同，对各方风险承担的划分不同，索赔内容也会不同。有的事件仅可以索赔工期，有的事件不仅可以索赔工期，还可以索赔费用，还有的可以进一步索赔利润。关于工程索赔可索赔的内容，因合同版本不同，在列项的内容表现上可能会略有出入，但本质上的差异并不大。我国国家发展和改革委员会、原建设部等 9 部门共同发布的《标准施工招标文件》（2007 年版）对承包人可补偿的内容进行了示范，具体内容见表7－1《标准施工招标文件》中承包人的索赔事件及可补偿内容。

（二）费用索赔的证据与费用分析

1. 费用索赔处理的基本原则

索赔的性质属于补偿，而不是惩罚。索赔是当事人的权利，既包括承包人向发包人的索赔，也包括发包人向承包人的索赔。但索赔要遵循一定的程序。索赔的特征是：不主张不补偿；索赔方应在事后或事中提出；依法、依约和依惯例解决。

工程索赔费用审核的难点有两个，一是判断哪些费用可以索赔，二是确定可以索赔的费用应如何进行计算。鉴定人在审核工程索赔时应首先分析产生索赔的原因，分清责任，并对照合同条款，确定索赔是否成立。如对于不可抗力造成的损失，一般合同中规定承包人是可以索赔的，但如果是因为承包人，工程没有按期完工，而不可抗力发生在原合同工期之后，则不可抗力造成的工期延误不能再索赔。当已确定索赔成立后，则要注意索赔费用的组成及其审核方法。

工程费用索赔处理的基本原则。

（1）必要原则，指从索赔费用发生的必要性角度来看，索赔事件所引起的额外费用应该是承包人履行合同所必需的，而索赔费用只在所履行合同的规范范围之内，如果没有该费用支出，就无法合理履行合同，无法使工程达到合同要求。对于某一个确定的费用项目，若合同没有规定，或规定不准进行费用索赔，承包人就不得以任何理由提出索赔要求。如承包人在施工过程中发现自己在投标时的工程预算有漏项错误，且合同条款中没有对此类情况进行补偿的根据，那么这种漏项将是承包人自身的一种损失，即使承包人提出索赔要求，也不会得到批准。理由是：①承包人无法证明其漏项错误究竟是工作疏忽还是故意留有余地；②此处的漏项错误损失有可能被别处的重项错误所弥补；③漏项错误使承包人在投标竞争中处于有利地位，乃至获得了成功。因而，在这种情况下，承包人无从让业主确信其索赔费用是履行合同所必需的，也就无从索赔。

（2）补偿原则，指从索赔费用的补偿数量角度看，索赔费用的确定应能使承包人的实际损失得到完全弥补，但也不应使其因索赔而额外受益。承包人在履行合同过程中，对非自身原因所引起的实际损失或额外费用向业主提出索赔要求，是承包人维护自身利益的权利。但是，承包人不能企图利用索赔机会来弥补因经营管理不善造成的内部亏损，也不能利用索赔机会谋求不应获得的额外利益。一言以蔽之，在实际损失获得全额补偿后，承包人应处于与假定未发生索赔事件情况下合同所确定的状态同等有利或不利的地位，即费用索赔是补偿性质的，承包人不应因索赔事件的发生而额外受损或受益。换个角度来说，业主也不能因为承包人所遇到的不利问题而获得额外利益，特别是在产生问题的原因与业主或其代理人有关的情况下。

我国《民法典》第五百八十五条规定：当事人可以约定一方违约时应当根据违约情况向对方支付一定数额的违约金，也可以约定因违约产生的损失赔偿额的计算方法。约定的违约金低于造成的损失的，人民法院或者仲裁机构可以根据当事人的请求予以增加；约定的违约金过分高于造成的损失的，人民法院或者仲裁机构可以根据当事人的请求予以适当减少。由此可见，违约金虽可能有不同的性质，但在建筑施工合同中一般是补偿性的。在国际工程施工合同中，除了通常约定的承包人延期完工需向业主支付延误赔偿金外，大多没有其他的违约金约定，而是直接计算所产生的实际损失，并给予补偿，没有惩罚性质。

（3）最小原则，指从承包人对索赔事件的处理态度来看，一旦承包人意识到索赔事件的发生，应及时采取有效措施防止事态的扩大和损失的加剧，以将损失费用控制在最低限度。如果没有及时采取适当措施而导致损失扩大，承包人无权就扩大的损失费用提出索赔要求。按照一般的法律要求及合同条件，承包人负有采取措施将损失控制并减少到最低限度的义务。这种措施可能包括：保护未完工程、合理及时地重新采购器材、及时取消订货单、重新分配工程资源等。例如，当某单位工程因业主暂停施工时，承包人可以将该工程的施工力量调往其他工作项目，但因承包人对索赔事件的处理态度消极，没有进行这样的资源优化调整，那么，承包人就不能对因此而闲置的人员和设备的费用损失进行索赔。当然，承包人可以要求业主对其采取减少损失措施本身产生的费用给予补偿。

(4)引证原则。承包人提出的每一项索赔费用都必须伴随充分、合理的证明材料，以表明承包人对该项费用具有索赔资格且其数额的计算方法和过程准确、合理。没有充分证据的费用索赔项目有可能带有欺骗性，因此将被拒绝。

(5)时限原则。在国际上，几乎每一种土木工程合同条件都对索赔的期限有明确要求。例如，FIDIC 编制的《土木工程施工合同条件》规定承包人在索赔事件第一次发生之后的 28 天内，应向工程师发出索赔意向通知，同时向业主呈交一份索赔意向的副本。承包人应严格按照合同条件规定的时间提出索赔要求，否则其索赔要求将被拒绝。时限原则同时要求承包人对索赔事件的处理应是发现一件、提出一件、处理一件，而不应采取轻视或拖延的态度。索赔事件的及时处理，既能防止损失的扩大，又能使承包人及时得到费用补偿。无论对业主还是承包人都是有利的。另外，单项索赔事件若得不到及时处理，常常会和相继发生的其他索赔事件交织在一起，大大增加索赔的处理难度。

2. 索赔的依据

提出索赔和处理索赔都要依据下列文件或凭证：

(1)工程施工合同文件。工程施工合同是工程索赔中最关键和最主要的依据，工程施工期间，发承包双方关于工程的洽商、变更、会议纪要等书面协议或文件，也是索赔的重要依据。

(2)国家法律、法规。国家制定的相关法律、行政法规，部门规章以及工程项目所在地的地方性法规或地方政府规章，是工程索赔的法律依据。

(3)国家、部门和地方有关的标准、规范和定额。工程建设的强制性标准，是合同双方必须严格执行的；非强制性标准，必须在合同有明确规定的情况下，才能作为索赔的依据。

(4)工程施工合同履行过程中与索赔事件有关的各种凭证。这是承包人因索赔事件所遭受费用或工期损失的事实依据，它反映了工程的计划情况和实际情况。

3. 索赔成立的基本条件

承包人工程索赔成立的基本条件包括：

(1)索赔事件已造成了承包人直接经济损失或工期延误；

(2)造成费用增加或发生工期延误的索赔事件非承包人原因；

(3)承包人已经按照工程施工合同规定的期限和程序提交了索赔意向通知、索赔报告及相关证明材料。

（三）费用索赔的计算与确定

在承包工程中，干扰事件对成本和费用影响的定量分析和计算是极为困难和复杂的。目前，还没有统一认可的、通用的计算方法。而选用不同的计算方法，对索赔值影响很大。计算方法必须符合公认的基本原则，并且能够为业主、工程师、调解人或委托人接受。费用索赔通常要遵循以下原则。

1. 实际损失原则

费用索赔都以补偿实际损失为原则。

（1）实际损失，即为干扰事件对承包人工程成本和费用的实际影响。承包人不能因为索赔事件而受到额外的收益或损失，索赔对业主不具有任何惩罚性质。实际损失从费用构成上包括直接损失和间接损失。直接损失是指承包人财产的直接减少，常常表现为成本的增加和实际费用的超支；间接损失是指承包人可能获得的利益的减少。例如业主拖欠工程款，使承包人失去工程款的存款利息收入。

（2）实际损失的计算，应有详细具体的证据。没有证据，索赔要求不能成立。实际损失的证据通常有：各种费用支出的账单，工资表（工资单），现场用工、用料、用机的证明，财务报表，工程成本核算资料，承包人同期企业经营和成本核算资料等。监理工程师或业主代表在审核承包人索赔要求时，通常要求承包人提供上述证据，并全面审查这些证据。

（3）当干扰事件属于对方的违约行为时，如果合同中有违约金条款，那么应根据《民法典》第五百八十五条，先用违约金抵充实际损失，不足的部分再请求赔偿。

2. 合同原则

费用索赔计算应当符合合同的约定。实际损失原则并不能理解为必须赔偿承包人的全部实际费用超支和成本的增加。许多承包人常常以自身的实际生产值、实际生产效率、工资水平和费用开支水平计算索赔值，从而有可能过高计算索赔值，而使整个索赔报告被对方否定。因此，在索赔值的计算中还必须考虑以下内容：

（1）扣除承包人自身责任造成的损失，即承包人自己管理不善，组织失误等原因造成的损失由其负责。

（2）扣除承包人应承担的风险。工程承包合同往往有承包人应承担的风险条款。风险范围内的损失由承包人自己承担。

（3）合同规定的计算基础。合同是索赔的依据，又是索赔值计算的依据。合同中的人工费单价、材料费单价、机械费单价、各种费用的取值标准和各分部分项工程合同单价都是索赔值的计算基础。

（4）合同约定的计算方法。有些合同对索赔值的计算规定了计算方法、计算公式、计算过程等,这些必须执行。

3. 合理性

(1)符合规定的或通用的会计核算原则。索赔值的计算是在成本计划和成本核算的基础上,通过计划成本(报价成本)和实际成本对比进行的。实际成本的核算必须与计划成本的核算有一致性,而且符合通用的会计核算原则,例如采用正确的成本项目的划分方法,各成本项目的核算方法,现场管理费和总部管理费的分摊方法,等等。

(2)符合工程惯例,即采用能为业主、调解人、鉴定人、委托人认可的,在工程中常用的计算方法。例如在我国,应符合工程概预算的规定;在国际工程中应符合大家一致认可的典型案例所采用的计算方法。

4. 有利性

如果选用不利的计算方法,会使索赔值计算过低,使自己的实际损失得不到应有的补偿。下文也介绍了索赔费用计算的不同方法,承包人应根据自身情况,综合考虑选择对己方有利的索赔计算方法,并经委托人认可向鉴定人提交相应的证据材料,以说服鉴定人支持己方的计算方法。

(四)索赔费用的计算方法

索赔费用的计算方法通常有3种,即实际费用法、总费用法和修正的总费用法。

1. 实际费用法

实际费用法又称分项法,即根据索赔事件所造成的损失或成本增加,按费用项目逐项进行分析、计算索赔金额的方法。这种方法相对其他方法计算复杂,处理起来困难,但能客观地反映施工单位的实际损失,比较合理,易于被当事人接受,在国际工程中被广泛采用。由于索赔费用组成的多样化,不同原因引起的索赔,承包人可索赔的具体费用内容有所不同,因此必须具体问题具体分析。由于实际费用法所依据的是实际发生的成本记录或单据,因此,在施工过程中,系统而准确地积累记录资料是非常重要的。

实际费用法是按每个(或每类)干扰事件,以及事件所影响的各个费用项目分别计算索赔金额,通常分为3个步骤。

(1)根据投标报价中的费用项目,详细分析、梳理每个或每类索赔事件所影响的费用项目,不能遗漏。

(2)计算每个费用项目受干扰事件影响后的实际成本或费用值,通过与投标报价中的费用数值进行比较即可得到该项费用的索赔值。

(3)将各费用项目的计算值列表汇总,得到总费用索赔值。

用分项法计算索赔费用,重要的是不能遗漏。许多现场管理者提交索赔报告时常常仅考虑直接成本，即现场材料、人员、设备的费用损失，而忽略计算附加的成本，例如业主原因导致工期延长时的总部管理费分摊，以及人员产生的附加费，如假期费用、差旅费、工地住宿补贴、平均工资的上涨；业主原因导致合同解除产生的未完工程部分的预期利润损失；业主推迟支付而造成的财务费用损失；保险费和保函费用增加等。

2. 总费用法

总费用法，也被称为总成本法，是指发生多次索赔事件后，重新计算工程的实际总费用，实际总费用减去投标报价时的估算总费用，即为索赔金额。总费用法计算索赔金额的公式如下：

索赔金额 = 实际总费用 - 投标报价估算总费用

总费用法计算的实际总费用中可能包括了承包人原因造成的额外费用增加，如施工组织不善以及投标报价低于合理价格水平而增加的费用，由于该方法无法准确区分发包人、承包人原因分别造成的费用增加，仅在难以分别计算各项索赔事件导致的实际费用时才可能会被应用。

案例 8 - 17

某工程于 2008 年 4 月签订合同，原合同报价如下：

现场成本：直接工程费 + 现场管理费 = 500 万元

企业管理费：现场成本 × 8% = 40 万元

利润和税金：（现场成本 + 企业管理费）× 9%① = 48.6 万元

合同总价：500 万元 + 40 万元 + 48.6 万元 = 588.6 万元

在实际施工过程中，非承包人原因造成现场实际成本增加 36 万元，利息多支出 0.4 万元，用总费用法计算索赔费用如下：

现场实际成本增加额：36 万元

企业管理费：现场实际成本增加额 × 8% = 2.88 万元

利息支出：按实际支出金额计算 = 0.4 万元

利润和税金：（现场实际成本增加额 + 企业管理费 + 利息支出）× 9% = 3.5352 万元

索赔费用：36 万元 + 2.88 万元 + 0.4 万元 + 3.5352 万元 = 42.8152 万元

总费用法的具体使用条件如下：

（1）合同实施过程中的总费用核算是准确的；工程成本核算符合普遍认可的会计原则；成本分摊方法、分摊基础选择合理；实际总成本与报价总成本所包括的内容一致。

---

① 该案例中的建筑业营业税税率为 3%，利润和税金比率共计 9%。2016 年 5 月起，营业税改为增值税。

(2)承包人的报价是合理的,反映实际情况。如果报价计算不合理,则按这种方法计算的索赔值也不合理。

(3)费用损失的责任或干扰事件的责任完全在于业主或其他人,承包人在工程中无任何过失,而且没有发生承包人风险范围内的损失。不过这通常不太可能。

(4)合同实际履约情况已无法适用其他计算方法。例如业主原因造成工程性质发生根本变化,原合同报价已完全不适用;或者多个干扰事件原因和影响交织在一起,很难具体分清各个索赔事件的具体影响和费用额度。

(5)承包人的费用索赔是合理的,有确凿的证明。

3.修正的总费用法

修正的总费用法是对总费用法的改进,即在总费用计算的原则上,去掉一些不合理的因素,使其更为合理。需要修正的内容一般考虑以下因素:

(1)将费用索赔计算的时段局限于受到索赔事件影响的时间,而不是整个施工期。

(2)只计算受到索赔事件影响时段内的某项工作所受的损失,而不是计算该时段内所有施工工作所受的损失。

(3)与该项工作无关的费用不列入总费用中。

(4)对投标报价费用重新进行核算,即按受影响时段内该项工作的实际单价进行核算,乘以实际完成的该项工作的工程量,得出调整后的报价费用。

按修正后的总费用计算索赔金额的公式如下:

索赔金额=∑(某项工作调整后的实际总费用-该项工作的报价修正费用)

修正的总费用法与总费用法相比,有了实质性的改进,它的准确程度已接近于实际费用法。

十、工期索赔争议的鉴定

(一)工期延误的原因分析

实践中,对工期延误的分类有不同的标准,业界较为主流的工期延误分类方式主要有以下几种:根据工期延误的原因分类、根据工期延误的结果分类、根据延误事件之间的时间关联性分类、根据延误发生的时间分布分类。

1.根据工期延误的原因分类

原因是指"造成某种结果或引起另一事件发生的条件"。在实务中,关于工期延误的原因分类,通常包括狭义说与广义说两种不同的学说。

(1)狭义说

狭义说将原因具体化,仅考虑造成工期延误事件的实际主体或动因,而不论原因事件主体是否是工程合同的当事人,亦不论原因事件主体是否会就延误事件承担责任。按照狭义说,可将工期延误分为发包人原因引起的延误、承包人原因引起的延误、第三人原因引起的延误、不可抗力原因引起的延误、其他客观原因引起的延误,具体内容如下:

①发包人原因引起的延误

发包人原因引起的延误一般可分为发包人自身原因引起的延误与合同变更原因引起的延误,也可以按合同履行阶段划分为发包人开工前的延误与发包人在合同履行过程中的延误。

②承包人原因引起的延误

承包人原因引起的延误在实践中最为常见,一般是其内部计划不周、组织协调不力、指挥管理不当等原因引起的,主要包括质量问题导致的返工、安全问题引起的现场停工、施工组织不当导致的生产效率低等。

③第三人原因引起的延误

第三人原因引起的延误是指在工程建设中,发包人和承包人以外的第三人引起的延误,包括但不限于勘察人,设计人,监理人,承包人的分包商,材料、设备供货商,相邻权人等。

④不可抗力原因引起的延误

不可抗力原因引起的延误一般指不能预见、不能避免且不能克服的不可归责于发包人或承包人任何一方的客观情况引起的延误,主要包括自然灾害和社会性突发事件,如地震、海啸、洪水、火灾等自然灾害,以及战争、动乱、暴动、军事政变、罢工等社会性突发事件。

⑤其他客观原因引起的延误

其他客观原因是指不可归属上述 4 种原因之一的客观情况,例如地下不可预见障碍物、文物发现、法律调整等。

(2)广义说

广义说将工期延误事件的原因与工程合同的发承包双方紧密关联,将工期延误分为两大类,即发包人原因引起的延误与承包人原因引起的延误。发包人原因引起的延误,是指所有不属于承包人原因的、可以产生工期无条件顺延后果的延误事件,包括狭义说中的发包人原因引起的延误、应由发包人承担责任的第三人原因引起的延误、非承包人延误期间发生的不可抗力引起的延误以及其他客观原因引起的延误。而承包人原因引起的延误主要包括狭义说中的承包人原因引起的延误、应由承包人承担责任的第三人原因引起的延误、承包人延误期间发生的不可抗力引起的延误等。

但需要说明的是,广义说的该等分类方式并不代表原因归属一方需要就工期延误事件承担全部责任。以不可抗力与其他客观原因为例,即使在广义说中被划归为发包人原因,在实践中承包人仍仅应在不存在迟延履行的前提下才能主张工期顺延,且发承包双方应各自承担相应的责任,具体责任分配方式仍需要根据合同具体约定或者法律规定。

2. 根据工期延误的结果分类

根据工期延误事件发生后,承包人是否可以得到工期、费用索赔,将工期延误分为可索赔延误和不可索赔延误。

(1)可索赔延误

可索赔延误是指非承包人原因引起的工期延误,包括发包人或可归责于发包人的第三人原因、不可抗力以及客观原因等引起的延误,此时承包人可提出延期索赔。根据延期索赔的内容不同,可索赔延误可进一步分为以下 4 种情况:

①只可索赔工期的延误。这类延误一般是发包人、承包人双方都不可预见、无法控制的原因引起的延误,如不可抗力等。对于这类延误,由于发承包双方均无过错,在实践中通常能够顺延工期,但承包人的费用损失赔偿请求,除法律法规规定或当事人明确约定(视为发包人对自身权利的让渡),或裁判机构基于公平原则认为应当给予适当补偿外,一般较难获得支持,应由发承包双方合理分担各自损失。

②只可索赔费用的延误。这类延误一般是发包人、可归责于发包人的第三人原因等引起的延误,此类延误并未导致关键线路工期的延长,对工程总工期没有影响,而承包人却由于该项延误负担了额外的费用损失。因此对于这类延误,承包人不能要求延长工期,但可以要求发包人补偿费用损失,对于费用损失的主张,承包人需承担举证责任。

③可同时索赔工期和费用的延误。这类延误一般是客观原因造成的工程关键线路的工期延误,并使承包人负担了额外的费用损失。对于这类延误,承包人不仅有权向发包人索赔工期,还有权要求发包人补偿因延误而产生的费用损失。

④可同时索赔工期、费用和利润的延误。这类延误一般是发包人或可归责于发包人的第三人原因造成的工程关键线路的工期延误,在造成承包人负担额外费用损失的同时,还给承包人造成了利润损失,即在未发生该等延误事件的情形下,承包人不仅可以避免直接经济损失,还能够获得利润。对于这类延误,承包人有权向发包人索赔工期,并要求发包人补偿因延误而产生的费用和利润损失。

(2)不可索赔延误

不可索赔延误是指因承包人或可归责于承包人的第三人等引起的延误。对于这类延误,承包人通常不仅不能向发包人主张索赔,往往还会面临被索赔的后果。

3. 根据延误事件之间的时间关联性分类

根据延误事件之间的时间关联性,可将工期延误分为单一延误、共同延误和交叉延误,共同延误和交叉延误又可统称为同期延误。

(1)单一延误。单一延误是指在某一延误事件从发生到终止的时间间隔内,没有其他延误事件的发生,该延误事件引起的延误称为单一延误。

(2)同期延误。真正的同期延误是指在同一时间发生了两件以上延误事件,一件是业主风险事件,另一件是承包人风险事件,并且其各自造成的后果同时产生。同期延误也可以是两个以上的延误事件在不同时间发生但其后果(全部或部分)却在同一时间产生的情形。

4. 根据延误发生的时间分布分类

根据延误发生的时间分布分类,可将工期延误分为关键线路延误和非关键线路延误。

(1)关键线路延误。关键线路延误是指发生在工程网络计划关键线路上的活动或工序发生了延误,由于关键线路为工期最长的路线,因而关键线路上任何活动或工序的延误都会造成总工期的推迟。

(2)非关键线路延误。非关键线路延误是指发生在工程网络计划非关键线路上的非关键活动或工序的延误。由于非关键线路上的非关键活动或工序可能存在自由时差(也称机动时间),因而当引起非关键线路延误时,会出现两种情况:①延误时间少于该活动或工序的机动时间。在这种情况下,延误事件并不会导致工程总工期的延误。②延误时间大于该活动或工序的机动时间。在这种情况下,非关键线路因此而转变成关键线路,非关键线路上的延误会部分转化为关键线路延误。

(二)工期索赔时间的计算与确定

目前我国面对工期争议解决尚缺乏科学的量化方法。法务工期概念的引入就是为了回答与解决我国目前在工期司法实践中存在的该等问题。

法务工期有如下特点[①]:

①法务工期分析应使用业界认可的方法。

②法务工期是一个与工程进度计划相关联但又有区别的技术领域。工程计划进度可能足以用于项目规划、进度计划和控制,不一定足以进行法务工期分析。

③所有法务工期分析方法的使用效果都会因人而异,因为无论是在法务工期报告的编制还是解释方面,它们都涉及法务工期分析专家的判断要求。

④没有任何一个法务工期分析方法是绝对准确的。每种方法产生的答案的准确

① 参见邱闯:《法务工期的六个特点》,载微信公众号“法务工期评论”2019 年 2 月 13 日,https://mp.weixin.qq.com/s/6OXwdr2owzx1ATicScObmw。

程度取决于其中所用数据的质量、假设的准确性以及法务工期分析专家所作的主观判断。

⑤不能简单说哪种法务工期分析方法是最好的，而应根据项目的情况选择最适合的。

1. 英国工程法学会的方法

(1)计划影响分析法

计划影响分析法是英国工程法学会《工期延误与干扰索赔分析准则》第1版和第2版都包括的方法。

这种方法通过使用逻辑链接的基线进度计划来评估延误事件，以确定这些事件对基线进度计划中显示的合同完工日期的预期影响。该方法要求确认进度计划中所示工作的顺序和持续时间为合理、现实和可实现的，并在逻辑上有适当的联系。

一般来说，计划影响分析法被认为是最简单和最经济的延误分析方法。如果在工程开始时或在早期阶段发生延误事件，那么当事人很可能可以接受此方法(但须遵守合同条款)。但是，它并没有考虑到工程的实际进展和对原计划的改变，因此有明显的局限性。

(2)时间影响分析法

时间影响分析法是英国工程法学会《工期延误与干扰索赔分析准则》第1版和第2版都包括的方法。

这是延期申请的当期评估指南说明中使用的方法。该方法使用更新的逻辑链接的基线进度计划来评估延误事件。发生这些事件时，通过更新的基线进度计划评估这些事件对所显示的预计合同完成日期的预期影响。

同样，该方法需要确认进度计划中所示工作的顺序和持续时间是合理的、现实的和可实现的，并在逻辑上有适当的联系。同时必须确定基线进度计划的更新准确地反映了工程的实际进展；此外，还需要查明已纳入更新的基线进度计划的缓解和赶工，以便不掩盖或扭曲延误事件的预期影响。

被建模的延误事件的数量对使用这种方法的复杂性和成本有很大的影响。

时间影响分析法评估了事件发生时对进度计划/关键线路可能产生的影响。由于不考虑后续项目进度，此方法通常不用于处理或确定延误事件造成的实际延误。

(3)时间切片窗口分析法

时间切片窗口分析法是英国工程法学会《工期延误与干扰索赔分析准则》第2版的方法。

这是两种“窗口”分析方法之一，通过使用当期更新的基线进度计划或经修订的当期进度计划来评估延误情况，这些进度计划显示了项目整个过程各种“快照”或时间片段的工作情况。这一过程，将工程进度划分为窗口。“快照”或时间片段通常按月或双周间隔执行。

时间片段系列进度计划显示以下内容：

①随着工程的进展，每个窗口中的当期或实际的关键线路；

②每个窗口（时间片段）结束时的关键线路状态。

从而确定每个窗口内实际关键线路延误的程度。

此后，对所发生事件的证据和项目记录进行评估，以分析每个窗口所确定的关键延误的原因。

就每一时间切片进度计划而言，更新的进度计划必须反映工程的实际进展，而建议的工程未来顺序和持续时间，必须是合理、切合实际和可实现的，并有适当的逻辑联系。

（4）分窗口的计划与实际竣工对比方法

分窗口的计划与实际竣工对比方法是英国工程法学会《工期延误与干扰索赔分析准则》第2版的方法。

这是第二种“窗口”分析方法。与时间切片分析法不同，它通常用于以下情况：

①对基线进度计划的有效性或合理性和（或）目前更新的进度计划的准确性或其他方面表示关切；

②当期更新的进度计划太少。

该方法会将工程的持续时间划分为若干窗口，在每个窗口中的当期或实际的关键线路基于“常识和对现有事实的实际分析”确定。这在很大程度上不依赖于编程软件，因此对确定关键线路的理由和推理必须加以描述，而且必须是可靠的。然后，对照基线进度计划（可考虑使用经修订的当期进度计划、当期更新的进度计划、里程碑或重大事件等）中相应的计划日期，比较当期或实际关键线路上的关键日期，以确定每个窗口中关键延误的发生和程度。

与时间切片分析一样，对所发生事件的证据和项目记录进行评估，以分析每个窗口中确定的关键延误的原因。每个窗口所产生的关键延误和缓解措施是累积起来的，以确定工程持续期间的关键延误。

（5）最长路径分析法

最长路径分析法是英国工程法学会《工期延误与干扰索赔分析准则》第2版的方法。

该方法参照经过验证或编制的完工进度计划，使用回溯性的方法来建立关键线路，即用完工进度计划中显示的实际完工日期作为起点，向前回溯最长的连续线路，以确定完工关键线路。然后，通过比较完工关键线路的关键日期和基线进度计划中相应的计划日期来确定关键延误的发生程度。

本方法与时间切片分析法、分窗口的计划与实际竣工对比方法一样,对事件的证据和项目记录进行评估,以分析所识别的关键延误的原因。但当在施工过程中发生对关键线路的更改时,该方法可能作用较为有限,存在不被承认或允许的风险。

(6)实际竣工断裂分析法

实际竣工断裂分析法是英国工程法学会《工期延误与干扰索赔分析准则》第 1 版和第 2 版都包括的方法。

该方法主要系从完工进度计划中提取延误事件,以考虑在尚未发生延误事件的情形下可能会发生什么。

该方法不需要基线进度计划,但是需要一个详细的逻辑链接的完工进度计划。通常情况下,这样的进度计划编制需要使用项目记录、完工信息,并将逻辑纳入经过验证的完工进度计划(如果存在的话)。这可能是一项耗时、复杂和代价高昂的工作。

一旦完成该方法,影响完工进度计划的延误事件就会被识别出来,并被“断裂”或提取出来,以确定延误事件的净影响。

(7)计划与实际竣工对比分析法

计划与实际竣工对比分析法是英国工程法学会《工期延误与干扰索赔分析准则》第 1 版的方法。

该方法是一种回溯性方法,将基线或计划的进度计划与完工进度或反映某一特定时间点的进度进行比较。这种分析方法通常用于项目有可靠的基线和完工的计划信息,但当期进度没有更新或存在缺陷(从而无法可靠支持延误分析)的情况。

计划与实际竣工对比分析法可以从简单的图形比较到考虑各种计划活动的开始和结束日期及相关序列的更复杂的表现方式。例如,线性建设项目,如具有离散延误问题的公路或管道建设项目,可以使用简单的表现方式。更复杂的表现方式比较了活动的开始日期和完成日期以及相关序列,并努力确定每个差异的根本原因。执行的复杂性一般取决于项目的性质和复杂性以及正在评估的问题。

2. 美国国际工程造价促进会的方法

(1)观察 Observational/静态 Static/整体 Gross(MIP 3.1)

MIP 3.1 是一种观察技术,旨在将基线或其他计划与反映进度的完工计划或进度更新进行比较。

在其最简单的应用中,该方法不涉及任何明确使用关键线路逻辑的问题,它可以简单地研究各种活动的开始日期和完成日期,它可以使用一个简单的图形比较计划进度计划和完工进度计划,也可以更复杂地比较活动的日期和相对序列以及活动持续时间和逻辑联系的差异,并确定原因以及解释每个差异的意义。在它最复杂的应用程序中,它可以确定每天最严重的延误活动和完工关键线路。

MIP 3.1 被归类为一种静态逻辑方法,因为它主要依赖基线或其他计划进度计划所依据的一套单一的逻辑。该方法被归类为整体,而不是周期性的方法,因为分析是针对整个项目中单个基线或其他计划进度计划进行的,而不是在周期分段中进行的。

(2)观察 Observational/静态 Static/周期 Periodic(MIP 3.2)

与 MIP 3.1 类似,MIP 3.2 是一种观察技术,旨在将基线或其他计划进度计划与完工计划或反映进度的更新计划进行比较。但是,这种方法会分析项目的多个部分,而不是一个完整的连续体。该方法本质上是对 MIP 3.1 的增强,因此,实施 MIP 3.2 的先决条件是要求首先实现 MIP 3.1。

在从简单到复杂的实现范围内,MIP 3.2 与 MIP 3.1 有着同样的特点。在其最简单的应用中,该方法不涉及任何明确的关键线路逻辑使用,它可以简单地研究各种活动的开始日期和完成日期。它可以使用一个简单的图形比较计划的进度计划和完工的进度计划。更复杂的实现,比如,可以比较活动的日期和相关时序,比较活动持续时间和逻辑联系的差异,从而确定延误原因,并解释每个变化的意义。在它最复杂的应用程序中,它可以确定每天最严重的延误活动和完工关键线路。

在两个或两个以上的时间段内进行这一分析的优点是,将延迟或赶工更准确地归为特定事件。一般来说,时间越长,分析与实际发生的事件的关系就越密切。与 MIP 3.1 相比,MIP 3.2 的技术精度并没有明显提高或降低,因为这一比较仍停留在完工进度计划和基线进度计划或原计划的进度计划之间。但是,分段对于加强分析过程的组织和优先排序是有用的,这也可能增加分析报告的有效性。

MIP 3.2 被归类为静态逻辑方法,因为它主要依赖基线计划或其他计划基础上的单一的一组关键线路逻辑。需要注意的是,MIP 3.3 被归类为动态逻辑方法,因为该方法使用一系列的更新进度计划,其逻辑可能与基线和进度计划彼此不同。MIP 3.2 与 MIP 3.3 的区别在于,虽然分析都是在分段中执行的,但 MIP 3.2 是按计划和完工的片段执行的,不涉及引用对这些段的计划更新。

MIP 3.2 被归类为周期性的方法,因为分析是在周期段而不是在一个连续的项目期间进行的。

(3)观察 Observational/动态 Dynamic/当期原样 Contemporaneous As - Is(MIP 3.3)

MIP 3.3 是一种回溯性技术,它沿着过去的和更新的关键逻辑路径,识别对关键延误承担责任的活动,使用项目进度更新来量化时间的损失或收益。虽然基线方法是一种回溯性的技术,但它依赖于在准备更新时所做的前瞻性计算,也就是说,它主要使用更新"数据日期"后的信息。

MIP 3.3 是一种观察技术,因为它不涉及延误的插入或删除,而是基于更新来观察进度网络的行为,基于基本上未改变的现有计划逻辑来更新和测量计划差异。由于该方法使用的是进度计划更新,其逻辑可能与以前的更新以及基线不同,因此它被认为是一种动态逻辑方法。它所依赖的更新是与项目执行一起准备的,而不是像 MIP 3.5 那样的事后重建。

"原样"(as – is)是该方法与 MIP 3.4 的区别,因为更新可以完全原封不动或保持"原样"。

虽然很少见,但有可能在更新中没有进行任何非进度的修订。在这种情况下,因为整个项目过程一直使用的是初始基线逻辑,所以该方法应该产生类似于静态逻辑方法(MIP 3.1 和 MIP 3.2)的结果。

(4)观察 Observational/动态 Dynamic/当期分列 Contemporaneous Split(MIP 3.4)

MIP 3.4 与 MIP 3.3 在许多方面都是相同的。不同点在于,MIP 3.4 对于每个更新,会在当前更新和前一个由进度信息组成的更新之间创建一个中间文件,这个中间文件用于进行任何非进度修订。通常,该过程使用来自当前更新的进度数据和上一次更新的进度数据,这是中间计划或半步进度计划(half-step schedule)。该过程允许法务工期专家分两步评估进度计划的更新差异,即首先通过评估上期更新与半步进度计划之间的差异来评估纯进度变化,其次通过观察半步进度计划和当前更新计划之间的差异来评估非进度修订差异。

"分列"是这种方法与 MIP 3.3 的区别,其通过对更新后的分步过程进行评估,使纯进度更新从非进度修订而来。但也有可能在同期更新中不进行任何非进度的修订。如果是这种情况,则 MIP 3.3 是用于分析的更好解决方案。

(5)观察 Observational/动态 Dynamic/修改或重新创建 Modified or Recreated(MIP 3.5)

MIP 3.5 与 MIP 3.3 或 MIP 3.4 有类似性,只不过 MIP 3.5 使用的是经过深度修订的当期更新进度计划或完全重新创建的更新。通常会在没有更新或根本不存在更新的情况下实现 MIP 3.5。

它是一种回溯性技术,它使用修改后的或重新调整的计划更新来量化逻辑路径上的时间损益,从而确定需要对关键延误负责的活动。与 MIP 3.4 类似,虽然这种方法是一种回溯性的技术,但它依赖于在准备更新时所做的前瞻性计算,也就是说,它主要使用更新"数据日期"后的信息。

因为 MIP 3.5 不涉及插入或删除延迟,因此仍被归类为观察技术,但从法务工期专家分析人员的数据干预水平来看,它并不是纯粹的观察。MIP 3.3 和 MIP 3.4 是纯粹的观察,因为法务工期分析专家根据无改动的、现有的逻辑模型,解释网络从更新到更新和测量进度计划过程中所观察到的变化。由于法务工期分析专家在使用 MIP 3.5

时进行了广泛的数据干预,因此法务工期分析专家的观察是基于对网络计划的深度控制开展的。

如果在项目期间对基线进行了非进展修订,则该方法必须识别那些非进展修订,否则,修订或改造是不完整或不适当的。因此,MIP 3.5 被认为是一种动态逻辑方法。如果没有在项目上进行无进展的修订,那么 MIP 3.5 的结果将与 MIP 3.2 的结果非常相似。

MIP 3.5 可以在半步过程中实现,也可以不采用半步过程。MIP 3.3、MIP 3.4 和 MIP 3.5 可以混合使用,这通常适用于数据丢失或在项目期间很长一段时间内没有执行更新这一事实而导致更新记录存在很大空白的情形。因此,当一些用于分析的进度计划并非当期进度计划时,一般不考虑整个过程均使用 MIP 3.5。

(6)建模 Modeled/添加 Additive/单基线 Single Base(MIP 3.6)

MIP 3.6 是一种建模技术,它依赖基于关键线路模型的场景模拟。模拟包括插入或添加表示延误或更改的活动,以表示该计划的网络分析模型,并确定这些插入的活动对网络的影响。因此,它是一个添加模型。

MIP 3.6 是一种单基线法,与 MIP 3.7 这一多基线法不同。MIP 3.6 添加模拟是在表示该计划的一个网络分析模型上进行的。因此,它是一种静态逻辑方法,而不是动态逻辑方法。

(7)建模 Modeled/添加 Additive/多基线 Multiple Base(MIP 3.7)

MIP 3.7 与 MIP 3.6 的相似之处在于,MIP 3.7 也是一种依赖基于关键线路模型的场景模拟的建模技术,模拟同样包括插入或添加表示延误或更改的活动,它是一个添加模型。

但 MIP 3.7 是一种多基线方法,不同于单基线方法 MIP 3.6。添加模拟是在表示该计划的多个网络分析模型上执行的,通常是更新计划、当期计划、修改后的当期计划或重建的计划。每个基线模型都建立了一个对延误影响进行量化的分析周期。

因为 MIP 3.7 依赖多个网络分析模型,所以它是一种动态逻辑方法,而不是静态逻辑方法。

(8)建模 Modeled/扣减 Subtractive/单模拟 Single Simulation(MIP 3.8)

MIP 3.8 是一种建模技术,它依赖基于关键线路模型的场景模拟。该模拟包括从完工进度计划中扣减延误活动,以确定这些扣减的活动对网络计划的影响。因此,MIP 3.8 是扣减模式。

MIP 3.8 在表示完工的网络分析模型的基础上进行扣减模拟。由于它只使用了一个网络分析模型,因此它在技术上是一种静态逻辑方法,而不是动态逻辑方法。但是,项目的非进展修订反映了与原始基线逻辑不同的完工条件。鉴于此,通常认为动态考虑原始逻辑变化的方法比完全依赖于基线逻辑的方法更准确。

(9)建模 Modeled/扣减 Subtractive/多基线 Multiple Base(MIP 3.9)

与 MIP 3.8 类似,MIP 3.9 是一种建模技术,它依赖基于关键线路模型的场景模拟。模拟包括从完工进度计划中扣减延误活动,以确定这些扣减的活动对网络计划的影响。因此,MIP 3.9 是扣减模式。

与单基线 MIP 3.8 不同,MIP 3.9 是一种多基线方法。扣减模拟是在多个完工网络分析模型上执行的,通常是更新的计划,其中可以包括当期、当期修改或重建的计划。由于项目的非进展性修订是对完工条件的反映,与最初的基线逻辑相比,MIP 3.9 考虑到这些逻辑变化,因为更新通常包括非进度修订,所以 MIP 3.9 是一种动态逻辑方法,而不是静态逻辑方法。

扣减模拟是在周期性的网络分析模型上进行的,该模型表示完工进度计划的间隔。每个模型都建立了一个时间周期的分析,对延误影响进行量化。

(三)工期争议引起费用的计算与确定

建设工程具有工程量大、周期长、技术复杂等特点,实施过程中影响工期的因素众多,工期延误在建设工程实施过程中经常出现,工期延误会造成发包人和承包人双方的巨大损失。在厘清工期延误发生的原因及责任认定后,准确分析工期延误对费用、成本的影响范围与程度仍是困难的,承包人和发包人应本着合同至上、实事求是、合情合理的原则妥善处理。

1. 索赔费用的计算原则

承包人在进行费用索赔时,应遵循以下原则:

(1)所产生的费用应当是承包人履行合同义务所必须支出的,若没有该项费用支出,合同就无法履行。

(2)承包人不应由于索赔事件的发生而额外受益或额外受损,即费用索赔以补偿实际损失为原则。

2. 索赔费用的计算方法

索赔费用的计算应以补偿实际损失为原则,本章“九、(四)索赔费用的计算方法”中详细介绍了索赔的三种计算方法,即总费用法、修正的总费用法和实际费用法。

3. 人工费损失计算

(1)劳务人员的停工、窝工损失

劳务人员的停工、窝工损失计算,一般按照停工、窝工记录文件中的工时或工日数量和合同文件中的人工费单价计算,如果无法确定人工费单价,可由双方另行协商确定或参照定额人工费单价确定。

因工期延误，为防止损失扩大，有时需将部分工人提前撤离现场，则提前退场工人的遣散费用以实际发生的、合理的金额为标准据实计算。

计算方法：劳务人员的停工、窝工损失＝停工、窝工的工时或工日×投标报价人工费单价＋提前退场工人的遣散费用。

根据《民法典》第五百九十一条①之规定，一方当事人违约后，对方当事人应采取适当措施防止损失扩大，否则对方当事人不得就扩大的损失要求赔偿。在现场劳务人员因发包人过错出现停工、窝工情况下，承包人应采取适当措施防止损失扩大，如及时遣散劳务人员或将劳务人员调配至其他项目或未受影响的施工部位，否则应自行承担因其未采取相应措施导致的扩大部分的损失。停工、窝工期间劳务人员待工的补偿通常兼具道义性和补偿性，其补偿标准可以参照项目所在地日最低工资标准。

（2）劳务人员低效率生产损失

劳务人员低效率生产损失，一般按照合同文件中所确定的劳动力投入量和工作效率，与实际的劳动力投入量和工作效率相比较计算，如果无法确定劳动力投入量和工作效率，可由双方另行协商确定或参照定额劳动力投入量和工作效率计算。

计算方法：劳务人员低效率生产损失＝（实际使用的工时或工日数量－已完工程中的人工工时或工日数量－承包人原因造成的劳动力损失数量）×投标报价人工费单价。

案例8－18

案情简介

某住宅工程，2010年6月签订施工合同，按原合同约定的施工进度计划，完成工程需要投入的劳动力为260,000工日，投标报价中生产工人的人工费为95元/工日。在完成工程部分楼栋主体结构施工后，由于征地拆迁纠纷及设计图纸变更等，工期延误12个月。工期延误期间，工程实际使用的劳动力为85,000工日，其中，临时工程用工9600工日，非直接生产用工12,000工日，实际仅完成原施工进度全部工程量的15%。

承包人现场工人低效率生产损失计算如下：

15%工程量所需的劳动力数量＝260,000工日×15%＝39,000工日

现场工人生产效率损失＝85,000工日－39,000工日－9600工日－12,000工日＝24,400工日

现场工人低效率生产损失＝24,400工日×95元/工日＝2,318,000元

案例分析

使用本计算方法需要注意的问题：

① 《民法典》第五百九十一条："当事人一方违约后，对方应当采取适当措施防止损失的扩大；没有采取适当措施致使损失扩大的，不得就扩大的损失请求赔偿。当事人因防止损失扩大而支出的合理费用，由违约方负担。"

①本计算方法要求投标报价中的劳动效率是科学、合理、符合实际的。如果承包人在投标文件中进行不平衡报价或存在过失，导致所报的劳动效率脱离实际，即计划用工数量与实际用工数量不符，那么承包人在计算现场工人低效率损失时会产生额外的收益或亏损。因此，发包人、监理工程师和造价咨询单位等在处理此类问题时，往往会审核承包人的报价依据，并参考其他投标人和定额的劳动效率值。

②对承包人原因造成的劳动力损失，如不可抗力、承包人返工等造成现场工人停工、窝工，应在计算中予以扣除。

③重视并及时进行同期记录，记载包括但不限于人员设备闲置清单、工期延误情况、对工程的损害程度、导致费用增加的项目等事项，承包人、发包人、监理工程师对工期延误期间的用工种类、数量、施工部位等必须有详细的现场记录，否则记录与计算不准确，也容易引发纠纷。

(3)额外增加的加班加点工资损失

在工期延误责任应由发包人承担的前提下，为弥补损失的工期，承包人与发包人通常会达成赶工协议，采取赶工措施，为落实赶工计划，承包人需要加班加点工作，额外支付加班加点工资。额外增加的加班加点工资的计算，一般按照施工记录文件记载的加班加点的工时或工日数量和合同文件中的加班加点人工费单价，如果无法确定加班加点人工费单价时可由双方另行协商确定或参照定额人工费单价合理确定。

计算方法：额外增加的加班加点工资损失 = 加班加点的工时或工日 × 投标报价加班加点人工费单价。

投标时未报加班加点人工费单价的，加班加点人工费单价可以按照投标报价人工费单价和《劳动法》第四十四条[①]共同确定。

在索赔劳务人员窝工、停工损失和劳务人员低效率生产损失时，一般不得主张利润损失，应以补偿实际损失为主。但是，发包人要求赶工的情形，实质上构成了发包人对合同工期(含顺延工期)的变更，承包人可以同时主张利润损失，而不仅限于补偿实际损失。

4. 材料费损失计算

(1)承包人订购的材料、工程设备推迟交货损失

由于工期延误，承包人订购的材料、工程设备推迟交货的损失通常包括增加的储存费用、保管费用以及可能的毁损、灭失损失等，此项损失按实际发生额计算，凭实际

---

① 《劳动法》第四十四条："有下列情形之一的，用人单位应当按照下列标准支付高于劳动者正常工作时间工资的工资报酬：(一)安排劳动者延长工作时间的，支付不低于工资的百分之一百五十的工资报酬；(二)休息日安排劳动者工作又不能安排补休的，支付不低于工资的百分之二百的工资报酬；(三)法定休假日安排劳动者工作的，支付不低于工资的百分之三百的工资报酬。"

损失证明索赔。

(2)材料、工程设备费上涨损失

由于工期延误,同时材料、工程设备价格上涨,会引起未完工程成本的增加,承包人有权主张相应赔偿。工期延误导致的材料、工程设备价格上涨的损失,与合同中约定的市场价格波动引起材料、工程设备价格上涨对合同价格的调整既有联系又有区别。两者的联系是,工期延误期间材料、工程设备价格上涨和市场价格波动引起的材料、工程设备价格上涨都可能导致合同价格的调整,并且都可以按照或参照合同约定的价格调整方法进行调整。两者的区别是,工期延误期间材料、工程设备价格上涨的风险与责任由导致工期延误的一方承担,市场价格波动引起的材料、工程设备价格上涨按照合同约定的风险分担规则和计算方法进行调整。

①按通货膨胀率调整

在工程项目全面停工的情况下,可以对未完工程中的材料价格按通货膨胀率进行总体调整。

案例8-19

某工程由于发包人的问题,工程全面停工10个月,停工时工程尚有40,000万元的计划工程量未完成,其中材料、工程设备费用占比为60%,国家公布的年通货膨胀率为5%。

承包人对于工期延误和通货膨胀造成的费用损失可提出的索赔金额=40,000万元×60%×5%×10/12=1000万元。

②按价格调整公式调整

材料、工程设备等价格波动影响合同价格时,可根据合同中约定的数据,按以下公式计算差额并调整合同价格:

$$\Delta P = P0[A + (B1 \times Ft1/F01 + B2 \times Ft2/F02 + B3 \times Ft3/F03 + \cdots + Bn \times Ftn/F0n) - 1]$$

公式中:

ΔP——需调整的价格差额;

P0——已完工工程量中材料价格;

A——定值权重(不调价部分的权重);

B1,B2,B3…,Bn——各种可调价材料的比例;

Ft1,Ft2,Ft3…,Ftn——工程结算时各项可调价材料的现行价格指数或价格;

F01,F02,F03…,F0n——签订合同时各项可调价材料的基期价格指数或价格。

③按造价信息调整

目前,很多地区造价管理部门都会定期颁布主要材料的价格信息,承包人可依据工程施工的工期及完成工程量，对主要材料执行当地价格信息指导价，对工程实行动态调差，需要进行价格调整的材料，其单价和采购数量应由发包人审批，经发包人确认需调整的材料单价和数量，可作为调整合同价格的依据。

(a)承包人在投标报价中载明的材料单价低于造价信息价格的，除合同另有约定外，通常在合同履行期间(含工期延误)以造价信息价格为基础的材料单价涨幅超过5%(建议风险范围，具体比例可由当事人自行约定，下同)时，或以在已标价工程量清单中载明的材料单价为基础的材料单价跌幅超过5%时，对超过部分据实调整。

(b)承包人在投标报价中载明的材料单价高于造价信息价格的，除合同另有约定外，合同履行期间(含工期延误)以造价信息价格为基础的材料单价跌幅超过5%时，或以在投标报价中载明的材料单价为基础的材料单价涨幅超过5%时，对超过部分据实调整。

(c)承包人在投标报价中载明的材料单价等于造价信息价格的，除合同另有约定外，合同履行期间(含工期延误)以造价信息为基础的材料单价涨幅跌幅超过±5%时，对超过部分据实调整。

(3)材料、工程设备非正常损耗损失

材料、工程设备非正常损耗，是指承包人运至施工现场的材料、工程设备，在工期延误期间发生的超过正常损耗标准的损失，此项损失按实际发生额计算，凭实际损失证明索赔额。

5. 施工机具使用费损失计算

施工机具使用费损失计算方法与人工费损失计算方法类似，正常情况下，施工机具使用费主要包括折旧费、大修理费、经常修理费、安拆费及场外运费、人工费、燃料动力费和税费，但在施工机具停滞状态下，停滞台班费一般仅包括折旧费、经常修理费和税费。

(1)施工机具的停工损失

施工机具的停工损失计算，一般按照施工记录文件中闲置的台班数和合同文件中的施工机具台班费折算的停滞施工机具台班费计算，如果合同文件未约定施工机具台班费或无法根据合同文件中的施工机具台班费折算停滞施工机具台班费，可由双方另行协商确定或参照定额施工机具台班费确定。通常，停滞施工机具台班费为正常施工机具台班费的60%～70%。

因工期延误，为防止损失扩大，有时需将部分或全部施工机具撤离现场，此时在计算停滞施工机具台班费时，还应考虑施工机具的安拆费及场外运费。

计算方法：施工机具的停工损失＝闲置台班数×停滞施工机具台班单价。

(2)施工机具低效率生产损失

施工机具处于低效率生产导致的损失，一般以合同文件所确定的施工机械台班投入量和工作效率为依据，与实际的施工机具台班投入量和工作效率相比较进行计算，如果合同未约定施工机具投入量和工作效率，可由双方另行协商确定或参照定额施工机具台班投入量和工作效率计算。

施工机具低效率运行时，其消耗水平与正常运行时基本一致，施工机具低效率运行时的台班单价应按照正常运转时的施工机具台班单价确定。

计算方法：施工机具低效率生产损失 =（实际使用的施工机具台班数量 - 已完工程中施工机具台班数量 - 承包人原因造成的施工机具台班损失数量）× 施工机具台班单价。

（3）额外投入的施工机具损失

受工期延误事件的干扰，工程项目的实际工期落后于计划工期，为弥补已损失的工期，承包人往往要采取必要的赶工措施，在赶工过程中，承包人可能需要额外投入更多的施工机具，并由此导致损失。

在工期延误责任应由发包人承担的前提下，为弥补损失的工期，承包人与发包人通常会达成赶工协议，采取赶工措施，为落实赶工计划，承包人需要加班加点工作，额外支付施工机具加班加点工资。额外增加的施工机具加班加点工资计算，一般按照施工记录文件中的加班加点的工时或工日数量和合同文件中加班加点施工机具台班单价，如果无法确定加班加点施工机具台班单价，可由双方另行协商确定或参照定额施工机具台班单价合理确定。

计算方法：额外增加的加班加点工资损失 = 加班加点的工时或工日 × 加班加点施工机具台班单价。

十一、鉴定意见书的编制与提交

（一）鉴定意见书征求意见稿

鉴定人应按委托人的要求，以及《建设工程造价鉴定规范》的有关程序要求，进行鉴定意见书征求意见稿的编制。

1. 编制征求意见稿前应完善和检查的工作

（1）检查委托人移交的证据，以及鉴定材料的核对与确认情况。确认鉴定人是否按委托人的要求参加接受鉴定后委托人组织的鉴定材料的核对工作。如有未质证的材料或当事人提交的补充材料，鉴定人是否已移交委托人并提请委托人组织质证。

（2）检查自身鉴定基础工作情况。鉴定人应在编制鉴定意见书前，核对自身工程造价鉴定的基础工作，包括确认鉴定项目的基本情况、当事人的申请或诉讼理由、答辩或抗辩意见、争议焦点、鉴定工作范围与内容、鉴定依据等，并核对自行计算与确定的工程量、要素价格、有关费用的分析、询价等，全面完善工作底稿。

（3）梳理核对过程中有关问题的落实与签字情况。鉴定人在鉴定工作过程中，组织当事人进行必要的核对工作，澄清有关问题，做好问题梳理，并逐项形成工作成果记录，未取得当事人签字确认的，应进行补签。

2. 编制鉴定意见书征求意见稿

鉴定人在与当事人就有关问题完成必要的核对及澄清后，或认为属于专业问题不需要再进行核对或澄清的，应及时编制工程造价鉴定意见书的征求意见稿、征求意见函等。鉴定意见书征求意见稿的内容与格式，可参照国家标准的有关要求。

3. 鉴定意见书征求意见稿的提交

鉴定人完成工程造价鉴定意见书征求意见稿后，应及时向委托人送达，并提请委托人送达有关当事人。征求意见稿应明确当事人的答复期限及其做出不答复、逾期答复行为将承担的法律后果。

（二）鉴定意见书的编制

鉴定人在完成委托的鉴定事项后，应按委托人的要求向委托人出具鉴定意见书。

1. 鉴定意见书的编制要求

鉴定意见书应当概念清晰，观点明确，文字表述规范、准确。鉴定意见书应符合国家标准和《建设工程造价鉴定规范》的有关要求。并应符合下列规定：

（1）鉴定意见书的内容要反馈委托人关注的专业问题。

（2）鉴定意见书的表述应通俗易懂，易于理解，尽可能做到兼具专业性和常识性，以便于委托人和当事人的理解。

（3）鉴定人不得对事实性内容进行作证，或者对未经委托人、当事人确认的事实形成鉴定意见。

（4）除委托人有要求外，鉴定人不得就事实进行假设、推断，或依据假设、推断的事实进行分析。委托人要求鉴定人对专业问题，通过假设、推断、多方案进行分析的，鉴定人只能从专业的角度，表述可能引发的各种情况，如某工程可能有两个或多个施工方案，当委托人有要求时，鉴定人可结合自身的专业判断，计算各个方案的工程费用。

（5）鉴定人在鉴定意见中，只能依据证据或鉴定材料形成计算结果或专业意见，不得直接支持当事人的某种观点。

（6）鉴定意见书不得涉及国家秘密（经委托人授权、当事人同意，取得涉密工作许可，不公开审理的除外）。鉴定意见书不得载有当事人法律责任的内容，也不得就案件本身作出法律意见的结论与建议。

2. 鉴定意见书相关资料的整理

鉴定人应对形成鉴定意见的鉴定依据、工作底稿进行全面的梳理、编目，以备委托人、当事人查证、索取。当事人要求鉴定人提供除鉴定依据、鉴定意见书征求意见稿、鉴定意见书以外的资料的，鉴定人应按委托人的意见执行。

在部分国家的司法活动中，委托人、当事人可以索取鉴定人或专家证人使用的任何鉴定依据、资料和工作底稿，以及要求鉴定人或专家证人提供职业操守、学历背景、继续教育背景、职业资格、专业能力等信息。尽管我国对委托人、当事人索取鉴定人使用的资料还没有相关的法律规定，但是鉴定人也应按《建设工程造价鉴定规范》的要求形成对鉴定意见提供支撑的必要性材料并建立档案文件。

3. 鉴定意见书的内容

鉴定意见书应包括封面、签署页、鉴定人声明、鉴定报告、目录、附录等内容。

（1）鉴定意见书的封面

鉴定意见书封面应载明鉴定项目名称、编号、鉴定人名称、出具年月，并可参照以下要求：

①鉴定项目名称应与委托人的委托项目名称相呼应，一般可表述为：×××项目工程造价鉴定意见书。

②编号由鉴定人依据自身文档标号规则编制，可包括鉴定机构缩略词、文书缩略词、年份及序号等。编号可位于鉴定项目名称正文标题下方，或位于封面右上角。

③鉴定人名称应载明承担鉴定业务的鉴定机构名称或自然人姓名。鉴定人应在鉴定人处加盖印章。

④出具年月应载明鉴定人出具鉴定意见书的年、月、日。

鉴定人因装帧需要可设置与封面相同或相近的内封，并在内封页签章。

（2）鉴定意见书的签署页

鉴定意见书的签署页应由鉴定人签字并加盖执业专用章。鉴定意见书应由具有一级注册造价工程师资格的鉴定人编制，并宜由有高级技术职称且具有一级注册造价工程师资格的人员审核与审定。工程造价鉴定意见书签署页的格式可参照国家有关标准或委托人的规定。

（3）鉴定意见书应载明鉴定人声明

鉴定意见书应载明鉴定人声明，鉴定人声明可参考《建设工程造价鉴定规范》附录 P 的格式。

（4）鉴定报告

鉴定意见书的鉴定报告是鉴定意见书的核心内容，鉴定报告应载明鉴定项目的基本情况、鉴定依据、鉴定过程、主要问题的分析与说明、反馈意见的处理情况、鉴定意见与鉴定结果等,并可参照以下要求。

①鉴定项目的基本情况应包括:委托人名称、委托日期、鉴定项目及事项、送鉴材料、鉴定人收齐鉴定材料的日期、鉴定人员构成、鉴定日期、鉴定地点,以及鉴定事项涉及鉴定项目争议的简要情况等。

②鉴定依据应包括:委托人移交的证据,当事人移交和补充资料的摘录,鉴定人自备的证据,现场勘验取得的证据,以及通过工期鉴定、质量鉴定等其他方式取得的证据。这些证据可作为鉴定依据的出处、证明的事项、使用情况的说明等。

③鉴定过程应包括:鉴定人接受鉴定后主要的工作程序、工作过程,以及分析说明根据证据材料形成鉴定意见的分析、鉴别和判断的过程。

④主要问题的分析与说明应包括:当事人分歧事项的说明;处理分歧事项所引用鉴定依据的说明;对分歧事项工程造价问题的分析、解释、处理意见和计算结果等;出具鉴定意见,特别是选择性意见的理由和结果的说明;需要解释的其他有关问题的说明。

⑤鉴定人应对当事人反馈意见的处理情况进行明确的说明,说明接受其反馈意见或不接受其反馈意见的理由。

⑥鉴定人应明确鉴定意见与鉴定结果,包括确定性意见的范围、内容与鉴定结果等;选择性意见的范围、内容,以及形成选择性意见的依据与相应的鉴定结果等。

(5)鉴定意见书的附录

鉴定意见书的附录应包括鉴定委托书,鉴定机构的营业执照、资质及鉴定人员职称、资格的证明,与鉴定意见有关的现场勘验、测绘报告,在鉴定事项调查中形成的记录,以及鉴定人认为应附的其他材料等。

4. 提高鉴定意见书质量的主要措施

(1)鉴定依据清晰明确。鉴定人在编制鉴定意见书时,应避免对鉴定依据使用笼统的表述。对合同价款调整的内容,对工程量、工程单价、工程变更、工程索赔等量价的确定,应明确表述其所使用的具体鉴定依据,并在表格的备注或相应的附录中表述或附加所使用的鉴定依据。

(2)鉴定意见书逻辑关系清晰。鉴定人的鉴定结果可以按照鉴定人的工作习惯,以文字叙述形式及(或)表格形式进行呈现。鉴定人应清楚表述形成鉴定结果各部分之间的逻辑关系,说明鉴定结果中数额、汇总表、单项工程汇总表、单位工程汇总表、明细表的数据来源及逻辑关系。鉴定人宜通过数据链接、页码索引的形式清晰地表述汇总表与明细表之间的逻辑关系。

(3)格式标准。鉴定人的鉴定意见书应以纸介形式提交给委托人,鉴定人应对整个鉴定意见书及其附录参照出版物的格式要求编排目录,应将签署页、鉴定人声明、鉴定报告、附录全部统一编目,形成目录。正文部分页码无论是否分册,均应连续编制,附录部分的页码属同一册的应连续编制。

(4)委托人要求鉴定人提供电子文档的,鉴定人应提交与纸介文档一致的电子文档,并以不可更改的载体提供。鉴定人为了方便委托人对鉴定意见书的使用,宜在电子文档报告的目录上建立与报告内容之间的链接。

(三)鉴定意见书的制作与送达

1. 鉴定意见书的制作

鉴定意见书宜选用 A4 纸打印后胶订成册,鉴定意见书附录(表)部分用 A4 纸打印,有困难的可选择使用 A3 纸进行打印。

2. 鉴定意见书的送达

鉴定意见书应由鉴定人按委托人要求的份数和提交方式提交给委托人。鉴定人向委托人送达鉴定意见书后,应请委托人在《送达回证》上签收。

第九章

特殊情形的争议处理

一、工程质量修复费用的争议处理

(一)关于工程质量的法律、行政法规、部门规章及规范性文件规定

建设工程质量安全事关社会公共利益,国家多部法律、行政法规对建设工程质量责任及管理要求作了具体规定,建设行政主管部门也出台了相应的规章和规范性文件。主要有以下 4 个方面。

1. 法律

(1)《建筑法》

根据《建筑法》的规定,建筑活动应当确保建筑工程质量和安全,符合国家的建筑工程安全标准,建设单位不得以任何理由,要求建筑设计单位或者建筑施工企业在工程设计或者施工作业中,违反法律、行政法规和建筑工程质量、安全标准,降低工程质量,建筑设计单位和建筑施工企业对建设单位的上述降低工程质量的要求,也应当予以拒绝。同时,该法还规定了建设工程质量保修制度,明确了建设单位、工程监理单位、勘察单位、设计单位和施工单位的质量责任。

(2)《民法典》

《民法典》从民事法律的角度对建设工程质量作了规定。该法第八百条、第八百零一条规定,勘察人、设计人和施工人对因其原因导致工程质量不符合要求的,应承担完善、修理或返工、改建并赔偿损失的合同责任;该法第八百零二条规定,因承包人原因致使建设工程在合理使用期限内造成人身损害和财产损失的,承包人应承担赔偿责任。同时,《民法典》第五百一十一条规定了标准的适用规则,即在根据合同条款和交易习惯不能确定质量标准的情况下,应按照强制性国家标准、推荐性国家标准、行业标准、通常标准或者符合合同目的的特定标准的先后顺序进行适用。

(3)《标准化法》

根据《标准化法》的规定,对保障人身健康和生命财产安全、国家安全、生态环境安全以及满足经济社会管理基本需要的技术要求,应当制定强制性国家标准,且强制性标准必须执行。建设工程中的某些技术要求事关人身健康和生命财产安全,应当制定强制性国家标准。《实施工程建设强制性标准监督规定》(建设部令第81号)把工程建设强制性标准定义为"直接涉及工程质量、安全、卫生及环境保护等方面的工程建设标准强制性条文"。此后,住房和城乡建设部发布并多次修订工程建设标准强制性条文。

(4)《刑法》

根据《刑法》第一百三十七条的规定,建设单位、设计单位、施工单位、工程监理单位违反国家规定,降低工程质量标准,造成重大安全事故的,直接责任人员构成工程重大安全事故罪。

2. 行政法规

(1)《建设工程质量管理条例》

该条例是一部规制我国建设工程质量管理的重要行政法规。该行政法规具体规定了建设单位、勘察单位、设计单位、施工单位、工程监理单位的质量责任和义务,规定了正常使用条件下建设工程的最低保修期限。

(2)《建设工程勘察设计管理条例》

该条例在《建设工程质量管理条例》的基础上,规定了建设工程勘察、设计文件的编制要求和材料、构配件、设备的选用,以及新技术、新材料的采用等。

(3)《建设工程抗震管理条例》

在强调新建、扩建、改建建设工程应当符合抗震设防强制性标准的基础上,该条例对抗震设防专篇的编制、超限高层建筑工程的抗震设防审批都作了具体规定。同时,该条例规定了隔震减震工程质量的可追溯制度,并鼓励工程总承包单位、施工单位采用信息化手段采集、留存隐蔽工程施工质量信息。

3. 部门规章

(1)质量管理规定

在《建筑法》《建设工程质量管理条例》等法律、行政法规的基础上,原建设部又制定了《建设工程勘察质量管理办法》,以加强对建设工程勘察质量的管理;此外住房和城乡建设部还与财政部共同制定了《建设工程质量保证金管理办法》,进一步规范建设工程质量保证金管理。同时,为了加强对水利、港口建设工程质量的规范管理,水利部制定了《水利工程质量管理规定》,交通运输部制定了《港口工程建设管理规定》,原文化部制定了《文物保护工程管理办法》。

此外,为加强对建设工程质量的监督管理,各有关部委又分别制定了《铁路建设工程质量监督管理规定》《运输机场专业工程建设质量和安全生产监督管理规定》《公路水运工程质量监督管理规定》《通信建设工程质量监督管理规定》《房屋建筑和市政基础设施工程质量监督管理规定》《运输机场专业工程建设质量和安全生产监督管理规定》等。

(2)验收规定

各部委制定的有关建设工程质量验收的部门规章主要有《房屋建筑和市政基础设施工程竣工验收备案管理办法》《建设工程消防设计审查验收管理暂行规定》《水利工程建设项目验收管理规定》《港口工程建设管理规定》《公路工程竣(交)工验收办法》等。

(3)保修

为保护建设单位、施工单位、房屋建筑所有人和使用人的合法权益,维护公共安全和公众利益,原建设部根据《建筑法》和《建设工程质量管理条例》制定了《房屋建筑工程质量保修办法》。

(4)质量事故处理

为加强建设工程质量管理,规范工程质量事故处理行为,水利部制定了《水利工程质量事故处理暂行规定》,原铁道部制定了《铁路建设工程质量事故处理规定》,原信息产业部制定了《通信工程质量事故处理暂行规定》。

4. 主要规范性文件

有关建设工程质量管理的规范性文件较多,这里仅列出与当事人责任划分和工程修复有关的部分文件。

(1)质量管理办法

《城市轨道交通工程安全质量管理暂行办法》

住房和城乡建设部《关于加强工程勘察质量管理工作的若干意见》

《民用建筑工程节能质量监督管理办法》

《关于加强建筑工程室内环境质量管理的若干意见》

住房和城乡建设部《关于进一步强化住宅工程质量管理和责任的通知》

住房和城乡建设部《关于做好住宅工程质量分户验收工作的通知》

住房和城乡建设部、国家质量监督检验检疫总局《关于进一步加强建筑工程使用钢筋质量管理工作的通知》

(2)验收办法

《建设工程消防设计审查验收管理暂行规定》

《建设工程消防验收评定规则》

《北方采暖地区既有居住建筑供热计量改造工程验收办法》
《公路工程竣(交)工验收办法实施细则》
《水利工程建设项目验收管理规定》
《水电工程验收管理办法》
《水文设施工程验收管理办法》
《国家地下水监测工程(水利部分)验收管理办法》
《航道工程建设管理规定》
《港口工程建设管理规定》
《海洋油气开发工程环境保护设施竣工验收管理办法》
《运输机场专业工程竣工验收管理办法》
《核电厂初步设计消防专篇内容及深度规定》
《核电厂消防验收评审实施细则》
《运行核电厂消防安全管理实施细则》
《全国重点文物保护单位文物保护工程竣工验收管理暂行办法》

(二)工程质量修复费用鉴定

建设工程质量事关人民生命财产安全、社会公共利益,因此,我国的法律、行政法规对建设工程质量均作了强制性规定,有关建设工程技术标准也对建设工程质量要求作了具体规定。然而,工程实践中的建设工程质量问题屡见不鲜,这也成为许多建设工程案件中发包人提出抗辩、反诉(反请求)或提起诉讼(仲裁)的主要理由。在建设工程质量存在质量缺陷的情况下,如果发包人就此提出减少工程价款或赔偿损失的主张,则往往涉及工程质量修复费用的鉴定问题。

所谓工程质量修复费用鉴定,是指鉴定机构接受人民法院或仲裁机构委托,在诉讼或仲裁案件中,鉴定人根据有效的工程质量修复方案,运用工程造价方面的专业知识,对工程质量修复将产生的费用提供专业意见的活动。

工程质量修复费用鉴定属于工程造价鉴定的范畴,其鉴定方法、鉴定步骤及有关造价专业方面的争议与一般工程造价鉴定并无本质上的区别,二者的主要差异在于启动条件和鉴定依据有所不同。因此,以下主要就工程质量修复费用鉴定的启动、鉴定依据及其鉴定依据中的工程质量修复方案进行讨论。

1. 鉴定的启动

人民法院或仲裁机构启动鉴定应当符合关联性、必要性及可行性三个条件。相应地,具体到工程质量修复费用鉴定而言,其启动一般应符合如下条件。

(1)工程存在质量缺陷

工程质量修复费用鉴定的事项是对工程质量缺陷进行修复的费用金额,因此,工程存在质量缺陷当然是进行该项鉴定的前提条件。

(2)工程质量缺陷有修复的必要

虽然工程质量存在缺陷,但却不一定有必要进行修复,此时,当然就没有进行工程质量修复费用鉴定的必要了。具体来说,主要有如下几种情形:

第一,工程的质量缺陷无须进行修复。比如,混凝土结构的钢筋保护层厚度过大,不符合《混凝土结构工程施工质量验收规范》(GB 50204—2015)的规定,但经设计单位验算,不影响该结构的承载力,则相应的质量缺陷无须进行修复。

第二,发包人不主张进行修复。比如,工程墙体饰面砖的材料存在色差,不符合合同约定,发包人仅要求承包人减少价款的,则可能仅涉及一般的工程造价鉴定问题,不涉及质量修复费用的鉴定。

第三,工程无法修复或修复成本过高而不必要修复。如果工程质量问题严重导致整个建设工程无法修复,只能拆除重建,或者修复成本过高甚至超过工程拆除重建造成的损失,则此类质量缺陷就没有修复的意义,自然也不涉及质量修复费用的鉴定。

(3)工程质量修复费用的确定涉及专门性知识

一般来说,建设工程实体质量缺陷的修复费用确认均涉及工程造价专业知识,除经当事人质证可以直接认定的个别情形外,大多需要通过鉴定确定。

2. 鉴定依据

由于鉴定对象不同,工程质量修复费用鉴定与一般工程造价鉴定的鉴定依据也有所不同。一般来说,工程质量修复费用鉴定的依据主要包括以下内容。

(1)施工图设计文件。对于未按照设计图纸施工或工程、设备、材料不符合设计要求的质量缺陷,且该质量缺陷可直接按照施工图设计文件进行修复的,施工图设计文件应当作为工程质量修复费用鉴定的依据。涉案工程的施工图设计文件按要求需要进行施工图审查的,其应当经过施工图审查。

(2)修改的施工图设计文件。对于因建设工程设计质量问题导致的实体工程质量缺陷,且该质量缺陷可直接按照修改后的施工图设计文件进行修复的,修改后的施工图设计文件应当作为工程质量修复费用鉴定的依据。修改后的施工图设计文件按要求需要进行施工图审查的,其应当经过施工图审查。

(3)工程质量修复方案。对于因设计和(或)施工质量缺陷导致的实体工程质量缺陷,需要另行出具局部拆除、维修、加固等方案的,该类方案应当作为工程质量修复鉴定的依据。

(4)建设工程合同。根据当事人的主张和修复内容,作为鉴定依据的建设工程合同具体可分为以下两种情形：

①当事人仅以工程质量缺陷作为减少工程价款抗辩事由的，当事人签订的工程总承包合同或建设工程施工合同、中标通知书、投标文件及承包人响应的招标文件内容、有关工程价款调整的补充协议、会议纪要等均应作为减少工程价款的鉴定依据。

②当事人主张工程质量缺陷导致的损失的，则工程质量修复费用鉴定在不违反当事人约定的情况下，以鉴定时工程所在地的市场价格（包括建设行政主管部门发布的工程造价信息）作为鉴定依据；工程造价信息中没有的，可以以市场询价作为鉴定依据。《江苏省高级人民法院民一庭建设工程施工合同纠纷案件司法鉴定操作规程》第四十四条规定："对于工程存在质量缺陷，经有资质的鉴定机构确定修复方案后，鉴定机构可以根据鉴定时施工当地建设行政主管部门制定的工程计价依据计算修复加固费用。"①

（5）现场勘验。对于承包人未按照设计图纸施工导致的质量缺陷，现场勘验图表、记录等应当作为鉴定的依据。除此之外，鉴定人认为需要进行现场勘验的，其也可以提请委托人同意并由委托人组织现场勘验，并应当将现场勘验图表、记录等作为鉴定的依据。

（6）当事人提交的证据。经当事人质证的与工程修复鉴定费用有关的证据，可以作为鉴定的依据。不同证据之间存在矛盾的，在委托人确认前，鉴定人可依据不同证据作出选择性鉴定意见。

（7）其他鉴定依据。有关工程造价计算的工程量清单计价规范、工程量计算规则、当事人约定的计价标准、建设行政主管部门发布的相关文件以及其他法律法规的有关规定等均应作为鉴定依据。

3. 工程质量修复方案

由于工程质量修复方案是质量修复费用鉴定的主要依据，因此，确定适当的工程质量修复方案十分重要。

（1）工程质量修复方案的出具

建设工程质量修复包括维修、加固和更新。所谓维修是指综合维修处理，适用于仅有少数、次要部位局部不符合质量要求的情形。加固是指通过改善构件性能或受力状态，强化受力体系等措施使工程质量符合要求的处理方法，多适用于地基基础和主体结构存在质量缺陷且能够加固的情形。更新是指对无加固价值但仍需使用的建设工程所采取的处理措施，如在单层房屋内设防护支架，拆除装饰物或危险物、卸

① 现已失效，但其法理仍具借鉴意义。

载等。①

由于建设工程质量修复方案涉及相关工程的专业知识，且基于确定修复费用的需要，应当同时出具设计图，在我国当前的工程资质管理框架下，质量修复方案由具备相关工程设计资质的单位出具较为妥当。但由于目前对诉讼、仲裁活动中出具工程质量修复方案的主体资格没有明确规定，因此，司法实践中委托无相应设计资质的鉴定机构出具修复方案的情形并不少见。在上海曼昊建筑工程有限公司与上海顺灏新材料科技股份有限公司装饰装修合同纠纷案中，针对当事人所称鉴定单位不具有房屋质量鉴定和设计资质，其出具的鉴定意见中的修复方案超出其业务范围，修复方案无效的意见，法院认为，系争工程的质量鉴定内容属工程质量鉴定范畴，并非房屋质量检测或鉴定，质量鉴定单位在其鉴定范围内提供修复建议，不违反相关规定。② 在河南科琦智能科技有限公司、山东经典建设工程有限公司建设工程施工合同纠纷案中，法院也认为，虽然案涉工程至少属于中型，而鉴定单位仅具有建筑行业（建筑工程）丙级工程设计资格证书，即只能承担小型建设项目的设计，但鉴定单位只是对案涉工程中存在质量问题的部分设计修复方案，而不是对案涉工程的整体设计，故对相应的鉴定意见予以采纳。③

造成上述状况的原因，主要是各地法院对于设计鉴定类别的理解存在差别，甚至许多法院的鉴定机构名录中就没有设计鉴定的类别。比如，宁夏回族自治区高级人民法院于 2020 年 6 月发布关于编制《宁夏法院对外委托备选专业机构名录》的公告关于 10 类专业机构分类中，仅有“工程质量”，并未制定设计鉴定机构的准入条件。再如，湖北省高级人民法院于 2021 年 1 月发布的《2020 年司法委托鉴定机构名单》中，建设工程类的鉴定机构仅有“工程质量”类，也未见设计鉴定机构入围。最高人民法院所属的人民法院诉讼资产网中，全国范围内工程设计鉴定机构仅有 69 家，有的省份法院鉴定机构名录中，甚至连一家工程设计鉴定机构都没有。④

需要注意的是，由于工程的原设计单位更了解工程的具体情况，在工程质量缺陷与设计单位无关的情况下，由原设计单位出具质量修复方案可能更为妥当。当然，在司法实践中，原设计单位可能因种种原因不愿意接受委托，此时，人民法院或仲裁机构可以委托有相应设计资质的其他单位出具修复方案。

此外，在建设工程合同纠纷中，为存在质量缺陷的工程出具修复方案，其目的并非

---

① 参见《建筑抗震鉴定标准》（GB 50023—2009），中国建筑工业出版社 2009 年版，第 162 ~ 163 页。

② 参见上海市第二中级人民法院民事判决书，（2021）沪 02 民终 3549 号。

③ 参见河南省开封市中级人民法院民事判决书，（2021）豫 02 民终 2571 号。

④ 参见常设中国建设工程法律论坛第十二工作组：《建设工程勘察设计合同纠纷裁判指引》，法律出版社 2021 年版，第 268 页。

用于工程修复,而是为确定修复费用提供依据。因此,基于效率和成本的考虑,修复方案设计图不一定必须达到施工图设计的深度,但至少应达到方案设计深度,这样至少可以根据修复方案确定相应修复费用的估算值。

(2)工程质量修复方案的确定

建设工程设计一般包括安全、适用、经济、环保等基本原则,在针对某种质量缺陷存在多种修复方案时,应当按照上述原则确定修复方案。特别是在满足安全性的前提下,应当选择适用性强、经济合理的修复方案。比如:增大截面加固法,施工工艺简单、技术成熟、适应性强,但现场湿作业时间长;外包型钢加固法施工简便,现场工作量较小,但用钢量较大;施工快速、现场湿作业少,但胶粘工艺与操作水平要求高等。[①] 当事人可以就质量修复方案的适用性和经济合理性发表质证意见,必要时可以请相关领域的专家出庭发表专业意见。

此外,需要注意的是,由于技术标准的修订,实践中会出现工程设计合同签订时与修复方案设计时适用的技术标准不一致的情形。对此,住房和城乡建设部《关于实施〈房屋建筑和市政基础设施工程施工图设计文件审查管理办法〉有关问题的通知》(建质〔2013〕111 号)第 13 条规定:“审查机构应按照工程项目勘察设计合同签订时有效的工程建设强制性标准进行施工图设计文件审查。工程建设标准设计中与现行工程建设标准不符的内容,视为无效,不作为施工图审查的参考性依据。”由此可见,对于修复方案设计时的强制性标准高于设计合同签订时相应标准的情形,修复方案设计应当按照现行强制性标准进行设计,施工图审查也应当按照现行强制性标准进行审查。[②]

4. 工程质量修复费用的承担

工程质量修复费用原则上应由造成质量缺陷的当事人承担,其他当事人对质量缺陷的发生存在过错的,应承担过错责任并按过错程度分担部分费用。具体来说,主要有以下几种情形。

(1)因勘察、设计质量缺陷导致的工程质量修复费用应由勘察人、设计人承担。《民法典》第八百条对此作了规定:“勘察、设计的质量不符合要求或者未按照期限提交勘察、设计文件拖延工期,造成发包人损失的,勘察人、设计人应当继续完善勘察、设计,减收或者免收勘察、设计费并赔偿损失。”

(2)因施工人的施工质量缺陷导致的工程质量修复费用应由施工人承担。根

---

① 参见徐驰等:《既有建筑加固方法的现状与分析》,载《土木工程建造管理》,哈尔滨工业大学出版社有限公司 2010 年版,第 249 ~ 250 页。

② 参见高印立:《规则与裁判——民法典下建设工程司法解释适用与拓展》,法律出版社 2021 年版,第 211 页。

据《民法典》第八百零六条和第七百九十三条的规定，合同解除后，且建设工程经验收不合格的，修复后的建设工程经验收合格的，发包人可以请求施工人承担修复费用。

（3）对于设计、采购、施工工程总承包（EPC）工程，根据《建筑法》第五十五条的规定，工程质量由工程总承包单位负责，总承包单位将工程分包给其他单位的，应当对分包工程的质量与分包单位承担连带责任。

（4）因发包人原因导致的工程质量缺陷，其修复费用应由发包人承担。比如，在建设工程设计或施工合同纠纷中，因勘察报告不准确导致的工程质量缺陷修复费用应由发包人承担，发包人就此有权向有过错的勘察人追偿；在建设工程施工合同纠纷中，因设计质量缺陷导致的修复费用应由发包人承担，发包人就此有权向有过错的设计人追偿等。根据《民法典》第七百九十三条第三款的规定，发包人对因建设工程不合格造成的损失有过错的，应当承担相应的责任。《施工合同司法解释（一）》第十三条则规定了发包人承担过错责任的主要情形：

①其提供的设计有缺陷造成建设工程质量缺陷的；

②其提供或者指定购买的建筑材料、建筑构配件、设备不符合强制性标准，造成建设工程质量缺陷的；

③其直接指定分包人分包专业工程，造成建设工程质量缺陷的。

（5）各方当事人对工程质量缺陷有过错的，其应按照过错程度承担相应比例的质量修复费用。《施工合同司法解释（一）》第十三条既规定了发包人承担过错责任的主要情形，同时还规定了承包人有过错的，也应当承担相应的过错责任。比如，虽然发包人提供或指定的建筑材料不符合强制性标准，但承包人未按规定对进场材料进行检验，其对此也应承担过错责任。

（6）发包人原因导致工程质量修复费用增加的，该增加部分的费用应由发包人承担。比如，工程中途停工后，发包人对原设计又进行了加层、提高建筑物性能等设计变更，因此增加的质量修复费用应当由发包人承担。

此外，需要特别注意的问题是，技术标准会根据工程理论和实践的发展进行修订，如果因技术标准的要求提高而修复方案费用增加，该增加部分的费用应如何承担？

实践中对此观点不一。有观点认为，设计标准提高导致的修复费用增加系质量缺陷责任方的原因所导致，因此，该增加的费用应当由质量缺陷责任方承担。

笔者认为，设计标准提高实质上增强了建筑物的稳定性或抵抗外部荷载的能力，其所导致的修复费用增加不宜认为是给发包人造成的损失，而是建筑物“性能”增强的对价。因此,这部分增加的费用不宜由质量缺陷责任方承担,而宜由发包人承担。①

(三)实务案例

案例9－1

(1)基本案情

在福州华电房地产公司(以下简称福州华电公司)、北京中关村科技发展(控股)股份有限公司(以下简称中关村公司)、福建汇海建工集团公司(以下简称福建汇海公司)等建设工程施工合同纠纷案②中,2000年4月19日,福州华电公司(甲方)与福建汇海公司(乙方)签订借款合同,约定:"1.因甲方建设友谊大厦工程办理前期工作资金周转暂时困难,需要向乙方短期借款人民币贰佰万元整……3.甲方向乙方借款,甲方必须保证与完成的事项:1.保证将友谊大厦工程项目委托乙方承建施工的承诺……"同时,福州华电公司(甲方)作为发包人与福建汇海公司(乙方)就友谊大厦项目签订《友谊大厦工程施工合同》,对工程范围、价款、施工及付款等内容进行了约定,该合同未实际履行。

2000年10月26日,福州华电公司(发包人)与中关村公司(承包人)就友谊大厦工程签订建设工程施工合同,约定由中关村公司承建该工程。同日,双方又签订《友谊大厦工程施工补充合同》,对工程价款、决算办法、工程款支付办法等进行了约定。其中,对工程款支付办法作如下约定:"1.中关村公司同意由福州华电公司指定的分包单位垫资施工至本工程地上3层框架结构即框架4层楼面止,甲方于四层楼面结构完成后3天内必须付给乙方完成工程造价的75%工程款……"2001年10月28日,福州华电公司与中关村公司再次签订施工补充合同,对付款方式作了变更。该合同未加盖双方单位公章,中关村公司不认可该合同,但认可补充合同签名人员中郭姓人员原系其公司员工。

2000年11月24日,中关村公司(甲方)与福建汇海公司(乙方)就友谊大厦工程签订建筑工程施工合同,承包范围为友谊大厦施工图纸范围内全部结构工程、初装修、强电、给排水。合同中还约定,本工程乙方垫资施工至4层楼面。双方在合同中还约定:本工程甲方向乙方收取的综合管理费为合同总造价(不含税费、设备费及材料差价)的10%;工程达到垫资部位后,甲方每次收到工程款,扣除代扣代缴税费及管理费后,其余款项拨给乙方使用。

友谊大厦工程施工至地上4层楼面框架结构,后因资金问题,于2002年6月18

① 参见高印立:《规则与裁判——民法典下建设工程司法解释适用与拓展》,法律出版社2021年版,第211页。

② 参见北京市高级人民法院民事判决书,(2017)京民终252号。

日停工。福州华电公司称其支付的工程款(包括现金和建材)共计1250万元左右;中关村公司称收到现金及建材共计1140万元左右。各方均认可建材系由福州华电公司直接送至工地。

工程停工后,建设方、施工方、监理单位等部门多次召开会议,会议纪要显示该工程存在部分质量问题。

2008年12月底,友谊大厦工程施工场地由福州华电公司接收管理。

2014年4月11日,福州华电公司向一审法院提起诉讼,请求判令中关村公司、福建汇海公司赔偿工程质量损失1200万元(数额以质量鉴定及造价评估结果为准)。

2015年4月29日,福州华电公司对涉案工程重新进行施工,各方均认可至本案一审最后一次开庭时,已建到地面20层以上。

各方当事人均认可涉案工程未进行招投标程序。

(2)一审法院审理情况

根据福州华电公司的申请,一审法院委托某司法鉴定所对涉案工程是否存在工程质量问题及原因进行鉴定。2014年11月30日,该司法鉴定所出具《司法鉴定检验报告书》。该鉴定报告显示,涉案工程存在多处施工质量问题,亦有建筑长期暴露在外且未进行处理导致的质量问题。

根据福州华电公司的诉讼请求及上述《司法鉴定检验报告书》,一审法院委托涉案工程原设计单位出具修复方案。2016年1月,原设计单位出具了修复方案。法院依福州华电公司申请,委托造价鉴定机构对涉案工程的修复、加固造价进行评估。造价鉴定机构于2016年10月31日出具了《司法鉴定报告》,该报告认定涉案工程修复费用为26,423,334.91元。

2016年11月30日庭审中,福州华电公司依据《司法鉴定报告》结论变更了诉讼请求数额,请求中关村公司和福建汇海公司两公司连带赔偿工程质量损失26,423,334.91元。

(3)当事人对鉴定报告的质证情况

《司法鉴定检验报告书》

福州华电公司认可《司法鉴定检验报告书》的意见。

福建汇海公司不认可《司法鉴定检验报告书》,理由如下:

①法律方面,鉴定单位没有在福建省建设厅进行备案,在福建省从事检测业务的资质不符合要求;司法鉴定人员未到场实时检测,现场检测流程严重违反司法鉴定通则的规定,且违反了法庭主持诉讼各方所确定的鉴定程序规则,鉴定程序严重违法。同时,该报告是在暴力包围下产生的,未考虑工程质量的法律归责原则,鉴定意见明显依据不足。

②技术方面，报告内容不符合专业、科学和客观的鉴定要求，存在众多显而易见的低级错误，鉴定意见未进行科学论证，明显依据不足。鉴定报告存在明显的错误，没有见到原始数据及关键中间数据，检测时我方人员未被允许入场；报告中有前后矛盾之处，鉴定单位回复是笔误，显然是不严肃的，而且2名具有鉴定资质的人员不在检测现场，是不符合规定的。鉴定单位没有拿到原始的图纸资料，因而鉴定意见所依据的资料不真实，直接影响结论的真实性。

中关村公司同意福建汇海公司的质证意见，同时提出检测人员之一不具有鉴定资质，鉴定程序严重违法。

《司法鉴定报告》

福州华电公司认可《司法鉴定报告》的内容。

中关村公司不认可该《司法鉴定报告》，理由如下：

①该报告的鉴定依据是此前的《司法鉴定检验报告书》和设计院出具的修复设计方案。而《司法鉴定检验报告书》和修复设计方案本身在程序上和实体上均存在重大的瑕疵，不应该在本案中采用。因此，依据上述两份报告作出的修复造价鉴定显然与本案事实不符。

②目前福州华电公司对涉案工程已经进行了加建，依据建筑规范应当对于此前存在的质量问题进行修复和采取加固措施，如果没有进行修复和采取加固措施就不应当往上加建，如果加建和修复的行为已经发生，鉴定的内容应该是现场发生的修复和加固的费用，而不是依据一份本身存在错误的设计方案进行估算。

③该造价鉴定报告是依据2016年的标准进行的鉴定，本案需要查明的是2002年6月停工之时发生的费用。涉案工程原设计的是28层，现在调整到29层或者30层，本次修复造价鉴定是依据变更后的设计，按照29层或者30层的标准进行修复，因为更改设计导致费用的增加，不应当由施工单位承担。

④福州华电公司于2008年12月收回现场，现场的维护和管理均属于福州华电公司的责任，地下室常年浸泡导致的损失和质量缺陷以及因为水浸导致的渗漏和裂缝都是由于现场管理和维护不当造成的，与施工质量无关。

福建汇海公司不认可《司法鉴定报告》，理由如下：

①鉴定机构在鉴定过程中与福州华电公司单方核对工程量，违反了司法鉴定通则对司法鉴定的独立性要求，属于严重的程序不合法。

②鉴定所依据的部分资料未经举证质证，具体有2016年9月1日《地下室侧壁防水修复方案》纸质图纸、2016年11月2日纸质版的《友谊大厦结构改造工程拆除方案》，这两份材料都不在当时设计单位提供给我方进行质证的图纸范围内，这两份图纸不能作为鉴定的依据。

③《司法鉴定报告》所依据的计价标准不明确，鉴定报告只是说是以修缮定额结合市场价为依据，但是没有明确定额。

④这份鉴定报告的内容不符合客观事实，5层的拆除不属于质量问题，5层拆除的事项已经是实际发生的费用，本身也不存在鉴定的问题。另外，规范标准发生多次变更，每一次变更都提高了要求，如果要修复也不能适用现在的标准，应当根据当时的标准来作修复造价。也就是说，现行标准与以前标准之间存在重大的差别，导致同样的工程修复造价会有巨大的差额，这份鉴定报告没有考虑这个因素，不符合客观事实。

⑤友谊大厦目前建到了20层以上，如果存在《司法鉴定报告》中所说的如此严重的质量问题，则必须要进行修复以后才能允许继续往上加建，继续往上加建的事实表明所有的修复事项已经完成了，并不需要鉴定，应以实际产生的费用为准；如已经建设的工程如果不存在上述情况，反而说明工程不存在质量问题。该质量鉴定报告是不客观的、错误的。

(4)一审法院判决

①关于涉案施工合同的效力

涉案工程达到了必须进行招投标的要求，各方当事人均认可涉案工程未进行招投标，故依据《施工合同司法解释》第一条第(三)项[①]之规定，福州华电公司与中关村公司签订的建设工程施工合同无效。继而中关村公司与福建汇海公司签订的涉案建筑工程施工承包合同亦属无效。主合同无效，上述各方当事人之间签订的补充合同等必然无效。

②关于工程性质

福州华电公司称中关村公司违法将工程转包给福建汇海公司；中关村公司与福建汇海公司称自签订合同之初，福州华电公司的意图就是将涉案工程指定给福建汇海公司施工。对此争议，法院认为，2000年4月19日，福州华电公司与福建汇海公司签订借款合同，在该合同中福州华电公司保证将“友谊大厦”工程项目委托给福建汇海公司承建施工；同日，双方签订《友谊大厦工程施工合同》。在随后福州华电公司与中关村公司签订的施工合同中亦有如下约定：“乙方同意由甲方指定的分包单位垫资施工至本工程地上3层框架结构即框架4层楼面止……”而最终中关村公司又与福建汇海公司签订施工合同，将涉案工程中的绝大部分承包给了福建汇海公司。

① 现变更为《施工合同司法解释(一)》第一条：“建设工程施工合同具有下列情形之一的，应当依据民法典第一百五十三条第一款的规定，认定无效：(一)承包人未取得建筑业企业资质或者超越资质等级的；(二)没有资质的实际施工人借用有资质的建筑施工企业名义的；(三)建设工程必须进行招标而未招标或者中标无效的。承包人因转包、违法分包建设工程与他人签订的建设工程施工合同，应当依据民法典第一百五十三条第一款及第七百九十一条第二款、第三款的规定，认定无效。”

通过上述一系列行为可以看出，福州华电公司的真实意图就是将涉案工程交给福建汇海公司施工，将工程转包给福建汇海公司并非中关村公司的意思表示，而是在福州华电公司的指令下，中关村公司才与福建汇海公司签订了承包合同。故本案不存在中关村公司违法转包的问题，实质上是福州华电公司指定了工程的施工主体，但不属于“指定分包人分包专业工程”。

③关于修复设计方案

修复设计方案是进行修复造价鉴定的重要依据，由原来的设计单位出具是科学的、符合相关要求的。虽然中关村公司与福建汇海公司对该修复设计方案不予认可，但对其所提异议未提供证据予以佐证，故该修复设计方案可以作为定案的参考依据。对中关村公司与福建汇海公司所提异议，法院不予采纳。

④关于涉案工程的质量

首先，关于鉴定程序的问题。鉴定单位是否到福建省建设厅备案，属于行政规范调整的内容，不必然造成鉴定的程序违法。本案出具《司法鉴定检验报告书》的人员在鉴定报告出具时，均具有合法的执业资格；法律法规没有强制规定出具鉴定报告的人员必须一直在现场进行数据的采集等工作，司法鉴定人员与“具有该鉴定事项执业资格的司法鉴定人员”不是同一概念，鉴定单位在从事具体鉴定工作时，委派不同人员进行专业分工并无不妥。因而中关村公司与福建汇海公司关于鉴定程序违法的辩解，缺乏法律依据，法院不予采信。

其次，关于鉴定报告的内容问题，中关村公司与福建汇海公司提出的有关鉴定内容的异议，在最终确定结果时综合全案因素予以考虑。

因此，结合《司法鉴定检验报告书》及停工时的会议纪要等证据材料，法院认定涉案工程存在质量问题，主要是施工原因所致，也有停工而长期风化、锈蚀的原因所致。

⑤关于福州华电公司是否可以直接主张质量损失

中关村公司与福建汇海公司均提出，如果工程确实存在质量问题，福州华电公司应先要求施工单位进行修复，而不应直接要求赔偿修复费用。同时还提出，即使要求质量损失费用，亦应以实际修复的费用为准而不是依据造价鉴定来确定修复费用。

对此，法院认为存在工程质量问题，发包人有权要求施工人进行维修，但法律并没有规定必须先要求修复然后才能主张损失，《合同法》第二百八十一条[①]规定的是发包人“有权”要求施工人在合理期限内无偿修理或返工、改建，如何行使法律赋予发包人的权利取决于发包人的决定。本案中的施工合同属于无效合同，且至本案起诉时工程

① 现变更为《民法典》第八百零一条，该条规定：因施工人的原因致使建设工程质量不符合约定的，发包人有权请求施工人在合理期限内无偿修理或者返工、改建。经过修理或者返工、改建后，造成逾期交付的，施工人应当承担违约责任。

停工已近10年，双方之间的纠纷一直未能解决且矛盾很深，从实际情况出发，福州华电公司选择在诉讼中直接要求中关村和福建汇海两公司赔偿质量损失并不违反法律的规定。至于是否必须以实际发生的修复费用作为赔偿数额的依据问题，损失数额的确定，可以以实际修复的费用为准，也可以通过司法鉴定来确定，福州华电公司对此有选择权，其可以根据实际情况作出选择，法律亦没有明确规定必须以实际修复费用作为赔偿依据。因而中关村公司与福建汇海公司的该项辩解，法院不予采信。

⑥关于修复造价的鉴定报告

审理中，中关村公司与福建汇海公司均不同意进行此鉴定并且不认可该鉴定报告。福州华电公司为支持其诉讼请求，申请进行修复造价鉴定是其诉讼权利，也是其举证义务，故进行该鉴定并不违反法律的规定。经法院电话询问鉴定单位，鉴定单位在鉴定时已知晓涉案工程已经开始加建，并且认为加建行为不影响此后的修复，在鉴定报告中已然表述了因加建而增加的费用数额。对因加建行为而增加的有关费用，应由福州华电公司自行承担。因此，该鉴定报告可以作为本案定案的参考依据，但是必须考虑以下因素来认定修复费用：涉案工程于2002年停工，而鉴定时间为2016年，时间跨度过长，物价有一定的涨幅。如果本案当事人在停工时能够通过协商或诉讼等方式解决纠纷，必然会大大降低成本，从而减少各方的损失，因而法院考虑物价因素、福州华电公司加建行为等原因，酌情确定修复费用为2400万元。

⑦关于各方当事人的责任

福州华电公司：其未进行招投标，径行指定施工主体，对于合同的无效存在过错；在发生纠纷后未及时通过合理的方式解决纠纷，拖延至今，造成工程长期锈蚀、风化，且存在对工程进行加建的行为，对损失的扩大应承担相应的责任。

中关村公司：本案施工人系福州华电公司所指定，未进行招投标系福州华电公司所决定，因而中关村公司对于合同无效不存在过错。中关村公司并非实际施工人，其只是在施工现场派驻管理人员协助福建汇海公司施工，而本案的工程质量问题主要是施工原因所致，中关村公司对施工质量无法掌控，因而中关村公司对工程质量问题没有过错。但因中关村公司按照工程进度价款的10%收取了管理费，其实际获取了利益，因而一审法院酌情确定其应承担10%的赔偿责任。

福建汇海公司：其与福州华电公司签订的借款合同中约定了涉案工程的承包人，即双方直接约定了工程的施工人，该约定显然违反了有关招投标的法律规定。在工程停工后，福建汇海公司未及时通过合理的方式解决纠纷，拖延至今，造成工程长期锈蚀、风化，对于损失的扩大亦存在过错。最为重要的是，因涉案工程质量问题主要是施工原因造成的，因而对于工程质量损失，作为施工人的福建汇海公司应承担主要责任。故此，一审法院酌情认定福州华电公司自行承担20%的责任；中关村公司与福建汇海公司承担其余80%的责任，其中中关村公司承担该80%责任的10%。

此外，一审法院认为福州华电公司要求中关村公司和福建汇海公司承担连带赔偿责任的诉讼请求缺乏事实和法律依据，不予支持。

最终，一审法院判决中关村公司给付福州华电公司工程质量损失费192万元，福建汇海公司给付福州华电公司工程质量损失费1728万元。

二审法院维持了原判。

案例9-2

在浙江恒道建设有限公司（以下简称恒道公司）、义乌市望江塑料厂（以下简称望江塑料厂）建设工程施工合同纠纷案①中，2012年10月15日，发包人望江塑料厂与承包人恒道公司签订了一份建设工程施工合同，约定望江塑料厂厂房一、二、三、综合楼由恒道公司承建，建筑面积54,953.77平方米，合同工期总日历天数410天，合同价款35,720,000元，安全文明措施费659,445元，工程款支付的方式和时间为基础完成付20%，二层结构完成付20%，屋顶结构付20%，主体中间验收付20%，外脚手架拆除付10%，竣工验收合格付7%，留3%质保金，钢材由发包人自行提供，钢材款不计在合同造价之内，合同造价内不包括税收，一切税收由发包人承担，与承包人无关。

2012年10月20日，双方又签订了一份补充协议书，约定恒道公司承包涉案工程的方式为一次性包清工，承包范围为望江塑料厂提供的设计文件（施工图、设计变更），补充协议约定了各个分部分项工程的单位面积单价，面积按设计图纸计算。税收由望江塑料厂承担，恒道公司按办理施工许可证的合同价的5.8%收取，合同价款按办理施工许可证的价款，所有税收在工程验收前全部交纳清楚，用于工程实体中的材料如水泥、钢材、砂、红砖、水泥砖、石子、石灰等由望江塑料厂负责供应，用于施工及保证工程施工安全的有关施工机械设备、材料、工具如木模、铁钉、铁丝、搅拌机、切割机、电焊机、焊条、螺丝杆、泥桶、锹、内外钢管脚手架、毛竹片、安全网、水泵、提升机、水管、照明灯等由恒道公司负责。

在施工过程中，双方当事人发生纠纷，恒道公司于2014年5月停止施工。望江塑料厂已共支付恒道公司工程款3,831,915.29元。

望江塑料厂向一审法院提起诉讼，请求：(1)解除双方签订的建设工程施工合同及补充协议书；(2)恒道公司向望江塑料厂支付工期延误违约金124,000元；(3)恒道公司向望江塑料厂返还安全文明措施费494,450元；(4)恒道公司立即移交涉案工程施工现场及已施工工程（含施工资料）；(5)恒道公司搬离其存放在施工现场的恒道公司提供的机械设备。审理过程中，望江塑料厂增加了以下两项诉讼请求：①判令恒道

① 参见浙江省高级人民法院民事判决书，(2020)浙民再169号。

公司立即向望江塑料厂赔偿因涉案工程质量不合格导致的损失(第一,8,481,584.32元;第二,可能存在的修复损失费用,具体以鉴定结果为准;第三,按照合同约定的材料赔偿款,具体数额参照修复费用鉴定结果);②判令案件诉讼费用及鉴定费用由浙江恒道建设有限公司承担。

恒道公司向一审法院提起反诉,请求:(1)望江塑料厂支付剩余工程款2,780,887元(实际以评估为准,已扣除安全文明措施费);(2)判令望江塑料厂按照140,000元/月(实际以评估为准)赔偿塔吊、脚手架租赁损失约为490,000元;(3)依法判令望江塑料厂承担开具发票所需的税金2,786,160元;(4)确认恒道公司对涉案工程的拍卖款享有优先受偿权。

庭审中,涉案工程质量是否合格及修复鉴定费用成为本案的争议焦点之一。

一审法院委托鉴定机构对涉案工程质量进行了鉴定,质量鉴定机构的鉴定意见为:

(1)厂房二第六层和第七层层高不符合设计图纸及规范要求,主要原因是搭设楼层支模架时未能有效控制标高。

(2)地下室、地下室外墙板裂缝渗漏水的原因是多方面的。首先是施工时泵送混凝土坍落度偏大,造成混凝土收缩过大产生裂缝漏水;其次是局部振捣不够密实以及养护不到位等原因造成;最后是地下室外墙板水平钢筋间距设计过大混凝土抗裂不利。

(3)厂房三外墙部分构造柱垂直偏差超过规范要求,影响外窗框安装。这是由于支模质量不符合标准所造成的,在浇筑混凝土时未能有效控制模板垂直度和截面尺寸。

(4)厂房三第六层、第七层混凝土结构存在质量缺陷,部分大跨度预应力大梁梁底孔洞、蜂窝麻面严重,现浇结构的外观质量存在缺陷。这主要是混凝土浇筑施工方法失当所致。

(5)厂房一外露柱主筋锈蚀但尚未起皮,短期内经除锈后可以使用,厂房二和综合楼外露柱主筋锈蚀比较严重,钢筋表面有脱皮现象,短期内宜请原设计单位确认安全后方可投入使用。造成钢筋锈蚀主要原因是停工时间长,钢筋长期暴露于露天环境下未采取保护措施导致钢筋氧化。

法院委托某设计公司就质量问题出具了修复方案,某评估公司就修复费用出具了鉴定报告,修复方案中可鉴定部分修复费用为560,493.18元。另外,关于厂房二第六层和第七层层高不符合设计图纸及规范要求的问题,设计公司建议双方当事人协商货币化补偿,故造价鉴定人员对该项损失不予鉴定。

一审法院认为,根据质量鉴定报告,涉案工程存在质量问题,并需要修复,从报告中列明的导致质量问题的原因看,系施工过程中施工不当导致,恒道公司应承担涉案工程有质量问题的修复费用,根据修复费用鉴定报告,修复费用为560,493.18元,另关于厂房二第六层与第七层层高的问题,鉴定机构的意见为建议当事人协商货币补偿,但未给出结论,望江塑料厂在庭审中称暂不主张,其与恒道公司协商,协商不成的再另行主张,因此,对该项损失不予处理。

恒道公司上诉请求撤销一审民事判决,并予以改判或发回重审。二审法院驳回了恒道公司的上诉,维持了原判。

恒道公司提起再审。再审法院裁定提审本案。

再审法院认为,因本案所涉工程的钢筋、混凝土等建筑材料为望江塑料厂供货且水电安装工程、预应力工程又另行发包,故涉案工程虽存在质量问题,但根据鉴定意见分析系多方面的原因造成,虽有恒道公司作为劳务清包方施工单位在施工过程中施工不当导致,也有望江塑料厂自身的原因及其他材料供应商的原因,故对质量修复费用的比例酌情确定由恒道公司承担70%的责任,即恒道公司支付望江塑料厂质量修复费用为392,345.23元。原审判定由恒道公司承担涉案工程有质量问题的全部修复费用560,493.18元存有不当,应予纠正。

二、"黑白合同"的费用争议处理

(一)"黑白合同"产生的背景

1."黑白合同"一词的由来

"黑白合同"一词最早见于2003年10月27日全国人大常委会副委员长李铁映所作的《全国人大常委会执法检查组关于检查〈中华人民共和国建筑法〉实施情况的报告》。该报告提出,"建设单位与投标单位或招标代理机构串通,搞虚假招标,明招暗定,签订'黑白合同'的问题相当突出。所谓'黑合同',就是建设单位在工程招投标过程中,除了公开签订的合同外,又私下与中标单位签订合同,强迫中标单位垫资带资承包、压低工程款等。'黑合同'违反了《招标投标法》、《合同法》和建筑法的有关规定,极易造成建筑工程质量隐患,既损害施工方的利益,最终也损害建设方的利益"。

2."黑白合同"产生的制度背景

"黑白合同"的产生与我国建筑市场的乱象、招标投标制度及建设工程合同备案制度的规定都有着密切的联系。《招标投标法》第四十六条第一款规定:"招标人和中标人应当自中标通知书发出之日起三十日内,按照招标文件和中标人的投标文件订立书面合同。招标人和中标人不得再行订立背离合同实质性内容的其他协议。"这就意味着,我国的《招标投标法》禁止当事人订立与招标文件、投标文件实质性内容不一致的合同。根据《招标投标法》的上述规定,2001 年《房屋建筑和市政基础设施工程施工招标投标管理办法》(建设部令第 89 号)又具体规定了建设工程合同备案制度。该办法第四十七条第一款规定:“招标人和中标人应当自中标通知书发出之日起 30 日内,按照招标文件和中标人的投标文件订立书面合同;招标人和中标人不得再行订立背离合同实质性内容的其他协议。订立书面合同后 7 日内,中标人应当将合同送县级以上工程所在地的建设行政主管部门备案。”在实践中,发包人为了降低工程造价,减少工程成本,提高项目收益,会采取一切措施去追求自己的利益最大化,包括压低建设工程施工合同价款,压缩合理工期,提高建设工程质量标准,甚至不惜规避国家的税收规定等。加上《招标投标法》和有关配套规定对我国境内的强制招标范围规定的较为广泛,①于是,在采取招标投标方式签订合同之后,发包人往往利用自己的优势地位,或当事人以合同自由为借口,就同一建设工程签订两份或两份以上实质性内容不一致的合同。由此,就产生了“黑白合同”现象。

2018 年 9 月 28 日,住房和城乡建设部发布了《住房城乡建设部关于修改〈房屋建筑和市政基础设施工程施工招标投标管理办法〉的决定》(住房和城乡建设部令第 43 号),删除了《房屋建筑和市政基础设施工程施工招标投标管理办法》第四十七条第一款中“订立书面合同后 7 日内,中标人应当将合同送工程所在地的县级以上地方人民政府建设行政主管部门备案”的规定,正式取消了施工合同备案这一程序。

值得注意的是,建设工程施工合同备案程序虽然已经取消,但招标文件的备案制度尚未取消。《房屋建筑和市政基础设施工程施工招标投标管理办法》(2019 年修正)第十八条规定:“依法必须进行施工招标的工程,招标人应当在招标文件发出的同时,将招标文件报工程所在地的县级以上地方人民政府建设行政主管部门备案。建设行政主管部门发现招标文件有违反法律、法规内容的,应当责令招标人改正。”招标文件的备案制度仍然存在,各地建设行政主管部门对于招标文件内容的审查仍较为严格。在这种情况下,当事人可能在中标通知书发出后,不按照招标文件和投标文件的实质性内容签订合同,而是签订一份实质性内容不同于招投标文件的合同。在该情形下,当事人之间虽仅签订了一份建设工程施工合同,但因其与招投标文件的实质性内容不同,故仍存在“黑白合同”问题。

---

① 《招标投标法》第三条对我国境内工程建设项目的勘察、设计、施工、监理以及与工程建设有关的重要设备、材料等采购的强制招标范围进行了规定。此后,《工程建设项目招标范围和规模标准规定》(国家发展计划委员会令第 3 号)对强制招标的工程建设项目的具体范围和规模标准作了规定。2018 年 6 月,《工程建设项目招标范围和规模标准规定》废止,《必须招标的工程项目规定》(国家发展和改革委员会令第 16 号)、《必须招标的基础设施和公用事业项目范围规定》(发改法规规〔2018〕843 号)正式施行,由此,强制招标范围有较大幅度的减少。

（二）司法实践中处理“黑白合同”的基本原则

1.“黑白合同”的典型类型

实践中，根据实际履行的“黑白合同”签订的时间不同，可以将“黑白合同”分为以下三种典型类型。

类型Ⅰ：在工程项目经过招标投标后，发包人与承包人按照招标文件和投标文件签订建设工程施工合同。此后，双方又另行签署与上述建设工程施工合同实质性内容不同的合同，或以签订补充协议的形式对其实质性内容进行变更。

类型Ⅱ：在工程项目经过招标投标后，发包人与承包人所签订建设工程施工合同的实质性内容与招标文件、投标文件和中标通知书不一致。

类型Ⅲ：为了规避招投标带来的承包人选择不确定的风险，发包人在招标前就与投标人进行磋商，并先行签订建设工程施工合同，之后再履行招投标程序，又按照招标文件和投标文件另行签订了一份建设工程施工合同。

2. 处理“黑白合同”的基本原则

根据“黑白合同”的类型不同，司法实践中的处理原则也不相同，以下分别讨论。

（1）类型Ⅰ及类型Ⅱ

①按照中标合同结算工程价款

根据《招标投标法》第四十六条的规定，所谓中标合同是指招标人和中标人按照招标文件和中标人的投标文件订立的合同，其强调的是合同内容与招标文件及中标人的投标文件的一致性。只有招标人和中标人订立的书面合同与其在招标投标过程中达成一致的实质性内容相符合，该书面合同方可称为中标合同。而《招标投标法》所要求订立的书面合同，仅仅是将招标投标文件的规定、条件和条款以书面合同的形式固定下来，招标文件和投标文件是该合同的依据。[①] 因此，从这个意义上讲，中标通知书一经发出且中标人收到后，招标人和中标人在招标投标过程中达成一致的内容即成为原始的中标合同，它是双方签订中标的书面合同的渊源。《施工合同司法解释（一）》第二条第一款对此作了规定：“招标人和中标人另行签订的建设工程施工合同约定的工程范围、建设工期、工程质量、工程价款等实质性内容，与中标合同不一致，一方当事人请求按照中标合同确定权利义务的，人民法院应予支持。”

在司法实践中，对于中标合同的理解应当注意以下几个方面的问题：

第一，虽然建设工程施工合同的备案程序已经取消，但招标文件的备案制度仍然

---

① 参见国家计委政策法规司、国务院法制办财政金融法制司编著：《〈中华人民共和国招标投标法〉释义》，中国计划出版社1999年版，第91页。

存在。由于“备案”是建设行政主管部门的一种行政管理措施，并非合同生效的要件，因此，即使招标文件未经备案程序，按照招标文件和投标文件订立的合同仍应认定为中标合同。

在《国务院办公厅关于开展工程建设项目审批制度改革试点的通知》（国办发〔2018〕33号）发布后，作为试点城市之一的天津市住建委推出了六项措施以简化招投标流程，其中非常重要的一项措施就是取消了招标公告、招标文件备案的前置审核。招标人只需要“通过天津市建筑市场监管与信用信息平台，向建设工程招标投标监督管理机构进行备案”即可。此项举措使得“备案”回归了其“存案以备查考”的本来面目，能够从根本上避免当事人因招标文件审查而改变中标合同的内容，从而有效减少“黑白合同”争议，值得提倡和推广。

第二，对于类型Ⅱ来说，招标文件、投标文件和中标通知书所组成的合同性质，实践中有不同观点。有观点认为，中标通知书一经发出，建设工程施工合同本约即告成立。① 也有观点认为，以发出中标通知书为标志，招标人与中标人之间的预约合同成立且生效。而《招标投标法》第四十六条第一款所规定的“按照招标文件和中标人的投标文件订立书面合同”就是依照预约订立本约合同。②

《施工合同司法解释（一）》第二十二条规定：“当事人签订的建设工程施工合同与招标文件、投标文件、中标通知书载明的工程范围、建设工期、工程质量、工程价款不一致，一方当事人请求将招标文件、投标文件、中标通知书作为结算工程价款的依据的，人民法院应予支持。”由该规定可知，既然应当将招标文件、投标文件、中标通知书作为结算工程价款的依据，那么，中标通知书发出后所成立的合同应当是建设工程施工合同，而非当事人意图订立建设工程施工合同的预约合同。因此，在类型Ⅱ中，招标文件、投标文件和中标通知书所组成的合同即为中标合同。

第三，“黑白合同”的问题不仅存在于强制招标项目中，在自愿招标的工程项目中同样存在。对此，《施工合同司法解释（一）》第二十三条作了规定：“发包人将依法不属于必须招标的建设工程进行招标后，与承包人另行订立的建设工程施工合同背离中标合同的实质性内容，当事人请求以中标合同作为结算建设工程价款依据的，人民法院应予支持，但发包人与承包人因客观情况发生了在招标投标时难以预见的变化而另行订立建设工程施工合同的除外。”由该规定可知，以中标合同作为结算依据的原则同样适用于自愿招标项目，其原因在于：

首先，《招标投标法》的适用范围是在我国境内进行的招标投标活动。《招标投标

① 参见高印立：《论中标通知书发出后建设工程合同的本约属性》，载《建筑经济》2015年第1期。

② 参见陈川生等：《关于中标通知书法律效力的研究——预约合同的成立和生效》，载《北京仲裁》2012年第2期。

法》第二条对此作了规定。该法第十二条、第十六条、第二十四条、第三十七条、第四十二条、第四十七条均对依法必须进行招标的项目作了特别规定，这也从侧面证明《招标投标法》既适用于必须招标的项目，也适用于自愿招标的项目。

其次，“黑白合同”问题的出现，无论对于必须招标的项目还是自愿招标的项目，都属于严重背离《招标投标法》的公平、公正和诚实信用原则的行为，损害了正常的市场竞争秩序和不特定投标人的合法权益，将使招标投标活动失去本来的意义。

由此可见，中标合同的概念既适用于强制招标项目，也适用于自愿招标项目。

②以“实质性内容”是否一致作为判断标准

判断“黑白合同”问题的重要标准，是合同的“实质性内容”是否一致。关于何为“实质性内容”，《施工合同司法解释(一)》第二条第一款作了规定。由该规定可知，工程范围、建设工期、工程质量、工程价款应当作为判断是否存在“黑白合同”的“实质性内容”。当事人签订合同的“实质性内容”与中标合同不同的，则构成“黑白合同”。

(2)类型Ⅲ

①中标合同无效

在类型Ⅲ中，招标人在招标前与投标人进行磋商，属于法律禁止的串通投标行为，根据《招标投标法》第五十三条的规定，投标人与招标人串通投标的，中标无效。同时，根据《施工合同司法解释(一)》第一条的规定，建设工程必须进行招标而未招标或者中标无效的，建设工程施工合同应认定为无效。

需要注意的是，《招标投标法》第五十三条并非仅针对强制招标项目。对于自愿招标项目，由于串通投标损害了其他投标人的利益，损害了正常的市场竞争秩序，因此，在投标人和招标人串通投标的情形下，中标也归于无效，相应的建设工程施工合同也无效。

②按实际履行的合同结算

在强制招标项目中，若当事人在招投标之前签订了建设工程施工合同，则该合同因违反《招标投标法》而无效。同时，投标人与招标人上述签订合同的行为很可能被认定为串通投标，则其就同一建设工程成立的中标合同也无效。在这种情况下，当事人之间就同一建设工程所签订的上述合同均为无效。根据《施工合同司法解释(一)》第二十四条第一款的规定，当事人就同一建设工程订立的数份建设工程施工合同均无效，但建设工程质量合格，应当参照实际履行的合同关于工程价款的约定折价补偿承包人。

(三)“黑白合同”的争议费用造价鉴定

1. 确定造价鉴定的合同依据

《建设工程造价鉴定规范》第2.0.13条明确，鉴定依据指鉴定项目适用的法律、行政法规、规章、专业标准规范、计价依据；当事人提交经过质证并经委托人认定或当事人一致认可后用作鉴定的证据。而当事人提交的证据一般包括建设工程施工合同、勘察及设计文件、有关工程建设标准、竣工图纸、设计变更文件、工程洽商记录、工程签证以及其他项目相关文件。很显然，建设工程施工合同是工程造价鉴定的重要合同依据。

在建设工程合同案件审理过程中，如果当事人对合同依据产生争议，委托人应当对适用的合同依据进行判断。涉及工程造价鉴定的，应当由委托人确定鉴定的合同依据。在实际案件审理中，首先就涉及是否存在“黑白合同”的判断。在具体案件中，委托人在坚持以“实质性内容是否一致”作为判断标准的同时，还应通过审查如下事项来判断是否存在“黑白合同”问题。

（1）涉案工程是否经过了招标投标

如果涉案工程不是必须招标的项目，当事人签订合同也没有经过招标投标的程序，那么，当事人所签订的多份合同并不存在“黑白合同”问题，委托人应当以体现当事人真实意思的合同作为造价鉴定的依据。其中，真实意思表示可以根据当事人履行合同过程中的行为进行确定，能够确定当事人实际履行的合同的，则应当认定该实际履行的合同体现了当事人的真实意思表示。如果涉案工程应当招标而未经过招标投标程序，则当事人就同一工程签订的建设工程施工合同均为无效，委托人应当根据《施工合同司法解释（一）》第二十四条的规定，将当事人实际履行的合同作为造价鉴定依据。如果涉案工程为强制招标项目，且当事人在招投标过程中有串通投标行为，则当事人之间的中标合同及此前或此后签订的建设工程施工合同均无效，委托人应当根据《施工合同司法解释（一）》第二十四条的规定，将当事人实际履行的合同作为造价鉴定依据。如果涉案工程经过了招标投标，无论其是否为强制招标项目，当事人就该同一工程签订与中标合同不一致的其他合同，则应当将中标合同作为造价鉴定依据。

此外，对于涉案工程没有经过招投标，事后双方当事人补办招投标手续的，也属于明招暗定行为，违反了《招标投标法》的规定，应当认定中标合同无效。

需要注意的是，在上述判断过程中，裁判机构还要对当事人之间招标投标程序的规范性进行审查。在某些项目中，当事人之间进行的所谓招标投标程序不符合《招标投标法》及其实施条例的规定，实质上属于竞争性谈判。在这种情况下，对于强制招标项目，则应按多份合同均无效的规则处理；对于自愿招标项目，则应当认为不存在“黑白合同”问题，应按当事人的真实意思表示来确定造价鉴定的依据。比如，在某自愿招标的工程项目中，发包人进行了“邀请招标”，但投标人的投标方式，是将投标文件通过电子邮件发到发包人董事长的邮箱，发包人也没有进行开标的程序，此后，发包人向中标人发出了中标通知书。可见，该工程项目的“邀请招标”程序不符合《招标投标法》的有关规定，①因此，可以认为，涉案工程的“邀请招标”实质上属于竞争性谈判的过程，当事人就该项目签订的多份合同也不存在“黑白合同”问题。

(2)对于“实质性内容”的判断宜结合个案进行认定

首先，关于工程价款、工期的变化幅度，有关司法解释并未作出详细规定。委托人需要根据个案的实际情况，综合考虑变化幅度对中标结果是否有实质性影响进行认定。如果当事人另行签订的施工合同所载工程价款、工期与中标合同差别很小，则不宜认定存在“黑白合同”问题。比如，中标通知书所载工程价款为固定总价 5650.32 万元，工期 182 天，而双方签订的施工合同价款为 5600 万元，工期为 180 天，则不宜因二者在工程价款、工期数额上的不同而认定存在“黑白合同”问题。在四川尚高建设有限公司与北川羌族自治县城乡规划建设和住房保障局建设工程施工合同纠纷案中，最高人民法院认为：“对实质性变更的判断，一方面需要把握变更的内容，另一方面也需要把握变更的量化程度。《建设工程施工合同》约定合同价款采用固定综合单价方式确定，确实属于变更《比选文件》确定的固定总价方式的情形，但本案事实表明，按照两种方式得出的案涉工程款差额仅为 11 万余元，没有达到法律所禁止的‘实质性变更’的严重程度，也不会导致合同当事人之间权利义务关系的显失平衡，故不应认定《建设工程施工合同》构成对《比选文件》的实质性变更。”②

当然，由于建设工程施工项目的利润率普遍相对较低，工程价款的变化幅度也不宜认定过宽。在江苏南通六建建设集团有限公司与昆山华强房地产开发有限公司建设工程施工合同纠纷案中，法院认为，“关于工程款结算，《建设工程施工合同》中虽未约定下浮比例，但在《中标通知书》中有比预算价下浮 6.6% 的约定。《中标通知书》是《建设工程施工合同》的组成部分，该下浮比例应视为双方对工程款结算的约定。其后，双方又签订两份《承诺书》，就下浮比例分别作出下浮 10% 和 11% 的约定，并约定，主合同与《承诺书》不一致的，以《承诺书》为准。自 6.6% 至 10% 或 11% 的下浮比例的变化构不成对《建设工程施工合同》内容的实质性变更”③。上述认定的表述是否妥当有待商榷。

---

① 《招标投标法》第三十四条规定：“开标应当在招标文件确定的提交投标文件截止时间的同一时间公开进行；开标地点应当为招标文件中预先确定的地点。”第三十五条规定：“开标由招标人主持，邀请所有投标人参加。”第三十六条规定：“开标时，由投标人或者其推选的代表检查投标文件的密封情况，也可以由招标人委托的公证机构检查并公证；经确认无误后，由工作人员当众拆封，宣读投标人名称、投标价格和投标文件的其他主要内容。招标人在招标文件要求提交投标文件的截止时间前收到的所有投标文件，开标时都应当当众予以拆封、宣读。开标过程应当记录，并存档备查。”

② 最高人民法院民事裁定书，(2014)民申字第 842 号。

③ 最高人民法院民事裁定书，(2014)民申字第 90 号。

其次，关于工程范围的变化是否认定为“实质性内容”的变化，也不宜一概而论。如果因工程范围的变化（包括工程量的增加和减少）导致原中标价的组成发生变化，实质上发生变化的是工程价款，此种工程范围的变化构成实质性内容的背离，此时应当按照中标合同的价格和实际完成的工程量进行结算；如果中标后增加的工程范围是可以单独发包的工程项目，如室外工程，且原中标价的组成并未发生任何变化，则此种变化不应影响中标结果，当然不应构成实质性内容的背离。该种情形则不存在“黑白合同”问题。①

最后，对于综合单价合同来说，由于中标价是暂定价款，中标价的计价依据、计价方法、价款调整办法等对中标结果会产生更为重要的影响，因此，即使当事人另行签订施工合同的工程范围、暂定工程价款、工期和质量标准与中标合同一致，但如果其约定结算的计价依据、计价方法、价款调整办法等发生实质性变化的，也应当为“黑白合同”。

（3）应当将工程变更与“黑白合同”区别开来

由于建设工程的复杂性，其在施工过程中可能会遇到规划调整的情况，设计变更、施工条件变化、市场环境变化等更是常态，如发生了在招标投标时难以预见的前述变化，当事人可能会对建设工程价款及结算方法进行调整。这种调整与“黑白合同”有本质的不同，不应按照“黑白合同”的处理原则进行处理，用以调整的补充协议、会议纪要等文件应当作为造价鉴定的依据。《北京市高级人民法院关于审理建设工程施工合同纠纷案件若干疑难问题的解答》（京高法发〔2012〕245 号）第 16 条对此作了规定：备案的中标合同实际履行过程中，工程因设计变更、规划调整等客观原因导致工程量增减、质量标准或施工工期发生变化，当事人签订补充协议、会谈纪要等书面文件对中标合同的实质性内容进行变更和补充的，属于正常的合同变更，应以上述文件作为确定当事人权利义务的依据。《广东省高级人民法院全省民事审判工作会议纪要》（粤高法〔2012〕240 号）第 21 条也有类似规定。②

实践中，认定当事人签订的补充协议、会议纪要等文件的性质是工程变更还是“黑白合同”时，宜结合如下情形进行判断。

第一，从发生时间上看，工程变更大多发生在合同履行过程中，而“黑白合同”中的“黑合同”往往签订于中标合同之后、工程开工之前或开工不久。委托人可以根据

① 参见高印立：《规则与裁判——民法典下建设工程司法解释适用与拓展》，法律出版社 2021 年版，第 9 页。

② 《广东省高级人民法院全省民事审判工作会议纪要》（粤高法〔2012〕240 号）第 21 条规定：“建设工程开工后，因设计变更、建设工程规划指标调整等客观原因，发包人与承包人通过补充协议、会谈纪要、往来函件、签证等洽商记录形式变更工期、工程价款、工程项目性质的，不应认定为变更中标合同的实质性内容。”该会议纪要虽已失效，但其法理仍具借鉴意义。

各个合同签订的时间来进行判断。

第二，从发生的理由来看，工程变更一般是基于某种外部条件或合同履行情况的变化，如合同范围变化、设计变更、地质条件变化、市场价格变动、工程进度迟延等。同时，在签订相应的补充协议、会议纪要之前，往往会伴随着承包人的申请，如调整工程价款、工期等的函件、报告等。而在“黑白合同”中，当事人另行签订的补充协议、会议纪要等大多并无相应的合理理由。委托人可以结合当事人提交的设计变更通知单、洽商记录、工程联系单、往来函件等证据来进行判断。

第三，实践中，发包人为了急于开工建设，有时会在初步设计阶段就进行施工招标，从而不得不在招标时采用模拟工程量清单。在这种情况下，施工图设计图纸与初步设计图纸的差异往往会导致实际施工的工程量发生较大调整。一般而言，若当事人在另行签订的合同或补充协议中约定了工程量清单的替换机制，则可以认为其属于当事人根据图纸变化对合同进行的变更；若当事人未另行约定工程量清单的替换机制，而是以设计变更的方式进行调整，则可以认定其属于工程变更的一种。

第四，对于当事人签订的关于某合同“仅用于合同备案，不用于工程结算”的备忘录、会议纪要、说明等，应结合该合同是否为中标合同来进行判断，不宜仅根据该文件直接判断其性质。此种合同既可能是中标合同，也可能其内容与招标文件、投标文件和中标通知书的实质性内容并不相符，是仅用于备案的合同。

2.“黑白合同”造价鉴定中的疑难问题处理

在存在“黑白合同”情形的建设工程案件中，尽管确定了进行造价鉴定的合同依据，但由于“黑合同”、“白合同”、工程变更、签证等多种文件共存，中标合同也不一定是实际履行的合同，因此，在具体案件中，许多问题的处理依据仍存在模糊地带，需要委托人结合个案作出判断。通过对一些常见的问题进行分析，并对不同的问题抽象出相应的处理方法，可在施工实践中作为参考。

(1)造价鉴定依据的中标合同内容

对于“黑白合同”中“白合同”即中标合同的法律地位，《施工合同司法解释(一)》针对如下不同情形作了不同的安排。

①对于强制招标项目，当事人按照招标文件、投标文件及中标通知书签订了中标合同的，根据该解释第二条的规定，当事人应当按照中标合同确定权利义务，即除中标合同无效外，其所有约定均应适用于当事人。

②对于自愿招标项目，当事人按照招标文件、投标文件及中标通知书签订了中标合同的，根据该解释第二十三条的规定，当事人应当以中标合同作为结算建设工程价款依据。

③对于当事人签订的建设工程施工合同“实质性内容”背离招标文件、投标文件

及中标通知书的，根据该解释第二十二条的规定，当事人应当以招标文件、投标文件及中标通知书作为结算建设工程价款依据。

关于对“作为结算建设工程价款依据”的理解，有观点认为：“司法解释已经明确规定书面合同与招投标文件在工程范围、工程质量、工程价款、工期不一致时，以招投标文件作为结算工程价款的根据，并未规定可以作为其他权利义务的根据。至于能否作为其他权利义务的根据，比如能否作为主张违约的根据、能否作为赔偿损失的根据、能否作为确定纠纷管辖的根据等问题，要结合当事人对于合同的约定以及合同文件解释的优先顺序来确定当事人之间的权利义务关系。”①

在建设工程行业的实践中，工程价款结算不仅包括工程价款的计算，还包含支付方式的确定、索赔事项的清理等。

首先，根据《建设工程价款结算暂行办法》（财建〔2004〕369 号）第三条的规定，建设工程价款结算是指对建设工程的发承包合同价款进行约定和依据合同约定进行工程预付款、工程进度款、工程竣工价款结算的活动。同时，根据该办法第七条的规定，工程价款结算还涉及工程款的支付时限、索赔方式及工期提前或延后的奖惩等。②

其次，在司法实践中，结算的范围既包括工程价款数额的计算，也包括索赔、违约责任等事项。《北京市高级人民法院关于审理建设工程施工合同纠纷案件若干疑难问题的解答》第二十四条明确规定：“结算协议生效后，承包人依据协议要求支付工程款，发包人以因承包人原因导致工程存在质量问题或逾期竣工为由，要求拒付、减付工程款或赔偿损失的，不予支持，但结算协议另有约定的除外……结算协议生效后，承包人以因发包人原因导致工程延期为由，要求赔偿停工、窝工等损失的，不予支持，但结算协议另有约定的除外。”因此，除非当事人之间有特别约定，双方就工程价款结算达成一致后，不得再就工期、质量等进行索赔。工程价款的结算不仅涉及数额的计算，而且涵盖了索赔、违约责任等内容。

最后，有关建设工程案件的司法判例也认为，结算不限于工程价款的计算，违约金计算也应纳入结算范畴内。在中十冶集团有限公司（以下简称十冶公司）、惠州市惠百川实业发展有限公司（以下简称惠百川公司）建设工程施工合同纠纷案③中，法院认

---

① 最高人民法院民事审判第一庭编著：《最高人民法院建设工程施工合同司法解释（二）理解与适用》，人民法院出版社 2019 年版，第 242 页。

② 《建设工程价款结算暂行办法》第七条规定：“发包人、承包人应当在合同条款中对涉及工程价款结算的下列事项进行约定：（一）预付工程款的数额、支付时限及抵扣方式；（二）工程进度款的支付方式、数额及时限；（三）工程施工中发生变更时，工程价款的调整方法、索赔方式、时限要求及金额支付方式；（四）发生工程价款纠纷的解决方法；（五）约定承担风险的范围及幅度以及超出约定范围和幅度的调整办法；（六）工程竣工价款的结算与支付方式、数额及时限；（七）工程质量保证（保修）金的数额、预扣方式及时限；（八）安全措施和意外伤害保险费用；（九）工期及工期提前或延后的奖惩办法；（十）与履行合同、支付价款相关的担保事项。”

③ 参见广东省高级人民法院民事判决书，（2019）粤民再 165 号。

为，结算的目的在于最终确定因履行建设工程施工合同所产生的债权债务，结算协议是就建设工程施工合同履行过程产生的包括工程款争议在内的各种争议进行协商达成一致的结果。惠百川公司出具证明，确认应支付的工程款及承诺分期付款，证明具有承诺的内容，是双方结算过程中达成一致的结算结果。证明并未要求对中十冶公司违约问题另行处理，且惠百川公司出具证明后也未有证据证明其书面或者口头向中十冶公司主张违约金。对惠百川公司的上述结算行为应认为其不再追究中十冶公司的违约责任，表明惠百川公司在出具证明时已放弃或者已考虑了中十冶公司的违约责任问题，不再计算结算前的违约金等。[①]

综上所述，中标合同中应当作为造价鉴定依据的约定主要包括以下内容（见表9－1）。[②]

表9－1　中标合同中应当作为造价鉴定依据的约定

序号	约定内容	说明
1	工程价款的确定方式	建设工程施工合同工程价款的确定方式主要有单价合同、总价合同和成本加酬金合同三种方式
2	工程造价计价方法	工程造价计价方法主要包括定额计价和工程量清单计价两种模式。招投标文件中还有可能规定适用的定额标准、人工单价、零星用工单价等
3	已标价工程量清单或预算书	投标文件或中标合同中的已标价工程量清单或预算书
4	关于风险范围及调整方法的约定	合同综合单价或总价的风险范围，以及风险范围以外合同价格的调整方法。比如，有的招标文件中就规定，30,000元及以内的单项设计变更不调整工程价款
5	关于索赔事项的约定	包括开工条件、不利物质条件变化、气候条件变化、变更、赶工导致的索赔等
6	关于损失赔偿的约定	包括扣款及损失赔偿的计算方法等
7	关于工期提前及其他奖励的约定	奖励属于工程价款的一部分

（2）造价鉴定应依据的图纸

一般来说，图纸会构成建设工程施工合同的一部分，而在工程项目进行招标时，招标图纸往往还不够完善。在承包人中标后，如果发包人进一步对招标图纸进行了完善，从而形成用于实际施工的施工图，并将其作为“黑合同”的组成部分。那么，造价鉴定时应当以哪份图纸作为鉴定依据呢？

---

① 参见江苏省高级人民法院民事判决书，（2016）苏民终472号。

② 参见高印立：《规则与裁判——民法典下建设工程司法解释适用与拓展》，法律出版社2021年版，第126页。

“黑白合同”的实质在于，当事人为了某种目的故意改变了中标合同，而上述图纸的变化并不以当事人的意志为转移，其属于设计文件的进一步深化和变更，即使其构成“黑合同”的组成部分，也仅反映了设计文件变化的客观状况，并未对中标合同进行刻意的改变。而且，组成中标合同文件的图纸除指招标图纸外，还应包括在合同履行过程中形成的图纸文件。因此，实际用于施工的图纸文件均应作为造价鉴定依据。

需要注意的是，委托人未确定鉴定的合同依据的，鉴定人不得擅自确定鉴定依据，其应提请委托人决定；委托人暂不明确的，鉴定人可按不同的合同分别作出鉴定意见，供委托人判断使用。同样，对于鉴定人在造价鉴定过程中遇到的有关鉴定依据的疑难问题，其也应提请委托人决定；委托人暂不明确的，鉴定人可按不同的鉴定依据分别作出鉴定意见，供委托人判断使用。

3. 实务案例

案例9－3

2010年3月23日，甲、乙双方通过招标投标程序签订了某生产基地项目的建设工程施工合同（以下简称本案合同），承包范围包括施工图所覆盖的建筑工程和安装工程所有内容，合同价款为人民币10,030万元，其中乙方自行完成部分7200万元为固定总价，其余为甲方指定专项工程。预付款按乙方自行完成部分支付。开工日期为2010年3月18日，竣工日期为2011年5月18日。招标文件、投标书及其附件构成合同文件的一部分。

2010年1月14日的《施工总承包招标文件》第四章“工程量清单”第2.7款规定：“本次招标合同为固定总价合同，除发生合同条款中规定的调整合同价的情况外，合同价不予调整。”

2010年7月12日，双方签订了用于备案的《施工总承包合同》（以下简称《备案合同》），该合同采用固定单价方式，合同金额为7390万元。此后，双方签订协议书，约定双方于2010年7月签订的《备案合同》仅用于招标备案使用，而以2010年3月签订的本案合同作为结算依据，并执行该合同的相关条款。

2011年7月至8月，乙方将部分生产车间、动力中心工程、原料库、换热站及倒班宿舍移交给甲方。

2012年2月，双方签订会议纪要。该会议纪要约定：本案合同项下剩余的天然气调压站等工程乙方不再负责，但乙方应配合甲方进行单体竣工验收；甲方在5天内向乙方支付500万元，乙方在收到该款项后立即撤离基地，并把基地的东门和南门交给甲方管理，但甲方要在宿舍楼内留出四间办公室给乙方技术人员使用，协助甲方进行后续工程。

2012年3月22日，乙方将东、南门卫及燃气调压站工程移交给甲方。

甲方认为,本案合同签订后,乙方于2010年3月进场施工,但直至2012年3月才完成最后工程移交,且原包含在合同范围内的部分工程未实际施工。同时,乙方完成的工程也未按设计要求施工,存在诸多的质量问题。为此,甲方依据本案合同约定向某仲裁机构提起仲裁,请求裁决乙方向甲方返还超额支付的工程款600万元及利息,并支付逾期竣工违约金,赔偿甲方工程质量问题维修费用。

乙方则认为,甲方迟迟不进行工程结算,一直拖欠乙方工程款,故对甲方提出反请求申请,请求裁决甲方支付拖欠的工程款3600万元及利息。

本案审理过程中,经当事人申请,仲裁庭委托造价鉴定机构对涉案工程进行了造价鉴定。以哪份合同作为鉴定依据成为本案的争议焦点之一。

对此,仲裁庭认为:

第一,2010年1月14日的涉案工程施工总承包招标文件第四章"工程量清单"第2.7条规定:"本次招标合同为固定总价合同。除发生合同条款中规定的调整合同价的情况外,合同价不予调整。"这表明,该招标文件规定合同为固定总价合同。本案合同于2010年3月23日签订,并规定被申请人(乙方)自行完成部分价款为7200万元的固定总价。

第二,在庭审中,被申请人表示,"7200万元针对的是招标图纸,如果实际图纸对于招投标图纸进行了变更,存在洽商变更,施工费用应当增加",鉴定范围应为"7200万元扣除我方未做的部分内容,加上实际施工图纸超出招投标图纸的图量差部分、洽商变更部分"。这表明,被申请人对于本案合同中约定的7200万元固定总价是认可的,只是对其对应范围存有异议。而被申请人提交的备案合同于2010年7月12日签订,其采用固定单价方式。

第三,申请人和被申请人在协议书中约定,备案合同仅用于招标备案使用,被申请人也承诺以本案合同作为结算依据并执行此合同的相关条款。

综上,仲裁庭认为,备案合同与2010年1月14日的招标文件并不一致,其并非中标合同。因此,其不属于《施工合同司法解释》①第二十一条所规定的备案的中标合同,其不能作为申请人和被申请人的结算依据,双方应按照本案合同的约定履行各自的义务。

案例9-4

在湖北工建集团第三建筑工程有限公司(以下简称湖北三建)、龙州县海通投资有限公司(以下简称海通公司)建设工程施工合同纠纷案②中,2013年1月7日、1月8

① 已失效。

② 参见广西壮族自治区高级人民法院民事判决书,(2019)桂民终318号。

日，湖北三建中标了海通公司发包的“兴龙花园”C标和A标工程。中标前的2012年12月，湖北三建与海通公司就“兴龙花园”C标工程签订了一份建设工程施工合同。该合同约定，该工程建筑面积49,456.5平方米，承包方式为固定单价包干，包干单价按建筑面积为970元/平方米，包干总价47,972,892.3元，工期为总日历天数321天。随后，湖北三建与海通公司就上述工程又签订了一份施工合同协议书。该协议书约定，该工程建筑面积49,456.59平方米，包干单价按建筑面积820元/平方米，包干总价40,554,403.8元，双方还对其他权利义务作了约定。

2013年10月，湖北三建与海通公司就“兴龙花园”A标工程签订了一份建设工程施工合同。合同约定，该工程建筑面积52,989.03平方米，包干单价按建筑面积970元/平方米，包干总价51,399,359.1元，双方对其他权利义务的约定与C标工程的建设工程施工合同约定一致。随后，湖北三建与海通公司又就上述工程签订了一份施工合同协议书。该协议书约定，该工程建筑面积52,989.03平方米，包干单价按建筑面积820元/平方米，包干总价43,451,004.6元，双方对其他权利义务的约定与C标工程的施工合同协议书约定一致。

2013年1月15日，湖北三建与冼某芳签订工程项目目标责任书，双方约定湖北三建将承包的“兴龙花园”C标和A标工程转包给冼某芳。冼某芳为负责施工、竣工、保修及经济承包的责任人，并以湖北三建的名义代湖北三建履行与业主约定的主合同，冼某芳独立核算、自负盈亏。工期为总日历天数321天，合同价款为84,005,408.4元。双方还对工程质量、安全责任、违约责任等作了约定。

2016年1月26日，海通公司与湖北三建签订解除合同协议书，约定解除双方签订的“兴龙花园”C标和A标工程的建设工程施工合同及相关协议。

C标和A标工程于2013年10月20日开工，至2016年1月26日海通公司与湖北三建签订解除合同协议书止，工程尚未竣工。合同解除后，海通公司在冼某芳已施工部分的基础上继续施工，整个C标和A标工程已完工，并已有部分业主入住。

湖北三建向一审法院提起诉讼，其中部分诉讼请求包括：(1)判令海通公司向湖北三建支付工程款33,540,293.90元，并承担违约金和利息；(2)判令海通公司向湖北三建支付涉案工程对应的养老保险2,031,934.98元。

此外，冼某芳向一审法院提起诉讼，请求判令海通公司、湖北三建共同支付工程款16,959,898元[案号：(2016)桂14民初字第33号]。在该案诉讼中，根据冼某芳的申请，法院委托有资质的鉴定机构对C标和A标工程中其已施工部分的工程造价进行了鉴定。其中：(1)以建设工程施工合同作为鉴定依据，冼某芳已施工部分工程造价为58,966,265.31元，养老保险费为2,031,934.98元；(2)以施工合同协议书作为鉴定依据，冼某芳已施工部分工程造价为50,075,509.51元，养老保险费为1,718,185.85元。

该案庭审中,应当按哪份合同进行结算成为争议焦点之一。

一审法院的认定如下:

第一,关于合同效力的认定。《招标投标法》第四十六条第一款规定:"招标人和中标人应当自中标通知书发出之日起三十日内,按照招标文件和中标人的投标文件订立书面合同。招标人和中标人不得再行订立背离合同实质性内容的其他协议。"2012年12月和2013年10月,湖北三建与海通公司按照招标文件和中标人的投标文件签订的"兴龙花园"C标和A标工程建设工程施工合同,系双方真实意思表示,内容不违反法律法规的禁止性规定,为合法有效的合同,双方应严格履行。建设工程施工合同中约定C标和A标工程的包干单价为970元/平方米,而施工合同协议书约定的C标和A标工程的包干单价为820元/平方米,因此,双方签订的施工合同协议书内容背离了中标合同实质性内容,故其为无效合同。

第二,关于工程价款数额的认定。冼某芳诉讼案[案号:(2016)桂14民初字第33号]的造价鉴定结果为:(1)以建设工程施工合同作为鉴定依据,冼某芳已施工部分工程造价为58,966,265.31元,养老保险费为2,031,934.98元;(2)以施工合同协议书作为鉴定依据,冼某芳已施工部分工程造价为50,075,509.51元,养老保险费为1,718,185.85元。因双方签订的施工合同协议书无效,故涉案工程造价应按照建设工程施工合同确定。因养老保险费是工程造价的组成部分,因此,涉案工程款应为60,998,200.29元(58,966,265.31元+2,031,934.98元)。

海通公司不服上述判决,提起上诉。其认为,一审判决认定经备案的建设工程施工合同有效错误。冼某芳是没有施工资质的实际施工人,根据最高人民法院相关司法解释的规定,其签订的涉案建设工程施工合同无效。一审判决依据《招标投标法》认定工程项目目标责任书及未经备案的施工合同协议书(实际履行的合同)无效,认定违法借用资质签订的备案合同有效,违反最高人民法院相关司法解释及《合同法》的规定,属适用法律错误。

二审法院对一审法院的判决进行了纠正,其认定如下。

第一,关于双方签订的建设工程施工合同及施工协议书是否有效的问题。《合同法》第五十二条规定:"有下列情形之一的,合同无效:……(二)恶意串通,损害国家、集体或者第三人利益;(三)以合法形式掩盖非法目的;(四)损害社会公共利益;(五)违反法律、行政法规的强制性规定。"[①]《招标投标法》第五十五条规定:"依法必

① 被《民法典》废止,目前该条款规定在《民法典》第一百四十四条:"无民事行为能力人实施的民事法律行为无效。"该法第一百四十六条:"行为人与相对人以虚假的意思表示实施的民事法律行为无效。以虚假的意思表示隐藏的民事法律行为的效力,依照有关法律规定处理。"该法第一百五十三条:"违反法律、行政法规的强制性规定的民事法律行为无效。但是,该强制性规定不导致该民事法律行为无效的除外。违背公序良俗的民事法律行为无效。"该法第一百五十四条:"行为人与相对人恶意串通,损害他人合法权益的民事法律行为无效。"

须进行招标的项目,招标人违反本法规定,与投标人就投标价格、投标方案等实质性内容进行谈判的,给予警告,对单位直接负责的主管人员和其他直接责任人员依法给予处分。前款所列行为影响中标结果的,中标无效。”涉案“兴龙花园”C标和A标工程是县公务员住宅工程,属于必须招投标的重大民生工程。海通公司与湖北三建于2012年12月签订了建设工程施工合同,约定由湖北三建承建“兴龙花园”C标工程,固定单价包干,包干单价为970元/平方米等;上述合同签订后,至2013年1月7日、8日,湖北三建才又通过招投标程序中标海通公司发包的上述“兴龙花园”A标和C标工程。2013年10月,湖北三建就中标的“兴龙花园”A标工程与海通公司签订建设工程施工合同,合同约定的承包方式及包干单价等内容与双方于2012年12月签订的建设工程施工合同的内容一致。从双方签订涉案前后两份建设工程施工合同的时间及中标的时间看,双方不仅存在于招投标前就投标价格、投标方案等实质性内容进行谈判的行为,而且在招投标前就签订了建设工程施工合同,故海通公司与湖北三建在涉案工程招投标中存在“先定后招”“明招暗定”的行为,该行为严重干扰了招投标市场秩序,损害了其他合法投标人的正当权益,依法应认定该中标无效,双方根据无效中标程序签订的涉案“兴龙花园”C标和A标工程的建设工程施工合同亦应无效。海通公司在与湖北三建签订上述两份建设工程施工合同的当月,又分别签订“兴龙花园”C标和A标工程的施工合同协议书各一份,重新约定C标和A标工程的承包方式为固定单价包干,包干单价为820元/平方米。该两份施工合同协议书未经招投标程序,是为履行前述无效中标合同而签订,亦为无效。

第二,关于工程价款数额的认定。2013年1月15日,湖北三建与不具有施工资质的个人冼某芳签订工程项目目标责任书,将涉案工程全部转包给冼某芳承包施工,包干单价为820元/平方米,约定由冼某芳为负责施工、竣工、保修及经济承包的责任人,以湖北三建的名义代湖北三建履行与业主约定的主合同,冼某芳独立核算、自负盈亏。二审庭审中,湖北三建承认其不参与涉案工程的实际施工,工程全部由冼某芳实际施工。鉴于施工合同协议书及工程项目目标责任书单价均为820元/平方米,且冼某芳在施工过程中,存在以湖北三建的名义按单价820元/平方米请求支付工程进度款的事实,故认定海通公司与湖北三建实际履行的是施工合同协议书。根据《施工合同司法解释(二)》第十一条第一款关于“当事人就同一建设工程订立的数份建设工程施工合同均无效,但建设工程质量合格,一方当事人请求参照实际履行的合同结算建设工程价款的,人民法院应予支持”①的规定,海通公司与湖北三

① 现变更为《施工合同司法解释(一)》第二十四条第一款:“当事人就同一建设工程订立的数份建设工程施工合同均无效,但建设工程质量合格,一方当事人请求参照实际履行的合同关于工程价款的约定折价补偿承包人的,人民法院应予支持。”

建应按实际履行的施工合同协议书的约定，按包干价820元/平方米计算工程价款。一审法院认定涉案中标的C标和A标工程的建设工程施工合同有效，施工合同协议书内容背离中标合同实质性内容，并以此认定湖北三建与海通公司应按中标合同包干价970元/平方米计算本案工程价款，缺乏事实和法律依据，二审法院予以纠正。因此，根据鉴定机构的鉴定意见，冼某芳已施工部分工程造价应按照820元/平方米计算为50,075,509.51元，养老保险费为1,718,185.85元，共计51,793,695.36元。

三、“无效合同”的费用争议处理

（一）“无效合同”产生的原因

合同效力是法律赋予依法成立的合同以拘束力，主要体现在：要求订立合同的当事人双方完整、适当履行合同约定、不得擅自变更或解除合同。根据法律后果的不同，合同效力可划分为：有效、无效、效力待定、可撤销可变更四类。就建设工程纠纷而言，关于合同效力的争议较为常见，合同是否有效直接影响双方的核心权益，一旦出现争议必然是焦点问题，也是法院依职权应当查明的问题。实践中，建设工程施工合同无效的原因主要有以下几类。

1.违反资质管理规定，包括承包人未取得建筑施工企业资质或超越资质等级签订合同；或没有资质的实际施工人借用资质签订合同。

我国建设工程领域实行资质许可制度。《建筑法》第十三条规定：“从事建筑活动的建筑施工企业、勘察单位、设计单位和工程监理单位，按照其拥有的注册资本、专业技术人员、技术装备和已完成的建筑工程业绩等资质条件，划分为不同的资质等级，经资质审查合格，取得相应等级的资质证书后，方可在其资质等级许可的范围内从事建筑活动。”《建筑法》第二十六条规定：“承包建筑工程的单位应当持有依法取得的资质证书，并在其资质等级许可的业务范围内承揽工程。禁止建筑施工企业超越本企业资质等级许可的业务范围或者以任何形式用其他建筑施工企业的名义承揽工程……”由此可知，具备施工资质是建筑施工企业承揽工程的前提条件，取得何种资质等级决定其承揽工程的范围。

《施工合同司法解释（一）》第一条规定：“建设工程施工合同具有下列情形之一的，应当依据民法典第一百五十三条第一款的规定，认定无效：（一）承包人未取得建筑业企业资质或者超越资质等级的；（二）没有资质的实际施工人借用有资质的建筑施工企业名义的；……”承包人未取得资质、超越资质等级，或无资质实际施工人借用资质签订的建设工程施工合同无效。对于承包人超越资质等级签订合同，但在工程竣工前取得相应资质等级的，一般允许承包人进行效力补正。如《施工合同司法解释(一)》第四条规定:"承包人超越资质等级许可的业务范围签订建设工程施工合同,在建设工程竣工前取得相应资质等级,当事人请求按照无效合同处理的,人民法院不予支持。"

案例9-5

在重庆乐呵呵房地产开发有限公司与重庆川润建材有限公司(以下简称川润建材公司)建设工程施工合同纠纷案①中,重庆市高级人民法院认为:本案施工合同的内容主要涉及金属门窗工程施工。原建设部在2001年《建筑业企业资质等级标准》中对金属门窗工程施工作出了"金属门窗工程专业承包企业资质等级标准"的相关规定。川润建材公司作为该施工合同及补充协议的承包方,并不具备从事金属门窗工程施工的资质。根据《施工合同司法解释》第一条第一款②之规定,双方签订的施工合同及补充协议无效。

没有资质的实际施工人借用有资质的建筑施工企业的名义承揽工程,又称为挂靠。根据住房和城乡建设部颁布的《建筑工程施工发包与承包违法认定查处管理办法》(以下简称《认定查处办法》)第九条的规定,挂靠是指单位或个人以其他有资质的施工单位名义承揽工程的行为。一般而言,借用资质承揽工程所签订的建设工程施工合同因违反法律、行政法规的效力性强制性规定而归于无效。实践中也有观点认为,需要区分发包人对借用资质情况是否知情来认定合同效力:如果发包人对承包人实际上存在挂靠人不知情,那么认定施工合同无效显然不公平,此时可认定发包人与承包人签订的合同有效,由发包人根据《民法典》第一百四十九条的规定主张撤销权进行救济;但如果发包人对承包人实际上存在挂靠是明知的甚至故意追求的,此时毫无疑问应认定合同无效。

关于实践中对于何为借用资质的认定,《北京市高级人民法院关于审理建设工程施工合同纠纷案件若干疑难问题的解答》第2条规定:"具有下列情形之一的,应当认定为《解释》规定的'挂靠'行为:(1)不具有从事建筑活动主体资格的个人、合伙组织或企业以具备从事建筑活动资格的建筑施工企业的名义承揽工程;(2)资质等级低的建筑施工企业以资质等级高的建筑施工企业的名义承揽工程;(3)不具有施工总承包资质的建筑施工企业以具有施工总承包资质的建筑施工企业的名义承揽工程;(4)有资质的建筑施工企业通过名义上的联营、合作、内部承包等其他方式变相允许他人以本企业的名义承揽工程。"另外《认定查处办法》第十条对挂靠行为的认定也规定了具体标准。

---

① 参见重庆市高级人民法院民事判决书,(2015)渝高法民终字第00082号。

② 现为《施工合同司法解释(一)》第一条第一款。

借用资质多发生于工程发包阶段,常见的掩饰外观包括:内部承包、联营合作等。实践中,借用资质与内部承包、联营等往往难以区别。实践中,借用资质与内部承包的区别主要体现在:(1)实际施工人是否为承包人的在册职工;(2)涉案工程项目部的工程管理人员是否由承包人指派,并接受承包人内部考核;(3)承包人是否为实际施工人提供资金、技术、设备、资料等支持。借用资质与联营的区别主要体现在参与承包的各方在人、财、物上是否都进行了实质性投资以及对经营结果是否共担风险、共享收益等。

2. 违反招标投标管理相关规定,包括建设工程必须招标而未招标;或者中标无效、低于成本价中标等。

建设工程必须进行招标而未招标,是指对《招标投标法》第三条规定必须进行招标的建设项目实际未履行招标程序就订立合同的行为。中标无效,是指招标人作出的中标决定没有法律约束力。根据《施工合同司法解释(一)》第一条规定,建设工程必须进行招标而未招标或者中标无效的,建设工程施工合同无效。

案例9－6

武汉联发瑞成置业有限公司(以下简称联发瑞成公司)、新八建设集团有限公司(以下简称新八建设集团)建设工程施工合同纠纷案[①]中,湖北省高级人民法院认为,双方当事人签订的工程施工合同及其补充协议约定的施工内容涉及商品房住宅类项目。依照《招标投标法》第三条的规定,本案所涉工程属于必须进行招投标的项目。尽管新八建设集团在2012年10月15日取得涉案工程的中标通知书,但因该中标行为发生于双方就涉案工程签订施工协议之后,因此联发瑞成公司与新八建设集团的招投标行为违反了《招标投标法》第四十三条关于"在确定中标人前,招标人不得与投标人就投标价格、投标方案等实质性内容进行谈判"的规定,新八建设集团的中标行为应为无效。同时,根据《施工合同司法解释》第一条[②]的规定,联发瑞成公司与新八建设集团签订的上述建设施工协议,亦应为无效。

关于低于成本价中标,《招标投标法》第三十三条规定:"投标人不得以低于成本的报价竞标……"《招标投标法实施条例》及《发承包计价管理办法》也有相关内容。关于低于成本价中标签订的建设工程施工合同的效力问题,《全国法院民商事审判工作会议纪要》第30条规定:"……人民法院在审理合同纠纷案件时,要依据《民法总则》第153条第1款和合同法司法解释(二)第14条的规定慎重判断'强制性规定'的性质,特别是要在考量强制性规定所保护的法益类型、违法行为的法律后果以及交易

① 参见湖北省高级人民法院民事判决书,(2017)鄂民终309号。

② 现为《施工合同司法解释(一)》第一条。

安全保护等因素的基础上认定其性质,并在裁判文书中充分说明理由。下列强制性规定,应当认定为'效力性强制性规定':强制性规定涉及金融安全、市场秩序、国家宏观政策等公序良俗的;……交易方式严重违法的,如违反招投标等竞争性缔约方式订立的合同;……" 低于成本价竞标严重扰乱了招投标秩序,极易造成工程质量隐患,危害公共安全,属于违反招投标等竞争性缔约方式的情形。低于成本价中标签订施工合同,违反了《招标投标法》的效力性强制性规定,属于《民法典》第一百五十三条第一款中的无效情形,低于成本价中标签订的合同应属无效。实践中,有关"低于成本价中标"的争议主要集中在合同效力认定以及如何认定"成本价"。通说认为,此处"成本价"应理解为企业个别成本,而非社会平均成本。《发承包计价管理办法》第十条第二款规定:"投标报价应当依据工程量清单、工程计价有关规定、企业定额和市场价格信息等编制。"而企业定额则指施工企业根据本企业的施工技术和管理水平,以及有关工程造价资料制定的,并供本企业使用的人工、材料和机械台班消耗量标准。可见施工企业完全可以按照企业定额进行报价,而非只能按照国家定额或行业平均成本,对于企业成本的认定也应依据其自身情况而非行业平均情况判断。《评标委员会和评标方法暂行规定》第二十一条规定:"在评标过程中,评标委员会发现投标人的报价明显低于其他投标报价或者在设有标底时明显低于标底,使得其投标报价可能低于其个别成本的,应当要求该投标人作出书面说明并提供相关证明材料。投标人不能合理说明或者不能提供相关证明材料的,由评标委员会认定该投标人以低于成本报价竞标,应当否决其投标。"由上可见,低于成本价中标中的"成本价"应理解为企业个别成本,而非社会平均成本。

案例 9-7

在佛山市南海第二建筑工程有限公司与佛山华丰纺织有限公司建设工程施工合同纠纷案[①]中,最高人民法院认为,对于本案是否存在《招标投标法》第三十三条规定的以低于成本价竞标的问题……法律禁止投标人以低于成本的报价竞标,主要目的是规范招标投标活动,避免不正当竞争,保证项目质量,维护社会公共利益,如果确实存在低于成本价投标的,应当依法确认中标无效,并相应认定建设工程施工合同无效。但是,对何为"成本价"应作正确理解,所谓"投标人不得以低于成本的报价竞标"应指投标人投标报价不得低于其为完成投标项目所需支出的企业个别成本。招标投标法并不妨碍企业通过提高管理水平和经济效益降低个别成本以提升其市场竞争力。

3. 违反行业关于工程发承包、分包管理相关规定,进行转包或违法分包。

就转包而言,《建筑工程质量管理条例》第七十八条第三款规定:"本条例所称转

① 参见最高人民法院民事判决书,(2015)民提字第142号。

包,是指承包单位承包建设工程后,不履行合同约定的责任和义务,将其承包的全部建设工程转给他人或者将其承包的全部建设工程肢解以后以分包的名义分别转给其他单位承包的行为。"《认定查处办法》第七条、第八条对此有具体规定。就违法分包而言,《建筑工程质量管理条例》第七十八条第二款规定:"本条例所称违法分包,是指下列行为:(一)总承包单位将建设工程分包给不具备相应资质条件的单位的;(二)建设工程总承包合同中未有约定,又未经建设单位认可,承包单位将其承包的部分建设工程交由其他单位完成的;(三)施工总承包单位将建设工程主体结构的施工分包给其他单位的;(四)分包单位将其承包的建设工程再分包的。"《认定查处办法》第12条对此也有具体规定。

转包和违法分包为法律所禁止。《建筑法》第二十八条规定:"禁止承包单位将其承包的全部建筑工程转包给他人,禁止承包单位将其承包的全部建筑工程肢解以后以分包的名义分别转包给他人。"《民法典》第七百九十一条第二款规定:"总承包人或者勘察、设计、施工承包人经发包人同意,可以将自己承包的部分工作交由第三人完成。第三人就其完成的工作成果与总承包人或者勘察、设计、施工承包人向发包人承担连带责任。承包人不得将其承包的全部建设工程转包给第三人或者将其承包的全部建设工程支解以后以分包的名义分别转包给第三人。"《建筑工程质量管理条例》第二十五条第三款规定:"施工单位不得转包或者违法分包工程。"《施工合同司法解释(一)》第一条第二项规定:"承包人因转包、违法分包建设工程与他人签订的建设工程施工合同,应当依据民法典第一百五十三条第一款及第七百九十一条第二款、第三款的规定,认定无效。"

需要说明的是,在认定违法分包情形的时要注意两种情况:一是注意区分劳务分包与违法分包;二是注意区分内部承包与违法分包。劳务分包,又称劳务作业分包,是指施工总承包企业或者专业承包企业将其承包工程中的劳务作业发包给劳务分包企业完成的行为。法律并不禁止劳务分包,劳务分包也不需要经过发包单位或者总承包单位认可。《施工合同司法解释(一)》第五条规定:"具有劳务作业法定资质的承包人与总承包人、分包人签订的劳务分包合同,当事人请求确认无效的,人民法院依法不予支持。"但实践中许多违法分包往往以劳务分包的形式出现,因此要注意区分劳务分包和违法分包。《北京市高级人民法院关于审理建设工程施工合同纠纷案件若干疑难问题的解答》规定:"4、劳务分包合同的效力如何认定?同时符合下列情形的,所签订的劳务分包合同有效:(1)劳务作业承包人取得相应的劳务分包企业资质等级标准;(2)分包作业的范围是建设工程中的劳务作业(包括木工、砌筑、抹灰、石制作、油漆、钢筋、混凝土、脚手架、模板、焊接、水暖、钣金、架线);(3)承包方式为提供劳务及小型机具和辅料。合同约定劳务作业承包人负责与工程有关的大型机械、周转性材料租赁和主要材料、设备采购等内容的,不属于劳务分包。"关于劳务分包资质问题,根据国务院办公厅《关于促进建筑业持续健康发展的意见》(国办发〔2017〕19号)等文件精神,浙江、安徽、陕西等部分地区已开始试点取消施工劳务资质。目前虽取消施工劳务资质审批仍处于试点阶段,但取消施工劳务资质已是大势所趋,不宜再将是否具有施工劳务资质作为区分劳务分包与违法分包的标准;同理,亦不宜以劳务公司不具备施工劳务资质为由否定劳务分包合同的效力。

案例9-8

在黄某盛、林某勇与江西通威公路建设集团有限公司(以下简称江西通威公司)、泉州泉三高速公路有限责任公司建设工程分包合同纠纷案[①]中,对于讼争合同的性质和效力问题,最高人民法院认为,黄某盛与通威QA4段项目经理部分别于2006年6月12日、7月13日签订的《公路建设工程施工劳务承包合同》约定内容表明,江西通威公司将其承包的泉州泉三高速公路QA4合同段一定范围内的路基土石方、涵洞、防护排水、隧道等工程交由黄某盛、林某勇施工,并非仅将工程中的劳务作业发包给黄某盛、林某勇,故其与黄某盛、林某勇之间签订的上述合同名为劳务承包合同,实为分包合同。黄某盛、林某勇不具备相应的施工资质,根据《合同法》第二百七十二条第三款[②]关于"禁止承包人将工程分包给不具备相应资质条件的单位"的规定,《建筑法》第二十九条第三款关于"禁止总承包单位将工程分包给不具备相应资质条件的单位"的规定,《质量管理条例》第七十八条第二款关于"本条例所称违法分包,是指下列行为:(一)总承包单位将建设工程分包给不具备相应资质条件的单位……"的规定,黄某盛、林某勇与江西通威公司之间的分包合同,违反法律、行政法规的强制性规定应认定无效。

关于内部承包合同的效力问题。内部承包是施工企业的一种经营模式,指施工企业与其内部生产职能部门、分支机构或职工之间就特定业务及相关经营所达成的有关权利义务的安排。通说认为,内部承包合同有效,部分省高级人民法院的审判意见对此有明确规定。如《北京市高级人民法院关于审理建设工程施工合同纠纷案件若干疑难问题的解答》第5条规定:"建设工程施工合同的承包人将其承包的全部或部分工程交由其下属的分支机构或在册的项目经理等企业职工个人承包施工,承包人对工程施工过程及质量进行管理,对外承担施工合同权利义务的,属于企业内部承包行为;发包人以内部承包人缺乏施工资质为由主张施工合同无效的,不予支持。"《浙江省高级人民法院民事审判第一庭关于审理建设工程施工合同纠纷案件若干疑难问题的解

① 参见最高人民法院民事判决书,(2013)民一终字第93号。

② 现为《民法典》第七百九十一条第三款。

答》第一条规定："建设工程施工合同的承包人与其下属分支机构或在册职工签订合同，将其承包的全部或部分工程承包给其下属分支机构或职工施工，并在资金、技术、设备、人力等方面给予支持的，可认定为企业内部承包合同；当事人以内部承包合同的承包方无施工资质为由，主张该内部承包合同无效的，不予支持。"其他部分省份高级人民法院也有类似规定。从前述各地高级人民法院审判指导意见中可以看出，司法实践中法院普遍认可内部承包合同的效力。综合上述审判指导意见可以看出，内部承包合同具有以下特征：(1)内部承包合同的发包人为建筑施工企业，承包人为建筑施工企业下属分支机构或在册的项目经理等本企业职工，两者之间存在管理与被管理的隶属关系或劳动关系。如果当事人不能证明有效存续的劳动关系，则两者之间签订的合同不属于内部承包合同。如在王某与江苏登达建设集团有限公司、江苏登达建设集团有限公司河北分公司建设工程施工合同纠纷案[①]中，江苏省高级人民法院认为，由于建筑施工企业未能提供如劳动合同、工资支付凭证等直接证明劳动关系存在的证据，故虽涉案合同名义上称为内部承包合同，但不符合内部承包的法律特征。(2)建筑施工企业对外承担施工合同的权利义务。建筑施工企业对工程施工过程及质量进行管理，在资金、技术、设备、人力等方面对内部承包人予以支持。如在腾达建设集团股份有限公司与姚某林、姚某昭建设工程施工合同纠纷案[②]中，最高人民法院认为，在内部承包关系中，内部发包工程的单位须给本单位承包的人员提供一定的资金、机械、设备、技术、人员等必要的物质条件，并由单位最终承担经营风险，然而涉案工程施工合同约定由承包人自行组织人员、机械、设备、材料等进行施工，与建筑施工企业没有关系。并且涉案建筑施工企业除按固定比例收取施工管理费外，不参与利润分配，也不承担任何经济责任。因此，涉案合同与内部承包合同关系有根本区别，不属于内部承包合同。(3)内部承包人在建筑施工企业统一管理和监督下独立核算、自负盈亏。承包人与建筑施工企业按照承包合同约定对经营利润进行分配。

关于内部承包的对内及对外法律关系，通说认为，在对内关系上，内部承包合同受《民法典》约束，但其中涉及劳动者权益保护部分应根据《劳动法》等相关法律法规调整。如在李某林与苏州建筑工程集团有限公司建设工程分包合同纠纷案[③]中，苏州市中级人民法院认为，即便双方存在劳动关系基础上的内部承包关系，现在双方的纠纷也并非工资福利等劳动权利义务方面的内容，承包人主张的是工程款，本案争议应当作为平等民事主体之间的关系处理，而不属于劳动争议。在对外关系上，施工企业对外承担施工合同的权利义务。内部承包人以施工企业名义对外签署的协议，通常被认

---

① 参见江苏省高级人民法院民事判决书，(2014)苏民终字第00371号。

② 参见最高人民法院民事判决书，(2014)民申字第1277号。

③ 参见江苏省苏州市中级人民法院民事判决书，(2014)苏中民终字第0290号。

为履行职务行为，或内部承包人是企业的代理人（包括表见代理），因此内部承包人对外签订合同的责任往往直接由施工企业承担。在贵州建工集团第三建筑工程有限责任公司与鸡西市坚实混凝土制造有限公司买卖合同纠纷案[1]中，黑龙江省高级人民法院认为，涉案供应合同为施工企业自身的项目部与第三人之间签订，施工企业已认可其将工程内部承包给项目部运营。项目部负责人加盖项目部公章并签署协议的行为属于职务行为。因此，施工企业是本案的适格当事人，应承担因供应合同产生的民事责任。

关于支解[2]发包合同的效力。支解发包是指建设单位将应当由一个承包单位完成的建设工程分解成若干部分发包给不同的承包单位的行为。《建筑法》第二十四条规定："提倡对建筑工程实行总承包，禁止将建筑工程肢解发包。建筑工程的发包单位可以将建筑工程的勘察、设计、施工、设备采购一并发包给一个工程总承包单位，也可以将建筑工程勘察、设计、施工、设备采购的一项或者多项发包给一个工程总承包单位；但是，不得将应当由一个承包单位完成的建筑工程肢解成若干部分发包给几个承包单位。"《民法典》第七百九十一条第一款规定："发包人可以与总承包人订立建设工程合同，也可以分别与勘察人、设计人、施工人订立勘察、设计、施工承包合同。发包人不得将应当由一个承包人完成的建设工程支解成若干部分发包给数个承包人。"《建设工程质量管理条例》第七条规定："……建设单位不得将建设工程肢解发包。"该条例第七十八条第一款规定："本条例所称肢解发包，是指建设单位将应当由一个承包单位完成的建设工程分解成若干部分发包给不同的承包单位的行为。"

鉴于司法解释并未明确规定支解发包的合同无效，实践中有相当一部分案例依据《民法典》第一百五十三条第一款"违反法律、行政法规的强制性规定……"的规定认定支解发包的建设工程合同无效。如在实事集团建设工程有限公司、浙江华和叉车有限公司建设工程施工合同纠纷案[3]中，浙江省高级人民法院认为，根据《合同法》第二百七十二条第一款[4]、《建筑法》第二十四条、《建设工程质量管理条例》第七条第二款等规定，发包人不得将应由一个承包人完成的工程支解成若干部分发包给几个承包人。由于支解发包行为不仅会导致一些不正当行为，也会危害公共安全，因此从保证建设工程质量的角度考虑，建筑工程支解发包违反法律法规的强制性规范，仍应确认为无效。实践中也有少数观点认为，禁止支解发包属于一种管理性强制性规定，不属于《民法典》第一百五十三条规定的违反效力性强制性规定的行为，并不必然导致建

---

① 参见黑龙江省高级人民法院民事判决书，（2014）黑高商终字第90号。

② 《民法典》将"肢解"修改为"支解"，故下文除法条引用外的正文部分均表述为"支解"。

③ 参见浙江省高级人民法院民事裁定书，（2016）浙民申3829号。

④ 现为《民法典》第七百九十一条第一款。

设工程施工合同无效。

4. 违反规划管理相关规定,未取得建设工程规划许可证等规划审批手续。

建设工程规划许可证是城市规划行政主管部门依法核发的确认有关建设工程符合城市规划要求的法律凭证。《城乡规划法》第四十条第一款规定:"在城市、镇规划区内进行建筑物、构筑物、道路、管线和其他工程建设的,建设单位或者个人应当向城市、县人民政府城乡规划主管部门或者省、自治区、直辖市人民政府确定的镇人民政府申请办理建设工程规划许可证。"《施工合同司法解释(一)》第三条第一款规定:"当事人以发包人未取得建设工程规划许可证等规划审批手续为由,请求确认建设工程施工合同无效的,人民法院应予支持,但发包人在起诉前取得建设工程规划许可证等规划审批手续的除外。"同时,由于申请办理建设工程规划许可证的法定义务主体为发包人,未办理建设工程规划许可证而导致建设工程施工合同无效的,过错方为发包人。因此,《施工合同司法解释(一)》第三条第二款限制了发包人以未办理建设工程许可证主张建设工程施工合同无效的权利。该条款指出:"发包人能够办理审批手续而未办理,并以未办理审批手续为由请求确认建设工程施工合同无效的,人民法院不予支持。"

5. 其他可导致建设工程施工合同部分无效的情形。

其他可导致建设工程施工合同无效的情形还包括:任意压缩合理工期、降低工程质量标准签订建设工程施工合同等。《建设工程质量管理条例》第十条规定:"建设工程发包单位不得迫使承包方以低于成本的价格竞标,不得任意压缩合理工期。"合理工期,是指在一定的施工条件下具有相同或近似施工技术、施工经验和管理水平的施工单位在完成一定工作量时所需要花费的时间,通常是参照定额工期确定一定比例的下浮范围,范围内为合理工期,超过这一比例则属于任意压缩合理工期。如《北京市住房和城乡建设委员会关于落实建设单位工程质量安全首要责任的通知》(京建发〔2021〕253 号)第一条第(六)项规定:"……压缩定额工期的幅度超过 10%(不含)的,应组织专家对相关技术措施进行质量安全符合性和可行性论证,并承担相应的质量安全责任。"《河北省住房和城乡建设厅关于加强建设工程工期管理有关工作的通知》(冀建市〔2015〕14 号)第二条第(一)项规定:"建设单位应当依据工期定额计算工期,在招标文件中注明招标工期和定额工期。拟定的招标工期可以小于定额工期,但不得小于定额工期的 70%,否则视为任意压缩合理工期。招标工期小于定额工期时,应按有关规定计算压缩工期所增加的费用,小于定额工期 85% 时,应组织专家论证。"

关于降低工程质量标准的效力认定问题,《北京市高级人民法院关于审理建设工程施工合同纠纷案件若干疑难问题的解答》规定:"27、施工合同约定的工程质量标准与国家强制性标准不一致的是否有效? 建设工程施工合同中约定的建设工程质量标准低于国家规定的工程质量强制性安全标准的，该约定无效；合同约定的质量标准高于国家规定的强制性标准的，应当认定该约定有效。”最高人民法院《第八次全国法院民事商事审判工作会议（民事部分）纪要》第30条规定：“要依法维护通过招投标所签订的中标合同的法律效力。当事人违反工程建设强制性标准，任意压缩合理工期、降低工程质量标准的约定，应认定无效。对于约定无效后的工程价款结算，应依据建设工程施工合同司法解释的相关规定处理。”

（二）司法实践中对“无效合同”的处理原则

《民法典》第一百五十七条规定：“民事法律行为无效、被撤销或者确定不发生效力后，行为人因该行为取得的财产，应当予以返还；不能返还或者没有必要返还的，应当折价补偿。有过错的一方应当赔偿对方由此所受到的损失；各方都有过错的，应当各自承担相应的责任。法律另有规定的，依照其规定。”《民法典》第五百零八条规定：“本编对合同的效力没有规定的，适用本法第一编第六章的有关规定。”根据前述条款，无效合同的法律后果主要包括：返还财产、折价补偿、赔偿损失等。

由于建设工程施工合同针对的标的物系不动产，合同履约过程系将施工方的劳动和建筑材料物化至建筑产品的过程，因此，合同被确认无效后难以进行返还，其后果主要是折价补偿和赔偿损失。《民法典》第七百九十三条规定：“建设工程施工合同无效，但是建设工程经验收合格的，可以参照合同关于工程价款的约定折价补偿承包人。建设工程施工合同无效，且建设工程经验收不合格的，按照以下情形处理：（一）修复后的建设工程经验收合格的，发包人可以请求承包人承担修复费用；（二）修复后的建设工程经验收不合格的，承包人无权请求参照合同关于工程价款的约定折价补偿。发包人对因建设工程不合格造成的损失有过错的，应当承担相应的责任。”《施工合同司法解释（一）》第六条规定：“建设工程施工合同无效，一方当事人请求对方赔偿损失的，应当就对方过错、损失大小、过错与损失之间的因果关系承担举证责任。损失大小无法确定，一方当事人请求参照合同约定的质量标准、建设工期、工程价款支付时间等内容确定损失大小的，人民法院可以结合双方过错程度、过错与损失之间的因果关系等因素作出裁判。”前述规定基本确立了建设工程施工合同无效后的一般处理原则，主要涉及以下几方面。

1. 建设工程施工合同无效后的折价补偿问题

建设工程施工合同无效后，对于无效合同的工程价款结算，采用折价补偿原则，双方均可主张参照合同约定结算工程价款。但需要注意以下问题。

（1）参照合同约定支付工程价款的前提是已完工程质量合格

《施工合同司法解释（一）》第二十四条第一款规定：“当事人就同一建设工程订立

的数份建设工程施工合同均无效,但建设工程质量合格,一方当事人请求参照实际履行的合同关于工程价款的约定折价补偿承包人的,人民法院应予支持。"《民法典》第七百九十九条规定:"建设工程竣工后,发包人应当根据施工图纸及说明书、国家颁发的施工验收规范和质量检验标准及时进行验收。验收合格的,发包人应当按照约定支付价款,并接收该建设工程。建设工程竣工经验收合格后,方可交付使用;未经验收或者验收不合格的,不得交付使用。"从上述两条款对比可知,《民法典》将参照合同约定支付工程价款的适用条件从工程"竣工验收合格"修改为工程"验收合格",并非只有竣工完成的工程发包人才有支付工程款的义务。工程验收合格,包括工程竣工后验收合格、阶段性验收合格及修复后验收合格三种。《施工合同司法解释(一)》第十四条规定:"建设工程未经竣工验收,发包人擅自使用后,又以使用部分质量不符合约定为由主张权利的,人民法院不予支持……"该条款属于法律拟制的情形,即发包人擅自使用未经竣工验收工程的,也视为工程验收合格。

(2)参照合同约定支付工程价款的参照范围

实践中,各方对参照合同约定支付工程价款的范围存在不同认识。有观点认为,参照范围既包括计价标准和计价方法,也包括工程款支付条件等,如《江苏省高级人民法院关于审理建设工程施工合同纠纷案件若干问题的解答》①第5条规定:"建设工程施工合同无效,建设工程经竣工验收合格的,当事人主张工程价款或确定合同无效的损失时请求将合同约定的工程价款、付款时间、工程款支付进度、下浮率、工程质量、工期等事项作为考量因素的,应予支持。"也有观点认为,参照合同约定的范围应仅限于计价标准和计价方法,如在黄某盛、林某勇与江西通威公路建设集团有限公司、泉州泉三高速公路有限责任公司建设工程分包合同纠纷案②中,最高人民法院认为,《施工合同司法解释》第二条规定③参照合同约定支付工程价款,主要指参照合同有关工程款计价方法和计价标准的约定。承包人主张参照合同约定的范围还包括合同支付条件,于法无据。

另外,此处参照的合同是指被认定为无效但案涉双方实际履行的合同,对于合同无效后,实际施工人主张参照转包人或违法分包人与发包人之间的合同作为结算依据的,一般不予支持。如《四川省高级人民法院关于审理建设工程施工合同纠纷案件若干疑难问题的解答》规定:"三、19.被确认无效的建设工程施工合同工程价款如何确定?实际施工人以转包或违法分包合同无效,主张按照转包人或违法分包人与发包人之间的合同作为结算依据的,不予支持。但实际施工人与转包人或违法分包人另有约

① 现已失效,但仍有一定参考意义。

② 参见最高人民法院民事判决书,(2013)民一终字第93号。

③ 现参见《民法典》第七百九十九条规定。

定的除外。”

(3)关于利润部分能否适用折价补偿原则

通说认为,如以合同无效为由扣除承包人的利润,此时发包人反而会取得承包人应得的利润,与合同无效的处理原则不符;并且从实践看,工程价款计算方式较为特殊,要从建设工程价款中区分出利润未必可行,成本太高,而且根据不同的计算方式和依据结果也不相同。① 因此,对于利润部分也应当参照合同约定适用折价补偿,如《北京市高级人民法院关于审理建设工程施工合同纠纷案件若干疑难问题的解答》第17条规定:“建设工程施工合同无效,但工程经竣工验收合格,当事人任何一方依据《解释》第二条的规定要求参照合同约定支付工程折价补偿款的,应予支持。承包人要求发包人按中国人民银行同期贷款利率支付欠付工程款利息的,应予支持。发包人以合同无效为由要求扣除工程折价补偿款中所含利润的,不予支持。”在潍坊雅居园投资置业有限公司(以下简称雅居园公司)与晟元集团有限公司(以下简称晟元公司)建设工程施工合同纠纷案②中,最高人民法院认为,案涉工程的价值为工程造价(包括规费和利润)。案涉工程项目由雅居园公司占有,雅居园公司应按照工程造价补偿晟元公司。私法救济目的是使双方的利益恢复均衡,如果自折价补偿款中扣减部分规费和利润,则雅居园公司既享有工程项目的价值,又未支付足额对价,且获得额外利益,不符合无效合同的处理原则,故雅居园公司主张在工程造价中扣除利润和规费缺乏依据。

关于利润部分能否适用折价补偿原则也存在不同观点,根据《施工合同司法解释(一)》第四条的规定,承包人不能因无效合同获得利益,折价补偿的只能是承包人的成本价,不具备建筑施工资质的实际施工人因承建工程取得的利润属于非法所得,应予扣除。

(4)未取得规划审批手续导致合同无效时的结算

发包人未取得建设工程规划许可证等规划审批手续签订的建设工程施工合同无效。对于该类无效合同的结算,通说认为,需要视违法建筑被行政主管部门实际处置情况区别对待。根据《城乡规划法》第六十四条规定,违法建筑的处理分为采取改正措施、消除影响以及限期拆除和没收。就采取改正措施和消除影响而言,由于违法建筑需要被拆除或没收,对发包人已经没有任何价值,因此不能适用折价补偿原则,只能根据各自过错承担损失。就限期拆除和没收而言,因发包人继续占有、使用违法建筑,实际上享有了无效合同带来的利益,故仍可参照合同约定支付工程价款。

① 参见最高人民法院民事审判第一庭编著:《最高人民法院建设工程施工合同司法解释(二)理解与适用》,人民法院出版社2019年版,第32页。

② 参见最高人民法院民事判决书,(2017)最高法民终360号。

(5)低于成本价导致合同无效的价款结算

对于因低于成本价导致合同无效的价款结算是参照合同约定结算还是据实结算,实务界一般认为仍应参照合同约定结算。但也有少数观点认为可以据实结算,持有此类观点的主要理由是,既然造成合同无效的原因是合同价格低于成本价,如再根据《民法典》第七百九十三条第一款"参照合同关于工程价款的约定折价补偿承包人"的规定,则确认合同无效就失去了意义,此种情况下一般采用据实结算或以工程成本价进行结算。在抚顺豪拓建筑安装工程有限公司(以下简称豪拓公司)与抚顺艺豪房地产开发有限公司(以下简称艺豪公司)建设工程施工合同纠纷案①中,针对合同约定的价款低于该工程的成本价时结算工程款的确定,二审法院认为,当事人约定的固定价格明显低于成本价。对于固定价格的确定,双方当事人都是有过错的。豪拓公司为了承揽这项工程,以低于成本价投标,有其自身的过错。艺豪公司作为发包方,对工程的成本应该是明知的,但仍以豪拓公司低于成本的投标价作为中标价,损害了豪拓公司的利益,违反了《民法通则》关于民事活动应当遵循自愿、公平、等价有偿和诚实信用原则。因此,本着公平、等价有偿原则,从维护和平衡双方当事人利益的角度出发,本案不应以损害一方当事人利益的固定价格作为结算依据,而应采用较为公平的鉴定意见作为结算依据。关于如何确定成本价问题。从施工方的角度看,其投入就是成本。但从发包人角度看,其招标价格,应该是最低价格,即成本价格,这个价格应该包括施工方的合理利润。因此,一般情况下,鉴定意见确定的数额,可以看成是发包人的成本价,也可视为工程的成本价。

(6)数份合同均无效的处理原则

《施工合同司法解释(一)》第二十四条规定:"当事人就同一建设工程订立的数份建设工程施工合同均无效,但建设工程质量合格,一方当事人请求参照实际履行的合同关于工程价款的约定折价补偿承包人的,人民法院应予支持。实际履行的合同难以确定,当事人请求参照最后签订的合同关于工程价款的约定折价补偿承包人的,人民法院应予支持。"实践中,当事人双方的争议焦点往往集中在哪一份为实际履行的合同,为证明己方观点,争取有利结算方式,双方会就实际履行合同的有关事实进行举证,对于穷尽《施工合同司法解释(一)》第二十四条规定情形仍无法确定实际履行合同的或将造成权利义务显失公平的,委托人一般的处理方法还可能包括:

①参照签订建设工程施工合同时当地建设行政主管部门发布的计价方法或者计价标准确定工程价款;

---

① 参见辽宁省高级人民法院民事裁定书,(2013)辽民一终字第00270号。截至2023年12月31日未检索到重审、再审判决。

②结合缔约过错、已完工程质量、利益衡平等因素合理分配当事人之间数份合同的差价确定工程价款。

2. 建设工程施工合同无效后的损失赔偿问题

建设工程施工合同无效后的损失赔偿问题，是指在合同无效情形下，当事人在折价补偿工程款之外，还应就其过错承担损失赔偿责任。根据《施工合同司法解释(一)》第六条规定，在合同无效情形下，一方当事人可请求参照合同约定的质量标准、建设工期等要求对方赔偿损失。建设工程施工合同无效后的损失赔偿主要涉及以下几方面问题。

(1)合同无效赔偿责任的范围

通说认为，合同无效的赔偿责任是一种缔约过失责任。合同无效后，若一方当事人对合同无效存在过错且对方当事人因此遭受损失的，过错方应基于缔约过失责任向对方进行损失赔偿，所赔偿的损失限于信赖利益，即缔约人信赖合同有效，但因法定事由发生，致使合同无效而遭受的损失，该等信赖利益损失一般不应超过履行利益。需注意的是，对于停窝工损失、工期索赔、工程质量等无效合同履约过程中产生的损失是否属于缔约过失责任范围，实务中存在不同观点。一种观点为，对于缔约过失责任的承担，需分清哪些损失是因合同无效造成的，哪些损失与合同效力无关，即主要针对缔约过程考虑，此系缔约过失责任划分本意，从该角度出发，合同履行过程中产生的工期等赔偿责任不属缔约过失责任范畴。另一种观点认为，如果将损失赔偿的范围仅限于缔约过失责任，排除无效合同履行过程的损失赔偿，则可能导致权利义务失衡。如承包人可以参照合同主张价款，而发包人却不能主张参照合同索赔，显然是不公平的，故基于诚实信用原则，应将履约过程中过错导致的损失亦纳入赔偿范围。

(2)合同无效赔偿责任的归责

缔约过失责任的成立，以过错为基本原则。在确定合同无效的赔偿责任时，首先应确定当事人确有过错，否则不应承担相应责任。就建设工程施工合同领域的无效情形而言，导致合同无效的原因一般包括：违反资质管理、招投标的规定；转包；违法分包；违反规划审批手续要求；违反强制性质量标准；任意压缩合理工期；等等。一般而言，根据前述原因基本可以判断合同无效归因于哪一方当事人，例如：按规定应招标而未招标订立的合同，过错方主要为发包人，承包人承担次要过错责任；违反资质管理规定订立的无效合同，过错方主要为承包人，发包人如疏于审查或明知承包人无资质也应承担相应的过错等。除确定损害事实存在及当事人具有过错之外，还需注意损害事实与过错间需有因果关系。对于因果关系的判断，应以诚实信用、合理可预见为原则。如在因缺乏资质导致合同无效的情形下，对于工程质量缺陷的过错责任问题应作客观分析。虽承包人不具备相关资质是造成合同无效的主因，发包人在明知承包人不具备相关资质的情况下仍与其签订施工合同的,也应对质量问题承担次要责任。例如,在福建欧氏建设发展有限公司与王某良建设工程施工合同纠纷案[①]中,福建省高级人民法院认为,涉案两份建设工程施工合同因承包人不具备建筑施工企业资质,原审法院认定该两份合同无效是正确的。本案桩基工程质量系施工原因造成,故施工人对发包人因此所遭受的损失应承担主要责任;发包人将讼争工程发包给不具有施工资质的个人施工,对于工程质量存在缺陷亦有过错,应承担次要责任。

(3)无效合同的质量赔偿责任

无效合同的质量赔偿责任,是指在施工合同无效情形下,当事人在折价补偿之外,还应参照合同约定的质量标准就其过错承担损失赔偿责任。然而需要说明的是,双方约定的质量标准不得低于法定质量标准。如双方约定的质量标准低于法定质量标准,低于法定质量标准的约定不能成为利益平衡考量的依据,亦不能成为损失赔偿的参照依据。

(4)无效合同的工期赔偿责任

无效合同的工期赔偿责任,是指在施工合同无效情形下,当事人在折价补偿之外,还应参照合同约定的建设工期,就其过错承担损失赔偿责任。但由于在建设工程施工合同签订过程中,发包人往往处于相对优势地位,合同约定的工期常出现低于合理工期的情形,在施工合同无效的情况下,该工期约定不利于双方利益之平衡。因此,如合同约定工期被认定低于合理工期的,不宜作为损失赔偿的参照依据。

关于合同无效后工期奖励条款能否参照问题,实务中存在不同观点。一种观点认为,在合同无效的情形下,合同中相应条款均不具有法律约束力,工期奖励条款不应参照适用;另一种观点认为,工期奖励条款实际上是对于施工方组织施工投入支付的一种对价,若施工方加大投入提前完成工程,则可以奖励的方式获取更多的工程款。若施工合同被认定无效后对有关工期奖励条款不认可的话,无法体现施工方的赶工投入,实际上未考虑施工方施工组织投入的对价。因此,应将工期奖励条款视为施工方赶工投入对价,作为工程造价的一部分。

此外,在建设工期参照无效合同约定的情况下,合同中关于工期延误的违约责任条款是否可以参照的问题,实务中也存在不同观点。一种观点认为,如果允许承包人请求参照合同约定支付工程价款,却不允许发包人请求参照合同约定主张损失赔偿责任,会导致双方利益失衡,且在合同无效的情形下,关于工期延误造成的损失只能参照合同约定确定,否则将无法计算损失;另一种观点认为,司法解释仅规定了建设工期可以参照合同约定,但未规定工期延误的损失计算也可参照合同约定,合同中关于损失

① 参见福建省高级人民法院民事判决书,(2014)闽民终字第396号。

的约定显然系违约金，在合同无效的情形下不宜参照，应根据当事人举证的实际损失确定赔偿金额。

（三）“无效合同”争议费用的鉴定

建设工程施工合同无效后的造价鉴定，应根据当事人的诉讼或仲裁请求事项，由委托人就鉴定的原则、方法、范围、要求等予以确定，并就此委托鉴定机构进行鉴定。《建设工程造价鉴定规范》第5.3.2条规定：“委托人认定鉴定项目合同无效的，鉴定人应按照委托人的决定进行鉴定。”

合同无效后工程价款的鉴定和确定主要有以下几种情形。

1. 合同无效，但工程已完工并经过竣工验收

对于工程已完工且经过竣工验收合格的，司法鉴定时可以根据双方合同约定的结算方式计算工程价款；对于经竣工验收不合格的情况，应区别处理：一是维修后建设工程经竣工验收合格的，发包人仍应参照合同约定支付工程款，但承包人应承担相应的维修义务；二是维修后建设工程经竣工验收不合格的，发包人不支付施工方工程款，对此损失由施工方自行承担，同时按照双方的过错大小对其他损失承担相应的赔偿责任，包括但不限于：签订、履行合同的费用和合同被确认无效后的后续费用，如拆除质量不合格建筑物的费用、材料费等。

实践中，还需要注意以下几个问题。

（1）合同无效但工程竣工验收合格的，应当参照合同约定结算工程价款。发包人对合同无效是否有过错，不影响合同价款的结算。例如在莫某华、深圳市东深工程有限公司（以下简称东深公司）与东莞市长富广场房地产开发有限公司（以下简称长富广场公司）建设工程合同纠纷案[①]中，最高人民法院认为，虽然合同无效，但莫某华与东深公司的劳动和建筑材料已经物化在涉案工程中，依据《施工合同司法解释》第二条[②]规定，建设工程合同无效，应当参照合同约定来计算涉案工程款。莫某华与东深公司主张应据实结算工程款缺乏依据，莫某华与东深公司不应获得比合同有效时更多的利益。关于莫某华、东深公司提出合同无效，长富广场公司清楚挂靠事实，也存在过错的问题，从现有证据来看，并无证据显示长富广场公司在签约及履约过程中知道莫某华挂靠东深公司施工，造成合同无效的过错责任应由莫某华和东深公司承担。即便长富广场公司对此知情，应承担一定的过错责任，也不影响本案的实体处理。依据《合同法》第五十八条[③]的规定，过错责任的划分，仅在计算损失赔偿时有意义，对于涉

① 参见最高人民法院民事判决书，（2011）民提字第235号。

② 现参见《民法典》第七百九十九条规定。

③ 现参见《民法典》第一百五十七条规定。

案工程款数额的认定并无影响。本案中,双方仅对工程款的计算数额存在争议,双方当事人均未提起损害赔偿之诉,因此,过错责任的认定并不影响对于涉案工程款数额的计算。

(2)合同对结算价款未约定或约定不明的,应根据承包人已完成的工程量,参照合同签订时工程所在地建设行政主管部门发布的计价方法或者计价标准结算工程价款。

(3)合同因未取得建设工程规划许可证而无效的,工程价款应根据该违法建筑是否会被拆除区别处理。若当地政府及行政主管部门确认工程属于违法建筑并作出责令拆除决定或实际拆除的,对承包人投入的人工费、机械费、材料费等实际损失应结合当事人过错分担,一般而言发包人应承担主要责任;若当地政府及行政主管部门没有作出违法建筑认定的,可以参照合同约定结算工程价款。

(4)对转包、违法分包、挂靠等情形导致的合同无效,双方在无效合同中约定的管理费按照转包方、违法分包工程的发包方、被挂靠方在工程中是否实际履行了管理职责给予酌情支持。

2. 合同无效,工程已经开工但尚未完工

对未完工程的造价鉴定,是指对部分已经完成的质量合格的工程的造价进行鉴定,其解决的是在工程因各种原因而没有完成竣工的情况下对已完工程量造价如何确定的问题。此种情形下,通常要区分固定总价合同和固定单价合同,并结合案件实际情况采用适当的方法确定工程价款。

(1)对于固定总价合同,采用按比例折算等办法进行结算。

固定总价合同中,对于未完工程的造价鉴定一般采用按比例折算的办法。《北京市高级人民法院关于审理建设工程施工合同纠纷案件若干疑难问题的解答》第十三条第二款规定:“建设工程施工合同约定工程价款实行固定总价结算,承包人未完成工程施工,其要求发包人支付工程款,经审查承包人已施工的工程质量合格的,可以采用‘按比例折算’的方式,即由鉴定机构在相应同一取费标准下分别计算出已完工程部分的价款和整个合同约定工程的总价款,两者对比计算出相应系数,再用合同约定的固定价乘以该系数确定发包人应付的工程款。”山东省高级人民法院、广东省高级人民法院等也都有类似的规定。四川东嘉建筑工程有限公司与四川省犍为凤生纸业有限责任公司建设工程施工合同纠纷案①、河北省乾荣城市建设有限公司与石家庄市麟凯房地产开发有限公司建设工程施工合同纠纷案②等判例中也持类似观点。

① 参见最高人民法院民事裁定书,(2014)民申字第532号。

② 参见最高人民法院民事裁定书,(2015)民申字第280号。

在固定单价合同中，对于承包人实际完成部分，用合同约定的固定单价和实际完成的工程量据实结算即可。但对于工程完成比例过低的情况下，对于承包人的前期投入部分应予以适当考虑。

(2)按市场价对未完工程的造价进行鉴定。

在齐河环盾钢结构有限公司(以下简称环盾公司)与济南永君物资有限责任公司建设工程施工合同纠纷案[①]中，关于涉案工程价款的确定依据的问题，最高人民法院认为，本案不应以定额价而应以市场价作为工程价款结算依据。一审法院委托实信造价公司进行鉴定时，先后要求实信造价公司通过定额价和市场价两种方式鉴定。首先，建设工程定额标准是各地建设主管部门根据本地建筑市场建筑成本的平均值确定的，是完成一定计量单位产品的人工、材料、机械和资金消费的规定额度，属于政府指导价范畴，属于任意性规范而非强制性规范。在当事人之间没有作出以定额价作为工程价款的约定时，一般不宜以定额价确定工程价款。其次，以定额为基础确定工程造价没有考虑企业的技术专长、劳动生产力水平、材料采购渠道和管理能力，这种计价模式不能反映企业的施工、技术和管理水平。本案中，环盾公司假冒中国第九冶金建设公司第五工程公司的企业名称和施工资质承包涉案工程，如果采用定额取价，亦不符合公平原则。再次，定额标准往往跟不上市场价格的变化，建设行政主管部门发布的市场价格信息更贴近市场价格，更接近建筑工程的实际造价成本。此外，本案所涉钢结构工程与传统建筑工程相比属于较新型建设工程，工程定额与传统建筑工程定额相比还不够完备，按照钢结构工程造价鉴定的惯例，以市场价鉴定的结论更接近造价成本，更有利于保护当事人的利益。最后，根据《合同法》第六十二条第(二)项[②]的规定，价款或者报酬不明确的，按照订立合同时履行地的市场价格履行；依法应当执行政府定价或者政府指导价的，按照规定履行。本案所涉工程不属于政府定价，以市场价作为合同履行的依据不仅更符合法律规定，且对双方当事人更公平。

(3)综合考虑案件事实，确定最终采用何种方式鉴定未完工程的造价。

在青海方升建筑安装工程有限责任公司与青海隆豪置业有限公司建设工程施工合同纠纷案[③]中，最高人民法院认为，对于约定了固定价款的建设工程施工合同，双方未能如约履行，致使合同解除的，在确定争议合同的工程价款时，既不能简单地依据政府部门发布的定额计算工程价款，也不宜直接以合同约定的总价与全部工程预算总价的比值作为下浮比例，再以该比例乘以已完工程预算价格的方式计算工程价款，而应当综合考虑案件的实际履行情况，并特别注重双方当事人的过错和司法判决的价值取

---

① 参见最高人民法院民事判决书，(2011)民提字第104号。

② 现为《民法典》第五百一十一条第(二)项。

③ 参见最高人民法院民事判决书，(2014)民一终字第69号。

向等因素来确定。

3. 合同无效,发包人和承包人损失索赔的鉴定

在合同无效情形下,当事人的损失主要包括为准备签订、履行合同支出的费用和签订以及履行合同过程中支出的费用,包括直接损失和间接损失。其中直接损失一般包括缔约费用、准备履行合同所支出的费用、为支出费用所失去的利息等;间接损失一般为丧失与第三人另订合同的机会所产生的损失,但对于一方主张的可得利益损失等一般不予支持。具体至建设工程施工合同中,承包人损失一般包括因办理招投标手续支出的费用、合同备案支出的费用、订立合同支出的费用、除工程价款之外因履行合同支出的费用,发包人损失一般包括因办理招标投标手续支出的费用、合同备案支出的费用、订立合同支出的费用、准备或者实际履行合同支出的费用。具体案例中可结合当事人的证据情况或根据鉴定情况予以认定。

案例 9－9

在湖北宏鑫建设集团有限公司(以下简称宏鑫建设公司)、海南千博乐城开发有限公司(以下简称千博开发公司)建设工程施工合同纠纷案①中,二审法院关于博乐府项目的损失问题认定如下:

(1)关于博乐府项目合同无效的过错及责任问题。

千博开发公司至今未取得项目建设的四证,建设资金也未落实。千博开发公司因自身资金原因,先是单方要求与宏鑫建设公司解除合同,不履行其于 2015 年 9 月 22 日签订的支付 90 万元农民工工资的协议书,在宏鑫建设公司起诉索要工程欠款后以博乐府项目无四证为由主张合同无效,有失诚实信用。一审法院因此认定对博乐府项目合同无效千博开发公司存在根本过错,宏鑫建设公司亦存在一定过错,并无不当。二审法院认定千博开发公司承担博乐府项目合同无效导致损失的 90% 赔偿责任,另外 10% 的赔偿责任由宏鑫建设公司自行承担。

(2)千博开发公司应付博乐府项目的直接损失。

博乐府项目,涉案实际损失的项目有:

①施工期间窝工损失,因千博开发公司自身资金问题,在施工期间造成宏鑫建设公司的施工人员、机械台班的窝工损失和多支出的水电费等无法从已完工工程价款中得到补偿。一是施工期间管理人员的窝工损失;二是施工期间后勤保安人员窝工损失;三是机械台班窝工损失;四是水电费。施工期间管理人员、保安和机械台班等窝工损失、水电费损失等共计为 1,504,578.45(元)。

②钢结构施工配合费。

① 参见海南省高级人民法院民事判决书,(2017)琼民终 225 号。

二审法院认为,该合同第18.7条约定,发包人指定分包的工程,承包人收取分包方合同约定工程总造价的2%的总包配合费。千博开发公司发包给案外人分包的博乐府项目钢结构工程已施工至框架三层,尽管博乐府项目合同无效,千博开发公司认可仍应按合同约定支付配合费。双方各自主张的配合费依据不足。因此,二审法院酌情按宏鑫建设公司主张的钢结构施工配合费244,300元的50%计取,认定钢结构施工配合费为122,150元。

③停工期间管理人员窝工损失、后勤保安管理费、水电费和机械台班停滞、维修、折旧费等。

二审法院认为,2014年12月24日计算至2015年5月底的停工期间(5.2个月),以上各项损失404,613.7元包含在千博开发公司盖章认可的该项目总审核价2,162,045.21元内,故二审法院视为千博开发公司认可停工期间窝工等损失404,613.7元。另外,根据现场勘验笔录,宏鑫建设公司在博乐府项目工地仍派驻5名保安人员保护施工现场,且现场有床铺、厨房和厕所等足以供5人工作生活的设施。按公平原则,自2015年5月底后至今2年多时间宏鑫建设公司必然应支付5名保安人员工资和水电费用,该部分费用应当作为宏鑫建设公司的损失。保安人员工资按每人月工资3000元,计算24个月,2年多水电费酌情按20,000元,二审法院认定近2年宏鑫建设公司应付的5名保安人员工资和水电费用为:5×3000×24+20,000=380,000(元)。

④单方解除合同违约费用之一,支付给第三方的违约补偿费用。

二审法院认为,因宏鑫建设公司违反与琼海鑫海混凝土有限公司签订《商品混凝土供应合同》的约定,至今未向琼海鑫海混凝土有限公司支付用于博鳌乐城岛项目的商品砼价款,截至2017年7月21日,按生效的(2015)琼海民一初字第917号民事调解书,宏鑫建设公司应赔偿琼海鑫海混凝土有限公司除商品砼价款之外包括违约金损失共214,780.92元。按诚实信用和公平原则,二审法院认定因千博开发公司欠付工程款致宏鑫建设公司应付案外人的违约金212,214.92元应作为宏鑫建设公司的直接损失。

⑤单方解除合同违约费用之二,不按时支付工程预付(进度)款的利息。

二审法院认为:因合同无效,有关按每天2.1‰支付逾期未付工程预付(进度)款利息的约定也无效,宏鑫建设公司有关按合同约定支付利息的主张,没有合同依据,不予支持。

综上,二审法院认定宏鑫建设公司博乐府项目实际损失共计为2,623,557.07元。千博开发公司承担博乐府项目合同无效导致损失的90%赔偿责任,即为2,361,201.36元;另外10%的赔偿责任由宏鑫建设公司自行承担。

因博乐府项目合同无效,故宏鑫建设公司有关该项目的可得利润等间接损失的主张没有合同依据，不予支持。

四、合同中止与提前终止费用争议处理

（一）工程中止费用争议处理

1. 合同中止的概念

合同中止履行是指合同各方暂停履行合同，使各方的合同权利、义务关系暂处于停止状态。在合同中止履行期间，各方权利、义务关系依然存在，在合同中止事由消灭后，各方的合同权利、义务恢复履行。

在建设工程合同中，合同中止一般表现为工程中止，即停工。

2. 工程中止的原因

建设工程合同由于履行期限相对较长，涉及参与其中的单位较多，在施工过程中可能会遇到各种问题导致暂停施工，例如：

（1）发包单位未按照约定的时间和要求提供原材料、设备、场地、资金、技术资料或合同约定的其他协助义务致使工程无法正常施工。

（2）发包单位未在合同约定的期限内完成征地拆迁、场地平整、清除地面和地下障碍等工作，导致现场不具备或不完全具备施工条件。

（3）发包单位未按合同约定将施工所需水、电、电讯线路从施工场地外部接至约定地点，或虽接至约定地点但无法保证施工所需。

（4）发包单位未取得相关的施工许可，如建设用地规划许可证、建设工程规划许可证、建设工程施工许可证、临时用水、临时用电、临时占用土地等许可和批准。

（5）发包单位未向施工单位提供图纸或者图纸不全，导致施工单位无法施工。

（6）甲供材、指定分包、平行发包等指定单位影响施工进度、施工配合，导致工程无法施工。

（7）发包单位未按照约定的时间支付工程预付款、进度款导致工程停工。

（8）恶劣天气原因，如非正常的连续降雨、持续高温、强台风等，导致工程停工。

（9）施工过程中发现文物、古董、古建筑基础和结构、化石、钱币等有考古研究价值的物品，需暂停施工。

（10）连续停水、连续停电等导致工程无法施工。

（11）工程违法施工，被政府勒令停工。

（12）大气污染管控、扬尘管控，或重要活动、重大节日等，政府要求停工。

（13）因保障周边安全需要、市政单位要求或者交叉施工等原因导致停工。

3. 工程中止的相关法律规定

(1)停工合法性的相关法律规定

①先履行抗辩权

《民法典》第五百二十六条规定:“当事人互负债务,有先后履行顺序,应当先履行债务一方未履行的,后履行一方有权拒绝其履行请求。先履行一方履行债务不符合约定的,后履行一方有权拒绝其相应的履行请求。”

因此,发包单位基于施工合同有先履行义务而未履行或者履行不到位时,施工单位可以停工,如发包单位未按合同约定支付进度款,延期提供材料、设备或提供不合格的材料、设备等。

②不安抗辩权

《民法典》第五百二十七条规定:“应当先履行债务的当事人,有确切证据证明对方有下列情形之一的,可以中止履行:(一)经营状况严重恶化;(二)转移财产、抽逃资金,以逃避债务;(三)丧失商业信誉;(四)有丧失或者可能丧失履行债务能力的其他情形……”

因此,发包单位出现上述情况时,施工单位可以要求发包单位提供支付担保或者增加信用,否则,施工单位可以停工。

③不可抗力

《民法典》第一百八十条第一款规定:“因不可抗力不能履行民事义务的,不承担民事责任。法律另有规定的,依照其规定。”

不可抗力是不能预见、不能避免且不能克服的客观情况。不可抗力一般包括自然灾害、政府行为、社会异常事件等情形。发生不可抗力,不能归责于施工单位,施工单位可以停工,但必须采取措施防止损失的扩大。

(2)发包人原因导致停工的相关法律规定

目前,关于因发包人原因导致停工的相关法律规定主要包括:

《民法典》第八百零四条规定:“因发包人的原因致使工程中途停建、缓建的,发包人应当采取措施弥补或者减少损失,赔偿承包人因此造成的停工、窝工、倒运、机械设备调迁、材料和构件积压等损失和实际费用。”

《民法典》第八百零五条规定:“因发包人变更计划,提供的资料不准确,或者未按照期限提供必需的勘察、设计工作条件而造成勘察、设计的返工、停工或者修改设计,发包人应当按照勘察人、设计人实际消耗的工作量增付费用。”

最高人民法院《第八次全国法院民事商事审判工作会议(民事部分)纪要》第32条规定:“因发包人未按照约定提供原材料、设备、场地、资金、技术资料的,隐蔽工程在隐蔽之前,承包人已通知发包人检查,发包人未及时检查等原因致使工程中途停、缓建，发包人应当赔偿因此给承包人造成的停（窝）工损失，包括停（窝）工人员人工费、机械设备窝工费和因窝工造成设备租赁费用等停（窝）工损失。”

可见，如因发包人的原因导致停工，发包人需承担因此导致的工期延长及费用增加。

4. 工程中止的相关合同约定

（1）《2017 版施工合同》

7.8　暂停施工

7.8.1　发包人原因引起的暂停施工

因发包人原因引起暂停施工的，监理人经发包人同意后，应及时下达暂停施工指示。情况紧急且监理人未及时下达暂停施工指示的，按照第 7.8.4 项〔紧急情况下的暂停施工〕执行。

因发包人原因引起的暂停施工，发包人应承担由此增加的费用和（或）延误的工期，并支付承包人合理的利润。

7.8.2　承包人原因引起的暂停施工

因承包人原因引起的暂停施工，承包人应承担由此增加的费用和（或）延误的工期，且承包人在收到监理人复工指示后 84 天内仍未复工的，视为第 16.2.1 项〔承包人违约的情形〕第（7）目约定的承包人无法继续履行合同的情形。

7.8.3　指示暂停施工

监理人认为有必要时，并经发包人批准后，可向承包人作出暂停施工的指示，承包人应按监理人指示暂停施工。

7.8.4　紧急情况下的暂停施工

因紧急情况需暂停施工，且监理人未及时下达暂停施工指示的，承包人可先暂停施工，并及时通知监理人。监理人应在接到通知后 24 小时内发出指示，逾期未发出指示，视为同意承包人暂停施工。监理人不同意承包人暂停施工的，应说明理由，承包人对监理人的答复有异议，按照第 20 条〔争议解决〕约定处理。

7.8.5　暂停施工后的复工

暂停施工后，发包人和承包人应采取有效措施积极消除暂停施工的影响。在工程复工前，监理人会同发包人和承包人确定因暂停施工造成的损失，并确定工程复工条件。当工程具备复工条件时，监理人应经发包人批准后向承包人发出复工通知，承包人应按照复工通知要求复工。

承包人无故拖延和拒绝复工的，承包人承担由此增加的费用和（或）延误的工期；因发包人原因无法按时复工的，按照第 7.5.1 项〔因发包人原因导致工期延误〕约定办理。

7.8.6　暂停施工持续56天以上

监理人发出暂停施工指示后56天内未向承包人发出复工通知，除该项停工属于第7.8.2项〔承包人原因引起的暂停施工〕及第17条〔不可抗力〕约定的情形外，承包人可向发包人提交书面通知，要求发包人在收到书面通知后28天内准许已暂停施工的部分或全部工程继续施工。发包人逾期不予批准的，则承包人可以通知发包人，将工程受影响的部分视为按第10.1款〔变更的范围〕第(2)项的可取消工作。

暂停施工持续84天以上不复工的，且不属于第7.8.2项〔承包人原因引起的暂停施工〕及第17条〔不可抗力〕约定的情形，并影响到整个工程以及合同目的实现的，承包人有权提出价格调整要求，或者解除合同。解除合同的，按照第16.1.3项〔因发包人违约解除合同〕执行。

7.8.7　暂停施工期间的工程照管

暂停施工期间，承包人应负责妥善照管工程并提供安全保障，由此增加的费用由责任方承担。

7.8.8　暂停施工的措施

暂停施工期间，发包人和承包人均应采取必要的措施确保工程质量及安全，防止因暂停施工扩大损失。

(2)《2020版工程总承包合同》

8.9　暂停工作

8.9.1　由发包人暂停工作

发包人认为必要时，可通过工程师向承包人发出经发包人签认的暂停工作通知，应列明暂停原因、暂停的日期及预计暂停的期限。承包人应按该通知暂停工作。

承包人因执行暂停工作通知而造成费用的增加和(或)工期延误由发包人承担，并有权要求发包人支付合理利润，但由于承包人原因造成发包人暂停工作的除外。

8.9.2　由承包人暂停工作

因承包人原因所造成部分或全部工程的暂停，承包人应采取措施尽快复工并赶上进度，由此造成费用的增加或工期延误由承包人承担。因此造成逾期竣工的，承包人应按第8.7.2项〔因承包人原因导致工期延误〕承担逾期竣工违约责任。

合同履行过程中发生下列情形之一的，承包人可向发包人发出通知，要求发包人采取有效措施予以纠正。发包人收到承包人通知后的28天内仍不予以纠正，承包人有权暂停施工，并通知工程师。承包人有权要求发包人延长工期和(或)增加费用，并支付合理利润：

(1)发包人拖延、拒绝批准付款申请和支付证书，或未能按合同约定支付价款，导致付款延误的；

(2)发包人未按约定履行合同其他义务导致承包人无法继续履行合同的,或者发包人明确表示暂停或实质上已暂停履行合同的。

8.9.3 除上述原因以外的暂停工作,双方应遵守第17条[不可抗力]的相关约定。

8.9.4 暂停工作期间的工程照管

不论由于何种原因引起暂停工作的,暂停工作期间,承包人应负责对工程、工程物资及文件等进行照管和保护,并提供安全保障,由此增加的费用按第8.9.1项[由发包人暂停工作]和第8.9.2项[由承包人暂停工作]的约定承担。

因承包人未能尽到照管、保护的责任造成损失的,使发包人的费用增加,(或)竣工日期延误的,由承包人按本合同约定承担责任。

8.9.5 拖长的暂停

根据第8.9.1项[由发包人暂停工作]暂停工作持续超过56天的,承包人可向发包人发出要求复工的通知。如果发包人没有在收到书面通知后28天内准许已暂停工作的全部或部分继续工作,承包人有权根据第13条[变更与调整]的约定,要求以变更方式调减受暂停影响的部分工程。发包人的暂停超过56天且暂停影响到整个工程的,承包人有权根据第16.2款[由承包人解除合同]的约定,发出解除合同的通知。

8.10 复工

8.10.1 收到发包人的复工通知后,承包人应按通知时间复工;发包人通知的复工时间应当给予承包人必要的准备复工时间。

8.10.2 不论由于何种原因引起暂停工作,双方均可要求对方一同对受暂停影响的工程、工程设备和工程物资进行检查,承包人应将检查结果及需要恢复、修复的内容和估算通知发包人。

8.10.3 除第17条[不可抗力]另有约定外,发生的恢复、修复价款及工期延误的后果由责任方承担。

5.工程中止相关的争议费用

(1)停工直接损失

①人工费

因为停工原因消除后工程还要继续进行,因此,如是短期停工,施工工人、管理人员原则上均不能离开现场。此时,停工期间的人员大量窝工及管理人员工资支出均为停工的直接损失之一。

②周转材料、租赁设备、临时设施的租赁费

停工期间,脚手架、模板、塔吊、仓库、临时设施等周转材料、施工机械设备长期闲置不用,必然造成租赁费损失。

③原材料、设备存储损失

如长时间停工,已进场未使用的原材料、构件或工程设备长期放置,造成钢筋生锈、设备腐蚀、水泥受潮凝固失效等损失。

④现场措施费损失

施工排水、降水等持续性措施工作不能因工程停工而暂停,因此停工期间必然会产生排水、降水措施费支出等损失。

⑤资金占用损失

由于工程停工,承包人为采购材料等而支出的资金无法收回,导致资金成本增加。

(2)防止损失扩大的措施费用

如果停工期间较长并可预见短时间内无法复工,则承包人需采取措施防止损失进一步扩大,及时对工人及材料、设备进行撤场,由此产生的损失包括工人撤场(转场或遣返回乡)的路费及旅途餐费,材料、机械设备的转移费等。

(3)复工后赶工费用

复工后赶工费用是指在工程项目因停工导致工期延误,承包人为了满足发包人或者合同约定的工期要求、通过采取一系列的技术措施或者组织措施加快施工进度而产生的费用。赶工费主要包括新增人员及机械设备的进出场费、紧急用工人工单价增加费、人工降效费、周转材料增加费、夜间施工增加费等相关费用。

(4)停工期间人工、材料价格上涨

在建设工程停工时间较长的情况下,复工后的人工、材料价格可能对比合同价有较大幅度的上涨,导致工程成本增加。

6. 合同中止相关费用的承担

(1)停工责任分担

①承包人原因导致停工

如因承包人原因导致停工,承包人应采取措施尽快复工并赶上进度,由此造成费用的增加和(或)工期延误由承包人承担。因此造成逾期竣工的,承包人应按合同约定承担逾期竣工违约责任。

②发包人原因导致停工

因发包人原因引起的暂停施工,发包人应承担由此增加的费用和(或)延误的工期,并根据合同约定可能需要支付承包人合理的利润。

③不可抗力导致停工

因不可抗力引起的暂停施工,对于施工期间的损失及延误的工期,需根据合同约定确定责任承担。原则上一般由发包人和承包人合理分担各自的人员伤亡和财产损失,而工程本身的损害、因工程损害导致第三方人员伤亡和财产损失以及运至施工场地用于施工的材料和待安装的设备的损害,由发包人承担。据此,停工直接损失中的人工费损失(除应发包人要求留在施工场地的必要的管理人员及保卫人员的费用)、周转材料、租赁设备、临时设施的租赁费损失及承包人自有设备的存储损失应由承包人承担,其他损失应由发包人承担。

(2)承包人未采取必要措施导致损失扩大

不论由于何种原因引起暂停工作的,暂停工作期间,承包人应负责对工程、工程物资及文件等进行照管和保护,并提供安全保障。因承包人未能尽到照管、保护的责任造成损失的,使费用增加及(或)竣工日期延误的,由承包人按合同约定承担责任。

7. 案例分析

案例9-10

在史某与锡林浩特市万城恒业房地产开发有限责任公司(以下简称万城恒业公司)建设工程施工合同纠纷一案①中,史某是案涉工程的实际施工人,2010年7月30日案涉工程验收合格后,发包人万城恒业公司拒绝与史某进行结算。史某主张其单方结算金额为18,432,654元,扣除已结清的工程款11,686,815元,万城恒业公司尚欠工程款6,745,839元,其中包括要求万城恒业公司承担停工14天的1,000,000元赔偿。本案经一审、二审后,史某不服内蒙古自治区高级人民法院的终审判决,向最高人民法院申请再审。关于万城恒业公司是否需要承担停工损失的问题,最高人民法院认为,史某要求万城恒业公司承担14天的停工损失,应当提供证明损失已经发生且该损失应当由万城恒业公司承担的证据。而史某提供的工程洽商,只能表明曾因大风、停电等原因,案涉工程存在停工的事实,无法证明损失数额以及责任主体系万城恒业公司。故对史某该项主张,最高人民法院未予支持。

案例9-11

在河南省偃师市鑫龙建安工程有限公司(以下简称鑫龙公司)与洛阳理工学院(以下简称理工学院)、河南省第六建筑工程公司(以下简称六建公司)索赔及工程欠款纠纷一案②中,1998年6月18日,理工学院与六建公司通过招标方式签订了建设工程施工合同,理工学院将其成教楼、住宅楼工程发包给六建公司,六建公司为组织施工,次日将上述工程分包给鑫龙公司,双方签订了《洛阳大学工程分包合同》,该分包合同除了约定鑫龙公司执行理工学院与六建公司签订的合同中的施工义务外,对鑫龙公司的责任进行了进一步明确。六建公司作为施工管理者的身份承担管理义务,鑫龙公司则以六建公司洛大项目部的名义到理工学院工地进行施工。洛阳华诚建设监理

① 参见最高人民法院民事裁定书,(2014)民申字第1922号。

② 参见最高人民法院民事判决书,(2011)民提字第292号。

事务所(以下简称华诚事务所)作为该工程的监理单位对工程进行监理。

1999年1月,因发现成教楼西半部浇板出现裂缝,1999年1月16日华诚事务所向洛大项目部下发停工整改通知书,1999年1月20日六建公司工程管理部向洛大项目部下发了停工通知书。至此,成教楼全部停工。围绕成教楼裂缝问题,理工学院多次组织勘察鉴定,得出结论及建议为“桩端持力层问题,对成教楼需进行基础加固”。之后,理工学院又委托原设计单位更改设计,在设计更改通知单上明确更改原因:“因甲方(理工学院)所提供的地质报告有误。”

2001年3月10日,鑫龙公司向河南省洛阳市中级人民法院起诉称,因理工学院提供的地质报告有误、六建公司组织指挥和协调不力,造成鑫龙公司分包的理工学院成教楼、住宅楼工程停工,给鑫龙公司造成巨大经济损失。另外,鑫龙公司已完成工程未结算,工程款被拖欠,故其请求判令六建公司、理工学院支付剩余工程款及赔偿经济损失。

该工程从发现裂缝被下令停工至起诉前,为分析裂缝原因及专家论证和确定责任等用去了近两年的时间。六建公司和理工学院不能证明在此期间对鑫龙公司何时复工,人员是否撤场,机械是否搬迁等事项作出处理,也未按“工程停工两个月以上应向主管部门报告”的规定向主管部门报告。鑫龙公司从1999年4月16日停工起至起诉前2001年3月6日止,共计691天,产生了大量停工损失,包括停滞机械设备台班费、建筑周转材料损失、人工窝工损失、起重机租赁费损失等。

本案经过一审、二审、再审,鑫龙公司仍不服判决结果,向最高人民法院申诉。最高人民法院综合各方当事人在开庭审理时的诉辩主张和主要理由,认为本案的争议焦点为理工学院、六建公司应当如何承担鑫龙公司诉讼请求的停工损失。具体又包含两个方面的问题,一是停工时间为多长,二是停工损失的分担比例。

关于停工时间的认定,最高人民法院认为,成教楼工程停工后,理工学院作为工程的发包方没有就停工、撤场以及是否复工作出明确的指令,六建公司对工程是否还由鑫龙公司继续施工等问题的解决组织协调不力,并且没有采取有效措施避免鑫龙公司的停工损失,理工学院和六建公司对此应承担一定责任。与此同时,鑫龙公司也未积极采取适当措施要求理工学院和六建公司明确停工时间以及是否需要撤出全部人员和机械,而是盲目等待近两年时间,从而放任了停工损失的扩大。因此,最高人民法院认为,虽然成教楼工程实际处于停工状态近两年,但对于计算停工损失的停工时间则应当综合案件事实加以合理确定,二审判决及再审判决综合本案各方当事人的责任大小,参照河南省建设厅豫建标定〔1999〕21号《关于计取暂停工程有关损失费用规定的通知》的规定,将鑫龙公司的停工时间计算为从1999年4月20日起的6个月,较为合理。二审判决及再审判决据此认定对此后的停窝工,鑫龙公司应当采取措施加以改变,不应计入赔偿损失范围并无不当。鑫龙公司对其未采取适当措施致使的损失应当自行承担责任。

关于停工损失的分担比例,最高人民法院认为,一审、二审及再审判决依据查明的案件事实认定理工学院提供地质报告有误,从而导致成教楼裂缝,造成鑫龙公司停工,对此应承担主要责任;六建公司处理不力致使损失扩大,鑫龙公司工程质量存在一定问题,均应承担一定责任。一审判决据此认定理工学院承担损失的80%,六建公司和鑫龙公司各自承担损失的10%,属于在正常的自由裁量权范围内进行的责任分担比例划分,并无明显不当。

8. 法律评析

建设工程合同属于特殊形式的承揽合同,法律规定承包人的主要义务就是按照合同约定的期限向发包人交付竣工验收合格的建设工程。如无法证实因发包人、第三方、不可抗力或情势变更等非承包人原因造成工程中止,则工程中止的责任在承包人,应由承包人承担由此造成工期延误及(或)增加的费用。因此,承包人主张停工损失时,须承担举证责任证明停工导致的实际损失数额以及造成停工的责任主体。如停工的责任较为复杂,案例9－11中发包人提供的地质报告有误是造成停工的主要责任,但总包方和实际施工人也并非全无过错,需在各自的过错范围内承担一定的责任,而由于具体的责任比例很难量化,因此实践中一般由人民法院或仲裁机构在自由裁量权范围内进行责任分担比例划分,各方按比例承担停工损失。

另外,若承包人未采取合理措施放任停工损失扩大,即使由于发包人原因造成的停工,停工损失扩大部分也需要由承包人自行承担。需特别提示承包人注意的是,在工程发生停工时承包人应及时与发包人沟通确定复工时间,在停工期间对工程尽到合理照管义务,在无法确定复工时间、面临长时间停工时注意采取合理措施避免损失扩大,并将撤场方案及时向发包人报备,以免停工损失的进一步扩大并给自身造成其他不必要的损失。

(二)合同提前终止费用争议处理

1. 合同提前终止的情形

合同的终止,即合同的权利和义务终止,是指合同当事人之间的权利、义务关系归于消灭,在客观上不复存在。合同的终止必须符合法律规定。《民法典》第七章“合同的权利义务终止”第五百五十七条规定:“有下列情形之一的,债权债务终止:(一)债务已经履行;(二)债务相互抵销;(三)债务人依法将标的物提存;(四)债权人免除债务;(五)债权债务同归于一人;(六)法律规定或者当事人约定终止的其他情形。合同解除的,该合同的权利义务关系终止。”

在建设工程合同中,如果是因为合同提前履行完成而提前终止,一般合同双方不会产生较大的争议,在司法实践中,能使合同双方产生较大争议的合同提前终止一般有两种情形:一是因合同违反法律强制性规定自始无效导致后续无法继续履行;二是有效的合同关系在合同履行过程中因故解除。因无效合同的费用争议处理已在本章上一节中进行了分析,下面将主要分析合同因解除提前终止的费用争议处理。

2. 合同解除的原因

合同解除,是指合同当事人一方或者双方依照法律规定或者当事人的约定,依法解除合同效力的行为。合同解除根据原因的不同分为协商解除、约定解除、法定解除,具体如下:

①协商解除,是指当事人在合同履行过程中自行协商解除,终止合同履行。

②约定解除,是指在签订建设施工合同时,发包人、承包人已经对何种情况下单方可以解除合同进行了约定,当合同履行过程中出现约定解除事由,一方即有权根据合同约定解除合同。但是即使出现合同解除事由,对合同的解除仍有必要加以限制,强化人民法院或仲裁机构对违约行为严重程度的主动审查。其原因在于,一方面是需要审查违约行为的程度是否导致了合同目的落空;另一方面是若合同约定的解除事由过于宽泛,则会加大合同解除的概率,既是对"当事人意思自治"的过于放任,也与"促进交易"的立法价值相悖。

③法定解除,是指合同履行过程中出现了法律规定的合同解除事由,主要包括出现不可抗力、根本违约等不能实现合同目的的情形及承包人转包、违法分包等其他的法定情形。

在建设工程领域的司法实务中,最常见的就是因约定解除和法定解除争议引发的结算纠纷。

3. 合同解除的相关法律规定

(1)《民法典》

第五百六十二条　当事人协商一致,可以解除合同。

当事人可以约定一方解除合同的事由。解除合同的事由发生时,解除权人可以解除合同。

第五百六十三条　有下列情形之一的,当事人可以解除合同:

(一)因不可抗力致使不能实现合同目的;

(二)在履行期限届满前,当事人一方明确表示或者以自己的行为表明不履行主要债务;

(三)当事人一方迟延履行主要债务,经催告后在合理期限内仍未履行;

(四)当事人一方迟延履行债务或者有其他违约行为致使不能实现合同目的;

（五）法律规定的其他情形。

以持续履行的债务为内容的不定期合同，当事人可以随时解除合同，但是应当在合理期限之前通知对方。

第五百八十五条　当事人可以约定一方违约时应当根据违约情况向对方支付一定数额的违约金，也可以约定因违约产生的损失赔偿额的计算方法。

约定的违约金低于造成的损失的，人民法院或者仲裁机构可以根据当事人的请求予以增加；约定的违约金过分高于造成的损失的，人民法院或者仲裁机构可以根据当事人的请求予以适当减少。

当事人就迟延履行约定违约金的，违约方支付违约金后，还应当履行债务。

第八百零六条　承包人将建设工程转包、违法分包的，发包人可以解除合同。

发包人提供的主要建筑材料、建筑构配件和设备不符合强制性标准或者不履行协助义务，致使承包人无法施工，经催告后在合理期限内仍未履行相应义务的，承包人可以解除合同。

合同解除后，已经完成的建设工程质量合格的，发包人应当按照约定支付相应的工程价款；已经完成的建设工程质量不合格的，参照本法第七百九十三条的规定处理。

（2）《全国法院民商事审判工作会议纪要》

第47条　【约定解除条件】合同约定的解除条件成就时，守约方以此为由请求解除合同的，人民法院应当审查违约方的违约程度是否显著轻微，是否影响守约方合同目的实现，根据诚实信用原则，确定合同应否解除。违约方的违约程度显著轻微，不影响守约方合同目的的实现，守约方请求解除合同的，人民法院不予支持；反之，则依法予以支持。

第48条　【违约方起诉解除】违约方不享有单方解除合同的权利。但是，在一些长期性合同如房屋租赁合同履行过程中，双方形成合同僵局，一概不允许违约方通过起诉的方式解除合同，有时对双方都不利。在此前提下，符合下列条件，违约方起诉请求解除合同的，人民法院依法予以支持：

（1）违约方不存在恶意违约的情形；

（2）违约方继续履行合同，对其显失公平；

（3）守约方拒绝解除合同，违反诚实信用原则。

人民法院判决解除合同的，违约方本应当承担的违约责任不能因解除合同而减少或者免除。

4. 工程解除的相关合同约定

（1）《2017版施工合同》

16.1.3　因发包人违约解除合同

除专用合同条款另有约定外，承包人按第16.1.1项〔发包人违约的情形〕约定暂停施工满28天后,发包人仍不纠正其违约行为并致使合同目的不能实现的,或出现第16.1.1项〔发包人违约的情形〕第(7)目约定的违约情况,承包人有权解除合同,发包人应承担由此增加的费用,并支付承包人合理的利润。

16.1.4 因发包人违约解除合同后的付款

承包人按照本款约定解除合同的,发包人应在解除合同后28天内支付下列款项,并解除履约担保:

(1)合同解除前所完成工作的价款;

(2)承包人为工程施工订购并已付款的材料、工程设备和其他物品的价款;

(3)承包人撤离施工现场以及遣散承包人人员的款项;

(4)按照合同约定在合同解除前应支付的违约金;

(5)按照合同约定应当支付给承包人的其他款项;

(6)按照合同约定应退还的质量保证金;

(7)因解除合同给承包人造成的损失。

合同当事人未能就解除合同后的结清达成一致的,按照第20条〔争议解决〕的约定处理。

承包人应妥善做好已完工程和与工程有关的已购材料、工程设备的保护和移交工作,并将施工设备和人员撤出施工现场,发包人应为承包人撤出提供必要条件。

16.2.3 因承包人违约解除合同

除专用合同条款另有约定外,出现第16.2.1项〔承包人违约的情形〕第(7)目约定的违约情况时,或监理人发出整改通知后,承包人在指定的合理期限内仍不纠正违约行为并致使合同目的不能实现的,发包人有权解除合同。合同解除后,因继续完成工程的需要,发包人有权使用承包人在施工现场的材料、设备、临时工程、承包人文件和由承包人或以其名义编制的其他文件,合同当事人应在专用合同条款约定相应费用的承担方式。发包人继续使用的行为不免除或减轻承包人应承担的违约责任。

16.2.4 因承包人违约解除合同后的处理

因承包人原因导致合同解除的,则合同当事人应在合同解除后28天内完成估价、付款和清算,并按以下约定执行:

(1)合同解除后,按第4.4款〔商定或确定〕商定或确定承包人实际完成工作对应的合同价款,以及承包人已提供的材料、工程设备、施工设备和临时工程等的价值;

(2)合同解除后,承包人应支付的违约金;

(3)合同解除后,因解除合同给发包人造成的损失;

(4)合同解除后,承包人应按照发包人要求和监理人的指示完成现场的清理和撤离;

(5)发包人和承包人应在合同解除后进行清算,出具最终结清付款证书,结清全部款项。

因承包人违约解除合同的,发包人有权暂停对承包人的付款,查清各项付款和已扣款项。发包人和承包人未能就合同解除后的清算和款项支付达成一致的,按照第20条〔争议解决〕的约定处理。

16.2.5　采购合同权益转让

因承包人违约解除合同的,发包人有权要求承包人将其为实施合同而签订的材料和设备的采购合同的权益转让给发包人,承包人应在收到解除合同通知后14天内,协助发包人与采购合同的供应商达成相关的转让协议。

17.4　因不可抗力解除合同

因不可抗力导致合同无法履行连续超过84天或累计超过140天的,发包人和承包人均有权解除合同。合同解除后,由双方当事人按照第4.4款〔商定或确定〕商定或确定发包人应支付的款项,该款项包括:

(1)合同解除前承包人已完成工作的价款;

(2)承包人为工程订购的并已交付给承包人,或承包人有责任接受交付的材料、工程设备和其他物品的价款;

(3)发包人要求承包人退货或解除订货合同而产生的费用,或因不能退货或解除合同而产生的损失;

(4)承包人撤离施工现场以及遣散承包人人员的费用;

(5)按照合同约定在合同解除前应支付给承包人的其他款项;

(6)扣减承包人按照合同约定应向发包人支付的款项;

(7)双方商定或确定的其他款项。

除专用合同条款另有约定外,合同解除后,发包人应在商定或确定上述款项后28天内完成上述款项的支付。

(2)《2020版工程总承包合同》

第16条　合同解除

16.1　由发包人解除合同

16.1.1　因承包人违约解除合同

除专用合同条件另有约定外,发包人有权基于下列原因,以书面形式通知承包人解除合同,解除通知中应注明是根据第16.1.1项发出的,发包人应在发出正式解除合同通知14天前告知承包人其解除合同意向,除非承包人在收到该解除合同意向通知后14天内采取了补救措施,否则发包人可向承包人发出正式解除合同通知立即解除合同。解除日期应为承包人收到正式解除合同通知的日期,但在第(5)目的情况下,

发包人无须提前告知承包人其解除合同意向,可直接发出正式解除合同通知立即解除合同:

(1)承包人未能遵守第4.2款[履约担保]的约定;

(2)承包人未能遵守第4.5款[分包]有关分包和转包的约定;

(3)承包人实际进度明显落后于进度计划,并且未按发包人的指令采取措施并修正进度计划;

(4)工程质量有严重缺陷,承包人无正当理由使修复开始日期拖延达28天以上;

(5)承包人破产、停业清理或进入清算程序,或情况表明承包人将进入破产和(或)清算程序,已有对其财产的接管令或管理令,与债权人达成和解,或为其债权人的利益在财产接管人、受托人或管理人的监督下营业,或采取了任何行动或发生任何事件(根据有关适用法律)具有与前述行动或事件相似的效果;

(6)承包人明确表示或以自己的行为表明不履行合同、或经发包人以书面形式通知其履约后仍未能依约履行合同、或以不适当的方式履行合同;

(7)未能通过的竣工试验、未能通过的竣工后试验,使工程的任何部分和(或)整个工程丧失了主要使用功能、生产功能;

(8)因承包人的原因暂停工作超过56天且暂停影响到整个工程,或因承包人的原因暂停工作超过182天;

(9)承包人未能遵守第8.2款[竣工日期]规定,延误超过182天;

(10)工程师根据第15.2.2项[通知改正]发出整改通知后,承包人在指定的合理期限内仍不纠正违约行为并致使合同目的不能实现的。

16.1.2　因承包人违约解除合同后承包人的义务

合同解除后,承包人应按以下约定执行:

(1)除了为保护生命、财产或工程安全、清理和必须执行的工作外,停止执行所有被通知解除的工作,并将相关人员撤离现场;

(2)经发包人批准,承包人应将与被解除合同相关的和正在执行的分包合同及相关的责任和义务转让至发包人和(或)发包人指定方的名下,包括永久性工程及工程物资,以及相关工作;

(3)移交已完成的永久性工程及负责已运抵现场的工程物资。在移交前,妥善做好已[①]完工程和已运抵现场的工程物资的保管、维护和保养;

(4)将发包人提供的所有信息及承包人为本工程编制的设计文件、技术资料及其他文件移交给发包人。在承包人留有的资料文件中,销毁与发包人提供的所有信息相

① 此处应为“已”。——作者注

关的数据及资料的备份；

(5)移交相应实施阶段已经付款的并已完成的和尚待完成的设计文件、图纸、资料、操作维修手册、施工组织设计、质检资料、竣工资料等。

16.1.3　因承包人违约解除合同后的估价、付款和结算

因承包人原因导致合同解除的，则合同当事人应在合同解除后28天内完成估价、付款和清算，并按以下约定执行：

(1)合同解除后，按第3.6款[商定或确定]商定或确定承包人实际完成工作对应的合同价款，以及承包人已提供的材料、工程设备、施工设备和临时工程等的价值；

(2)合同解除后，承包人应支付的违约金；

(3)合同解除后，因解除合同给发包人造成的损失；

(4)合同解除后，承包人应按照发包人的指示完成现场的清理和撤离；

(5)发包人和承包人应在合同解除后进行清算，出具最终结清付款证书，结清全部款项。

因承包人违约解除合同的，发包人有权暂停对承包人的付款，查清各项付款和已扣款项，发包人和承包人未能就合同解除后的清算和款项支付达成一致的，按照第20条[争议解决]的约定处理。

16.1.4　因承包人违约解除合同的合同权益转让

合同解除后，发包人可以继续完成工程，和(或)安排第三人完成。发包人有权要求承包人将其为实施合同而订立的材料和设备的订货合同或任何服务合同利益转让给发包人，并在承包人收到解除合同通知后的14天内，依法办理转让手续。发包人和(或)第三人有权使用承包人在施工现场的材料、设备、临时工程、承包人文件和由承包人或以其名义编制的其他文件。

16.2　由承包人解除合同

16.2.1　因发包人违约解除合同

除专用合同条件另有约定外，承包人有权基于下列原因，以书面形式通知发包人解除合同，解除通知中应注明是根据第16.2.1项发出的，承包人应在发出正式解除合同通知14天前告知发包人其解除合同意向，除非发包人在收到该解除合同意向通知后14天内采取了补救措施，否则承包人可向发包人发出正式解除合同通知立即解除合同。解除日期应为发包人收到正式解除合同通知的日期，但在第(5)目的情况下，承包人无须提前告知发包人其解除合同意向，可直接发出正式解除合同通知立即解除合同：

(1)承包人就发包人未能遵守第2.5.2项关于发包人的资金安排发出通知后42天内，仍未收到合理的证明；

(2)在第14条规定的付款时间到期后42天内,承包人仍未收到应付款项;

(3)发包人实质上未能根据合同约定履行其义务,构成根本性违约;

(4)发承包双方订立本合同协议书后的84天内,承包人未收到根据第8.1款[开始工作]的开始工作通知;

(5)发包人破产、停业清理或进入清算程序,或情况表明发包人将进入破产和(或)清算程序或发包人资信严重恶化,已有对其财产的接管令或管理令,与债权人达成和解,或为其债权人的利益在财产接管人、受托人或管理人的监督下营业,或采取了任何行动或发生任何事件(根据有关适用法律)具有与前述行动或事件相似的效果;

(6)发包人未能遵守第2.5.3项的约定提交支付担保;

(7)发包人未能执行第15.1.2项[通知改正]的约定,致使合同目的不能实现的;

(8)因发包人的原因暂停工作超过56天且暂停影响到整个工程,或因发包人的原因暂停工作超过182天的;

(9)因发包人原因造成开始工作日期迟于承包人收到中标通知书(或在无中标通知书的情况下,订立本合同之日)后第84天的。

发包人接到承包人解除合同意向通知后14天内,发包人随后给予了付款,或同意复工、或继续履行其义务、或提供了支付担保等,承包人应尽快安排并恢复正常工作;因此造成工期延误的,竣工日期顺延;承包人因此增加的费用,由发包人承担。

16.2.2　因发包人违约解除合同后承包人的义务

合同解除后,承包人应按以下约定执行:

(1)除为保护生命、财产、工程安全的工作外,停止所有进一步的工作;承包人因执行该保护工作而产生费用的,由发包人承担;

(2)向发包人移交承包人已获得支付的承包人文件、生产设备、材料和其他工作;

(3)从现场运走除为了安全需要以外的所有属于承包人的其他货物,并撤离现场。

16.2.3　因发包人违约解除合同后的付款

承包人按照本款约定解除合同的,发包人应在解除合同后28天内支付下列款项,并退还履约担保:

(1)合同解除前所完成工作的价款;

(2)承包人为工程施工订购并已付款的材料、工程设备和其他物品的价款;发包人付款后,该材料、工程设备和其他物品归发包人所有;

(3)承包人为完成工程所发生的,而发包人未支付的金额;

(4)承包人撤离施工现场以及遣散承包人人员的款项;

(5)按照合同约定在合同解除前应支付的违约金;

(6)按照合同约定应当支付给承包人的其他款项;

(7)按照合同约定应返还的质量保证金;

(8)因解除合同给承包人造成的损失。

承包人应妥善做好已完工程和与工程有关的已购材料、工程设备的保护和移交工作,并将施工设备和人员撤出施工现场,发包人应为承包人撤出提供必要条件。

16.3 合同解除后的事项

16.3.1 结算约定依然有效

合同解除后,由发包人或由承包人解除合同的结算及结算后的付款约定仍然有效,直至解除合同的结算工作结清。

16.3.2 解除合同的争议

双方对解除合同或解除合同后的结算有争议的,按照第20条[争议解决]的约定处理。

5. 合同提前终止情况下相应款项的工程造价鉴定

(1)已完工部分工程所对应的工程款

根据《民法典》第八百零六条的规定,在合同解除后,已经完成的建设工程质量合格的,发包人应当按照约定支付相应的工程价款。但是对已完工部分工程价款的费用如何计算,实践中存在以下不同的计算方法:

①依据合同单价乘以实际完成工程量计算实体工程及单价措施项目,总价措施项目按单价项目的完成比例计算;

②按已完部分工程价款或工程量占工程整体的比例乘以合同总价折算;

③按项目所在地同时期适用的计价依据计算。

不同的计算方法得出的结果有很大差异,特别是针对固定总价合同,由于固定总价合同通常存在承包人让利的情形,按照当地计价依据计算的价格普遍比合同约定的固定总价更高,因此,即使合同解除是发包人的责任,如完全依据当地计价依据计算得出过分高于合同价格的结论,对于发包人来说也有失公平。

《建设工程造价鉴定规范》对合同解除后价格争议的造价鉴定方法进行了如下规定。

该规范第5.10.6条规定,单价合同解除后的争议,按以下规定进行鉴定,供委托人判断使用:①合同中有约定的,按合同约定进行鉴定;②委托人认定承包人违约导致合同解除的,单价项目按已完工程量乘以约定的单价计算(其中,单价措施项目应考虑工程的形象进度),总价措施项目按与单价项目的关联度比例计算;③委托人认定发包人违约导致合同解除的,单价项目按已完工程量乘以约定的单价计算,其中剩余工程量超过15%的单价项目可适当增加企业管理费计算。总价措施项目已全部实施的，全额计算；未实施完的，按与单价项目的关联度比例计算。未完工程量与约定的单价计算后按工程所在地统计部门发布的建筑企业统计年报的利润率计算利润。

该规范第5.10.7条规定，总价合同解除后的争议，按以下规定进行鉴定，供委托人判断使用：①合同中有约定的，按合同约定进行鉴定；②委托人认定承包人违约导致合同解除的，鉴定人可参照工程所在地同时期适用的计价依据计算出未完工程价款，再用合同约定的总价款减去未完工程价款计算；③委托人认定发包人违约导致合同解除的，承包人请求按照工程所在地同时期适用的计价依据计算已完工程价款，鉴定人可采用这一方式鉴定，供委托人判断使用。

在司法实践中，当双方对已完部分工程价款的计算方法有较大争议时，法院可能会要求鉴定单位采用多种计算方法分别鉴定，将鉴定结果与原合同价款对比，并综合各方责任得出相对公平合理的结论。

(2)承包人为工程施工订购并已到场的材料、工程设备和其他物品的价款

承包人为工程施工订购并已到场的质量合格的材料、设备和其他物品，除合同另有约定外，应由发包人支付价款。鉴定单位需对已到场未施工部分的材料设备进行盘点，乘以其单价得到材料设备价款，单价的计算方法有：

①采购前经发包人或其代表签批认可的，按签批的价格进行鉴定；

②采购前未经发包人或其代表签批认可的，按合同约定的价格进行鉴定；

③采购前未经发包人或其代表签批认可的，合同中也无约定价格，或按前两种方法鉴定有失公平的，可按项目所在地同时期市场价或价格信息价格进行鉴定。

(3)违约金

违约金是根据双方合同约定来计算支付的。在签订违约金条款时，双方应当具有合理预期，任何一方违约承担的违约金数额，如并未超出双方当事人签订该协议时应当预见的范围，再行主张违约金过高的抗辩通常不会被支持。如违约金数额低于双方当事人签订该协议时应当预见的范围，在对方当事人举证证明合同解除造成的损失高于违约金的情况下，人民法院或仲裁机构可根据当事人请求酌情增加。

(4)可得利益及其他损失

在发包人违约导致合同解除的情况下，承包人除主张支付劳务分包、材料供应商违约金等实际损失外，还可主张未施工部分的可得利益损失，但不能超出在签订工程合同时发包人应当预见的范围。另外，还需注意的是，对于固定总价合同，突破合同价格按项目所在地同时期适用的计价依据计算已完工部分工程的金额，也是变相补偿未施工部分的可得利益损失。

在承包人违约导致合同解除的情况下，发包人可主张现场清场、承包人赔偿工程项目更换承包人续建等导致的造价损失，并承担相应的举证责任，但同样，超出签订工

程合同时承包人应当预见的范围的损失不能得到支持。

在合同已经约定了违约金的情况下，守约方是否还可以主张损失赔偿，在理论界以及实务中仍存在争议，争论点主要在于违约金的性质到底属于赔偿性违约金还是惩罚性违约金。在实务中，人民法院或仲裁机构的裁判思路一般偏向于违约金属于赔偿性违约金，和损失赔偿金二者择一适用。根据《民法典》第五百八十五条第二款的规定可知，人民法院或仲裁机构可能会根据损失情况对违约金进行调增或调减，由于损失情况的举证难度相对较大，因此当事人大多先选择适用违约金，后续再就损失情况进行举证。

（5）质量保证金

《建设工程质量保证金管理办法》规定，建设工程质量保证金是用以保证承包人在缺陷责任期内对建设工程出现的缺陷进行维修的资金。《建设工程质量保证金管理办法》同时规定，缺陷责任期“从工程通过竣工验收之日起计。由于承包人原因导致工程无法按规定期限进行竣工验收的，缺陷责任期从实际通过竣工验收之日起计。由于发包人原因导致工程无法按规定期限进行竣工验收的，在承包人提交竣工验收报告90天后，工程自动进入缺陷责任期”。据此可知，缺陷责任期的起算与工程竣工验收相关联，合同中一般都会对其作出约定。在合同解除的情形下，工程通常并未竣工验收，此时工程尚未进入缺陷责任期，质量保证金条款亦未开始履行。合同因解除而提前终止导致已完成部分工程而尚未达到整体竣工验收条件的，发包人是否有权在相应工程价款结算时预留合同约定的质量保证金，实务中存在争议。

一种观点是发包人无权预留工程质量保证金。根据《民法典》第五百六十六条规定，合同解除后，尚未履行的条款应终止履行。因此，如果双方当事人对合同解除后是否预留质量保证金没有特别约定，尚未履行的质量保证金条款将不再履行，此时发包人无权再向承包人主张扣留质量保证金。承包人的保修义务是法定义务，即便质保金条款终止履行，承包人仍需对已完工程的质量问题在保修期内承担保修责任。持该观点的判例有：沈阳星辰房地产开发有限公司、江苏顺通建设集团有限公司建设工程施工合同纠纷案①；浙江中成建工集团有限公司、天津万炬电子产业投资有限公司建设工程施工合同纠纷案②等。

另一种观点是发包人有权预留工程质量保证金。建设工程施工合同的解除，并不能免除承包人对于“已完未竣”工程质量的瑕疵担保责任，为落实该瑕疵担保责任而设立的工程质量保证金条款应当依然有效，若允许返还会使得质量保证金制度的立法

① 参见最高人民法院民事判决书，（2018）最高法民终918号。

② 参见最高人民法院民事判决书，（2018）最高法民终638号。

目的落空。而且,预留质量保证金也能促使承包人积极履行维修义务,有利于保障发包人的合法权益。持该观点的判例有:邹城市旺胜房地产开发有限公司、华丰建设股份有限公司建设工程施工合同纠纷案①;湖南建工集团有限公司(原湖南省建筑工程集团总公司)、葫芦岛圣奥置业有限责任公司(原葫芦岛新奥置业有限公司)建设工程施工合同纠纷案②等。

6. 案例分析

案例9-12

在海擎重工机械有限公司(以下简称海擎公司)与江苏中兴建设有限公司(以下简称中兴公司)、中国建设银行股份有限公司泰兴支行建设工程施工合同纠纷案③中,2007年12月1日,海擎公司就重型钢结构厂房基础工程发出招标邀请,其招标文件载明,本次报价只对钢结构厂房桩基及基础的施工进行报价(图纸内所有项目);投标方根据招标方提供的厂房基础设计图纸要求及招标文件要求,根据材料市场自主报价,一次包死风险自负。

2007年12月15日,中兴公司中标。当日,双方签订了《钢结构厂房桩基及基础工程合同》(以下简称《钢结构合同书》),约定承包方式为包工包料(包括材料、人工、机械、材料检验报检费等所有费用);工程造价为1330万元,工程造价为工程竣工、验收合格的总金额,为不变价。因设计变更导致工程量发生变化,增减部分双方以补充协议的方式另行商议。

2007年12月16日,海擎公司向中兴公司递交岩土勘察报告和现场总平面图各一份。2007年12月20日,中兴公司进场施工。进场施工后,中兴公司发现现场地质条件复杂,原自然土为水中所泡淤泥等,土方量大大超出合同工程量范围,并需解决降水,中兴公司多次向海擎公司发出工作联系单,主张由于地质问题影响导致施工工作量及费用增加以及无法正常施工的问题。海擎公司回函始终强调双方所订施工合同是竣工验收合格价格,是不变价格(有设计变更除外)。后由于施工困难且海擎公司进行基桩质量检测发现大量桩基存在缺陷,2008年5月24日,海擎公司致函中兴公司,要求解除合同,并要求中兴公司承担违约责任,赔偿经济损失575万元。2008年5月26日,中兴公司复函要求继续履行合同。

2008年5月30日,海擎公司向江苏省连云港市中级人民法院(以下简称一审法院)提起诉讼称,其由于中兴公司的原因导致工程质量出现严重问题,致使后续工程无法正常衔接,最终造成海擎公司不能按期投产。目前,由于中兴公司的违约行为,双

---

① 参见最高人民法院民事判决书,(2017)最高法民终347号。

② 参见最高人民法院民事判决书,(2018)最高法民终231号。

③ 参见最高人民法院民事判决书,(2012)民提字第20号。

方所签合同已无法正常履行,解除合同才能避免损失的继续扩大,遂请求:(1)依法确认解除合同通知函有效并解除合同;(2)责令中兴公司承担违约责任,赔偿经济损失572万元;(3)责令泰兴建行承担连带责任,履行担保义务;(4)诉讼费用由中兴公司与泰兴建行承担。

中兴公司提出反诉称,中兴公司为该工程已投入资金13,335,172元,海擎公司至今仍欠5,615,172元,同时,由于海擎公司无诚意继续履行合同,导致中兴公司长期窝工、停工,至今损失已达1,978,846元,对此,海擎公司应予赔偿。此外,由于地基情况特殊,设计及施工方案必须变更,工程款远非原合同约定金额能够解决,仅基坑支护费用一项就将达1000万余元,而海擎公司对此一直不予认可,合同已无法履行。请求判决解除双方签订的《钢结构合同书》,判令海擎公司支付工程款及损失7,594,018元,本案所有诉讼费用由海擎公司承担。

一审期间,根据中兴公司的申请,一审法院就工程质量和工程造价分别委托有关机构鉴定、评估。关于工程造价,连云港永安工程造价咨询有限责任公司作出2009第108号《海擎公司重型钢结构厂房基础工程造价鉴定报告》,结论为:基础工程已完工程为11,338,644.49元;停工期间损失为2,518,309.41元。报告说明:已完工程量是依据现场实测工程量结合施工图纸计算。虽然一审过程中海擎公司及中兴公司均对鉴定意见发表了异议,但一审法院均未予支持。

海擎公司不服一审判决,向江苏省高级人民法院(以下简称二审法院)提出上诉。关于工程造价,海擎公司对工程造价鉴定报告不认可。首先,关于已完工程造价,双方明确约定包死价为1330万元,不考虑质量问题,中兴公司完成不到一半工程量,而鉴定造价为11,338,644.49元,明显不符合双方合同约定。海擎公司认为如果不考虑质量问题,应鉴定整个工程造价,然后以11,338,644.49元/整个工程造价×1330万元,来确定中兴公司已完成造价。其次,停工损失完全是依据中兴公司单方提交的未经质证的资料鉴定的。

二审法院认为,(1)关于鉴定方法问题。对于海擎公司提出的异议,鉴定人在二审庭审中答复,虽然双方在合同中约定的是固定价,但由于目前工程尚未竣工,且在工程施工中所采取的措施费数额较大,故仅按施工图鉴定工程造价难以准确测算实际完成工程量占全部工程量的比例。因此,二审法院认为海擎公司主张的以鉴定已完工程造价/整个工程造价×1330万元固定价的方法不具备合理性,鉴定机构对已完工程按实结算并无不当,应予维持。(2)关于钢筋与钢管、扣件等材料损失及机械损失,均系由于海擎公司在一审期间申请诉讼保全而导致的损失,其数额虽是根据中兴公司提供的清单计算,但已在诉讼保全期间经一审法院进行过清点,海擎公司在一审法院采取诉讼保全过程中并未提出异议,故其上诉主张缺乏证据证明,不予支持。(3)关于人工工资损失。本案中，鉴定机构是以中兴公司提供的工资表为依据计算人工损失。其中管理人员工资从2008年4月计算至11月，共168,000元；工人工资从2008年4月计算至6月双方在一审诉讼中同意解除合同为止，共712,750元；合计880,750元。海擎公司虽提出异议，但并不能提供充分的反证予以推翻；且从时间及数额看，也并非不合常理，故应予维持。二审法院认为，中兴公司已完工程款及停工期间损失为13,856,953.90元，该损失应由海擎公司承担80%责任，其余20%由中兴公司自行承担。

海擎公司不服江苏省高级人民法院(2010)苏民终字第0012号民事判决，向最高人民法院申请再审，最高人民法院经审理认为二审法院关于工程款与停工损失的认定并无不当，海擎公司的该项再审请求依据不足，不予支持。中兴公司已完工程款及停工期间损失为13,856,953.90元。对该损失应由海擎公司承担70%的责任，其余30%应由中兴公司自行承担。因此，海擎公司应当支付中兴公司9,699,867.73元，海擎公司已付工程款7,720,000万元，尚欠1,979,867.73元需向中兴公司支付，同时海擎公司承担中兴公司同期银行贷款利息。

案例9－13

在北京城建集团有限责任公司(以下简称城建公司)、沈阳首开国盛投资有限公司(以下简称首开公司)建设工程施工合同纠纷案[①]中，2011年8月，发包方首开公司与承包方城建公司签订盛京国际演艺中心一期主场馆工程合同。

合同签订后，城建公司开始进场施工。案涉工程经两次冬季停工，第二次停工后，首开公司一直未向城建公司下达复工指令。2013年9月16日，首开公司向城建公司发送关于盛京国际演艺中心项目的工作函，载明将对原工程方案有较大调整，因此首开公司决定与城建公司办理已完工程结算手续。后双方就已完工程结算无法达成一致，城建公司向辽宁省高级人民法院(以下简称一审法院)提起诉讼，除请求判令首开公司支付工程款外，还请求判令首开公司支付补偿款与预期利润损失。

关于实际损失与预期利润，一审法院经审理认为，本案因首开公司单方停工，由此给城建公司造成的损失，首开公司应当给予赔偿。根据《合同法》第一百一十三条[②]的规定，首开公司应承担完全赔偿责任。赔偿范围包括因停工给城建公司造成的实际损失和城建公司的预期利润损失。城建公司主张的实际损失费用包括停工期间安保人员的管理费、因停工产生的机械租赁费、材料费及城建公司向材料供应商、劳务分包方

---

① 参见最高人民法院民事判决书，(2020)最高法民终1042号。

② 现变更为《民法典》第五百八十四条，该条规定："当事人一方不履行合同义务或者履行合同义务不符合约定，造成对方损失的，损失赔偿额应当相当于因违约所造成的损失，包括合同履行后可以获得的利益；但是，不得超过违约一方订立合同时预见到或者应当预见到的因违约可能造成的损失。"

支付的违约金、资金占用补偿金等费用。城建公司提供了结算单、工作联系单、租赁合同、买卖合同、结算协议、生效判决等相关证据。城建公司提供的证据能够证明，首开公司的停工行为确实给其造成了一定的损失。鉴定机构依据城建公司提供的证据，对城建公司主张的合理部分的损失进行了鉴定，其中，对预期利润鉴定机构采用的鉴定方法是（中标金额－现完成金额）×投标利润率。鉴定机构对城建公司的实际损失及预期利润损失两项合计鉴定金额为21,486,567元。该索赔数额属于城建公司损失中的合理部分，考虑到城建公司同时负有采取积极措施避免损失扩大的义务，对该鉴定数额一审法院予以确认。

后双方均不服一审判决，向最高人民法院提起上诉。关于实际损失与预期利润，最高人民法院经审理认为，本案系因首开公司原因致使合同不能继续履行，首开公司应赔偿城建公司的损失。鉴定机构根据城建公司提供的证据，对其主张的损失中合理部分及预期利润损失出具鉴定意见，确定索赔部分金额为21,486,576元。混凝土违约金及诉讼费及律师费、资金占用补偿金、预期利润属于应由违约方承担的部分，一审法院采信鉴定机构的意见，根据《合同法》第一百一十三条规定判决首开公司支付城建公司补偿款及预期利润合计21,486,567元，有事实依据和法律依据。

案例9－14

在济宁海情置业有限公司（以下简称海情公司）与天元建设集团有限公司（以下简称天元公司）建设工程施工合同纠纷案[①]中，2011年3月26日，海情公司与天元公司签订《建设工程施工合同》，约定由天元公司承建海情公司开发建设的“兖州海情康城项目住宅一期”工程，竣工日期2012年5月1日。合同签订后，海情公司按照约定履行了义务，天元公司却于2012年1月13日擅自停工并将人员、设备全部撤离现场。此后，海情公司多次催告天元公司复工，其均置之不理，致使涉案工程至今仍处于停工状态。为恢复工程建设，海情公司于2012年9月24日书面通知天元公司解除了建设工程施工合同，并重新选择施工单位进场施工。

海情公司向山东省济宁市中级人民法院（以下简称一审法院）起诉，要求判令天元公司向海情公司支付因其擅自停工导致合同解除的违约金、海情公司恢复施工的费用损失、因天元公司违约导致增加的工程造价损失（按照其已施工工程造价＋后续工程造价＝原合同总价15,056万元计算）等费用。

关于海情公司请求天元公司赔偿恢复施工的费用损失及因天元公司违约导致增加的工程造价损失，一审法院经审理认为：在合同依法解除后，天元公司依合同约定承担了违约责任，双方之间的权利义务已履行完毕，双方解除合同后对于海情公司后续

① 参见山东省高级人民法院民事判决书，(2016)鲁民终262号。

所发生的费用,与天元公司没有法律关系,海情公司的请求没有法律依据,不予支持。

海情公司不服一审判决,遂向山东省高级人民法院(以下简称二审法院)提起上诉,主张天元公司违约导致合同解除,其应当按照合同约定赔偿损失。根据合同约定,海情公司有权同时主张违约金和赔偿损失,其中海情公司的损失包括为了恢复施工重新选定施工人发生的实际费用130,000元及增加的工程价款损失14,721,899.50元。

关于违约金,二审法院经审理认为,基于案件情况,应酌情对违约金作适当调整,以平衡双方的利益关系。综合考量后判决天元公司承担15,056,000元违约金的70%支付责任;关于海情公司主张的重新选择施工人所发生的实际费用和增加的工程价款损失,二审法院经审理认为,违约金规定的立法本意是为了弥补守约方的经济损失,具有明显的填补损失的功能,属赔偿性违约金。在本案中,海情公司有关违约金的请求已得到部分支持,相关经济损失亦已得到弥补,故在此情况下,海情公司再主张上述"两项费用"无事实与法律依据,最终未予支持。

7.法律评析

建设工程施工合同在合同履行过程中因故解除,一般是由于当事人一方存在严重违约行为并致使合同目的不能实现。另一方当事人要求解除合同,除确定已完工程部分的结算外,违约方可能会面临承担对方的实际损失和预期利润损失。

对于已完工程部分的结算,合同中有明确约定的依据合同约定结算;如合同中无明确约定,虽《建设工程造价鉴定规范》及各地法院、建设行政主管部门均有相关规定,但实践中还需结合原合同价款及双方过错程度综合选择适当的计价方式从而确定相对公平合理的价款。最高人民法院部分案例即从公平合理的角度突破了原固定总价合同的计价方式,对建设工程行业固定价合同结算的司法实践具有启发意义。

对于实际损失和预期利润损失,在建设工程合同解除导致的纠纷中,一方当事人如向对方主张支付因合同解除导致的实际损失与预期利润,需提供充分证据证明以下三点:一是对方当事人对合同解除存在过错;二是实际损失的金额;三是损失与对方当事人过错之间具有因果关系。但针对承包人主张的预期利润,实践中还存在裁判观点认为,因建设工程施工合同的特殊性,一项工程施工能否获得预期利益,对承包人的管理有较高的要求,存在市场风险,故司法实践中可能存在对承包人主张未完工部分的预期利益不予支持的情形。因此对于预期利润,举证证明的重点在于预期利润的确定性及计算依据,在有鉴定条件的情形下应当申请鉴定。为降低发生纠纷时的举证难度,双方当事人可事先约定可得利益损失的计算标准及依据。

五、实际施工人引发的费用争议处理

(一)实际施工人与承包人的工程造价鉴定

1. 实际施工人的认定标准

根据最高人民法院《关于统一建设工程施工合同纠纷中"实际施工人"的司法认定条件的建议的答复》的相关内容,"'实际施工人'是指依照法律规定被认定为无效的施工合同中实际完成工程建设的主体,包括施工企业、施工企业分支机构、工头等法人、非法人团体、公民个人等"。认定实际施工人的标准有二:其一,实际施工人所涉施工合同被认定为无效;其二,实际施工人系实际完成施工的主体。而最高人民法院在《民事审判指导与参考》(总第 78 辑)——《建设工程施工合同实际施工人的认定规则》一文中又提出:"实际施工人一般是指,对相对独立的单项工程,通过筹集资金、组织人员机械等进场施工,在工程竣工验收合格后,与业主方、被挂靠单位、转承包人进行单独结算的自然人、法人或其他组织。"①

在司法实践中,最高人民法院在姚某广、广西建工集团第一建筑工程有限责任公司、广西建工集团第一建筑工程有限责任公司第九分公司、百色市华盛房地产开发有限责任公司建设工程施工合同纠纷案②中认为,判断建设工程的实际施工人应视其是否签订转包、挂靠或者其他形式的合同承接工程施工,是否对施工工程的人工、机器设备、材料等投入相应物化成本,并最终承担该成本等综合因素确定。另外,青海省高级人民法院在河南省生态园林绿化建设有限公司(以下简称生态园林公司)与张某、杨某等建设工程施工合同纠纷案③中指出,张某提交的证据形成完整的证据链,可以证明虽然其与生态园林公司系在案涉工程竣工验收之后补签项目合作协议书,但张某实际进行了施工、收取工程款、对外支付人工工资、材料费的事实。生态园林公司、杨某提交的证据,不足以证明张某未实际施工。根据《民诉法解释》的相关规定,结合本案查明的事实,生态园林公司、杨某提交证据的证明力明显小于证明张某为实际施工人的证据,应认定张某为案涉工程的实际施工人。

综上,实际施工人系与业主方、转承包人等单独结算,并自行完成相对独立的单项工程的自然人、法人或其他组织。在司法实践中,在认定实际施工人时,委托人应结合当事人是否通过签订转包、违法分包或者其他形式的合同承接案涉工程并进行施工,是否对人工、机器设备、材料等投入相应物化成本,并最终承担该成本等要点进行审查。

---

① 最高人民法院民事审判第一庭编:《民事审判指导与参考》(2019 年第 2 辑)(总第 78 辑),人民法院出版社 2019 年版,第 29 页。

② 参见最高人民法院民事判决书,(2020)最高法民再 176 号。

③ 参见青海省高级人民法院民事判决书,(2020)青民再 13 号。

2. 实际施工人与劳务分包的区别

实际施工人与劳务分包的主要区别在于，劳务分包单位一般与施工单位签订劳务合同，劳务分包单位只承担承建项目的劳务分包工作，不涉及提供大型机械以及采购建筑材料用于承建项目的施工。但实际施工人需要承担承建项目的施工工作，包括提供人工、机械、材料等，且实际施工人的劳动和建筑材料均将物化在建筑工程中。另外，实际施工人与总承包人或转包人进行独立结算，自负盈亏，而劳务分包除按合同约定收取劳务费外，不收取任何其他费用。

3. 实际施工人与承包人的造价鉴定计价依据的确定

(1)实际施工人与承包人签订协议

实际施工人一般会与承包人签订内部承包协议等协议，该等协议通常会明确约定双方之间的结算方法。在此情形下，实际施工人与承包人之间该如何结算，法律法规的有关规定如下。

《施工合同司法解释(一)》

第一条第一款　建设工程施工合同具有下列情形之一的，应当依据民法典第一百五十三条第一款的规定，认定无效：

(一)承包人未取得建筑业企业资质或者超越资质等级的；

(二)没有资质的实际施工人借用有资质的建筑施工企业名义的；

(三)建设工程必须进行招标而未招标或者中标无效的。

《民法典》

第七百九十三条第一款　建设工程施工合同无效，但是建设工程经验收合格的，可以参照合同关于工程价款的约定折价补偿承包人。

对于实际施工人与承包人签订协议的，首先，根据《施工合同司法解释(一)》第一条认定实际施工人与承包人之间签订的内部承包协议等协议为无效合同；其次，再根据《民法典》第七百九十三条第一款规定，双方可参照签订的内部承包协议等协议的约定进行结算。

(2)实际施工人与承包人并未签订协议

对于实际施工人与承包人并未签订协议的，实际施工人与承包人之间该如何结算，法律法规的有关规定如下。

《民法典》

第五百一十条　合同生效后，当事人就质量、价款或者报酬、履行地点等内容没有约定或者约定不明确的，可以协议补充；不能达成补充协议的，按照合同相关条款或者交易习惯确定。

第五百一十一条　当事人就有关合同内容约定不明确，依据前条规定仍不能确定的,适用下列规定:……(二)价款或者报酬不明确的,按照订立合同时履行地的市场价格履行;依法应当执行政府定价或者政府指导价的,依照规定履行……

《施工合同司法解释(一)》

第十九条　当事人对建设工程的计价标准或者计价方法有约定的,按照约定结算工程价款。

因设计变更导致建设工程的工程量或者质量标准发生变化,当事人对该部分工程价款不能协商一致的,可以参照签订建设工程施工合同时当地建设行政主管部门发布的计价方法或者计价标准结算工程价款。

建设工程施工合同有效,但建设工程经竣工验收不合格的,依照民法典第五百七十七条规定处理。

《建设工程造价鉴定规范》

5.3.4　鉴定项目合同对计价依据、计价方法没有约定的,鉴定人可向委托人提出"参照鉴定项目所在地同时期适用的计价依据、计价方法和签约时的市场价格信息进行鉴定"的建议,鉴定人应按照委托人的决定进行鉴定。

综上,实际施工人与承包人可参照项目所在地同时期建设行政主管部门发布的计价标准进行结算,以此作为造价鉴定的计价依据。

4.相关案例

案例9-15

在金某与宁波金城建设工程有限公司(以下简称金城公司)建设工程施工合同纠纷一案[①]中,发包方经招投标程序确定金城公司为其位于杭州湾新区滨海三路的1号、2号厂房、倒班宿舍及办公楼工程的施工单位并签订施工合同,合同约定的工程承包范围为土建、安装工程。金城公司承接案涉工程后,将该工程中的土建部分分包给金某,双方口头约定金某按分包工程的结算价上交金城公司8%的税管费,工程款按金某申请或施工需要直接支付材料款及人工工资,双方未约定的其他事宜参照金城公司与发包方签订的建设工程施工合同执行。后双方就工程款支付等事项发生争议,产生多起诉讼。本案中,金城公司向浙江省慈溪市人民法院(以下简称一审法院)提起诉讼,要求金某返还金城公司多支付的工程款及利息。[②] 案件审理过程中,一审法院委托中冠公司对案涉工程造价进行了鉴定。

一审法院经审理认为,双方对于鉴定意见的争议项应当基于金城公司与发包人签订的施工合同约定并结合具体案件事实进行认定。其中,对于基础土方造价问题,一

① 参见浙江省宁波市中级人民法院民事判决书,(2012)浙甬民二终字第407号。

② 部分案情结合了浙江省高级人民法院(2013)浙民申字第968号民事裁定书的内容。

实务篇

审法院认为，双方在庭审中一致陈述双方就土建分包关系未作约定的事项参照金城公司与发包人签订的施工合同执行。金城公司与发包人在施工合同中约定，变更工程根据联系单按原承包人预算计价方式、取费标准及材料价格计算并下浮 18.5%，而金城公司向发包人提交的工程预算书显示其对案涉工程预算时土方按人工土方计价。故认定，该争议工程造价应按照人工土方计价，并下浮 18.5%。一审法院基于上述理由，认定案涉工程造价为 11,073,668 元，并判决金某返还金城公司超额支付的工程价款 1,395,338.11 元及相应利息。

后双方均上诉，二审法院经审理后，驳回上诉，维持原判。金某向浙江省高级人民法院申请再审，被驳回。①

5. 法律评析

前述案例中审理法院根据《施工合同司法解释》第二条②规定，依据原被告双方之间的口头约定，对实际施工人的施工项目进行结算。需要特别指出的是，承包人与实际施工人之间的协议，往往会约定双方应以承包人与发包人之间签订的施工合同为基础，按照发包人与承包人结算金额的一定比例进行结算。当事人主张依据该等约定进行结算的，通常会得到人民法院或仲裁机构的支持。

（二）实际施工人与发包人的工程造价鉴定

1. 实际施工人向发包人主张建设工程价款的路径

基于对实际施工人的特殊保护，《施工合同司法解释（一）》第四十三条第二款赋予了实际施工人突破合同相对性直接向发包人主张工程价款的路径："实际施工人以发包人为被告主张权利的，人民法院应当追加转包人或者违法分包人为本案第三人，在查明发包人欠付转包人或者违法分包人建设工程价款的数额后，判决发包人在欠付建设工程价款范围内对实际施工人承担责任。"据此，在发包人欠付转包人或者违法分包人建设工程价款的情况下，实际施工人有权要求发包人支付相应工程价款。

实践中，为尽可能保障自身权益的实现，实际施工人径行向发包人主张工程价款，以发包人为被告，或以发包人和转包人/违法分包人为共同被告的情形屡见不鲜。

2. 造价鉴定计价依据的确定

尽管在实际施工人直接向发包人主张工程价款的案件中，实际施工人关于工程价款的请求突破了合同的相对性，但在案件的审理过程中，仍应遵循合同具有相对性这一基本原则，即发包人与转包人/违法分包人之间的合同不能直接约束实际施工人，实

---

① 参见浙江省高级人民法院民事裁定书，(2013)浙民申字第 968 号。

② 已失效，现参见《民法典》第七百九十三条第一款："建设工程施工合同无效，但是建设工程经验收合格的，可以参照合同关于工程价款的约定折价补偿承包人。"

际施工人与转包人/违法分包人之间的权利义务不能直接约束发包人。发包人是否欠付转包人/违法分包人工程价款以及欠付工程价款的多少应基于发包人与转包人/违法分包人之间的法律关系进行确定,转包人/违法分包人是否欠付实际施工人工程价款及欠付工程价款的多少应基于实际施工人与转包人/违法分包人之间的法律关系进行确定。

因此,在认定发包人是否欠付转包人/违法分包人工程价款以及欠付工程价款的多少时,应依据双方所签合同约定的计价依据确认工程造价;在认定转包人/违法分包人是否欠付实际施工人工程价款及欠付工程价款的多少时,根据前文"(一)实际施工人与承包人的工程造价鉴定"中的相关内容,可以参照双方约定的计价依据确定工程造价。因此,在该等案件中,造价鉴定中计价依据的确定须进一步分情况进行讨论:

(1)发包人与转包人/违法分包人之间的合同与实际施工人与转包人/违法分包人之间的合同约定的计价依据一致。该情形实际也是实践中最常见的情形,实际施工人与转包人/违法分包人通常会约定由实际施工人全面承继转包人/违法分包人在其与发包人所签合同项下的权利和义务,合同计价方式和转包人/违法分包人与发包人签订的合同相同,但实际施工人需向转包人/违法分包人支付管理费等费用。在这种情形下,造价鉴定采用的计价依据可直接按照各方约定确定。

(2)发包人与转包人/违法分包人之间的合同与实际施工人与转包人/违法分包人之间的合同约定的计价依据不一致。该种情形通常表现为实际施工人与转包人/违法分包人约定的计价标准低于发包人与转包人/违法分包人约定的计价标准,系转包人/违法分包人获取管理费等类似收益的实现方式。实践中,存在设计施工总承包项目中,转包人在与发包人签订固定总价合同后,与实际施工人另行签订综合单价合同的情形,其主要目的在于希望通过设计优化节约成本,实现利益最大化。在此种情形下,实际施工人向发包人主张工程款,应基于当事人的不同约定分别确认发包人欠付转包人/违法分包人的款项,以及转包人/违法分包人欠付实际施工人的款项,发包人在其欠付转包人/违法分包人的款项的范围内向实际施工人承担责任。

(3)在各方未对计价依据进行约定的情形下,根据前文"(一)实际施工人与承包人的工程造价鉴定"中的相关内容,可参照建设工程所在地同时期建设行政主管部门发布的计价标准进行造价鉴定。

3. 相关案例

案例9-16[①]

在河南新城建设有限公司(以下简称新城公司)、刘某斌建设工程施工合同纠

---

① 因无法自公开信息查询到该案一审民事判决书及二审民事判决书,故基于最高人民法院(2019)最高法民申2029号民事裁定书对该案基本案件事实进行了总结。

纷案[①]中,新城公司与河南中房建谊置业有限公司(以下简称中房公司)签订新乡市维多利亚城7号楼建设工程施工合同、新乡市维多利亚城6号楼建设工程施工合同、新乡市维多利亚城10号楼补充协议,约定由新城公司承揽上述案涉工程。此后,新城公司又就案涉工程与张某茂、祝某国签订工程项目经济承包合同,约定张某茂、祝某国包工包料,包工期,保质量,包安全,新城公司收取工程总造价1%的管理费,合同还对其他项目进行了约定。刘某斌与祝某国是合伙关系。合同签订后由刘某斌、祝某国实际组织对案涉工程进行施工。后新城公司与刘某斌就案涉工程结算事宜产生争议,发生诉讼。

再审法院最高人民法院经审理后认为:"关于中房公司和新城公司欠付工程款是否应当分别计算的问题。《施工合同司法解释》第二十六条第二款[②]规定:'实际施工人以发包人为被告主张权利的,人民法院可以追加转包人或者违法分包人为本案当事人。发包人只在欠付工程价款范围内对实际施工人承担责任。'依该款规定,发包人只在欠付工程价款范围内对实际施工人承担责任,至于发包人欠付转包人或者违法分包人多少工程款、转包人或者违法分包人欠付实际施工人多少工程款应当根据各自的合同关系确定。新城公司申请再审称,该款规定的是发包人和承包人按同一标准对实际施工人进行结算,系对司法解释的错误理解。本案涉及两个合同关系,一是新城公司与中房公司之间的建设工程施工合同关系,二是新城公司从中房公司承包到案涉工程后又包给实际施工人刘某斌、祝某国。依合同相对性原则,中房公司欠付的工程款和新城公司欠付的工程款应当依据各自的合同关系确定。新城公司关于二审判决按不同标准认定中房公司欠付的工程款和新城公司欠付的工程款,导致新城公司需承担的责任高于中房公司的责任违反法律规定、显失公平、违背常识的主张,缺乏事实和法律依据,不予支持。"故最高人民法院驳回了新城公司的再审申请。

案例9-17

在中太建设集团股份有限公司(以下简称中太公司)、株洲渌口经济开发区产业发展集团有限公司(以下简称渌口公司)建设工程施工合同纠纷案[③]中,渌口公司(甲方)与中太公司(乙方)于2012年6月签订《南洲新区骨干路网工程建设项目施工合同》(以下简称路网工程施工合同),约定渌口公司将南洲新区骨干路网工程发包给中太公司实施。

---

① 参见最高人民法院民事裁定书,(2019)最高法民申2029号。

② 已失效,现参见《施工合同司法解释(一)》第四十三条第二款:"实际施工人以发包人为被告主张权利的,人民法院应当追加转包人或者违法分包人为本案第三人,在查明发包人欠付转包人或者违法分包人建设工程价款的数额后,判决发包人在欠付建设工程价款范围内对实际施工人承担责任。"

③ 参见湖南省高级人民法院民事判决书,(2019)湘民终356号。

2012年9月，中太公司南洲新区骨干路网工程项目部（甲方）与刘奎（乙方）签订《南洲大道排水工程施工合同》（以下简称排水工程分包合同），由刘某承包南洲大道排水工程，工程总价暂定3000万元（按实结算）。合同对计价依据约定：按照省建设厅文件湘建价〔2009〕406号《关于颁发〈湖南建设工程计价办法〉及有关工程消耗量标准的通知》、湘建价〔2009〕3号《关于贯彻执行〈湖南省建设工程计价办法〉若干问题的通知》、2010年《湖南省市政工程消耗量标准》等相应规定的"工程量清单"计价办法计价，下排水按总价下浮25%，混凝土箱涵按总价下浮15%（乙方造价部分税金由乙方承担，甲方代扣代交）。

至2015年9月25日，中太公司就南洲大道排水工程累计支付刘某工程款2415万元，均由渌口公司直接或通过其他公司向刘某支付。此后，刘某以中太公司和渌口公司拖欠工程款为由，向一审法院提起诉讼，要求中太公司支付欠付工程款及利息，渌口公司承担连带责任。

一审法院经审理认为①，第一，关于合同效力问题。中太公司将涉案工程分包给作为没有施工资质的刘某，依照相关法律规定，排水工程分包合同应属无效。第二，关于工程结算是否应参照排水工程分包合同约定比例下浮。根据《合同法》第五十八条②的规定，因排水工程分包合同被确认无效，且已履行内容不能适用返还的方式使合同恢复到签约前的状态，故只能按折价补偿的方式处理。依照《施工合同司法解释》第二条③的规定，涉案工程已交付使用并在2015年9月25日验收合格，故刘某要求依照双方合同约定按实结算工程款的主张，应予以支持。中太公司与渌口公司主张根据排水工程分包合同的约定，应对鉴定意见中的下排水工程及混凝土箱涵工程的造价分别下浮25%和15%，但排水工程分包合同系无效合同，合同自成立时起不具有法律约束力。排水工程分包合同约定的工程款下浮的约定虽属于双方间真实意思表示，但该下浮的法律性质是中太公司违法分包案涉工程而获取的利益，属于非法渔利，故不宜认定为合同无效后应当据实结算的工程款。但因中太公司作为南洲新区骨干路网的总承包人，前期为承揽工程投入了大量的人力、物力，且还垫资支付了巨额的前期征地拆迁费用1.8亿元，另外中太公司还需对整个工程的后续质量问题承担担保责

---

① 参见湖南省株洲市中级人民法院民事判决书，(2018)湘02民初6号。

② 已失效，现参见《民法典》第一百五十七条：民事法律行为无效、被撤销或者确定不发生效力后，行为人因该行为取得的财产，应当予以返还；不能返还或者没有必要返还的，应当折价补偿。有过错的一方应当赔偿对方由此所受到的损失；各方都有过错的，应当各自承担相应的责任。法律另有规定的，依照其规定。

③ 已失效，现参见《民法典》第七百九十三条：建设工程施工合同无效，但是建设工程经验收合格的，可以参照合同关于工程价款的约定折价补偿承包人。建设工程施工合同无效，且建设工程经验收不合格的，按照以下情形处理：(1)修复后的建设工程经验收合格的，发包人可以请求承包人承担修复费用；(2)修复后的建设工程经验收不合格的，承包人无权请求参照合同关于工程价款的约定折价补偿。发包人对因建设工程不合格造成的损失有过错的，应当承担相应的责任。

任，其在案涉工程承担了部分管理职能，且考虑到中太公司和刘某对合同的无效均存在一定过错，故关于涉案工程的造价，一审法院酌情按照下排水工程造价下浮12.5%、箱涵混凝土工程造价下浮7.5%进行结算。

后三方当事人均不服一审判决，提起上诉。二审法院经审理认为①，虽然《施工合同司法解释》第二十六条②规定发包人在欠付承包人工程款范围内对实际施工人承担责任，是对合同相对性原则的突破，但这种突破是有限的，即仅限于在欠付工程款范围内承担责任，而不是无限的突破到发包人全面介入转包、分包合同关系中。在存在多层承包关系情形下，各层承包关系仍然应当按照各自承包合同的约定进行独立结算，除非合同明确约定下层承包合同的结算以上层承包合同的结算为准。本案中，刘某与中太公司的排水工程分包合同明确约定了自身的结算依据和计价依据，依据此约定可以进行本合同的独立结算。而且中太公司至今未完成路网工程施工合同施工任务，中太公司至今未向发包人申报结算。在本案诉讼中，中太公司与刘某在本案中对案涉排水工程造价鉴定意见的认可，构成法律上的自认，对中太公司与刘某之间发生法律拘束力。但是，根据合同相对性原则，对渌口公司与中太公司之间的结算不具有法律拘束力，渌口公司与中太公司之间的结算仍然应当依据双方之间的合同进行审计结算，渌口公司对本案排水施工合同当事人中太公司与刘某已自认的鉴定意见无权提出异议。二审法院最终认为，刘某、中太公司的上诉理由均不能成立，原审判决对于刘奎与中太公司之间的纠纷认定事实清楚，适用法律正确，应予维持。

案例9-18

在许某与浙江中联建设集团有限公司(以下简称中联公司)、银川众一集团房地产开发有限公司(以下简称众一公司)建设工程施工合同纠纷案③中，众一公司与中联公司于2013年8月3日签订工程施工总承包合同，约定由中联公司垫资施工众一公司开发的“众一商贸城”工程，工程共计5栋楼。

2014年5月8日，中联公司与许某签订一份项目承包合同，约定中联公司将“众一商贸城”项目交由许某完全承包，项目相对独立核算，许某盈亏风险自负。如无特殊约定，承包范围为中联公司与建设单位签订的工程施工承包合同的承包范围；有特殊约定的按约定执行。许某承包该项目的期限为中联公司与建设单位签订的合同日起至中联公司与建设单位签订的合同履行完毕日止。许某在整个承包期内按收取的

① 参见湖南省高级人民法院民事判决书，(2019)湘民终356号。

② 已失效，现参见《施工合同司法解释(一)》第四十三条第二款：“实际施工人以发包人为被告主张权利的，人民法院应当追加转包人或者违法分包人为本案第三人，在查明发包人欠付转包人或者违法分包人建设工程价款的数额后，判决发包人在欠付建设工程价款范围内对实际施工人承担责任。”

③ 参见宁夏回族自治区高级人民法院民事判决书，(2019)宁民初28号。

工程款总额净上缴给中联公司3%的管理费。项目所发生的一切税规费和交易费、合同签证费等项目实际产生费用均不包括在应缴中联公司管理费内，此部分费用由中联公司代收代缴。许某负责向建设单位及时收取工程款，所收工程款全额汇入中联公司账户。施工过程中如建设单位资金暂不到位，由许某负责垫支。所有中联公司向许某的付款均是以建设单位工程款到账为前提。工程结算：根据工程施工承包合同、合同附件、承诺书等有关补充合同及本合同相应条款执行。

后因结算争议，许某诉至一审法院要求中联公司支付工程款及工程欠款利息。

在案件审理过程中，许某申请对争议的“众一商贸城”连接通道、5号楼、9号楼土建及变更部分、安装及变更部分以及其他相关附属工程（给排水、采暖、道路、地下室及人防、装修等）的造价进行鉴定。经当事人同意，一审法院依法委托宁夏八方工程管理咨询有限公司（以下简称八方公司）依据中联公司与众一公司于2014年4月29日签订的建设工程施工合同对上述申请内容进行造价鉴定。

对于造价鉴定意见，众一公司主张鉴定机构应将直接费、间接费、税金、利润进行单列，许某仅能主张直接费。一审法院认为，因直接费、间接费、利润、税金等均系工程价款的整体组成部分，利润系承包人应得费用；税金应由中联公司缴纳，与众一公司无关，且众一公司的合同相对人系中联公司，故造价意见是否将上述费用单列均不影响对本案工程造价数额的认定，众一公司关于许某仅能主张直接费的意见缺乏法律依据，不予采纳。

后许某与众一公司不服一审判决，向最高人民法院提起上诉，最高人民法院审理过程中，许某、众一公司达成和解，申请撤诉，最高人民法院予以准许。①

4. 法律评析

（1）发包人欠付的工程款和转包人/违法分包人欠付的工程款应当依据各自的合同关系确定。

在司法实践中，实际施工人有权向发包人主张工程款，发包人仅在欠付工程价款范围内对实际施工人承担责任。在该类案件中，涉及两个合同关系，一是发包人与转包人/违法分包人之间的建设工程施工合同关系，二是转包人/违法分包人与实际施工人之间的法律关系。裁判机构在认定发包人欠付转包人或者违法分包人多少工程款、转包人或者违法分包人欠付实际施工人多少工程款时，应当基于合同的相对性原则，根据各自的合同关系确定。因此，若转包人/违法分包人与实际施工人约定的计价标准高于其与发包人约定的计价标准的，转包人/违法分包人难以以此为由，主张以其与发包人约定的较低的计价标准作为其与实际施工人的结算依据。

---

① 参见最高人民法院民事裁定书，(2021)最高法民终356号。

(2)违法分包合同约定结算价款进行下浮作为违法分包人管理费来源的,可综合考量违法分包人是否按照合同约定实施管理,酌定下浮比例作为造价鉴定的计价依据。

针对当事人就工程价款结算是否应参照双方之间的合同约定进行下浮产生的争议,裁判机构通常会认为当事人之间的合同因违法分包等情形无效,违法分包人无法直接依据合同约定主张下浮或管理费,且其不应以其违法分包行为而获益,但实际施工人无相应资质与违法分包人签订分包合同,亦具有一定过错,故可参照合同约定综合考量违法分包人履行管理义务的情况确定下浮比例,即管理费。

(3)间接费、利润、税金等均系工程价款的整体组成部分,实际施工人有权主张,可纳入造价鉴定范围。

对于实际施工人是否有权获得间接费用,目前仍存在一定争议。部分裁判机构认为,在作出裁判时,应对实际施工人权益和转包人/违法分包人权益进行平衡:一方面,实际施工人不应以无资质的违法承包行为而获利;另一方面,转包人/违法分包人也存在违法行为,若实际施工人不能获得利润,意味着转包人/违法分包人变相获利,同样违背法律的本意。因此,在实际施工人在工程完成竣工验收,实际提供了符合发包人、转包人/违法分包人要求的服务的情况下,基于公平原则,允许实际施工人取得一定的利润,更有助于保护处于弱势的实际施工人和与其相关的农民工的利益。在青海盛源房地产开发有限公司、八冶建设集团有限公司建设工程施工合同纠纷案①及陕西泾渭建设集团有限公司、武东建设工程施工合同纠纷案②中,最高人民法院也认为,虽然实际施工人不具备相应资质,但其施工行为已物化为建筑工程,案涉工程经竣工验收合格的,其有权参照合同约定主张工程款。

六、常见工程合同缺陷的费用争议处理

(一)未订立书面施工合同的工程纠纷

1. 概述

我国法律规定具有相应民事行为能力的当事人可以订立合同,且订立合同的形式包括书面形式、口头形式和其他形式等。其中《民法典》规定建设工程合同订立应采用书面形式,③这样规定的立法本意是,建设工程合同与其他类型合同相比,其约定的各方权利、义务更加繁杂,假如采用口头形式订立,则无法对合同中各方权利、义务进

① 参见最高人民法院民事判决书,(2020)最高法民终898号。

② 参见最高人民法院民事判决书,(2019)最高法民终1549号。

③ 《民法典》第七百八十九条规定:“建设工程合同应当采用书面形式。”

行详细约定，由此，容易导致合同履行过程中产生纠纷。

虽然我国法律明确规定建设工程合同应当采用书面形式订立，但在工程项目建设过程中，承、发包双方往往基于各种原因未能及时订立书面建设工程合同，使工程项目产生重大工程纠纷，最终双方不得不诉诸人民法院或仲裁机构解决争议。该类工程纠纷，即使法院或者仲裁机构依据证据材料作出了公正的裁判，但争议双方可能仍难做到息事服判，各方后期还可能不断进行申诉，极大浪费司法资源。

双方未能及时签订书面建设工程施工合同的原因主要包括：(1)承、发包双方法律意识淡薄，意识不到未订立书面施工合同的法律风险；(2)工程项目建设管理实施的前期，承、发包双方合作关系融洽，认为任何事情都可以通过口头协商解决，过分相信对方的承诺；(3)发包人通过合法招投标手续确定承包人后，怠于履行自身法定义务，长时间不与承包人签订书面施工合同，直至工程纠纷产生；(4)拟建工程项目的发包人通过招投标手续确定承包人后，承包人又另行转包给其他实际施工人进行施工，实际施工人与发包人未签订书面施工合同。

2. 相关规定

(1)《民法典》第五百一十条规定："合同生效后，当事人就质量、价款或者报酬、履行地点等内容没有约定或者约定不明确的，可以协议补充；不能达成补充协议的，按照合同相关条款或者交易习惯确定。"

(2)《民法典》第五百一十一条规定："当事人就有关合同内容约定不明确，依据前条规定仍不能确定的，适用下列规定：(一)质量要求不明确的，按照强制性国家标准履行；没有强制性国家标准的，按照推荐性国家标准履行；没有推荐性国家标准的，按照行业标准履行；没有国家标准、行业标准的，按照通常标准或者符合合同目的的特定标准履行。(二)价款或者报酬不明确的，按照订立合同时履行地的市场价格履行；依法应当执行政府定价或者政府指导价的，依照规定履行。(三)履行地点不明确，给付货币的，在接受货币一方所在地履行；交付不动产的，在不动产所在地履行；其他标的，在履行义务一方所在地履行。(四)履行期限不明确的，债务人可以随时履行，债权人也可以随时请求履行，但是应当给对方必要的准备时间。(五)履行方式不明确的，按照有利于实现合同目的的方式履行。(六)履行费用的负担不明确的，由履行义务一方负担；因债权人原因增加的履行费用，由债权人负担。"

(3)《施工合同司法解释(一)》第十九条规定："当事人对建设工程的计价标准或者计价方法有约定的，按照约定结算工程价款。因设计变更导致建设工程的工程量或者质量标准发生变化，当事人对该部分工程价款不能协商一致的，可以参照签订建设工程施工合同时当地建设行政主管部门发布的计价方法或者计价标准结算工程价款。建设工程施工合同有效，但建设工程经竣工验收不合格的，依照民法典第五百七十七条规定处理。”

(4)《建设工程造价鉴定规范》5.3.4:“鉴定项目合同对计价依据、计价方法没有约定的,鉴定人可向委托人提出‘参照鉴定项目所在地同时期适用的计价依据、计价方法和签约时的市场价格信息进行鉴定’的建议,鉴定人应按照委托人的决定进行鉴定。”

3. 未订立书面施工合同的项目进行项目管理与工程结算的方式

根据上述法律法规以及行业规范规定,工程建设管理实务中,未订立书面施工合同的项目可通过以下方式结算:

(1)条件允许可补签书面施工合同,对合同双方权利义务作出明确约定,确保工程管理与工程结算顺利推进;

(2)承、发包双方可能基于上述各种原因,未能及时订立书面施工合同,但是通常会进行口头约定,倘若双方合作关系一直正常,未产生较大矛盾,承、发包双方可按照其口头约定对建设的工程项目进行施工管理与工程结算;

(3)承、发包双方既不能补签书面施工合同又没有口头约定,其可以参照工程项目当地建设行政主管部门发布的计价方法或者计价依据进行项目管理以及工程结算。

4. 相关案例

案例9-19

在兰州大学第二医院(以下简称兰大二院)与兰州二建集团有限公司(以下简称兰州二建)、第三人甘肃第一建设集团有限责任公司建设工程施工合同纠纷案[①]中,兰大二院与兰州二建于2005年7月30日就兰州大学第二医院医疗综合楼筏基工程签订《兰州大学第二医院医疗综合楼筏基工程施工合同书》(以下简称《筏基施工合同》),《筏基施工合同》约定案涉工程竣工日期为2005年9月30日。2005年9月29日,兰大二院向兰州二建发函称:“兰州二建承接的兰大二院医疗综合大楼筏基工程施工工作已提前完工,谨表谢意。为按期完成省级重点工程项目对该工程进度的要求,经兰大二院党委会研究决定,筏基以上工程暂由兰州二建继续施工,至后续工程施工单位确定为止。双方划分施工界面,清算工程量,完成必要交接后退场。”

后续增加的施工任务,兰州二建于2005年12月完工。此后兰州二建分别于2005年11月7日、30日,12月27日向兰大二院及甘肃工程建设监理公司(以下简称监理单位)报送了兰大二院医疗综合楼10月、11月、12月的工程计量报审表。监理单位在工程计量报审表上签注监理意见:“因暂无工程预算,暂按施工方申请数的80%作为本期核定数。本期核定数及后附施工方所报施工预算不作为工程结算依据,只作为本

① 参见甘肃省高级人民法院民事判决书,(2017)甘民终399号。

期支付工程进度款的依据。"兰大二院同意按照监理单位的意见向兰州二建支付工程款。2005 年 12 月 22 日,兰州二建向兰大二院报送建筑安装工程结算书(工程结算价 52,582,452.79 元),并于同日向监理单位报送,经监理单位工作人员签收。兰州二建于 2006 年 11 月 20 日向兰大二院送交关于确认医疗综合楼筏基及地下三层结算的催告函,请求兰大二院支付剩余工程款。该函件经兰大二院基建工程部的王某军予以签收。兰大二院自 2005 年 11 月 28 日至 2006 年 3 月 8 日,先后分 8 次向兰州二建支付了工程款 46,920,720 元。2010 年 10 月 18 日,兰大二院医疗综合楼经整体验收合格。截至 2014 年 12 月 17 日兰大二院起诉前,兰大二院未曾向兰州二建主张超付工程款的问题。

本案的争议焦点为兰大二院主张案涉工程存在超付工程款 14,070,720 元是否有事实依据。因为兰大二院与兰州二建未能就后续施工的地下三层签订书面施工合同,所以对该部分的工程结算计价依据未作出明确约定,由此产生争议。双方对鉴定意见中应当选取的计价依据是甘建价(2004)323 号文(执行日期为 2004 年 7 月 1 日,以下简称 04 定额),还是甘建价(2001)223 号文(以下简称 01 定额),持有不同意见。

对于鉴定意见中的计价依据到底是选择 04 定额,还是选择 01 定额,一审、二审法院根据我国法律、行政法规的规定作出了相同的裁判意见。

一审法院裁判意见认为,案涉工程的造价应当执行 04 定额,裁判理由如下:

1.《合同法》第六十二条①规定:"当事人就有关合同内容约定不明确,依照本法第六十一条的规定仍不能确定的,适用下列规定:……(二)价款或者报酬不明确的,按照订立合同时履行地的市场价格履行;依法应当执行政府定价或者政府指导价的,按照规定履行……"根据查明事实,兰大二院和兰州二建就案涉工程并未签订合同,属于前引法律规定对价款约定不明的情形,依法应当执行政府定价或者政府指导价。04 定额执行日期为 2004 年 7 月 1 日,案涉工程完工,且后续单位接续施工正负零以上工程的时间为 2005 年 3 月,理当执行 04 定额。

2. 虽然兰州二建在工程计量报审表和建筑安装工程结算书中依照 01 定额计算报审价款,但兰大二院仅依据工程计量报审表中所报数额的 80% 付款,迟迟未对兰州二建报送的建筑安装工程结算书作出认可或否定的意思表示。现双方对执行标准再起争议,责任在兰大二院,依法应当执行 04 定额。

3. 后续施工单位与兰大二院的结算行为和兰州二建的起诉行为与本案争议事项没有关联性,不能成为执行 01 定额的依据。

二审法院裁判意见认为:关于案涉工程是按 2001 年定额基价标准还是按 2004 年

① 已废止,现为《民法典》第五百一十一条。

定额基价标准计算工程造价的问题，上诉人兰大二院对案涉工程系被上诉人兰州二建施工这一事实本身没有争议，但由于双方没有签订施工合同，对采取何种标准计算工程量争议较大。计算工程造价的定额标准所针对的标的物是建设工程本身，而非具体的施工人。在当事人之间没有作出以何种定额标准确定工程价款的约定时，一审法院为解决双方当事人的诉争，根据《合同法》第六十二条“当事人就有关合同内容约定不明确，依照本法第六十一条的规定仍不能确定的，适用下列规定：……（二）价款或者报酬不明确的，按照订立合同时履行地的市场价格履行；依法应当执行政府定价或者政府指导价的，按照规定履行……”的规定，认定案涉工程完工到后续施工单位接续施工正负零以上工程的时间为2005年3月，故应当执行04定额，并无不当。

本案争议产生的主要原因系双方就案涉工程未能及时签订书面施工合同并就结算计价依据进行明确约定，从而导致鉴定时鉴定单位分别采用01定额与04定额进行鉴定，得出不同结果。

鉴定单位分别采用01定额与04定额进行鉴定得出相差较大的结果，主要是因为工程造价定额系建设行政主管部门按照正常施工条件制定的生产一个规定计量单位工程合格产品所需人工、材料、机械台班社会平均消耗量的标准，建设行政主管部门会根据施工条件与施工组织设计的不断更新，不定期对工程造价定额版本进行重新制定与发布，重新制定时间一般间隔数年。需要说明的是，随着我国社会经济高速发展，不断更新的工程造价定额计算出来的结算价款通常也随之增加，因此，就相同的案涉工程采用04定额计价会比采用01定额计价得出更高的结算价款。鉴于结算价款差异的巨大，因此，本案双方对案涉工程鉴定采用何种版本的定额存在巨大分歧。

本案中兰大二院反复强调兰州二建在案涉工程项目进度款申请以及结算价款申报时，始终使用01定额进行编制。但审理法院则认为，因为兰大二院与兰州二建未就后续施工的地下三层签订书面施工合同，没有约定计价依据，监理单位无法对兰州二建报送的项目进度款进行审核，后不得不按照兰州二建报送的进度价款80%进行付款，且监理单位明确注明该款项仅作为付款凭证，而不作为结算依据。案涉工程施工完成后，虽然兰州二建依然按照01定额编制结算书，但兰大二院未及时作出认可或否定的意思表示。本案审理过程中双方对执行标准再起争议，责任在兰大二院。

本案中，审理法院认为应采用04定额进行结算的主要原因是争议双方未签订书面施工合同，且对结算计价依据等重要条款没有作出明确约定。因此，审理法院根据《合同法》第六十二条的规定作出上述裁判。

案例9-20

在张某虹与佳木斯荣昌隆房地产开发有限公司（以下简称荣昌隆公司）、佳木斯大成建筑有限公司建设工程施工合同纠纷案[①]中,荣昌隆公司把他人无法施工的Q栋楼再次发包给实际施工人张某虹,双方未签订书面施工合同,并由此产生纠纷,后双方不得不诉求于法院。本案双方主要的争议焦点是Q栋楼结算到底是依据项目其他楼栋签订的施工合同中约定的单平米造价包干,还是依据现行定额进行结算。最终审理法院依据《施工合同司法解释》第十六条第二款[②]"当事人对该部分工程价款不能协商一致的,可以参照签订建设工程施工合同时当地建设行政主管部门发布的计价方法或者计价标准结算工程价款"之规定支持未签订书面施工合同的Q栋楼价款结算标准按建设行政主管部门发布的计价方法或者计价标准进行结算,与上述案例裁判思路相同。

5. 法律评析

在工程项目实施过程中,如果承、发包双方未能及时签订书面施工合同,即使双方就各项权利、义务进行了口头约定,也可能因为无法举证,而不能作为解决纠纷的依据,使得自身合法权益无法得到有效保护。未签订书面施工合同导致的工程纠纷,除上述案例列举的争议外,该类型案件还容易产生以下争议。

(1)为使自身利益最大化,发包人否认与承包人存在施工合同关系。

未签订书面施工合同的工程纠纷,发包人可能因不想支付工程项目结算价款,从而否认与承包人存在施工合同关系,致使承包人无法要求发包人对已完工的项目进行结算并支付相应的结算价款。此种情况下,承包人可通过以下工程资料证明双方存在施工合同关系:

①工程项目建设的施工图纸、变更设计单;

②工作联系单、洽商单以及监理会议纪要等文件;

③形象进度审批表、进度款审批表以及进度款拨付凭证;

④材料、设备认价单;

⑤与分包单位签订的施工分包合同;

⑥分项验收记录以及整体验收记录;

⑦能证明存在施工合同关系的其他资料。

(2)工程竣工验收合格后,承包人不承担保修责任。

发包人与承包人未能签订书面施工合同,并由此产生纠纷时,利益受到损害的往往不只是承包人,发包人的利益也可能无法得到保障。比如,争议双方未签订书面施工合同,承包人拒绝承担保修责任。此种情况下,发包人可根据《建设工程质量管理

① 参见黑龙江省高级人民法院民事判决书,(2017)黑民终186号。

② 已废止,现为《施工合同司法解释(一)》第十九条第二款。

条例》第四十一条[①]的规定，要求承包人承担保修责任，且保修期限不少于《质量管理条例》第四十条[②]规定。

民事合同的签订是我国经济自由贸易的重要标志，是贸易双方权利义务的保障，虽然法律规定合同的形式可以多种多样，但是工程项目建设与其他类型的民事活动相比较，具有特殊专业性。并且工程项目建设往往涉及公共利益，与社会大众息息相关，因此我国为保障公共利益以及减少工程项目参与方的争议，从立法角度明确规定建设工程合同应采用书面形式订立。

双方未签订书面合同是建设工程合同纠纷产生的主要原因之一，因此在工程项目管理中，不管基于何种原因，承、发包双方都应及时签订书面施工合同。及时签订书面施工合同也是承、发包双方项目管理的主要工作，亦是项目开展的重要依据，更是双方权利义务的重要保障。

（二）施工合同内容约定不明的工程纠纷

1. 概述

承、发包双方就建设工程签订施工合同时，由于各种现场条件的限制以及后期不可预见的情况，导致双方签订的施工合同内容可能存在约定不明的情形，比如对工程质量、工期、计量计价标准、进度款申请、质量保修期与保修金返还等约定不明。上述合同约定不明的内容将对工程管理以及结算审核产生重大影响。

对于施工合同中就某事项未约定或者约定不明的，司法实践中一般的处理方式是按照现行计价标准进行处理。

2. 相关规定

（1）《施工合同司法解释（一）》第十九条规定："当事人对建设工程的计价标准或者计价方法有约定的，按照约定结算工程价款。因设计变更导致建设工程的工程量或者质量标准发生变化，当事人对该部分工程价款不能协商一致的，可以参照签订建设工程施工合同时当地建设行政主管部门发布的计价方法或者计价标准结算工程价款。建设工程施工合同有效，但建设工程经竣工验收不合格的，依照民法典第五百七十七条规定处理。"

---

① 《质量管理条例》第四十一条规定："建设工程在保修范围和保修期限内发生质量问题的，施工单位应当履行保修义务，并对造成的损失承担赔偿责任。"

② 《质量管理条例》第四十条规定："在正常使用条件下，建设工程的最低保修期限为：（一）基础设施工程、房屋建筑的地基基础工程和主体结构工程，为设计文件规定的该工程的合理使用年限；（二）屋面防水工程、有防水要求的卫生间、房间和外墙面的防渗漏，为5年；（三）供热与供冷系统，为2个采暖期、供冷期；（四）电气管线、给排水管道、设备安装和装修工程，为2年。其他项目的保修期限由发包方与承包方约定。建设工程的保修期，自竣工验收合格之日起计算。"

(2)《建设工程造价鉴定规范》5.3.4:“鉴定项目合同对计价依据、计价方法没有约定的,鉴定人可向委托人提出‘参照鉴定项目所在地同时期适用的计价依据、计价方法和签约时的市场价格信息进行鉴定’的建议,鉴定人应按照委托人的决定进行鉴定。”

3. 相关案例

案例9－21

在宝厦集团有限公司(以下简称宝厦公司)、镇江市京口华强建筑工程有限公司(以下简称京口华强公司)与睢宁县鼎力房地产开发有限公司(以下简称睢宁鼎力公司)建设工程施工合同案[①]中,2006年6月15日,京口华强公司与宝厦公司签订建设工程施工合同。该合同约定:宝厦公司承包建设京口华强公司分包的睢宁冰语啤酒生产车间钢结构工程,工程总价款暂定为7500万元。该合同专用条款第23.2条约定,本合同采用可调价格结算,调整方法按照原建设部《工程量清单计价规范》、《江苏省建筑与装饰工程计价表》、《江苏省建设工程量清单计价项目指引》、徐州市有关规定及相关政策性文件的规定和甲方提供的工程量清单计算的工程总价款下调5.8%计取,工程量按实结算。该合同专用条款第23.3条约定,材料价格执行徐州地区同期《工程建设材料预算指导价》,并调整材料差价,钢材价格在施工前由甲乙双方共同确认。

2008年3月18日,京口华强公司与睢宁鼎力公司签订补充协议,将冰语啤酒厂的建设权、投资权与该工程的收益权按现状全部转让给睢宁鼎力公司。睢宁鼎力公司承接京口华强公司与睢宁县政府发改委及宝厦公司和各分包工程公司所订协议的所有权利和义务。

2008年6月,宝厦公司与京口华强公司解除了双方此前签订的建设工程施工合同。随后,双方在政府相关部门的见证下,办理了冰语啤酒厂钢结构工程量及库存量的认定与移交手续。2009年8月,睢宁县经济开发区管理委员会与睢宁县审计局共同出具的睢宁县冰语啤酒厂房及附属工程的工程结算审定单载明:该工程送审数为137,167,217元,审定数为73,500,686元。该工程结算审定单的形成过程中,京口华强公司全程参与并予以认可,宝厦公司事中未参与、事后不认可。后因工程款争议,宝厦公司提起诉讼。

关于讼争工程的造价,经宝厦公司申请,一审法院于2014年11月依法委托江苏立信建设工程造价咨询有限公司(以下简称立信工程造价公司)进行了工程造价鉴定。立信工程造价公司的最终鉴定意见为:(1)材料价格执行原合同约定价、且材料

① 参见江苏省高级人民法院民事判决书,(2017)苏民终419号。

价格不参与下浮的情况下,鉴定总价为48,908,847元(鉴定总价一);(2)材料价格执行原合同约定价、且材料价格参与下浮的情况下,鉴定总价为46,964,723元(鉴定总价二);(3)材料价格执行原合同变更价、且材料价格不参与下浮的情况下,鉴定总价为56,232,797元(鉴定总价三);(4)材料价格执行原合同变更价、且材料价格参与下浮的情况下,鉴定总价为53,885,444元(鉴定总价四)。以上各鉴定总价均未扣减甲供材10,696,950元。宝厦公司为该次造价鉴定预付鉴定费40万元。

关于宝厦公司就讼争工程所完成工程量的造价,宝厦公司与睢宁鼎力公司对鉴定意见中材料价格的争议主要集中于两个方面:一是材料价格应当执行原合同约定价,还是执行原合同变更价。二是材料价格应否下浮。

对于工程造价,二审法院认为,案涉建设工程施工合同专用条款第23.2条虽约定采用可调价结算,但第23.3条约定钢材价格在施工前由甲、乙双方共同确认,且合同签订后京口华强公司与宝厦公司在睢宁县建设局冰雨啤酒厂筹建处、睢宁县建设局标准定额管理站的参与下共同签订了材料价格确认单,故该确认单所列材料应为固定单价方式结算,并不因材料购买价格不同而在结算时发生变化,鉴定总价一符合上述结算方式,宝厦公司上诉主张采信鉴定总价三中的部分材料价格系按购买价计算,不符合合同约定,一审法院采信鉴定总价一,并无不当。关于下浮率问题,虽然合同约定总价下浮5.8%,但双方签订的价格确认单内容反映约定材料价格总体而言较市场价已经有所让利,故鉴定人关于该部分材料按惯例不再作二次让利的意见可予以采信,京口华强公司主张该部分材料应计取5.8%下浮率的上诉请求亦不能成立。综上,一审法院采信鉴定总价一正确,上诉人宝厦公司与上诉人京口华强公司认为一审法院对鉴定总价采信错误的上诉主张均不能成立。

本案案例中虽然约定总价需下浮5.8%,但双方签订的施工合同并未明确约定材料价格是否再下浮。审理法院在对材料价格是否应再下浮的问题,认为无合同明确约定的情况下,应按照行业惯例以及现行的计价标准进行结算,因此并未支持京口华强公司主张的材料价格应下浮5.8%。

4. 法律评析

施工合同在执行过程中,往往因项目建设的复杂性,出现签订的施工合同没有约定或约定不明的情况,此时,争议双方可能会产生重大分歧。为弥补签订的施工合同约定不明的缺陷,司法实践中,一般会参考现行的计价标准或行业惯例进行结算。

(三)合同内容前后矛盾的工程纠纷

1. 概述

施工项目在建设过程中,如果承、发包双方项目管理能力较弱,可能导致签订的合同约定条款存在诸多矛盾的地方。比如：

（1）招投标文件的规定及中标通知书与中标后签订的施工合同约定前后矛盾；

（2）签订的施工合同中条款内容约定前后矛盾；

（3）就一个施工项目，承、发包双方签订了两份甚至多份不同的施工合同，且作出不同的约定。

2. 实务探讨

承上文，当招投标文件及中标通知书的规定与中标后签订的施工合同约定前后矛盾时，根据《施工合同司法解释（一）》第二十二条规定，“当事人签订的建设工程施工合同与招标文件、投标文件、中标通知书载明的工程范围、建设工期、工程质量、工程价款不一致，一方当事人请求将招标文件、投标文件、中标通知书作为结算工程价款的依据的，人民法院应予支持”。可以将招投标文件、中标通知书作为结算价款的依据，不过，当发包人与承包人因客观情况发生了在招标投标时难以预见的变化时，则可另行订立建设工程施工合同；①当签订的施工合同中条款内容约定前后矛盾时，通常应以合同中约定的合同文件解释顺序为准；当一个施工项目，承、发包双方签订了两份施工合同，两份施工合同作出不同的约定，《施工合同司法解释（一）》第二条第一款规定：“招标人和中标人另行签订的建设工程施工合同约定的工程范围、建设工期、工程质量、工程价款等实质性内容，与中标合同不一致，一方当事人请求按照中标合同确定权利义务的，人民法院应予支持。”也就是发包人与承包人另行签订施工合同，与中标合同存在实质性内容不一致的，应以中标合同进行结算。

3. 相关案例

案例9－22

在中铁二十局集团第六工程有限公司（以下简称中铁二十局第六公司）与陕西宽建实业有限公司（以下简称宽建公司）建设工程施工合同纠纷案②中，2010年10月1日，原告中铁二十局第六公司与被告宽建公司签订《陕西宽建实业有限公司高新科技花园合同书》。合同第六条约定组成合同的文件包括：（1）本合同协议书；（2）专用条款；（3）通用条款；（4）中标通知书；（5）投标书、工程报价单或预算书及其附件；（6）招标文件、答疑纪要及工程量清单；（7）图纸；（8）标准、规范及有关技术文件。第三部分专用条款第六条26项约定：合同价款为中标价，加变更签证。第26.2条约定本合同

① 《施工合同司法解释（一）》第二十三条规定：发包人将依法不属于必须招标的建设工程进行招标后，与承包人另行订立的建设工程施工合同背离中标合同的实质性内容，当事人请求以中标合同作为结算建设工程价款依据的，人民法院应予支持，但发包人与承包人因客观情况发生了在招标投标时难以预见的变化而另行订立建设工程施工合同的除外。

② 参见陕西省高级人民法院民事判决书，（2021）陕民终34号。

价款采用:依据04清单计价规则06价目表标底模式确定,采用固定总价合同,同时对主要材料价格变动幅度在正负1.8%以上时调整,以内不作调整。该合同第27.1条双方约定合同价款的其他调整包括变更签证及新增项。同日,双方又签订补充合同约定:主要材料:钢材、水泥、线缆、暂定材料清单价格等,在投标价格基础上涨或下降幅度1.8%以内不做调整,1.8%以上按市场调研价调整,其他材料不做调整;质量保证金交300万元,封顶无质量安全问题返还。本项目优惠400万元(合同总价内扣除)。

关于补充合同400万元工程款优惠的约定是否有效及400万元工程优惠款是否应计入欠付工程款数额的争议焦点,中铁二十局第六公司在上诉中主张:"双方在签订中标合同后,再行签订补充合同约定减少工程价款400万元,属于对中标合同实质性内容进行改变的情形,应属无效。《施工合同司法解释(二)》第一条①规定,招标人和中标人另行签订的建设工程施工合同约定的工程范围、建设工期、工程质量、工程价款等实质性内容,与中标合同不一致,一方当事人请求按照中标合同确定权利义务的,人民法院应予支持。招标人和中标人在中标合同之外就明显高于市场价格购买承建房产、无偿建设住房配套设施、让利、向建设单位捐赠财物等另行签订合同,变相降低工程价款,一方当事人以该合同背离中标合同实质性内容为由请求确认无效的,人民法院应予支持。"二审法院认为,该司法解释条款适用的前提是双方当事人存在合法有效的招投标合同。中铁二十局第六公司主张案涉工程经过招投标,应当提交招投标相关证据予以证明,但其一审中仅提交了部分内容为空白的招标文件,并未提交案涉工程经过招投标的相关证据。而宽建公司辩称案涉工程未进行招投标,且宽建公司一审提交的高新建(2011)第107号《建设工程项目报建表》在招标方式中载明"未招(已处罚)",中铁二十局第六公司一审质证时认可该报建表的真实性。因此,中铁二十局第六公司在未能证明案涉工程存在合法有效招投标及招投标合同情况下,主张适用前述司法解释规定认定双方补充协议无效的上诉理由不能成立,该400万元优惠款不应计入欠付工程款数额。

案例9-23

在赵某强与青海三榆房地产集团有限公司(以下简称三榆公司)、西宁新百实业有限公司(以下简称新百公司)建设工程施工合同纠纷案②中,2013年3月1日,三榆公司委托西宁城宏建设工程招标有限责任公司(以下简称城宏公司)对海湖新区西城天街建设项目一期建设工程进行招标。2013年3月20日,广汇建设集团有限公司(以下简称广汇公司)提交《西城天街建设项目一期建设工程(二标段)投标文件》,该

① 已失效,现为《施工合同司法解释(一)》第二条。

② 参见最高人民法院民事判决书,(2019)最高法民终80号。

投标文件中载有三榆公司、城宏公司向广汇公司发出的西城天街建设项目一期建设工程施工投标邀请书，其中载明“本次招标项目总建筑面积 116,414.83m²，划分为二个标段，其中，一标段：酒店及商业，59,161.23m²，框剪结构；二标段：公寓式办公楼及商业，57,253.6m²，框剪结构”。广汇公司 2013 年 3 月 18 日提交的投标报价书中载明：“西城天街建设项目一期建设工程（二标段）”“建筑面积 54,750.84m²”“实际预算造价合计 94,705,033.84 元”“投标报价 9470 万元”。2013 年 3 月 25 日，三榆公司、新百公司向广汇公司发出中标通知书，其中载明“西城天街项目一期建设工程二标段”“建筑面积约 57,253.6m²”“中标价 9470 万元”。

2013 年 3 月，三榆公司与广汇公司签订建设工程施工合同，其中“协议书”约定“合同价款 1720 元/m²”，“专用条款”第 23.2 条约定“本合同价款采用中标价方式确定”；“采用固定价格合同，合同价款中包括的风险范围：承包人在合同履行期间，其工程承包范围内的全部内容”；第 23.3 条约定“双方约定合同价款的其他调整因素：1. 本工程所需的设计变更；2. 现场的工程变更签证”；发包人违约应承担的违约责任：发包人未能在合同约定期内支付进度款，工期顺延。“工程质量保修书”约定：“1. 土建工程为二年，屋面防水工程为五年；2. 电气管线、上下水管线安装工程为二年；3. 供热及供冷为二个采暖期及供冷期；4. 室外的上下水和小区道路等市政公用工程为二年。”“本工程双方约定承包人向发包人支付工程质量保修金金额为结算总价款的百分之三”；“发包人在质量保修期满后 14 天内，将剩余保修金返还承包人”。2013 年 8 月 26 日，新百公司与广汇公司签订建设工程施工合同，约定内容与 2013 年 3 月三榆公司、广汇公司签订的建设工程施工合同内容一致。赵某强与三榆公司、新百公司分别提交了建设工程施工合同，赵某强提交的合同中第 47 条补充条款上未盖有作废章，三榆公司、新百公司提交的合同中第 47 条补充条款上盖有作废章及广汇青海分公司的公章。提交的建设工程施工合同中第 47 条补充条款的约定相同：“47.1　本工程结算方式：（1）土建工程：执行 2004 年建设工程消耗量定额，按规定取费，材差执行 2013 年第一期指导价，并结合市场价调整；（2）安装工程：执行 2004 年建设安装工程消耗量定额，按规定取费；47.2　经济签证结算依据本合同结算方式结算；47.3　施工过程中的工程变更和工程量的调增、调减按照补充条款第一‘本工程计算方式’确定的原则进行结算。”合同签订后，赵某强作为广汇公司的内部承包人，负责该工程的施工。案涉工程于 2013 年 5 月 21 日开始施工，2016 年 12 月 1 日案涉工程竣工验收合格。2017 年 9 月 13 日，广汇公司通过债权转让协议将案涉工程款债权转让给赵某强，2017 年 9 月 16 日，广汇公司、赵某强向三榆公司、新百公司出具“西城天街一期建设项目”工程款债权转让通知书，并于 2017 年 9 月 18 日将该通知书邮寄至三榆公司、新百公司。2018 年 1 月，赵某强将三榆公司、新百公司诉至一审法院。

关于施工合同中存在三种不同的计价方式[固定单价(1720元/m^2)、固定价(中标价)、补充条款中约定的计价方式],三种计价方式同时出现在同一份施工合同中,结算价款应如何确定,成为本案争议的焦点。

一审法院认为,承包人根据《招标投标法》第四十六条第一款“招标人和中标人应当自中标通知书发出之日起三十日内,按照招标文件和中标人的投标文件订立书面合同。招标人和中标人不得再行订立背离合同实质性内容的其他协议”、第五十九条“招标人与中标人不按照招标文件和中标人的投标文件订立合同的,或者招标人、中标人订立背离合同实质性内容的协议的,责令改正;可以处中标项目金额千分之五以上千分之十以下的罚款”的规定,广汇公司中标后,三榆公司、新百公司与广汇公司签订建设工程施工合同的内容,应按照招标文件和投标文件订立。广汇公司以54,750.84m^2面积所计算总价款9470万元中标,而三榆公司、新百公司是因广汇公司以面积57,253.6m^2所计算总价款9470万元选择广汇公司中标,广汇公司投标报价书与投标邀请书、中标通知书中面积不一致导致的结果应由广汇公司承担。故广汇公司中标后,三榆公司、新百公司与广汇公司应根据《招标投标法》的规定,按照招标文件及中标通知书订立建设工程施工合同,且广汇青海分公司于2016年12月1日向三榆公司提交的工程竣工报告中亦记载工程造价为9470万元,故案涉工程的合同价款应确定为9470万元。现债权受让人赵国强要求按实际面积结算,其理由不能成立。案涉建设工程施工合同第47条补充条款中的内容与中标价9470万元、投标文件及建设工程施工合同中1720元/m^2的单价均不一致,且赵某强未提交证据证明在案涉建设工程施工合同中存在三种计价标准的情况下双方实际履行的是补充条款的计价标准,在此种情况下,应以招标文件及中标通知书确定合同价款,故补充条款不应作为结算案涉工程价款的依据。对赵某强主张对案涉工程进行造价鉴定的申请,亦不予准许。关于签证工程款一审法院另行委托青海省规划设计研究院有限公司进行鉴定。

后赵某强因不服一审法院判决向最高人民法院提起上诉,二审法院经审理认为,一审法院结合上述投标报价书、中标通知书、工程竣工报告等证据,认定案涉工程合同价款为9470万元,适用法律正确。赵某强关于应以案涉建设工程施工合同中约定的“合同价款1720元/m^2”计算工程造价的上诉理由不能成立,不予支持。

4. 法律评析

由于工程项目施工参与方众多,各方项目管理能力存在强弱之分,甚至存在转包、挂靠等违法行为。因此,承、发包双方在签订施工合同时可能存在诸多问题,合同约定的内容前后矛盾便是其中之一,如果承、发包双方无法通过协商的方式解决争议,最终只能诉诸人民法院或仲裁机构。对于此类纠纷,首先在合同签订时应由法务人员与相关技术人员共同把关,避免此类矛盾出现;其次一旦出现矛盾之处,双方应结合实际情况，根据法律规定以及工程行业规范，具体分析，妥善解决问题，做到息诉止争。

（四）实际施工内容与合同约定内容不一致的工程纠纷

1. 概述

工程项目开发、建设过程中，由于项目建设的体量大、专业化程度高以及涉及公共利益，并且各参与方、决策方众多，实施意见难以统一，使得建设工程项目在整个施工阶段的规划、设计经常发生变更。

正因为施工过程中，各种不确定因素时有发生，从而导致承包人实际施工内容常常超出施工合同签订的范围，抑或与合同约定内容部分不一致。对于超出合同约定的施工内容或者与合同约定部分不一致的内容，因其工程结算依据无具体约定，合同双方由此产生纠纷。承包人实际施工内容与合同约定内容不一致导致的工程纠纷，主要争议是对实际施工内容如何进行结算，并且采用不同的结算计价方法，计算出来的结算价款有时候差异巨大。

2. 相关规定

（1）《民法典》第五百四十三条规定："当事人协商一致，可以变更合同。"

（2）《民法典》第五百一十条规定："合同生效后，当事人就质量、价款或者报酬、履行地点等内容没有约定或者约定不明确的，可以协议补充；不能达成补充协议的，按照合同相关条款或者交易习惯确定。"

（3）《民法典》第五百一十一条规定："当事人就有关合同内容约定不明确，依据前条规定仍不能确定的，适用下列规定：（一）质量要求不明确的，按照强制性国家标准履行；没有强制性国家标准的，按照推荐性国家标准履行；没有推荐性国家标准的，按照行业标准履行；没有国家标准、行业标准的，按照通常标准或者符合合同目的的特定标准履行。（二）价款或者报酬不明确的，按照订立合同时履行地的市场价格履行；依法应当执行政府定价或者政府指导价的，依照规定履行。（三）履行地点不明确，给付货币的，在接受货币一方所在地履行；交付不动产的，在不动产所在地履行；其他标的，在履行义务一方所在地履行。（四）履行期限不明确的，债务人可以随时履行，债权人也可以随时请求履行，但是应当给对方必要的准备时间。（五）履行方式不明确的，按照有利于实现合同目的的方式履行。（六）履行费用的负担不明确的，由履行义务一方负担；因债权人原因增加的履行费用，由债权人负担。"

（4）《施工合同司法解释（一）》第十九条规定："当事人对建设工程的计价标准或者计价方法有约定的，按照约定结算工程价款。因设计变更导致建设工程的工程量或者质量标准发生变化，当事人对该部分工程价款不能协商一致的，可以参照签订建设工程施工合同时当地建设行政主管部门发布的计价方法或者计价标准结算工程价款。

建设工程施工合同有效,但建设工程经竣工验收不合格的,依照民法典第五百七十七条规定处理。"

(5)《建设工程造价鉴定规范》5.3.4:"鉴定项目合同对计价依据、计价方法没有约定的,鉴定人可向委托人提出'参照鉴定项目所在地同时期适用的计价依据、计价方法和签约时的市场价格信息进行鉴定'的建议,鉴定人应按照委托人的决定进行鉴定。"

3.结算原则

对于承包人实际施工内容与合同约定内容不同,导致工程结算无据可依,该类工程纠纷如有证据证明发包人同意或默示上述不同,则实际施工内容应视为承、发包双方以实际行动对原合同条款的变更,即当事人通过实际的履行行为,变更了之前合同约定的内容。因此,承包人可主张以实际施工内容为依据要求发包人进行结算。

承、发包双方以实际行动对原合同进行变更,但双方对于实际施工内容结算计价方法并未进行详细约定。司法实践中,对于计价依据未明确约定的工程纠纷,可根据《民法典》第五百一十条、第五百一十一条,《施工合同司法解释(一)》第十九条以及《建设工程造价鉴定规范》第5.3.4条规定,要求发包人参照案涉工程所在地建设行政主管部门发布的计价方法或者计价标准结算工程价款。

如无证据证明发包人同意或默示,甚至有证据证明发包人明确表示反对,则通常不应计取工程款。

4.相关案例

案例9-24

在营口市第三建筑工程有限公司(以下简称三建公司)与营口市东城房地产开发有限公司(以下简称东城公司)建设工程施工合同纠纷案①中,再审申请人东城公司不服辽宁省高级人民法院(2015)辽民一终字第00325号民事判决,向最高人民法院申请再审。东城公司认为:原判决对工程款的认定违反双方当事人合同约定。(1)双方签订的建设工程施工合同约定合同价款采用平米包干固定价格方式确定,一审法院以该合同不是与实际施工人所签为由,确认以审计结果作为本案工程造价的依据是错误的,本案中实际施工人并没有以诉讼当事人的身份参加诉讼,无论建设工程施工合同是否是实际施工人所签,都与法院处理东城公司与三建公司之间的施工合同纠纷无关。(2)建设工程施工合同中约定的其他几栋楼均已按照平米包干固定价格结算完毕,本案涉及的20#、23#楼也应当照此办理,东城公司就上述事实在原审中提交了部分工程结算单,不存在未提交证据的情况。(3)建设工程施工合同明确约定合同价款

---

① 参见最高人民法院民事裁定书,(2016)最高法民申1732号。

按平米包干固定价格确定，并在营口市建设委员会工程造价管理处进行了合同备案，东城公司与营口市城市棚户区改造领导小组办公室签订的建设合同及双方2010年7月19日形成的情况说明都能证明合同采用固定价格，原审按工程造价审计结果确定工程价款，违反了《施工合同司法解释》第二十二条[①]的规定。(4)仲裁阶段所做工程造价鉴定报告存在诸多问题，原审法院予以采信错误：①仲裁裁决已被依法撤销，该造价鉴定已没有法律效力。②东城公司在仲裁阶段始终反对重新鉴定工程造价，对工程造价鉴定报告不认可。③被申请人应按三级资质丙级取费，而鉴定报告采用的鉴定依据是执行2004年辽宁省定额及二类工程取费，材料价格按2005年平均价，审计结果错误。案涉工程并非被申请人单独施工完成，鉴定意见超出了被申请人施工部分的真实价值。④被申请人严重偷工减料，少用钢筋和混凝土，鉴定机构没有到现场进行实地勘察，单凭图纸进行认定，必然存在工程造价虚高的问题。原判决认定事实错误。原审法院按仲裁时的工程造价鉴定意见判令东城公司给付365余万元工程款，远远超出实际。

最高人民法院认为，涉案建设工程施工合同中约定合同价款采用平米包干固定价格方式确定的同时，还对合同价款中包括的风险范围进行了约定。合同中没有明确具体的平方米包干价或平方米包干价的计算方式，也没有约定每栋楼的总承包价款及面积。东城公司主张应以总价款和总面积为依据，采取平摊方式确定每平方米工程造价，缺乏合同依据。根据原审法院查明的事实，班某福仅对31号楼、20号楼、23号楼进行了实际施工，因此，涉案合同项下的其他栋楼按统一固定单价进行结算的事实不足以证明本案双方当事人均认可该结算方式，且原审查明三建公司实际施工内容与合同约定的承包范围并不一致，工程完工后三建公司递交的工程结算书显示其结算标准也是据实结算。因此，在合同约定不明确，双方当事人对工程造价的计算方式不能达成共识的情形下，原审法院采信仲裁机构在仲裁期间委托专业机构作出的鉴定意见认定案涉工程造价，符合本案实际情况。对于东城公司提出的该鉴定意见不应采信的理由，经审查，仲裁裁决因对东城公司就工程质量问题提出的反请求未予裁决而被撤销，未涉及工程造价问题。东城公司没有对鉴定机构主体资格及鉴定程序的合法性提出异议。关于鉴定意见是否与实际相符的问题，鉴定报告显示，鉴定机构组织包括东城公司在内的当事人对施工图纸和签证单予以确认，同时要求东城公司提供相关材料，并组织相关单位进行了现场勘察，但东城公司没有提供任何材料。因此，东城公司提出的鉴定机构没有到现场勘察、鉴定意见超出了三建公司施工部分、审计意见不符合

---

① 现为《施工合同司法解释(一)》第二十八条："当事人约定按照固定价结算工程价款，一方当事人请求对建设工程造价进行鉴定的，人民法院不予支持。"

实际情况的主张,缺乏证据支持。东城公司主张鉴定机构执行的取费标准错误,没有提供相应的证据予以证明,也未明确按照其主张的取费标准确定的工程造价与原审采信的鉴定意见在数额上存在的差异情况。据此,原审采信鉴定意见确定案涉工程造价,并据此认定东城公司应支付的工程款数额,并无不当。东城公司主张原判决认定的基本事实缺乏证据证明及适用法律错误的再审事由不成立。

东城公司与三建公司就案涉工程部分施工范围签订建设工程施工合同,建设工程施工合同中约定合同价款采用平米包干固定价格方式计价结算,同时还对合同价款中包括的风险范围进行了约定。但对于实际施工超出部分,东城公司与三建公司并未明确约定工程结算计价办法。据此,双方对超出部分的施工内容结算计价办法产生严重争议,东城公司认为双方应参照建设工程施工合同约定平米包干固定价格结算,而三建公司则认为在无合同约定的情况下,理应据实结算,前述两种结算计价方法得出的结算价款差距巨大。本案经法院审理查明,最终认为实际施工内容在无合同约定的情况下,根据《合同法》第六十一条、第六十二条[①],《施工合同司法解释》第十六条[②]以及《建设工程造价鉴定规范》第5.3.4条的规定,应据实结算,且采纳本案仲裁时委托专业机构作出的鉴定意见认定案涉工程造价。

案例9-25

在苏某学与武汉市黄陂区青少年社会实践(雄鹰)教育基地(以下简称雄鹰教育基地)、翁某榕建设工程施工合同纠纷案[③]中,2008年12月3日,雄鹰教育基地,在未登记注册、未办理规划及施工许可证的情况下,与苏某学签订了一份建设工程施工合同,将雄鹰基地基建工程发包给苏某学。工程承包形式为施工总承包,以建筑总平面图为工程承包范围,包含雄鹰教育基地1号楼至6号楼、综合楼、阅兵台、道路、大门、围墙、各训练场、运动场等全部工程的土建、门窗、油漆、水电安装、内外装饰等。合同包干价220万元,合同执行过程中不调价,苏某学必须按雄鹰教育基地的设计图纸施工,并确保工程质量按原建设部质量验收评定标准达到合格要求。工程在2008年12月5日至2009年7月5日施工。合同对工程竣工验收、付款方式、安全责任、违约责任等也进行了约定。

合同签订后,苏某学带民工到案涉的黄陂雄鹰教育基地施工。在施工过程中,苏某学将工程分包给程某新等六人施工。2009年7月23日,苏某学将未完成的工程量

---

① 已废止,现为《民法典》第五百一十条、第五百一十一条。

② 已废止,现为《施工合同司法解释(一)》第十九条:"当事人对建设工程的计价标准或者计价方法有约定的,按照约定结算工程价款。因设计变更导致建设工程的工程量或者质量标准发生变化,当事人对该部分工程价款不能协商一致的,可以参照签订建设工程施工合同时当地建设行政主管部门发布的计价方法或者计价标准结算工程价款。建设工程施工合同有效,但建设工程经竣工验收不合格的,依照民法典第五百七十七条规定处理。"

③ 参见湖北省武汉市黄陂区人民法院民事判决书,(2013)鄂黄陂民再初字第00003号。

以65万元的价格转包给黄某新、王某华，翁某榕作为担保人在该协议书上签字，后苏某学退场。2009年11月25日，双方在区教育局有关工作人员主持下，达成结算工程量原则协议，苏某学和方某英在协议上签字。

施工过程中，苏某学实际施工内容与原合同约定内容不一致，苏某学认为自己是按雄鹰教育基地要求变更的施工图纸，并按雄鹰教育基地施工现场指挥人员的指挥而施工，造成工程量与工程款的增加，因而多次向雄鹰教育基地索要工程款。而雄鹰教育基地认为苏某学是按图纸施工且已完工工程质量有问题，双方发生争议。2010年2月4日，苏某学向法院申请对案涉工程价款予以鉴定。2010年7月2日，法院将案涉工程总价委托湖北益信工程咨询有限公司进行司法鉴定，经鉴定认定苏某学实际施工工程价款为2,903,546.65元。该鉴定报告送达双方当事人后，双方均未要求重新鉴定。

审理法院认为，综合各方当事人审理时的诉辩主张和主要理由，本案争议的焦点为本案工程结算方式是据实结算还是按合同包干价结算。

1. 关于建设工程施工合同书的效力问题。本案中，苏某学个人不具备建筑施工企业资质，根据《施工合同司法解释》第一条①的规定，苏某学与雄鹰教育基地签订的建设工程施工合同书为无效合同。因此，对于苏某学要求雄鹰教育基地支付工程款利息的诉讼请求，不予支持。

2. 关于结算条件。本案中，苏某学虽未完成涉案全部工程，已完工工程也未办理竣工验收手续，但是苏某学于2009年7月23日将未完成的工程量以65万元的价格转包给黄某新、王某华时，经过了翁某榕（雄鹰教育基地的实际出资人、管理使用人和收益享有人）的认可，且翁某榕已实际占有、使用该基地。根据《施工合同司法解释》第十四条②的规定，本案苏某学完工的部分应视为竣工，应当进行结算。同时《施工合同司法解释》第十三条③规定："建设工程未经竣工验收，发包人擅自使用后，又以使用部分质量不符合约定为由主张权利的，不予支持……"因此，对雄鹰教育基地、翁

---

① 已废止，现为《施工合同司法解释（一）》第一条："建设工程施工合同具有下列情形之一的，应当依据民法典第一百五十三条第一款的规定，认定无效：（一）承包人未取得建筑业企业资质或者超越资质等级的；（二）没有资质的实际施工人借用有资质的建筑施工企业名义的；（三）建设工程必须进行招标而未招标或者中标无效的。承包人因转包、违法分包建设工程与他人签订的建设工程施工合同，应当依据民法典第一百五十三条第一款及第七百九十一条第二款、第三款的规定，认定无效。"

② 已废止，现为《施工合同司法解释（一）》第九条："当事人对建设工程实际竣工日期有争议的，人民法院应当分别按照以下情形予以认定：（一）建设工程经竣工验收合格的，以竣工验收合格之日为竣工日期；（二）承包人已经提交竣工验收报告，发包人拖延验收的，以承包人提交验收报告之日为竣工日期；（三）建设工程未经竣工验收，发包人擅自使用的，以转移占有建设工程之日为竣工日期。"

③ 已废止，现为《施工合同司法解释（一）》第十四条："建设工程未经竣工验收，发包人擅自使用后，又以使用部分质量不符合约定为由主张权利的，人民法院不予支持；但是承包人应当在建设工程的合理使用寿命内对地基基础工程和主体结构质量承担民事责任。"

某榕提出的关于本案不具备结算条件及完工工程存在质量问题的答辩意见，不予采纳。

3. 关于结算方式。苏某学认为应当据实结算，雄鹰教育基地、翁某榕认为应当根据合同约定的包干价结算。法院认为，合同包干价对应着合同项下的工程量，在实际施工工程量与合同包干价项下的工程量存在较大差距时，按照合同包干价进行结算，有违公平原则。本案中，第一，合同约定的工程量无法有效核实。建设工程施工合同书第四条约定以建筑总平面图为工程承包范围，乙方（承包人）必须按照甲方（发包人）的设计图纸要求施工。但是，雄鹰教育基地、翁某榕对苏某学提供的有关施工图纸不予认可，同时在本案审理和鉴定过程中未按要求提供实际工程施工图纸，导致本案合同包干价项下的工程量无法有效核实。第二，实际施工内容超出了合同约定。本案承包形式为施工总承包合同，但苏某学还提供了模板、机械等设备，施工的项目也有所增加，苏某学实际施工内容与合同约定发生了变化，与合同项下工程并不一致。第三，已经完工部分双方未达成结算意见。苏某学并未完成合同项下的全部工程，虽然在翁某榕的认可下，苏某学将余下工程以65万元的价格转包给第三方，但是双方并未对苏某学已完成部分的工程款达成一致意见，无法按照合同包干价确定苏某学的施工工程款。第四，在有关部门主持下，双方达成了据实结算的原则协议。2009年11月25日，在黄陂区教育局职成科有关人员的主持下，苏某学与方某英达成了雄鹰工地结算工程量原则协议，确定了按照30个项目实做实结的基本原则。同时，黄陂区公安分局前川派出所的出警登记、方某英向闻某毅等人出具的欠条以及对黄陂区教育局职成科有关人员的调查笔录均显示，方某英系发包人的工地负责人，方某英在该协议书上的签字是经翁某榕认可的，所以该协议应视为某家榕与苏某学的一致意思表示。综上，本案应当采取据实结算的方式处理。

4. 关于鉴定报告及结算价格。在本案原审过程中，原审法院根据苏某学的申请依法委托鉴定机构对工程总价进行鉴定，鉴定的启动程序符合有关规定。在鉴定过程中，雄鹰教育基地、翁某榕拒绝提供有关施工图纸，拒不配合开展鉴定。鉴定机构在实地勘察后，扣除了苏某学未完成的部分和转包给第三方的人工费，得出苏某学施工工程价款为2,903,546.65元，符合有关法律规定。鉴定意见送达双方当事人后，双方均未提出重新鉴定的意见。因此，鉴定报告应当作为双方结算的依据。

本案对于苏某学实际施工范围工程结算计价方法到底是采用总价包干还是据实结算，双方产生了分歧。鉴于此，审理法院对苏某学实际施工内容采用据实的方式进行结算，主要是因为苏某学实际施工内容与原合同约定内容不一致，如继续采用总价包干的方式结算，将有违公平正义。当然争议双方就实际施工内容达成30个项目实做实结的原则也是本案据实结算的主要原因之一。

5. 法律评析

工程项目施工过程中，发包人根据项目实施的进展对项目进行变更，当项目变更较大导致承包人实际施工内容与原施工合同约定内容不一致时，发包人作为建设项目的实施者，应根据实际情况，主动要求与承包人就实际施工内容签订新的施工合同，使承包人的实际施工内容的结算方法有据可依，避免后期双方由此产生纠纷。

（五）约定以财政、审计部门审核结果为结算依据的工程纠纷

1. 概述

政府投资的建设项目合同中承、发包双方属于平等独立的民事主体，地方政府往往为控制该类建设项目的施工成本，直接在地方性法规或者规范性文件中规定以政府审计结果作为该类型建设项目的竣工结算依据。地方政府通过行使地方立法权，直接干涉平等民事主体的经济行为，违反上位法的相关规定。

政府财政审计是国家对建设单位的一种行政监督，在施工合同双方未明确约定以审计结果作为结算依据的情况下，政府财政审计不得影响发包人与承包人的合同效力及履行，地方政府通过立法的形式干涉未作出约定的政府投资项目应以财政审计结果作为竣工结算依据显属违法，超越了地方立法权限。因此，全国人大常委会法制工作委员会法规备案审查室在接到中国建筑业协会提出的对地方性法规中以审计结果作为政府投资建设项目竣工结算依据有关规定进行审查的建议后，征求了全国人大财经委、国务院法制办等部门的意见，向中国建筑业协会回复了《关于对地方性法规中以审计结果作为政府投资建设项目竣工结算依据有关规定提出的审查建议的复函》，明确要求各有关地方人大常委会对地方性法规中的该类规定自行清理。

政府投资的建设项目能否以审计部门的审计结果作为结算依据，主要看争议双方是否在施工合同中予以明确约定，假如双方进行了明确约定，并且属于其真实的意思表示，那么政府审计部门的审计结果往往可作为案涉工程的结算依据。

2. 相关法律

（1）最高人民法院《关于人民法院在审理建设工程施工合同纠纷案件中如何认定财政评审中心出具的审核结论问题的答复》

财政部门对财政投资的评定审核是国家对建设单位基本建设资金的监督管理，不影响建设单位与承建单位的合同效力及履行。但是，建设合同中明确约定以财政投资的审核结论作为结算依据的，审核结论应当作为结算的依据。

（2）最高人民法院《关于建设工程承包合同案件中双方当事人已确认的工程决算价款与审计部门审计的工程决算价款不一致时如何适用法律问题的电话答复意见》

审计是国家对建设单位的一种行政监督，不影响建设单位与承建单位的合同效

力。建设工程承包合同案件应以当事人的约定作为法院判决的依据。只有在合同明确约定以审计结论作为结算依据或者合同约定不明确、合同约定无效的情况下,才能将审计结论作为判决的依据。

(3)《江苏省高级人民法院建设工程施工合同纠纷案件委托鉴定工作指南》

第3条　当事人申请鉴定存在下列情形之一,且没有相反证据予以反驳或者推翻的,不予准许:

(一)当事人对申请鉴定的争议事项已自行达成协议的;

(二)当事人对申请鉴定的争议事项共同委托有关机构、人员出具咨询意见且双方明确表示受该咨询意见约束的;

(三)当事人约定工程价款的结算以第三方结论如行政审计、财政评审等作为依据的;

(四)当事人约定按照固定价(包括固定总价与固定单价)结算工程价款,未超出承包人约定承担的风险范围应当适用固定价的;

(五)当事人约定发包人无正当理由未在约定期限内对竣工结算文件作出答复视为认可竣工结算文件的;

(六)建设工程经竣工验收合格发包人提出质量异议,或者建设工程未经竣工验收合格发包人擅自使用后提出质量异议的;

(七)当事人没有证据或者理由足以反驳另一方当事人就专门性问题自行委托有关机构或者人员出具的意见的;

(八)其他足以认定鉴定申请所涉争议事项的情形。

3.工程纠纷具体情况分析

司法实践中,对于案涉工程的结算是否以财政、审计部门审核结果为依据,主要分为以下情况:其一,争议双方在施工合同中并未约定案涉工程结算应以财政、审计部门审核结果为依据,在案件审理过程中,发包人认为案涉工程应以财政、审计部门审计结果为结算依据,人民法院或仲裁机构一般不予支持,而是以双方已达成的结算结果或者通过委托造价鉴定单位来确定结算价款。其二,如果争议双方在施工合同中明确约定案涉工程结算应以财政、审计部门审核结果为依据,如果发包人主张案涉工程应以财政、审计部门审计结果为结算依据,委托人通常予以支持。其三,如果争议双方在施工合同中明确约定案涉工程结算应以财政、审计部门审核结果为依据,但是政府审计部门并未按照双方合同约定的结算条款进行审计,审计意见存在不真实、不客观的情况,承包人已提供充分证据予以证明的,委托人可允许当事人申请补充鉴定或者通过重新鉴定的方式确定案涉工程结算价款。

4. 相关案例

案例9－26

在深圳市奇信建设集团股份有限公司(以下简称奇信公司)与绵阳市中心医院建设工程施工合同纠纷案[①]中,2010年6月,绵阳市中心医院为实施绵阳市中心医院改扩建三期工程外墙装饰工程,经过公开招投标,确定由奇信公司中标承建。2010年8月18日,绵阳市中心医院作为发包人,奇信公司作为承包人,市级医院灾后重建工程建设指挥部市中心医院工程建设办公室(以下简称市级医院灾后办)作为现场管理人,三方签订建设工程施工合同。

随后奇信公司作为承包人进场施工。2011年9月13日,案涉工程竣工验收合格。同日,奇信公司将该工程交付绵阳市中心医院。2011年9月,奇信公司向绵阳市中心医院提交了竣工结算报告,载明“结算总价51,585,465元”。2011年11月7日,绵阳市中心医院委托重庆恒申达工程造价咨询有限公司(以下简称恒申达公司)对外墙装饰工程造价进行审核,恒申达公司出具《基本建设工程结算审核报告》[重恒申达固(2011)385号],其中载明“审核意见:经审核,外墙装饰工程送审金额为51,585,465.37元,审定金额为39,556,067.97元,审减金额12,029,397.40元。审核说明:经采购的材料价格偏高,应中心医院的要求,重新进行了核价,现按重新核定的材料价格结算。本报告的定案表施工单位未签字盖章认可,未认可部分外装饰材料价格(花岗石、铝单板)进行了重新核价。我司根据绵阳市中心医院的《说明》,出具此报告”。

2012年1月10日,绵阳市中心医院回函奇信公司,请求奇信公司依《基本建设工程结算审核报告》[重恒申达固(2011)385号]39,556,067.97元的结算审核定案价签字领款。2012年1月12日,奇信公司致函中心医院、市级医院灾后办,对39,556,067.97元的结算审核定案价不予认可,请求绵阳市中心医院督促恒申达公司再次审计复核。2012年8月4日,恒申达公司向绵阳市审计局出具内审报告,载明“该项目送审金额591,458,695.32元,审减金额104,616,360.70元,其中外装施工单位奇信公司对400万元左右的审减金额不予认可,其余审减金额施工单位均已签字认可”。

2012年8月9日,绵阳市审计局向绵阳市中心医院出具《审计通知书》[绵审投通(2012)57号],主要载明“我局决定成立审计组,自2012年8月13日起,对你单位组织建设的绵阳市中心医院改扩建三期工程竣工结算进行送达审计”。2013年10月14日,绵阳市审计局向绵阳市中心医院出具关于市中心医院改扩建三期工程有关工程尾款支付意见的函,载明“由于中介机构不提供审计需要的资料、不到场配合审计复核,审计复核工作难以正常开展”。

① 参见最高人民法院民事判决书,(2018)最高法民再185号。

绵阳市中心医院最终向奇信公司支付的工程价款为39,591,115.12元,并向恒申达公司支付鉴定费378,004.97元。

2014年10月27日,奇信公司请求一审法院对外墙装饰工程总造价进行司法鉴定,并垫付鉴定费用990,000元。一审法院委托绵阳子贡工程造价咨询有限责任公司(以下简称子贡公司)对外墙装饰工程总造价进行司法鉴定。2015年11月12日,子贡公司出具鉴定意见书,载明"鉴定结论:根据以上资料,绵阳市中心医院改扩建三期工程外墙装饰工程的总造价为48,668,096元"。奇信公司认可该鉴定意见书。绵阳市中心医院对鉴定意见书的真实性不持异议,但对其意见认为未采用市场询价的方式认定材料价格,材料价格与实际市场价格差距较大,缺乏客观性,故要求重新鉴定。

一审法院认为,《基本建设工程结算审核报告》[重恒申达固(2011)385号]是绵阳市中心医院单方委托恒申达公司所作出的审核意见,其未得到相关审计部门的认可。鉴定意见书是经一审法院依法委托所作,绵阳市中心医院并未提供证据证明鉴定意见书存在最高人民法院《关于民事诉讼证据的若干规定》第二十七条[①]规定的情形,且以市场价确定材料价格亦不符合合同约定。故绵阳市中心医院要求重新鉴定的理由不能成立,鉴定意见书应作为认定案涉工程总造价的证据予以采信。案涉工程早已竣工验收合格,奇信公司已按照建设工程施工合同的约定,全面履行了自己的合同义务,绵阳市中心医院应当支付全部工程价款。绵阳市中心医院改扩建三期工程外墙装饰工程的总造价为48,668,096元,扣除绵阳市中心医院向奇信公司已支付的工程价款39,591,115.12元,还应支付9,076,980.88元。

二审法院认为,没有证据证明涉案合同违反了法律、行政法规的强制性规定,合法有效。本案的争议焦点是:案涉工程的价款如何认定。根据查明的事实,子贡公司采用奇信公司提交的主材单价所作出的鉴定意见,合同依据不足,应当不予采信。双方已经对工程价款结算约定为按照绵阳市审计局的审计结论为准,绵阳市审计局的审计结论为双方工程价款结算的最终依据。根据查明的事实,涉案项目是灾后重建项目,依约应以审计结论为结算依据,在审计结论没有出来之前,双方结算条件没有成就,奇信公司应当按照约定在审计结论出来之后,向绵阳市中心医院主张。因结算条件没有成就,对奇信公司的诉讼请求,不予支持。

再审法院认为,关于案涉工程款结算条件是否成就的问题。《合同法》第二百六

---

① 已被修订,现为第四十条:"当事人申请重新鉴定,存在下列情形之一的,人民法院应当准许:(一)鉴定人不具备相应资格的;(二)鉴定程序严重违法的;(三)鉴定意见明显依据不足的;(四)鉴定意见不能作为证据使用的其他情形。存在前款第一项至第三项情形的,鉴定人已经收取的鉴定费用应当退还。拒不退还的,依照本规定第八十一条第二款的规定处理。对鉴定意见的瑕疵,可以通过补正、补充鉴定或者补充质证、重新质证等方法解决的,人民法院不予准许重新鉴定的申请。重新鉴定的,原鉴定意见不得作为认定案件事实的根据。"

十九条[①]规定,建设工程合同是承包人进行工程建设,发包人支付价款的合同。本案中,建设工程施工合同为双方当事人真实意思表示,不违反法律、行政法规的强制性规定,合法有效,对双方当事人均具有法律约束力。案涉工程已于2011年9月13日通过竣工验收,并交付绵阳市中心医院使用,绵阳市中心医院应当支付相应的工程价款。根据《审计法》的规定,审计机关的审计行为是对政府预算执行情况、决算和其他财政收支情况的审计监督。相关审计部门对发包人资金使用情况的审计与承包人和发包人之间对工程款的结算属不同的法律关系,不能当然地以项目支出需要审计为由,否认承包人主张工程价款的合法权益。只有在合同中明确约定以审计结论作为结算依据的情况下,才能将是否经过审计作为当事人工程款结算条件。根据再审查明的事实,双方在建设工程施工合同以及其他文件中并未约定工程结算以绵阳市审计局审计结果为准,二审判决以结算条件没有成就为由,对奇信公司支付工程价款的诉讼请求不予支持,适用法律错误,再审法院予以纠正。应以一审法院委托的鉴定单位出具的鉴定意见书作为本案裁判依据。

本案历经一审、二审以及再审,最终经最高人民法院审理认为审计机关的审计行为是对政府预算执行情况、决算和其他财政收支情况的审计监督,只有在合同中明确约定以审计结论作为结算依据的情况下,才能将是否经过审计作为当事人工程款结算条件。否则,政府审计结果不能作为合同双方的结算依据。而且根据最高人民法院再审查明,本案争议双方并未约定以政府审计结果作为案涉工程的结算依据,因此应以一审法院委托鉴定单位出具的鉴定意见书作为案涉工程结算价款的依据。

案例9－27

在攀枝花公路桥梁工程总公司(以下简称攀枝花公司)与阳江市开发建设投资集团公司(以下简称投资公司)建设工程施工合同纠纷案[②]中,1993年1月11日,投资公司与攀枝花公司签订建设工程施工合同协议条款,合同约定,投资公司将阳江市白沙镇广湛公路接口(240K＋717)至海陵大堤的进岛(一级)公路发包给攀枝花公司承建。工程量按投资公司提供施工图、有关复测经投资公司认可的资料、现行施工验收规范的有关规定及投资公司代表认可的签证计算。工程造价按阳江市建设银行审核工程决算书的建安工程造价下浮1%计算。工程款按工程进度支付,工程竣工拨至工程造价的95%。投资公司、攀枝花公司分别在合同上签名盖章。合同签订后,攀枝花公司依约进行施工。该工程依约竣工,并于1995年4月6日交付投资公司使用。后攀枝花公司依约将工程结算资料提交投资公司,并由投资公司提交中国人民建设银行

① 已废止,现为《民法典》第七百八十八条:建设工程合同是承包人进行工程建设,发包人支付价款的合同。建设工程合同包括工程勘察、设计、施工合同。

② 参见广东省高级人民法院民事判决书,(2009)粤高法民一终字第70号。

广东省阳江市分行进行审核。1996年7月11日,中国人民建设银行广东省阳江市分行作出建阳(96)审字第159号《建筑安装工程结算审查通知书》,审核意见为该工程造价共128,728,196元。投资公司、攀枝花公司双方均在该通知书上签名盖章,表示同意。

2005年12月,阳江市国有资产办公室委托阳江市审计局对进岛公路工程结算情况进行审计。2006年1月25日,阳江市审计局作出《阳江市审计局关于站港公路白沙至海陵大堤段工程项目路基工程结算的审计调查报告》,审计结论为该项工程造价为78,395,671元。投资公司根据阳江市审计局的初步审计结果认为多支付了工程款27,852,004元,遂起诉要求攀枝花公司返还上述多付款项。

2006年6月23日,投资公司申请对进岛公路的工程造价进行鉴定。经原审法院委托,广东华联建筑工程造价司法鉴定所于2008年9月24日作出《阳江市进岛公路白沙至海陵大堤段工程造价司法鉴定书》,该鉴定书根据双方的工程施工图纸、现场签证记录、建设工程施工协议条款等资料进行鉴定,鉴定结果为该工程总造价为109,607,838元。

关于案涉工程的工程造价如何确定问题,一审、二审法院的观点如下。

一审法院认为,本案中的建设工程施工合同是双方经过平等协商自愿签订的,没有违反法律及行政法规的禁止性规定,合同合法有效,对双方当事人均有约束力。审计是国家对建设单位的一种行政监督,不影响建设单位与承建单位的合同效力。在双方没有明确约定以审计结论作为工程结算依据的情况下,应以双方合同约定的结算方式对工程进行结算。投资公司在起诉时以阳江市审计部门的审计结论作为本案工程的结算依据并主张攀枝花公司返还工程款项的依据不足,该审计结论不能作为本案计付工程价款的依据。但在本案中,投资公司是国家投资设立的企业,该工程所用资金是国家资金,依照审计法的规定,审计机关对国家建设项目进行审计是审计机关的法定职责。审计机关依法查处建设项目中高估冒算、高套定额,以及不按设计、合同约定要求施工、偷工减料、弄虚作假等行为,可以有效保障国家资金的安全和国家利益不受损失。审计机关的审计结论对被审计单位具有当然的约束力。而审计机关作为国家专门的经济监督部门,对建设工程这类专业性很强的领域作出的决定具有一定的权威性。因此,本案中虽然根据合同约定审计机关的审计结论对攀枝花公司没有直接约束力,不能作为本案认定工程造价的直接依据,但可以作为民商事证据在审判中予以采用。本案中,阳江市审计部门对该工程造价的审计结论显示建设银行对工程的结算存在高估冒算、多算误算、擅自变更工程量和未按约定价格结算的问题。因此,投资公司以此作为依据,表明建设银行的结算结果存在错误,会导致损害国家的利益,不能作为认定本案工程造价的依据,并申请对工程造价进行重新鉴定的理据充分,应予采纳。

本案应依法委托鉴定机构对该工程造价重新进行鉴定,并以鉴定机构所作出的鉴定意见作为本案工程造价的依据。

二审法院认为,投资公司以阳江市审计部门的审计结论为依据,申请对本案工程造价进行重新鉴定的依据不足,原审法院委托广东华联建筑工程造价司法鉴定所作出的鉴定意见不能作为本案工程造价的依据。本案双方当事人根据阳江市建设银行作出的建筑安装工程结算审查通知书进行结算,该结算结果是双方当事人的真实意思表示,且双方当事人也已实际履行,在没有充分证据证明该结算结果存在违法或者错误的情况下,应当确认其效力。而审计是国家对建设单位的一种行政监督,不影响建设单位与承建单位的合同效力。虽然审计机关的审计结论对被审计的建设单位具有行政约束力,但本案双方当事人并未约定以审计结论作为结算依据,故审计结论对承建单位攀枝花公司不具有约束力,投资公司不能以审计结论对抗善意的攀枝花公司。况且,投资公司是国家投资设立的企业,攀枝花公司的经济性质也是国有企业,而建设银行在当时又是财政部委托负责审查工程预、结算的单位,具有审查工程预、结算的职能,故双方当事人共同确认阳江市建设银行出具的建筑安装工程结算审查通知书并据此进行结算的行为,不属于恶意串通损害国家利益的情形。因此,原审法院采纳投资公司关于建设银行的结算结果存在错误,会导致损害国家的利益,不能作为认定本案工程造价的主张,并对工程造价进行重新鉴定的理据不充分,予以纠正。据此,二审法院对广东华联建筑工程造价司法鉴定所作出的鉴定意见不予采信。

本案中,二审法院认定案涉工程结算价款应以双方共同确认的阳江市建设银行出具的建筑安装工程结算审查通知书为准,假设投资公司能提供充分证据证明经签字确认的建筑安装工程结算审查通知书确实存在虚假、不实之处,投资公司可依据相关法律规定向委托人申请要求重新鉴定,并以重新鉴定的结果作为定案依据。二审法院改判的主要原因之一系其认为阳江市审计局出具的审计调查报告不足以推翻双方确认的建筑安装工程结算审查通知书。

5. 法律评析

在是否以财政、审计部门审计结果作为结算依据的工程纠纷中,人民法院或仲裁机构能否最终采纳审计结果作为裁判依据,主要审查争议双方是否在合同中进行明确约定。假如争议双方已明确约定,一方当事人以审计结果过低要求人民法院或仲裁机构就案涉工程重新委托鉴定,人民法院或仲裁机构一般不予支持。

承包人在签订的施工合同中约定以审计结果作为结算依据的,应视为其为承揽业务作出的结算价款让步。实践中,因政府审计部门属于行政监督的范畴,审计部门出具的审计结果可能略低于造价咨询企业的审计结果,承包人作为成熟的施工单位理应预见到约定以审计结果作为结算依据的法律后果,因此对以政府审计结果作为结算依据应持谨慎态度。需要说明的是,即使合同明确约定以政府审计结果作为结算依据,但当一方当事人有充分证据证明案涉工程的政府审计报告并未按照合同约定的结算计价依据进行审计,从而导致审计报告存在诸多虚假、不实之处,与实际结算价款相差甚大,提出异议的当事人可向人民法院或仲裁机构要求重新鉴定。

4 探索篇

第十章

质证的相关概念与法律规定

一、质证的概念

质证是指在诉讼或仲裁活动中，一方当事人及其代理人对另一方以及第三方出示的证据的真实性、合法性、与本案争议事实的关联性以及证明力进行的说明、评价、质疑、辩论，以及通过其他方式表明证据效力的活动。质证中“质”的含义为质疑、质问、质询、对质；“证”即证据，是指证实与帮助断定事理的材料等。

二、质证的作用

（一）鉴定意见的法律作用

《民事诉讼法》第六十六条规定：“证据包括：（一）当事人的陈述；（二）书证；（三）物证；（四）视听资料；（五）电子数据；（六）证人证言；（七）鉴定意见；（八）勘验笔录。证据必须查证属实，才能作为认定事实的根据。”《民事诉讼法》第七十九条规定：“当事人可以就查明事实的专门性问题向人民法院申请鉴定。当事人申请鉴定的，由双方当事人协商确定具备资格的鉴定人；协商不成的，由人民法院指定。当事人未申请鉴定，人民法院对专门性问题认为需要鉴定的，应当委托具备资格的鉴定人进行鉴定。”最高人民法院《关于民事诉讼证据的若干规定》第三十条第一款规定：“人民法院在审理案件过程中认为待证事实需要通过鉴定意见证明的，应当向当事人释明，并指定提出鉴定申请的期间。”因此，鉴定意见作为《民事诉讼法》第六十六条规定的八种证据之一，是就专门性问题查明事实的需要，由鉴定人出具的一种特殊的证据。

（二）对鉴定意见质证的作用

《民事诉讼法》第二百零七条规定：“当事人的申请符合下列情形之一的，人民法院应当再审：……（四）原判决、裁定认定事实的主要证据未经质证的……”最高人民法院《关于民事诉讼证据的若干规定》第三十四条第一款规定："人民法院应当组织当事人对鉴定材料进行质证。未经质证的材料，不得作为鉴定的根据。"最高人民法院《施工合同司法解释(一)》第三十四条规定："人民法院应当组织当事人对鉴定意见进行质证。鉴定人将当事人有争议且未经质证的材料作为鉴定依据的，人民法院应当组织当事人就该部分材料进行质证。经质证认为不能作为鉴定依据的，根据该材料作出的鉴定意见不得作为认定案件事实的依据。"因此，在诉讼活动中，工程造价鉴定意见同其他证据一样，未经出示、质证等法庭调查程序查证属实，不得作为定案依据。

工程造价鉴定意见是有专门知识的人，即鉴定人对专门性问题作出的鉴定意见。因此，同样需要有专门知识的人来对其进行质证。《民事诉讼法》第八十二条规定："当事人可以申请人民法院通知有专门知识的人出庭，就鉴定人作出的鉴定意见或者专业问题提出意见。"针对工程造价鉴定意见，当事人可以自行或由其代理人直接进行质证，也可以依据法律规定聘请专家辅助人就鉴定人作出的工程造价鉴定意见中的专业问题提出意见，代表当事人进行质证。

工程造价鉴定意见经鉴定人举证，当事人及其委托代理人或其聘请的专家辅助人质证后，委托人将依据工程造价鉴定意见的真实性、合法性、关联性及证明力作为案件事实的认定根据。

三、专家证人与专家辅助人的概念

目前，国内还没有"专家证人"与"专家辅助人"法律层面上的定义，但社会上对此关注度很高，有必要就此概念进行分析。

(一)我国法律的相关定义

1. 鉴定人

最高人民法院2001年发布的《〈人民法院司法鉴定工作暂行规定〉的通知》第二条明确"本规定所称司法鉴定，是指在诉讼过程中，为查明案件事实，人民法院依据职权，或者应当事人及其他诉讼参与人的申请，指派或委托具有专门知识人，对专门性问题进行检验、鉴别和评定的活动"。这是首次提到具有专门知识人，其指向是鉴定人。2016年《司法鉴定程序通则》第二条明确司法鉴定是指在诉讼活动中鉴定人运用科学技术或者专门知识对诉讼涉及的专门性问题进行鉴别和判断并提供鉴定意见的活动。该规则进一步明确司法鉴定的主体是鉴定人，鉴定人要运用科学技术或者专门知识，作用是对诉讼涉及的专门性问题进行鉴别和判断并提供鉴定意见。上述"有专门知识人"显然指鉴定人。鉴定人在诉讼活动中出具鉴定意见、出庭作证的特征表明，其本质上是一种特殊的证人，即专家证人。2021年《民事诉讼法》第七十九条规定："当事人可以就查明事实的专门性问题向人民法院申请鉴定。当事人申请鉴定的,由双方当事人协商确定具备资格的鉴定人;协商不成的,由人民法院指定。当事人未申请鉴定,人民法院对专门性问题认为需要鉴定的,应当委托具备资格的鉴定人进行鉴定。"没有再强调鉴定人是"有专门知识人",而是强调了"具备资格"。

2. 专家证人

2009 年,最高人民法院《公布对网民 31 个问题的答复》之"(十七)关于知识产权审判中技术事实认定的问题"中,使用了"专家证人"一词。专家证人制度在我国施行时间不长,但最高人民法院十分强调要注重发挥专家证人的作用,积极鼓励和支持当事人聘请专家证人出庭说明专门性问题,并促使当事人及其聘请专家进行充分有效的对质,更好地帮助认定专业技术事实。专家证人既可以是外部人员,也可以是当事人内部人员,在涉外案件中还可以是外国专业技术人员。专家证人与事实证人不同,不受举证时限的限制,在二审程序中也可提供。专家证人的说明,有利于法官理解相关证据,了解把握其中的技术问题,有的本身不属于案件的证据,但可以作为法院认定案件事实的参考。从上述观点看,最高人民法院将"当事人聘请"的同样称为专家证人,并进一步明确"专家证人既可以是外部人员,也可以是当事人内部人员,在涉外案件中还可以是外国专业技术人员"。

专家证人的提法有其合理性,并与国际上的术语基本一致,但是"专家证人"一词并未在社会上获得广泛认同并形成一致认识。除上述 2009 年最高人民法院《公布对网民 31 个问题的答复》使用了"专家证人"一词外,各地高级人民法院很少用"专家证人"一词,大多是采用了"专家辅助人"一词。

近年,国内部分仲裁机构在新修订的仲裁规则中,也逐渐引入专家证人制度。例如,《广州仲裁委员会仲裁规则》的第四十九条专业技术意见中使用了"专业技术人士"一词,明确:(1)对存在鉴定意见或者专业技术性较强的案件,当事人申请听取有关专业技术人士的专业技术意见的,应当在提交的书面申请中明确有关专业技术人士的身份信息、联系方式以及拟证明的专业技术问题等,并附有关专业技术人士的身份证明文件及其具有相关专业技术水平的证明文件。是否同意,由仲裁庭决定。(2)仲裁庭听取专业技术意见应当在庭审调查程序中进行,组织当事人对出庭的有关专业技术人士进行询问;当事人各自申请的专业技术人士可以就鉴定意见或者专业技术性问题进行对质。经当事人一致同意,也可以书面质证。(3)有关专业技术人士不得参与鉴定意见或者专业技术性问题之外的审理活动。(4)有关专业技术人士出庭的费用,由提出申请一方当事人自行承担。上述规则中提及的"专业技术人士"的作用显然是针对鉴定意见等专业性较强问题进行质证,但其在证据这章专门写了一条"专业技术意见",既非法律规定的八种证据之一,也未明确说明其是当事人的质证意见,且与本条存在矛盾之处。再如,《深圳国际仲裁院仲裁规则》在第四十二条举证中明确:就法律及其他专业问题,当事人可以聘请专家证人提出书面意见和/或出庭作证。但将专家证人放在了该规则第四十二条"举证"中是否合理也值得探讨。目前,大多仲裁机构并不限制委托代理人的身份与人数,当事人可以向仲裁庭提出申请"专家证人"以代理人的身份出庭。因此,关于专家证人的定位、作用还需要进一步研究与明确。

3. 专家辅助人

2022 年修正的《民诉法解释》第一百二十二条规定:"当事人可以依照民事诉讼法第八十二条的规定,在举证期限届满前申请一至二名具有专门知识的人出庭,代表当事人对鉴定意见进行质证,或者对案件事实所涉及的专业问题提出意见。具有专门知识的人在法庭上就专业问题提出的意见,视为当事人的陈述。人民法院准许当事人申请的,相关费用由提出申请的当事人负担。"该解释对当事人申请的"专门知识的人"的意见定性为当事人陈述,而非专家证人的证人证言,这显然与专家证人制度的内涵及作用发生了偏离,一定程度上引发了理论与实践中的争论和迷茫,也促成了其后"专家辅助人"概念的出现。

2023 年修正的《民事诉讼法》第八十二条规定:"当事人可以申请人民法院通知有专门知识的人出庭,就鉴定人作出的鉴定意见或者专业问题提出意见。"显然,这里再次出现的"有专门知识的人"并非鉴定人,其作用是就鉴定人作出的鉴定意见或者专业问题提出意见。从本质上讲,鉴定意见是一种特殊的证据,是鉴定人出具的专家意见,受鉴定人的经验及专业水平影响较大。通过当事人申请的有专门知识的人出庭就鉴定人作出的鉴定意见或者专业问题提出意见,是对当事人利益维护或救济的有效措施。综上所述,对鉴定人作出的鉴定意见或相关专业问题提出意见的"有专门知识的人"的作用与前述的"有专门知识人"(鉴定人)在委托主体和作用上是不一致的。国内大多数人员和机构均认可对当事人依据《民事诉讼法》第八十二条规定向法院申请允许出庭并对鉴定意见进行质证的专家适用"专家辅助人"这一概念。

2018 年施行的《刑事诉讼法》第一百九十七条规定:"法庭审理过程中,当事人和辩护人、诉讼代理人有权申请通知新的证人到庭,调取新的物证,申请重新鉴定或者勘验。公诉人、当事人和辩护人、诉讼代理人可以申请法庭通知有专门知识的人出庭,就鉴定人作出的鉴定意见提出意见。法庭对于上述申请,应当作出是否同意的决定。第二款规定的有专门知识的人出庭,适用鉴定人的有关规定。"而《最高人民法院〈关于适用民事诉讼法〉的解释》第一百二十二条第二款明确规定当事人所聘请的专家辅助人所发表的意见等同于"当事人陈述",这与《刑事诉讼法》中的规定不同。

此外,从费用支付的角度看,工程造价鉴定一般由委托人要求申请人预缴费用,而专家辅助人则由聘请其的当事人支付报酬。从国际惯例看,尽管由一方当事人支付报酬,但专家均能秉承独立自主宗旨并遵从于执业操守和专业真相发表意见,并不影响专业性问题的解决。

(二)国外的专家证人制度

2019 年,北京仲裁委员会委托张大平、吴佐民等人进行了建设工程仲裁专家证人制度研究,通过对国外的专家证人制度资料索引与研究形成以下认识。

1. 专家证人制度溯源

法律界大多认同专家证人制度起源于英美法系国家,1851 年美国最高法院在其案件审理中使用“Expert Witness”这一说法。虽然专家证人制度诞生于英美法系,但在大陆法系国家亦有应用,伴随着当代诉讼仲裁等争议解决制度与程序的演变发展,两大法系的专家证人制度亦在一定程度上趋于融合。

根据《布莱克法律词典》的解释,“专家证人”是指“通过受教育或者专业经历而获得某一方面超常知识的人”,并且“任何在该方面缺乏专业训练的人都不能对案件事实提出准确的意见或者作出正确的结论”。因此,专家证人通常是具有专家资格,或在某些专业方面具备一定的经验和资格,并被允许帮助陪审团或法庭理解某些普通人难以理解的复杂的专业性问题的人。专家证人的法律地位、参与庭审的方式与程序、专家意见的法律地位、对专家证人意见的评价与责任追究机制等内容,共同构成专家证人制度的内涵与外延。

由于专家证人制度与一国的诉讼与庭审模式紧密联系,其在不同法律体系下往往呈现一定的区别。

2. 英美法系的专家证人制度

英美法学理论中,普遍使用的“专家证人”这一名词是指代表当事人或受法庭委托就专业性问题发表意见的人员。由于英美法系采用对抗式诉讼模式,其专家证人制度呈现出较为强烈的当事人主导(或称当事人主义)的特征。

英美法律实践中的专家证人以当事人选任为主。当事人选任专家,一般都倾向于聘请对自己有利的专家证人。这符合英美国家中当事人主导选择证人的习惯。对抗制诉讼的法律文化观念认为,专家证人的倾向性与对抗性正是帮助裁判者发现事实真相的关键。同时,法律也赋予法院选任专家的权力,如英国《民事诉讼规则》(Civil Procedure Rules,CPR)在第 35 条第 1 款至第 14 款、第 15 款分别规定了当事人聘请以及法院任命的专家,或称“技术顾问”(assessor);美国《联邦证据规则》(Federal Rules of Evidence)亦在第 706 条明确规定了“法院指定的专家证人”的情形。因此,英美国家的法院并不经常选任专家,因为法官在对抗制诉讼中处于被动的角色,其被动恰恰被视为公正、中立的必要条件。法官选任专家被视为损害司法公正的行为,并且事实问题由陪审团判断乃是当事人的权利。英美法系的学者对大陆法系中法院赋予鉴定人权力过大、成为实际的裁判者这一现象,也感到一定程度的担忧。

当然,对于天然具有倾向性的专家证人,以往的专家证人制度在实行过程中也产生了一定弊端,促使近年来建立法院专家证人制度的呼声有所高涨。对于英美法系国家而言,对大陆法系制度的借鉴恰好可以克服自身的缺陷,这是一种与大陆法系相融合的趋势。但由于其对抗制诉讼的法律文化观念,实际效果与预期仍相差甚远。

3. 大陆法系的法庭专家制度

大陆法系法庭主导的诉讼模式在专家证人制度中亦有类似体现。以大陆法系的典型代表德国为例,一方当事人聘请的专家相较于法院聘请的专家相对少地出现在诉讼程序中。法律规定的"expert"一词往往被直接称为"法庭专家"(court expert),又被我国学者翻译为"鉴定人"。大陆法系的制度,包括德国的法庭专家制度是我国鉴定制度的渊源。

在德国,法庭专家具有中立、独立的地位,深受法院信任,而当事人选任的专家证人往往会被法院怀疑其可信度,这与我国把当事人聘请的专家辅助人视同当事人陈述差不多,这种现象与大陆法系的法律文化背景密不可分。法官在其主导的诉讼中更为积极主动,更倾向于直接选择专家证人,而不会被视为对法庭审理公正性的损害,因为主动调查事实是法官的职责。但是,在此种诉讼模式中,可能存在法官对法院聘请的专家证人过度依赖,从而导致专家证人参与断案,甚至以鉴代审的情形发生,而当事人作为欠缺专业知识的一方,在纠正法庭专家观点上十分被动,既无优势,又无机会。为克服法庭专家证人制度的这一缺陷,专家辅助人制度随之诞生,有学者认为,这种做法贯彻与加强了辩论主义、加强了当事人在案件中的对抗性,同样体现了两大法系融合的趋势。

(三)国外专家证人制度的相关研究与分析

1. 国内工程界有价值的研究文献

袁华之、邱闯先生在《建设工程工期争议解决指引》关于专家证人概述中阐述:"早在1554年,著名的Saunders大法官就在Bucklek v. Rice Thomas一案的判决书中断言:'如果我们的司法中出现其他科学或学术的事件,我们通常会运用这些科学或有才能的人士进行辅助。'1782年,Folkes v. Chadd案中的曼斯菲尔德判决突破了证据规则,被视为当事人聘请专家证人的开端。出于对诉讼经济和诉讼效率的考虑,庭审中的科学技术性问题更宜交专业人士解答。在此需求的推动下,专家证人制度历经几个世纪的演进,由最初的'法律顾问'发展为今天成熟的专家证人制度。"这一阐述也被大多的法律界和从事专家证人工作的专家所认同。

2.《关于高效进行国际仲裁程序的规则》中的专家证人制度

2018 年 12 月 14 日，来自 30 多个国家的代表组成的工作组，在捷克首都布拉格通过了《关于高效进行国际仲裁程序的规则》[Rules on the Efficient Conduct of Proceedings in International Arbitration(2018)](简称《布拉格规则》)。这是除《国际律师协会国际仲裁取证规则》(IBA Rules of Taking Evidence in International Arbitration)(简称 IBA 规则)外的又一新的证据规则。《布拉格规则》起草过程中，来自奥地利、白俄罗斯、中国、法国、格鲁吉亚、波兰、葡萄牙、西班牙、俄罗斯、拉脱维亚、立陶宛、瑞典、英国、乌克兰和美国等国的工作组参与了讨论。《布拉格规则》最初拟用于解决大陆法系国家的证据规则，实际被广泛认为可用于任何争议本质或争议金额需要仲裁庭积极主导的仲裁程序中，因此，《布拉格规则》受到仲裁使用者的普遍欢迎。《布拉格规则》于 2018 年 12 月 14 日在布拉格开放签署。

《布拉格规则》编制的目的正如其前言所示:《布拉格规则》旨在通过鼓励仲裁庭在程序管理方面发挥更积极作用的方式，为仲裁庭和当事人提供一套提高仲裁效率的架构及/或指引。同时强调:《布拉格规则》无意取代各个机构已制定的仲裁规则，而是针对特定争议中，为当事人合议采用的程序或者当事人不能达成合意时仲裁庭所采用的程序提供补充。当事人和仲裁庭可决定将《布拉格规则》作为具约束力的文件或指引性文件，适用于仲裁程序的全过程或任何部分环节。他们也可以排除《布拉格规则》任何部分的适用，或决定仅适用其中的一部分。仲裁庭和当事人也可以考虑案件的具体情况，酌情对《布拉格规则》的条款作出修订。显然，《布拉格规则》强调了当事人的主导作用，同时也期望仲裁庭在程序上的积极作为。

《布拉格规则》共十二条，第一条《布拉格规则》的适用;第二条仲裁庭的主导作用;第三条事实查明;第四条书证;第五条事实证人;第六条专家证人;第七条法律查明;第八条庭审;第九条协助友好和解;第十条不利推定;第十一条费用分担;第十二条合议。第一条《布拉格规则》的适用中释明:①当事人可在仲裁开始前或在仲裁程序的任何阶段就《布拉格规则》的适用作出约定。②仲裁庭可依据当事人的约定或在听取当事人意见后自行决定适用《布拉格规则》或其任何部分。③在任何情况下，都必须适当考虑裁决地的强制性法律规定、适用的仲裁规则以及当事人的程序性安排。④在仲裁的任何阶段以及在执行《布拉格规则》的过程中，仲裁庭应确保公平和平等地对待当事人，并为其提供陈述各自观点的合理机会。

《布拉格规则》第六条对专家证人制度作了详细的安排，如:

6.1　应一方当事人要求，或由仲裁庭主动并听取当事人意见之后，仲裁庭可以指定一位或多位独立的专家证人就需要专业知识的争议事项出具报告。

6.2　如果仲裁庭决定指定专家证人，应当:

a. 就专家证人的人选向当事人征求建议。为此仲裁庭可以设置拟指定专家证人的要求,如资格,能力,费用,并将该等要求与当事人进行沟通。仲裁庭不应被任何一方提议的候选人所约束,仲裁庭可以:

i. 指定一名:a)一方当事人提议的候选人;或 b)仲裁庭自己指定的候选人;

ii. 成立一个由当事人提议候选人组成的联合专家证人委员会;或

iii. 向中立机构寻求一个适合专家证人的提议,如商会或者专业协会;

b. 在听取双方意见后,为仲裁庭指定的专家证人设定职权范围;

c. 要求双方平均预付可以涵盖专家证人工作费用的预付金。如果一方没有预付自己应付的那部分费用,应由对方进行预付;

d. 要求双方向专家证人提供其就专家审阅相关履职所需要的一切信息和文件;

e. 管理专家证人的工作,使双方就工作流程保持知情。

6.3　仲裁庭指定的专家证人应当向仲裁庭以及当事人出具报告。

6.4　在一方当事人要求或者仲裁庭主动要求时,专家证人应当被传唤至庭审接受质询。

6.5　仲裁庭指定专家证人,并不排除当事人指定专家证人并提交专家证人报告。在任何一方当事人或者仲裁庭主动要求时,该当事人指定的专家证人应当被传唤至庭审接受质询。

6.6　在听取当事人意见后,仲裁庭可以指示任何当事人指定的专家证人和/或仲裁庭指定的专家证人就他们的报告设置一个联合问题清单,列举他们认为有必要进行审阅的事项。

6.7　在听取当事人意见后,仲裁庭可以指示当事人指定的专家证人和仲裁庭指定的专家证人,(如有),举行一次会议并出具一份联合报告,为仲裁庭提供:

a. 专家证人们同意的事项清单;

b. 专家证人们不同意的事项清单;

c. 如果可行,专家证人们不同意事项的原因。

从《布拉格规则》专家证人制度来看,仲裁庭可以指定专家证人,仲裁庭指定的专家证人既可以来自一方当事人提议的候选人,也可以是仲裁庭自己指定的候选人。与此同时,仲裁庭指定专家证人,并不排除当事人指定专家证人并提交专家证人报告。这正是《布拉格规则》的特点所在。综合来看,《布拉格规则》非常尊重当事人的选择,非常尊重当地的强制性法律,强调了公平和平等地对待当事人,并为其提供陈述各自观点的合理机会。这一点,在我国的规则制定中是非常值得借鉴的。

(四)专家证人或专家辅助人制度总结分析

在英美法系中,专家证人提供的意见被视为专家证言。在大陆法系国家,当采用鉴定方式时，将鉴定意见作为专家出具的一种特殊证据。国际上并没有专家辅助人的概念，无论聘请主体是人民法院或仲裁机构，还是当事人，均称为专家证人。尽管Saunders大法官在Bucklek v. Rice Thomas一案的判决书中写道“如果我们的司法中出现其他科学或学术的事件，我们通常会运用这些科学或有才能的人士进行辅助”，虽也提及“辅助”，但显然是就通过专家提供技术支持功能的一种表达而已。综合对“专家证人”“专家辅助人”的分析，得到如下观点：

1. 无论“专家证人”还是“专家辅助人”都是“有专门知识的人”，即专家身份，在法律上没有严格定义的情况下，该争论意义不大。另外，从发展趋势看，除非未来法律赋予其不同的价值与功能，否则也没有必要严格划分及争论“专家证人”和“专家辅助人”的概念。

2. 鉴定人显然是以“专家证人”身份出庭和出具鉴定意见的，过于强调鉴定人和其鉴定意见的作用，可能造成当事人对其权力过大、成为实际裁判者的担忧。

3. 如果将当事人委托的“有专门知识的人”明确以“专家辅助人”的身份出庭或出具意见，并“视同当事人陈述”，将弱化专家的实际功能，并继而影响技术法律手段的应用与推广。

4. 就工程造价鉴定业务而言，随着我国去行政化改革的深入、工程造价咨询资质取消，参照同样适用大陆法系和英美法系的《布拉格规则》，法院和仲裁庭尝试直接委托专家证人进行工程造价鉴定并无法律障碍，特别是在涉外案件中。如果进一步尊重当事人的选择，由仲裁庭与当事人选择的专家证人共同组成专家证人小组，不仅更有利于法庭和仲裁庭查明事实及分析分歧原因，也有利于降低当事人的费用、提升质效，更有利于造价工程师专业水平的提升，还可避免对鉴定机构或鉴定人的投诉。

第十一章

工程造价鉴定意见的质证主体、方式与内容

工程造价鉴定意见作为第三方出具的证据，经鉴定人签字确认并出具后，鉴定委托人应组织原告、被告、第三人（或申请人、被申请人、第三人）进行质证方能作为鉴定依据使用。

一、工程造价鉴定意见的质证主体与方式

（一）质证的主体

从质证的主体来划分，对工程造价鉴定意见的质证可分为当事人或其代理人直接质证，当事人聘请专家辅助人代表当事人间接质证。从质证的效果上分析，目前，我国的司法实践中，将专家辅助人的质询、质证意见视为当事人陈述，因此，当事人聘请专家辅助人的间接质证与当事人或其代理人的直接质证的作用基本相同，难以达到英美法系专家证人的作用。从质证的质量上分析，鉴定意见是由有专门知识的鉴定人编制并举证的，没有经验的当事人或非工程背景的代理人难以就其中深度的技术内容进行质疑、质问、质询、对质，并准确、完整地出具高质量质证意见，也难以获得委托人的信任。

我国《民事诉讼法》第八十二条规定："当事人可以申请人民法院通知有专门知识的人出庭，就鉴定人作出的鉴定意见或者专业问题提出意见。"这正是为了弥补当事人及其委托代理人专业能力不足的具体措施。工程造价鉴定是专业性意见，当事人聘请对案件所涉及专业熟悉的高水平的专家辅助人是提升其质证质量的不二选择。因此尽管部分仲裁机构在仲裁规则上并未明确引入专家证人或专家辅助人制度，但由于仲裁机构一般不限制代理人的人数，也并不审核其身份资格与背景，在这种情况下，当事人可以聘请"专家辅助人"以委托代理人的身份参与对工程造价鉴定意见的反馈、出庭质证等。

（二）质证的形式

从质证的形式上来划分，可分为口头质证和书面质证。依据最高人民法院《关于民事诉讼证据的若干规定》第八十一条第一款的规定，鉴定人拒不出庭作证的，鉴定意见不得作为认定案件事实的根据。鉴定人应出庭接受质证。当事人或其委托的专家辅助人可当庭发表口头的质证意见，口头质证意见与签署后庭审笔录共同形成了法律效力。最高人民法院《关于民事诉讼证据的若干规定》第三十七条第一、二款规定，人民法院收到鉴定书后，应当及时将副本送交当事人。当事人对鉴定书的内容有异议的，应当在人民法院指定期间内以书面方式提出；该规定第六十条第二款规定，当事人要求以书面方式发表质证意见，人民法院在听取对方当事人意见后认为有必要的，可以准许……因工程造价鉴定意见涉及的内容繁多，一般为提高庭审效率及确保质证内容的全面性，法庭和仲裁庭一般均允许当事人或其委托的专家辅助人在庭审前或庭审后提交书面的质证意见。

二、工程造价鉴定意见质证的主要内容

为避免遗漏，并准确表达对工程造价鉴定意见的质证意见，当事人或专家辅助人应重点关注以下方面。

（一）鉴定主体的适格性

鉴定主体的适格性是指工程造价鉴定机构和鉴定人是否符合承担项目鉴定主体的资格。审核的内容主要有以下情形：

（1）在取消工程造价咨询企业资质认定之前，委托人委托的鉴定机构是否具备了《工程造价咨询企业管理办法》规定的承接相应工程造价咨询业务的资质条件；

（2）主要鉴定人中的编制人、审核人、审定人是否具备一级造价工程师职业资格，如有不具备相应资格的主要鉴定人，是否经过双方当事人认可或经委托人依据有关规定批准（对于涉外等特殊项目，如经过双方当事人认可或经委托人依据有关规定批准，应视为适格）；

（3）鉴定机构和鉴定人是否存在法律、行政法规及《建设工程造价鉴定规范》等规定的应当回避的情形而未回避；

（4）鉴定机构和鉴定人在鉴定过程中是否存在其他违法违规行为。

（二）鉴定程序的合规性

鉴定程序的合规性是指鉴定机构和鉴定人在鉴定工作中是否按照法律、行政法规

和规范规定的程序进行了工程造价鉴定。审核的内容主要有以下情形：

(1)是否符合国家司法鉴定程序及《建设工程造价鉴定规范》的有关规定，如不符合，是否经过双方当事人同意或经过委托人依据有关规定批准；

(2)是否符合委托人发布的有关司法鉴定或工程造价鉴定的程序的规定；

(3)鉴定人在鉴定过程中是否给予双方当事人在鉴定材料补充、现场勘验、核对、意见反馈等方面平等的机会和时间等。

(三)鉴定事项的准确性

鉴定事项的准确性是指鉴定人的鉴定事项、鉴定范围是否符合委托人要求。审核的内容主要有以下情形：

(1)鉴定人的工程造价鉴定事项是否与鉴定委托书一致，要特别关注有无涉及工期、质量、修复方案等争议的鉴定事项，如有，鉴定人可直接就工期、质量、修复方案等争议的事项自行作出结论，并用于工程造价鉴定意见中；

(2)鉴定人的工程造价鉴定范围是否与委托书一致，有无超范围鉴定或遗漏的鉴定内容。

(四)鉴定依据的适用性

鉴定依据的适用性是指鉴定人在鉴定意见中所使用的工程造价鉴定依据，是否符合相关规范要求，鉴定依据的使用是否正确、全面等。鉴定依据的审核可就法律依据、合同依据、事实依据三方面进行，审核内容主要包括：

(1)鉴定人使用的鉴定依据是否为经过质证的证据，如质证方未认可证明力的证据，是否经过委托人认可；

(2)鉴定人使用的鉴定依据如果未经质证，该鉴定资料是否经过双方当事人核对并签字确认，如核对时未认可证明力的材料，是否经过委托人认可，或在鉴定意见中出具的是选择性意见并说明了理由；

(3)鉴定人自备的鉴定依据是否满足合法性、真实性、时效性等以及是否适用鉴定项目；

(4)鉴定人使用的勘验记录是否经过各方当事人签字确认，是否与鉴定项目现场一致；

(5)鉴定人使用的其他鉴定依据是否符合法律法规及国家标准的规定或经委托人认可。

(五)鉴定方法的合理性

鉴定方法的合理性是指鉴定人在鉴定意见中所使用的工程计价方法，是否符合合同要求，是否科学合理、正确等。审核的内容主要有以下方面：

（1）鉴定人鉴定意见中的工程计价方法是否符合合同约定的计价方法，合同没有约定的，是否符合国家相关标准或行业惯例；

（2）鉴定人鉴定意见中的工程计价公式是否科学、合理、正确等。

（六）鉴定结果的准确性

鉴定结果的准确性是指鉴定人在鉴定意见中的工程计价结果是否准确。工程造价鉴定往往涉及大量的量、价、费的确定与计算，当事人或专家辅助人应在复核鉴定依据及鉴定方法合理性的基础上，全面复核鉴定人工程计价计算的过程和结果，并重点核对以下主要内容：

（1）工程量计算的准确性，包括检查使用模型算量时计算规则设置的合理性、创建模型几何尺寸的准确性，手工计量具体工程量计算公式和计算基本数据的准确性；

（2）要素含量、价格和综合单价计算的准确性，包括人、材、机生产要素消耗量计取及要素价格的调整是否符合合同约定或法律规定，管理费、利润的费率计取是否符合合同约定，综合单价计算及调整的是否准确；

（3）其他费用、规费税金及合计的准确性，其他费用包括暂列金额、暂估价、计日工、总包服务费等。

三、委托代理人与专家辅助人的工作分工

当事人的委托代理人和当事人聘请的专家辅助人在庭审和质证工作中，应做好工作分工。委托代理人可以在当事人授权委托书的授权范围内代表当事人发表任何意见，当然包括对鉴定意见的质证。但是委托代理人和专家辅助人应做好分工，避免重复质证或出现有分歧的质证意见。

（一）法律对专家辅助人工作的限定

根据最高人民法院《关于民事诉讼证据的若干规定》第八十四条的规定，审判人员可以对有专门知识的人进行询问。经法庭准许，当事人可以对有专门知识的人进行询问，当事人各自申请的有专门知识的人可以就案件中的有关问题进行对质。有专门知识的人不得参与对鉴定意见质证或者就专业问题发表意见之外的法庭审理活动。专家辅助人应出庭接受询问，并可与对方的专家辅助人进行对质，但不以代理人身份出庭的，不得参与除对鉴定意见质证或者就专业问题发表意见之外的法庭审理活动。

与此同时，专家辅助人必须通过认真阅读案件材料、访谈当事人、听取当事人委托代理人对案件和争议焦点的分析等把握工作重点，找到针对工程造价鉴定意见问题或

当事人就工程造价诉求的关键点、突破口，找到意见分歧的症结，在不违背执业操守、专业精神的前提下发表客观、公正、科学的意见。

（二）认知自身的配合角色

一方面我国法律对专家辅助人在人民法院庭审中的权利作出了限定，另一方面法律并不禁止专家辅助人与聘请方当事人的委托代理人进行案件的研究。因此，委托代理人与专家辅助人对庭审策略的共同研究和工作分工显得非常重要。委托代理人一般是当事人聘请的对案件有全面认知并能够把握诉讼或仲裁策略的法律界专家，他们均具有丰富的庭审经验和抗辩技巧，在诉讼或仲裁策略上具有自身的计划。因此，专家辅助人应尊重当事人及其委托代理人安排的庭审策略和工作分工，做好配合工作。

（三）专家辅助人的重点工作

（1）质证前的基础工作。就案涉鉴定项目的诉讼目的、诉讼标的、抗辩意见、争议焦点等进行分析，把握工作重点；进行工程造价鉴定的，要按照鉴定主体的适格性、鉴定程序的合规性、鉴定事项的准确性、鉴定依据的适用性、鉴定方法的合理性、鉴定结果的准确性等方面全面审阅工程造价鉴定意见书可能存在的问题，并书面提出自身的意见。

（2）参与研究庭审策略，并按委托代理人的策划进行工作分工。专家辅助人根据上述质证前的基础工作，就有关问题协助委托代理人研究庭审策略，进行工作分工。一般情况下，宜将鉴定主体的适格性、鉴定程序的合规性、鉴定事项的准确性等非专业性问题或专业性不强的问题分工给委托代理人进行质证或提出意见。专家辅助人应重点关注鉴定依据的适用性、鉴定方法的合理性、鉴定结果的准确性等专业性问题，并可对鉴定主体的适格性、鉴定程序的合规性、鉴定事项的准确性等问题做好接受询问的准备，亦可就鉴定事项的准确性从专业的角度进一步做出说明。

（3）编写书面的反馈意见和质证意见。工程造价鉴定意见涉及的内容繁多，专家辅助人应就所有需要反馈的问题，在人民法院或仲裁机构要求的时限内出具书面反馈意见。专家辅助人还应按人民法院或仲裁机构的要求出庭，并主要就征求意见稿阶段或庭审前反馈意见中未解决的问题，以及需要质证的问题准备好书面材料，当庭发表质证意见。最后还应依据人民法院或仲裁机构的安排出具工程造价鉴定意见书的反馈意见或质证意见，专家辅助人意见等。

（4）准备可能引起询问、对质问题的辩论意见。专家辅助人除应对鉴定人的鉴定意见发表质证意见外，还应对对方当事人的反馈意见准备对质和辩论意见，对自身出具的反馈意见中的问题准备充足的陈述意见，以备人民法院或仲裁机构的问询，或对方当事人的对质等。很多当事人的委托代理人或专家辅助人因询问、对质的辩论意见准备不充分、不具体，在庭审中处于不利地位，甚至庭后提交了补充意见也可能因表达不清晰、难以理解或程序原因难以被人民法院或仲裁机构所采信。

(5)出庭质证与辩论。经当事人申请，人民法院或仲裁机构允许专家辅助人出庭的，专家辅助人应按人民法院或仲裁机构的出庭通知或口头要求出庭，对鉴定人的工程造价鉴定意见书进行质证，就关键问题释明专家辅助人的观点，向人民法院或仲裁机构解释有关问题与依据；接受人民法院或仲裁机构就鉴定意见有关的专业性问题的问询；与对方当事人聘请的专家辅助人进行对质。按照人民法院或仲裁机构的安排签署有关文书、提交书面的专家辅助人意见、补充意见等。

第十二章

工程造价鉴定意见的质证程序

一、法律对质证顺序的要求

最高人民法院《关于民事诉讼证据的若干规定》第六十二条规定:“质证一般按下列顺序进行:(一)原告出示证据,被告、第三人与原告进行质证;(二)被告出示证据,原告、第三人与被告进行质证;(三)第三人出示证据,原告、被告与第三人进行质证。人民法院根据当事人申请调查收集的证据,审判人员对调查收集证据的情况进行说明后,由提出申请的当事人与对方当事人、第三人进行质证。人民法院依职权调查收集的证据,由审判人员对调查收集证据的情况进行说明后,听取当事人的意见。”工程造价鉴定意见属于鉴定人,即第三人出示的证据,原告(或申请人)、被告(或被申请人),以及相关的第三人可进行质证。有质证能力的当事人或其委托代理人可以直接进行质证,涉及的案件具有较强专业性时,宜根据人民法院或仲裁机构的规定聘请专家辅助人或增加委托代理人进行质证。

二、工程造价鉴定意见的核对与意见反馈

工程造价鉴定工作,不同于一般的取证工作,一般要历经较多的工作程序。这些工作程序有利于鉴定人避免报告中的缺陷,形成高质量的工作成果,便于委托人使用。

(一)对鉴定材料或鉴定依据的核对

鉴定人从委托人接受的资料包括质证过的证据和未经质证的材料。鉴定工作开始后,鉴定人一般会召集当事人召开鉴定准备会议,告知当事人鉴定程序及主要时间安排、明确需要当事人配合的工作等,并会提请委托方补充鉴定材料。鉴定人在受理委托后可参加委托方组织的鉴定资料质证或核对工作,对于当事人直接提交的未经质证的材料,鉴定人应及时移交委托人,提请委托人组织质证并确认证据的证明力,但大多委托人对未经质证的材料会委托鉴定人组织核对。

鉴定人一般会对鉴定委托人未经质证的材料或当事人提交的补充材料，以及鉴定人自身使用的其他鉴定依据，组织双方当事人进行核对，当事人对证据有无异议都应详细记载，形成书面记录，请当事人各方核实后签字，将签字后的书面记录报送委托人。将当事人均书面认可真实性、合法性的材料直接作为鉴定依据使用；对当事人不认可真实性、合法性或存在分歧的材料，或提请鉴定委托人组织质证，或根据当事人的证据、或分歧意见出具选择性意见。

（二）对工程量和综合单价等的核对

鉴定人在鉴定过程中一般会组织双方当事人核对及澄清有关问题，主要包括：对工程量的核对，对需要调整综合单价中人材机要素消耗量、要素价格的核对与确认，以及对合价的核对等。鉴定人一般会要求双方当事人就核对过的阶段性工作成果签字确认。

（三）对鉴定意见书征求意见稿的意见反馈

最高人民法院《关于民事诉讼证据的若干规定》第三十七条规定："人民法院收到鉴定书后，应当及时将副本送交当事人。当事人对鉴定书的内容有异议的，应当在人民法院指定期间内以书面方式提出。对于当事人的异议，人民法院应当要求鉴定人作出解释、说明或者补充。人民法院认为有必要的，可以要求鉴定人对当事人未提出异议的内容进行解释、说明或者补充。"

通常情况下，鉴定人完成核对及澄清有关问题，或认为不存在需核对及澄清问题后，为了慎重起见，会遵从行业惯例出具工程造价鉴定意见书征求意见稿，提请双方当事人反馈意见，然后再结合当事人的反馈意见出具正式的工程造价鉴定意见书，并在正式的鉴定意见书中对当事人反馈的异议作出解释、说明或者补充。但法律也并未禁止鉴定人直接出具鉴定意见书。此时，当事人应积极主动提交对鉴定意见书的反馈意见，鉴定人也应当庭或庭后接受当事人对鉴定意见书反馈意见的材料，并应就其中异议部分当庭或庭后进行说明、修改与补充。

上述鉴定人组织双方当事人对鉴定材料或鉴定依据的核对、对工程量和综合单价等的核对、对鉴定意见书征求意见稿的意见反馈均不能定性为对鉴定意见或对鉴定意见中鉴定依据等的质证。质证有特定的法律含义，其是人民法院或仲裁机构的权力，鉴定人并不能享有这些权力。在鉴定人出具鉴定意见书后，庭审中，有经验的法官或仲裁员，为了避免鉴定程序瑕疵，一般会对鉴定人使用过，特别是双方当事人（包括其相关工作人员，一般并非当事人授权的委托代理人）核对并签字确认过没有异议的部分通过发表质证意见的方式，进一步予以确认，或者通过对鉴定意见书或鉴定依据的确认,起到对鉴定依据的质证作用。

三、工程造价鉴定意见的质证

工程造价鉴定意见属于第三人出示的证据,具有科学性和专业性,也会存在鉴定人的主观性。案件的当事人均可对工程造价鉴定意见依据的法律规定、合同约定、案件事实以及鉴定意见中鉴定主体的适格性、鉴定程序的合规性、鉴定事项的准确性、鉴定依据的适用性、鉴定方法的合理性、鉴定意见属性的正确性、鉴定结果的准确性等,在庭审中分别发表质证意见。

(一)鉴定主体的适格性、程序的合规性等问题的意见

鉴定主体的适格性、鉴定程序的合规性、鉴定事项及鉴定范围的准确性等会直接影响鉴定意见的合法性和有效性。但上述问题,并非专业性很强的问题,一般可由当事人的委托代理人发表质证意见,并提供相应的证据予以反驳。除非庭审中委托人向专家辅助人直接询问,否则,专家辅助人不宜就上述问题发表意见。在当事人的委托代理人就这些问题发表质证意见后,专家辅助人可以“鉴定主体的适格性、鉴定程序的合规性,委托代理人已经发表意见,本人没有新的意见”作答,或者“本人对鉴定主体的适格性、鉴定程序的合规性没有关注”的方式回答。但是,专家辅助人可就鉴定事项及鉴定范围的准确性从专业的角度作出进一步的解释,阐述自身的明确意见。

(二)确定性意见的质证意见

确定性意见是指鉴定人对鉴定项目中证据充分、事实清楚的部分,通过专业判断作出的明确、唯一鉴定结果的意见。鉴定人作出的确定性意见的基础是经双方质证或确认的证据、资料或事实。在当事人对相关证据、资料或事实共同认定的情形下,无论当事人的意见如何,鉴定人均应作出确定性意见,且该意见具有唯一性。但是,即使基于经双方质证或确认的证据、资料或事实,由于工程造价鉴定涉及的内容很多,受鉴定人的主观性、专业性等影响,仍可能在计算方法、计算结果上存在问题或错误,或者将应发表选择性意见的情形发表了确定性意见。专家辅助人就上述问题均可发表质证意见。专家辅助人对确定性意见部分发表的质证意见应着重围绕以下情形:

(1)鉴定项目存在合同效力待定或证据矛盾、对事实认定有分歧等争议,鉴定人将应纳入选择性意见的部分纳入了确定性意见。

(2)鉴定意见为确定性意见,但鉴定人在工程计价依据的适用或理解方面存在问题,导致确定性意见存在问题。

(3)鉴定人在确定性意见中将双方当事人共同确认,且应当作为鉴定依据的鉴定

资料遗漏,导致确定性意见存在问题。

(4)鉴定人的工程量计算规则、参数取值、消耗量确定依据、价格确定依据、费用及利润计取等计算基础存在问题,导致确定性意见存在问题。

(5)鉴定人的子目计算或汇总计算存在问题。

专家辅助人不应对鉴定过程中经双方当事人核对或确认过的证据、工程量、单价等发表质证意见,除非在程序上有新的证据出现,且已经鉴定委托人的认可与接受,并足以推翻原有确定性意见。

(三)选择性意见的质证

选择性意见是鉴定人对鉴定项目合同效力待定、证据矛盾、事实认定有分歧的部分,基于不同依据作出的两种或两种以上供委托人选择的意见。专家辅助人对选择性意见部分发表的质证意见应着重围绕以下方面:

(1)说明对己方当事人有利的内容应调整为确定性意见的依据与理由。如某承包人聘请的专家辅助人发现鉴定意见中,鉴定人以某签证单没有发包人签字认可,出具了选择性意见。专家辅助人可以通过该签证已在施工过程中经发包人聘请的工程监理人、勘察设计单位等认可,或发包人原因导致其未对该签证进行签字确认来进行说明,或通过现场形成的事实证据等进一步证实签证的真实性。

(2)说明对己方当事人不利的内容应予删除、金额调减的依据与理由。

(3)说明以往鉴定意见书征求意见稿、鉴定意见书反馈意见中有争议的选择性意见部分,专家辅助人的观点、计算结果,以及相应的依据与理由。

(4)说明鉴定人的计算方法、参数取值、消耗量及价格确定基础、费用及利润计取基础,以及子目计算或汇总计算存在的问题,并阐述专家辅助人认为正确的计算方法、计算结果、计算依据等。

(四)对特殊鉴定意见的质证

(1)对推断性意见的质证

《建设工程造价鉴定规范》规定,鉴定人可在鉴定项目或鉴定事项内容客观事实较清楚,但证据不够充分或欠缺的情形下,出具推断性意见。但是,最高人民法院《关于民事诉讼证据的若干规定》第七十二条第一款规定:"证人应当客观陈述其亲身感知的事实,作证时不得使用猜测、推断或者评论性语言。"因此,专家辅助人可依据上述条款,对鉴定人的推断性意见中证据存在缺陷等情形进行质证,除非鉴定人所依据的事实不存在任何争议,且其推断性意见是依据有关规则、专业知识并通过科学计算与逻辑分析得到的专业性推断。

(2)对无法鉴定项目的质证

《建设工程造价鉴定规范》并没有关于"无法鉴定项目"的表述,但有些鉴定项目中的部分内容确实存在"事实或鉴定依据无法确定的情形",大多数鉴定人会将这些项目单独列入"无法鉴定的项目"。因此,鉴定人可以针对无法确定的事实,以及存在待定的事实表示该部分"无法出具鉴定意见",或该部分属于"无法鉴定项目"。例如,双方当事人就争议工程量没有签认材料,设计图纸也未反映,且鉴定人认为进行现场勘验也无法确定工程量或现场勘验费用太高,又没有其他有效证据的,鉴定人对该工程量应不予计量,并应在鉴定意见中以"无法鉴定项目"进行说明;再如,鉴定申请人要求质量奖励金额的,当事人暂无证据证明已经获得相应奖项的情况下,鉴定人不应简单否定该项费用,应以无法鉴定或待鉴定事项在鉴定意见中说明。专家辅助人对于鉴定人鉴定意见中的"无法鉴定项目"应逐项分析,在庭审中明确"可以鉴定""无法鉴定""不应存在"的意见,并说明理由与依据。

(五)对对方当事人反馈意见等的辩论意见

专家辅助人除应针对鉴定人鉴定意见中需要质证的内容全面发表质证意见外,还需要针对工程造价纠纷的争议焦点、对方当事人提交的反馈意见、委托人可能在庭审中的提问及双方辩论环节准备辩论意见。以澄清专业技术问题,并支持有利于己方当事人的鉴定意见。专家辅助人对争议焦点、对方当事人提交的反馈意见发表的质证意见应着重围绕以下情形:

(1)说明对方当事人反馈意见中不符合法律规定、合同约定、缺乏事实依据及不符合国家、行业的有关标准或行业惯例的内容以及相应依据的具体内容;

(2)说明对方当事人反馈意见中主张的计算方法、参数取值、消耗量及价格确定依据、费用及利润计取等计算基础以及子目计算或汇总计算存在的问题,并说明专家辅助人认为正确的计算依据、计算方法、计算结果等;

(3)针对工程造价纠纷的争议焦点、委托人可能在庭审中的提问、双方可能对质的问题等准备观点、理由与依据、类似工程判例等。

第十三章

工程造价鉴定意见的技术性审读与分析

一、鉴定报告的规范性分析

(一)合规性

合规性是指鉴定意见要符合法律法规、国家或行业标准、委托人管理制度的规定。合规性审核的重点包括以下内容:

(1)委托人委托鉴定和鉴定人接受鉴定,以及委托鉴定的事项是否符合法律法规和委托人自身的管理制度要求。我国《民事诉讼法》、最高人民法院《关于民事诉讼证据的若干规定》、司法部《司法鉴定程序通则》均对委托人委托鉴定和鉴定人接受鉴定进行了相关规定。另外,人民法院和仲裁机构大多也有委托鉴定的有关制度,当事人及其专家辅助人应按上述规定对鉴定的委托与接受、委托事项及其范围的合规性进行审核,如发现不合规之处应归纳意见,并说明依据与理由。

(2)按照本书第十一章第二部分“(一)鉴定主体的适格性”,对鉴定机构和鉴定人的适格性进行审核。特别值得重视的是,对于鉴定机构和鉴定人未披露的应予回避的情形,以及鉴定机构和鉴定人在鉴定过程中存在的违法、违规或违反职业操守的行为,当事人及其专家辅助人可以在任何时间向委托人提出回避或更换鉴定人、鉴定机构的申请,甚至可以要求重新鉴定并出具鉴定意见。

(3)按照本书第十一章第二部分“(二)鉴定程序的合规性”,对鉴定机构和鉴定人在鉴定工作中是否按照法律法规和标准规定的程序进行了工程造价鉴定进行审核。鉴定人是有专门知识的人,鉴定意见也必须接受当事人的质证,鉴定过程中如果没有经过核对确认或征求意见的反馈程序,专家辅助人可以要求鉴定人就任一项目的计算依据、计算方法、计算结果提供有关基础资料,并对其可能存在的没有依据、依据不详或计算错误的内容发表质证意见,并说明依据和理由。专家辅助人还可提请当事人的代理人就鉴定人存在违反鉴定程序或在鉴定中不公平对待当事人等违规情形向委托人陈述代理意见,并说明事实依据与理由。

（二）全面性

《建设工程造价鉴定规范》明确了鉴定意见书应包括封面、签署页、鉴定人声明、鉴定报告、目录、附件等内容。专家辅助人可参照《建设工程造价鉴定规范》的要求对鉴定意见内容是否全面、规范进行审核,可以重点审核以下内容。

（1）鉴定意见书封面是否按规定载明鉴定项目名称、编号、鉴定人名称、出具年月等,鉴定项目名称、鉴定人名称与鉴定意见中是否一致。

（2）鉴定意见书的签署页是否由鉴定人签字并加盖执业专用章。鉴定意见书宜由具有一级注册造价工程师资格的鉴定人编制,并应由有高级技术职称且具有一级注册造价工程师资格的人员审核与审定。

（3）鉴定意见书是否有鉴定人声明,鉴定人声明中的内容是否属实。

（4）鉴定意见书中的鉴定报告是否载明鉴定项目的基本情况、鉴定依据、鉴定过程、主要问题的分析与说明、反馈意见的处理情况、鉴定意见与鉴定结果等。鉴定报告一般应包括以下内容:

①鉴定项目的基本情况应包括:委托人名称、委托日期、鉴定项目及事项、鉴定人收齐鉴定材料的日期、鉴定人员构成、鉴定日期、鉴定地点,以及鉴定事项涉及鉴定项目争议的简要情况等。

②鉴定依据应包括:委托人移交的证据,当事人移交和补充资料的摘录,鉴定人自备的证据,现场勘验取得的证据,以及通过工期鉴定、质量鉴定等其他方式取得的证据。这些证据作为鉴定依据的出处、证明的事项、使用情况的说明等。

③鉴定过程应包括:鉴定人接受鉴定后主要的工作程序、工作过程,以及工作中有关程序问题的说明。

④主要问题的分析与说明应包括:鉴定内容的情况说明;当事人分歧事项的说明;处理分歧事项所引用鉴定依据的说明;对分歧事项工程造价问题的分析、解释、处理意见和计算结果等;出具鉴定意见,特别是选择性意见的理由和结果的说明;需要解释的存在的有关问题的说明。

⑤鉴定人应对当事人具体反馈意见的处理情况进行明确说明,说明接受其反馈意见与不接受其反馈意见的理由。

⑥鉴定人应明确鉴定意见与鉴定结果,包括确定性意见的范围、内容与鉴定结果等;选择性意见的范围、内容,以及形成选择性意见的依据与相应的鉴定结果等。

（5）鉴定报告的附件或附表是否与鉴定报告相呼应,是否完整、准确。

二、鉴定依据分析

(一)鉴定依据的适用性问题

鉴定依据是鉴定项目适用的法律、行政法规、规章、专业标准、规范、工程计价依据,以及经过当事人质证认定或一致认可后用作鉴定的证据或资料。鉴定依据的适用性并非一个通用的术语,也未经行业相关文献使用,主要是指鉴定人如何选用恰当的鉴定依据的问题,特别是涉及合同效力的认定、合同条款的理解等鉴定的原则性问题,以及鉴定项目的图纸、签证等基础性鉴定材料存在矛盾或当事人双方存在分歧时,鉴定人将面对鉴定依据的适用性问题。

工程造价鉴定依据是工程造价鉴定意见是否正确的基础,鉴定人和专家辅助人均应高度重视鉴定依据的适用性。当鉴定意见出现鉴定依据的适用错误时,往往会造成鉴定意见发生颠覆性的改变。因此,鉴定人在当事人对鉴定依据存在分歧时,应及时向委托人汇报,要求鉴定委托人进行确定。

工程造价鉴定依据按性质划分为法律依据、合同依据、事实依据;按来源划分为法律法规、规范性文件及相关标准规范及类似工程的技术经济指标和各类生产要素价格,委托人移交的证据和资料,当事人提交的鉴定资料,现场勘验记录等。鉴定人应按照证据和资料的来源分别提请委托人、当事人提交相应证据和资料。鉴定人自备鉴定依据,鉴定人应根据合同约定主动检索,避免遗漏。

1. 法律法规、规范性文件、技术标准的适用性

双方当事人因适用法律法规、规范性文件、技术标准产生争议的,争议影响工程造价鉴定结果的,鉴定人应自行确定鉴定依据的适用情况,并宜出具确定性意见。争议影响合同效力或涉及当事人责任认定的,鉴定人应提请鉴定委托人确定,鉴定委托人未确定的,鉴定人宜出具选择性意见。

我国《价格法》规定商品和服务的价格属性包括政府定价、政府指导价、市场调节价,另外,政府可以采取价格干预措施,法律法规、规范性文件或政策性文件以及技术标准发生变化时,可能会影响合同价款,如增值税调整、政府要求疫情管控的措施费计入工程造价等,这种直接与工程造价计价相关的情形发生时,鉴定人可以依据管理规定和专业判断直接确定对工程造价的影响,否则应提请鉴定委托人确定。专家辅助人可对因适用法律法规、规范性文件、技术标准变化或争议导致工程造价产生的争议发表质证意见,并可参照上述思路说明理由。

2. 合同效力、合同及补充协议的适用性

当事人对合同效力、合同版本、合同条款,以及合同中的其他问题等合同依据发生

争议的,鉴定人无权决定,应提请鉴定委托人确定。专家辅助人可按以下原则发表质证意见:

(1)当事人提交了两个及以上的合同版本的,鉴定人应要求鉴定委托人明确哪个合同是有效合同。鉴定委托人已明确的,鉴定人应按委托鉴定的范围与内容,依据合同约定的原则进行工程造价鉴定,并出具确定性意见。专家辅助人应与当事人的委托代理人协商确定是否认同鉴定委托人的认定,并结合自身对合同有效性的认识发表质证意见,或对确定性意见中其他鉴定依据适用不正确的部分发表意见,并说明理由。

(2)当事人提交了两个及以上的合同版本且鉴定委托人未明确有效合同的,鉴定人应依据两个合同版本分别进行工程造价鉴定,并出具选择性意见。专家辅助人应与当事人的委托代理人协商确定己方关于合同有效性的观点,并结合自身情况支持某一选择性意见,并说明理由。

(3)当事人对合同效力产生争议的,在委托人认定合同无效的情形下,鉴定人应提请委托人明确是否参照无效合同约定计算工程造价,包括工程量计算规则、计价规范、管理费费率、利润率等相关约定;如有不适用情形,提请委托人说明补充的鉴定原则与鉴定依据等。如当事人订立的数份合同均被认定无效,鉴定人应提请委托人明确可作为鉴定依据采用的合同。委托人对上述情形未说明的,鉴定人应按照合同效力待定的原则分别按合同有效、合同无效情形进行鉴定,并出具选择性意见。专家辅助人可结合自身的认识对选择性意见的合理性发表意见,并说明理由。

(4)当事人因补充协议与合同约定不一致或对合同条款理解不同产生争议的,鉴定人应提请委托人确定适用条款及正确含义。委托人能够确定的,按委托人确定的进行鉴定;委托人未确定,属于工程造价管理专业性问题的,鉴定人可自行确定,并出具确定性意见,否则鉴定人可出具选择性意见。专家辅助人可结合自身理解对选择性意见的合理性发表意见,并说明理由。

近年来,关于合同效力引发的争议很多。部分当事人主张合同无效的目的是不再依据合同约定确定合同价款,而要求依据鉴定项目所在地同时期适用的计价依据、计价方法和签约时的市场价格等重新确定合同价款。这也是工程造价鉴定必须面对的一个根本性、基础性问题,有些造价工程师也将其称为"鉴定原则","鉴定原则"也是鉴定依据的一部分。因此,通过对鉴定依据的适用与确定分析,以避免因鉴定依据适用错误导致鉴定意见的颠覆性错误。

如委托人明确要求鉴定人根据合同约定和鉴定项目所在地同时期适用的计价依据、计价方法和签约时的市场价格分别出具鉴定意见,鉴定人可主张增加鉴定费用。

3. 合同价款确定原则与方法的适用性

当事人在合同中未明确约定合同价款,以及合同价款确定、调整的原则与方法的,在委托人未明确应采用的鉴定方法时，专家辅助人可参照以下方法说明适用的工程造价鉴定方法：

(1)基于专家辅助人自身的专业判断，参照自身调查的公允市场价格并说明适用的方法与价格。

(2)按照适用的行业、地方建设行政主管部门同时期发布的计价依据、计价方法及价格信息说明适用的方法与价格。

(3)当事人提交的直接费成本的测算资料，结合法律、合同约定或市场间接费价格水平明确适用的方法与价格。

4.事实依据发生争议的适用性

当事人对事实依据发生争议的，专家辅助人应按以下原则发表质证意见：

(1)当事人因工程计价图纸版本适用问题产生争议的，专家辅助人应通过当事人提交的证据或资料进行说明，明确适用图纸版本的证据及理由，明确是否认可鉴定人的确定性意见或支持某一选择性意见。

(2)当事人因工程变更事实或资料产生争议的，专家辅助人说明工程变更的事实依据及相关证据，明确是否认可鉴定人的确定性意见或支持某一选择性意见。

(3)当事人因工程索赔产生争议的，专家辅助人应结合工程索赔事件的真实性、证据有效性，说明工程索赔事件的处理情况是否合乎合同约定或行业惯例，明确是否认可鉴定人对工程索赔事件的鉴定意见。

(4)当事人因事实争议，鉴定人通过现场勘验核实并在勘验记录的基础上出具确定性意见的，专家辅助人应结合勘验记录核定计算依据是否全面、方法是否正确，并发表对鉴定人的该部分结论是否认可的意见。

(二)鉴定依据的有效性、完整性和证明力

专家辅助人应当在审阅鉴定依据适用性的基础上，进一步审阅鉴定依据的有效性、完整性和证明力。

1.鉴定依据的有效性

鉴定人使用的鉴定依据，主要包括法律法规、规范性文件、技术标准及经济指标、生产要素价格；委托人移交的证据和资料；当事人提交的鉴定资料等。

法律法规、规范性文件、技术标准，以及经济指标、生产要素价格等，专家辅助人应从时效性、鉴定项目适用性的角度审阅其是否有效，并对使用中存在的问题提出意见；委托人移交的证据和资料，专家辅助人应从证据或资料是否经过质证、确认的角度进行审阅；对于当事人提交的鉴定资料，专家辅助人可以对其中未经质证或确认即作为鉴定依据直接使用的资料提出意见，并说明存在的问题及理由。

2. 鉴定依据的完整性

工程造价鉴定一般常用的资料包括：

(1)起诉状(仲裁申请书)、答辩状(答辩意见)、反诉状(仲裁反请求申请书)、反诉答辩状(仲裁反请求答辩意见)、代理意见、鉴定申请、鉴定委托书、庭审笔录、证据资料及其质证及证据认证意见等。

(2)当事人签订的工程承包(施工)合同、招标文件、投标文件、中标通知书、补充协议等合同性资料。

(3)工程地质勘察文件、施工图等工程设计文件、施工图审查报告、图纸会审记录等设计文件及其审查资料。

(4)施工组织设计文件、深化设计文件、优化设计文件等设计文件及其审查资料。

(5)与工程变更有关的指令、设计文件、现场签证、会议纪要,以及对工程变更费用审核的处理意见等。

(6)工程索赔报告书及其有关的计算书、证据资料,以及工程索赔费用审核的处理意见等。

(7)施工过程(或期中)结算报告、工程竣工结算报告及其审查资料等的正文、工程量计算书及其电子文件,预付工程款、工程进度款、履约保证金等付款资料。

(8)设备和材料的招标采购文件、合同或认价单,甲供设备材料领料单等资料。

(9)合同工程的开工报告、工程验收记录、工程质量检测报告、工程验收报告,以及与证明事项有关的监理或施工日志等资料。

(10)与案涉工程相关的法律法规、规范性文件。

(11)与案涉工程相关的国家、行业、地方或国际、社团、企业技术标准。

(12)与工程造价鉴定有关的其他资料。

上述材料应由鉴定委托人以及申请鉴定的当事人以证据或鉴定材料的形式提交,有举证责任的当事人也可以提交反证证据或鉴定材料。鉴定人应自行收集并准备与鉴定项目相关的法律法规、规范性文件,以及国家、行业、地方公开颁布的技术标准。对于国际、社团、企业等标准应要求有举证责任的当事人提交。

尽管鉴定人无须在鉴定依据中表述或使用上述所有鉴定依据,但是,专家辅助人应从委托人的委托要求出发,结合当事人的举证责任,对鉴定人使用的上述鉴定依据进行全面审阅,对鉴定人应使用未使用、使用不当、遗漏的鉴定依据提出意见,并说明理由。

例如,某鉴定项目鉴定人依据施工单位的竣工结算报告,使用了施工单位提供的经设计单位盖章确认的竣工图作为竣工结算的编制依据,并据此按照合同约定的工程量计算规则对工程量进行了计算,并根据核对情况对工程量进行了核定调整,形成了最终的鉴定意见。建设单位在鉴定意见书征求意见稿的反馈意见中提出依据工程竣工图进行工程量计算存在问题,但未引起鉴定人的重视。在开庭审理中,建设单位一方聘请的专家辅助人提出:首先,施工单位按施工图施工是承包人如实履行合同的最主要、最基本的要求,在工程实施中,施工单位不得随意变更施工图,在没有工程变更的情况下,竣工图应与施工图完全一致。如果对施工图进行变更,必须通过设计单位进行设计变更,或经过建设单位同意进行工程变更。其次,《2013 版清单计价规范》第 11.2.1 条明确"工程竣工结算应根据下列依据编制和复核:1 本规范;2 工程合同;3 发承包双方实施过程中已确认的工程量及其结算的合同价款;4 发承包双方实施过程中已确认调整后追加(减)的合同价款;5 建设工程设计文件及相关资料;6 投标文件;7 其他依据"。2013 年的规范修订中修订了《2008 版清单计价规范》"1 本规范;2 施工合同;3 工程竣工图纸及资料;4 双方确认的工程量;5 双方确认追加(减)的工程价款;6 双方确认的索赔、现场签证事项及价款;7 投标文件;8 招标文件;9 其他依据"中的不恰当的地方。其中最重要的是 2013 年版第 11.2.1 条第 5 项"建设工程设计文件及相关资料",改变了 2008 年版第 3 项的"工程竣工图纸及资料"存在的问题。因此,在没有工程变更等有效指令或签证的情况下,施工单位主张的竣工图较施工图增加的工程量不应得到支持,且竣工图较施工图减少的还应该予以扣除。上述案例中专家辅助人的意见最终获得了仲裁庭的支持。多年以来,部分业界人士想当然地认为竣工结算的依据应为竣工图,但施工人的责任和义务是按施工图进行施工,只有经过有效的工程变更程序,施工人竣工时超出施工图的工程量才符合工程建设的程序和合同约定,并可获得相应的费用支持。

3. 鉴定依据的证明力

人民法院或仲裁机构针对证据的质证通常关注的是证据的真实性、合法性、关联性和证明目的。针对工程造价鉴定意见的质证,最重要的是鉴定依据的使用。通常情况下,鉴定人使用的鉴定依据应该是经过委托人质证过的证据,但鉴定依据涉及的内容太多,在兼顾效率的前提下,委托人允许鉴定人对经双方当事人认可真实性的证据作为鉴定依据使用。由于工程造价鉴定是一项专业性的技术工作,即使真实性、合法性、关联性均未存在争议的证据,鉴定人也应进行技术性分析后才可使用。专家辅助人更多地要在前述适用性、完整性的基础上仔细审阅证据或鉴定材料对证明目的以及计算方法、计算数据、计算结果的证明力。

例如,某房屋建筑工程,2014 年 7 月开工建设,2016 年 6 月竣工。鉴定人在合同没有约定工程量计算规则且双方对钢结构部分的工程量计算规则存在分歧的情况下,确定使用现行的 2013 年《房屋建筑与装饰工程工程量计算规范》作为鉴定项目计算规则。从鉴定依据的真实性、合法性、关联性上鉴定人的做法都没有问题,也符合行业习惯。

但是专家辅助人针对案件的具体情况发表了如下意见：2013 年版《房屋建筑与装饰工程工程量计算规范》与 2008 年版《房屋建筑与装饰工程工程量计算规范》在钢结构的工程量计算上存在差异，2013 年版是“按设计图示尺寸以质量计算。不扣除孔眼的质量、焊条、铆钉、螺栓等不另增加质量”。2008 年版是“按设计图示尺寸以质量计算。不扣除孔眼、切边、切肢的质量，焊条、锚定、螺栓等不另增加质量，不规则或多边形钢板，以其外接矩形面积乘以厚度乘以单位理论质量计算，依附在钢柱上的牛腿及悬臂梁等并入钢柱工程量内”。

在进行工程交易时必须有明确的交易规则，工程量计算规则属于建设工程的交易规则之一，否则就无法交易。合同中未约定工程量计算规则，不等于在订立合同阶段未使用交易规则，应通过证据挖掘查明这一关键问题。当事人对工程量计算规则的版本产生争议的，鉴定人不能简单确定以现行的工程量计算规范进行工程计量，因为交易规则是合同实际履行的关键性条款，一旦形成，不应随着国家标准中推荐性条款的变化而调整。一般情况下，合同中已约定了工程量计算规则版本的，应以合同明确约定版本的工程量计算规则进行工程量计算；合同没有约定的，按合同解释顺序的优先者中明确的工程量计算规则进行工程量计算。合同文件未约定的，单价合同应依次按照招标人发布的工程量清单及最高投标限价所使用的工程量计算规则进行工程计量。

经查招标人发布的工程量清单和投标人的标价工程量清单均未涉及工程量计算规则，但是在招标人发布的最高投标限价（该招标控制价与招标文件的工程量清单编制单位为同一咨询人）中明确是按某地区 2010 年版的定额编制的，该定额使用说明明确与 2008 年版《房屋建筑与装饰工程工程量计算规范》配套使用。经进一步核实查明，招标人聘请的工程造价咨询公司为了保证最高投标限价编制的合理性、准确性，对工程量计算使用的是 2008 年版《房屋建筑与装饰工程工程量计算规范》，因此，本案工程结算时应该执行 2008 年版《房屋建筑与装饰工程工程量计算规范》。专家辅助人的上述质证意见最终获得仲裁庭的认可，对有争议的工程量按专家辅助人的意见进行了调整。

例如，很多工程会涉及工程施工图纸版本的争议，双方对图纸本身的真实性、合法性、关联性一般无争议，但对使用图纸版本的时点、部位可能产生争议，对图纸中的变化是属于工程量变化，还是工程变更亦可能产生争议。这时，专家辅助人与当事人只有通过细致查实工作记录，并在核对或反馈意见、质证过程中通过证据补强、说明等方式阐明，争取获得鉴定人或鉴定委托人的认可。

4. 证据不完善或证据缺失问题的处理

在建设工程工程造价争议案件中，经常会存在工程签证不完善、工程施工图纸缺失、隐蔽工程记录不全、无事实证据支持且无法通过勘验查实,以及证据资料遗失等情况。专家辅助人可以依据案件事实、相关知情人的陈述和其他相关证据,发表质证意见,并可关注以下主要问题:

(1)因工程签证不全、不完善存在争议的,审核鉴定人是否在鉴定意见中进行了说明,对工作事项有争议的是否出具了选择性意见供委托人决定;对工作事项无争议的,是否出具了确定性意见并有专业判断的理由和依据。

(2)工程施工图纸不齐或缺失的,可通过现场勘验获取证据的,鉴定人是否进行了现场勘验,并根据现场勘验记录计算工程量及计价,且据此形成了确定性意见。

(3)标的物已经隐蔽,无法通过现场勘验或勘验成本过高,且没有完善证据的,鉴定人出具选择性意见的依据是否合理、是否有足够的证明力。

(4)余物清理、拆除等工程标的物已经消失的,鉴定人如何形成的选择性意见,其工程量价的确定是否有其他相关联的证据可以支撑。

(5)在一方当事人主张证据遗失、口头约定或指令的情形下,鉴定人是否在鉴定意见中进行了说明。出具选择性意见的,鉴定人是否对事实进行了查证,并进行了分析、说明。出具“无法鉴定意见”的,鉴定人是否在鉴定意见中就出具理由进行了说明。

三、费用科目定性的正确性和定量的准确性分析

专家辅助人在对鉴定意见的审核中,要着重审核费用科目定性的正确性,并在费用科目定性正确的基础上审核定量计算方法的正确性和结果的准确性。工程造价鉴定需要计算的项目很多,专家辅助人务必厘清审核思路,化繁为简,条理清晰,建议按以下类别审核费用科目的合理性。

(一)合同约定的项目

合同约定的项目是指合同约定的总价方式计价的项目、单价方式计价的项目或成本加酬金方式计价的项目。目前,按计价方式的不同把合同划分为总价合同、单价合同、成本加酬金合同,但有的合同中也有总价、单价方式计价项目共存的情况,如土方工程是总价计价,装饰工程是单价计价。专家辅助人应按原合同工作内容的项目、工程变更项目、工程索赔项目进行分类列项。对原合同工作内容的项目按前述项目逐项分析并计算调整项目的准确性。对工程变更项目、工程索赔项目分别按照合同约定的方法,或在合同约定不明的情形下参照国家或行业的有关规定或行业惯例进行调整。

采用总价合同或总价方式计价的,专家辅助人应审核鉴定人是否按总价相对固定的原则进行审核,仅对暂列金额、甲供材、奖惩项目等合同约定调整的内容进行调整。

采用单价合同或单价方式计价的,专家辅助人应审核鉴定人是否按综合单价相对固定的原则进行审核,仅对合同中列示的调整内容进行调整,包括工程量计算存在误差或遗漏项目的工程量,工程项目特征描述不符的项目的综合单价调整,以及合同约定的综合单价调整的其他情形。

采用预算定额计价(包括以预算定额为基础的费率优惠合同)的,应视为一种特殊的单价方式计价,只不过是该计价的工程量计算规则需遵从预算定额的工程量计算规则,单价应执行预算定额的单价(包括其要素消耗量和要素价格),费率的计算首先要执行定额规定的计算办法,然后执行与该预算定额配套的建筑安装工程费的费率或合同约定的优惠费率,并按照该预算定额配套的调整文件进行调整。

采用成本加酬金合同或成本加酬金方式计价的,专家辅助人应审核鉴定人是否按照合同约定的计量规则、计价方式计算直接费或成本,并按照合同约定的酬金比例或酬金额度计算酬金。成本加酬金合同一般无须考虑工程变更、工程索赔,应将工程变更、工程索赔发生的成本一并纳入工程成本,但对于属于工程索赔项目中不应计取利润的项目不宜计取酬金。

(二)工程变更项目

工程变更是指属于合同范围内工作的自然延续或改变,或与完成合同下的工程紧密相关的变化。该变化表现为工程量、工作性质(质量、功能、功效或技术指标)、工作范围、施工程序或顺序等的变化。工程变更是建设工程改善功能、质量及确保工程顺利实施的有效手段,工程变更在工程建设中是十分常见的。

1. 工程变更项目的确定

我国《建设工程施工合同(示范文本)》与 FIDIC 合同红皮书在内容上大致是相同的。《2017 版施工合同》中 10.1 变更的范围明确,除专用合同条款另有约定外,合同履行过程中发生以下情形的,应按照本条约定进行变更:

(1)增加或减少合同中任何工作,或追加额外的工作;

(2)取消合同中任何工作,但转由他人实施的工作除外;

(3)改变合同中任何工作的质量标准或其他特性;

(4)改变工程的基线、标高、位置和尺寸;

(5)改变工程的时间安排或实施顺序。

引起工程变更的原因主要是业主需求的改变,该改变会引起工程的设计、质量、数量等变动,既包括工程内容的增加、删减或替换,对材料或货物的种类或标准的变动;也包括对设备材料的品种或标准增加要求与限制;还包括对场地或特定区域的进入时间、工作时间、工作区域、施工顺序的增加、修改或减少等。因此,两版图纸的变化、业主的指令或要求大多均构成工程变更，但是，在单价合同中，如工程变更并不引起单价的变化，当事人可在施工图重计量中计入变更的工程量，无须单独通过工程变更来主张费用。

工程变更从因果关系上讲，起因是业主的主动行为，通过变更改变原来的项目需求、功能、质量，结果是对工程实体或实施顺序等产生影响。目前，我国工程建设中存在大量的洽商、签证，主要是承包人发起的工程变更，其他还有的是业主或设计发起的变更或对工程索赔的认可。“洽商”这一概念出现混淆了工程变更和工程索赔的概念，而签证仅是一种证据，是对指令、事件、问题的记载性文件，既可能是支持工程变更的证据，也可能是支持工程索赔的证据。这些需要专家辅助人在具体的案件中，依据事实进行甄别，以准确把握工程价款调整的基本原则与方法。

目前，很多施工单位在工程结算时，没有通过工程变更主张两版图纸不同造成的工程量变化、特征变化（本质上是种类、规格或标准的改变），长期以来影响了实务中对工程变更概念的准确认识。专家辅助人应该把握好工程变更的范围、内容，对鉴定意见中不规范的处理、计算问题提出意见。

2. 工程变更项目的计价

在工程变更事实成立的情况下，工程变更费用的总价或工程量、单价等发生争议的，专家辅助人可参照下列情形进行审阅。

（1）工程变更项目以总价签认的。当事人共同签认了工程变更项目的总价，没有图纸、计算明细表或其他证据证实总价存在问题的，专家辅助人应认定签认的总价；当事人共同签认了工程变更项目的总价，但是可以通过图纸、计算明细表、其他证据或资料证实该总价存在计算错误的，专家辅助人应向鉴定人或鉴定委托人说明正确的总价及理由。

（2）工程变更项目以工程量或要素消耗量、单价签认的。当事人共同签认了工程变更的工程量或者人工、材料、机械台班数量及其单价的，专家辅助人应按签证的工程量、数量及其单价计算工程变更费用；但有证据或资料证明存在计算错误的，专家辅助人应向鉴定人或鉴定委托人说明正确的计算方法、结果及理由。例如，根据工程变更的图纸和合同约定或适用的工程量计算规则计算的工程量存在错误。

（3）工程变更项目工程量未签认的。当事人没有签认工程量，专家辅助人应依据合同约定或适用的工程量计算规则审核鉴定报告中变更工程量的准确性；相应的工程变更资料无法计算工程量，但有现场勘验资料的应认可现场勘验的工程量；通过工程变更资料无法计算且没有勘验资料的，应作为争议项目或无法鉴定项目说明意见。

（4）工程变更项目的适用单价。合同有约定的按合同约定的方式确定综合单价；合同没有约定的，专家辅助人应按下列顺序审核综合单价：变更工程在合同中有相同项目的,则适用合同中相同项目的综合单价或费率;变更工程在合同中没有相同项目的,可以适用合同中类似项目的综合单价或费率;变更工程在合同中没有相同或类似项目的,可根据承包人提交的鉴定资料计算实施工程的合理成本和合同约定的管理费率、利润率,或者根据工程所在地行业、建设行政主管部门发布的工程计价依据及合同约定的管理费率、利润率,确定新的综合单价。

(5)工程变更项目费率的其他争议。专家辅助人可以就明显超出合同范围或零星工作等未签认单价或总价的项目,提出按一定比例上浮计算新的费率或单价的意见。例如,承包人合同范围为房屋建筑和装饰工程。发包人要求进行少量的庭院绿化工程,在工程变更资料中未签认单价,也没有适用的计日工单价时,承包人主张新的综合费率或组价方法时,可参照类似工程预算定额的单价,并结合投标报价来确定适宜的综合单价或费率。当然,承包人参照下文新增工程的计价更为合理。

(三)工程索赔项目

工程索赔是指在合同履行中,当事人一方因非己方的原因造成经济损失或工期延误,且按照合同约定或法律规定应由对方承担责任,而向对方提出工期和(或)费用补偿要求的行为。工程索赔不同于工程变更,工程变更是以指令、审批等主动行为改变工程本身的功能、质量等为目的,工程索赔则是基于对工程有影响的不利事件发生并造成合同一方的经济损失或工期延误而向对方请求予以补偿。因此,工程索赔在建设工程中也是常常发生的情形。

1. 工程索赔项目的确定

专家辅助人在进行工程造价鉴定意见审核时,对下列项目应按照工程索赔的原则进行确认和费用处理。

(1)工期变化。施工条件变化、发包人指令、不可抗力等原因引起的工程延误或加速施工。

(2)额外工作与施工条件变化。除变更之外,增加额外工作、施工条件发生变化等导致工作和费用的额外增加。

(3)不可抗力、不可预见的不利条件(例外事件)。不可抗力、不可预见的不利条件或外界障碍事件等例外事件对施工造成的影响。

(4)合同终(中)止的索赔。合同无法继续履行,造成合同的解除(中止)等非正常情形。

(5)其他情形。货币贬值、汇率变化、物价上涨、法律或政策变化、情势变更等。

2. 工程索赔项目的计价

专家辅助人主张按工程索赔项目提出意见的项目无论在鉴定报告中是否以工程

索赔项目出现，均应从工程索赔事件的因果关系分析或陈述其是否属于工程索赔项目，再分析工程索赔是否成立以及各方当事人的责任与义务，并参照以下方式处理工程索赔事件与费用。

(1)双方当事人、鉴定人对工程索赔事项共同认可的，专家辅助人应认可已经共同认可的工程索赔计算结果。

(2)双方当事人共同认定工程索赔事项，但对索赔费用有争议的，专家辅助人应结合合同约定，并参照《建设工程施工合同(示范文本)》、《标准施工招标文件》、FIDIC2017 系列合同条件中的承包人索赔事件及可补偿内容确定索赔项目及其内容，并计算可索赔的费用。

(3)双方当事人未共同认定工程索赔事项的，根据双方当事人签订的合同也无法判断工程索赔事项是否成立的，专家辅助人应结合当事人所选用的合同范本，并参照《2017 版施工合同》、《标准施工招标文件》、FIDIC2017 系列合同条件判断工程索赔是否成立，并依据其中承包人的索赔事件及可补偿内容确定索赔项目及其内容，计算可索赔的费用。

(4)针对工程索赔事项中的费用和利润有争议的，合同有约定的按合同约定计算；合同没有约定的，专家辅助人可参照以下原则计算：因发包人的责任导致工程量增加、返工、停工、延误等事件，造成承包人损失的，可以计算费用和利润。例如，发包人提前向承包人提供材料、工程设备，发包人原因造成承包人人员工伤事故，发包人原因出现的缺陷修复后的试验和试运行，发包人要求承包人提前竣工。非发包人责任的事件，如施工中发现文物、古迹、不利物质条件、不可抗力事件，发包人或工程监理人要求承包人照管、清理、修复工程，投标基准日后法律的变化等因素造成承包人费用损失的，仅计算有关费用，不计算利润。因不可抗力或例外事件造成工期延误，以及人员和施工机械停工损失的，不计算有关费用和利润。

(5)工程索赔同时涉及工期索赔和费用索赔的，专家辅助人应审核鉴定人的工程造价鉴定意见是否在工期索赔鉴定意见或工期索赔报告经过双方当事人质证或确认、或经过鉴定委托人确认的基础上进行的，并提出相应的意见。

(四)新增工程的计价

新增工程是指工程实施过程中，承包人按发包人指示实施的不属于合同约定承包范围内的工程。专家辅助人对于新增工程可以主张不同于工程变更的工程计价原则与方法，针对新增工程提出自身的主张。

1. 新增工程的认定

当事人共同认定为新增工程费用的，专家辅助人应按当事人认定的新增工程类别、范围以及费用调整方法进行新增工程价款的计算与确定。当事人未共同认定新增工程的,鉴定人及专家辅助人应首先基于专业知识判定是否属于新增工程。发生下列情形之一的,除非合同另有约定,鉴定人可认定为新增工程:

(1)在合同的工作范围外增加某单项工程。如合同内容为建设 10 栋商品房,后增加了 1 栋商品房、幼儿园工程或附属工程。

(2)在合同工作范围之外增加可以独立发包的专业工程。如合同的工作内容为某机关办公楼建设的土建工程及粗装修工程,工程实施过程中,增加的精装修工程、幕墙工程或消防工程;或合同内容为给排水工程,增加了空调工程;或合同范围为商品房公共区域的精装修工程,增加了入户范围的精装修工程。

因新增工程属于合同外工程,合同中一般无法对新增工程进行约定,因此承包人并不承担必须按指示完成新增工程的责任,其可接受相关的工程委托,也可不接受。可否达成相关协议或接受工程的委托,视双方友好协商的结果而定,承包人拒绝接受也并不构成违约,这也是判断是否属于新增工程的一种方法。

2. 新增工程计价的一般原则

发包人可能以工程变更令的形式发出新增工程。即使发包人在合同履行中以工程变更令的形式发出的指令,但从合同的范围和工程的性质上判断属于新增工程的,除非承包人认可其属于工程变更,且对工程计价原则与方法没有争议,否则专家辅助人可从科学、合理、符合行业惯例的角度,判断是否属于或应当确定为新增工程,并按新增工程进行工程计价。除非合同另有约定,专家辅助人针对新增工程项目应按以下工程计价原则进行工程造价鉴定合理性分析:

(1)双方针对新增工程签订了补充协议,并明确工程计价原则与方法的,应执行补充协议所确定的工程计价原则与方法。

(2)双方针对新增工程未签订补充协议,也没有证据表明有明确工程计价原则与方法的,不必然执行原合同约定的工程计价原则与方法。

因新增工程属于合同外工程,所以不受原合同中价款、工期等的约束。承包人和发包人可协商是否采用原合同单价,或通过对合同单价进行调整从而确定新增工程的单价,不必须受原合同单价的约束,新增工程原则上须由承包人与发包人协商确定新增工程单价后进行计价。但是,在发生争议后,承包人主张调整合同单价的,对调整的工程单价负有举证和说明的责任。

3. 新增工程的计价方法

在当事人对新增工程价款存在纠纷时,专家辅助人可参照以下方法进行分析:

(1)原合同以行业或地方发布的预算定额进行工程计价时,鉴定人可参照原合同约定的行业或地方相应的预算定额进行工程计价。当事人因采用相应预算定额配套的费用定额(标准)中的费率,还是采用原合同约定的费率而引起争议的,专家辅助人应针对鉴定人的鉴定意见进行分析,并建议鉴定人在鉴定意见中出具选择性意见供委托人判断。

(2)原合同采用工程量清单方式计价,承包人或发包人主张调整综合单价的,专家辅助人应审核鉴定人、承包人或发包人就人工单价、材料单价及施工机械使用费(或租赁费)单价的证据或材料,分析新增工程实施期间与原合同签订时的价格差异,并可主张进行人、材、机要素价格的调整。当事人对要素价格有争议,且有不同证据支持的情况下,专家辅助人可建议鉴定人就差异部分在鉴定意见中出具选择性意见。

(3)原合同采用工程量清单方式计价,承包人或发包人主张调整综合单价分析表要素消耗量或单价水平的,鉴定人已进行调整的,专家辅助人应综合考虑原合同单价的工程数量和新增工程的规模,分析原综合单价中要素消耗量调整的必要性和合理性,并可建议鉴定人在鉴定意见中予以说明,出具选择性意见。

(4)承包人或发包人主张调整措施项目费用的,专家辅助人应审核原合同项下措施项目费的组成及其计算方法,并依据事实证据,建议鉴定人依据原合同的费用组成和计算方法,合理计算新增工程所需的各类措施项目费用,并在鉴定意见中就分歧内容予以说明。

(5)承包人主张因竞争性招标,导致原合同综合单价的水平低于当时的市场合理价格的,如果仍按原合同的竞争性价格继续完成新增工程显然不合理或导致亏损的,专家辅助人应结合鉴定人的鉴定意见,视情形合理主张相关的综合单价调整系数,并建议鉴定人在鉴定意见中予以说明,并出具选择性意见。

(6)原合同采用总价方式计价,且没有投标报价细目的,专家辅助人应结合当事人对人工费、材料费、施工机械使用费、管理费、利润等费用构成的举证以及鉴定人的意见,对上述证据材料的合理性进行分析和计算,并就有问题的部分建议鉴定人做出调整,或出具选择性意见。

4.新增工程可能引发的其他费用争议

委托人一般不会将鉴定范围扩大到履约保证金的释放、缺陷责任期的延长、质量保证金等争议的事项。已经进行鉴定委托的,如果当事人没有在规定时限对委托范围、事项提出意见的,专家辅助人不应就此发表超越工程造价鉴定范围的意见。

但是,专家辅助人可以向当事人释明,承包人因接受新增工程而引发的履约保证金的释放、缺陷责任期的时间、质量保证金的支付等应遵从原合同的约定,在补充协议没有约定的情况下,并不必然需要考虑新增工程的金额与履行时间。

(五)其他特殊情形的计价

建设工程纠纷中发生合同中止、合同解除、工期争议、质量纠纷、修复方案与费用争议等特殊情形时，专家辅助人应首先审核鉴定人是否按委托人要求的程序，并在合同中止、合同解除、工期争议、质量纠纷、修复方案等问题可定性定量分析的前提下进行了工程造价鉴定，并依据合同约定和工程造价鉴定原则等进行了审核。否则，应先就合同中止、合同解除、工期争议、质量纠纷、修复方案等问题的责任进行分析，形成工程造价可定性定量分析的基础。

1. 合同中止或合同解除的项目

专家辅助人应关注鉴定意见的鉴定基准日是否经双方当事人认可或委托人明确，并就鉴定基准日前发生的费用进行鉴定。鉴定意见中的工程造价是否包括以下费用：

(1)承包人已完成的工程费用(包括工程变更的工程费用)，以及应予摊销的临时设施费、管理费，并纳入确定性费用。

(2)承包人已经运抵施工现场的材料与设备费用。

(3)承包人为合同工程项目已经采购，且已经付款的材料和设备费用，或因确认合同中止或合同解除后发生的材料和设备的退货损失。

(4)承包人撤场的人员、施工机械、周转性材料费用损失。

(5)双方当事人确认或待处理的工程索赔费用。

(6)双方当事人主张的与工程造价有关的其他损失。

对于因合同中止或合同解除发生的上述费用，鉴定人应按委托人认定的责任出具意见，对于委托人明确了合同解除或合同中止责任的，鉴定人应出具确定性意见；对于委托人未明确合同解除或合同中止责任的，鉴定人应出具选择性意见。

2. 工期索赔引起的工程造价鉴定

专家辅助人审核鉴定人因工期索赔引起的工程造价鉴定时，应首先了解建设工程的工期延误责任和时间是否经过双方当事人确认，对于工程延误责任或时间存在争议的，鉴定人的工程造价鉴定中有关工期鉴定意见是否经过了质证或经过鉴定委托人的认可，并依据合同约定和参照以下原则：

(1)工期鉴定报告载明或委托人认定，承包人原因导致工期延误的，不应计算承包人的费用损失，并出具确定性意见。

(2)工期鉴定报告载明或委托人认定，发包人原因导致工期延误的，应根据工期鉴定报告或经发包人批准的工期索赔报告确定的时间，计算该时间段待工工人的人工费、待工的施工机械费，以及相应的管理费和利润，同时应计算因停工造成的材料和设备价格上涨等其他费用损失，并出具确定性意见。

(3)工期鉴定报告载明或委托人认定，不可抗力或发包人原因之外的例外事件造成停工的，鉴定人应出具确定性意见，并在工程造价中不计入停工期间承包人待工工人的费用损失或其他直接损失。

（4）工期鉴定报告载明或委托人认定，共同延误或多因素事件造成的工期延误，应在工期鉴定报告或双方认可的工期延误时间基础上，依据委托人认定的分担责任的大小，按照相应的比例计算各自承担的费用，并出具确定性意见。

当委托人未对工期延误当事人责任进行认定，或未对工期鉴定报告进行确认时，专家辅助人应审核鉴定人是否全面计算了工期延误导致的各项损失及其构成，并出具了选择性意见及相关说明。

3. 工程质量纠纷引起的工程造价鉴定

专家辅助人审核鉴定人因工程质量引起的工程造价鉴定时，应审核其是否是在有建设工程质量鉴定报告或有相关结论的基础上进行的。对因工程质量引起争议的工程造价鉴定项目，专家辅助人应依据合同约定或参照以下原则和方法进行审核：

（1）建设工程质量鉴定报告或委托人认定，工程质量符合合同约定或经修复、返工达到合同约定质量标准的，以及非承包人原因造成的工程质量不符合合同约定的，该争议工程部分的费用应予计算，并出具确定性意见。

（2）建设工程质量鉴定报告或委托人认定，承包人的原因造成建设工程质量不符合合同约定且承包人拒绝修复、返工或改建的，该争议工程部分的费用不应计算，并出具确定性意见。

（3）建设工程质量鉴定报告或委托人认定，发包人提供的设计有缺陷，其提供或者购买的建筑材料、建筑构配件、设备不符合强制性标准，其直接指定分包人分包专业工程等原因，造成承包人发生修复、返工或改建增加的费用应计入工程造价，并出具确定性意见。

（4）建设工程质量鉴定报告或委托人认定，建设工程未经竣工验收，发包人擅自使用后，承包人发生的未完工程保护费、二次修复费用，应计入工程造价，并出具确定性意见。

专家辅助人应审核鉴定人是否按合同约定的工程计价方法全面计算了上述费用，还应考虑因质量问题处理引发的措施费等相关费用变化，及鉴定人的计算依据、方法是否正确。

4. 因工程修复纠纷引起的工程造价鉴定

专家辅助人审核鉴定人因工程修复引起的工程造价鉴定时，应审核其是否是在建设工程修复范围、修复方案、内容和标准等技术方案确定的基础上进行的。对因工程修复引起争议的工程造价鉴定项目，专家辅助人应依据合同约定或参照以下原则和方法进行审核：

（1）有委托人确认的修复设计图纸和修复方案的，鉴定人是否按已确定的修复范围、方案、内容和标准进行了计算，并出具了确定性意见。

(2)没有委托人确认的修复设计图纸和修复方案的,修复的范围、方案、内容和标准有争议的,鉴定人是否能通过现场勘验获得相关内容,并依据其勘验报告进行计算,并出具确定性意见。

(3)修复时需对原有不合格或已建部分进行拆除的,鉴定人是否已计算拆除费用和渣土清运费用;修复时无法利用原有施工措施的,鉴定人是否一并计算了必须发生的措施费用,并出具确定性意见。

(4)紧急修复工程,需要夜间施工、连续施工、多方案准备的,鉴定人是否视具体情况计算了施工降效费和其他费用。

四、工程造价鉴定中汇总的正确性核定

工程造价鉴定意见的汇总主要有两种方式:一是对建设工程合同价款进行全面的计算、核定、调整,针对合同内的工作内容形成全面的工程结算价款或发包人应支付给承包人的费用。二是就双方有争议的内容或项目进行工程造价鉴定,形成争议部分工程造价鉴定的金额。专家辅助人应按鉴定委托人的委托要求与内容,结合鉴定人的鉴定意见,全面审查汇总内容的完整性和计算的准确性。因鉴定人的工程造价鉴定大多是在承包人工程结算申请报告或发包人工程结算审核报告等的基础上进行的,所以专家辅助人不宜对鉴定意见的汇总方式提出意见,应尊重鉴定人的选择,按照鉴定人工程造价鉴定意见的汇总方式进行审核。

(一)针对工程结算金额的汇总

鉴定人的鉴定意见一般会按照单价合同、总价合同、成本加酬金合同的合同计价方式,依据当事人提供的鉴定基础资料,以及相应的国家标准等对建设工程合同价款进行全面汇总。

1. 单价合同的汇总

专家辅助人对于单价合同应全面、依次审核单位工程汇总表、单项工程汇总表和建设项目的汇总表。

(1)单位工程汇总表。单位工程的汇总表是在分部分项工程费、措施项目费、其他项目费的基础上汇总而成的,并在此基础上计算规费和税金(指增值税)。专家辅助人的审核内容应包括:

①分部分项工程费的汇总是否正确,以价格指数或系数法进行价差综合调整的调整方法是否符合合同约定,价格指数的确定是否正确,计算是否准确。

②措施项目费的汇总是否正确,措施项目费中安全文明施工费的计算是否符合合同约定或国家标准的有关规定。措施项目费中安全文明施工费与合同约定或国家标

准的有关规定有出入的是否作出了说明并出具了选择性意见。

③其他项目费的汇总是否正确，对暂列金额、专业工程暂估价、计日工、总承包服务费的汇总与计算是否符合合同约定并计算正确，如有问题是否在核对中进行了调整。发包人供应的设备费、主要材料费数量是否进行了核定并按合同约定进行了调整。

④规费的计算是否正确，是否符合国家标准的有关规定。

⑤增值税的计算是否正确，是否符合合同约定的付款时间或实际的开票时间的税收法律规定，并依据税收的法律规定进行了调整。

(2)单项工程汇总表和建设项目汇总表。专家辅助人应审核单项工程的汇总是否是在正确的单位工程汇总表的基础上汇总的，建设项目汇总是否是在单项工程汇总表的基础上汇总的，上述汇总计算是否正确。此外，专家辅助人还应进一步审核，在单位工程汇总表中对发包人供应的设备费、主要材料费数量未调整的，是否在单项工程汇总表或建设项目汇总表中进行了调整，由发包人提供的工程水电费、罚金等应扣减的项目是否在此基础上进行了扣减。

2. 总价合同的汇总

总价合同的汇总，专家辅助人应按照“调整后的合同价款 = 合同约定的价款 ± 可调整金额”的计价方式，审核鉴定人是否按合同约定的可调整项目在合同价款基础上进行的调整。合同未作约定的，专家辅助人应关注工程变更、工程索赔，以及新增工程、特殊情形等项目的汇总计算是否全面、正确，并审核发包人供应的设备费、主要材料费、工程水电费等可调整项目是否全面，汇总计算是否正确，对于合同履行期间增值税税率发生变化的，是否按税法的相关规定进行了调整。

3. 成本加酬金合同的汇总

专家辅助人应按照成本加酬金合同的约定审核鉴定人成本的汇总计算是否全面、正确，酬金的计算方法和参数是否符合合同约定，并参照单价合同的汇总方法审核是否对应调整的项目进行了调整。

(二)针对争议项目的汇总

委托人要求鉴定人仅针对争议项目进行鉴定的，鉴定人应仅对争议项目进行鉴定并汇总。专家辅助人应结合委托人的要求、鉴定人对争议项目的汇总进行相应的汇总审核，可参照本书中工程计量和工程计价争议，工程变更费用争议，工程索赔费用争议，新增工程费用争议，特殊情形费用争议的质证原则和内容发表质证意见，并按上述类别或鉴定人的归类方法核定项目汇总计算的全面性和准确性。

委托人要求鉴定人仅针对争议项目进行鉴定的，专家辅助人还应关注相应争议项目的措施费、其他费用、规费和税金(指增值税)是否按照合同约定和相关的法律规定进行了调整,并可参照前文“四、(一)针对工程结算金额的汇总”中的原则和方法进行审核。

(三)鉴定意见属性和结论的分析

鉴定人鉴定意见的属性和结论对委托人使用鉴定意见非常重要,并直接影响诉讼或仲裁结果。专家辅助人应注重鉴定意见属性和结论的分析,必要时提出调整意见,供鉴定委托人判断与使用。

1. 针对鉴定意见属性的归纳分析

根据第十二章“三、工程造价鉴定意见的质证”,鉴定人可能出具的鉴定意见包括确定性鉴定意见、选择性鉴定意见、推断性鉴定意见、无法鉴定的意见,专家辅助人除应逐项发表质证意见外,还应对上述内容进行分类归纳分析,说明调整的意见与理由,针对性地对鉴定意见在意见属性上提出调整方法并明确应调整的数额。

2. 出具鉴定意见属性调整意见汇总表

专家辅助人应在对鉴定意见属性归纳分析的基础上,出具确定性鉴定意见调整建议表、选择性鉴定意见调整建议表等汇总表。汇总表横向应表述鉴定意见在属性定性上存在的问题及鉴定金额,专家辅助人认为应当认定的金额等;纵向上列明具体调整项目的子项,并应备注各个子项在专家辅助人意见书中的具体页码范围,便于鉴定委托人和鉴定人使用。

第十四章

质证意见书的编写

专家辅助人出庭质证主要是针对鉴定人在诉讼和仲裁活动中提交的工程造价鉴定意见书,通过质询、质辩,并就是否认可其真实性、合法性、关联性及证明力等进行的意见陈述、说明、评价等活动。当然,在庭审中,如果委托人要求就争议焦点进行辩论时,也可以代表当事人进行交叉盘问或辩论。

目前,人民法院或仲裁机构以及相关文献还没有示范性的专家辅助人质证意见书的编写指引,本章通过两个案例示范对鉴定意见书的专家辅助人质证意见书,以供参考。

一、在诉讼案件中出庭与质证

(一)出庭申请与开庭前的准备

(1)提交有专门知识的人出庭的申请书。《民事诉讼法》第八十二条规定:“当事人可以申请人民法院通知有专门知识的人出庭,就鉴定人作出的鉴定意见或者专业问题提出意见。”最高人民法院《关于民事诉讼证据的若干规定》第八十三条第一款规定:“当事人依照民事诉讼法第七十九条和《最高人民法院关于适用〈中华人民共和国民事诉讼法〉的解释》第一百二十二条的规定,申请有专门知识的人出庭的,申请书中应当载明有专门知识的人的基本情况和申请的目的。”因此,当事人应向人民法院提交有专门知识的人出庭的申请书,申请书中应当载明有专门知识的人的基本情况。人民法院对申请书有规定格式的,应从其格式;没有规定格式的,应包括专家辅助人姓名、身份证号码、所在单位、职称、执业资格、工作履历等。申请目的可载明代替或协助当事人对鉴定人的鉴定意见书发表质证意见,以及接受审判人员和对方当事人询问,与对方当事人的专家辅助人进行对质等。

(2)专家辅助人应做好的准备。在人民法院批准专家辅助人出庭后,当事人或专家辅助人应按人民法院发出的出庭通知书按时出庭。出庭时应携带本人身份证原件,以及职称、执业资格的原件，并准备好相应的复印件材料。除此之外，专家辅助人应全面熟悉案件的诉讼请求与答辩意见、争议焦点与主要分歧、各类分歧问题中涉及的工程造价鉴定依据、方法、计算结果等，并在此基础上准备对鉴定意见书的书面质证意见或专家辅助人意见。

(3)专家辅助人宜提供专家辅助人声明。专家辅助人是否具备相应的资格及能力，取决于当事人的认识，法庭一般不对专家辅助人做资格上的审查。尽管我国法律未强调专家辅助人的独立性，但专家辅助人基于执业操守、专业性和独立性，宜在出庭前或出庭时提交专家辅助人声明。专家辅助人声明可参照以下格式：

专家辅助人声明

本人×××首先感谢××省××市中级人民法院准许我作为具有专门知识的人(或称专家辅助人)参加×××公司与×××公司建设工程分包合同纠纷一案！本人已收到并熟悉出庭通知书，现就有关事项声明如下：

1. 本人将服从法院的合议庭安排，遵守庭审纪律，积极配合合议庭推进庭审程序，厘清专业问题。本人接受的仅为本案补充鉴定意见书的质证，除合议庭认为十分必要外，本人拒绝对其他问题发表意见。

2. 本人作为专业人士，珍惜自身的专业称号和荣誉，对自身出具书面意见和庭审中表达意见的真实性、科学性和专业性负责。

3. 本人除接受本案当事人××公司聘请作为其专家辅助人了解本案事实，并接受其专家费用外，与双方当事人以及本案的鉴定人无利害关系。

4. 本人出具的书面专业意见是基于本人专业认知，对本案工程、本案工程适用的工程计价依据的理解，以及通过×××公司软件等计算获得的，尽管该软件是云化的专业通用软件，但本人无法保证其软件及其承载的基础数据的绝对正确。

5. 鉴于本案的重要性，如果法庭及双方当事人认为需要，本人愿意协助庭后的和解或调解工作。

××××年××月××日

(二)向法庭出示的质证意见书参考格式

因工程造价纠纷案件多种多样，工程造价鉴定的委托事项或内容也是多种多样的。因此，专家辅助人对鉴定意见书的质证意见或专家辅助人意见显然难以固定格式。以下是针对某诉讼案件中专家辅助人针对某公司鉴定意见书的专家辅助人意见。

致××省××市中级人民法院：

依据贵院2021年××月××日签发的出庭通知书及其要求，本人对××××工程造价咨询有限公司出具的关于A有限公司与B有限公司合同纠纷一案的补充鉴定意见书，出具书面意见如下。

1. 案件涉及专业术语释义

1.1 综合单价：指完成一个规定计量单位的分部分项工程量清单项目或措施清单项目所需的人工费、材料费、施工机械使用费和企业管理费与利润，以及一定范围内的风险费用。

1.2 分部分项工程费：按照《2013版清单计价规范》要求用分部分项工程工程量乘以综合单价获取的费用。各分部分项工程费用的合计为分部分项工程费合价。

1.3 综合取费：以分部分项工程费合价为基数计取的措施项目费用、其他项目清单费用、规费等费用。

1.4 定额基价：是指只包括人工费、材料费和施工机具使用费的一个定额子目的定额编制基期的单价，即定额编制基期的工料单价。

1.5 定额人工单价：预算定额编制期纳入预算定额的与预算定额基价配套的人工工日单价。

1.6 定额材料单价：预算定额编制期纳入预算定额的与预算定额配套的各类材料单价。

1.7 定额施工机具台班单价：预算定额编制期纳入预算定额的与预算定额配套的各类施工机具台班单价。

1.8 信息价：狭义的信息价特指工程造价管理机构发布的所属地区或所属行业人工、材料、施工机具信息价格；广义的信息价也包括各类工程造价信息服务机构发布的工程造价或其人工、材料、施工机具信息价格。本意见中的信息价不加特别说明是指狭义的信息价。

1.9 专业测定价：是×××计价软件自带的，基于对常用定额材料的标准化处理，通过多方渠道获取，经综合对比、加权平均、专家团队复核加工输出的常用材料参考价（详见附件4×××公司解释）。

1.10 市场询价：是指通过第三方专业机构或专业施工企业获得的市场报价，该价格为到达施工现场的含税（指增值税）价格。本报告中的市场询价是仅对工程造价管理机构发布的信息价、×××计价软件专业测定价没有的材料进行的市场询价。

2. 案件分析的主要依据

2.1　贵院致本人的出庭通知书。

2.2　贵院致贵院司法技术室、××××工程造价咨询有限公司委托函(源自××××工程造价咨询有限公司补充鉴定意见书之附件1)。

2.3　××工程造价咨询有限公司补充鉴定意见书。

2.4　《2013版清单计价规范》、《园林绿化工程工程量计算规范》(GB 50858—2013)、《建设工程造价鉴定规范》、《建设工程造价咨询规范》(GB/T 51095—2015)等国家标准。

2.5　《××省建筑工程消耗量定额》(2004年)、《××省装饰工程消耗量定额》(2004年)、《××省市政、园林绿化工程消耗量定额》(2004年)、《××省建设工程工程量清单计价费率》(2009年)等计价依据及政策性文件。

2.6　×××公司工程计价软件所显示的专业信息价;××网、××××在线材料价格等。

3. 对补充鉴定意见书复核计算的工程计价原则与方法

3.1　尽量遵从补充鉴定意见书的以工程量清单表现的定额计价方式,并按照B公司提交给合议庭的关于补充鉴定意见书的异议书顺序排列。

3.2　严格执行××省建设行政主管部门发布的工程计价定额等工程计价依据。

3.3　在工程计价的价格时点上,为了便于对比,遵从补充鉴定意见书提出的2018年的市场价(含税到场价,注:××省建设工程造价管理机构发布的计价依据使用的是含税价,在取费时再考虑综合调整)。

3.4　在价格采用的层次上,凡是××市工程造价管理机构有信息价的执行××市工程造价管理机构的信息价;××市工程造价管理机构没有信息价的优先执行××、××等相邻地区工程造价管理机构发布的信息价;上述信息价均没有的执行×××计价软件的专业测定价;专业测定价也没有的,执行××网或××××在线的网上搜索价格;上述价格均没有的进行市场询价。

4. 发现补充鉴定意见书存在的主要问题

4.1　价格适用不规范问题

关于材料价格的确定,在同一报告中应维持一致性的原则。首先,在采用定额计价的前提下,凡所属地区工程造价管理机构发布有信息价的应优先使用;其次,本地区信息价没有的,能够使用相邻地区信息价的,应使用相邻地区的信息价。随意的市场询价将会失去可信度,并引起当事人的争议,因此,凡信息服务商

(××网和××××在线等)线上能够搜索到材料价格的,在询价前也应采用;只有在均不能获取的前提下,通过信息服务商询价才更具公正性。

另外,在价格确定的时点上,虽然材料价格会因时间而波动,但该波动对整个项目来讲是相对有限的,也是商业风险可以承受的,尽管当事人双方会有所争议,但坚持一致性的原则有利于纠纷的解决,因此,在价格确定的时点上,本人认为维持补充鉴定意见书的价格确定时点有利于纠纷解决。

综上,本人遵从上述分析和本意见3.4之原则,就材料价格问题提出如下意见。

4.1.1 有信息价没有执行的问题

例如,补充鉴定意见书中"第二册,园林景观 专业:景观工程,主材表:第1页",商品混凝土C20一项,采用的主材价格为482.33元/m^3。而××市工程造价管理机构2018年1季度信息价为370元/m^3,鉴定意见书的价格是信息价的1.3倍。见专家辅助人意见明细表第57页,第79项。

再如,鉴定意见书"第二册,工程名称:园林景观,专业:景观工程第1页、第5页、第9页"等,防腐木项目(95×50mm),补充鉴定意见书采用的价格是478.3元/m^3(不清楚价格来源),折算体积后价格为9566.00元/m^3;而××市工程造价管理机构的信息价2018年1月份是2400元/m^3,折算后是信息价的3.99倍,见专家辅助人意见明细表第53页,第62项。

上述同类情况涉及约136个项目。

4.1.2 市场询价宽泛且缺乏依据,背离市场价格

(1)可参考信息价的使用情形。例如,补充鉴定意见书"第一册,工程名称:苗木工程,专业:绿化工程,第62页"千屈菜项目,补充鉴定意见书采用的价格是72.8元/m^2(市场询价),而相邻的××市工程造价管理机构的信息价2018年第1期是0.2元/株,折合成平方米价格是9.8元/m^2,是可参考信息价的7.4倍,见专家辅助人意见明细表第96页,第146项。

上述同类情况涉及约108个项目。

(2)可使用公开的网上价格的情形。

①使用×××公司的专业测定价。例如,补充鉴定意见书"第二册,工程名称:给排水工程,专业:给排水 采暖 燃气工程,第16页"塑料管UPVC、PVC、PP-C、PP-R、PE管等项目,材质为PE给水管,规格:DN350,其材料单价为2,600.5元/m,参考×××公司2018年1月专业测定价为319元/m。该项目多计算工程造价551.78万元。见专家辅助人意见明细表第7页,第7项。

上述同类情况涉及约6个项目。

②使用×××公司的计价软件网上信息价。例如，补充鉴定意见书中"第一册，工程名称：苗木工程，专业：绿化工程，第62页"栽植竹类项目，竹种类：金镶玉竹，地径2cm，高度250—300cm，25株/m²。补充鉴定意见书11.672元/株，广材网的价格是3.85元/株。见专家辅助人意见明细表第33页，第35项。

针对有关材料，本人的工作团队进行了谨慎、细致的工作，分别对××网、××××在线进行了网上价格搜索，并与补充鉴定意见书的价格差异进行了对比，专家辅助人意见采用的是××网价格。见下表。

主要材料价格差异分析对比

序号	品种	规格	鉴定意见	××网	××××在线	备注
1	凤眼莲	25株/m²	5.09元/株	2.4元/株	0.4元/株	
2	水芋	36株/m²	2.17元/株	0.957元/株	0.4元/株	
3	箬竹	高度130cm—150cm，冠幅20－25，25株/m²	4.98元/株	1.44元/株	0.5元/株	
4	金镶玉竹	地径2cm，高度250cm—300cm，25株/m²	11.672元/株	3.85元/株	2.8元/株	
5	丛生丁香	高度60cm，冠幅20cm，16株/m²	7.72元/株	1.8元/株	2.5元/株	
6	桑树	米径15cm，高度450cm，冠幅250cm	2091.3元/株	945元/株	850元/株	
7	金边黄杨	高度20cm，冠幅15cm，49株/m²	2.19元/株	0.8元/株	0.45元/株	

上述同类情况涉及约7个项目。

(3)市场询价差异较大的情形。市场询价具有一定的不确定性，为促进本案公正地解决，应尽量减少市场询价，或委托第三方询价。补充鉴定意见书中部分苗木价格较高，背离市场价格水平。

例如，补充鉴定意见书中"第一册，工程名称：苗木工程，专业：绿化工程，第68页"栽植乔木——榉树一项。补充鉴定意见书采用的主材价格为8150元/株，而市场询价为2200元/株，是市场询价的3.7倍。见专家辅助人意见明细表第5页，第5项。

再如，补充鉴定意见书中，工程名称：苗木工程 专业：绿化工程 第59页。栽植水生植物项目，植物种类：九眼莲，补充鉴定意见书采用的主材价格为6.48元/株。

而市场询价为1.5元/株,是信息价的4.32倍。见专家辅助人意见明细表第24页,第26项。

本意见中,本人团队仅对实在无法获取价格的材料进行了市场询价,且该工作是十分严谨和充分的,共计使用了13种,见附件5。

4.1.3 苗木品种定性错误,严重背离市场价格

补充鉴定意见书中“第一册,工程名称:苗木工程,专业:绿化工程,第96页”。补充鉴定意见书将常夏石竹当成散生竹计价。常夏石竹属于多年生草本植物,播种或分株移栽均可。参考相应的定额子目和市场询价,该项目多计算工程造价385万元(据B公司提供的资料显示该补充鉴定意见书的单价也远高于原来签认的单价)。见专家辅助人意见明细表第31页,第33项。

4.1.4 其他错误

补充鉴定意见书还存在同样规格材料价格确定不一致的情形,例如,补充鉴定意见书中“第一册,工程名称:苗木工程,专业:绿化工程,第26页和80页”均涉及紫玉兰树,树径均为8cm,但价格一个为640元/株,一个为1120元/株。见专家辅助人意见明细表第117页,第180项。

4.2 综合单价组价及套用定额错误

按照贵院对鉴定人委托函的要求,基于定额和市场价的工程计价一般是采用预算定额和施工图纸直接编制工程预算的方法。也可以采用补充鉴定意见书使用的工程量清单计价方法,先按工程量清单计价规范的要求计算工程量,然后对综合单价按照预算定额进行组价。但是,这导致工程量清单项目对应综合单价的组成容易产生问题。补充鉴定意见书的主要问题如下。

4.2.1 套用定额存在错误

例如,补充鉴定意见书中“第一册,工程名称:园林景观,专业:景观工程,第1页”。土方回填项目,该项目是大型的园林绿化工程,土方量高达767,449.40 m^3,按照专业判断,任何施工单位均会采用机械回填,即使极少部分存在采用人工回填,也应有相应的证据资料。鉴定人直接套用人工回填定额子目极不合理。见专家辅助人意见明细表第1页,第1项。

再如,补充鉴定意见书中,“第一册,园林景观 专业:景观工程 第3页”,道牙铺设项目,补充鉴定意见书清单描述普通花岗石道牙,而定额子目采用的是弧形花岗岩道牙材料,弧形道牙材料价405.00元/m,而普通道牙材料价仅为135.00元/m。弧形道牙是采用弧形花岗岩材料铺设的,材料本身不是矩形的,哪怕是用矩形材料进行弧形铺设,也不能换算成弧形材料,最多是对弧形铺装部分进行适

当的人工费调整。见专家辅助人意见明细表第40页,第42项。

上述同类情况涉及约41个项目。

4.2.2 组价中套用图纸或事实不存在的子目

(1)施工图纸中不存在的项目。例如,补充鉴定意见书中"第一册,工程名称:苗木工程,专业:绿化工程,第1页"种植土拌合项目,补充鉴定意见书在没有施工图和任何有效证据的前提下,计入了41,912.61m^{3}种植土,涉及工程造价148万元。见专家辅助人明细表第21页,第23项。

再如,补充鉴定意见书中"第一册,工程名称:苗木工程,专业:绿化工程 第54、59、61页"。栽植水生植物:九眼莲、凤眼莲、睡莲等项目,施工图对水生植物无任何陶土缸种植的工艺或标准要求,实际施工也没有使用陶土缸,补充鉴定意见书中有185,552个陶土缸,多计算工程造价达692万元。见专家辅助人意见明细表第24、25、26页,第26、27、28项。专家辅助人与B公司人员对此项目进行了核查,经水生植物下挖掘,未发现"陶土缸"。尽管该核查不符合现场勘验程序,但法庭可以通过现场勘验进行真实性核对。

(2)事实上不可能存在的项目。例如,补充鉴定意见书"第一册,工程名称:苗木工程,专业:绿化工程 第54、59、61页",补充鉴定意见书均有浇水车浇水,这些水生植物根本不可能需要浇水。见专家辅助人意见明细表第24、25、26页,第26、27、28项。

此外,大型园林绿化工程铺设喷灌系统是最基本的设计要求,即使是陆生植物也不需要浇水车浇水,这些做法是严重脱离实际的。况且,××省园林绿化工程消耗量定额种植工程各定额子目中的材料消耗均已经含有种植工程用水。

4.2.3 组价中消耗量错误

例如,补充鉴定意见书中,"第四册,工程名称:道路工程,专业:市政土建,第2页"温泉北路——道路工程,30cm石灰稳定土项目,补充鉴定意见书使用的石灰消耗量是21,989.04t,该项目对应的定额显示为质量分散数为10%消石灰,但鉴定意见书中显示全部使用了消石灰,是定额含量的10倍。见专家辅助人意见明细表第37页,第39项。

再如,补充鉴定意见书中,"第一册,工程名称:园林景观,专业:景观工程,第17页、第20页",园林景观工程,200厚彩色压模混凝土项目,补充鉴定意见书重复计取200厚混凝土费用,本项目的239.33元/m^{2}定额子目中显然已经包括了混凝土费用。见专家辅助人意见明细表第50页,第52项。

4.3 工程量计算的错误或缺乏依据

4.3.1 工程量计算存在错误

例如，补充鉴定意见书中“第一册，工程名称：园林景观，专业：景观工程，第17页、第20页”彩色压膜混凝土中的混凝土垫层子目，补充鉴定意见书随意使用清单工程量×30%估算作为模板工程量，定额规定“模板工程量均按模板与混凝土的接触面积以m^2计算”，这样不严谨的计算虚增工程量较大，鉴定人应依据工程量计算规则进行计算，并提供计算依据。见专家辅助人意见明细表第50页，第52项。

4.3.2 工程量计算缺乏依据

本案土方工程造价非常大，补充鉴定意见书对涉及土方的工程量应该明确计算依据和方法，目前的施工图无法显示种植土工程量、外购土工程量、基肥工程量，这些工程量要综合考虑土方调配、倒运等问题，并对回填的工程量有直接影响。其中补充鉴定意见书外购黄土一项高达1611万元、种植土费用高达148万元、基肥费用高达776万元、回填费用高达1065万元，这些工程量的直接使用显然均是缺乏依据的。该部分数额巨大，应重新计算。

4.4 综合性项目的取费、计价依据不充分和其他错误

4.4.1 综合取费错误

根据《××省建设工程工程量清单计价费率》(2009)及×建发〔2016〕100号文，园林绿化工程的综合取费系数为91.4%，鉴定意见书采用的是92%，该系数与园林绿化工程不符，应予调整。补充鉴定意见书绿化工程费用综合系数套用错误涉及金额为135,574,762.1元，暂以此计算偏差可达880,648元(该计算是以原基数计算的，应结合分部分项工程费的调整结果进行重新计算)。

4.4.2 工程计价依据不充分

补充鉴定意见书在所有的乔木、灌木、色带等绿植项目上计取绿化工程后期管理费。《××省园林绿化工程消耗量定额》(2004)规定：“后期管理费是指已经竣工验收的绿化工程，对其栽植的苗木、绿篱等植物当年成活所发生的浇水、施肥、防治病虫害、修剪、除草剂维护等管理费用。”一是本项目尚未竣工验收；二是即使发生上述费用，也应该有开始时间、结束时间、养护方案等的工程签证为依据，并以索赔的形式进行提出。鉴定人在没有任何证据材料的情况下，泛泛套用定额计取了1920万元，是缺乏基本依据的。退一步讲，该项目起码存在鉴定依据不足的问题，鉴定意见将其纳入确定性项目显然是不合适的。

4.4.3　其他问题

按照本工程的施工时点，养老统筹费用应由建设单位在施工前缴纳，总承包单位按照建设单位已缴纳劳保费用的一定比例进行申请返还，因此，在结算的工程造价中不能计算养老统筹费用。鉴定人将该费用作为确定性项目，且不做说明，显然是不合适的。

4.5　各类错误和问题在本意见计算中的综合说明

补充鉴定意见书上述错误或问题在一个子目中或出现一类，或出现多类，如九眼莲、凤眼莲、睡莲等项目，既有多计入图纸不存在的陶土缸使综合单价增加问题，也有浇水车浇水问题，还有材料价格问题，因此，难以在上述项目上进行逐项拆解。

为了清晰地表达给贵院、鉴定单位和当事人双方，本人在明细表中进行了详细的分类。本人在专家辅助人意见明细表中明示了序号，项目编码，鉴定意见的计量单位、工程量、综合单价、分部分项工程费、综合取费、其他费用、合计等，专家意见的计量单位、工程量、综合单价、分部分项工程费、综合取费、其他费用、合计，偏差金额，偏差原因及金额中包括的工程量错误、套用定额错误、材料价格错误（分信息价使用错误、市场价使用错误）、其他错误，主要错误描述，鉴定意见书页码，备注等信息。本明细表依据的相应的量、价计算和使用的依据均附在明细表后。该表格是专业人士和非专业人士均方便认知的。

5. 本意见（或称报告）的构成及说明

本意见由本意见正文和附件组成，正文和附件相互联系，附件中专家辅助人意见汇总表与专家辅助人意见明细表相互对应，专家辅助人意见明细表均对应补充鉴定意见书的分部分项工程等项目。

附件1：专家辅助人意见汇总表一。该表是对各类存在问题的全面汇总，由汇总表二汇总而来，属于综合性汇总。

附件2：专家辅助人意见汇总表二。主要表述的是存在问题的主要类别和情形。

附件3：专家辅助人意见明细表。该表对应的是工程量和综合单价，产生问题的原因分析等。

附件4：×××专业测定价说明。

附件5：询价的联系函及付费情况等。

附件6：专家辅助人×××简历及主要资格证书。

6. 本报告未尽事宜的说明

6.1 鉴于本项目的复杂性和重大分歧，贵院委托鉴定人采用定额和市场价进行的补充鉴定是非常必要的，有利于查清该项目客观的工程造价，作出公正判决。但是，以工程造价管理机构发布的工程计价定额及其信息价，并结合材料的市场价格确定国有投资项目最高投标限价是国有投资项目投资控制的主要方法，本意见也是按照贵院给鉴定机构的委托函，并结合最高投标限价的编制原则分析的，该价格显然高于市场交易价格，本人认为作为专家辅助人有必要就这一专业问题进一步向合议庭进行说明。

6.2 无论是××网和××××在线的材料价格还是通过其询价获得的价格，这些价格大多出于供应商报价，该价格一般是高于交易价格的。特别是对于本案工程如此大量的材料采购，无论是信息价、网上价格，还是询价的价格一般都会高于实际采购价。

6.3 鉴于本人接受咨询和委托的时间是 2021 年 4 月下旬，本人不可能就补充鉴定意见书进行全面的复核与质证，仅就费用较高的主要问题进行了分析或质证，因此，本人对 B 公司认为的其他问题分析的是不够的，对其是否提出其他争议问题，本人不持支持或反对的意见。

6.4 关于补充鉴定意见书的调整，应在准确的工程量、适用的定额子目、适用的材料价格、适用的取费费率基础上进行重新计算才是最合理、准确的。因此，专家辅助人意见的汇总计算，特别是在取费和综合项目方面的调整不会是绝对准确的。

6.5 本意见中对工程量的计算、材料价格的确定，以及工程造价的计算等基础工作是本人及本人的助手按本人的要求依据软件、资料完成的，这一点一并向贵院予以说明。

上述案例较为全面、具体地展示了诉讼案件中对鉴定意见的质证意见书，其中问题的指向具体、清晰，且均标明页码，目的是便于法庭审判人员以及鉴定人查找。特别是"附件 3：专家辅助人意见明细表"，该表对存在争议的工程量和综合单价，产生问题的原因进行了分析、计算等，并在表中附有与补充鉴定意见书对应的页码，表后附有证据资料，证据资料包括工程量清单项目的工程量计算依据、单价构成的主要依据，包括使用信息价、专业测定价、市场询价的证据资料等。上述案例虽然内容较多，但问题基本没有重复，也是工程造价纠纷鉴定中的常见问题，对工程结算审核、工程造价鉴定、工程造价鉴定意见的质证均有指导作用。

二、在仲裁案件中出庭与质证

(一)明确委托代理人身份和出庭前的准备

(1)提交授权委托书明确委托代理人身份。《仲裁法》第二十九条规定:“当事人、法定代理人可以委托律师和其他代理人进行仲裁活动。委托律师和其他代理人进行仲裁活动的,应当向仲裁委员会提交授权委托书。”大多数仲裁机构的仲裁规则一般不出现“有专门知识的人”“专家证人”“专家辅助人”的概念。例如,北京仲裁委员会仲裁规则规定“当事人委托代理人进行仲裁活动的,应当向本会提交……”。因此,当事人委托的专家辅助人应以代理人的身份参与仲裁庭组织的出庭质证等活动,并应向仲裁庭提交授权委托书,按相应仲裁机构的要求在授权委托书中载明具体委托事项和权限。因各仲裁机构的仲裁规则不尽相同,在仲裁规则明确的情形下,专家辅助人宜以其仲裁规则明确的相应身份参与庭审活动。

(2)专家辅助人应提前知悉案件的具体情况。当事人在案件复杂、争议金额较大的情况下,应提前聘请专家辅助人进行证据、资料的质证或核对等工作,并按鉴定人的要求以当事人的名义参与工程计价依据的确定、工程量的核对、价格确定等具体的过程工作,并按照仲裁庭或鉴定人的要求反馈对鉴定意见书征求意见稿各方面的意见。专家辅助人应全面认知案件的具体情况,鉴定人对分歧的处理情况,对方当事人的主张与观点,以便在出庭时有针对性地发表质证意见,与对方当事人的委托代理人进行对质,回答或澄清仲裁庭的问题等。

(3)专家辅助人出庭的准备。专家辅助人出庭时应携带本人身份证原件,职称、执业资格的原件,以及相应的复印件材料。专家辅助人可通过提交身份、能力信息争取获得仲裁庭的信任。除此之外,专家辅助人应提前准备案件争议焦点的辩论意见,并就分歧问题的工程造价鉴定依据、方法、计算结果做好陈述与辩论的准备,并宜亲自准备对鉴定意见书的书面质证意见。

(二)向仲裁庭出示的质证意见书参考格式

与诉讼案件一样,因工程造价纠纷具有多样性,专家辅助人对鉴定意见书的质证意见难以形成固定格式。以下是针对某仲裁案件中专家辅助人针对某公司鉴定意见书的质证意见,因仲裁案件属于保密范畴,本案例仅展示基本格式内容。

关于(××××)×仲案字第××号仲裁案工程造价鉴定意见书修正版的质证意见

××仲裁委员会:

被申请人针对(××××)×仲案字第××号,对鉴定人出具的本案工程造价鉴定意见书修正版及相关证据资料进行了全面梳理,基于《××××合同》及补充协议,结合本案事实,对鉴定意见发表如下意见。

一、本案背景概述

被申请人A有限公司将××工程分包给申请人B有限公司施工。××××年××月××日,双方签订建设工程施工专业分包合同(以下简称原合同),原合同总价(暂定)××××元(含增值税,税率11%)。开工后,由于工程规模增加,双方协商一致后,被申请人将新增的××工程继续交予被申请人施工。××××年××月××日,双方就新增工程签订补充协议,补充协议新增合同额为××××元(含增值税,税率10%)。调整后合同额共计为××××元(暂定)。

双方在结算阶段,因进度款拨付的"工程确认单"和"分包形象进度记录单"中记录的×××工程的名称和合同清单中约定的×××工程的名称不一致,导致双方对工程项目和单价的理解不同产生分歧,双方对结算金额无法达成一致意见,进而通过仲裁程序解决争议,仲裁庭委托鉴定单位对"已完工程的全部工程"进行了工程造价鉴定。鉴定人出具的正式版工程造价鉴定意见书中确定性意见的金额为:××××元,选择性意见的金额为:××××元;在鉴定意见书修正版中确定性意见的金额为××××元,选择性意见的金额为:××××元。两版鉴定意见出入巨大,其中确定性意见增加××××元,选择性意见增加×××元。

二、质证意见的主要依据

1. 工程造价鉴定意见书及鉴定意见书修正版(来自鉴定人提供给被申请人,用于对本意见分析的基准)。

2. ××××分包合同和补充协议(以下统称本案合同)(来自本案被申请人证据二,用于阐明本意见分析的合同依据)。

3.《××××技术规范》(××××)、《×××检查标准》(××××)、《××××统一标准》(××××)(以上属于国家或行业标准,用于阐释本案工程最低的技术要求与工作内容)。

4.《2013版清单计价规范》、《房屋建筑与装饰工程工程量清单计算规范》(GB 50854—2013)、《××省建筑工程预算定额》(2010版)(来自国家标准和地方建设行政主管部门发布的定额,用于支撑工程量计算与综合单价的构成,以及合同中没有项目的单价分析)。

5.《建设工程造价鉴定规范》(来自国家标准,用于对鉴定意见属于确定性意见、选择性意见等意见属性发表意见)。

6. 财政部、税务总局《关于调整增值税税率的通知》(财税〔2018〕32 号)增值税税率从 11% 下调至 10%,住房和城乡建设部办公厅《关于重新调整建设工程计价依据增值税税率的通知》(建办标函〔2019〕193 号)和财政部税务总局海关总署《关于深化增值税改革有关政策的公告》(财政部、国家税务总局、海关总署公告 2019 年第 39 号),增值税税率从 10% 下调至 9%。

三、争议焦点问题的特别说明

1. 本案工程的结算原则与结算程序

双方合同约定:……

施工过程中,申请人……尽管申请人主张已经进行过程结算,但是,该过程结算仅是支付工程进度款的粗略进度计量,并没有经过本案合同约定的被申请人工程造价人员进行的审核程序,因此,申请人主张的应在过程结算的基础上进行竣工结算并不符合本案合同的约定。

2. 本案合同的工程造价鉴定应遵循合同约定的结算原则

无论是工程交易还是其他交易,必然存在交易规则,否则无法进行交易,也无法进行工程结算。因此,工程造价鉴定或工程结算均应遵循双方合同约定的结算原则,也就是说,施工过程中在未形成有效的且符合合同约定的结算协议的情形下,应当基于合同约定的结算原则展开造价鉴定工作,对于施工中形成的"工程确认单"和"分包形象进度记录单"中不符合合同约定的工程交易规则、工程结算原则的工程量和综合单价应当予以调整。

3. 关于本案合同中约定的安全文明施工费的理解与质证意见

(1)安全文明施工费在本案合同中明确约定不予调整,因此,不应进行调整。

安全文明施工费仅存在于本案合同的原合同项下(原合同第××页),补充协议项下没有安全文明施工内容。本案工程原合同××××工程量清单价格表的第 5 项说明中明确:表中以"项"为单位的,均属包干单价。无论施工过程中发生何种变化,不再调增。因此,该项目为总价项目,不能因为工程量的增加而调整。尽管被申请人和鉴定人均认为安全文明施工费属于《2013 版清单计价规范》明确的不可竞争的费用,且属于强制性条文,但是,申请人注意到,《2013 版清单计价规范》第 3.1.5 条的全部表述是:措施项目中的安全文明施工费必须按国家或省级、行业建设主管部门的规定计算，不得作为竞争性费用。本案的安全文明施工费是按照可计量项目合价的4%计取的，并非按照该规范“国家或省级、行业建设主管部门的规定计算”的，鉴定人计算的费用所使用的费率明显高于×××省建设主管部门安全文明施工费的费率2.0%，即按照合同约定的4%费率进行调整，既不符合合同约定，也不符合《2013版清单计价规范》强制性条文的规定，明显有失公平。

(2)建议鉴定人根据《建设工程造价鉴定规范》出具确定性意见或选择性意见。

《建设工程造价鉴定规范》5.11.4规定：“当鉴定项目合同约定矛盾或鉴定事项中部分内容证据矛盾，委托人暂不明确要求鉴定人分别鉴定的，可分别按照不同的合同约定或证据，做出选择性意见，由委托人判断使用。”因此，鉴定人宜对约定明确、确定性的事实出具确定性意见，只有在“合同约定矛盾或鉴定事项中部分内容证据矛盾，委托人暂不明确”的情况下才应出具选择性意见，而不是放弃专业判断，按照一方当事人的主张出具“选择性意见”，也不应对于像安全文明施工费在本案合同与规范规定存在矛盾的情况下出具确定性意见。因此，建议鉴定人按《建设工程造价鉴定规范》出具确定性意见和选择性意见，并建议仲裁庭给予重视。

四、鉴定意见中的具体问题与意见

1. 鉴定意见中不符合合同约定的部分应当调整。

……

2. 鉴定意见中的工程量计算不准确，应该按合同约定的工程量计算规则计算，并进行调整。

……

3. 合同中“工程量清单价格表”内没有的项目应该套用相应定额，并按照合同执行期间的价格进行组价。

……

4. 确定性意见与选择性意见的属性归属错误或多计，应予调整或删除。

……

5. 税金应按国家法定税率进行调整。

五、向仲裁庭说明的其他问题与意见

……

三、庭审后提交的补充材料

专家辅助人出庭后并不意味着工作的彻底完成,庭审后一般应按照当事人及其代理人的要求完成以下工作:

(1)按照人民法院或仲裁机构的要求,在庭审后审阅并签好笔录。

(2)按照人民法院或仲裁机构的要求(如有),按时提交需补充出具的书面意见。

(3)在庭审后主动配合委托的当事人及其委托代理人,就涉及争议焦点等方面的工程造价专业问题出具专家辅助人意见,或按照其委托代理人的要求纳入委托代理人的代理意见。

(4)如果鉴定人就鉴定意见进行补充和修改,且该修改并非庭审中的辩论结果或法庭、仲裁庭的意见,专家辅助人仍可对补充和修改部分提出专家辅助人意见。

(5)做好有关资料整理、归档与返还,并按照委托当事人的要求进一步完成其他的后续工作等。

参考文献

一、著作

[1]王雪青主编:《工程项目成本规划与控制》,中国建筑工业出版社 2011 年版。

[2]中国建设工程造价管理协会、吴佐民编:《中国工程造价管理体系研究报告》,中国建筑工业出版社 2014 年版。

[3]中国建设工程造价管理协会编:《〈建筑工程施工发包与承包计价管理办法〉释义》,中国计划出版社 2014 年版。

[4]刘伊生:《建设工程全面造价管理——模式·制度·组织·队伍》,中国建筑工业出版社 2010 年版。

[5]丁士昭主编:《工程项目管理》(第 2 版),中国建筑工业出版社 2014 年版。

[6]成虎、陈群:《工程项目管理》(第 4 版),中国建筑工业出版社 2015 年版。

[7]西安建筑科技大学、刘晓君主编:《工程经济学》(第 3 版),中国建筑工业出版社 2015 年版。

[8]何继善等:《工程管理论》,中国建筑工业出版社 2017 年版。

[9]李杰主编:《建筑工程计量与计价》,高等教育出版社 2020 年版。

[10]吴佐民、潘敏编著:《新冠疫情事件的工期与费用索赔》,中国建筑工业出版社 2020 年版。

[11]刘伊生主编:《工程造价管理》,中国建筑工业出版社 2020 年版。

[12]吴佐民等编著:《工程造价概论》(第 2 版),中国建筑工业出版社 2023 年版。

二、国家标准、行业标准

[13]中华人民共和国住房和城乡建设部、中华人民共和国国家质量监督检验检疫总局《建设工程计价设备材料划分标准》(GB/T 50531—2009)。

[14]中华人民共和国住房和城乡建设部、中华人民共和国国家质量监督检验检疫总局《建设工程工程量清单计价规范》(GB 50500—2013)。

［15］中华人民共和国住房和城乡建设部、中华人民共和国国家质量监督检验检疫总局《工程造价术语标准》（GB/T 50875—2013）。

［16］中华人民共和国住房和城乡建设部、中华人民共和国国家质量监督检验检疫总局《建设工程造价咨询规范》（GB/T 51095—2015）。

［17］中国建设工程造价管理协会《建设项目投资估算编审规程》（CECA/GC1—2015）。

［18］中国建设工程造价管理协会《建设项目全过程造价咨询规程》（CECA/GC4—2017）。

［19］高等学校工程管理和工程造价学科专业指导委员会《高等学校工程造价本科指导性专业规范》（2015 年版）。

三、法律法规和其他规范性文件

［20］《建筑工程施工发包与承包计价管理办法》（中华人民共和国住房和城乡建设部令第 16 号）。

［21］中华人民共和国住房和城乡建设部《关于进一步推进工程造价管理改革的指导意见》（建标〔2014〕142 号）。

［22］中华人民共和国住房和城乡建设部、中华人民共和国财政部《关于印发〈建筑安装工程费用项目组成〉的通知》（建标〔2013〕44 号）。

［23］中华人民共和国国务院办公厅《关于促进建筑业持续健康发展的意见》（国办发〔2017〕19 号）。

［24］中华人民共和国住房和城乡建设部、交通运输部、水利部、人力资源和社会保障部《关于印发〈造价工程师职业资格制度规定〉〈造价工程师职业资格考试实施办法〉的通知》（建人〔2018〕67 号）。

［25］《注册造价工程师管理办法》（中华人民共和国住房和城乡建设部令第 50 号）。

［26］《工程造价咨询企业管理办法》（中华人民共和国住房和城乡建设部令第 50 号）。

后 记

工程造价争议解决相关问题的思考

司法实践中,工程造价争议解决的事实认定往往涉及专门性、技术性问题,因此需要借助司法鉴定程序。而对于鉴定程序启动与否、鉴定方式的选择、鉴定程序是否合法以及鉴定意见是否被采信等,都可能直接左右案件的裁判结果。然而,我国现行司法鉴定制度存在诸多问题,且各地法院及仲裁机构对这些问题缺乏统一认识,导致大量"同案不同判"或"类案不同判"情形的出现,极大影响了人民法院和仲裁机构的权威性。

一、建设工程造价鉴定不规范的深层原因分析

(一)碎片化立法导致管理体制混乱

目前,我国司法鉴定领域主要的法律法规依据包括《全国人民大会常务委员会关于司法鉴定管理问题的决定》、《人民法院司法鉴定工作暂行规定》和《人民法院对外委托司法鉴定管理规定》等,但这些法规为实现普适性而过于笼统,有关建设工程司法鉴定的特别规定极少。受此影响,专门的建设工程司法鉴定体系在我国迟迟未能建立,对鉴定机构及鉴定人的行为规制主要依靠行业自律。以工程造价鉴定为例,我国未就其单独制定强制性国家标准或行业标准,住房和城乡建设部发布的《建设工程造价鉴定规范》(GB/T 51262—2017)也仅为推荐性标准。司法部司法鉴定管理局曾于2014 年颁布的《建设工程司法鉴定程序规范》(SF/Z JD0500001—2014)也因不能满足工程造价鉴定的专业性要求、与工程造价咨询企业管理现状相背离,而于 2018 年被废止。

(二)鉴定机构水平参差不齐,缺乏完备的责任追究制度

现阶段,我国司法鉴定机构及鉴定人的准入门槛较低,缺少退出机制,各鉴定机构及人员的专业水平差距明显,专业权威性和公信力不强,主要体现在:(1)鉴定机构自

身鉴定流程设计不规范，法院难以对鉴定周期以及鉴定报告的出具进行有效管控；(2)鉴定意见与鉴定收费直接挂钩，利益驱使下，鉴定机构丧失应有的中立性；(3)鉴定人普遍缺乏庭审质证能力，虽然熟悉工程技术领域的知识，但并不善于用通俗易懂的方式向人民法院或仲裁机构以及当事人解释技术问题，导致质证和沟通过程中出现障碍。现行法律法规针对鉴定过程中不规范行为的有关规定，一方面较为分散，相互之间缺乏衔接，《司法鉴定人登记管理办法》第三十一条规定："司法鉴定人在执业活动中，因故意或者重大过失行为给当事人造成损失的，其所在的司法鉴定机构依法承担赔偿责任后，可以向有过错行为的司法鉴定人追偿。"除此之外，其他救济条款零星分布于民法、刑法之中；另一方面，相应规定对鉴定机构及鉴定人何种过错应承担何种责任的划分并不清晰，有关责任追究制度尚不完备。

(三)司法鉴定各方参与主体定位不准确

司法鉴定工作的环节众多，各个环节的顺利推进离不开各方主体的相互配合。理想状态下，各方参与主体应当积极发挥主观能动性，协力推进造价鉴定进程。但现阶段，我国司法鉴定存在的一大弊病就是各方参与主体(当事人、委托人、鉴定机构)定位不准确，导致彼此配合不佳，事倍功半。

就当事人而言，当事人是司法鉴定程序的参与者，全程参与鉴定流程，应当配合提供鉴定检材、参加现场勘查、缴纳鉴定费用，以及就检材与鉴定报告发表意见。然而实践中，部分当事人或出于对鉴定必要性或收费标准的异议，或出于恶意拖延诉讼进度的意图，拒不配合甚至干扰鉴定程序，阻碍鉴定工作的正常推进。

就委托人而言，委托人是司法鉴定程序的主导者。鉴定程序中涉及的法律适用问题以及事实认定问题，都需要裁判者有效、果断地行使审理主导权，及时厘清争议问题性质，保证鉴定程序高效推进。但当前，部分人民法院或仲裁机构对鉴定程序的审理主导权被弱化，尤其是人民法院，因未建立专业化审判庭或合议庭的审理机制，且基层法院业务庭流动较大，导致对专业性工程案件的审理能力不强，过度依赖鉴定机构，频频出现"以鉴代审"的情况。

就鉴定机构而言，鉴定机构是司法鉴定程序的服务者，应当在接受委托人委托后，根据独立、中立的原则，依据专业知识进行司法鉴定。然而实践中，常出现鉴定机构超出应有职能或主导鉴定的情形，这既不符合鉴定规范要求，也可能造成鉴定意见无法使用而被迫重新鉴定，极大地浪费了司法资源。如北京市某鉴定机构在鉴定过程中，未经法官或当事人同意，擅自违背合同约定，以定额为计价依据进行鉴定，最终导致鉴定报告无法使用。

二、对规范工程造价鉴定制度的完善建议

当前工程鉴定领域乱象丛生，亟待有关部门在法律判断和专业判断之间划定一条清晰的界线。

(一)加速工程司法鉴定的立法，完善建设工程司法鉴定管理体制，提升司法鉴定的规范化水平

1. 建立工程鉴定机构的综合评价体系，推动鉴定机构提升鉴定质量

随着工程造价鉴定市场化运作模式的不断深化，如何维护鉴定机构的中立性、鉴定流程的公开透明性、鉴定报告的公平性与科学性，是当前司法鉴定制度立法设计中首先需要考虑的问题。一方面，应当充分发挥电子信息平台的公示作用，通过互联网让公众参与对工程造价鉴定机构的监督与评价；另一方面，应由行政主管部门主导，建立一套独立的鉴定机构评价制度，针对鉴定机构收费、流程管理、时限管理、鉴定意见采纳、鉴定人出庭接受质询、鉴定过程公允度和透明度等不同方面设置相应分值，并由委托人和当事人在委托鉴定结束后进行评分，每年度按区域向社会公示评分结果。同时，为避免流于形式，该评价制度应当全面、有效地采集必要信息，设计科学、简洁的采集流程，并拓展公示平台，给予公众必要的投诉及反馈渠道，推动鉴定机构提升鉴定质量。

2. 建立和完善鉴定机构及鉴定人退出机制

有效的鉴定机构及鉴定人退出机制是保证工程鉴定市场活跃度、提升市场生命力的重要手段之一。有关部门应当强化内外部监管体系，加强对鉴定机构及鉴定人的质量监督考核，对达不到质量标准的鉴定机构及鉴定人进行清退处理。具体而言，应完善鉴定机构及鉴定人退出的强制性规定，并加强与其他主管部门和行业协会的沟通协调，对存在违法违规行为的鉴定机构及鉴定人予以有效惩戒。

最高人民法院曾在2020年颁布《关于人民法院民事诉讼中委托鉴定审查工作若干问题的规定》，其中第14条虽规定："鉴定机构、鉴定人超范围鉴定、虚假鉴定、无正当理由拖延鉴定、拒不出庭作证、违规收费以及有其他违法违规情形的，人民法院可以根据情节轻重，对鉴定机构、鉴定人予以暂停委托、责令退还鉴定费用、从人民法院委托鉴定专业机构、专业人员备选名单中除名等惩戒，并向行政主管部门或者行业协会发出司法建议。鉴定机构、鉴定人存在违法犯罪情形的，人民法院应当将有关线索材料移送公安、检察机关处理。人民法院建立鉴定人黑名单制度。鉴定机构、鉴定人有前款情形的，可列入鉴定人黑名单。鉴定机构、鉴定人被列入黑名单期间，不得进入人民法院委托鉴定专业机构、专业人员备选名单和相关信息平台。"但遗憾的是，该规定

仅是原则性规定,且效力层级不高。长远来看,首先应当在法律层面明确建立鉴定机构及鉴定人退出机制,其后由各地区根据实际情况规划落实,制定更加完备的实施方案。

3. 市场手段和行政干预双管齐下,促使鉴定收费更加合理

促使鉴定机构收费更加合理,需要市场手段和行政干预双管齐下。一方面,应继续鼓励司法鉴定行业的市场化运作,激发市场活力,借助市场手段给鉴定机构分级,筛选出一批质量过硬、收费合理的鉴定机构;另一方面,应由行政主管部门制定统一的收费参考标准,供委托人询价和鉴定机构报价时参考。只有收费标准客观、统一、合理,各鉴定机构才能形成良性竞争,进而实现工程鉴定管理制度的优化。

(二)探索专家辅助人、专家咨询员和专家陪审员等系列制度

建设工程类案件具有很强的专业性。然而大多数法官和仲裁员并不具备工程知识背景,对工程领域知识并不熟悉,以至于无法准确理解该等案件审理过程中涉及的行业习惯、交易背景、通用词汇,无法恰当地把握证据可采性、鉴定必要性以及鉴定范围。因此,有必要探索建立专家辅助人、专家咨询员和专家陪审员等系列制度,构建专家参与调解、陪审、咨询的多元化审理模式,借助专家力量,实现裁判的科学性与正当性。

1. 充分发挥专家辅助人制度的功能

鉴于工程造价鉴定的专业性,只有具有相关专业知识和特殊技能的人员才能对鉴定意见展开充分、有效的质证活动,并对鉴定步骤、鉴定方法、鉴定依据、论证方法、鉴定数据等提出意见。

《民事诉讼法》第八十二条规定:"当事人可以申请人民法院通知有专门知识的人出庭,就鉴定人作出的鉴定意见或者专业问题提出意见。"最高人民法院《关于知识产权民事诉讼证据的若干规定》第二十八条规定:"当事人可以申请有专门知识的人出庭,就专业问题提出意见。经法庭准许,当事人可以对有专门知识的人进行询问。"上述法律法规都对专家辅助人制度进行了不同程度的规定。在审理程序中,专家辅助人扮演的角色是当事人一方的专家证人,可以充分参与鉴定意见的质证,并从专业技术角度协助当事人质疑或支持鉴定意见。专家辅助人制度的建立是我国民事诉讼制度的一大进步,其在很大程度上弥补了当事人专业知识的不足,提高了当事人对鉴定意见的质证能力,但该制度目前仍仅是初步建立,有待相关部门出台更加具体的规定和办法对其进行细化与完善。

2. 探索建立专家咨询员制度

在对鉴定意见进行质证的过程中,专家辅助人虽然可以发挥弥补当事人专业知识

不足的作用,但因其受一方当事人委托参与诉讼的身份而不可避免地带有先天的倾向性。此外,专家辅助人制度还可能造成当事人在专家辅助人的数量和质量上过度竞争,抬高诉讼成本,导致双方当事人攻防地位失衡。针对此种缺陷,日本和我国台湾地区设立了“技术审查官”制度。

在我国台湾地区,法院在知识产权类案件审理过程中,一般会委托技术审查官帮助其进行专业知识判断。技术审查官的职能在于“承法官之命,办理案件之技术判断、技术资料之搜集、分析及提供技术之意见,并依法参与诉讼程序”。值得注意的是,虽然技术审查官属于法官的常设辅助人员,但其向法院所作的陈述并不是证据资料,当事人就其主张仍应负举证责任,不得直接引用技术审查官的陈述作为证据,法院也不得在判决书中直接援引技术审查官的意见作为裁判基础,即便赞同技术审查官的意见,法官在裁判文书中也应当以自由心证的理由呈现。

因此,在工程造价鉴定领域,可参考建立“专家咨询员制度”,通过组织建设工程方面的专家进行咨询,澄清鉴定意见中的争议事项。鉴定启动前,专家咨询员可就鉴定必要性向委托人提供意见,如无鉴定必要,则协助委托人就双方争议作出技术判断;如有鉴定必要,则就鉴定事项和鉴定意见的出具等提出参考意见。

3. 探索建立专家型人民陪审员制度

专家咨询员制度的最大优势在于其中立性和灵活性,可以克服司法鉴定程序过于烦琐、专家辅助人又欠缺中立性的缺陷,但其同样存在相应的制度劣势,即专家咨询员只能为法院提供内部咨询意见,所提供的咨询意见或报告书不能直接作为结论被载入裁判文书中。因此,有必要建立一种更加适应我国国情的专家参审制度。

实际上,我国法院系统一直致力于探索“专家型人民陪审员制度”在司法实践中的应用,对于工程建设、医疗卫生等专业性案件,已有试点法院随机抽选相应领域内具备专业知识的人民陪审员参与案件审理,并且总体来说成效较为显著。

整体来看,专家型人民陪审员的引入不仅有利于优化人民陪审员结构,还有利于为工程案件审理注入活力,提升裁判效率,提高裁判准确性。因此,应当继续扩大专家型人民陪审员制度在我国的应用范围,并完善适用细则,从而更好地为建设工程案件审理提供专业支持。

(三)加强专业化共同体建设,打造专业化审判队伍和律师服务队伍

1. 建立工程案件的专业化审判机制,提升审理能力

司法实践中,仲裁机构通常采用当事人选定或仲裁委员会指定的方式确定仲裁员,所选取的仲裁员也大多都是行业专家,具有较高的专业水平。而法院系统由于机构设置的不同,在审判人员的选择上难免会受到一定制约。

要想破解建设工程司法鉴定存在的困境，除了前述对建设工程司法鉴定机制的改革举措外，还应当着重加强法院内部的改革。例如在法院机构设置上，可探索建立一套建设工程的专业化审判机制，努力强化法官在建设工程方面的专门性知识，提升法院审理建设工程专业案件的专业化能力。虽然专家辅助人、专家咨询员等人士可以在一定程度上协助法官处理专业问题，但司法鉴定本质上仍属于法律与专业相结合的工作，一方面，鉴定人需要掌握法律基本知识，确保鉴定过程合法合规；另一方面，审理人员更需掌握一定的专业知识，确保对鉴定意见的证明力作出正确、合理的判断。因此，法院系统内部应当加强法官在建设工程专业知识方面的培训，努力培养一批专家型法官，同时可设立专门的建设工程审判庭或合议庭，争取打造专业化的审判庭，从而更好地促进法官和鉴定人之间的协作与配合，提升司法鉴定效率。

2. 提升律师法律服务的专业化水平，提高法律服务质量

随着社会的不断进步和群众法律意识的逐渐增强，法律服务市场潜力巨大，律师服务市场的发展空间也随之扩大。然而，在当事人对法律需求越发强烈的同时，各方对律师提供法律服务的质量要求也越来越高，促使着律师提供专业化法律服务。

专业法律服务是由专业法律人提供的超出行业平均水平的服务，是专业能力与优质服务绩效的综合评价结果。所谓“专业”，应当满足以下五个基本条件：一是工作范围明确，长期专注于某一领域；二是掌握提供该项法律服务的深厚经验与高超技术；三是律师个人及团队均具有广泛的自律性；四是形成可有效控制质量的固定工作流程及纲领；五是律师团队分工明确，各司其职。

此外，在当前司法环境下，提高律师法律服务质量和专业化水平，还要求律师必须坚持四项执业原则：(1)恪守职业道德。专业律师应时刻提醒自己保持专业性，不以个人好恶影响到专业判断和工作，依照法律法规以及合同约定履行自己的职责。(2)端正工作态度。律师应忠于法律、遵守社会公德，以委托人的切实需求为出发点，依照法律法规确定的程序、标准为委托人解决问题，不得随意敷衍了事。(3)坚持工作标准。全国律协以及各地方律协制定的业务指引是律师执业应当遵守的基本标准。在此基础上，专业律师还应当根据所在领域和自身业务情况制定一套适用于自身或者本团队的工作流程标准，践行标准化办公，有效把控服务质量。(4)提升职业技能。作为一名专业律师，应当树立终身学习的观念，不断提升职业技能，包括但不限于：法律检索，文书撰写、商务谈判、法庭辩论等。精湛的职业技能是成为专家型律师的必要条件，只有提升职业技能，才能更好地履行律师工作，提高法律服务质量。

（四）发挥行业协会作用，规范鉴定依据，提高鉴定意见科学性

建设工程司法鉴定领域除了管理体制上的难题外，还有很多技术性问题因缺乏统

一的技术标准和规范，导致鉴定机构的鉴定方法、鉴定意见均缺乏科学性和合理性，既影响鉴定意见的公信力，也导致建设工程案件出现“一案多鉴，结论各异”的局面，给审理人员的判断带来很大困难，亦使得自由裁量空间过大、难以规范。

为解决这一问题，可充分发挥行业协会的作用，通过国家层级的行业协会制定一系列行业标准，对现有鉴定机构的资质进行评估，对鉴定人违反行业标准和行业准则的行为进行确认和惩处，对鉴定标准的适用进行督促；同时，行业协会应及时汇总标准的反馈意见，适时修正标准。通过一系列标准的确立，将竞争机制引入司法鉴定行业内，确保司法鉴定行业沿循良性轨道发展，确保鉴定机构出具的鉴定意见客观、公正，确保裁判者对鉴定意见的正确评价和科学适用。

致　谢

最后，我想向本书编委致谢，他们按篇分工撰稿，最终由我逐字审阅历经五轮修改完成，感谢大家利用工作之余与休息时间进行写作，正是依靠大家的通力配合，才有本书的精彩呈现。另外，特别鸣谢常青、高琦梅、李帅、刘芳菲、刘薇、刘翔对本书编撰成文工作提供的帮助与作出的贡献。本书若有不足之处欢迎斧正（我的邮箱是 huazhi.yuan@ dentons. cn）。

袁华之

2024 年 6 月